U0961639

"十二五"国家重点图书出版规划项目
材料科学研究与工程技术／材料物理系列

《材料物理系列》总主编　费维栋　蔡伟

材料物理性能及其分析测试方法

Materials Physics Properties and Their Testing Technologies

● 高智勇　隋解和　孟祥龙　编著

哈爾濱工業大學出版社
HARBIN INSTITUTE OF TECHNOLOGY PRESS

内 容 简 介

本书是将材料物理的一些基本概念与材料物理性能相结合编写而成，全书共分7章，第1章简要论述了固体中的电子能量结构和状态，为读者简要回顾固体物理的一些基本知识，其余各章集中介绍了材料的电、介电、磁、热、光、弹性和内耗性能。本书着重阐述了各种物理性能的物理原理及微观机制，在此基础上，分析了成分、组织结构对宏观物理性能的影响规律，介绍了材料各种物理性能的主要表征参量及其重要的测试方法。在本书的一些章节中，还注重引入了现代新材料的一些内容。

本书可供高等学校材料科学与工程专业本科生或低年级研究生作为教材或参考书，也可作为材料科学与工程相关科技工作者的参考资料。

图书在版编目(CIP)数据

材料物理性能及其分析测试方法/高智勇，隋解和，孟祥龙编著. —哈尔滨:哈尔滨工业大学出版社，2015. 11
ISBN 978－7－5603－4591－8

Ⅰ. ①材…　Ⅱ. ①高…②隋…③孟…　Ⅲ. ①工程材料-物理性能-高等学校-教材②工程材料-分析方法-高等学校-教材③工程材料-测试技术-高等学校-教材
Ⅳ. ①TB3

中国版本图书馆 CIP 数据核字(2014)第 249952 号

材料科学与工程
图书工作室

责任编辑　范业婷　高婉秋
封面设计　卞秉利
出版发行　哈尔滨工业大学出版社
社　　址　哈尔滨市南岗区复华四道街10号　邮编 150006
传　　真　0451－86414749
网　　址　http://hitpress. hit. edu. cn
印　　刷　哈尔滨工业大学印刷厂
开　　本　787mm×960mm　1/16　印张 25.5　字数 482 千字
版　　次　2015年11月第1版　2015年11月第1次印刷
书　　号　ISBN 978－7－5603－4591－8
定　　价　44.00 元

(如因印装质量问题影响阅读，我社负责调换)

前　言

材料是国民经济发展的三大支柱之一，材料科学也是最为活跃的研究领域。随着人类社会进入到信息时代的今天，传统的单一类材料已经不能满足社会发展对于材料性能的广泛需求，必然要求材料的多功能化和智能化，对材料物理性能的研究可以为发展功能材料提供一些理论基础。

对于材料专业学生而言，化学方面的基础知识学习较多，在本科阶段，会学习物理化学、有机化学、无机化学、分析化学等，但物理方面的基础知识学习较少，仅有大学物理课程，而物理本身所包含的基础知识并不匮乏，如声、光、热、磁、电、力等均属物理研究领域，因此，给材料专业的学生补充更多的物理知识，尤其是材料物理方面的基础知识显得尤为必要。目前，大多数材料专业均开设了材料物理性能课程，但所采用的诸多版本均偏重理论推导，有些内容太深无法讲透，而有些内容又太浅，不能完全适合现行本科生教育的需求。编写这本《材料物理性能及其分析测试技术》的目的一方面是给材料专业的本科生增加一些有关材料物理的基础知识，另一方面是将材料物理性能各方面的内容合并整理在一起，使课程内容更为全面。

本书由哈尔滨工业大学高智勇、孟祥龙、隋解和编著，编写分工如下：第 1 章、第 2 章、第 3 章由高智勇编写，第 4 章、第 7 章由孟祥龙编写，第 5 章、第 6 章由隋解和编写，全书由高智勇教授统稿。

本书在编写过程中参考了大量的国内外相关教材、科技论文和学术论文，在此一并向有关作者表示深切的谢意。

由于学识有限，加之材料物理性能涉及面广，内容方面定有疏漏及不妥之处，敬请同行和读者批评指正。

编　者

2015 年 5 月

目　录

第1章　材料中的电子理论

1.1　概　　述

材料物理性能强烈依赖于材料原子间的键合、晶体结构和电子能量结构与状态。以电子理论为基础,从原子或电子尺度上进行材料物理性能的预测与分析及合金设计已成为当今材料科学中最为活跃的前沿领域之一。这一领域的工作目的在于从分子、原子或电子层次上探讨和认识材料的微观结构与宏观性质的相关机制。

电子的结构可以分为孤立原子的电子结构和一个固体材料中原子聚合体的电子结构,已知原子间的键合类型有:金属键、离子键、共价键、分子键和氢键,而晶体结构更是复杂,仅抽象出空间点阵,便有14种布喇菲(Bravais)点阵类型,这些原子间的键合类型、晶体结构都会影响固体材料中的电子能量结构和状态,从而影响材料的物理性能。因此,键合、晶体结构、电子能量结构都是理解一种材料物理性能的理论基础。例如,对于用来强化金属的诸如塑性变形及热处理等问题,通常只采用电子理论较为基础的部分,即自由电子理论;而对于许多物理性质的充分论述,则必须考虑一块晶体的大量原子间的相互作用,这就需要用能带理论。

1.2　自由电子理论

电子理论最初来自于金属,然后才发展到其他材料领域。金属的电子理论原本是为了解释金属的良好导电性而建立起来的,后来其进展对认识和开发金属材料起了很大作用,现在已经成为液态和固态等凝聚态的理论基础。

本节将介绍一些在金属原子集合体(非孤立原子)中电子运动规律的重要概念,主要是原子最外层活跃的价电子的运动规律。经典自由电子理论曾取得很重要的成就,随着科学的发展,相继出现了量子自由电子理论和能带理论,使人们对电子运动规律的认识更加深入。

特鲁特 - 洛伦兹的经典自由电子理论认为:金属是由原子点阵构成的,价电子是完全自由的,可以在整个金属中自由运动,就像气体分子能在一个容器内自由运动一样,故可以把价电子看成“电子气”。自由电子的运动遵守经典力学运动规律和气体分子运动论。这些电子在一般情况下可沿所有方向运动,但在电场作用下它将逆着电场方向运动,从而使金属中产生电流。电子与原子的碰撞妨碍电子的无限加速,形成电阻。经典自由电子理论把价电子看作共有的,价电子不属于某个原子,可以在整个金属中运动,经典自由电子理论忽略了电子间的排斥作用和正离子点阵周期场的作用。

经典自由电子理论的最主要成就是导出了欧姆定律。根据经典自由电子模型,当向金属导体施加电场 E 时,自由电子将受到的力为 $f = eE$(式中 e 为电子的电荷),从而使电子产生一定的加速度,根据牛顿定律 $f = Ee = am$,可以得出电子的加速度 $a = Ee/m$(式中 m 为电子质量,a 为加速度)。对于做无规则热运动的自由电子而言,外加电场给予的加速度 a 是附加的。按照电子与离子机械碰撞模型,电子在金属中运动要与正离子碰撞,碰撞后被弹开再沿其他方向运动,因此只有在两次碰撞之间的电子飞行时间里,定向速度才会累积起来。在每次碰撞后的一瞬间,电子的定向速度可以看作零,而在下一次碰撞前其速度为

$$v = \frac{eE}{m} \cdot \bar{\tau}$$

式中,$\bar{\tau}$ 为电子平均自由飞行的时间。

故在两次碰撞间,电子定向速度的平均值为

$$\bar{v} = \frac{1}{2} \frac{eE}{m} \cdot \bar{\tau} \tag{1.1}$$

实验表明,施加电场后电子的定向速度比电子的热运动速度 $\bar{V}$ 小很多,电子两次碰撞的平均自由程 $\bar{l} \approx \bar{V}\bar{\tau}$,代入式(1.1)得

$$\bar{v} = \frac{1}{2} \frac{e\bar{l}}{m\bar{V}} \cdot E \tag{1.2}$$

式(1.2)表明,$\bar{v}$ 与 E 成正比,如果单位体积内的电子数为 n,则在 1 s 内通过与 E 垂直的单位面积内的电子数(即电流密度)为 $j = nev$,代入式(1.2)得

$$j = \frac{1}{2} \frac{ne^2}{m} \frac{\bar{l}}{\bar{V}} \cdot E \tag{1.3}$$

对于一定的导体,在一定温度下,$\frac{ne^2}{m} \frac{\bar{l}}{\bar{V}}$ 是一个常数,这表明电流密度与电场强度成正比,这就是欧姆定律。此外,式(1.3)还包含了另一条定律,称为导电定律,其表达式为

$$\sigma = \frac{ne^2\bar{l}}{2m\bar{v}} \tag{1.4}$$

式中,σ 为电导率;m 为电子质量;$\bar{v}$ 为电子运动的平均速度;n 为电子浓度;e 为电子电量;$\bar{l}$ 为平均自由程。

自由电子理论的另一成就是导出了焦耳 - 楞次(Joule - Lenz) 定律。从经典自由电子理论可知,做热运动的自由电子在外电场的加速下动能增大,直到与正电荷的离子实碰撞,将定向运动的那部分动能传递给离子点阵使其热振动加剧,导体温度升高。当点阵所获得的能量与环境散失的热量相平衡时,导体的温度不再上升。电子经加速到碰撞前的定向运动速度为 $v = \frac{eE}{m} \cdot \bar{\tau}$,其定向运动动能在碰撞后将全部转化为热能

$$\Delta W = \frac{1}{2}mv^2 = \frac{1}{2}\frac{e^2E^2}{m} \cdot \bar{\tau}^2 \tag{1.5}$$

单位时间内电子与离子实碰撞 n 次,则单位时间电子传给单位体积金属的热能为

$$W = \Delta W \frac{n}{\bar{\tau}} = \frac{ne^2}{2m}\bar{\tau}E^2 = \sigma E^2 \tag{1.6}$$

式(1.6) 即为焦耳 - 楞次定律。

此外,经典自由电子理论还可以导出魏德曼 - 弗朗兹(Widemann - Franz) 定律,证明在一定温度下各种金属的热导率与电导率的比值为一常数,称为洛伦兹常数,用 L 表示,即导热性越好的金属,其导电性也越好。

但是,经典自由电子理论在解释电子热容、电阻率随温度变化等问题上遇到了不可克服的困难。例如,按经典自由电子理论模型,自由电子如同理想气体一样遵循“分子运动论”。在温度 T 下每个电子的平均动能为 $\frac{3}{2}k_BT$。对于每摩尔 1 价金属,电子气的动能为

$$E_e = N_A \frac{3}{2}k_BT = \frac{3}{2}RT$$

式中,$N_A = 6.02 \times 10^{23}$,为阿伏加德罗常数;$R$ 为普适常数。则质量定容热容

$$C_V^e = \frac{dE_e}{dT} = \frac{3}{2}R \approx 12.47\ J \cdot mol^{-1} \cdot K^{-1} \tag{1.7}$$

然而,实验测得的相应电子热容仅为该值的百分之一。

同样,我们可以根据经典自由电子理论导出电阻率 ρ 与温度 T 的关系,按分子热运动定律,$\frac{1}{2}m\bar{V}^2 = \frac{3}{2}k_BT$,代入式(1.4),得

$$\rho = \frac{1}{\sigma} = \frac{2\sqrt{3mk_BT}}{ne^2 l} \tag{1.8}$$

从式(1.8) 可看出,金属的电阻率应当与温度 T 的平方根成正比,与价电子数 n 成反比。但是,实验表明,金属的电阻率 ρ 与温度的一次方成正比,2 价金属($n = 2$) 的导电性反而比 1 价金属($n = 1$) 的更差。

总之,经典自由电子理论取得重要成就,就是因为它的一些假设基本上是正确的,如价电子能够在整个金属中运动,但是,这一理论基于牛顿力学,在一些方面遇到了困难,而对微观粒子的运动问题,应该用量子理论解决。

1.3 金属的费密 - 索末菲(Fermi - Sommerfel)电子理论

对固体电子能量结构和状态的认识,大致可以分为三个阶段。最早是经典自由电子理论,该学说认为金属原子聚集成晶体时,其价电子脱离相应原子的束缚,在金属晶体中自由运动,故称为自由电子,并且认为它们的行为如理想气体一样,服从经典的麦克斯韦 - 玻耳兹曼(Maxwell - Boltzmann)统计规律。经典自由电子理论成功地计算出金属电导率,取得了重要的成就,这是由于它的一些假设基本上是正确的,但是这一理论基于牛顿力学,在一些方面遇到了困难,例如:

(1) 实际测量的电子平均自由程比经典理论估计的大许多;

(2) 金属电子比热容测量值只有经典自由电子理论估计值的10%;

(3) 金属导体、绝缘体、半导体导电性的巨大差异;

(4) 解释不了霍耳系数的"反常现象"。

因此,人们后来将量子力学的理论引入对金属电子状态的认识,称之为量子自由电子学说,具体地讲,就是金属的费密 - 索末菲的自由电子理论。

量子自由电子理论的基本观点是:金属正离子所形成的势场各处都是均匀的;价电子是共有化的,它们不束缚于某个原子上,可以在整个金属内自由地运动,电子之间没有相互作用;电子运动服从量子力学原理。该理论认同经典自由电子学说认为价电子是完全自由的,但是量子自由电子学说认为自由电子的状态不服从麦克斯韦 - 玻耳兹曼统计规律,而是服从费密 - 狄拉克(Fermi - Dirac)的量子统计规律。因此,该理论利用薛定谔(Schröodinger)方程求解自由电子的运动波函数,计算自由电子的能量。这一理论克服了经典自由电子理论所遇到的一些矛盾,成功处理了金属中的若干物理问题。

电子是具有质量和电荷的微观粒子,电子在运动中既有粒子性又有波动性。这种波为物质波,并以提出此创见的科学家德布罗意的名字命名为德布罗意波,物质波的波长(λ)与粒子的质量(m)和运动速度(v)的关系为

$$\lambda = \frac{h}{mv} = \frac{h}{p} \tag{1.9}$$

式中,p 为粒子的动量,$p = mv$;h 为普朗克常数,其值为 $6..626 \times 10^{-34}$ J·s。

粒子能量 E 与频率 ν 的关系为

$$E = h\nu \tag{1.10}$$

由于电子运动既有粒子性又有波的性质,致使电子的运动速度、动量、能量都

与普朗克常数相关。德国物理学家普朗克在研究晶体辐射时,首先发现了物质辐射或吸收的能量只能是某一最小能量单位($h\nu$) 的整数倍。微观粒子的某些物理量不能连续变化,而只能取某些分立值,相邻两分立值之差称为该物理量的一个量子。电子运动的能量变化是不连续的,是以量子为单位进行变化的,这是量子自由电子论的一个基本观点。

电子运动具有物质波的性质。实验证明,电子的波性就是电子波,是一种具有统计规律的概率波,它决定电子在空间某处出现的概率,既然概率波决定微观粒子在空间不同位置出现的概率,那么,在 t 时刻,概率波应当是空间位置(x,y,z) 的函数,此函数可以用波函数 $\psi(x,y,z,t)$ 表示,而 $|\psi|^2$ 代表微观粒子 t 时刻在空间位置(x,y,z) 出现的概率密度。若用电子的疏密程度来表示粒子在空间各点出现的概率密度,$|\psi|^2$ 大的地方电子较密,$|\psi|^2$ 小的地方电子较疏,这种图形称为"电子云"。如果假设电子是绵延地分布在空间的云状物——"电子云",则$\rho = -e|\psi|^2$ 是电子云的电荷密度,这样,电子在空间的概率密度分布就是相应的电子云电荷密度的分布。当然电子云只是对电子运动波性的一种虚设图像性描绘,实际上电子并非真像"云" 那样弥散分布在空间各处。但这样的图像对于讨论和处理许多具体问题很有帮助,所以一直沿用至今。

由物理学可知,频率为 ν,波长为 λ,沿 x 方向(一维) 传播的平面波可以表示为

$$\psi(x,t) = A\exp\left[2\pi\mathrm{i}\left(\frac{x}{\lambda} - \nu t\right)\right] = A\exp[\mathrm{i}(Kx - \omega t)] \tag{1.11}$$

式中,A 为振幅;K 为波数,$K = \frac{2\pi}{\lambda}$,考虑方向时 K 为矢量,$|K| = \frac{2\pi}{\lambda}$,$K$ 称为波矢量(简称波矢);$\omega = 2\pi\nu$,为角频率。

将式(1.9)、式(1.10) 代入式(1.11) 得

$$\psi(x,t) = A\exp\left[\frac{2\pi\mathrm{i}}{h}(px - Et)\right] = A\exp\left[\frac{\mathrm{i}}{\hbar}(px - Et)\right] \tag{1.12}$$

式中,$\hbar = h/2 = 1.05 \times 10^{-34}$ J · s。

式(1.12) 对应的二阶偏微分方程为

$$\mathrm{i}\hbar\frac{\partial\psi}{\partial t} = -\frac{\hbar^2}{2m}\frac{\partial^2\psi}{\partial x^2} \tag{1.13}$$

即为一维空间自由运动粒子德布罗意波(物质波) 的薛定谔方程。

式(1.13) 的形式也可以用到三维空间。当粒子处在不随时间变化的势能场 $U(x,y,z)$ 中时,粒子的总能量由动能和势能两部分组成,即

$$E = \frac{p^2}{2m} + U(x,y,z) \tag{1.14}$$

这时式(1.13) 推广为

$$\mathrm{i}\hbar \frac{\partial \psi}{\partial t} = \frac{\hbar^2}{2m}(\nabla^2 + U)\psi \tag{1.15}$$

这就是薛定谔建立的微观粒子运动状态随时间变化的普遍方程，式中∇^2为拉普拉斯(Laplace)算符，$\nabla^2 = \frac{\partial^2}{\partial x^2} + \frac{\partial^2}{\partial y^2} + \frac{\partial^2}{\partial z^2}$。

在许多情况下微观粒子处在稳定状态，波函数可以分离成空间坐标的函数$\varphi(x,y,z)$和时间坐标的函数$f(t)$的乘积，称之为定态波函数，即

$$\psi(x,y,z,t) = \varphi(x,y,z)f(t) \tag{1.16}$$

如式(1.12)可写为

$$\psi(x,t) = A\exp\left[\frac{\mathrm{i}}{\hbar}(px - Et)\right] = A\exp\left(\frac{\mathrm{i}px}{\hbar}\right)\exp\left(-\frac{\mathrm{i}Et}{\hbar}\right)$$

这时就可以得到定态薛定谔方程

$$\nabla^2\varphi + \frac{2m}{\hbar}(E - U)\varphi = 0 \tag{1.17}$$

式(1.17)中，φ只是空间坐标函数，与时间无关。当势能场U不随时间变化时，微观粒子的运动状态一般能用薛定谔方程来解决。

电子在金属中运动可看作在势阱中运动，电子要从势阱中逸出，必须克服"逸出功"。为便于说明，先分析一维势阱的情况。势能U满足

$$U(x) = \begin{cases} \infty & (x \leqslant 0) \\ 0 & (0 < x < L) \\ \infty & (x \geqslant L) \end{cases} \tag{1.18}$$

这样的势场相当于一个无限深的势阱，电子在势阱内时U为零。此时，电子运动定态薛定谔方程为

$$\frac{\mathrm{d}^2\varphi}{\mathrm{d}x^2} + \frac{2mE}{\hbar^2\varphi} = 0 \tag{1.19}$$

利用式(1.18)的边界归一化条件及波函数的归一化条件，解方程(1.19)得

$$\varphi(x) = \sqrt{\frac{2}{L}}\sin\frac{n\pi}{L}x \tag{1.20}$$

$$E = \frac{n^2h^2}{8mL^2} \tag{1.21}$$

式中，$n = 1,2,3,\cdots$为整数。这表明金属中运动着的电子所具有的能量是量子化的，分成不同的能级，由整数n确定，n称为量子数。$n = 1$时，能量最低，是电子的基态，其他n值下为激发态。能量的间隔为

$$\Delta E = E_{n-1} - E_n = (2n + 1)\frac{h^2}{8mL^2}$$

可见，ΔE依赖于一维金属(势阱)尺寸L，L越大间隔越小，即能级相差越小。

从式（1.21）可知，被关在长度为 L 的一维势阱内的电子能量是量子化的。如 $L=0.4\ \text{nm}$，则可算出：$E_1=2.3\ \text{eV}$，$E_2=4E_1$，$E_3=9E_1$，…。可见，能量的不连续十分明显，两个能级相差几个电子伏特，这在实验上易于测定，这时能量处于40 eV以下的电子只有4个能级。以基态能量 E_1 计算出来的速度接近光速。如果把这种量子化推广到宏观尺度，假设粒子质量 $m=9.1\ \text{mg}$，$L=4\ \text{cm}$，则可计算出能量为

$$E_1=\frac{1}{2}mv^2=2.3\times10^{-41}\ \text{eV}$$

这个能量小得无法确定，E_1，E_2，E_3 等间隔也微乎其微，各能级几乎连成一片。被关在 $L=4\ \text{cm}$ 的箱内，$m=9.1\ \text{mg}$ 的粒子处于40 eV以下能量竟有 1.3×10^{21} 个能级，粒子动能 $E=2.3\times10^{-41}\ \text{eV}$，计算出的速度 $v=9.0\times10^{-28}\ \text{m}\cdot\text{s}^{-1}$ 是如此之小，这就是经典力学中该宏观粒子被看成静止不动的原因。但是，从量子力学的观点看，物质的存在本身就伴随着运动。宏观世界中的“静止”只不过是因为粒子的质量大，运动的范围广，以至于量子效应太小而不易被观察到罢了。

当电子处在边长为 L 的三维无限深的势阱中，电子在三维坐标 (x,y,z) 的所有方向运动，存在三个相互垂直的 x,y,z 轴上的分量，因此有三个量子数：n_x，n_y，n_z。解薛定谔方程得到

$$E=\frac{h^2}{8mL^2}(n_x^2+n_y^2+n_z^2)=\frac{h^2}{8mL^2}n^2 \tag{1.22}$$

式（1.22）中 $n^2=n_x^2+n_y^2+n_z^2$，n_x，n_y 和 n_z 每个都可以独立取整数列1，2，3，… 中的任意数值，而与另外两个所取的数值无关。即

$$n_x=0,\ \pm1,\ \pm2,\cdots$$
$$n_y=0,\ \pm1,\ \pm2,\cdots$$
$$n_z=0,\ \pm1,\ \pm2,\cdots$$

电子除了存在空间运动以外，还可以存在绕某一轴线自转的运动形式，称为自旋。电子的自旋轴取向也是量子化的，有且只能有与自旋方向相反的两种运动状态，任意两个电子不能处在完全相同的运动状态，称为泡利不相容原理。因此，除了三个量子数外，电子的运动状态还要由自旋量子数 $m_s=\pm\frac{1}{2}$ 来确定。能量最低的状态称为基态，即两种能量状态可容纳两个电子。因此 $n_x=n_y=n_z=0$ 和 $m_s=\pm\frac{1}{2}$ 为系统的基态。随着量子数取值的增加，能态数目同样增加，电子依能量由低到高占据相应的能态。

综上所述，只要承认电子的波粒二象性，就必须考虑能量的量子化。不但在一维和三维势阱中是量子化的，而且在其他微观尺度的原子、分子势场中也必然是量子化的。每种定态分别对应于一种德布罗意驻波，所不同的只是用来描述各种德

布罗意驻波的"量子数"的数目不同而已。例如,被关在一维势阱中电子的状态只需式(1.21)中的量子数 n 和自旋量子数 $m_s = \pm\frac{1}{2}$ 就能确定;对于原子核势场中的电子状态,却需要4个量子数才能确定。

1.4 自由电子的按能级分布

既然金属中自由电子的能量是量子化的,构成准连续谱,金属中大量的自由电子是如何占据这些能级的呢?

在 $T = 0$ K 时,大块金属中的自由电子从低能级排起,直到全部价电子均占据了相应的能级为止,能量为 $E_F(0)$ 以下的所有能级都被占满,而在 $E_F(0)$ 之上的能级都空着,$E_F(0)$ 称为费密能,相应的能级称为费密能级。

在大块金属中,自由电子并不是处于无限深的势阱中,这时要采用周期性边界条件的假设来求解,电子能量为

$$E = \frac{h^2}{2mL^2}(n_x^2 + n_y^2 + n_z^2) = \frac{h^2}{2mL^2}n^2 \tag{1.23}$$

由式(1.23)可知,电子的能量 E 与三维量子数 $n^2 = n_x^2 + n_y^2 + n_z^2$ 成正比。显然,只要 n 值是相当的,对应不同的 n_x, n_y 和 n_z 的值,电子就具有相同的能量。例如,$n_x = 1, n_y = n_z = 0$ 或者 $n_x = n_z = 0, n_y = 1$ 或 $n_x = n_y = 0, n_z = 1$ 对应于 n 空间坐标(1,0,0),(0,1,0)和(0,0,1)的点有相等的量子能级,但是方向不同,每个量子能级可容量自旋量子数 $m_s = \pm\frac{1}{2}$ 的两个电子。零点(0,0,0)确定一个基态,如果 n 以空间的零点为球心作一个球面,则球面是等能面,即球面上每个能级代表点所代表的能级有相同的能量。能量在 E 和 $E + \mathrm{d}E$ 之间的能级数 $4\pi n^2\mathrm{d}n$ 就是在球壳中的代表点数,每个能级可以容纳自旋反平行的两个电子,能量在 $E \sim E + \mathrm{d}E$ 之间的状态数为

$$\mathrm{d}N = 8\pi n^2\mathrm{d}n \tag{1.24}$$

由式(1.23)得

$$\mathrm{d}E = \frac{h^2}{mL^2}n\mathrm{d}n \tag{1.25}$$

代入式(1.24)得

$$\mathrm{d}N = 4\pi V \cdot \frac{(2m)^{\frac{3}{2}}}{h^3}E^{\frac{1}{2}}\mathrm{d}E \tag{1.26}$$

式中,$V = L^3$ 为金属的体积;$\mathrm{d}N/\mathrm{d}E$ 为状态密度,用 $Z(E)$ 表示,且有

$$Z(E)=4\pi V\frac{(2m)^{\frac{3}{2}}}{h^3}E^{\frac{1}{2}}\mathrm{d}E \tag{1.27}$$

显然,$Z(E)$ 和 E 有抛物线关系,如图 1.1 所示。图中带影线部分是 0 K 时被电子占有的能级,E_F^0 是 0 K 时能量最低的占有态的能量,称为 0 K 时的费密能。设与费密能 E_F 相对应的量子数为 n_F,单位体积中价电子数为 N_0,则金属中价电子总数 $N=N_0V$。这些价电子对应于 n 空间以 n_F 为半径的球体中所有点阵状态,由式(1.24)可知

$$N=\int_0^{n_F}\mathrm{d}N=\int_0^{n_F}8\pi n_F^2\mathrm{d}n=\frac{8}{3}\pi n_F^3 \tag{1.28}$$

式中
$$n_F^3=\frac{3}{8\pi}N_0V$$

由式(1.23)和式(1.28)得

$$E_F(0)=\frac{h^2}{2mL^2}n_F^2=\frac{h^2}{8m}\left(\frac{3N_0}{\pi}\right)^{\frac{2}{3}} \tag{1.29}$$

式(1.29)表明,费密能是电子密度的函数。

在温度高于 0 K 时,自由电子服从费密 - 狄拉克分布率,具有能量为 E 的状态被电子占有的概率 $f(E)$ 由费密 - 狄拉克分布率决定,即在热平衡状态下自由电子处于能量 E 的概率为

$$f=\frac{1}{\exp\left(\frac{E-E_F}{kT}\right)+1} \tag{1.30}$$

式中,f 为费密 - 狄拉克分布函数;E_F 为 T 温度下费密能 - 体积不变时系统中增加一个电子的自由能增量;k 为玻耳兹曼常数;T 为热力学温度,K。

式(1.30)表明,在 0 K 温度下,如果 $E\leqslant E_F$,则 $f=1$,若 $E>E_F$,则 $f=0$。这意味着,在绝对零度下能量小于 E_F 的状态均被电子填满($f=1$),而能量大于 E_F 的状态皆不出现电子($f=0$)。图 1.2 中实线表示自由电子在 0 K 时的能态分布规律。

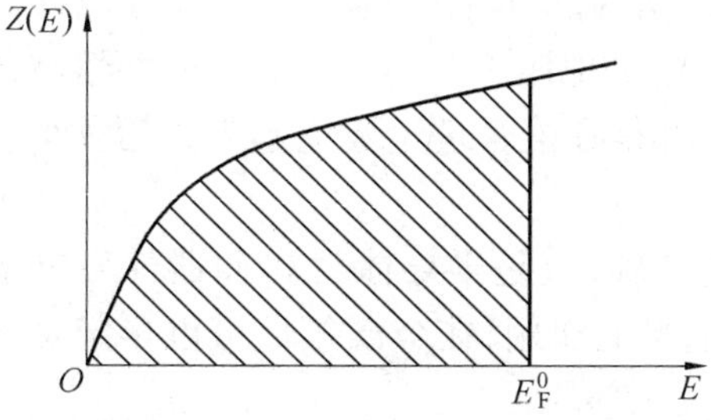

图 1.1 自由电子的能态密度曲线

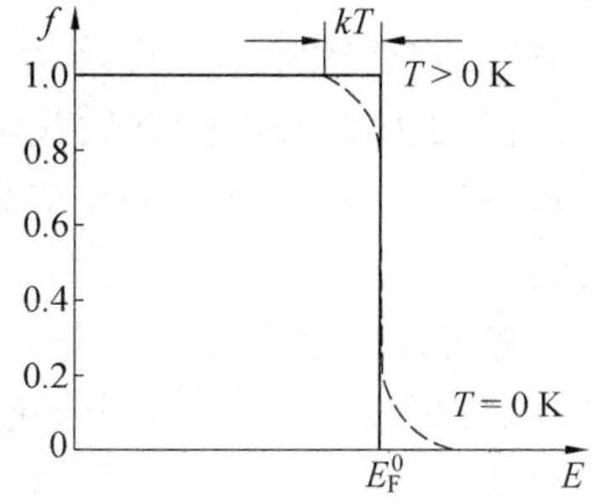

图 1.2 费密 - 狄拉克分布曲线

根据泡利不相容原理,每个能级可以容纳正反自旋的两个电子,为了使系统总能量最低,费密气体也倾向于占据低能级,而费密能 E_F 则是绝对零度下自由电子的最高能级。当 $T > 0$ K时,自由电子的能量分布如图1.2中虚线所示。分布函数的变化表明,由于温度升高有少量能态与 E_F 接近的电子可以吸收热能而跃迁到能量较高的能态,即高于 E_F 原来的空能级中也有一部分被电子占据:$E > E_F$ 处 $f > 0$,而 $E < E_F$ 处 $f < 0$。但是可以吸收热能的电子是很有限的,能量比 E_F 低很多的电子不能吸收热能。

设每摩尔金属的自由电子数为 N,则从0到 $E_F(0)$ 的能量区间共有能级数为 $N/2$。如果忽略能级密度的差别,则能级间距为

$$\Delta E = \frac{E_F(0)}{N/2} = \frac{2E_F(0)}{N} \tag{1.31}$$

因为只有 kT 能量范围里的电子被热激活,其能级数目为 $\frac{kT}{\Delta E} = \frac{kTN}{2E_F(0)}$,电子数为 $\frac{kTN}{E_F(0)}$。假定被激活到 $E_F(0)$ 以上的电子 ΔN 为这个数字的一半,则 $\Delta N = \frac{kTN}{2E_F(0)}$,因为 kT 约等于0.025 eV,而金属的费密能一般为几个电子伏特,因此在1 mol金属中能够跃迁到费密能级以上的电子数不到1%,也就是说,按照量子电子理论,参与热激活过程的自由电子只有1%,而不是经典电子理论的100%。所以,量子理论解决了经典电子理论在热容问题上的困难。

1.5 晶体能带理论基本知识概述

量子自由电子学说较经典电子理论有巨大的进步,但模型与实际情况比较仍过于简化,解释和预测实际问题仍遇到不少困难,例如,镁是二价金属,为什么导电性比一价金属铜还差?量子力学认为,即使电子的动能小于势能位垒高度,电子也有一定概率穿过位垒,称之为隧道效应。产生这个效应的原因是由于电子波到达位垒时,波函数并不立即降为零,据此可以认为固体中一切价电子都可位移。那么,为什么固体导电性有如此巨大的差异:Ag的电阻率只有 10^{-5} Ω·m,而熔融硅的电阻率却高达 10^{16} Ω·m。诸如此类问题,都是在能带理论建立起来以后才得以解决的。

能带理论是现代固体电子技术的理论基础,也是半导体材料和器件发展的理论基础,对微电子技术的发展起到了不可估量的作用,在金属领域可以半定量地解决问题。

能带理论是研究固体中电子运动规律的一种近似理论。固体由原子组成,原

子又包括原子实和最外层电子,它们均处于不断的运动状态。实际上,一个电子是在晶体中所有格点上离子和其他所有电子共同产生的势场中运动的,它的势能不能视为常数,而是位置的函数。严格说来,要了解固体中的电子状态,必须首先写出晶体中所有相互作用的离子和电子系统的薛定谔方程,并求解。然而这是一个极其复杂的多体问题,很难得到精确解,所以只能采用近似处理方法来研究电子状态。假定固体中的原子核不动,并设想每个电子是在固定的原子核的势场及其他电子的平均势场中运动。这样就把问题简化成了单电子问题,这种方法称为单电子近似。用这种方法求出的电子在晶体中的能量状态,将在能级的准连续谱上出现带隙,即分为禁带和允带,因此,用单电子近似法处理晶体中的电子能谱的理论称为能带理论。

能带理论首先由布洛赫和布里渊在解决金属的导电性问题时提出,经几十年的发展,内容十分丰富,具体的计算方法有自由电子近似法、紧束缚近似法、正交化平面波法和原胞法等。一类能带模型是近自由电子近似,对于金属经典简化假设,是将价电子考虑成可在晶体中穿越的自由电子,仅仅受到离子晶格的弱散射和扰动,这种近自由电子近似比自由电子模型较为接近真实晶体的情况。这种方法就是要承认晶体是由离子点阵构成的事实,并且考虑到离子点阵的周期性。近自由电子近似构成了金属电子传输的理论基础。另一类能带模型包括紧束缚近似、克隆尼克 - 潘纳近似、瓦格纳 - 塞茨近似、原胞法和原子轨道线性组合等,这些近似都是计算能带的方法,而且能够给出明显的物理意义。

1.5.1 能带理论的三个假设

晶体是由大量电子及原子核组成的多粒子系统,但晶体的许多电子过程仅与外层电子有关,因此,可以将晶体看作由外层的价电子及离子实(由内部电子与核构成)组成的系统。系统中粒子的状态由薛定谔方程

$$\hat{H}\psi = E\psi \tag{1.32}$$

的解来描述。式中,$\hat{H}$ 是晶体的哈密顿算符;ψ 是晶体的波函数;E 是晶体的能量。这里晶体的哈密顿算符包括电子的动能算符、离子的动能算符、电子与电子的相互作用算符、离子与离子的相互作用算符,以及电子与离子的相互作用算符等,如果晶体由 N 个原子组成,每个原子都有 Z 个电子,那么薛定谔方程 $\hat{H}\psi = E\psi$ 就包含了 $3(Z+1)N$ 个变量,这样,方程的变量数就高达 $10^{22} \sim 10^{24}$ 或更高的数量级。这样多的方程目前是无法求解的,为此需对方程进行特殊处理。能带理论就利用了下面的三个近似假设,将多粒子问题简化为单电子在周期场中运动的问题。能带理论的这三个基本假设如下:

(1) 绝热近似。

由于离子质量远大于电子质量,故离子的运动速度远小于电子的运动速度。当原子核运动时,电子极易调整它的位置,以跟上原子核的运动。而当电子运动时,可近似认为原子核还来不及跟上而保持不动。这样,在考虑电子的运动时,可以认为离子实固定在其瞬时位置上,可把电子的运动与离子实的运动分开处理,称玻恩 - 奥本哈莫(Born - Oppenheimer) 近似或绝热近似。通过绝热近似,把一个多粒子体系问题简化为一个多电子体系。

(2) 单电子近似。

多电子体系仍然是一个很大的体系,直接求解式(1.32) 也有困难,需要进一步简化。认为一个电子在离子实和其他电子所形成的势场中运动,称为哈特里 - 福克(Hartree-Fock) 自洽场近似,也称为单电子近似。单电子近似把一个多电子问题转化为一个单电子问题。

(3) 周期场近似。

单电子近似使得相互作用的电子系统简化为无相互作用的电子系统。由于晶格的周期性,可以合理地假设所有电子及离子实产生的场都具有晶格周期性,即

$$U(r) = U(r + Rn)$$

其中,R 为正格矢,$R = n_1a_1 + n_2a_2 + n_3a_3$。这个近似称为周期场近似。所以,能带理论有时被称为周期场理论。

采用这些假设后,晶体中的电子状态问题就变成了一个电子在周期性势场中的运动问题,使问题大为简化,但却导致能带理论具有局限性。

在经过上述的三个近似之后,晶体中电子的状态就可以用周期场中电子的状态来描述,薛定谔方程则为

$$\left[-\frac{h^2}{2m}\nabla^2 + U(r)\right]\psi(r) = E\psi(r) \tag{1.33}$$

布洛赫(Bloch) 证明,周期场中电子的波函数是一个调幅的平面波,即

$$\psi(r) = \mathrm{e}^{ikr}u_k(r) \tag{1.34}$$

其中 r 具有晶格周期性,即

$$u_k(r) = u_k(r + R_n) \tag{1.35}$$

上述结论称为布洛赫定理。把周期性调幅的平面波称为布洛赫波,把用布洛赫描述的电子称为布洛赫电子。波函数式(1.34) 中指数部分表明它是一个平面波,$u_k(r)$ 为平面波的振幅,它不是一个常数,与位置有关,并具有晶格周期性。波函数中,k 是平面波的波矢,也可看成是标志状态的量子数。

1.5.2 近自由电子近似

能带理论和量子自由电子学说一样,把电子的运动看作基本独立的,它们的运

动遵守量子力学统计规律 —— 费密 - 狄拉克统计规律,但是二者的区别在于,能量理论考虑了晶体原子的周期势场对电子运动的影响。

近自由电子近似是能带理论中一个简单模型。量子自由电子模型忽略了离子实的作用,而且假定金属晶体势场是均匀的,处处相同,显然这不完全符合实际情况。近自由电子近似模型的基本出发点是:电子经受的势场应该随着晶体中重复的原子排列而呈周期性的变化,因此晶体中的价电子行为接近于自由电子,而周期势场的作用可以看作很弱的周期性起伏的微扰处理。近自由电子近似尽管模型简单,但给出了周期场中运动电子本征态的一些最基本特点。

近自由电子近似模型的基本思想是:金属中价电子在一个很弱的周期场中运动(图 1.3),价电子的行为接近于自由电子,又与自由电子不同。这里的弱周期场设为 $\Delta V(x)$,可以当作微扰来处理,即:

(1) 零级近似时,用势场平均值 $\bar{V}$ 代替弱周期场 $V(x)$;

(2) 所谓弱周期场是指以比较小的周期起伏 $[V(x) - \bar{V}] = \Delta V(x)$ 作为微扰处理。

为简单起见,下面讨论一维情况。图 1.3 所示是一维晶体场势能变化曲线,晶体场势能的周期性变化可以表征为周期性的函数

$$V\left(\frac{1}{r} + Na\right) = V\left(\frac{1}{r}\right) \tag{1.36}$$

式中,a 为点阵常数。

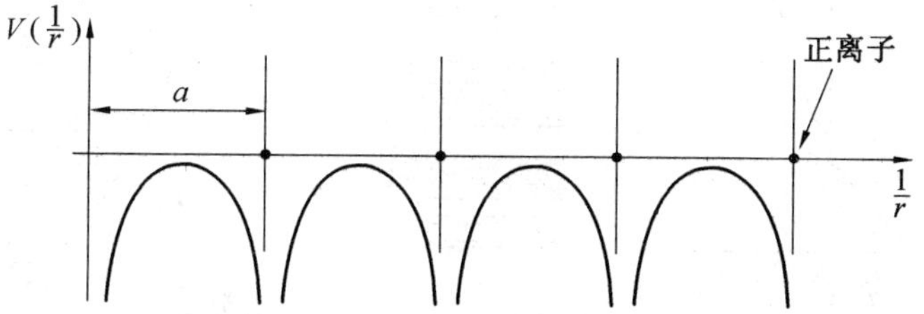

图 1.3 一维晶体场势能变化曲线

零级近似下,电子只受到 $\bar{V}$ 作用,电子在这种周期场中运动,对于一维晶体,电子的波动方程、电子波函数以及电子能量分别为

$$-\frac{h}{2m}\frac{\mathrm{d}^2}{\mathrm{d}x^2}\psi^0 + \bar{V}\psi^0 = E^0\psi^0$$

$$\psi_k^0(x) = \frac{1}{\sqrt{L}}\mathrm{e}^{\mathrm{i}kx}$$

$$E_k^0 = \frac{h^2k^2}{2m} + \bar{V} \tag{1.37}$$

由于晶体不是无限长而是有限长 L,因此波数 k 不能任意取值。当引入周期性

边界条件,则 k 只能取下列值:

$$k = \frac{2\pi}{Na}l$$

这里 l 为整数。

可见,零级近似的解为自由电子解的形式,故称为近自由电子近似理论。式(1.37)的物理意义是,在零级近似中,电子作为自由电子,其能量本征值 E_k^0 与 k 的关系曲线是抛物线。当 $k = \frac{2\pi}{Na}l$,在周期势场的微扰下,E_k 曲线在 $k = \pm\frac{n\pi}{a}$ 处断开。也就是说,当总能为 $E_n - |V_n|$ 的能级被占有以后,再增加一个电子,这个额外的电子只能占有总能为 $E_n + |V_n|$ 的能级,在两个能级之间的能态是禁止的。这表明在周期场影响下,在允许带之间出现了禁带。禁带宽度为 $2|V_n|$,V_n 是周期场微扰项近似展开的系数;禁带出现的位置在 $k = \frac{2\pi}{Na}l$,a 是点阵常数,l 为整数,一维能带理论导出的 $E - K$ 曲线如图1.4(a)所示,在 $k = \frac{2\pi}{Na}l$ 附近不同于自由电子近似(图1.4(b)),其余部分与自由电子模型完全相同。

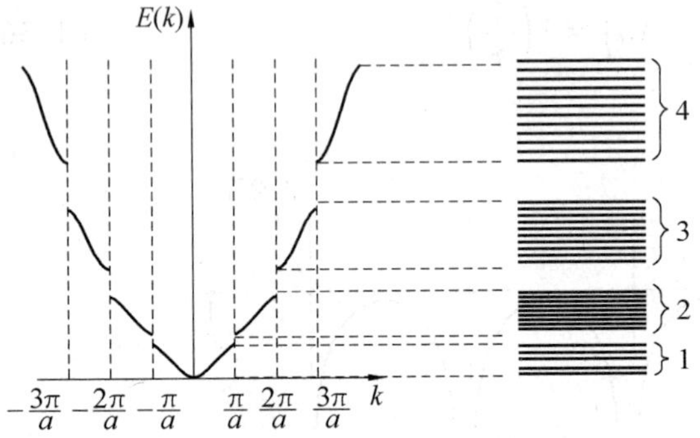

(a) 能带模型

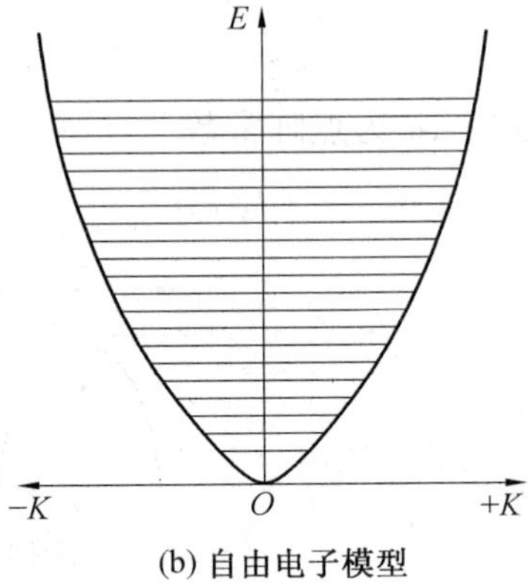

(b) 自由电子模型

图1.4 晶体中电子的 $E - K$ 曲线

1.5.3 布里渊区理论

描述能带结构的模型是布里渊区(Brillouin zone)理论。由于电子运动具有波的性质,它与X射线的性质一样。因此,可以把金属中价电子的运动看作X射线在金属晶体中的运动,因此,电子波在晶体中运动时,也符合布拉格(Bragg)衍射定律,即当电子波长的整数倍 $n\lambda$ 等于点阵周期常数 a 的两倍($2a$)时,电子波就会受到原子面的反射。布拉格反射条件为 $n\lambda = 2d\sin\theta$,式中,d 为晶面间距,θ 为电子波与晶面的夹角。在禁带处，有 $k=\pm\frac{n\pi}{a}$，而波数 $k=2\pi/\lambda$，则 $n\lambda=2a$，满足布拉格反射条件，即当 $k=\pm\frac{n\pi}{a}$ 时，电子遭到布拉格反射，从而出现能隙，导致将 K 空间划分为区的概念，这些区称为布里渊区。简单地说，在 K 空间中以倒格矢作倒格点，选取一个格点为原点，作由原点到各倒格点的垂直平分面，这些面相交所围成的多面体区域称为布里渊区。

一维晶体中，在 $k=\pm\frac{\pi}{a}$ 处出现第一个能隙，所以布里渊区的划分方法是：作倒空间中倒格矢的垂直中分面，由 $k=-\frac{\pi}{a}$ 至 $k=+\frac{\pi}{a}$ 的区域是第一布里渊区，$k=-\frac{2\pi}{a}$ 至 $k=+\frac{2\pi}{a}$ 决定第二布里渊区的边界，并依此类推，如图 1.4(a) 所示。

三维晶体中的布里渊区比较复杂。对于简单立方，第一布里渊区的边界围成一个立方体；对于面心立方，第一布里渊区边界围成一个十四面体；对于体心立方，第一布里渊区围成一个十二面体，第二布里渊区就更为复杂，这里不予讨论。可以证明，第二布里渊区和所有其他布里渊区都有着相同的体积。假定在离子构成的金属晶体中逐渐加入"近自由"电子，电子将根据系统动能最小的原则由能量低的能级向能量高的能级填充。对于一定的 K，可以画出 K 空间的等能面，二维情况下则为等能线，如图 1.5 所示。低能量的等能线 1 和 2 是以空间原点为中心的圆(三维情况下为一球面)。在这个范围内，波矢离布里渊区边界较远，这些电子与自由电子的行为相同，不受点阵周期场的影响，所以各方向上的 $E-K$ 关系相同，当 K 值增加时，等能线 3 开始偏离圆形，并在接近边界部分向外突出，受点阵周期场的影响逐渐显著，$\mathrm{d}E/\mathrm{d}K$ 比自由电子小(图 1.5(a))，因而在这个方向上两个等能线之间 K 的增量比自由电子大。等能线 4 和 5 表示与布里渊区的边界相交；处于布里渊区角顶的等级在这个布里渊区中能量最高(图 1.5 中 Q 点)。在边界上能量是不连续的，等能面不能穿过布里渊区边界。

在布里渊区边界，有能隙 $2|V_n|$，它表示禁带宽度，但三维晶体不一定有禁带，例如，图 1.5 中，如果第一区[0 1] 方向最高能级 P 为 4.5 eV，这个方向的能隙为 4 eV，则第二区最低能级为 8.5 eV；如果[1 1] 方向最高能级 Q 为 6.5 eV，在这种情况下整个晶体有能隙，如图 1.5(b) 所示，第一区和第二区的能带是分立的。如果[0 1] 方向的能隙只有 1 eV，则 R 为 5.5 eV，这种情况下，整个晶体没有能隙，第一区和第二区能带交叠，如图 1.5(c) 所示。

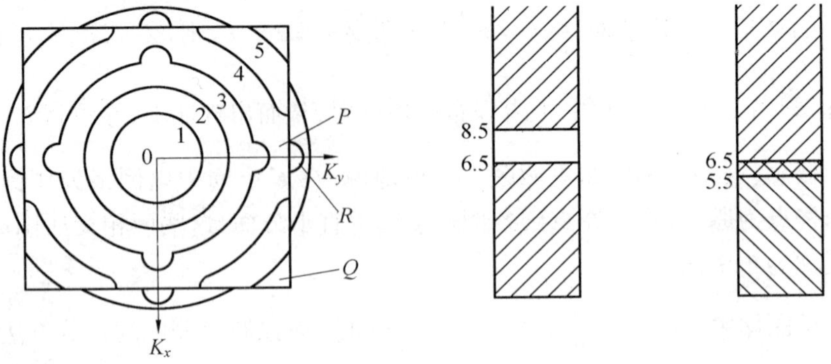

(a)二维正方点阵的第一布里渊区的等能面　(b)分立的能带　(c)交叠的能带

图1.5　布里渊区与能带示意图

1.5.4　准自由电子近似电子能级密度

在近自由电子近似中，状态密度曲线是抛物线，如图1.4所示。能带理论中，周期势场的影响导致能隙，使电子的 $E-K$ 发生变化，同时也使得 $Z(E)$ 曲线发生变化，对一维的情况，$E-K$ 曲线在 $k=\pm\frac{\pi}{a}$ 附近发生变化，同样也使得 $Z(E)$ 曲线发生变化。将近自由电子逐渐加入金属晶体，当从低能级开始填充时，$Z(E)$ 按自由电子抛物线变化，如图1.6(a)中的 OA 段。当 K 接近布里渊区边界时，$\mathrm{d}E/\mathrm{d}K$ 值比自由电子近似的 $\mathrm{d}E/\mathrm{d}K$ 小，即对于相同的能量变化，准自由电子近似的 K 值变化量 ΔK 大于自由电子近似的 K 的变化值，因此在 ΔE 范围内准自由电子近似包含的能级数多，即 $Z(E)$ 曲线提高，如图1.6(a)中的 AB 段；当费密面接触布里渊区边界时，$Z(E)$ 达到最大值(图中 B 点)；其后，由于只剩下布里渊区角落部分的能级可以填充，$Z(E)$ 下降，如图中 BC 段。当布里渊区完全填满时，$Z(E)$ 为零(图中 C 点)。

交叠能带的状态密度曲线如图1.6(b)所示。能带交叠时，总的 $Z(E)$ 曲线是各区的 $Z(E)$ 曲线的叠加。图中虚线表示第一、第二布里渊区的状态密度；实线是叠加的状态密度；阴影部分是已经填充的能级。

(a) 准自由电子近似的能级密度曲线
（虚线为自由电子近似的能级密度）

(b) 交叠能带的能级密度曲线

图1.6　能级密度曲线

布里渊区理论有两个著名应用:一个是用来区别金属和绝缘体;另一个是合金相的琼斯理论。利用晶体的布里渊区理论解释导体、半导体和绝缘体导电性的巨大差别是能带理论初期发展的重大成就。在金属中,所有的或者大部分的费密面在某种意义上都是近自由电子的,即费密面处在布里渊区内或处于有几乎相同的能级满的和空的电子状态之间。这是能带部分填充情况,能带中能量较低的能级被占有,能量较高的能级是空的。在任何能带中,波矢为 $\boldsymbol{K}$ 和 $-\boldsymbol{K}$ 的能级有相同的能量,它们的运动方向相反,速度的绝对值相等。在未加外电场时,电子的填充状态对空间质点对称分布,费密面如图 1.7 中实线圆所示,电子在晶体中自由运动不会产生电流。如果沿 $-X$ 方向施加一个电场,则每个电子都受到一个电场力的作用,该力使得不同状态的电子都获得与电场方向相反的加速度,相当于费密面向 K_x 方向平移 ΔK_x,如图 1.7 中虚线圆所示。这种情况下,波矢接近 $+K_F$ 的电子沿 $+K_F$ 方向的运动就能产生电流,因为虚线圆对原点不对称,这些电子没有相应的反向运动的电子与之相抵消。这表明只有能量接近 E_F 的电子能够成为载流子。这是一个基本要求,以便允许由一个任意小的电位差来产生一个电子流,即有一个在空间上费密分布的小的偏心,具有这种能带结构的物质就是导体。

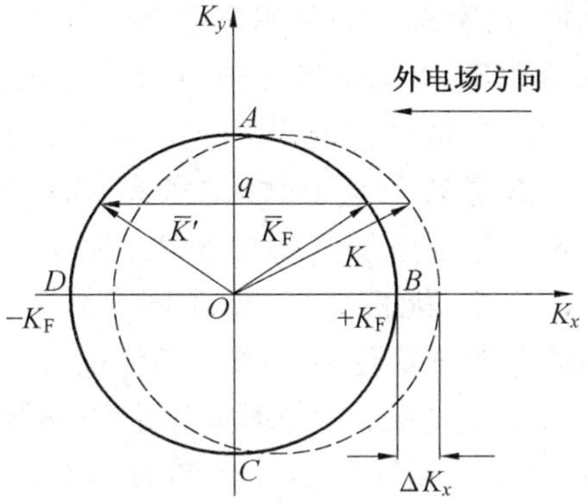

图 1.7 外电场对费密分布的影响

如果不重叠的两个带,第一区是满带,第二区是空带,禁带又比较宽,这时被外电场加速的电子遇到能量陡壁,电子必须从强电场中获得足够的能量超越能隙,才能进入第二区,否则费密面不能发生位移,费密分布仍对 $K = 0$ 对称,没有电流产生。具有这种能带结构的物质是绝缘体。

1.5.5 能带理论的局限性

能带理论是研究固体电子运动的一个主要理论,它被广泛地用于研究导体、绝缘体及半导体的物理性能,为这些不同的领域提供一个统一的分析方法。能带理论在阐明电子在晶格中的运动规律、固体的导电机制、合金的某些性质和金属结合能等方面取得了重大成就,但能带理论毕竟还是一种近似理论,其基础是单电子理论,是将本来相互关联运动的粒子,看作在一定的平均势场中彼此独立运动的粒子。所以,能带理论在应用中就必然会存在局限性。例如某些晶体的导电性不能用能带理论解释,即电子共有化模型和单电子近似不适用于这些晶体。

首先,能带理论在解释过渡族金属化合物的导电性方面,往往是失败的。例如,氧化锰晶体的每个原胞都含有一个锰原子及一个氧原子,因而含有五个锰的3d电子及两个氧的2p电子,按能带理论分,2p带应是全满的,3d带是半满的。由于3d带与2p带没有发生交叠,所以,氧化锰晶体应该是导体。实际上,这种晶体是绝缘体,在室温下的电阻率为10^{15} Ω·cm。又如能带理论预言三氧化铼(ReO_3)是绝缘体,实际上却是良导体,室温下的电阻率为10^{-15} Ω·cm,与铜的电阻率相近。

其次是根据能带理论的分析,晶体每个原胞含有奇数个电子时,这种晶体必然是导体。随着晶体中原子间距的增大,原子间波函数的交叠变小,能带变窄,电子的有效质量增加,晶体的电导率要逐渐下降。晶体电导率与原子间距的这种关系,可由图1.8中的直线表示。然而,实际情况往往不是这样的。例如钠晶体,3s电子形成的能带是半满的,因此是导体。现在,如果使用某种方法,使钠晶体膨胀,以增大晶格常数a,电导率逐渐下降。当a达到某一临界值a_c时,电导率突然下降为零,成为绝缘体;当$a < a_c$时,电导率仍然为零。当晶格常数足够大时,导体就会成为绝缘体,这种现象称作金属-绝缘体转变。能带理论无法解释这种转变。这种转变的原因在于a越大时,所形成的能带越窄,致使电子的动能越小而局限于原子的周围,并不参与导电。这样,尽管能带是半满的,但晶体却是绝缘体。

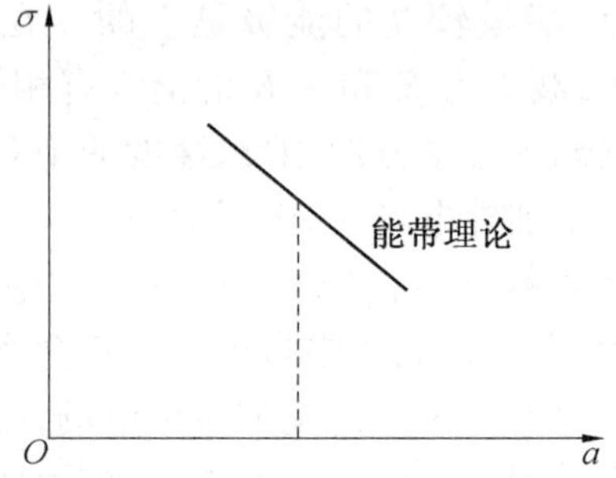

图1.8　电导率随晶格常数a的变化

其他如超导电性、晶体中电子的集体运动等,都需要考虑电子-声子之间以及电子-电子之间的关联作用,所以,无法用单电子的能带理论去解释。多电子理论建立后,单电子能带理论的结果常作为多电子理论的起点,在解决现代复杂问题时,两种理论是相辅相成的。

1.6　原子中的电子状态

自然界的物质种类繁多,性质各异。不同物质在性质上的差异是由于物质内部结构不同而引起的。要了解物质的性质及其变化规律,有必要先了解原子结构,特别是核外电子的运动状态。

按照卢瑟福模型,原子结构由带电荷的原子核和核外电子云构成。各种元素原子的原子数等于周期表中元素的原子序数。电子有质量(9.11×10^{-31} kg),带负电荷($-e, e=1.6\times10^{-19}$ C)。在一个原子序数为Z的原子中,原子核的正电荷等于$+Ze$,正好与核外电子的电量相等,但符号相反,所以原子是电中性的。原子核外所有电子都在不停地运动。

1.6.1　核外电子运动的特征

众所周知,地球沿着固定轨道围绕太阳运动,地球的卫星(月球或人造卫星)也以固定的轨道绕地球运转。这些宏观物体运动的共同规律是有固定的轨道,人们可以在任何时间内同时准确地测出它们的运动速度和所在位置。电子是一种极微小的粒子,质量极小,在核外的运动速度快(接近光速)。因此电子的运动和宏观物体的运动不同。和光一样,电子的运动具有粒子性和波动性的双重性质。对于质量为 m,运动速度为 v 的电子,其动量为

$$p = mv \tag{1.38}$$

其相应的波长为

$$\lambda = \frac{h}{p} = \frac{h}{mv}$$

式(1.38)中,左边是电子的波长λ,它表明电子波动性的特征(其值为6.626×10^{-34} J·S);右边是电子的动量p(或mv),它表明电子的微粒性特征,两者通过普朗克常数 h 联系起来。

实验证明,对于具有波动性的微粒来说,不能同时准确地确定它在空间的位置和动量(运动速度)。也就是说电子的位置测得越准,它的动量(运动速度)就越测不准,反之亦然。但是用统计的方法,可以知道电子在原子中某一区域内出现的概率。

电子在原子核外空间各区域出现的概率是不同的。在一定时间内,在某些地方电子出现的概率较大,而在另一些地方出现的概率较小。对于氢原子来说,核外只有一个电子。为了在一瞬间找到电子在氢原子核外的确切位置,假定用高速照相机先给某个氢原子拍五张照片,得到如图1.9所示的氢原子五次瞬间照片,⊕代表原子核,小黑点表示电子。

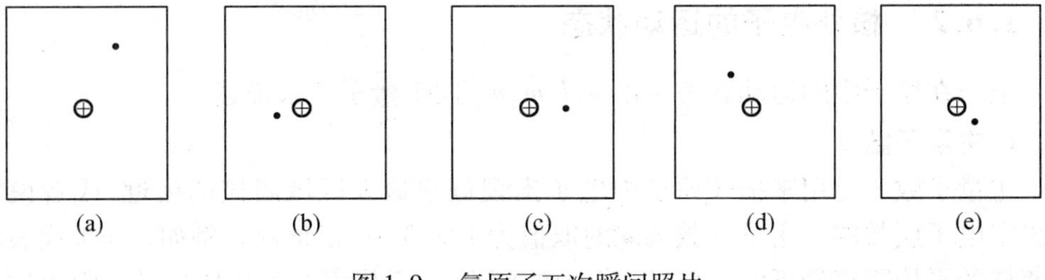

图1.9　氢原子五次瞬间照片

如果给这个氢原子照几万张照片,叠加这些照片(图1.10)进行分析,发现原子核外的一个电子在核外空间各处都有出现的可能,但在各处出现的概率不同。如果用小黑点的疏密来表示电子在核外各处的概率密度(单位体积中出现的概率)大小,则黑点密的地方,是电子出现概率密度大的地方;黑点疏的地方,是电子出现

概率密度小的地方，如图1.11所示。像这样用小黑点的疏密形象地描述电子在原子核外空间的概率密度分布图像称为电子云。所以电子云是电子在核外运动具有统计性的一种形象表示法。

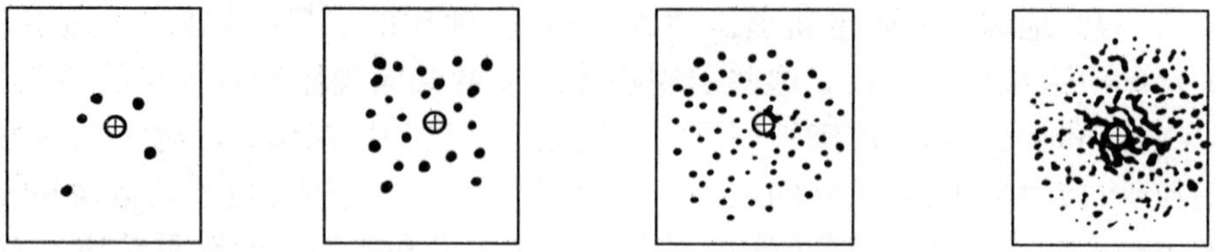

5 张照片叠印　　20 张照片叠印　　1 000 张照片叠印　　100 000 张照片叠印

图1.10　若干张氢原子瞬间照片叠印

由图1.11可见，氢原子的电子云是球形的，离核越近的地方其电子云密度越大。但是由于离原子核越近，球壳的总体积越小，因此在这一区域内黑点的总数并不多。而是在半径为53 pm附近的球壳中电子出现的概率最大，这是氢原子最稳定状态。为了方便，通常用电子云的界面表示原子中电子云的分布情况，如图1.12所示。所谓界面，是指电子在这个界面内出现的概率很大(95%以上)，而在界面外出现的概率很小(5%以下)。

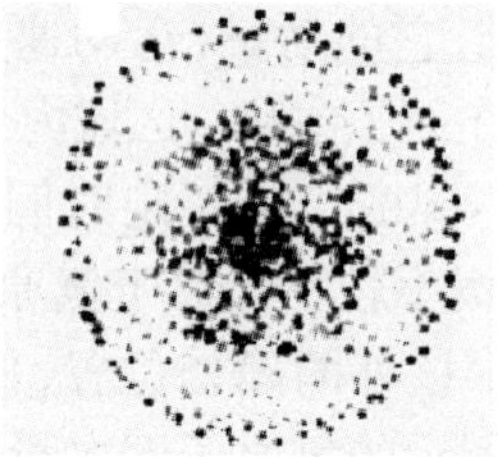

图1.11　氢原子的电子云图

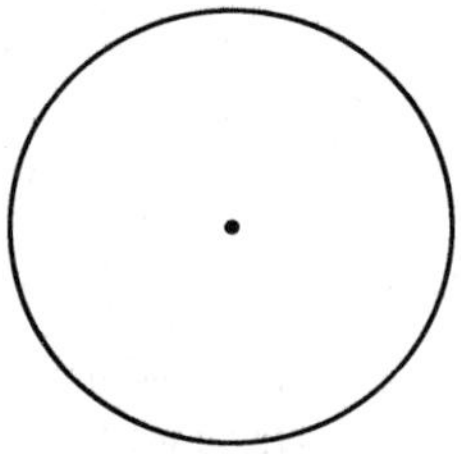

图1.12　氢原子电子云界面图

1.6.2　核外电子的运动状态

电子在原子中的运动状态可由 n, l, m, m_s 四个量子数来描述。

1. 主量子数 n

主量子数 n 是用来描述原子中电子出现概率最大区域离核的远近，或者说它是决定电子层数的。主量子数的 n 的取值为1,2,3,… 正整数。例如，$n=1$ 代表电子离核的平均距离最近的一层，即第一电子层；$n=2$ 代表电子离核的平均距离比第一层稍远的一层，即第二电子层。依此类推。可见 n 越大电子离核的平均距离越远。在光谱学上常用大写拉丁字母K,L,M,N,O,P,Q代表电子层数，见表1.1。

主量子数 n 是决定电子能量高低的主要因素。对单电子原子来说，n 值越大，电子的能量越高。但是对多电子原子来说，核外电子的能量除了同主量子数 n 有关以外还同原子轨道(或电子云)的形状有关。因此,n 值越大,只有在原子轨道(或电子云)的形状相同的条件下电子的能量才越高。

表 1.1 在光谱学上常用大写拉丁字母 K,L,M,N,O,P,Q 代表电子层数

主量子数 n	1	2	3	4	5	6	7
电子层符号	K	L	M	N	O	P	Q

2. 副量子数 l

副量子数又称角量子数,是一个决定角动量 L 大小的量子数。

$$|L| = \sqrt{l(1+l)}\hbar \tag{1.39}$$

式中,$l = 0,1,2,3,\cdots,n-1$;$\hbar = \dfrac{h}{2\pi} = 1.05 \times 10^{-34}\ \mathrm{J \cdot s}$。

当 n 给定时,l 可取 $0,1,2,3,\cdots,n-1$。在每个主量子数 n 中,有 n 个副量子数,其最大值为 $n-1$。例如 $n=1$ 时,只有一个副量子数,$l=0$;$n=2$ 时,有两个副量子数,$l=0$,$l=1$。依此类推。按光谱学上的习惯,l 还可以用 s,p,d,f 等符号表示,见表 1.2。

表 1.2 l 用 s,p,d,f 等符号表示

l	0	1	2	3
光谱符号	s	p	d	f

副量子数 l 的一个重要物理意义是表示原子轨道(或电子云)的形状。具有同一主量子数 n 的电子云的形状不同,能量的高低也不完全相同,而副量子数 l 正是代表电子云的形状。同一主量子数的电子究竟可以分为几个能量状态,应根据能量的差别由副量子数 l 来决定。值得注意的是,最小的 l 值不是 1 而是 0。在经典力学中,角动量越小的粒子,其运动椭圆的轨道越扁。当 $|L|=0$ 时,轨道退化成一条通过中心的直线,这样,电子就要与原子核相碰撞而湮灭。但是,在量子力学中,不仅 $|L|=0$ 的状态存在,而且是一个球对称的状态。$|L|=0$ 时(称 s 轨道),其原子轨道(或电子云)呈球形分布(图 1.13);$l=1$ 时(称 p 轨道),其原子轨道(或电子云)呈哑铃形分布(图 1.14)。

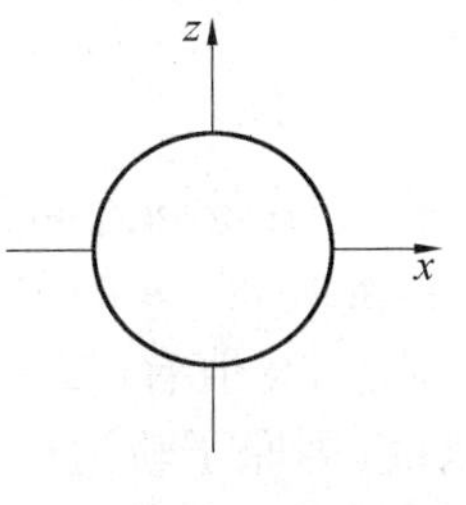

图 1.13 s 电子云

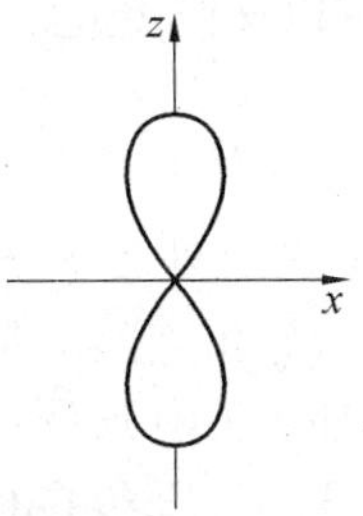

图 1.14 p 电子云

副量子数 l 的另一个物理意义是表示同一电子层中具有不同状态的亚层。例如，$n = 3$ 时，l 可取值为 0,1,2。即在第三层电子层上有三个亚层，分别为 s,p,d 亚层。为了区别不同电子层上的亚层，在亚层符号前面冠以电子层数。例如，2s 是第二电子层上的 s 亚层，3p 是第三电子层上的 p 亚层。表1.3 列出了主量子数 n、副量子数 l 及相应电子层、亚层之间的关系。

表1.3　主量子数 n、副量子数 l 及相应电子层、亚层之间的关系

n	电子层	l	亚层
1	1	0	1s
2	2	0	2s
		1	2p
3	3	0	3s
		1	3p
		2	3d
4	4	0	4s
		1	4p
		2	4d
		3	4f

前已述及，对于单电子体系的氢原子来说，各种状态的电子能量只与 n 有关。但是对于多电子原子来说，由于原子中各电子之间的相互作用，因而当 n 相同，l 不同时，各种状态的电子能量也不同，l 越大，能量越高。即同一电子层上的不同亚层其能量不同，这些亚层又称为能级。因此副量子数 l 的第三个物理意义是：它同多电子原子中电子的能量有关，是决定多电子原子中电子能量的次要因素。

3. 磁量子数 m

式(1.39) 虽然给出了角动量的大小，但是却没有指出其方向，即粒子轨道平面法线对空间固定方向 z 轴的夹角。经典力学中这一夹角可以连续变化，即角动量沿 z 轴的投影分量 L_z 可以连续变化。然而，事实上量子力学体系的 L_z 是不连续的，应取

$$L_z = m\hbar \tag{1.40}$$

式中，m 为磁量子数。

磁量子数 m 是决定外磁场作用下电子角动量沿磁场方向分量的数字，即决定原子轨道(或电子云) 在空间的伸展方向。当 l 给定时，m 的取值为从 $-l$ 到 $+l$ 之间的一切整数(包括0在内)，所以，对于一个固定的 l 值有 $(2l + 1)$ 个不同的 m 值。即 0, ± 1, ± 2, ± 3, $\cdots$, $\pm l$，共有 $2l + 1$ 个取值，则原子轨道(或电子云) 在空间有 $2l + 1$ 个伸展方向，见表1.4。

表 1.4 副量子数与相应磁量子数的关系

副量子数 l	相应磁量子数的取值	磁量子数的数目
$l=0$	$m=0$	$2l+1=1$
$l=1$	$m=+1,0,-1$	$2l+1=3$
$l=2$	$m=+2,+1,0,-1,-2$	$2l+1=5$
$l=3$	$m=+3,+2,+1,0,-1,-2,-3$	$2l+1=7$

原子轨道(或电子云)在空间的每一个伸展方向称作一个轨道。例如,$l=0$ 时,s 电子云呈球形对称分布,没有方向性。m 只能有一个值,即 $m=0$,说明 s 亚层只有一个轨道为 s 轨道。当 $l=1$ 时,m 可有 $-1,0,+1$ 三个取值,说明 p 电子云在空间有三种取向,即 p 亚层中有三个以 x,y,z 轴为对称轴的 p_x,p_y,p_z 轨道。当 $l=2$ 时,m 可有五个取值,即 d 电子云在空间有五种取向,d 亚层中有五个不同伸展方向的 d 轨道(图 1.15)。

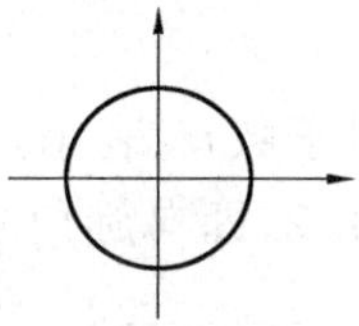

(a) s 电子层

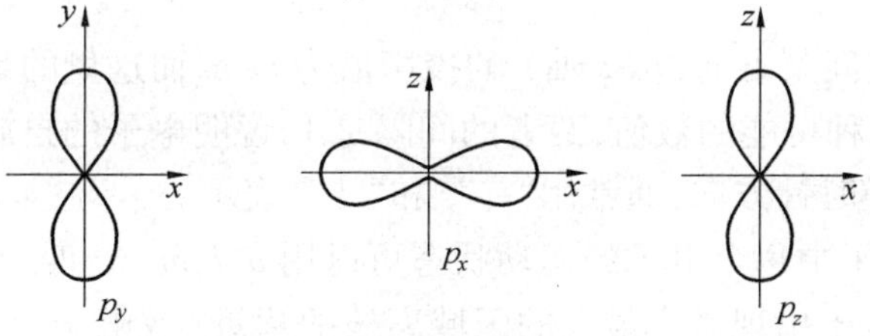

(b) p 电子层

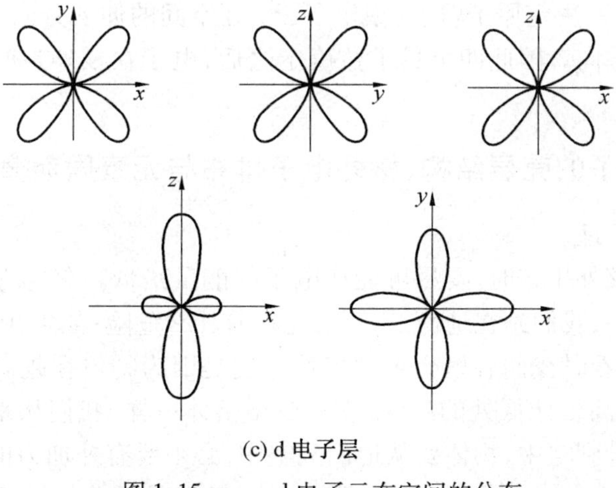

(c) d 电子层

图 1.15 s,p,d 电子云在空间的分布

n,l 相同,m 不同的各轨道具有相同的能量,把能量相同的轨道称为等价轨道。电子在轨道外空间所处的主量子数、副量子数和磁量子数都确定的运动状态具有确定的能量,由于电子轨道及其取向的量子化,允许存在的能量状态也是分立的,称为能级。考虑到对每一个 l 最多只能有 $2l+1$ 个轨道,因此同一 n 值的主壳层中电子可占有的轨道数目最多只能是

$$\sum_{i=0}^{n-1}(2l+1)=n^2 \tag{1.41}$$

4. 自旋量子数 m_s

20 世纪 50 年代,人们在分析许多实验之后,肯定原子中的电子除绕核做高速运动外,还具有某种"自旋"。开始,人们曾认为电子真的像某种高速旋转的小陀螺,后来发现问题远非如此简单。实际上,人类至今仍不知道如何具体描述这种自旋。只知道如下事实:

(1) 电子的自旋运动用自旋量子数 m_s 表示。电子自旋角动量的量子数不是正整数,而是一个确定的半整数 $s=1/2$,即自旋角动量的大小为

$$\sqrt{s(s+1)}\hbar=\frac{\sqrt{3}}{2\hbar} \tag{1.42}$$

(2) 自旋沿空间某方向(取 z 轴)的投影值为 $m_s\hbar$,而这里的量子数 m_s 只能取 $+1/2$ 和 $-1/2$ 两种可能的数值,两者的间隔是 1,说明电子的自旋只有两个方向,即顺时针方向和逆时针方向,通常用"↑"和"↓"表示。

综上所述,原子中每个电子的运动状态可以用 n,l,m,m_s 四个量子数来描述。主量子数 n 决定电子出现概率最大的区域离核的远近(或电子层),并且是决定电子能量的主要因素;副量子数 l 决定原子轨道(或电子云)的形状,同时也影响电子的能量;磁量子数 m 决定原子轨道(或电子云)在空间的伸展方向;自旋量子数 m_s 决定电子自旋的方向。因此四个量子数确定之后,电子在核外空间的运动状态也就确定了。

1.6.3 原子的壳层结构、核外电子排布与元素周期律

1. 最低能量原理

电子在原子核外排布时,要尽可能使电子的能量最低。怎样才能使电子的能量最低呢?比如说,我们站在地面上,不会觉得有什么危险;如果我们站在 20 层楼的楼顶上,再往下看时我们心里会感到害怕。这是因为物体在越高处具有的势能越大,物体总有从高处往低处的趋势,就像自由落体一样,我们从来没有见过物体会自动从地面上升到空中,物体要从地面到空中,必须要有外加力的作用。电子本身就是一种物质,也具有同样的性质,即它在一般情况下总想处于一种较为安全

(或稳定)的状态(基态),也就是能量最低时的状态。当有外加力作用时,电子也可以吸收能量而达到能量较高的状态(激发态),但是它总有时时刻刻想回到基态的趋势。

所谓最低能量原理,即原子核外的电子,总是尽先占有能量最低的原子轨道,只有当能量较低的原子轨道被占满后,电子才依次进入能量较高的轨道,以使原子处于能量最低的稳定状态。

一般来说,离核较近的电子具有较低的能量,随着电子层数的增加,电子的能量越来越大;同一层中,各亚层的能量是按 s,p,d,f 的次序增高的。这两种作用的总结果可以得出电子在原子核外排布时遵守下列次序:

(1) 当 n 相同,l 不同时,轨道的能量次序是按 s,p,d,f 的次序增高的。例如,$E_{3s} < E_{3p} < E_{3d}$。

(2) 当 n 不同,l 相同时,n 越大,各相应的轨道能量越高。例如,$E_{2s} < E_{3s} < E_{4s}$。

(3) 当 n 和 l 都不相同时,轨道能量有交错现象。即 $(n-1)$d 轨道能量大于 ns 轨道的能量,$(n-1)$f 轨道的能量大于 np 轨道的能量。在同一周期中,各元素随着原子序数递增核外电子的填充次序为 ns,$(n-2)$f,$(n-1)$d,np。

核外电子填充次序如图 1.16 所示。

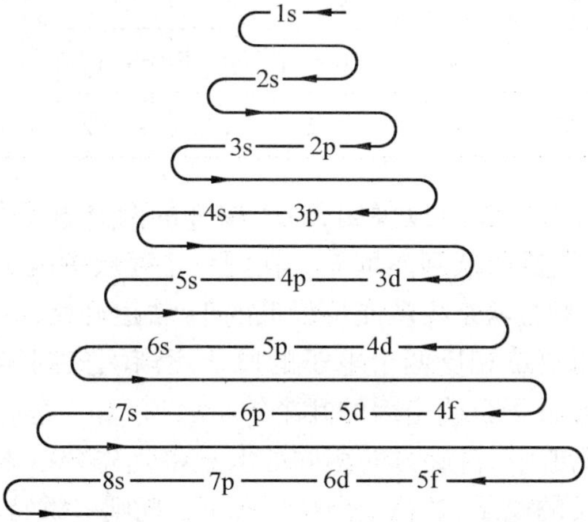

图 1.16 电子填充次序

2. 泡利(Pauli)不相容原理

与轨道角动量和自旋角动量相对应,存在着轨道磁矩和自旋磁矩,它们之间的相互作用将产生附加能量。这种自旋与轨道的"耦合"导致原子能级的差异已由原子光谱的"精细结构"得到验证。但是,为什么电子的自旋量子数是半整数这一事实至今还不太清楚。与之联系的一个事实是,电子只愿意单独占据一个状态,而不可能有两个或两个以上的电子处于同一状态。这一性质是泡利首先从原子光谱的分析中得到的,称为泡利不相容原理。

泡利不相容原理的内容是:在同一原子中没有四个量子数完全相同的电子,或者说在同一原子中没有运动状态完全相同的电子。例如,氦原子的1s轨道中有两个电子,描述其中一个原子中没有运动状态的一组量子数(n,l,m,m_s)为1,0,0,+1/2,另一个电子的一组量子数必然是1,0,0,-1/2,即两个电子的其他状态相同但自旋方向相反。换言之,已占据一个状态的电子排斥其他电子进入这一状态。电子(还有质子、中子等自旋为1/2的粒子,统称为费密子)这种严格排他性的特点至今还令人费解。根据泡利不相容原理可以得出这样的结论,在每个原子轨道中,最多只能容纳自旋方向相反的两个电子。把同一能级上两个不同状态的自旋看成顺时针(正)和逆时针方向(反)的自旋,通常用箭头"↑"代表正方向的自旋,箭头"↓"代表负方向的自旋。于是,不难推算出各主壳层(n值相同)最多容纳的电子数为$2n^2$个。例如,$n=2$时,电子可以处于四个量子数不同组合的8种状态,即$n=2$时,最多可容纳8个电子,见表1.5。

表1.5 $n=2$时电子层可能的轨道数和电子对

n	2	2	2	2	2	2	2	2
l	0	0	1	1	1	1	1	1
m	0	0	0	0	+1	+1	-1	-1
m_s	+1/2	-1/2	+1/2	-1/2	+1/2	-1/2	+1/2	-1/2

从泡利不相容原理出发可以说明,原子核外的两个电子是按照一个能态填充一个电子的规则,使能量由低到高填充。在同一主壳层中电子的能级依s,p,d,f的次序增高,原子中电子的填充将从能量最低的1s轨道开始,然后是2s,2p,…,依照每个轨道中只能容纳自旋相反两个电子的原子逐渐填充到能级较高的轨道中,假如遇到主量子数和角量子数确定后的几个等价轨道(如3个p轨道、5个d轨道和7个f轨道),在等价轨道中,自旋方向相同的电子将优先分占不同的等价轨道,然后再填入自旋方向相反的电子,这就是洪特(Hund)规则。洪特规则实际上是最低能量原理的补充,量子力学从理论上证明,这样的填充过程可以使原子保持最低的能量。因为当一个轨道中已有一个电子时,另一个电子要继续填入并和前一个电子成对,就必须克服它们之间的相互排斥作用,所提高的这部分能量称为配对能。因此,电子单个分别填充等价轨道,才有利于降低体系的能量。例如,碳原子核外有6个电子,除了有两个电子分布在1s轨道,两个电子分布在2s轨道外,另外两个电子不是占一个2p轨道,而是以自旋相同的方向分占能量相同,但伸展方向不同的两

个 2p 轨道。碳原子核外 6 个电子的排布情况如下：

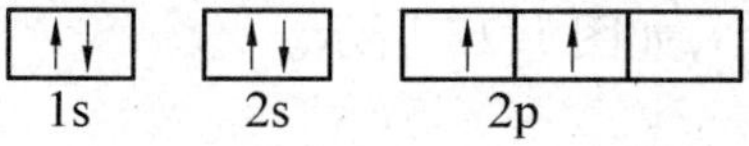

$1s^2 2s^2 2p^2$（电子排布式）

作为洪特规则的特例，对于角量子数相同的等价轨道而言，电子次壳层全充满，半充满或全空的状态是比较稳定的。全充满、半充满和全空的结构分别表示如下：

全充满：p^6，d^{10}，f^{14}

半充满：p^3，d^5，f^7

全空：p^0，d^0，f^0

用洪特规则可以解释 Cr 原子的外层电子排布为 $3d^5 4s^1$ 而不是 $3d^4 4s^2$，Cu 原子的外层电子排布为 $3d^{10} 4s^1$ 而不是 $3d^9 4s^2$。

此外，影响电子填充次序的还有屏蔽效应和穿透效应。在多电子的原子中，不但原子核对电子有吸引作用，还有电子间的相互排斥。内层电子对外层电子的排斥意味着原子核对外层电子的引力减弱，相当于屏蔽作用。主壳层中的 s 电子对同壳层其他能态电子有较大的屏蔽作用表明，它们离原子核近，有穿透内部空间更靠近核的作用。例如，4s 电子由于穿透作用，其能量不仅低于 4p，而且还略低于 3d。这些效应造成原子填充时的能级交错现象，即能量顺序变为 $E_{4s} < E_{3d} < E_{4p}$。同样的原因造成的交错还有 $E_{5s} < E_{4d} < E_{5p}$ 和 $E_{6s} < E_{4f} < E_{5d} < E_{6p}$。

显然，电子的填充并不是完全按照主量子数的次序，有时是内壳层电子尚未填满，而添加的电子却填充了外层。有时外壳层的建立暂时中止，而新添电子却回过来填充了内壳层。

3. 元素的周期律

电子按照上述原则由低能级逐个填充，构成自然界中的所有化学元素，元素性质的周期性正是原子中电子壳层结构存在周期性的反映，原子的电子层结构具有周期性变化规律导致与原子结构有关的一些原子的基本性质，如原子半径、电离能、电子亲和能、电负性等也随之呈现显著的周期变化。人们将这些性质（还包括核电荷数以及原子量）统称为原子参数。下面我们将对这些原子参数的周期性变化规律分别进行讨论。

（1）原子半径的规律性变化。

根据电子云的概念，原子在空间占据的范围并没有明确的界限，所以原子半径随原子所处的环境不同而有不同定义的半径。

① 原子轨道半径。它是指自由原子最外层轨道径向分布函数 $4\pi r^2 \varphi^2$ 的主峰位置到原子核的距离。它只适用于比较自由原子的大小。

② 共价半径。若同种元素的两个原子以共价单键连接时，它们核间距离的一

半称为原子的共价半径,如:H_2,X_2 等同核单键双原子分子,均可测得其共价半径。共价半径用于比较非金属原子的大小,如图1.17所示。

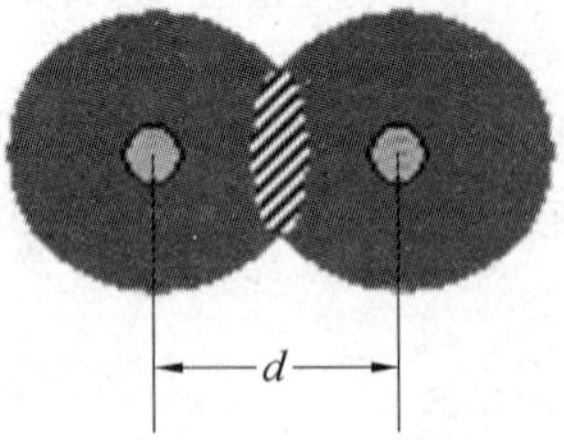

图1.17 共价半径

③ 金属半径。金属晶体中,金属原子被看作刚性球体,彼此相切,其核间距的一半为金属半径。金属半径用于比较金属原子的大小。原子的金属半径通常比单键共价半径大10% ~ 15%,如图1.18所示。

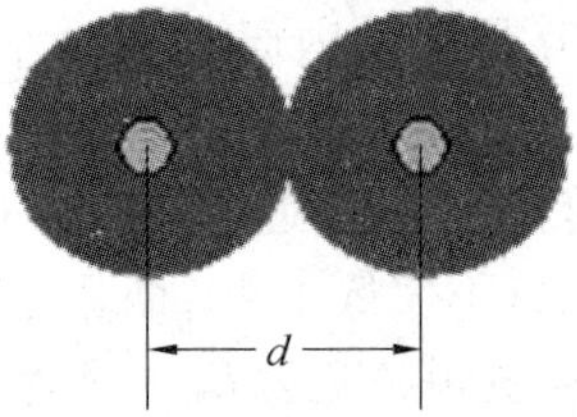

图1.18 金属半径

④ 范德华(Van der Waals)半径。稀有气体在凝聚态时,原子之间不是靠化学键结合而是靠微弱的分子间作用力(范德华力)结合在一起的,取固相中相邻原子核间距的一半作为原子半径称为范德华半径。非金属的原子范德华半径约等于它们的负离子半径,如图1.19所示。

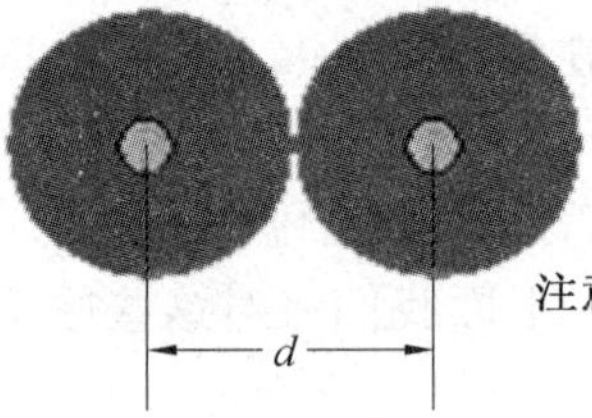

图1.19 范德华半径

同周期元素随着核电荷数增加不增加电子层,半径变化的总趋势是自左向右减少,但减小幅度与电子均裂有关。这是因为在短周期中,从左向右电子虽增加在同一列层,但电子在同一层内相互屏蔽作用比较小,所以随着原子序数增大,核电荷对电子吸引增强,导致原子收缩,半径减小。过渡元素自左至右,电子逐一填入

$(n-1)$d 层,d 层电子处于次外层,对核的屏蔽作用较大。所以随着有效核电荷的增加,半径减小的幅度不如主族元素那么大,总趋势依旧是减小的。由于 d^{10} 有较大的屏蔽作用,所以当电子充满 d 轨道,即$(n-1)d^{10}$ 时,原子半径又略微增大。在镧系和锕系元素中,电子填入次次外层即$(n-2)$f,由于 f 电子对核的屏蔽作用更大,原子半径由左到右收缩的平均幅度更小。比较短周期和长周期,相邻元素原子半径减小的平均幅度从大到小的顺序大致为:非过渡元素(约 10 pm)、过渡元素(约 5 pm)、内过渡元素(小于 1 pm)。

镧系元素的原子半径自左至右缓慢减小的现象(从镧到镥的半径只缩小了 11 pm) 称为镧系收缩。

在同一主族中由上而下原子半径一般是增大的。因为同族元素原子由上而下电子层数增加,虽然核电荷由上至下也增加,但由于内层电子的屏蔽,有效核电荷 Z^* 增加使半径缩小的作用不如内电子层 n 增加而使半径加大所起的作用大。所以总趋势是半径由上至下加大。副族元素由上至下半径增大的幅度小,特别是第 5,6 周期的同族元素原子半径非常接近,这是镧系收缩效应的结果。

所谓"镧系收缩" 效应,是指镧系 15 个元素随原子序数的增加,原子半径收缩以后,使得周期表中的第三过渡系与第二过渡系同族元素半径接近因而性质相似的现象。例如 Zr 与 Hf、Nb 与 Ta、Mo 与 W 原子半径相近,性质相似。从 Nb($4d^4 5s^1$)到 Ta($4f^{14} 5d^3 4s^2$),共增加 32 个核电荷和 32 个核外电子,使得核对核外电子的吸引力增加,而使半径缩小所起的作用几乎等于增加一个电子层而使半径增大所起的作用。

(2) 元素的电负性。

元素的原子在分子中吸引电子的能力称为元素的电负性。元素的电负性越大,表示该元素原子吸引电子的能力越大,生成阴离子的倾向也越大。反之,吸引电子的能力越小,生成阳离子的倾向也越大。表 1.6 列出了元素的电负性数值。元素的电负性是相对值,没有单位。通常规定氟的电负性为 4.0(或锂为 1.0),进而计算出其他元素的电负性数值。从表 1.6 可以看出,元素的电负性具有明显的周期性。电负性的周期性变化和元素的金属性、非金属性的周期性变化是一致的。同一周期内从左到右,元素的电负性逐渐增大,同一主族内从上至下电负性减小。在副族中,电负性变化不规则。在所有元素中,氟的电负性(4.0) 最大,非金属性最强,钫的电负性(0.7) 最小,金属性最强。一般金属元素的电负性小于 2.0,非金属元素的电负性大于 2.0,但两者之间没有严格的界限,不能把电负性 2.0 作为划分金属和非金属的绝对标准。

表1.6 元素的电负性

Li	Be							H				B	C	N	O	F
1.0	1.5							2.1				2.0	2.5	3.0	3.5	4.0
Na	Mg											Al	Si	P	S	Cl
0.9	1.2											1.5	1.8	2.1	2.5	3.0
K	Ca	Sc	Ti	V	Cr	Mn	Fe	Co	Ni	Cu	Zn	Ga	Ge	As	Se	Br
0.8	1.0	1.3	1.5	1.6	1.6	1.5	1.8	1.8	1.9	1.9	1.6	1.6	1.8	2.0	2.4	2.8
Rb	Sr	Y	Zr	Nb	Mo	Tc	Ru	Rh	Pd	Ag	Cd	In	Sn	Sb	Te	I
0.8	1.0	1.2	1.4	1.6	1.8	1.9	2.2	2.2	2.2	1.9	1.7	1.7	1.8	1.9	2.1	2.5
Cs	Ba	La ~ Lu	Hf	Ta	W	Re	Os	Ir	Pt	Au	Hg	Tl	Pb	Bi	Po	At
0.7	0.9	1.1 ~ 1.2	1.3	1.5	1.7	1.9	2.2	2.2	2.2	2.4	1.9	1.8	1.8	1.9	2.0	2.2
Fr	Ra	Ac	Th	Ha	U	Np ~ No										
0.7	0.9	1.1	1.3	1.4	1.4	1.4 ~ 1.3										

元素电负性的大小，不仅能说明元素的金属性和非金属性，而且与讨论化学键的类型、元素的氧化数和分子的极性等都有密切关系。

第2章　材料电学性能的测试技术

2.1　概　述

自从19世纪末以来，几乎没有一门学科的成就能像电磁学那样具有如此深远和广泛的影响，电能的开发与电信的进展深入到社会生产和家庭生活的每一个角落，影响着每一个人的生活方式，"电气化"曾被作为一个社会物质文明的重要指标。从大功率的发电机、变压器、数千千米的电能输送到微电子线路中的各种元器件，都在应用着材料的不同电学性能。导体材料、电阻和电热材料、热电和光电材料、半导体材料、超导材料以及电介质材料等，都是以它们的电学性能为特征，在工业生产及人们的日常生活中得到了广泛应用。特别应当看到的是，作为20世纪十大发明之一的半导体材料，其发展导致了大规模集成电路的出现，推动了电子计算机技术的进步，使人类社会的生产和生活发生了深刻的变化。

材料的电学性能，从广义上说，包括材料受到某种或者几种因素作用时，材料内部的带电粒子发生相应的定向运动或者其空间分布状态发生变化，由此导致宏观上出现电荷输运或者电荷极化的现象。从微观上说，材料的导电性是指在电场作用下，材料中的带电粒子发生定向移动的现象，因此有电流必须有电荷输运过程。电荷的载体称为载流子，载流子可以是电子、空穴，也可以是正离子、负离子。表征材料导电载流子种类对材料导电性能贡献的参数是迁移数 t_x，也有人将其称为输运数(Transference Number)，定义为

$$t_x = \frac{\sigma_x}{\sigma_T} \tag{2.1}$$

式中，σ_x 表示各种载流子输运电荷的电导率；σ_T 为各种载流子输运电荷形成的总电导率。

除了电介质以外，材料在电场中的行为由欧姆定律用正比的方式把试样两端的电势差 U 和沿试样流动的电流强度 I 联系起来，其比例常数 R 表示试样的电阻特性。电阻 R 除了决定于材料的导电性能外，还与试样的几何尺寸有关，即与试样的长度 l 成正比，与试样的截面积 S 成反比，由此引出了只与材料性质有关的物理常数 —— 电阻率 ρ，则

$$R = \rho \frac{L}{S} \tag{2.2}$$

式中，ρ 称为电阻率，有时也称为比电阻，是材料导电性的量度。电阻率的单位常用 $\Omega \cdot \mathrm{m}$，有时也用 $\Omega \cdot \mathrm{cm}$ 或 $\mu\Omega \cdot \mathrm{cm}$，工程技术中也常用 $\Omega \cdot \mathrm{mm}^2/\mathrm{m}$。它们之间换算关系为

$$1\ \mu\Omega \cdot \mathrm{cm} = 10^{-9}\ \Omega \cdot \mathrm{m} = 10^{-6}\ \Omega \cdot \mathrm{cm} = 10^{-2}\ \Omega \cdot \mathrm{mm}^2/\mathrm{m}$$

与电阻率 ρ 相对应，有时也用电导率表征材料导电性。电导率的定义可以通过欧姆定律给出：当施加的电场产生电流时，电流密度 J 正比于电场强度 E，其比例常数 σ 即为电导率，即

$$J = \sigma E \tag{2.3}$$

电导率与通常用来表征材料电性能的电阻率有直接的关系，可表示为

$$\sigma = \frac{1}{\rho} \tag{2.4}$$

电导率 σ 的单位是西门子每米，即 S/m。

工程中也有用相对电导率（IACS%）表征导体材料的导电性能。把国际标准软黄铜（在室温 20 ℃ 下电阻率 $\rho = 0.017\ 24\ \Omega \cdot \mathrm{mm}^2/\mathrm{m}$）的电导率作为 100%，其他导体材料的电导率与之相比的百分数即为该导体材料的相对电导率。

各种材料呈现出范围很宽的导电性，导电性最佳的材料（如银和金）和导电性最差的材料（如聚四氟乙烯和金刚石）之间电阻率的差别达 27 个数量级，显然，电阻率是变化范围最大的物理量之一，图 2.1 所示为不同材料的导电性比较图。表 2.1 给出了一些材料的导电性数据，金属及合金一般都被划归为导体，它们显示出很好的导电性，半导体材料的导电性仅次于金属材料，而且显示出可在很宽范围内变化的特点，高分子材料和陶瓷材料导电性差，一般用作绝缘体。不过，这些材料中，有一些现象很值得关注。近年来，人们研究发现了一些具有良好导电性的高分子材料，将其大致分为两类，一类是绝缘高分子中掺入炭黑等导电材料获得良好的导电性，另一类是利用高分子特殊键中电子导电达到很高的导电性，如掺杂 AsF_5 的聚乙炔等材料。而陶瓷材料导电性则极为复杂，以金属氧化物为例，有些过渡族金属的氧化物陶瓷显示良好的导电性，有些金属氧化物显示半导体特性，而主族金属的氧化物通常显示非常好的绝缘性。常温下导电性比较差的陶瓷材料，有的在较低温度下还能够显示超导性，从而成为导电性最好的材料。

材料的导电性能是材料的重要物理性能之一。由于工程技术领域对材料电性能的不同要求，相应研制出具有特殊电学性能的合金材料，如导体合金、精密电阻合金、电热合金、触点材料等。本章主要介绍材料导电性能的测试及分析方法，并简要介绍导电性能测试方法的应用。

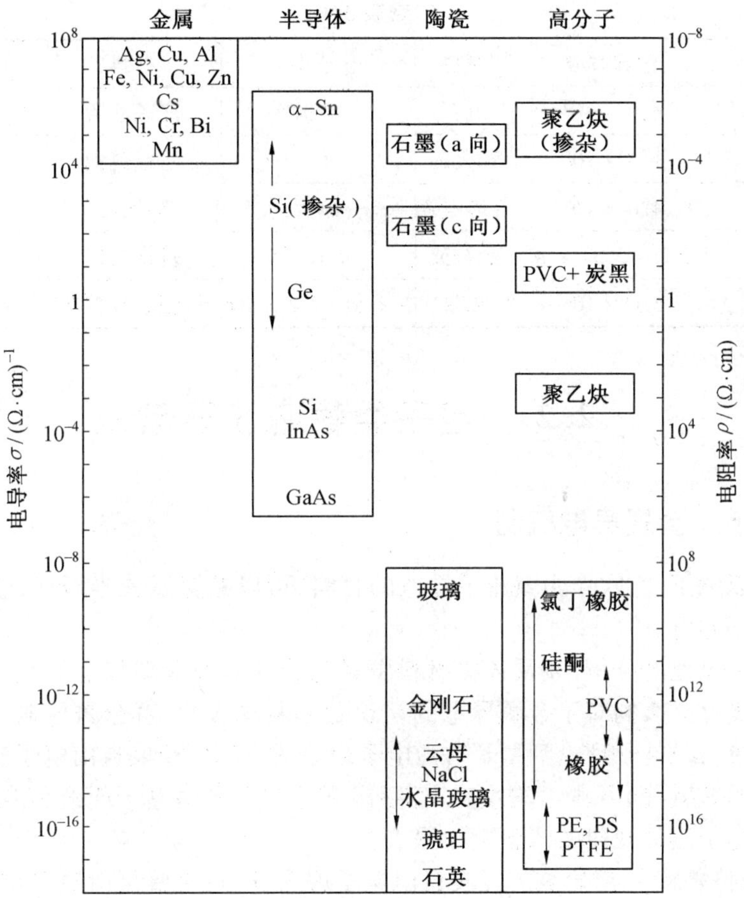

图 2.1 不同类别材料的导电性比较图

表 2.1 一些材料在室温下的电导率 $(\Omega \cdot cm)^{-1}$

材料	电导率 σ	材料	电导率 σ	材料	电导率 σ
Ag	6.3×10^7	CrO_2	3.3×10^6	Si	4.3×10^4
Cu	6.0×10^7	Fe_3O_4	1.0×10^4	Ge	2.2
Au	4.3×10^7	SiC	10	聚乙烯	$< 10^{-14}$
Al	3.8×10^7	MgO	$< 10^{-12}$	聚丙烯	$< 10^{-13}$
Fe	1.0×10^7	Al_2O_3	$< 10^{-12}$	聚苯乙烯	$< 10^{-14}$
70Cu − 30Zn	1.6×10^7	Si_3N_4	$< 10^{-12}$	聚四氟乙烯	10^{-16}
普碳钢	6.0×10^6	SiO_2	$< 10^{-12}$	尼龙	$10^{-10} \sim 10^{-13}$

续表 2.1

材料	电导率 σ	材料	电导率 σ	材料	电导率 σ
不锈钢(304)	6.0×10^{6}	滑石	$<10^{-12}$	聚氯乙烯	$10^{-10}\sim10^{-14}$
TiB_2	1.7×10^{7}	耐火砖	10^{-6}	酚醛树脂	10^{-11}
TiN	4.0×10^{6}	普通电瓷	10^{-12}	特氟龙	10^{-14}
$MoSi_2$	$(2.2\sim3.3)\times10^{6}$	融石英	$<10^{-18}$	硫化橡胶	10^{-12}
ReO_3	5.0×10^{7}	石墨	$3\times10^{4}\sim2\times10^{5}$	聚乙炔(拉伸态)	1.6×10^{7}

2.2 电子类载流子导电

2.2.1 金属导电机制

主要以电子、空穴作为载流子导电的材料，可以是金属或半导体，金属主要是以自由电子导电。

对于导电性的分析，涉及各类材料中载流子的自身运动状态及其在外部电场作用下的变化。人们对于金属导电的认识是不断深入的，对金属导电机制的认识经历了经典自由电子理论到量子自由电子理论的飞跃。经典自由电子理论曾取得了很重要的成就，随着科学的发展，相继出现了量子自由电子理论和能带理论，使得人们对电子运动规律的认识更加深入。

最初，特鲁特－洛伦兹的经典自由电子理论认为：金属是由原子点阵构成的，价电子是完全自由的，可以在整个金属中自由运动，就像气体分子能在一个容器内自由运动一样，故可以把价电子看成“电子气”。自由电子的运动遵守经典力学的运动规律，遵守气体分子运动论。这些电子在一般情况下可沿所有方向运动，但在电场作用下它将逆着电场方向运动，从而使金属中产生电流。电子与原子的碰撞妨碍电子的无限加速，形成电子。经典自由电子理论把价电子看作共有的，价电子不属于某一个原子，可以在整个金属中运动，它忽略了电子间的排斥作用和正离子点阵周期场的作用。

利用经典自由电子理论导出的金属电导率表达式为

$$\sigma=\frac{ne^{2}\bar{l}}{2m\bar{v}} \tag{2.5}$$

式中，m 为电子质量；$\bar{v}$ 为电子运动平均速度；n 为电子浓度；e 为电子电量；$\bar{l}$ 为平均自由程。式(2.5)是以所有自由电子都对金属电导率做出贡献为假设推出的。

随着基于量子力学理论给出的固体材料中电子运动状态的理论结构，人们对电子类导电性的理论分析，进入了量子自由电子理论阶段。

由量子自由电子理论可知，只有在费密面附近能级的电子才能对导电做出贡献，也就是说实际参与导电的电子密度远小于n，因而，利用量子理论才严格导出电导率的表达式

$$\sigma = \frac{n_{\text{ef}} e^2 l_{\text{F}}}{m^* v_{\text{F}}} \tag{2.6}$$

式中的变化有两点：①$n \to n_{\text{ef}}$，表示单位体积内实际参加传导过程的电子数；②$m \to m^*$，其中m^*为电子的有效质量，它是考虑晶体点阵对电场作用的结果，而l_{F}也比经典理论的平均自由程长很多。

2.2.2　金属材料的导电性控制因素

首先，从影响材料导电性的最一般分析出发来考查金属材料导电性的控制性因素。金属中有大量的自由电子，体积密度为$(10^{28} \sim 10^{29})\ \text{m}^{-3}$，它们可以在金属内部自由移动，并且可以受电场影响而导电。在通常强度的电场作用下，只有很少一部分自由电子对导电有贡献。因而，金属材料中有大量的载流子储备，也就是说，载流子的体积密度不是金属材料的导电性限制因素。

而从金属材料电导率的量子自由电子理论出发可以看到：其中包含着费密能级上的能态密度等常数，这取决于金属材料的能带结构和电子填充情况，它们是由金属原子的类别和晶体结构决定的，一般不会明显改变，除非发生相变。式(2.6)中还有一个重要参量，即自由电子的平均自由程，众多影响金属材料导电性的因素都是通过使该参数发生变化来施加影响的。

量子力学可以证明，当电子波在绝对零度下通过一个完整的晶体点阵时，将不受到散射而无阻碍地传播，这时电阻率为0。电阻的根源是导电电子与离子实发生碰撞。电子的平均自由程也就是导电电子运动路径上与之发生碰撞的两个“相邻”的离子实之间的平均距离，金属材料的电子平均自由程大约为$(10^{-9} \sim 10^{-6})\ \text{m}$，而由高纯金属在低温下的电导率还可以计算得到毫米量级的电子平均自由程。因而，导电电子不可能与金属晶体中处于其运动前方的所有离子实发生碰撞，而是有选择的。

另外，导电电子与金属材料中离子实之间的各种交互作用中，对于导电性的影响来说，这两类带电粒子之间电的交互作用处于首要位置，实际上，固体材料中的所有外层电子时时刻刻都在带正电的离子实所建立的电场中运动。因此，考虑晶态金属材料的电阻根源，需要从周期性排列的离子实所建立的电场特征入手，即对晶格的周期性势场特征进行分析。从材料的微观结构上看，与导电电子发生碰撞的离子实，是晶体中那些破坏了晶格库仑势场（或晶格场）周期性“异常”的离子

实。从宏观上说，金属材料的导电性取决于从晶格场中相邻不规则点之间的距离——因为它决定了导电电子的平均自由程。

从有关金属材料电阻的这种微观机理出发，晶格场周期性的异常点可以分成两种：势场空间位置的周期性偏离点和势场强度的非周期点。这样的非周期性异常点产生的原因包含金属导电性试验中显示的全部影响因素。其中，温度通过晶格中原子热振动施加其影响，晶格热振动形成的格波在振动传播到达的区域中使离子实的位置偏离理想的周期位置，因此，会与恰好运动到该区域中的导电电子发生碰撞。这种离子实的位置是不稳定的，随着格波的继续传播会离开此位置。图2.2示意性地给出了尺寸不同的异类原子和空位所造成的晶体中局部离子实偏离理想周期性位置的情况。由图可见，对于晶格场周期性造成的破坏是显而易见的。金属中的其他晶体缺陷很显然也可以造成类似的破坏。

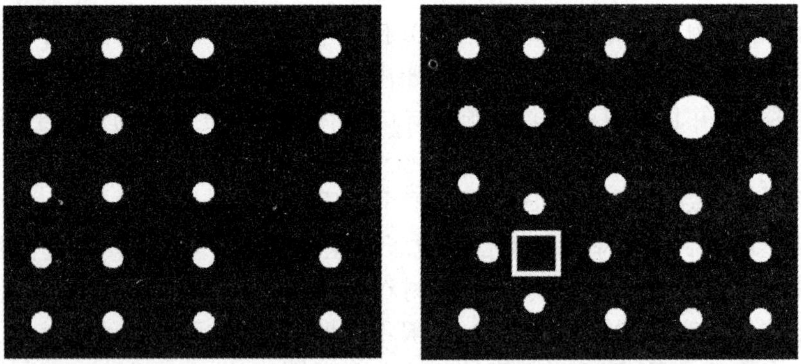

(a) 晶格热振动导致的暂时偏离　　(b) 一类原子及空位导致的恒定偏离

图2.2　晶体中局部离子实偏离理想周期性位置的情况示意图

除了因为离子实位置改变而破坏晶格场的周期性这种方式外，金属中的异类原子还可能因为离子价不同造成另一种破坏——晶格场强度的周期性受到破坏。这方面的一个简单例子就是一价金属的晶格中引入了二价离子实时，其晶格库仑势场的变化影响。

如前所述，这些晶格的不规则点构成了与导电电子发生碰撞的碰撞点。从电子的波动观点出发，将碰撞对电子运动的影响称作对电子波的散射，相应地将碰撞点称为散射中心。温度造成的晶格振动，以及合金化和晶体缺陷的影响，都缩短了导电电子的平均自由程 l 和电子平均自由移动时间 t，从而导致金属材料的导电性降低、电阻率增高。

一般而言，金属材料中导电电子在电场中的定向移动产生阻碍作用的散射中心或者碰撞点不只是一类。各种类型缺陷所形成的散射中心对于导电电子的阻碍作用按照电阻串联的方式共同发挥作用。

只有在晶体点阵的完整性遭到破坏的地方电子波才受到散射，如果用电阻率ρ表示晶体点阵完整性被破坏的程度，则

$$\rho = \frac{2m\bar{v}}{n_{有效}e^2} \cdot \frac{1}{\bar{l}} \tag{2.7}$$

式中，$\frac{1}{\bar{l}}$称为散射系数；$\bar{v}$应理解为在费密面附近实际参加导电电子的平均速度。

2.2.3 纯金属的电阻周期性

各金属元素电阻率随原子序数变化规律示于图2.3中，在同一张图上把稀土金属的电阻率单独表示在左上角。

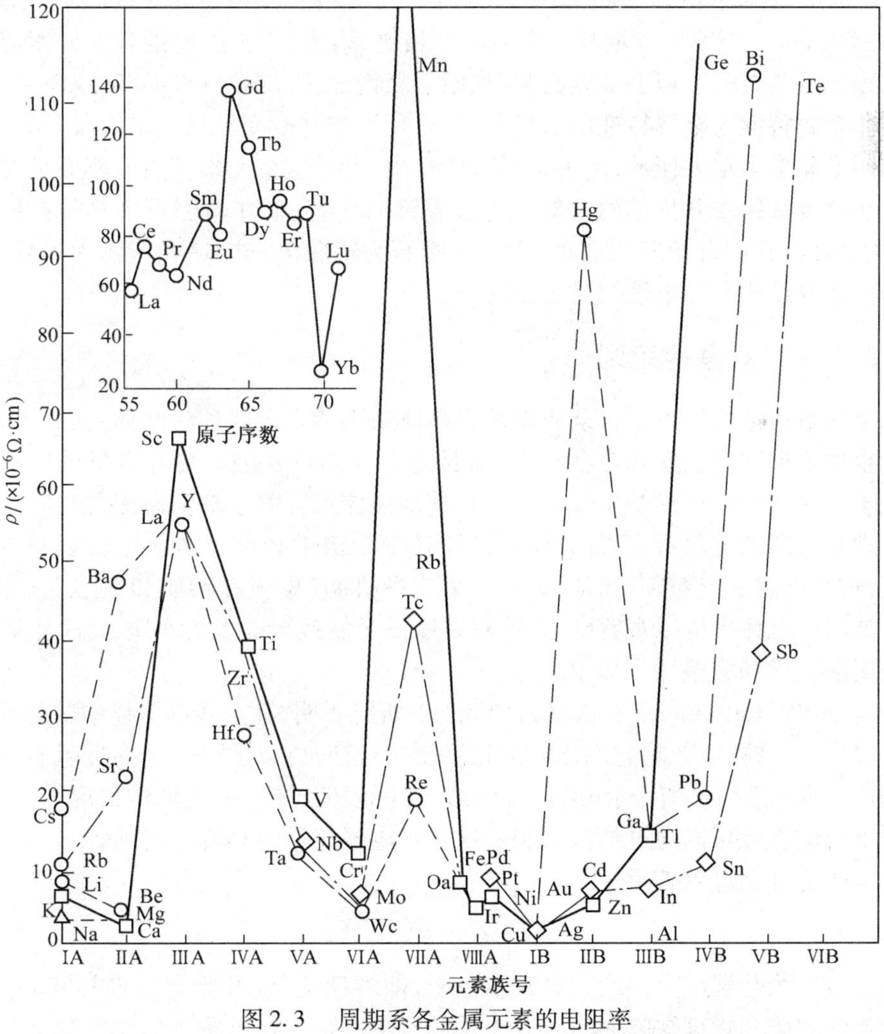

图2.3 周期系各金属元素的电阻率

从三个大周期的元素对其 s,p,d 和 f 壳层的填充程度可以看到,电阻率 ρ 变化的总趋势是:碱金属具有低的电阻率,当过渡到填充 s 壳层的 ⅡA 族,特别是过渡到出现新的 d 和 f 壳层的 ⅢA 时,电阻率显著增高,然后,从 ⅢA 到 ⅥA 族,每当填充 d 壳层时电阻值减小,到 ⅦA 族又重新增大。从 ⅦA 到 ⅠB 族,根据 p 壳层电子的填充电阻率减小后又重新增大。可以看出,内壳层填满且具有一个 s 电子的 ⅠA(碱金属) 和 ⅠB(贵金属),具有最小的电阻率。与普通金属相比,过渡金属(特别是稀土金属) 有高得多的电阻率(多数为 55 ~ 95 μΩ · cm,Gd 则为 140 μΩ · cm)。与邻族过渡金属相比,Mn 的高电阻率与其具有反常的晶体结构相关。

B 族的电阻率在很宽的范围内变化,从 Ag 的 1.46 μΩ · cm 到金刚石的 10^{22} μΩ · cm。与第一周期和两个短周期相比,第二、三长周期的各族元素以更明显的金属性为特征。以 ⅣB 族为例,当原子量增加时,即 C → Si → Ge → Sn → Pb 元素的非金属特性为金属特性所取代,离子半径增加并改变原子间结合键的特性,比较前四个元素是很方便的,因为包括灰锡在内,所有这些元素都有金刚石的晶体结构。在锗及灰锡中共价键的大部分为金属键所代替,而在金刚石中共价键则非常明显。因此,它们有相应的电学性能:金刚石为绝缘体,硅、锗和灰锡为半导体,白锡和铅按其结构和导电性则是金属。

2.2.4 马基申定则

上面所讨论的均为不含杂质以及无晶体缺陷的纯金属理想晶体,实际上,金属与合金中不但含有杂质和合金元素,而且还存在晶体缺陷。传导电子的散射发生在电子 - 声子、电子 - 杂质原子以及与其他晶体点阵静态缺陷碰撞的时候。

理想金属的电阻对应着两种散射机制(声子散射和电子散射),可以看成基本电阻,这个电阻在绝对零度时降为零。第三种机制(电子在杂质和缺陷上的散射)在有缺陷的晶体中可以观察到,是绝对零度下金属残余电阻的实质,这个电阻表示了金属的纯度和完整性。

马基申(Matthissen) 和沃格特(Voget) 研究表明,在金属固溶体中溶质原子的浓度较小,以致可以忽略它们之间的相互影响,这时可以把固溶体的电阻看成由金属的基本电阻 $\rho(T)$ 和残余电阻 $\rho_{残}$ 组成,实际表明,在一级近似的情况下,不同散射对电阻的贡献可以通过加法求和。这一导电规律称为马基申定则。

马基申定则可以表示为

$$\rho = \sum_i \rho_i = \rho(T) + \rho_{残} \tag{2.8}$$

式中,$\rho(T)$ 为与温度有关的金属基本电阻,即溶剂金属(纯金属) 的电阻;$\rho_{残}$ 为决定于化学缺陷和物理缺陷而与温度无关的残余电阻。这里所指的化学缺陷为偶然存在的杂质原子以及人工加入的合金元素原子。物理缺陷是指空位、间隙原子、位错以及它们的复合体。显然,马基申定则忽略了电子各种散射机制间的交互作用,而给合金的导电性做了一个简单而明了的描述。

从马基申定则可以看出,在高温时金属的电阻基本决定于$\rho(T)$,而在低温时则决定于残余电阻$\rho_{残}$。既然残余电阻是由电子在杂质和缺陷上的散射引起的,那么$\rho_{残}$的大小可以用来评定金属的纯度。与化学纯度不同,电学纯度考虑了点阵物理缺陷的影响,考虑到残余电阻测量上的麻烦,实际上往往采用相对电阻$\rho(300\ \mathrm{K})/\rho(4.2\ \mathrm{K})$的大小来评定金属的电学纯度。

对大量金属材料导电性的研究总结表明,纯金属与合金材料的导电性随着温度的变化显示两类不同的规律。一类遵循马基申定则,另一类偏离该规则的规律性。遵循马基申定则的金属材料包括多种金属及合金,典型代表是Cu－Ni二元合金。图2.4示出了Cu－Ni合金的电阻率随温度变化、合金成分以及冷加工处理的试验曲线。需要注意的是,对于符合马基申定则的合金材料,$\rho(T)$不受合金成分及晶体缺陷的影响,一种合金(或者含有杂质的“纯金属”)的电阻率随着温度的变化与合金的基体组元相同,即

$$\left(\frac{\mathrm{d}\rho}{\mathrm{d}T}\right)_{合金}=\left(\frac{\mathrm{d}\rho}{\mathrm{d}T}\right)_{基体} \tag{2.9}$$

也就是说,合金元素以及晶体缺陷的影响仅限于$\rho_{残}$,而对于ρ随着温度的变化没有影响。

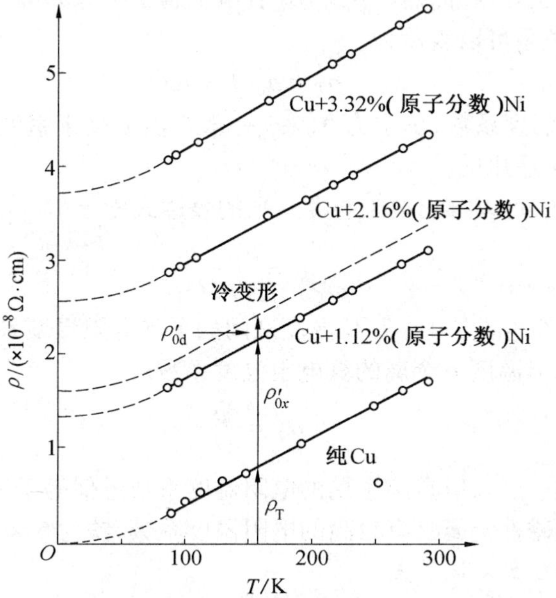

图2.4 Cu－Ni合金的电阻率随着温度变化、合金成分以及冷加工处理的试验曲线

偏离马基申定则的合金材料中,添加的合金元素不仅影响合金的残余电阻率,同时也使合金的电阻率随温度的变化率发生改变,使得式(2.9)不再成立。这类合金的典型例子是Cu - Mn合金。Cu中加入Mn不仅可以大幅提高电阻率,还使得合金的电阻率随着温度的变化趋于平缓。

2.2.5 金属电阻率的影响因素

1. 温度对金属电阻率的影响规律

温度是对材料许多物理性能影响较大的外部因素。由于加热时发生点阵振动特征和振幅的变化,出现相变、回复、空位退火、再结晶以及合金相成分和组织的变化,这些现象往往对电阻的变化显示出重要的影响。从另一方面考虑,测量电阻与温度的关系也是研究这些现象和过程的一个敏感方法。

固体材料中原子的热振动借助于原子之间的相互作用传播而形成格波,如图2.2(a)所示,这将导致固体中某些局部区域中原子偏离其理想的周期性位置,从而影响导电电子的运动。当温度T升高时,晶格原子热振动加剧,瞬间偏离平衡位置的原子数增加,从而减小了导电电子的自由程,从粒子碰撞的角度看,T升高,固体晶格中声子数量增加,增加了电子与声子碰撞的频率,导电电子的自由程降低,使得金属的电阻率升高,导电性下降。

因此,在绝对零度下化学上纯净又无缺陷的金属,其电阻等于零。随着温度的升高,金属电阻也在增加,若以ρ_0和ρ_T表示金属在0 ℃和T ℃温度下的电阻率,则电阻与温度的关系可以表示为

$$\rho_T = \rho_0(1 + \alpha T) \tag{2.10}$$

式中,α为电阻温度系数,单位为$℃^{-1}$。一般在温度高于室温情况下,式(2.10)对于大多数金属是适用的。

由式(2.10)可以推出电阻温度系数的表达式为

$$\bar{\alpha} = \frac{\rho_T - \rho_0}{\rho_0 T} \tag{2.11}$$

式(2.11)表达的是0 ~ T ℃温度区间的平均电阻温度系数。当温度区间趋向于零时,便得到T温度下金属的真电阻温度系数。

$$\alpha_T = \frac{d\rho}{dT}\frac{1}{\rho_T} \tag{2.12}$$

除了过渡族金属,所有纯金属的电阻温度系数近似等于4×10^{-3} $℃^{-1}$。过渡族金属,尤其是铁磁性金属具有较高的电阻温度系数,铁为6×10^{-3} $℃^{-1}$,钴为6.6×10^{-3} $℃^{-1}$,镍为6.2×10^{-3} $℃^{-1}$。

在金属导电元器件的实际工程应用中,为了保证电路特性的热稳定性,即温度在一定范围内变化时电路的特性变化控制在一定范围之内,需要电阻率温度系数

α 很小的合金,工程上称其为精密电阻合金。获得精密电阻合金的途径有两条:提高合金的电阻率 ρ 或者降低合金电阻率随温度的变化率。对于后一条途径而言,偏离马基申定则的合金具有特殊意义,加入 Mn 的 Cu - Mn 合金系是一类典型的精密电阻合金。对于偏离马基申定则的合金系,采用另一种方法描述其电阻率随着温度变化的特性。该方法中,将合金的电阻率划分出溶剂金属的电阻率 ρ_0 和合金元素的影响 ρ' 两个组成部分。定义了残余电阻率温度系数 α_E,与合金中作为溶剂的纯金属的电阻率 ρ_0 及其温度系数 α_0 结合在一起,合金的电阻率 ρ 随温度的变化率表达式为

$$\frac{d\rho}{dT} = \frac{d\rho_0}{dT} + \frac{d\rho'}{dT} = \alpha_0\rho_0 + \alpha_E\rho' \tag{2.13}$$

在这样的描述方法中,一些合金元素具有负的残余电阻率温度系数。比如,对于 Cu,Ag,Au 这些以一价金属为溶剂的合金中,添加 Mn,Cr 进行合金化就可以获得负的残余电阻率温度系数。

理论可以证明,对于无缺陷的理想晶体的电阻是温度的单值函数,如图 2.5 所示的曲线 1。如果在晶体中存在少量的杂质和结构缺陷,那么电阻与温度的关系曲线将发生变化,如图 2.5 所示的曲线 2 和 3。低温下微观机制对电阻的贡献主要由马基申定则中的 $\rho_{残}$ 决定,缺陷的数量和类型决定了与缺陷有关的电阻,因而也决定了图上曲线的位置。

严格地讲,金属电阻率在不同温度范围与温度变化的关系是不同的,普通金属电阻与温度的典型关系如图 2.6 所示。

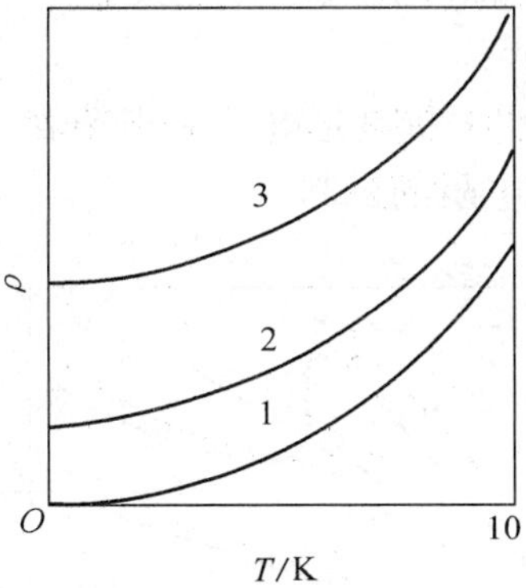

图 2.5 杂质和晶体缺陷对金属低温比电阻的影响

1— 理想金属晶体 $\rho = \rho(T)$

2— 含有杂质金属 $\rho = \rho_0 + \rho(T)$

3— 含有晶体缺陷的 $\rho = \rho'_0 + \rho(T)$

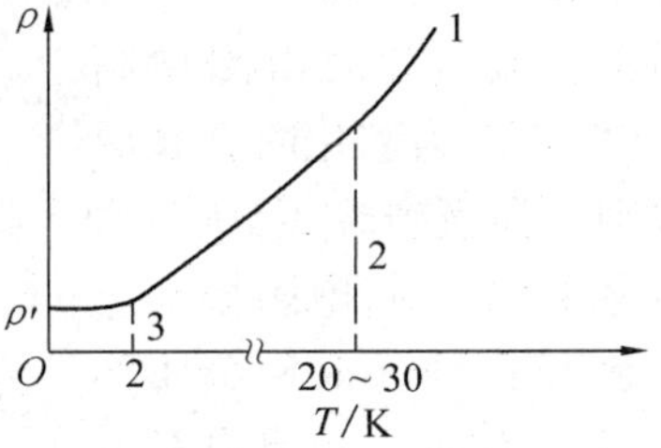

图 2.6 非过渡族金属电阻与温度的关系

1—$\rho_{电-声} \propto T (T > 2/3\Theta_D)$

2—$\rho_{电-声} \propto T^5 (T \ll \Theta_D)$

3—$\rho_{电-电} \propto T^2 (T \sim 2\ K)$

在低温下,“电子 - 电子”散射对电阻的贡献可能是显著的,但除了最低的温度之外,在所有温度下大多数金属的电阻都取决于“电子 - 声子”散射。必须指出,点阵的热振动在不同温区存在差异。根据德拜理论,原子热振动的特征在两个温度区域存在本质的差别,划分这两个区域的温度 Θ_D 称为德拜温度或者特征温度。由于在 $T < \Theta_D$ 时和 $T > \Theta_D$ 时电阻与温度有不同的函数关系,因此,当研制具有一定电阻值和电阻温度系数值的材料时,知道金属在哪个温区工作、如何控制和发挥其性能是很重要的。

研究表明,在各自的温区有各自的电阻变化规律:

$$\left.\begin{aligned}\rho(T)/\rho(\Theta_D) &\propto (T/\Theta_D)^5 \quad \text{当 } T \ll \Theta_D \\ \rho(T)/\rho(\Theta_D) &\propto (T/\Theta_D) \quad \text{当 } T \gg \Theta_D\end{aligned}\right\} \tag{2.14}$$

式中,$\rho(\Theta_D)$ 为金属在德拜温度时的电阻。

若以 $\rho(0)$ 和 $\rho(T)$ 分别代表材料在 0 ℃ 和 T ℃ 下的电阻率,则它们可以表示成一个温度的升幂函数

$$\rho(T) = \rho(0)(1 + \alpha T + \beta T^2 + \gamma T^3 + \cdots) \tag{2.15}$$

实验表明,对于普通的非过渡族金属,德拜温度一般不超过 500 K。当 $T > \frac{2}{3}\Theta_D$ 时,β,γ 及其他系数都较小,线性关系足够正确,即在室温和更高一些温度可以写成

$$\rho_T = \rho_0(1 + \alpha T) \tag{2.16}$$

在低温下决定于“电子 - 电子”散射的电阻可能占优势,这是在这些温度下决定于声子散射的电阻大大减弱的缘故。这时,电阻与温度的平方成正比

$$\rho_{\text{电-电}} \propto \alpha T^2 \tag{2.17}$$

一般认为,纯金属在整个温度区间电阻产生的机制是电子 - 声子散射,只是在极低温度(2 K)时,电子 - 电子的散射构成了电阻的机制。

通常金属熔化时电阻增高 1.5 ~ 2 倍。因为熔化时金属原子的规则排列遭到破坏,从而增强了对电子的散射,电阻增加。图 2.7 示出了 Sb,Na,K 金属的电阻率 - 温度曲线。但也有反常,例如 Sb 随温度升高,电阻也增加,熔化时电阻反常地下降了,其原因是 Sb 在熔化时,由共价结合变化为金属结合,故电阻率下降。

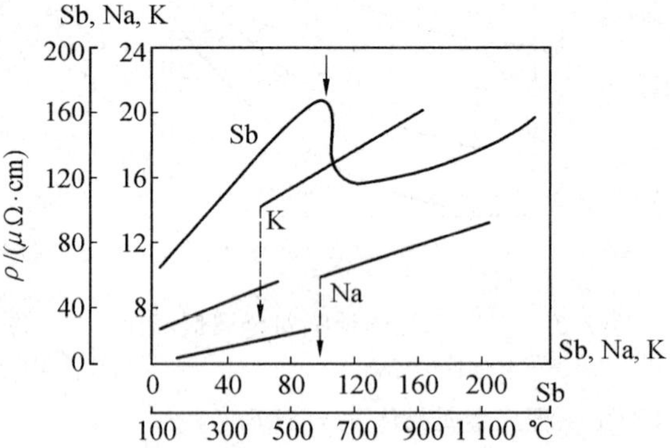

图 2.7 Sb、Na、K 金属的电阻率 - 温度曲线

还应该指出的是,过渡族金属中电阻与温度间有复杂的关系,特别是具有铁磁性的金属在发生磁性转变时,电阻率出现反常,如图 2.8(a) 所示。一般金属的电阻率与温度是线性关系,对铁磁性金属在居里点(磁性转变温度) 以下温度不适用,如图2.8(b) 所示,Ni 的电阻随温度变化,在居里点以下温度偏离线性。研究表明,在接近居里点时,铁磁金属或合金的电阻率反常降低量 $\Delta\rho$ 与其自发磁化强度 M_s 的平方成正比。铁磁性金属或合金的电阻率随温度变化的特殊性是由铁磁性金属 d 及 s 壳层电子云相互作用的特点决定的。

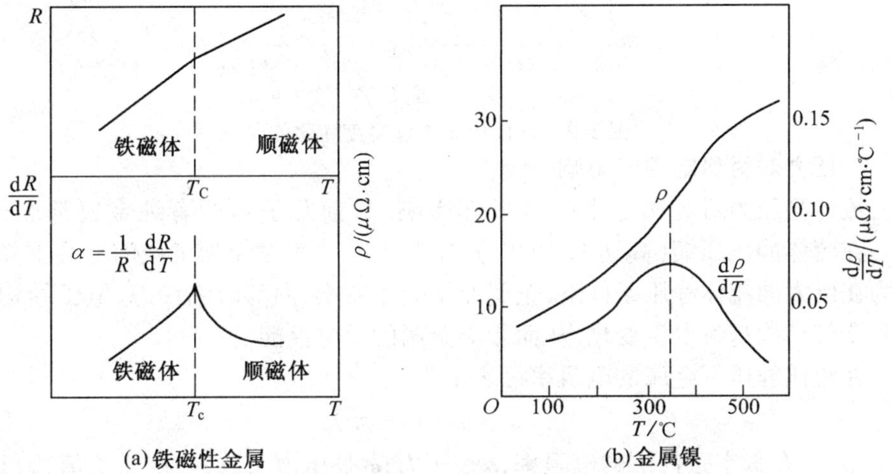

图 2.8 金属磁性转变对电阻的影响

根据 Mott 的意见,过渡族金属电阻与温度的复杂关系是由存在几种有效值不同的载体所引起的。由于传导电子有可能从 s 壳层和 d 壳层过渡,这就对电阻产生了明显的影响。此外,在 $T \ll \Theta_D$,s 态电子在具有很大有效值的 d 态电子上的散射变得很可观。总之,过渡族金属的电阻可以认为是由一系列具有不同温度关系的成分叠加而成的。可以推测,过渡族金属 $\rho(T)$ 的反常往往是由两类不同载体的不同电阻与温度关系决定的,这已经在 Ti,Zr,Hf,Ta,Pt 和其他过渡族金属中得到证实。Ti 和 Zr 电阻与温度的线性关系只保持在 350 ℃,在进一步加热到多晶型转变温度之前,由于空穴导电的存在,线性关系被破坏。这是由于在过渡族金属中 s 壳层基本被填满,其电流的载体是空穴,而在 d 壳层却是电子。

多晶型金属不同的结构变体导致了对于同一金属存在不同的物理性能,其中包括电阻与温度的关系。图 2.9 给出了钛(Ti) 的电阻率随温度变化的曲线,其中在 880 ℃ 附近发生了由 HCP 结构向 BCC 结构的晶型转变和相应的电阻率突变。电阻率变化的原因可以理解为:晶格势场由于晶体结构的变化而发生突然变化,导电电子与晶格势场的作用强度发生变化。

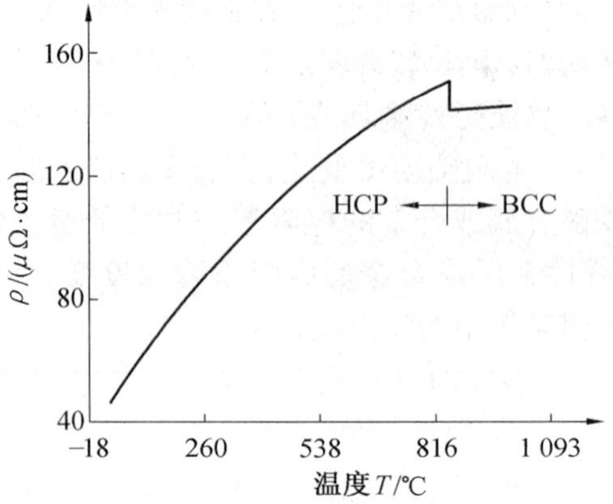

图 2.9 Ti 的电阻率随温度变化的曲线

2. 压力对材料电阻的影响

流体静压力对金属电阻率有显著影响，目前几乎对所有纯金属都进行了研究。在流体静压压缩(高达1.2 GPa)的情况下，大多数金属的电阻率会下降，这是因为在巨大的流体静压条件下，金属原子间距变小，内部缺陷形态、电子结构、费密能和能带结构都将发生变化，从而影响金属的导电性能。

在流体静压下金属的电阻率可表示为

$$\rho_p = \rho_0(1 + \varphi p) \tag{2.18}$$

式中，ρ_0 是在真空条件下的电阻率；p 是压力；φ 是压力系数(一般为负值，为 $10^{-5} \sim 10^{-6}$)。与电阻率温度系数相同，同样可以定义真电阻压力系数为 $\frac{1}{\rho_0} \cdot \frac{d\rho}{dP}$，它几乎不随温度的变化而变化，说明电阻温度系数不随压力 p 而变化。在压力作用下，大多数金属的电阻率减少，即正常的电阻压力系数为负值。

根据压力对电阻的影响，可以把金属元素分为正常元素和反常元素。所谓正常元素，是指随着压力增大，金属的电阻率下降，例如，Fe，Co，Ni，Pd，Cu，Au，Ag，Hf，Zr，Ta 等。反之则称为反常金属，主要包括碱金属，碱土金属、稀土金属和第Ⅴ族的半金属。它们有正的电阻压力系数，且随着压力升高系数变号，即在 $\rho = f(p)$ 曲线上存在极大值，如图 2.10 所示。

在压力作用下电阻率发生变化不单纯是由于原子间距的变化，强大的压力可以改变系统的热力学平衡条件，从而促进相变的发生。有人做过这样的统计，约有30种纯金属在温度变化时会发生相变，而有40余种会在压力作用下发生相变。在压力下发生相变的规律是：压力使更致密的金属相稳定化。例如 Fe 在压力作用下，阻碍 $\gamma \to \alpha$，但加速 $\alpha \to \gamma$。更有甚者，压力可以改变物质的类型，在压力作用下物质向金属化方向变化，变化的次序为：绝缘体 → 半导体 → 金属 → 超导体。表2.2 所示为几种半导体与绝缘体元素变为金属导电型物质的临界压力。

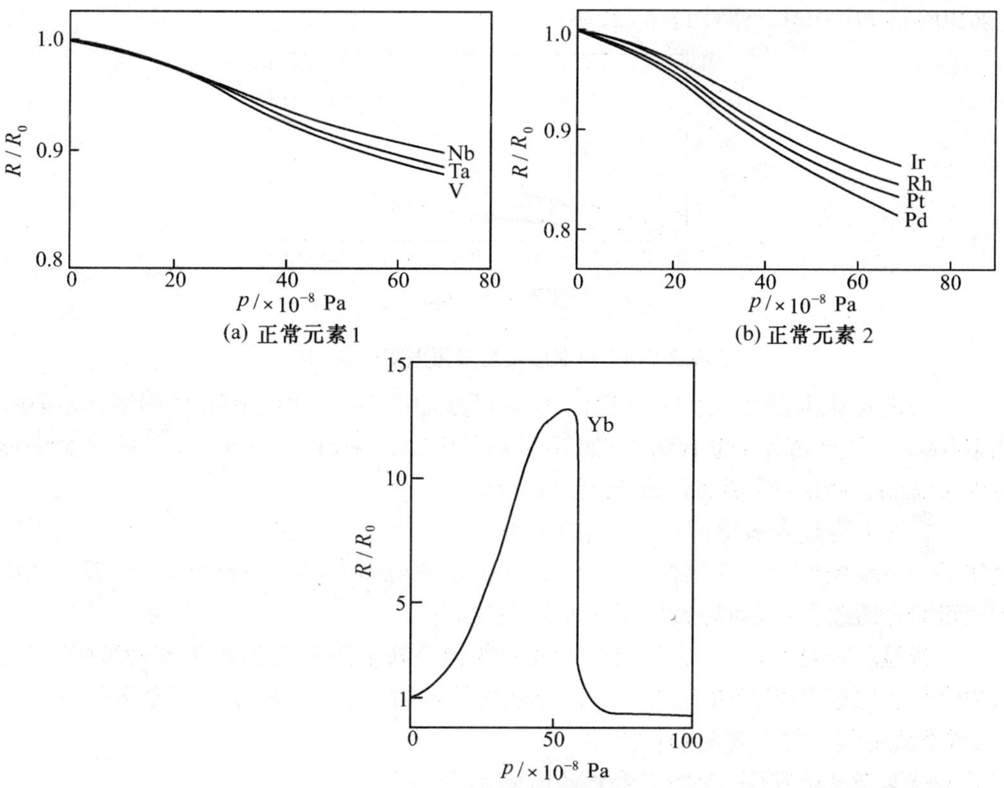

图2.10 压力对金属电阻的影响

表2.2 几种半导体与绝缘体变为金属态的临界压力

元素	$p_{临界}$/MPa	ρ/(μΩ·cm)	元素	$p_{临界}$/MPa	ρ/(μΩ·cm)
S	40 000	—	H	200 000	—
Se	12 500	—	金刚石	60 000	—
Si	16 000	—	P	20 000	60 ±20
Ge	12 000	—	AgO	20 000	70 ±20

上述结果表明,在高压下改变了物质的电子组态以及电子与声子相互作用,从而改变了费密能及能带结构,从实用角度看,在高压下改变物质结构为研制新材料开辟了一个新方向。

3.冷加工对电阻率的影响

室温下测得经相当大的冷加工变形后纯金属的电阻率要比未经变形的增加2%~6%(图2.11)。只有金属W和Mo例外,当冷变形量很大的时候,W电阻可增加30% ~ 50%，Mo增加15% ~ 20%。

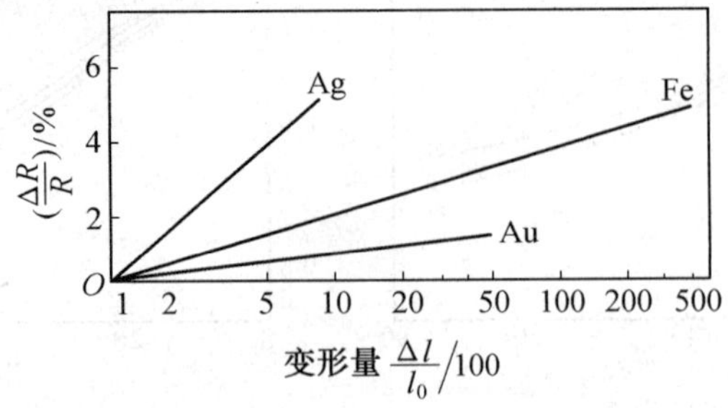

图2.11 变形量对金属电阻的影响

一般的单相固溶体经冷加工后，电阻可增加10% ~ 20%，而有序固溶体电阻增加100%，甚至更高。也有例外，如Ni－Cr，Ni－Cu－Zn，Fe－Cr－Al等合金中形成K状态，冷加工变形将使合金电阻率降低。

冷加工引起金属电阻率增加，这同晶格畸变（空位、位错）有关。冷加工引起金属晶格畸变也像原子热振动一样，增加电子散射概率，同时也会引起金属晶体原子间键合的改变，从而导致原子间距的改变。

当温度降到0 K时，未经冷加工变形的纯金属电阻率将趋向于零，而冷加工的金属在任何温度下保留有高于退火态金属的电阻率，在0 K冷加工金属仍保留某一极限电阻率，称之为剩余电阻率。

根据马基申定则，冷加工金属的电阻率可写成

$$\rho = \rho' + \rho_M \tag{2.19}$$

式中，ρ_M 表示与温度相关的退火金属的电阻率；ρ' 是剩余电阻率。试验证明，ρ' 与温度无关。这表明，$d\rho/dT$ 与冷加工程度无关。总电阻率 ρ 越小，ρ'/ρ 比值越大，所以 ρ'/ρ 的比值随温度降低而增高。显然，低温时用电阻法研究金属冷加工更为合适。

冷加工金属退火，可使电阻回复到冷加工前金属的电阻，如图2.12所示。

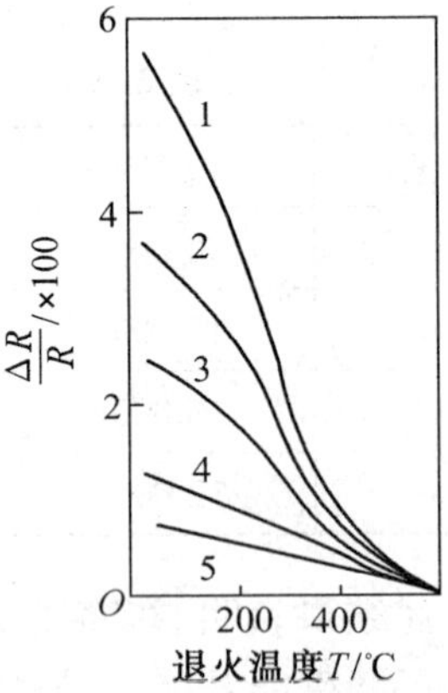

图2.12 不同变形量冷加工变形铁的电阻在退火时的变化

1—99.8%；2—97.8%；3—93.5%；4—80.0%；5—44.0%

如果认为范性变形所引起的电阻率增加是由晶格畸变、晶体缺陷所致，则电阻率增加值为

$$\Delta\rho = \Delta\rho_{空位} + \Delta\rho_{位错} \tag{2.20}$$

式中，$\Delta\rho_{空位}$ 是电子在空位处散射所引起的电阻率，当退火温度足以使空位扩散时，这部分电阻将消失；$\Delta\rho_{位错}$ 是电子在位错处的散射所引起的

电阻率增加值，这部分电阻保留到再结晶温度。

范比伦(Van Beuren) 给出了电阻率随形变量 ε 变化的表达式

$$\Delta\rho = C\varepsilon^n \tag{2.21}$$

式中，C 是比例常数，与金属的纯度有关；n 为 0 ~ 2。考虑到空位、位错的影响，可以将式(2.20) 和式(2.21) 写成

$$\Delta\rho = A\varepsilon^n + B\varepsilon^m \tag{2.22}$$

式中，A，B 是常数；n 和 m 为0 ~ 2。关系式(2.22) 对许多面心立方和体心立方的过渡族金属都是成立的，例如，金属铂 $n = 1.9$，$m = 1.3$；金属钨 $n = 1.73$，$m = 1.2$。

4. 晶体缺陷对电阻率的影响

实际使用的金属材料中，存在着空位、间隙原子以及它们的组合、位错等晶体缺陷，使得材料中出现各种几何尺度的不完整性，这些缺陷作为电子的散射中心，其密度增加时，导致导电电子平均自由程减小，因此使得合金的电阻率升高，导电性下降。晶体缺陷对电阻的影响主要体现在残余电阻上，根据马基申定则，在极低温度下，纯金属电阻率主要由其内部缺陷(包括杂质原子) 决定，即由剩余电阻率 ρ' 决定。因此，研究晶体缺陷对电阻率的影响，对于评价单晶体结构完整性有重要意义。掌握这些缺陷对电阻的影响，可以研制具有一定电阻值的金属。半导体单晶体的电阻值就是根据这个原则进行人为控制。

不同类型的晶体缺陷对金属电阻率的影响是不同的。通常，分别用 1% 原子空位浓度或 1% 原子间隙原子、单位体积中位错线的单位长度、单位体积中晶界的单位面积所引起的电阻率变化来表征点缺陷、线缺陷、面缺陷对金属电阻率的影响。经过大量的实验，人们获得了这些晶体缺陷对于一些典型金属的电阻率影响的定量数据，并将其列于表 2.3 中。

表 2.3 不同金属中各种晶体缺陷对于电阻率的影响率

缺陷类型	Al	Cu	Ag	Au	单位
空位	2.2	1.6	1.3 ±0.7	1.5 ±0.3	μΩ · cm/1% mol 原子
间隙原子	4.0	2.5			μΩ · cm/1% mol 原子
位错	10.0	1.0			$\times 10^{-17}$ μΩ · cm/(1 m/m^2)
晶界	13.5	31.2		35.0	$\times 10^{-17}$ μΩ · cm/(1 m^2/m^3)

在范性形变和高能粒子辐照过程中，金属内部将产生大量缺陷。此外，高温淬火和急冷也会使金属内部形成远远超过平衡状态浓度的缺陷。当温度接近熔点时，由于急速淬火而“冻结” 下来的空位引起的附加电阻率为

$$\Delta\rho = A\mathrm{e}^{-\frac{E}{kT}} \tag{2.23}$$

式中，E 为空位形成能；T 为淬火温度；A 为常数。大量的实验结果证明，点缺陷所引起的剩余电阻率变化远比线缺陷的影响大。

对于多数金属，当形变量不大时，位错引起的电阻率变化 $\Delta\rho_{位错}$ 与位错密度 $\Delta N_{位错}$ 之间存在线性关系，如图 2.13 所示。实验表明，在 4.2 K，对纯金属 Fe，$\Delta\rho_{位错} \approx 10^{-18}\ \Delta N_{位错}$，对于纯金属钼，$\Delta\rho_{位错} \approx 5\times10^{-16}\ \Delta N_{位错}$，对于纯金属钨，$\Delta\rho_{位错} \approx 6.7\times10^{-17}\ \Delta N_{位错}$。

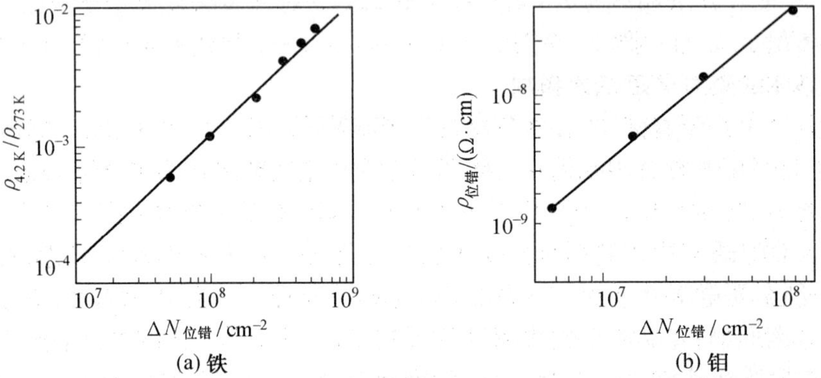

图 2.13 4.2 K 时位错密度对金属电阻率的影响

一般金属在变形量为 8% 时，位错密度 $\Delta N \approx 10^{5} \sim 10^{8}\ cm^{-2}$，位错影响电阻率增加值 $\Delta\rho_{位错}$ 很小（$10^{-11} \sim 10^{-8}\ \Omega\cdot cm$）。当退火温度接近再结晶温度时，位错对电阻率的影响可以忽略。

5. 电阻的尺寸效应

在某些场合下，金属的导电性与其几何尺寸有关。从金属的导电机制可知，当金属样品或器件的尺寸与电子的平均自由程可以比拟时，金属的电阻率将依赖于样品的尺寸与形状，这种现象称为电阻的尺寸效应。电子的尺寸效应有实用意义，随着仪器的小型化，电阻合金元件常做成极细丝、薄膜的形式，故在生产及使用中都要考虑尺寸效应。

不难看出，在低温下，随金属纯度的提高，样品几何尺寸对电阻的影响也越明显，因为此时导电电子平均自由程超过原子间距，例如，在室温下，电子的平均自由程一般为 $10^{-6} \sim 10^{-9}$ m；而在 4.2 K，极纯金属的电子平均自由程可达几毫米。材料的纯度越高，外界温度越低，电阻的尺寸效应越大，这是因为电子的平均自由程加大了。当 $d < L$ 时（d 为样品厚度，L 为平均自由程），电子在样品体内及表面均遭受散射，故导致平均自由程减小，电阻增大。假定电子在体内及在表面所受散射彼此无关，则

$$\frac{1}{L_{有效}} = \frac{1}{L} + \frac{1}{L_d} \tag{2.24}$$

式中，L_d 为样品表面受到散射的电子平均自由程。假定 $d \approx L_d$，则薄样品的电阻率 ρ_d 可表述为

$$\rho_d = \rho_\infty \left(1 + \frac{L}{d}\right) \tag{2.25}$$

式中，ρ_∞ 为大块样品的电阻率。由式(2.25)可知，尺寸因素可作为提高材料电阻率的一种方法。例如，在生产上采用沉积、溅射等方法做成的薄膜电阻材料，就是应用电阻尺寸效应的一个方面。薄膜电阻的另一个优点在于，可以把不能加工而又具有较高电阻值的化合物做成电阻元件，从而大大提高了电阻值。

研究电阻尺寸效应在理论方面也有意义，例如，利用上式测量金属的电阻对尺寸的依赖关系是测量电子平均自由程最简单的方法。另外，通过测量金属的电阻尺寸效应，还可以得到有关金属费密面有价值的信息。图 2.14 给出了钼和钨单晶体厚度对电阻率的影响。由图可见，随钼和钨单晶体厚度变薄，4.2 K 的相对电阻增高。

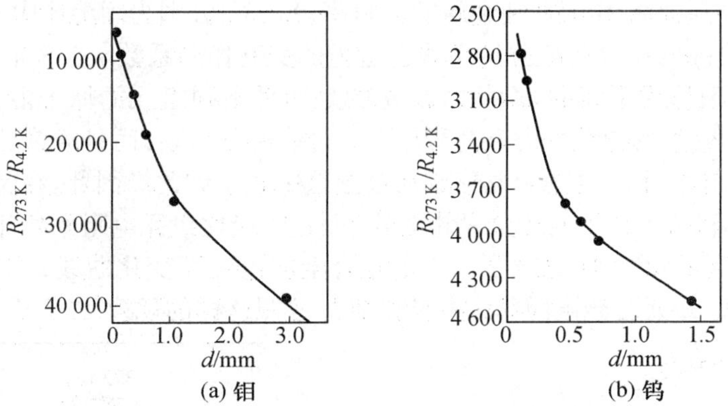

图 2.14　单晶体厚度对电阻的影响

2.3　金属合金的电阻率

合金元素的加入，对金属材料电阻率的影响与晶体缺陷相类似，对导电性的影响也表现为金属材料的残余电阻。与残余电阻对应的晶格势场周期性的破坏方式有两类：第一类是金属材料中局部点上原子的位置偏移所致，如半径存在差别的异类原子、间隙原子引起的畸变、位错线中心部位的原子位置偏移等；第二类是掺杂异价原子，导致金属材料中局部点上的势场强度发生变化的结果。

首先看金属材料中合金元素或者杂质对导电性的影响。向一种纯金属中加入其他元素，可能会形成固溶体，还可能产生新相。这两种情况下，合金电阻率随着第二组元的加入量呈现完全不同的变化规律。

2.3.1 固溶体的电阻

在第二组元或者杂质原子以代位或者间隙原子的形式形成固溶体时,会导致电阻率明显升高,导电性能下降。即使是在导电性好的金属溶剂中溶入导电性很高的溶质金属时,也是如此。这是因为在溶剂晶格中溶入溶质原子时,溶剂的晶格发生扭曲畸变,破坏了溶剂金属自身库仑势场的周期性,构成对导电电子的散射中心,从而增加了电子散射概率,电阻率增高。但晶格畸变不是电阻率改变的唯一因素,固溶体电性能尚取决于固溶体组元的化学相互作用。

库尔纳科夫指出,在连续固溶体中合金成分距组元越远(也就是说,固溶原子的摩尔浓度越大),相邻散射中心点之间的距离越小,电子的平均自由程越短,电阻率越高。以 A – B 二元合金为例,例如匀晶系合金或者端际固溶体区域内,处于均匀固溶状态下,合金的电阻率 ρ 随着化学组成的变化规律为

$$\rho = \rho_A X_A + \rho_B X_B + \gamma X_A X_B \tag{2.26}$$

式中,ρ_A,ρ_B 分别为 A,B 两种纯金属的电阻率;X_A,X_B 分别为固溶体中 A,B 两种金属的摩尔分数;γ 为交互作用强度系数。这里的交互作用系数 γ 是合金中两种组元之间电阻交互作用强度的量度系数,反映的是两种不同组元的原子混合在一起对于溶剂金属库仑势场周期性的破坏程度。γ 的数值不为零,而且通常比较大,即使是两种各自导电性都很好的金属形成的合金系中也是如此。因此,在常温下,合金的电阻率远远高于其组元纯金属的电阻率,而且可能比组元电阻率高几倍。

图 2.15(a) 示意性地给出了二元匀晶合金的电阻率变化曲线,图 2.15(b) 中给出了 Cu – Au 二元合金电阻率的实验结果。按照这样的规律,二元合金中最大电

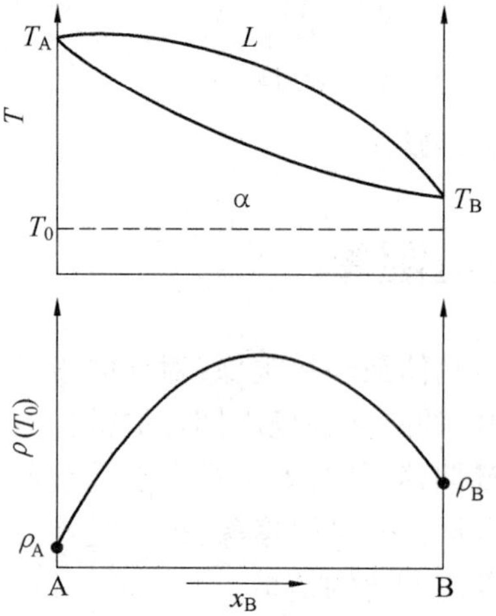

(a) 二元匀晶合金电阻率变化规律示意图

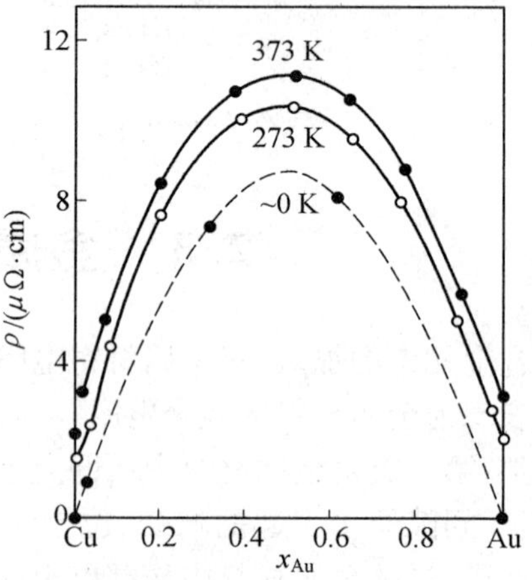

(b) 不同温度下 Cu–Au 合金电阻率的实验曲线

图 2.15 二元匀晶合金的电阻率变化规律及 Cu – Au 合金的电阻率实验结果

阻率常在两种组元的摩尔分数各为50% 的成分中。铁磁性和强顺磁性金属组成的固溶体有异常,它的电阻率一般不在50% 原子处,如图2.16所示。

根据马基申定则,低浓度固溶体电阻率表达式为

$$\rho = \rho_0 + \rho' \tag{2.27}$$

式中,ρ_0 为固溶体溶剂组元电阻率;ρ' 为剩余电阻率,其数值等于 $C\Delta\rho$,此处 C 是杂质原子含量,$\Delta\rho$ 表示1% 原子杂质引起的附加电阻率。

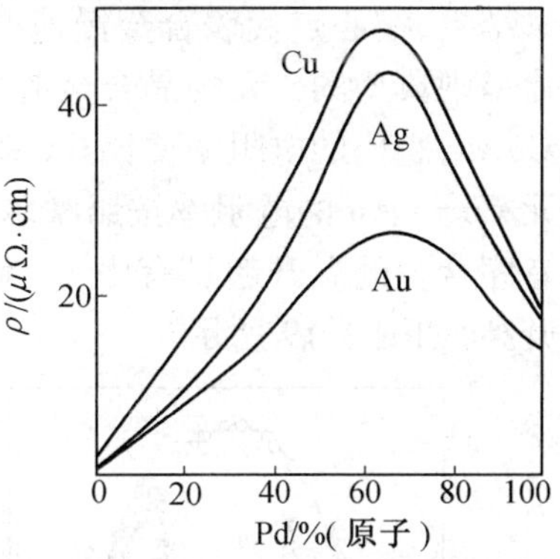

图2.16 铜、银、金与钯组成合金的电阻率与成分的关系

应该指出,马基申定则早在1860年就已提出,但目前已发现不少低浓度固溶体(非铁磁性)偏离这一定则。考虑到这种情况,现把固溶体电阻率写成三部分

$$\rho = \rho_0 + \rho' + \delta \tag{2.28}$$

式中,δ 为偏离马基申定则的值,它与温度和溶质浓度有关。随溶质浓度增加,δ 偏离越严重。目前对于这一现象还没有圆满的解释。

试验表明,除过渡族金属外,在同一溶剂中溶入1% 原子溶质金属所引起的电阻率增加,由溶剂和溶质金属的价数而定,它们的价数差越大,增加的电阻率越大,其数学表达式为

$$\Delta\rho = a + b(\Delta Z)^2 \tag{2.29}$$

式中,a,b 是常数;ΔZ 为低浓度合金溶剂和溶质间的价数差。此式称为诺伯里 - 林德法则。

图2.17给出了将Cd,In,Sn,Sb作为合金元素加入到Cu与Ag中形成无序固溶体的电阻率随着合金元素加入量的变化规律,化合价对诺伯里 - 林德法则导电性的影响显而易见。

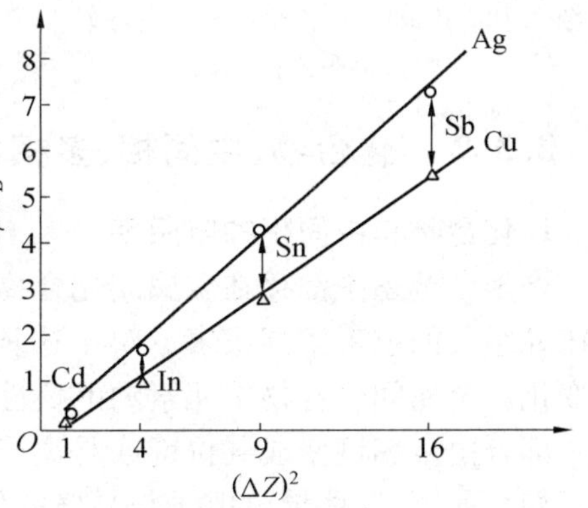

图2.17 Ag与Cu基体的合金电阻率与溶质Cd,In,Sn,Sb的关系

第二组元融入基体金属中,还可能形成有序固溶体。固溶合金有序化后,其合金组元化学作用加强,因此,电子的结合比在无序状态更强,这使导电电子数减少而合金的剩余电阻率增加。然而合金的有序化使晶格的库仑势场恢复了周期性,这就使得电子散射概率大大降低,减小了有序合金的剩余电阻率。

通常,在上述两种相反影响中,第二个因素的作用占优势,因此使有序固溶体的电阻率相对于无序状态下大幅度降低。图2.18中空心圆圈代表合金快速冷却后的测试结果,实心点代表合金慢速冷却后的结果,快冷合金呈现无序状态,电阻率的变化呈现典型的二元匀晶合金的变化规律。慢冷合金中则存在两个有序相 Cu_3Au 和CuAu,它们的电阻率要比Cu-Au无序合金低很多,而且非常接近与两个纯金属组元Cu与Au的电阻率按照摩尔分数比例进行线性叠加的结果。值得注意的是,当有序合金的温升超过有序↔无序相变点时,合金的有序态被破坏,则电阻率明显升高,如图2.19所示。

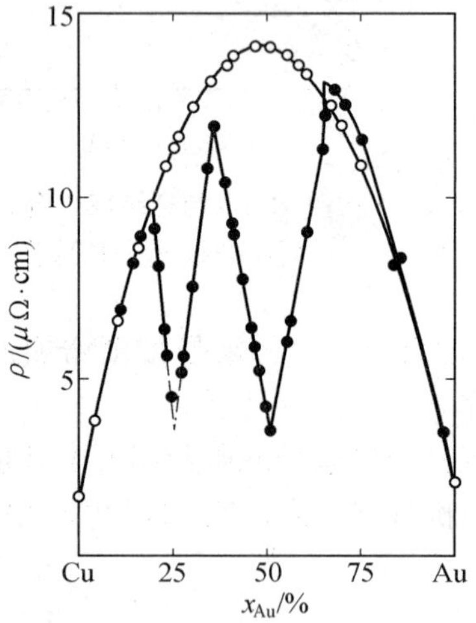

图2.18 Cu-Au二元合金中有序转变对电阻率的影响

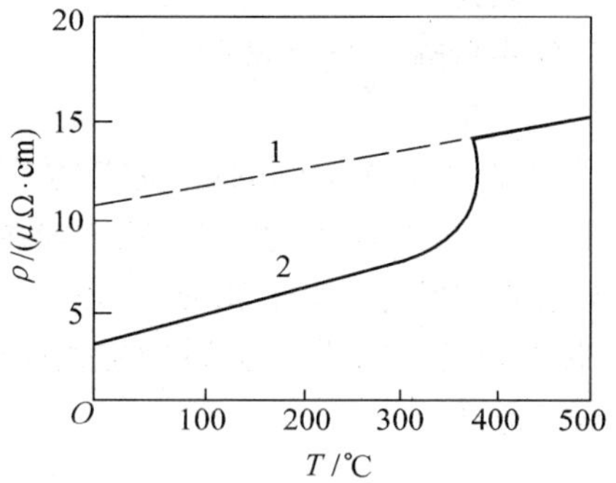

图2.19 Cu_3Au 合金有序化对电阻率的影响
1—无序(淬火态);2—有序(退火态)

2.3.2 化合物、中间相、多相合金电阻

1. 化合物和中间相的电阻率

许多合金系中都存在金属间化合物,当两种金属原子形成化合物时,其电阻率要比纯组元的电阻率高很多。对于这种现象可以解释为:原子键合方式发生了质的变化。金属间化合物中元素的电负性差较大,因而形成金属间化合物时,至少其中一部分由金属键变成共价键或是离子键。共价键和离子键中,电子的自由程度都不如金属键,这些导电电子与晶格的作用比较强烈,因而电阻率增高。在一些情况下,金属化合物是半导体,也说明键合性质的改变。表2.4给出了室温下一些合金体系中的金属间化合物的电阻率与其组元纯金属之间的对比。

一般来讲,中间相的导电性介于固溶体与化合物之间。电子化合物的电阻率都是比较高的,而且在温度升高时,电阻率增高,但熔点、电阻率反而下降。间隙相的导电性与金属相似,部分间隙相还是良导体。

表 2.4　一些金属间化合物的电阻率及其与其纯组元金属之间的对比　$\times 10^6\Omega^{-1}\cdot m^{-1}$

	$MgCu_2$	Mg_2Cu	Mg_2Al	$FeAl_3$	Ag_3Al	Mn_2Al_3	$AgMg_3$	Cu_3As
第一组元	23.0	23.0	23.0	11.0	62.9	0.68	62.9	59.9
第二组元	59.9	59.9	37.7	37.7	37.7	37.7	23.0	2.85
化合物	19.1	8.38	2.63	0.71	2.75	0.20	6.16	1.70

2. 多相合金电阻率

合金中经常存在多相平衡区。在这样的合金成分中，合金成分影响合金组成相的相对量，但各相的成分保持不变。由两个以上的相组成的多相合金的电阻率可以看作不同电阻率的多种材料的混合。

如果将多相合金看成不同电阻率多种材料的混合体，可以利用电路并联或者串联模型估算其总体电阻率的变化。如果假设合金的组成相为 α 相和 β 相，处于平衡的这两相的电阻率分别是 ρ_α 和 ρ_β。在串联模型下，合金的电阻率为

$$\rho = \rho_\alpha f_\alpha + \rho_\beta f_\beta \tag{2.30}$$

如果采用并联模型，合金的电导率为

$$\sigma = \sigma_\alpha f_\alpha + \sigma_\beta f_\beta \tag{2.31}$$

上面两式中，f_α 为合金中 α 相的体积分数；f_β 为合金中 β 相的体积分数。合金成分按照杠杆定律影响合金组成相的相对比例，f_α 和 f_β 为线性关系，因而，可以近似地认为合金的电阻率（或电导率）随成分变化呈线性变化。图 2.20 给出了五个不同的二元系合金电阻率随合金化学成分变化的实验结果，这些二元合金系在固态下基本没有互溶性，故此都是包含两相的合金。图 2.20 所示曲线中，以各种符号给出了实验所测的电阻率数据点，与试验点符合比较好的曲线为电阻并联模型的理论曲线，而各合金系中直接连接两个纯组元的电阻率得到的直线对应于串联模型的理论曲线。

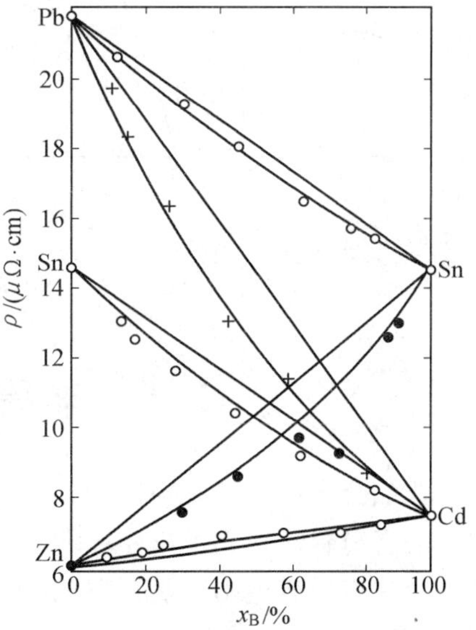

图 2.20　一些二元合金中多相平衡区域内化学成分对合金电阻率的影响

但是，计算多相合金的电阻率十分困难，因为电阻率对于组织是敏感的。例如，两个相的晶粒度大小对合金电阻率就有很大影响。尤其是当一种相（夹杂物）的大小与电子波长为同一数量级时，电阻率

升高可达10% ~15%。

如果合金是等轴晶粒组成的两相混合物，并且两相的电导率相近(比值为0.75 ~0.95)，那么，当合金处于平衡状态时，其电导率σ可以认为与组元的体积浓度呈比例关系

$$\sigma_c = \sigma_\alpha V_\alpha + \sigma_\beta(1 - V_\beta) \tag{2.32}$$

式中，σ_α，σ_β和σ_c分别为α相、β相和多相合金的电导率；V_α，V_β为α相和β相的体积浓度，并且$V_\alpha + V_\beta = 1$。图2.21为合金电阻率与状态图关系示意图。图中标有ρ的曲线表示状态图相应的相的电阻率变化。其中图2.21(a)表示连续固溶体电阻率随成分的变化为非线性的；而在图2.21(b)中α + β的相区中，电阻率变化呈线性，在相图两端固溶体区域电阻率变化不是线性的；图2.21(c)表示具有AB化合物的电阻率变化，显然，电阻率达到最高点；而图2.21(d)表示具有某种间隙相的电阻率变化，从图中可以发现，电阻率较形成它的组元下降，应当说对于金属间化合物以及中间相电性能的研究并不深入，还有许多现象值得研究。

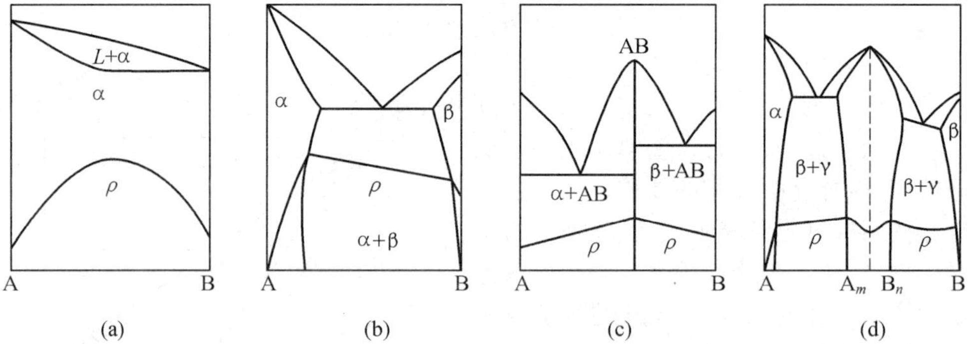

图2.21 合金电阻率与状态图关系示意图

2.4 非晶合金的电学性能

非晶合金中原子在空间中无规则排列，因此，非晶合金的电阻率远远高于相对应的晶态材料。很高的电阻率源自非常高的残余电阻率，故此，非晶合金导电性的另一个特点是其电阻率随温度的变化要比晶态合金弱得多。室温下，非晶态合金的电阻率为50 ~ 350 μΩ·cm。例如，作为软磁使用的非晶合金$Fe_{79}Si_9B_{13}$，$Fe_{40}Ni_{40}P_{14}B_6$的电阻率分别为137 μΩ·cm，180 μΩ·cm。这样的数值是晶态合金的数倍甚至数十倍。当温度从4.2 K升高到300 K时，许多非晶合金的电阻率相对变化不超过5%，而且有的略微升高，有的略微降低。图2.22给出了$(Ni_{0.54}Pd_{0.5})$ 100 −XPX非晶态合金电阻率随温度变化的示意图。

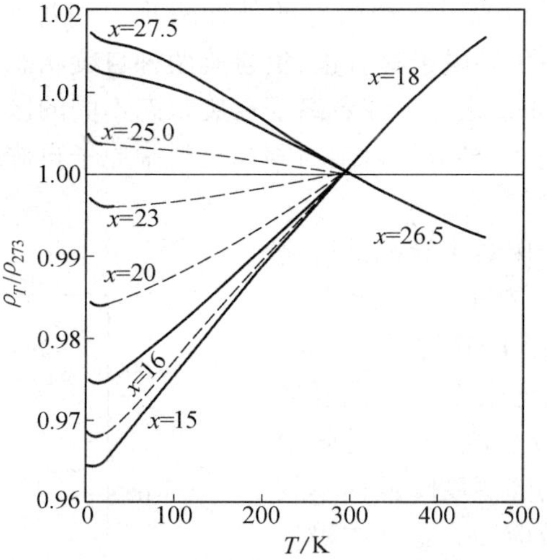

图 2.22 $(Ni_{0.54}Pd_{0.5})100-XPX$ 非晶态合金电阻率随温度变化的示意图

晶体等材料的导电性存在着各向异性现象。这种现象指的是一种晶态金属材料沿着不同的晶体学方向上电阻率有所差别。表 2.5 给出了一些相关的实验结果。晶体材料性能的各向异性是普遍性的。导电性呈现各向异性,可以从不同晶体学方向上原子排布的差异使得周期性势场有所不同的角度去理解。不过,与晶体其他性能的各向异性相比较,导电性的各向异性是比较弱的,其中立方晶系的金属不显示各向异性。另外,这种各向异性仅在单晶材料或者有织构的多晶材料中才能够体现出来。通常无织构多晶材料的导电性是各晶体学方向上导电性的平均结果。

表 2.5 一些金属电阻率的各向异性

金属	晶体结构类型	电阻率 ρ/(μΩ·cm)		比值
		基面内	c 轴方向	
Be	六方	4.22	3.83	1.1
Y	六方	72	35	2.06
Cd	六方	6.54	7.79	0.84
Zn	六方	5.83	6.15	0.95
Ga	菱方	8(b 轴)	54	6.75

以上有关金属及合金导电性的影响因素及其作用机理的讨论,基本出发点都是金属中传导电子与金属晶格势场之间的电场交互作用。实际上,鉴于电子自身的自旋特性,电子导电过程还受到金属材料中原子磁矩的影响,因为原子磁矩是材

料中包括电子的自旋和轨道运动状态的外在表现。讨论与此相关的材料导电性时，基本的出发点是：传导电子具有正、负自旋两种自旋状态，它们在原子磁矩不为零的固体材料中运动时，在原子或者离子自旋状态不同的区域遇到的阻力不同，即电阻率不同。简言之，传导电子自旋与固体材料中原子自旋之间相互作用，影响电子导电。

反映这种交互作用对于导电性影响的试验是近藤效应。图2.23给出了Mo－Fe合金中观察到的这种效应。Mo中加入少量的Fe，其电阻率在很低温区的某个温度下取得极小值，不再是固溶体材料中通常呈现的随温度降低而单调下降。近藤将这种效应归为合金中对传导电子的某些附加散射所致，也就是磁矩不为零的固溶Fe原子通过自旋与传导电子相互作用的结果。类似的现象在一价金属Cu，Ag，Au中添加少量过渡族金属Cr，Mn，Fe后可以观察到。这几个过渡族金属的原子磁矩都不为零，而且都来自于其中3d电子的自旋运动。

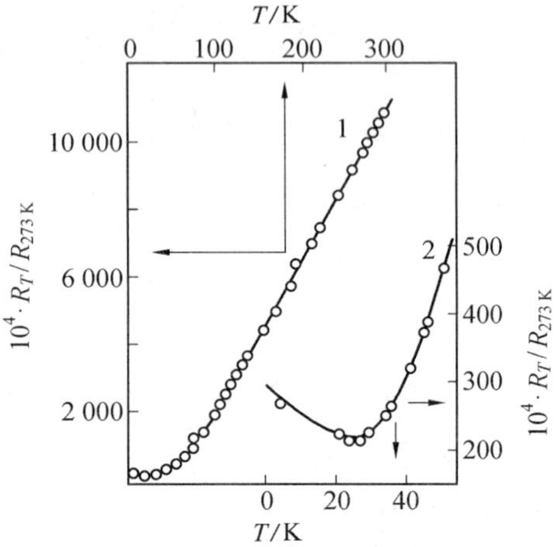

图2.23 Mo－Fe合金电阻率－温度曲线

1—在0 ～ 300 K的温度范围内；

2—低温区的局部放大

固体材料中，原子或离子中电子的自旋状态可以通过原子磁矩的大小及其排列方式反映出来。对于铁磁体、亚铁磁性和反铁磁性这些磁有序材料，在其有序化的临界温度以下，可以通过外部磁场改变其中磁矩分布状态（也就是宏观的磁化过程）。这样，可以通过与传导电子自旋之间的交互作用来影响固体材料的导电性。能够通过磁场作用显著改变固体材料导电性的现象，称为磁阻效应。人们对此开展了大量的研究，在多层膜合金以及一些陶瓷材料中，通过磁场影响，得到了非常显著的电阻变化。这种效应已经实际应用于高密度磁记录的读取磁头中，并且也被广泛用来检测比较弱的磁场。

2.5 半导体的电学性能

2.5.1 半导体材料及其能带结构特征

1. 半导体材料导电性的能带理论

半导体材料有元素半导体，如Si和Ge半导体；有化合物半导体，如Ⅲ ～ Ⅴ族的GaAs，InP，GaP，Ⅱ ～ Ⅵ族的CdS，CdSe，CdTe，ZnO等，其中有些化合物半导体属于传统意义上的陶瓷材料，实际上，还有很多陶瓷材料都显示半导体特性，如Cu_2O，Fe_2O_4，Fe_2O_3，SiC 等。随着半导体材料实际应用范围的扩展，人们越来越多地关注陶瓷类的半导体材料。

各种材料导电性的比较表明，像石英、金刚石这些绝缘体的电阻比任何导体的电阻要大 10^{22} 倍，那么为什么不同材料的导电性有如此明显的差异呢？不同材料的导电性是与其能带结构相联系的。

为了搞清不同导电性的原因，下面分析一下金属和绝缘体的电子能带。图 2.24 所示即为不同单质可能的能谱。图中 $A-A$ 线为第一允带的上限，$B-B$ 线为第二允带的下限，水平线为可能的电子能级，而垂直线为填满电子的能带区域。图中(a) 和(b) 的情况对应于能带的重叠，(c) 和(d) 对应于能带间存在脱节的能隙禁带。此外(a) 和(c) 的情况表明，电子仅部分地填充第一允带。

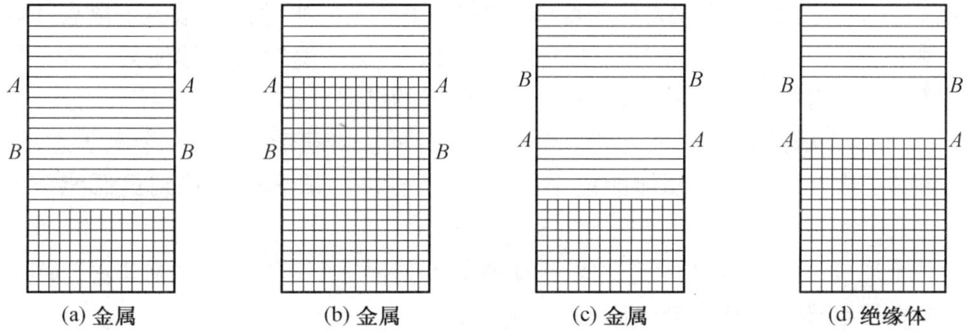

图 2.24 金属和绝缘体的能带特征

在任何物体中电子的迁移总是和准自由电子沿外加场的方向定向移动，和它们从能带的低能级向未填充高能级的迁移有关，这种迁移的可能性决定于指数因子 $e^{-\Delta E/kT}$ 成正比的概率。这里 ΔE 为一个电子越过禁带所需要的能量，禁带越宽，这种迁移的概率就越小。如果把具有图 2.24(a) ~ 2.24(c) 所示能带结构的物质置于电场中，那么电子将沿电场的方向加速，且可能迁移到更高的未填充能级，因为对于它们的迁移不需要增加很大的能量。由于电子在本身的运动中将经受碰撞，而在非弹性碰撞时它们将转移到低的自由能级，这一转移的能量将以焦耳热的形式散发。

问题是，并不是所有的电子都参与电子的迁移，参加形成电流的只是能量接近于费密面的那些电子，我们把外场作用下能保证电子在能量不明显变化的情况下，从一个能级向另一个能级定向迁移的能带称为导带。

图 2.24(d) 所示的情况对应于填充第一允带的饱和，而在第一和第二允带间存在禁带。显然，对于这种情况电子在外场作用下不可能迁移到更高的能级。因为对于这样的迁移必须从外场获得比 kT 大得多(几千电子伏特数量级) 的能量，因

此在这些材料中不存在导带，也就没有沿外场方向的电子流，所有电子处于第一满带而与外场的存在无关。

可见电子在外场的作用下经过能隙迁移的概率决定于满带与空带之间的禁带宽度，即 ΔE 的大小。如果 $\Delta E \gg kT$，那么电子迁移到下一个允带未填充能级的概率很小，有这种能带结构的材料就是绝缘体，尽管它也有大量共有化的电子，却不参加导电。

当价电子带（价带）中电子未完全填满或即使填满，但有无电子带（空带）与它相重叠，则电子可以在较小的电场电位差下加速而移向邻近的状态，这就决定了这类物质的高导电性。

半导体的能带接近于绝缘体的能带，禁带宽度为0.2 ~ 3 eV。在绝对零度下第一允带完全填满，而由第一能隙 ΔE 分开的第二允带空着，导电性等于零。由于半导体带与带之间的能隙 ΔE 比绝缘体小得多，虽然某些半导体在常温下依靠外场的激发电子也不能跃迁到空带，造成电子的迁移，但提高温度却能够使某些数目的电子跃迁到空带中未填充的低能级上，这样跃迁的结果使晶体获得了导电能力。

Δn 个电子跃迁到上一个空带中就使得下面原来的满带空出 Δn 个电子态，这些空出的态现在可以作为晶体能谱中的"空穴"看待。依靠空穴移到更低能级的电子交换位置，同样决定了电子迁移。

对于绝缘体其禁带宽度 E_g 为5 ~ 10 eV，半导体的禁带宽度 E_g 为0.2 ~ 3 eV。

2. 本征半导体和杂质半导体

半导体的能带结构类似于绝缘体，只是它们的禁带宽度较小（一般在 2 eV 以下），在室温下有一定的电导率。不过半导体电导率的一个显著特点是对纯度的依赖性较为敏感。例如，百万分之一的硼或磷含量就能使硅的电导率增高上万倍。假如半导体不存在任何杂质原子，且原子在空间严格遵循周期排列，这时半导体中的载流子只能是从满带激发到导带的电子和满带中留下的空穴。这种激发可借助于任何能给满带电子提供大于禁带宽度能量 ΔE 的物理作用，其中最常见的是热激发。如果用 n 和 p 分别代表导带中电子和满带中空穴的浓度，显然在本征激发的情况下 $n = p$。这表明，半导体的导电本领未受到任何杂质或点阵缺陷的影响。我们把只有本征激发过程的半导体称为本征半导体。对于热激发而言，最易发生的本征激发就是使"价带顶"附近的电子跃迁到"导带线"附近，而价带中的空穴则处在价带顶附近，如图 2.25 所示。

与之对应的是所谓的掺杂半导体，掺杂半导体中，或者所有结合键处被价电子填满后仍有部分富余的价电子，称为 n 型半导体；或者在所有价电子都成键后仍有些结合键上缺少价电子，而出现一些空穴，称作 p 型半导体。例如，半导体 Si 中掺入少量的5 价 P，As，Sb 等成为n 型半导体，而掺杂少量的三价 B，Al，Ga，In 成为p 型半导体。在陶瓷类半导体中,则可以通过使材料的化学组成偏离其化学计量成分得到 n 型或 p 型半导体。

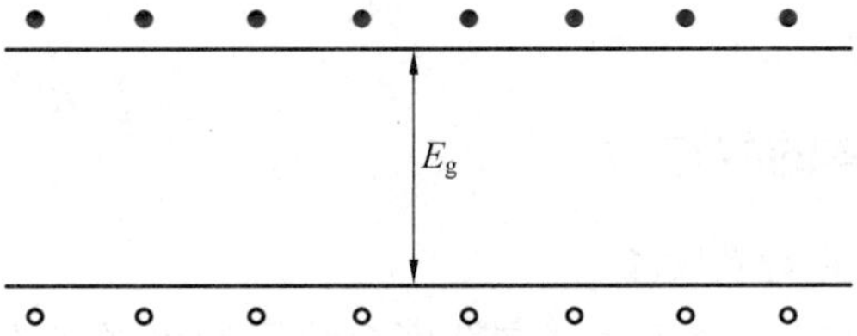

图 2.25 本征半导体的载流子

由于半导体中有两种电子迁移的机制,因此往往要研究两种导电类型:电子导电和空穴导电。如果对纯净的半导体掺入适当杂质,载流子的浓度将大大增加,根据杂质元素的化学性质可以将其分为两类:一种是作为电子供体提供导带电子的发射杂质,称为施主;另一种是作为电子受体,即提供导带空穴的收集杂质,称为受主。显然,掺入施主杂质后,在热激发下半导体中的电子浓度增加($n > p$),电子为多数载流子,简称多子,空穴为少数载流子,简称少子。这时以电子导电为主,故称 n 型半导体。

而在掺入受主的半导体中由于受主电离($p > n$),空穴为多子,电子为少子,因而以空穴导电为主,故称为 p 型半导体。

总而言之,晶体中存在杂质时,出现在禁带中的能级是由于杂质置换基体原子后改变了晶体的局部势场,使一部分能级从允带中分离出来了。通常把电离能很小,距能带边缘(导带低或价带顶)很近的杂质能级称为浅能级,其他一些距能带边缘较远,而接近禁带中央的杂质能级称为深能级。

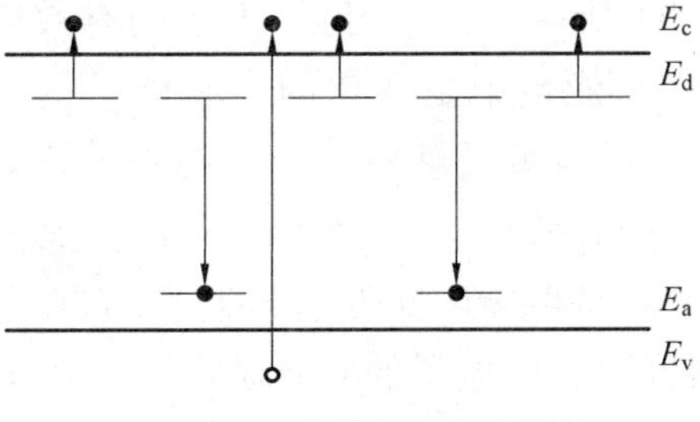

图 2.26 能带中的杂质补偿

必须指出,在同一种半导体材料中往往同时存在两种类型的杂质,这时半导体的导电类型主要取决于掺杂浓度高的杂质,例如,硅中磷的浓度比硼高,则表现为 n 型半导体。这时施主能级上的电子除填充受主外,余下的激发到导带。由于受主的存在使导带电子减少的作用称为杂质补偿,如图 2.26 所示。

一般半导体在常温下靠本征激发提供的载流子甚少,如室温硅的本征载流子浓度约为 $1.5 \times 10^{16}/\mathrm{m}^3$。当磷含量为百万分之一时,掺杂提供的导电电子约为

$10^{22}/m^3$ 数量级，使载流子浓度增加为原来的几十万倍。可见，半导体的导电性质取决于掺杂水平。然而，随着温度的升高，本征载流子的浓度将迅速增加，而杂质提供的载流子浓度却不随温度而改变。因此，在高温时即使是杂质半导体也是本征激发。

2.5.2　半导体的导电性

1. 半导体载流子的有效质量

半导体材料中的电子，处于晶格周期库仑势场的较强烈约束下，描述其运动规律时，需要引入有效质量的概念。有效质量是一个量子概念，它反映了晶体周期性势场的作用（则可正可负，并可大于或小于惯性质量）。有效质量的大小与电子所处的状态波矢 $\boldsymbol{k}$ 有关，也与能带结构有关（能带越宽，有效质量越小）；并且有效质量只有在能带极值附近才有意义，在能带底附近取正值，在能带顶附近取负值，例如在能带底（极小值），$m^* > 0$；而在能带顶（极大值），$m^* < 0$。有效质量可以表示为

$$m^* = \frac{\hbar}{d^2E/dk^2} \tag{2.33}$$

式中，$\hbar = h/2\pi$，h 为普朗克常数。

图2.27(a)示意性地给出了一个能带中电子的能量 E 与波矢 $\boldsymbol{k}$ 之间的关系曲线。其中，一个能带的布里渊区边缘以 $\pm\pi/a$ 示意性表达。根据式(2.33)，由此曲线得到的相应的电子有效质量如图2.27(b)所示。由图可见，电子的有效质量在一个能带中是变化的。在能带的底部，电子的有效质量 $m^* > 0$，习惯上称其为电子的有效质量，记为 $m_e = m^*$。其典型例子就是半导体导带上的电子；而在一个能带的顶部，电子的有效质量 $m^* < 0$，典型例子是半导体价带中的电子。

价带中电子的有效质量为负值，意味着电子在电场中的受力方向与电场方向相同。这种情况下，电子的定向移动行为类似于一个带单位正电荷 e^+ 的粒子。为此，

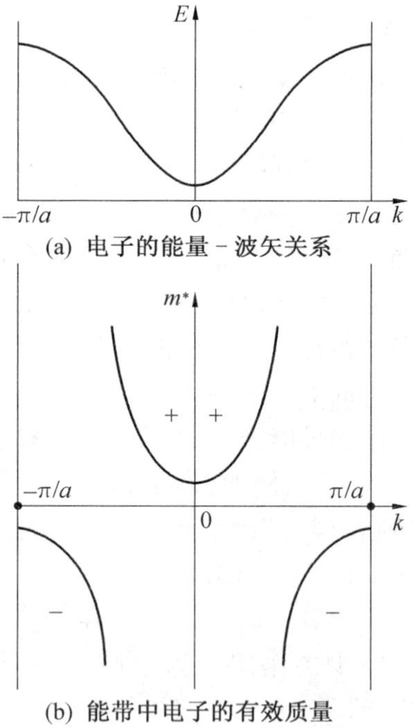

图2.27　能带中电子的能量－波矢关系及有效质量之间的对应关系

将能带顶部电子的导电行为用空穴来表达。半导体空穴导电的图像是:价带上成键的多个电子,逆着电场方向依次暂时摆脱结合键的束缚移位,以接力方式来完成电荷的输送。图2.28中以p型半导体中空穴移动情况示意性的说明了能带顶部电子运动与空穴运动之间的对应关系,图中给出了在水平向右的电场中载流子进行的四步移动。上面的五幅图片显示了以电子作为观察对象时的情形,下面对应的五幅图是以空穴作为观察对象的情况。

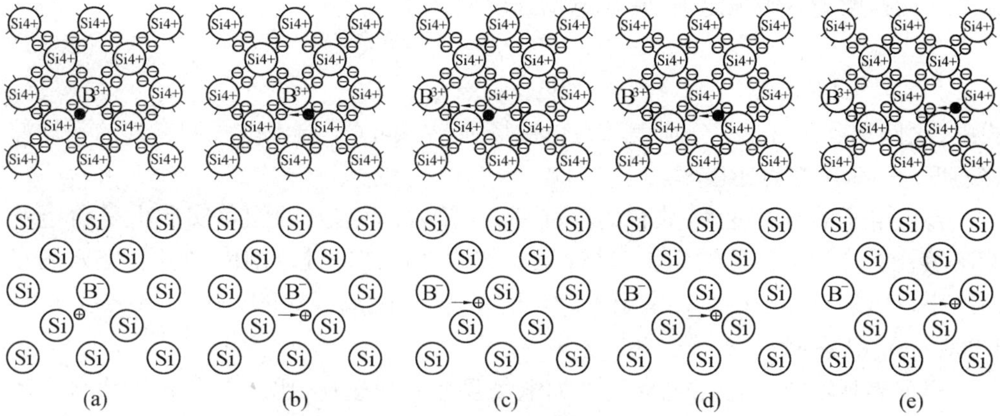

图2.28 p型半导体中空穴移动及其对应的电子运动的示意图

价带中电子的接力式移动过程,可以看作一个带正电的载流子在电子运动的反方向上连续移动,即空穴沿着电场方向的移动。这样,用一个空穴替代不断变化的电子作为导电载流子,避免了以电子作为观察对象带来的不变。显然,半导体中空穴的特征为:空穴具有与电子等量的正电荷,受电场作用时定向移动方向与电场方向相同。而究其运动本质则是多个电子的接力移动。空穴的等效质量等于电子等效质量的负值,即 $m_h = -m^*$。

借助于电子和空穴的有效质量,可以将能带中的电子状态密度重新表达为

(1) 导带底部

$$N(E) = \frac{1}{2\pi^2}\left(\frac{2m_e}{\hbar^2}\right)^{3/2}(E - E_c)^{1/2} \tag{2.34}$$

(2) 价带顶部

$$N(E) = \frac{1}{2\pi^2}\left(\frac{2m_h}{\hbar^2}\right)^{3/2}(E_v - E)^{1/2} \tag{2.35}$$

式中,E_c 为导带的最低能量;E_v 为价带的最高能量。

2. 半导体的电导率和霍耳效应

(1) 半导体的电导率。

本征半导体受热后,载流子不断发生热运动,在各个方向上的数量和速度都是均布的,故不会引起宏观的迁移,也不会产生电流,但在外电场作用下,载流子就会有定向的漂移运动,产生电流。这种漂移运动是在杂乱无章的热运动基础上的定向运动,所以在漂移过程中,载流子不断地互相碰撞,使得大量载流子定向漂移运动的平均速度为一个恒定值,并与电场强度成正比。

$$\bar{V}_n = \mu_n \varepsilon \tag{2.36}$$

$$\bar{V}_p = \mu_p \varepsilon \tag{2.37}$$

式中,比例常数μ_n和μ_p分别表示在单位场强(V/cm)下自由电子和空穴的平均漂移速度(cm/s),称为迁移率。

自由电子的自由度大,故它的迁移率μ_n较大;而空穴的漂移实质上是价电子依次填补共价键上空位的结果,这种运动被约束在共价键范围内,所以,空穴的自由度小,迁移率μ_p也小。在室温下,本征 Ge 单晶中,$\mu_n = 3\ 900\ \text{cm}^2/(\text{V}\cdot\text{s})$,$\mu_p = 1\ 900\ \text{cm}^2/(\text{V}\cdot\text{s})$。

根据霍耳定律,电流密度j与外加电场强度E成正比,比例常数σ即为电导率

$$j = \sigma E \tag{2.38}$$

当半导体中同时存在两种载流子时,按照电流密度的定义可以将j写成

$$j = peV_h - neV_e \tag{2.39}$$

式中,V_h和V_e分别为空穴和电子在电场中获得的平均漂移速度;n,p分别为导带中电子和价带中空穴的体积密度。

V_h和V_e与外加电场强度E有如下关系

$$V_h = \mu_h E$$

$$V_e = -\mu_e E$$

其中,比例常数μ_h和μ_e分别为空穴和电子的迁移率,均取正值。将上式代入j的表达式,并与其定义式进行比较,可得半导体的电导率为

$$\sigma = ne\mu_e + pe\mu_h \tag{2.40}$$

0 K下,半导体不导电,即电导率$\sigma = 0$。因为电场所能提供的能量不足以使价带中的电子跃迁到导带上去,因而载流子体积密度为零,$n = p = 0$。但是,如果施加于半导体上的电场强度足够高时,会使之发生电击穿。当温度高于 0 K 时,按照费密 - 狄拉克分布定律,价带中的能级能量低于费密能,被电子占据的概率也不再是1,尤其是那些处于价带顶部的能级没有全部填充满电子。同时,导带的能级尤其是导带底部的能级,它们的能量高于费密能,其电子态也要以大于零的概率部分地填充电子。这就是所谓的价带中电子受热激发跃迁到导带上去的现象。由此,半

导体中价带形成的空穴和导带上所具有的电子称为载流子,并在电场作用下导电。在0 K以上,价带电子热激发产生的载流子呈动态平衡,称为热平衡载流子。半导体中产生载流子的另一种途径是:通过电磁波照射激发载流子。这种载流子为非稳态载流子,当辐射消失后,载流子经过一定时间后会消失。

半导体在导电性方面具有独特的性质,包括温度敏感性、杂质敏感性和光照敏感性三大基本特征。所谓的温度敏感性是指导电性对于温度非常敏感,一般表现为导电性随温度升高呈规律性变化。杂质敏感性表现为导电性对杂质异常敏感,几乎是所有材料性能中对杂质(或掺杂)最敏感的性能,例如,摩尔分数只有百万分之一的P掺入到Si中,可以使其室温下的导电性提高5个数量级。因此,人们利用受控的极微量掺杂来大幅度改变半导体的导电特性。同时,从控制产品性能稳定性出发,半导体材料生产过程中采用了纯洁度最高的原料和最洁净的工艺技术。光照敏感性是指半导体受到电磁波辐射,比如可见光和近红外线照射时,导电性大幅度增加,具有光致导电效应。利用半导体的这种特性将其用作电磁辐射的探测器。

(2)本征半导体中载流子体积密度与导电性。

本征半导体是指纯净的无结构缺陷的半导体单晶。如前所述,在0 K和无外界影响的条件下,半导体的空带中无电子,即无运动的电子。但当温度升高或受光照射时,也就是半导体受到热激发时,共价键中的价电子由于从外界获得了能量,其中部分获得了足够大能量的价电子就可以挣脱束缚,离开原子而成为自由电子。反映在能带图上,就是一部分满带中的价电子获得了大于 E_g 的能量,跃迁到空带中去,这时空带中有了一部分能导电的电子,称为导带,而满带中由于部分价电子的迁出出现了空位置,称为价带,如图2.29所示。当一个价电子离开原子后,在共价键上留下一个空位(称为空穴),在共有化运动中,相邻的价电子很容易填补到这个空位上,从而又出现了新的空穴,其效果等同于空穴移动。在无外电场作用下,自由电子和空穴的运动都是无规则的,平均位移为零,所以并不产生电流。但在外电场的作用下,电子将逆电场方向运动,空穴将顺电场运动。从能带图中可以

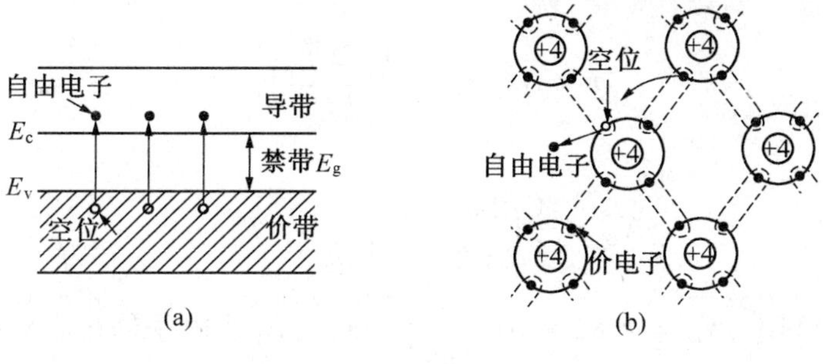

图2.29 本征激发的过程

看出，自由电子在导带内（导带底附近），空穴在价带内（价带顶附近），在本征激发（常见是热激发）过程中它们是成对出现的。在外电场作用下，自由电子和空穴都能导电，所以它们统称为载流子。

首先分析半导体因热激发产生的热平衡载流子体积浓度。图2.30给出了本征半导体的能带结构，其能带间隙为 E_g，并以 E_c，E_v，E_F 分别表示导带能量最低值、价带能量最高值以及费密能。价带顶部与导带底部的电子状态函数分别由式(2.34)和式(2.35)给出，图2.30还给出了费密函数曲线，以及显示导带电子占据态 $N(E)f(E)$ 和价带空穴状态 $N(E)[1-f(E)]$ 的分布情况曲线。

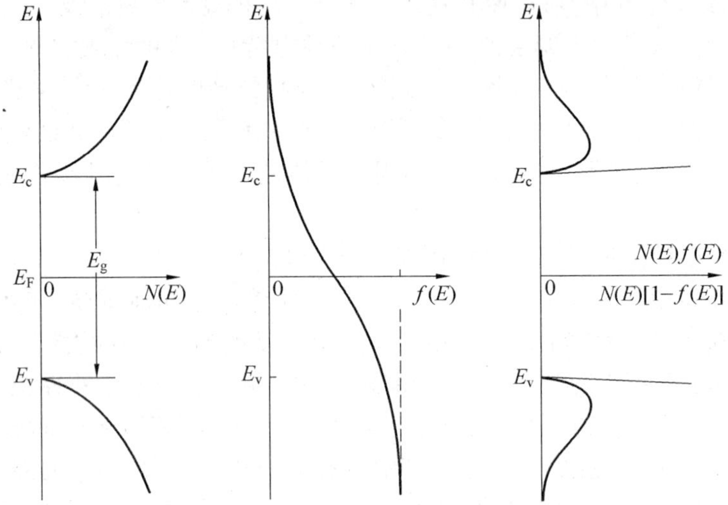

(a) 本征半导体能带结构　(b) 费密分布函数曲线　(c) 导带电子与价带空穴的分布

图2.30　本征半导体能带结构及载流子分布情况示意图

根据这些关系，可以定量计算出本征半导体导带中的电子体积密度为

$$n = \frac{1}{4}\left(\frac{2m_0k}{\pi\hbar^2}\right)^{3/2}\left(\frac{m_e}{m_0}\right)^{3/2}T^{3/2}\exp\left(-\frac{E_c - E_F}{kT}\right) \tag{2.41}$$

或简写成

$$n = N_{C_e}\exp\left(-\frac{E_c - E_F}{kT}\right) \tag{2.42a}$$

式中

$$N_{C_e} = \frac{1}{4}\left(\frac{2m_0k}{\pi\hbar^2}\right)^{3/2}\left(\frac{m_e}{m_0}\right)^{3/2}T^{3/2}$$

在SI单位制中，$N_{C_e} = 4.82\times10^{21}\left(\frac{m_e}{m_0}\right)^{3/2}T^{3/2}$；$m_0$ 为电子静止质量；T 为绝对温度，单位为K；k 为玻耳兹曼常数。

类似处理可得价带空穴的体积密度为

$$p = N_{V_h}\exp\left(-\frac{E_F - E_v}{kT}\right) \tag{2.42b}$$

式中

$$N_{V_h} = \frac{1}{4}\left(\frac{2m_0k}{\pi\hbar^2}\right)^{3/2}\left(\frac{m_h}{m_0}\right)^{3/2}T^{3/2}$$

在 SI 单位制中

$$N_{V_h} = 4.82\times10^{21}\left(\frac{m_h}{m_0}\right)^{3/2}T^{3/2}$$

本征半导体中,导带电子全部来自于本来全满的价带,因此 $n = p$,故

$$n = p = (N_{C_e}N_{V_h})^{1/2}\exp\left(-\frac{E_g}{2kT}\right) \tag{2.43}$$

式中,E_g 为半导体的能带间隙,$E_g = E_c - E_v$。

可以发现,本征半导体中热平衡载流子的浓度与温度 T 和禁带宽度 E_g 有关。随温度 T 的升高,载流子的体积密度呈指数规律增加。E_g 小的 $n(=p)$ 大,E_g 大的 $n(=p)$ 小。图 2.31 给出了本征半导体 Si 和 Ge 中载流子体积密度随温度的变化曲线。室温下,硅的 E_g 为 1.1 eV,本征热平衡载流子 $n = 1.5\times10^{16}/m^3$,锗的 E_g 为0.72 eV,本征热平衡载流子 $n = 2.4\times10^{19}/m^3$。可见,在室温条件下,本征半导体中可参与导电的载流子的数目是很少的,它们有一定的导电能力但很微弱。因此,对于半导体材料导电性的讨论,首要关注对象是载流子的体积密度。

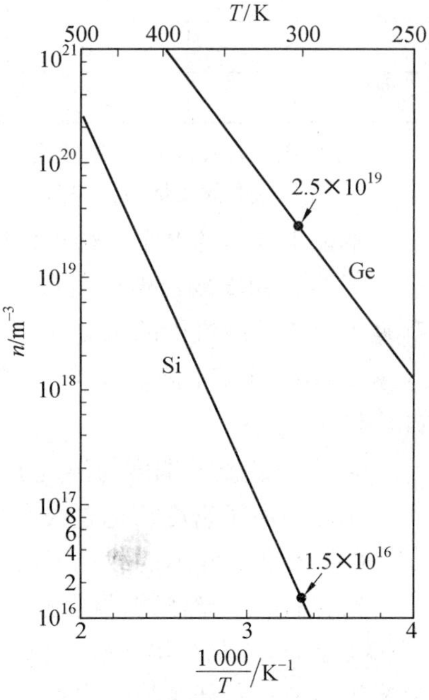

图2.31 本征半导体Si和Ge中载流子体积密度随温度的变化曲线

表 2.6 给出了一些常见半导体材料中载流子的有效质量和迁移率。不同种类的半导体材料中,载流子的迁移率有较大的差异,其根源在于化学组成、晶体结构参数所决定的能带结构的差别,应该指出,迁移率受温度和晶体缺陷密度的影响,不过,在考查半导体导电性随温度变化时,温度对于迁移率的影响往往被温度对载流子体积密度的影响所掩盖。

表 2.6 一些常见半导体材料的能带间隙与其载流子的有效质量和迁移率

半导体材料	能带间隙 E_g,eV	迁移率 $\mu/m^2 \cdot (V^{-1} \cdot s^{-1})$		有效质量	
		电子	空穴	电子 m_e	空穴 m_h
C(金刚石)	5.47	0.18	0.12	$0.2m_0$	$0.25m_0$
Si	1.11	0.15	0.05	$0.97m_0$(l) $0.97m_0$(t)	$0.16m_0$(l) $0.97m_0$(h)
Ge	0.67	0.39	0.19	$1.6m_0$(l) $0.08m_0$(t)	$0.04m_0$(l) $0.3m_0$(h)
SiC(六方)	3.0	0.04	0.005	$0.6m_0$	$1.0m_0$
GaAs	1.4	0.85	0.04	$0.07m_0$	$0.7m_0$
GaP	2.3	0.01	0.007	$0.12m_0$	$0.5m_0$
InSb	0.2	8.00	0.13	$0.01m_0$	$0.18m_0$
GdS	2.6	0.035	0.0015	$0.21m_0$	$0.80m_0$
CdTe	1.5			$0.14m_0$	$0.37m_0$

注:① 电子有效质量 m_e 一栏内,l、t 分别表示纵向与横向上的有效质量。

② 空穴有效质量 m_h 一栏内,l、h 分别表示轻、重空穴的有效质量。

本征半导体的电学特性可以归纳如下:

① 本征激发成对地产生自由电子和空穴,所以自由电子浓度与空穴浓度相等,都是等于本征载流子的浓度 n_i。

② 本征载流子浓度 n_i 与能带间隙 E_g 有近似反比关系;硅比锗的 E_g 大,所以,硅比锗的 n_i 小。

③ 本征载流子浓度与温度近似成正比,故温度升高时,n_i 就增大。

④n_i 与原子密度相比是极小的,所以本征半导体的导电能力很微弱。

(3) 掺杂半导体的载流子与导电性。

通常制造半导体器件的材料是掺杂半导体。在本征半导体中掺入五价元素或三价元素,将分别获得 n 型(电子型)杂质半导体和 p 型(空穴型杂质)半导体。掺杂半导体是在本征半导体中掺入化合价不同的原子而形成的均匀代位式固溶体。掺杂的异价原子摩尔分数很低,因此保持本征半导体的晶体结构不变。掺入的异价原子使得局部结合键情况发生变化,从而导致半导体中出现附加能级,称作掺杂能级。掺杂能级的存在使得掺杂半导体的导电性显著区别于本征半导体。下面首先来考查掺杂能级的形成及其特点。

由高价元素掺杂而来的 n 型半导体,如 Si 中掺入五价的 P,As 等,可以使得晶体中的自由电子的浓度极大地增加。这是因为五价元素的原子有5个价电子,当它顶替晶格中的一个四价元素的原子时,它的四个价电子与周围的四个Si或者Ge原子以共价键结合后,还有1个富余电子,如图2.32所示。

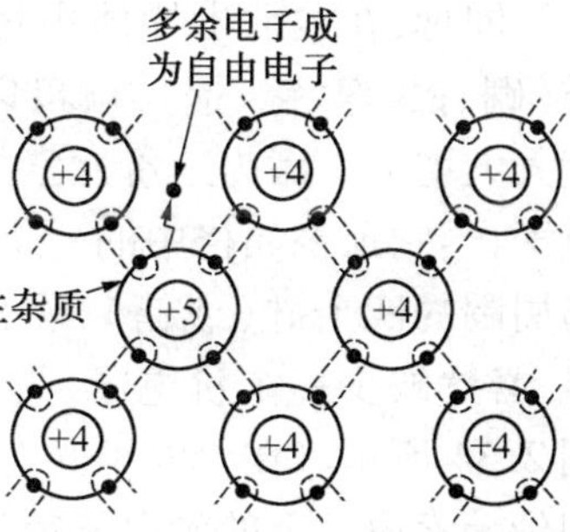

图2.32 n型半导体的结构

可以将这个富余电子与掺杂原子(为+1价离子)看成是1个类氢原子结构。考查该电子的能量:它高于成键电子(即位于价带顶之上),原因是使该电子电离远比使一个成键电子电离容易;但是由于受到+1价掺杂离子的库仑势场作用,被束缚于掺杂原子周围,因此其能量又低于自由电子的能量(即位于导带底之下)。这样掺杂原子引入了一个附加能级,处于E_v与E_c之间,即处于禁带之中,称为施主能级E_d。n型半导体中,一般情况下该能级接近于导带底(浅掺杂能级)。理论计算与实验结果表明,(E_c-E_d)比E_g小得多(E_c-E_d的值),所以,在常温下每个掺入的五价元素原子的多余价电子都具有大于(E_c-E_d)的能量,都可以进入导带称为自由电子,因而导带中的自由电子数比本征半导体显著地增多。把这种五价元素称为施主杂质(因其提供多余价电子),E_d称为施主能级,(E_c-E_d)称为施主电离能。图2.33示出了n型半导体的能带图与费密分布图。

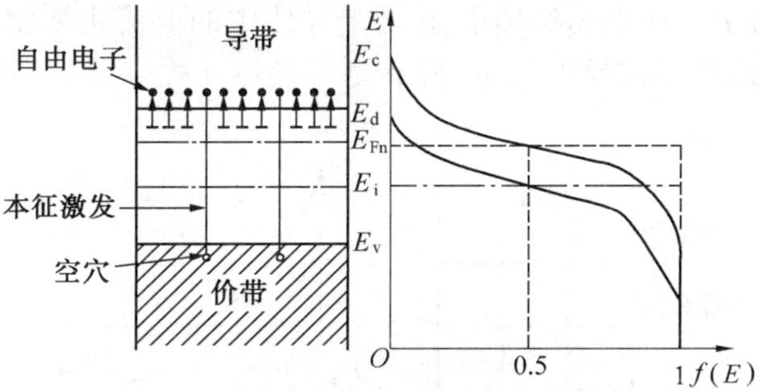

图2.33 n型半导体的能带图与费密分布图

在n型半导体中,由于自由电子的浓度大($1.5\times10^{14}\ cm^{-3}$),故自由电子称为多数载流子,简称多子。同时由于自由电子的浓度大,由本征激发产生的空穴与它们相遇的机会也增多,故空穴复合掉的数量也增多,所以n型半导体中空穴的浓度($1.5\times10^{6}\ cm^{-3}$)反而比本征半导体空穴的浓度小,因此把n型半导体中的空穴称为少数载流子,简称少子。在电场作用下,n型半导体中的电流主要有多数载流子——自由电子产生,也就是说,它是以电子导电为主,故n型半导体又称为电子型半导体,施主杂质也称n型杂质。

同理,在本征半导体中掺入三价元素的杂质(硼、铝、镓、镓、铟),就可以使晶体中空穴浓度大大增加。因为三价元素的原子只有三个价电子,当它顶替晶格中的一个四价元素原子,并与周围的四个硅(或锗)原子组成四个共价键时,必然缺少一个价电子,形成一个空位置,如图2.34所示。在价电子共有化运动中,相邻的四价元素原子上的价电子就很容易来填补这个空位,从而产生一个空穴。

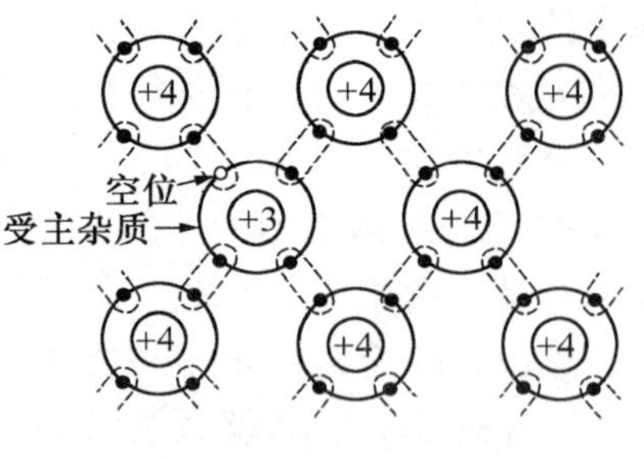

图2.34 p型半导体的结构

理论计算与实验结果表明,三价元素形成的允许价电子占有的能级 E_a 非常靠近价带顶,即 $(E_a - E_v)$ 远小于 E_g($E_a - E_v$ 的值在硅中掺镓的为0.065 eV,掺铟为0.16 eV,锗中掺硼或铝的为0.01 eV)。在常温下,处于价带中的价电子都具有大于 $(E_a - E_v)$ 的能量,都可以进入 E_a 能级,所以每个三价杂质元素的原子都能接受一个价电子,而在价带中产生一个空穴。我们把这种三价元素称为受主杂质(因其能接受价电子),E_a 称为受主能级,$(E_a - E_v)$ 称为受主电离能。图2.35示出了p型半导体能带图及费密分布图。在p型半导体中,因受主杂质接受价电子产生空穴的作用,使得空穴浓度大大提高,故空穴为多数载流子。同时因空穴多,本征激发的自由电子与空穴复合的机会增多,故p型半导体的自由电子浓度反而比 n_i 小,即电子是少数载流子。在电场作用下,p型半导体中的电流主要由多数载流子——空穴产生,即它是以空穴导电为主,故p型半导体又称空穴型半导体,受主杂质又称p型杂质。

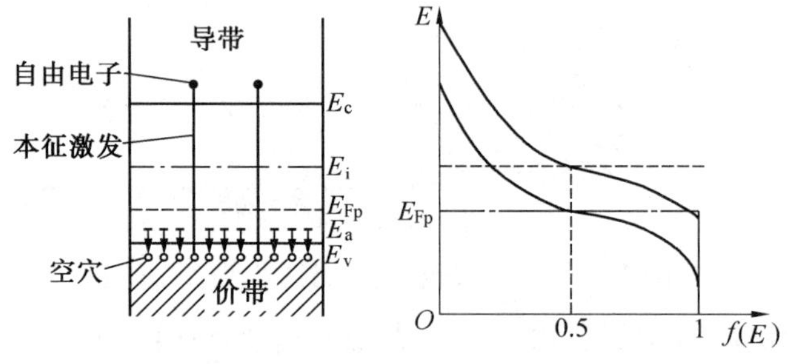

图2.35 p型半导体的能带图及费密分布图

n型半导体和p型半导体统称为掺杂半导体,与本征半导体相比,具有如下特性:

① 掺杂浓度与原子浓度相比虽然很微小,但是却能使载流子浓度极大地提高,导电能力因而也显著地增强。掺杂浓度越大,其导电能力也跃迁。

② 掺杂只是使一种载流子的浓度增加,因此杂质半导体主要靠多子导电。当

掺入五价元素(施主杂质)时,主要靠自由电子导电;当掺入三价元素(受主杂质)时,主要靠空穴导电。

当温度 $T > 0$ K 时,掺杂半导体中有两种机制产生载流子:第一种与本征半导体相同,即价带电子热激发到导带,形成电子 - 空穴对,并称为本征激发载流子;第二种机制与掺杂能级有关,可以认为是由掺杂原子提供载流子。

由掺杂原子提供载流子,在不同类型掺杂半导体中的具体表现不同。在 n 型半导体中,表现为掺杂原子中富余电子摆脱了带正电的掺杂离子的束缚,掺杂原子发生电离而成为在半导体中自由移动的自由电子。从能带结构上看,是施主能级上的电子吸收能量进入导带而成为载流子。在 p 型半导体中,掺杂原子周围的空穴接受来自价带的电子,而在价带中产生空穴作为载流子。可以将其看作受主能级上的空穴吸收能量被激发到价带而成为载流子。由于一般半导体的掺杂能级非常接近于导带底(n 型)或价带顶(p 型),因此施主能级电子通过电离进入导带以及受主能级的空穴进入价带所需要的能量,比本征激发产生载流子所需要的能量(等于能带间隙)要小得多,因此由掺杂原子产生载流子的过程易于进行,也就是说,掺杂半导体中由掺杂原子提供载流子更容易。

图 2.36 给出了掺杂半导体的载流子体积密度随温度的变化曲线,其中包含着三个基本关系:第一,掺杂原子电离产生电子的体积密度与温度的关系:$\ln m_e$ 与 $1/T$ 的直线关系的斜率为 $-(E_c - E_d)/k$,其上限为掺杂原子的体积密度 N_{d_0};第二,本征激发产生的空穴(或本征激发向导带提供的电子)的体积密度,$\ln p$ 与 $1/T$ 的直线斜率为 $-E_g/2k$;第三,导带上的电子为这两部分之和。这样的关系,使得掺杂半导体的载流子随着温度的变化有如下的特点:

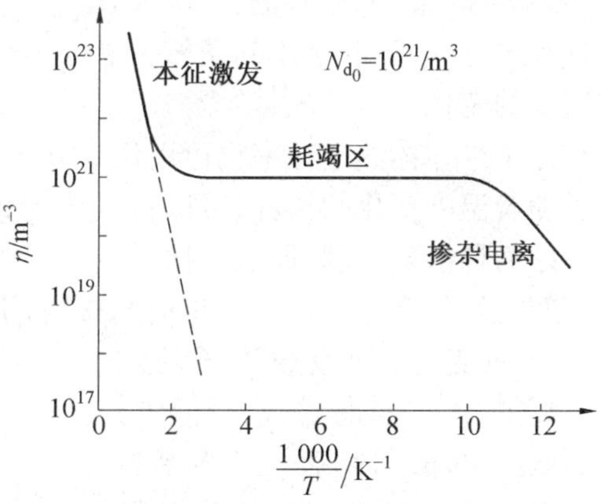

图 2.36 掺杂 As 的半导体 Si 中载流子体积密度随温度的变化曲线
(N_{d_0} 为掺杂原子的体积密度)

① 低温区:导带中的电子主要来自于掺杂原子的电离,即 $n \approx m^+$。这样的温度区称作电离区。

② 中温区:电离基本完毕,m^+ 大约等于掺杂浓度,但本征激发载流子远远低于 m^+,可以忽略不计。此时,半导体中总的载流子浓度保持不变。该温度区域称作耗竭区。

③ 高温区:本征激发占据主导地位,本征激发载流子远远高于掺杂浓度。该温

度区域中,掺杂半导体的行为类似于本征半导体,称作本征区。

在低温区和耗竭区,掺杂半导体的导电性不同于本征半导体,称作掺杂导电性;而高温区属于本征导电性。

作为一个重要参量,掺杂半导体的费密能随着温度发生显著变化。在低温下,由于导带的电子几乎都来自于施主能级,来自价带的本征激发相对于施主能级的电离来说可以忽略不计,因此,费密能级位于施主能级与导带底之间。当温度非常高时,来自价带的本征激发电子的数量可以远远超过施主能级提供的电子,此时,施主能级的影响又可以忽略不计,价带中的空穴与导带中的电子呈现对称分布、类似于本征半导体,因此费密能级位于能带间隙的中央附近。中间的温度段,费密能级随着温度的升高连续地完成上述两种极端情况下的过渡。图2.37给出了n型半导体的费密能级随温度的变化。

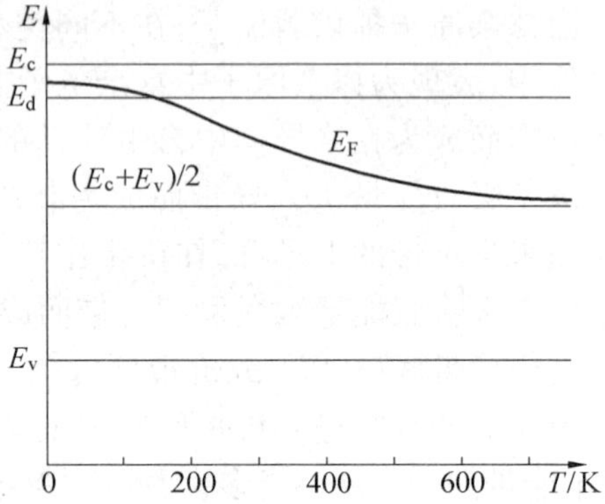

图2.37 Si中掺杂As的n型半导体中费密能级随温度的变化

掺杂半导体的电导率仍可以用式 $\sigma = ne\mu_e + pe\mu_h$ 表示,根据图2.36所示的载流子随着温度变化的情况,可以得到半导体的电导率随温度的变化曲线。通常必须考虑两种散射机制,即点阵振动的声子散射和电离杂质散射。由于点阵振动使原子间距发生变化而偏离理想周期排列,引起禁带宽度的起伏,从而使载流子的势能随空间变化,导致载流子的散射。显然,温度越高,振动越激烈,对载流子的散射越强,迁移率越低。至于电离杂质对载流子的散射,是随温度升高载流子热运动速率加大,电离杂质的散射作用相应减弱,导致迁移率增加。半导体的导电性随温度的变化之所以与金属不同而呈现复杂的变化,正是由于这两种散射机制作用的结果。图2.38表示了n型半导体的电阻率在不同温区的变化规律。图的

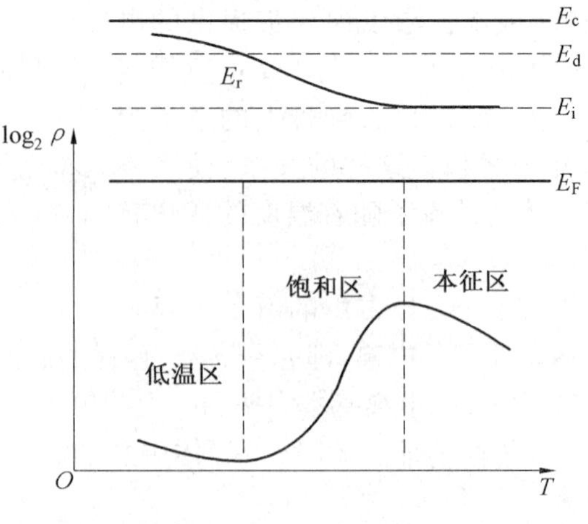

图2.38 n型半导体的电阻率在不同温区的变化规律

上方附上相应温度下费密能级在禁带中的位置变化。

显而易见，在低温区费密能级高于施主能级，施主杂质并未全部电离。随着温度的升高，电离施主增多使导带电子浓度增加。与此同时，在该温度区内点阵振动尚较微弱，散射的主要机制为掺杂原子电离，因而载流子的迁移率随温度的上升而增加。尽管电离施主数量的增多在一定程度上也要限制迁移率的增加，但综合的效果仍然使电阻率下降。当温度升高到费密能级低于施主能级时，杂质全部电离，称为饱和区。由于本征激发尚未开始，载流子浓度基本保持恒定。然而，这时点阵振动的声子散射已经起主要作用而使迁移率下降，因而导致电阻率随温度的升高而增高。温度的进一步升高，由于本征激发，载流子随温度而显著增加的作用已远远超过声子散射的作用，故又使电阻率重新下降（表现出本征半导体的规律性）。

（4）温度对半导体导电性的影响。

在0 K时，本征半导体的价带是全充满的，导带是完全空的。在0 K以上，价带中有一些电子被热激发到导带中去，从而产生导电的电子与空穴对。所以，本征半导体的电导率随温度的上升而升高。这一点与金属电导率对温度的依赖性正好相反。

本征半导体的电导率 σ 与温度 $T(K)$ 之间的关系可用数学公式表示为

$$\ln \sigma = C - \frac{E_g}{2kT} \qquad (2.44)$$

式中，C 是与温度无关的常数；E_g 为禁带能量宽度；k 为玻耳兹曼常数。将本征半导体的 $\ln \sigma$ 对 $1/T$ 作图，可得到如图2.39所示的一条直线，斜率为 $-E_g/2k$。E_g 越大，电导率对温度变化越敏感。

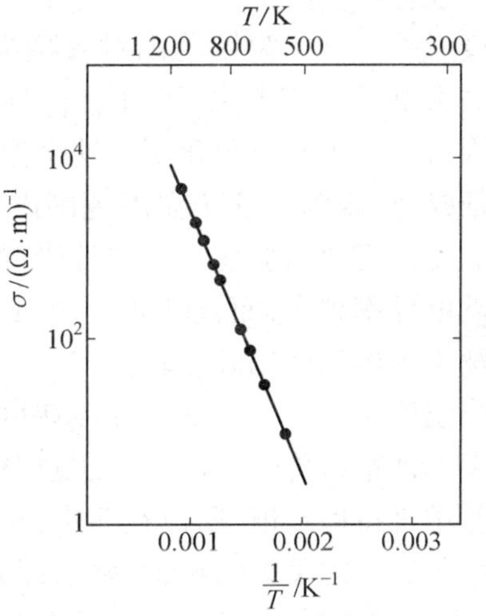

图2.39 本征半导体的电导率与温度的关系

n型非本征半导体的电导率与温度的关系如图2.40所示。由图可见，在温度较低的非本征区域，$\ln \sigma$ 随 $1/T$ 线性减小，但斜率比 $E_g/2k$ 小得多，其原因为：n型非本征半导体的电导率取决于单位体积内被激活（离子化）的杂质原子数。温度越高，被激活的杂质原子数越多，从而参与导电的电子或空穴数就越多，因而其电导率随温度的上升而增加。但是，由于使杂质原子离子化所需的能量 $E_c - E_d$（n型）或 $E_a - E_v$（p型）远远比本征半导体的禁带宽度 E_g 小，因此，尽管在相同的温度下非本征半导体的电导率比本征半导体的大得多，但是它们的电导率对温度的依赖性却要小得多。

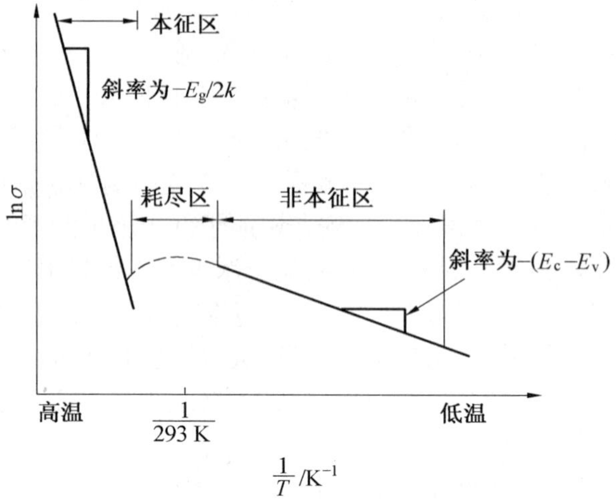

图 2.40 n 型非本征半导体的电导率与温度的关系

当温度高到一定程度,热量已足以激活所有的杂质原子使之离子化,但还不足以在本征基材中激发出大量的电子 - 空穴对时,非本征半导体的电导率就基本上与温度无关。这个温度范围对 n 型半导体来说称为耗尽区,因为所有的施主杂质都因失去电子而离子化了;对于 p 型半导体来说,称为饱和区,因为所有的受主杂质都因得到电子而离子化了。这个温度范围对非本征半导体元件是十分重要的一个特征参数,因为在这个温度范围内,非本征半导体的电导率基本保持恒定,不随工作温度的变化而变化。非本征半导体中掺杂物的浓度越高,则不仅在相同的温度下其电导率越高,而且其耗尽区(或饱和区)的上限温度也高,后者标志着这种非本征半导体的使用温度较高。

当温度超过了非本征半导体耗尽区(或饱和区)的上限温度时,由于热能已足以激发本征基材价带中的电子越过禁带进入导带,而由掺杂物决定的非本征电导率又基本维持恒定值,所以在非本征半导体的电导率与温度的关系中,本征基材的电导率与温度的关系占统治地位,即 $\ln\sigma - 1/T$ 曲线的斜率与本征半导体材料的相同,为 $-E_g/2k$。这个区称为本征区。

(5) 半导体的霍耳效应。

1879 年,霍耳研究载流体在磁场中受力的性质时发现,如果在电流的垂直方向加以均匀的磁场,则同电流和磁场都垂直的方向上将建立起一个电场,如图 2.41 所示。

如果条形试样中电流密度为 j,磁感应强度为 B,则霍耳电场 E_y 的大小与 j 和 B 的乘积成正比,可写成

$$E_y = RjB$$

式中，比例常数 R 称为霍耳系数。

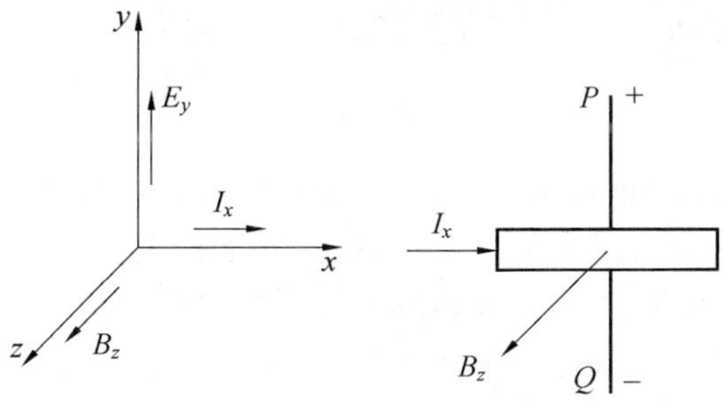

图 2.41 电子在磁场中的偏转

如果电流当作通过试样的电子流，一个以速度 v 运动的电子将受到洛伦兹力 $(\boldsymbol{B}\times\boldsymbol{v})e$ 的作用。在自由空间里电子会偏转到垂直于 $B-v$ 平面的方向，即图 2.41 中的 y 方向。但是，在试样中的电流将被约束在试样的边界以内。首先只有少数电子受到 B 的作用而偏转，它们将建立一个电场同作用在载流子上的洛伦兹力相抗衡，因而使电流保持原来的流动状态，这个 y 方向稳态的洛伦兹力应与霍耳效应对载流子的作用力相平衡。考虑由电子和空穴的洛伦兹偏转，在 y 方向形成的电流密度分别为

$$\left.\begin{aligned} j_{\mathrm{ey}} &= ne\mu_{\mathrm{e}}^{2}EB \\ j_{\mathrm{hy}} &= ne\mu_{\mathrm{h}}^{2}EB \end{aligned}\right\} \tag{2.45}$$

以及在 y 方向无稳态静电流的条件为

$$\sigma E_y + j_{ey} + j_{hy} = 0 \tag{2.46}$$

可以得到霍耳效应 E_y 和霍耳系数 R 分别为

$$\left.\begin{aligned} E_y &= \frac{p\mu_{\mathrm{h}}^{2} - n\mu_{\mathrm{e}}^{2}}{p\mu_{\mathrm{h}} + n\mu_{\mathrm{e}}}EB \\ R &= \frac{p\mu_{\mathrm{h}}^{2} - n\mu_{\mathrm{e}}^{2}}{e\,(p\mu_{\mathrm{h}} + n\mu_{\mathrm{e}})^{2}} \end{aligned}\right\} \tag{2.47}$$

式(2.47) 也可改写为

$$R = -\frac{nb^{2} - p}{e\,(nb + p)^{2}} \tag{2.48}$$

式中，$b=\mu_{\mathrm{e}}/\mu_{\mathrm{h}}$，为电子与空穴迁移率的比值。由于大多数半导体 $b>1$，且对于温度不太高的 n 型半导体 $n \gg p$，故

$$R \approx -\frac{1}{ne}$$

可见，在饱和温区霍耳系数保持恒定。随着温度的升高本征激发增强，载流子浓度(n 及 p) 相应增大，使霍耳系数绝对值减小。值得注意的是，由于 $b>1$，即使

在本征温区，n 型半导体的霍耳系数仍保持负值，不变号。

对于 p 型半导体而言，则有明显不同，由于 $n \ll p$，则

$$R = \frac{1}{pe}$$

这时，不但在低温时霍耳系数为负值，而且随着温度升高从饱和区向本征区过渡时电子浓度的增大将导致霍耳系数的减小，甚至改变符号：当 $nb^2 = p$ 时，$R = 0$；当 $nb^2 > p$ 时，$R > 0$。可见，p 型半导体的霍耳系数会随着温度的变化而改变符号。通过霍耳系数的测量可以确定半导体的导电类型和载流子浓度。

2.6　绝缘体的电学性能

如前所述，绝缘体的电子能带结构是完全被电子充满的价带与完全空的导带之间由一个较宽的禁带（一般为 $5E_v \sim 10$ eV）所隔开，在常温下几乎很少有电子可能被激发越过禁带，因此电导率很低。随着温度的升高，热激发的能量增加，越过禁带的电子数目增加，参与导电的电子和空穴对数目增多，因而绝缘体的电导率随温度的上升而提高，这一性质与半导体的性质类似。

绝缘体作为材料使用，分为绝缘材料与介电材料，比较常见的介电材料是电容器介质材料、压电材料等。绝缘材料的主要功能是实现电绝缘，如高压绝缘电瓶所用的氧化铝陶瓷就是一种绝缘材料。绝缘材料和介电材料两者在电子和电气工程中都起重要作用。它们都可以定义为具有高电阻率的材料，但两者是有区别的。很显然，好的介电材料一定是好的绝缘材料，但反过来就不一定正确了。

描述绝缘材料的主要性能指标有体积电阻率和表面电阻率。

图 2.42 是测定绝缘材料电阻率的装置示意图。把试样置于两个电极之间，在直流电压 U 的作用下，通过测定流过试样体积内的电流 I_V，可得到试样的体积电阻 R_V。

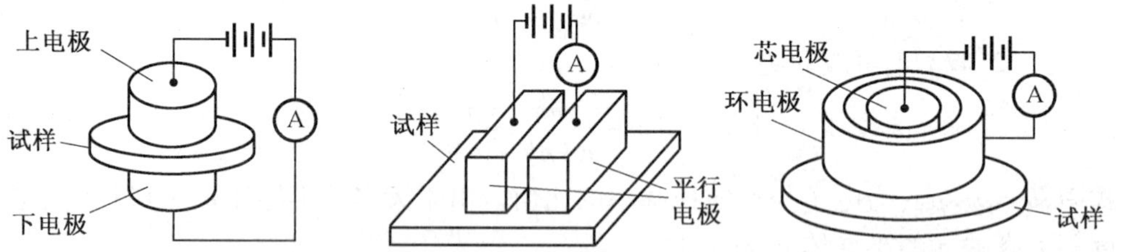

(a) 体积电阻率的测定装置　(b) 平行电极测定表面电阻率的装置　(c) 环电极测定表面电阻率的装置

图 2.42　测定绝缘材料电阻率的装置示意图

体积电阻率 ρ_V 为

$$\rho_V = R_V \frac{S}{d} \tag{2.49}$$

式中,S 为测量电极面积;d 为试样厚度。如果在试样的表面上放置两个电极,在电极之间施加直流电压 U,测定两个电极之间试样表面上流过的电流 I_s,则可求得试样的表面电阻 R_s,即

$$R_S = \frac{U}{I_S} \tag{2.50}$$

对于如图 2.42(b) 所示的平行电极,试样的表面电阻率为

$$\rho_S = R_S \frac{L}{b} \tag{2.51}$$

式中,L 为平行电极的宽度;b 为平行电极之间的距离。对于图 2.42(c) 所示的环形电极,试样的表面电阻率为

$$\rho_S = R_S \frac{2\pi}{\ln \frac{D_2}{D_1}} \tag{2.52}$$

式中,D_2 为环电极的内径;D_1 为芯电极的外径。

绝大多数陶瓷材料和高聚物材料都属于绝缘体。表 2.7 给出了几种非金属材料的室温体积电阻率。根据理论计算,高聚物的体积电阻率应该大于 $10^{20}\ \Omega \cdot m$,但实测值往往比理论值小几个数量级。这是因为在实际高聚物的合成与加工中总不免会残留或引进一些小分子杂质,例如少量没有反应的单体、残留的引发剂和其他助剂以及高聚物吸附的水分等。这些杂质在电场作用下带电流,从而增加了高聚物材料中的载流子,而降低了高聚物的电阻率。水对高聚物和陶瓷材料的绝缘性能影响很大,特别是当材料有极性时,在潮湿空气中会因吸水而使它的电阻率,特别是表面电阻率大幅度下降。

表 2.7 几种非金属材料的室温体积电阻率

材 料	体积电阻率 /(Ω · m)
石墨	10^{-5}
氧化铝	$10^{10} \sim 10^{12}$
瓷	$10^{10} \sim 10^{15}$
酚醛树脂	$10^{9} \sim 10^{10}$
尼龙 66	$10^{8} \sim 10^{12}$
聚甲基丙烯酸甲酯	$> 10^{12}$
聚乙烯	$10^{12} \sim 10^{17}$
聚苯乙烯	$> 10^{14}$
聚四氟乙烯	10^{16}

2.7 超导体的导电性

1911 年荷兰物理学家昂内斯(H. K. Onnes)在研究水银在低温下的电阻时,发现在温度降至 4.2 K 附近时水银突然进入一种新状态,其电阻小到测不出来,他把汞的这一新状态称为超导态。低于某一温度出现超导电性的物质称为超导体。1933 年迈斯纳(W. Meissner)和奥克森菲尔德(R. Ochsenfeld)发现,不仅是外加磁场不能进入超导体的内部,而且原来处在外磁场中的正常态样品,当温度下降使它变成超导体时,也会把原来在体内的磁场完全排出去。到 1986 年,人们已发现了常压下有28种元素、近5 000种合金和化合物具有超导电性。常压下,Nb的超导临界温度 $T_C = 9.26$ K是元素中最高的。合金和化合物中,临界温度最高的是Nb_3Ge,其 $T_C = 23.2$ K。此外,人们还发现了氧化物超导材料和有机超导材料。

1987 年 2 月,美国的朱经武等宣布发现了 $T_C \backsim 93$ K 的氧化物超导材料,同月21 日和23 日,中国科学院物理所的赵忠贤、陈立泉等人和日本的 S. Hikami 等人也都发现 Y – Ba – Cu – O 化合物的 $T_C \backsim 90$ K。中国学者率先公布了材料的化学成分。液氮温区超导材料的出现激起了全世界范围的对高临界温度超导材料研究的热潮。

发现超导电性是20 世纪物理学,特别是固体物理学的重要成就之一。在超导电性领域的研究工作中,先后有九位科学家前后四次荣获诺贝尔物理学奖。超导材料和超导技术有着广阔的应用前景。超导现象中的迈斯纳效应使人们可以用此原理制造超导列车和超导船,由于这些交通工具将在悬浮无摩擦状态下运行,这将大大提高它们的速度和安静性,并有效减少机械磨损。利用超导悬浮可制造无磨损轴承,将轴承转速提高到每分钟10万转以上。超导列车已于70年代成功地进行了载人可行性试验,1987 年开始,日本开始试运行,但经常出现失效现象,出现这种现象可能是由于高速行驶产生的颠簸造成的。超导船已于 1992 年 1 月 27 日下水试航,目前尚未进入实用化阶段。利用超导材料制造交通工具在技术上还存在一定的障碍,但它势必会引发交通工具革命的一次浪潮。超导材料的零电阻特性可以用来输电和制造大型磁体。超高压输电会有很大的损耗,而利用超导体则可最大限度地降低损耗,但由于临界温度较高的超导体还未进入实用阶段,从而限制了超导输电的采用。随着技术的发展,新超导材料的不断涌现,超导输电的希望能在不久的将来得以实现。

2.7.1 超导电性的基本性质

物质由常态转变为超导态的温度称其为超导临界温度,用 T_C 表示。超导临界温度以绝对温度来度量。超导体与温度、磁场、电流密度的大小密切相关。这些条件的上限分别称为临界温度(critical temperature, T_C)、临界磁场(critical magnetic field, H_c)和临界电流密度(critical electric current density, J_c)。超导电性有两个最基本的特性:完全导电性和完全抗磁性。

(1) 完全导电性。

对于超导体来说,在低温下某一温度 T_C 时,电阻会突然降为零,显示出完全导电性。图2.43是汞在液氦温度附近电阻的变化行为。在4.2 K下对铅环做的实验证明,超导铅的电阻率小于 $3.6\times10^{-25}\ \Omega\cdot\text{cm}$,比室温下铜的电阻率($4.4\times10^{-16}$)的百万分之一还小。

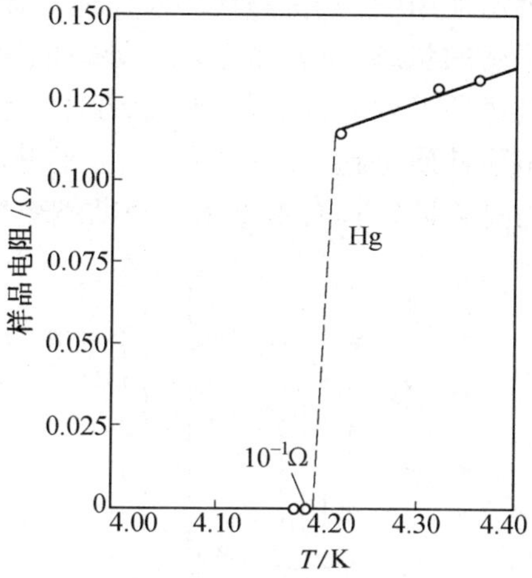

图2.43 汞在液氦温度附近电阻的变化行为

实验发现,超导电性可以被外加磁场所破坏,对于温度为 $T(T<T_C)$ 的超导体,当外磁场超过某一数值 $H_C(T)$ 时,超导电性就被破坏了,$H_C(T)$ 称为临界磁场。在临界温度 T_C,临界磁场为零。$H_C(T)$ 随温度的变化一般可以近似地表示为抛物线关系

$$H_C(T)=H_{C0}\left[1-\frac{T^2}{T_C^2}\right] \tag{2.53}$$

式中,H_{C0} 是绝对零度时的临界磁场。临界磁场的存在限制了超导体中能够通过的电流,例如在一根超导线中有电流通过时,此电流也在超导线中产生磁场。随着电流的增大,当它的磁场足够强时,此导线的超导电性就会被破坏。例如,在绝对零度附近,直径为0.2 cm的汞超导线,最大只允许通过200 A的电流,电流再大,它将失去超导电性。对超导电性的这一限制,在设计超导磁体时必须加以考虑。

实验还表明,在不加磁场的情况下,超导体中通过足够强的电流也会破坏超导电性,导致破坏超导电性所需要的电流称作临界电流 $I_C(T)$。在临界温度 T_C,临界电流为零,这个现象可以从磁场破坏超导电性来说明,当通过样品的电流在样品表面产生的磁场达到 H_C 时,超导电性就被破坏,这个电流的大小就是样品的临界电流。

(2) 完全抗磁性。

在超导状态,外加磁场不能进入超导体的内部。原来处在外磁场中的正常态样品,变成超导体后,也会把原来在体内的磁场完全排出去,保持体内磁感应强度 B 等于零,如图2.44所示。超导体内磁感应强度 B 总是等于零,即金属在超导电状态的磁化率为

$$\left.\begin{aligned} \chi &= \frac{M}{H} = -1 \\ B &= \mu_0(1+\chi)H = 0 \end{aligned}\right\} \quad (2.54)$$

超导体内的磁化率为 -1(M 为磁化强度,$B_0=\mu_0 H$)。超导体在静磁场中的行为可以近似地用"完全抗磁体"来描述。超导体的迈斯纳效应说明超导态是一个热力学平衡的状态,与怎样进入超导态的途径无关。仅从超导体的零电阻现象出发得不到迈斯纳效应,同样用迈斯纳效应也不能描述零电阻现象,因此,迈斯纳效应和零电阻性质是超导态的两个独立的基本属性,衡量一种材料是否具有超导电性必须看是否同时具有零电阻和迈斯纳效应。

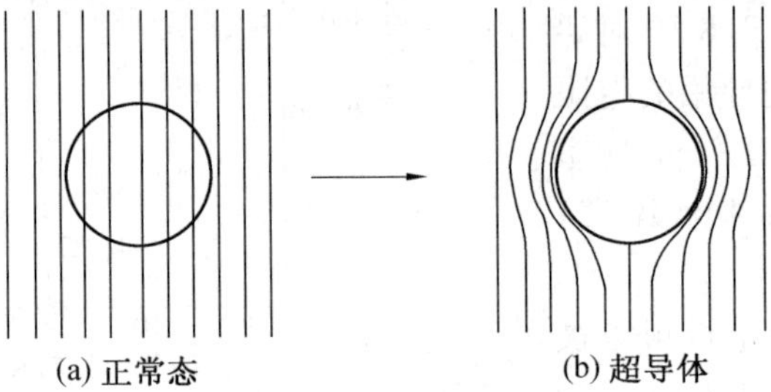

图 2.44 迈斯纳效应

当 $T<T_C$ 时,磁场被完全排斥出超导体

迈斯纳效应通常又称为完全抗磁性。超导态为什么会出现完全抗磁性呢?这是由于外磁场在试样表面感应产生一个感应电流,如图 2.45 所示。此电流由于所经路径电阻为零,故它所产生的附加磁场总是与外磁场大小相等,方向相反,因而使得超导体内的合成磁场为零。由于此感应电流能够将外磁场从超导体内挤出,故称抗磁感应电流,又因其能起着屏蔽磁场的作用,又称屏蔽电流。这个电流沿着表面层流过,磁场也穿透同样深度,这层厚度称为磁场穿透深度 λ,它与材料和温度有关,即

$$\lambda = \lambda_0\left[1-\left(\frac{T}{T_C}\right)^4\right]^{-1/2} \quad (2.55)$$

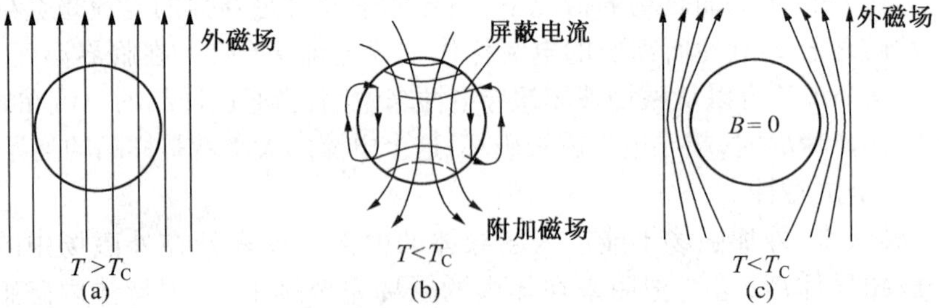

图 2.45 超导体中磁场为零的示意图

式中，λ_0 为在0 K下的磁场穿透深度，对于给定的物质是一个常数，一般为 5×10^{-7} m 数量级；T 为测量时的温度。一般来说，典型材料的 λ 大小是几十个纳米。随着测量温度的上升，λ 增大，而在 T_C 温度附近，λ 急剧增大，所以只有试样本身的厚度比磁场穿透深度大得多时，试样才能看成是完全抗磁性的。当外磁场超过某一临界值 H_C 时，材料的超导电性会被破坏。

大量的有关超导实验的结果揭示出：① 具有较高临界温度 T_C 的超导体在常态下却是相当差的导体；② 超导态与磁有序似乎互不相容，铁磁性或反铁磁性金属不能同时具有超导性。磁性对超导态的不相容性还扩展到了杂质对超导的影响，非磁性杂质对超导影响微小，但具有磁矩的杂质会明显地影响超导的 T_C；③ 每个原子具有3,5,7个价电子的元素具有高的 T_C。临界温度 T_C 与原子的价电子数相联系，还与原子质量有关。

(3) 超导体的约瑟夫森效应。

超导电性是一种宏观量子现象。超导电性的量子特征明显地表现在约瑟夫森(B. D. JosePhson)效应中。两块超导体中间夹一薄的绝缘层就形成一个约瑟夫森结。例如，先在玻璃衬板表面蒸发上一层超导膜(如铌膜)，然后把它暴露在氧气中使此铌膜表面氧化，形成一个厚度为1 ~ 3 nm的绝缘氧化薄层。然后在这氧化层上再蒸发上一层超导膜(如铅膜)，这样便形成了一个约瑟夫森结。

按经典理论，两种超导材料之间的绝缘层是禁止电子通过的。这是因为绝缘层内的电势比超导体中的电势低得多，对电子的运动形成了一个高的"势垒"。超导体中电子的能量不足以使它爬过这势垒，所以宏观上不能有电流通过。但是，量子力学原理指出，即使对于相当高的势垒，能量较小的电子也能穿过，好像势垒下面有隧道。这种电子对通过超导约瑟夫森结中势垒隧道而形成超导电流的现象称为超导隧道效应，也称为约瑟夫森效应。

约瑟夫森结两旁的电子波的相互作用产生了许多独特的干涉效应，其中之一是用直流产生交流。当在结的两侧加上一个恒定直流电压 U 时，发现在结中会产生一个交变电流，而且辐射出电磁波。

目前在常压下发现具有超导电性的元素有28种(见表2.8)。表中在元素名称下边已标注了超导转变温度(K)。黑体字的元素表示在高压下或薄膜状态可具有超导电性。但是周期表中仍有一些元素，直到目前仍没发现超导电性。除元素超导体外还有合金超导体和化合物超导体，例如二元合金NbTi，其 $T_C=8\sim10$ K，三元合金系Nb-Ti-Zr，$T_C\approx10$ K，超导化合物 Nb_3Sn，其 $T_C\approx18.1\sim18.5$ K，而 Nb_3Ge 在金属类超导体中具有最高的超导转变温度23.2 K。

表 2.8 元素周期表中的超导体

H																	He
Li	Be 0.03											B	C	N	O	F	Ne
Na	Mg											Al 1.18	Si	P	S	Cl	A
K	Ca	Sc	Ti 0.4	V 5.4	Cr	Mn	Fe	Co	Ni	Cu	Zn 0.85	Ga 1.08	Ge	As	Se	Br	Kr
Rb	Sr	Y	Zr 0.81	Nb 9.25	Mo 0.92	Tc 7.8	Ru 0.49	Rh	Pb	Ag	Cd 0.52	In 3.4	Sn 3.72	Sb	Te	I	Xe
Cs	Ba	La 6.0	Hf 0.13	Ta 4.47	W 0.02	Re 1.70	Os 0.66	Ir 0.14	Pt	Au	Hg 4.15	Tl 2.38	Pb 7.19	Bi	Po	At	Rn
Fr	Ra	Ac	Th 1.38	Pa 1.4	U 0.25	Ce	Lu 0.1										

2.7.2 两类超导体

超导体分第一类（又称 Pippard 超导体或软超导体）和第二类（又称 London 超导体或硬超导体）两种。在已发现的超导元素中只有钒、铌和锝属第二类超导体，其他元素均为第一类超导体，但大多数超导合金则属于第二类超导体。

第一类超导体：大多数纯金属超导体，在超导态下磁通从超导体中全部逐出，具有完全的迈斯纳效应（完全的抗磁性），也就是说，第一类超导体只存在一个临界磁场 H_C，当外磁场 $H < H_C$ 时，呈现完全抗磁性，体内磁感应强度为零。如图 2.46 所示。

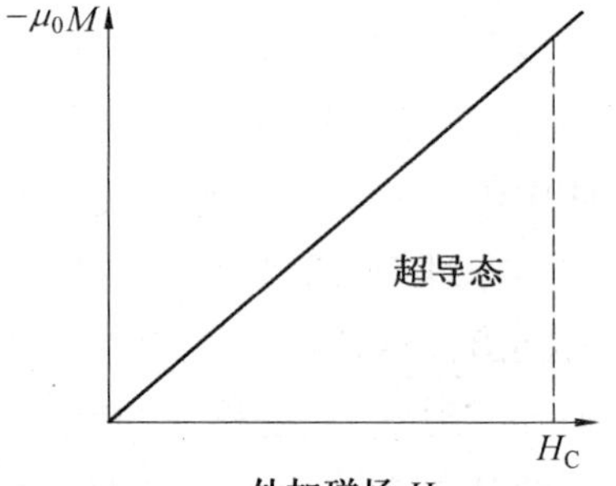

图 2.46 第一类超导体的磁化曲线

第二类超导体：对于第二类超导体，具有两个临界磁场，分别用 H_{C1}（下临界磁场）和 H_{C2}（上临界磁场）表示，如图 2.47 所示。当外磁场 $H < H_{C1}$ 时，同第一类超导体一样，磁通被完全排出体外，具有完全抗磁性，体内磁感应强度处处为零，此时，第二类超导体处于迈斯纳状态，体内没有磁通线通过。外磁场满足 $H_{C1} < H < H_{C2}$ 时，超导态和正常态同时并存，磁力线通过体内正常态区域，称为混合态或涡旋态，这时，体内有部分磁通穿过，体内既有超导态部分，又有正常态部分，磁通只是部分地被排出。外磁场 H 增加时，超导态区域缩小，正常态区域扩大，$H \geqslant H_{C2}$ 时，超导体全部变为正常态。

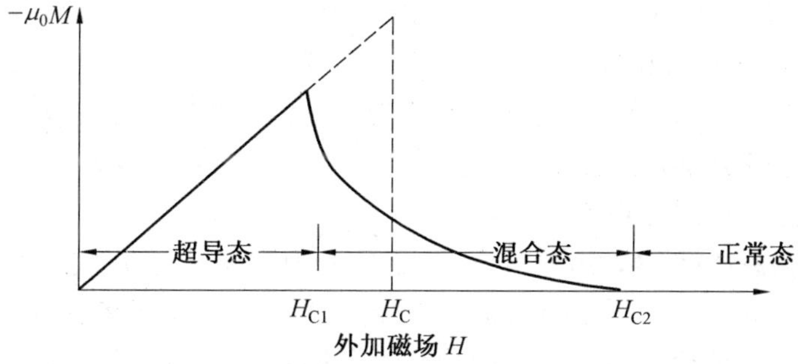

图 2.47 第二类超导体

2.7.3 超导现象的物理本质

对超导体的宏观理论研究开始于 W · H · 开塞姆、A · J · 拉特杰尔和 C · J · 戈特等人的工作,他们运用热力学理论分析讨论了超导态和正常态之间的相变问题,得出超导态的熵总是低于正常态的熵这一重要结论,这意味着超导态是比正常态更为有序的状态。

为了解释超导电性的物理本质,许多科学家进行了不懈的努力,建立了一系列理论模型,并成功解释了许多超导现象。

1. 唯像理论。

(1) 二流体模型。

1934 年戈特(C. J. Gorter) 和卡西米尔(H. B. G. Casimir) 提出了超导态的二流体模型,认为超导态比正常态更为有序是由共有化电子(见能带理论) 发生某种有序变化引起的,并假定:

① 超导体处于超导态时,共有化的自由电子可分为正常电子和超导电子两种,正常电子构成正常流体,超导电子在晶格中无阻地流动构成超导电子流体,它们占有同一体积,在空间上相互渗透,彼此独立地运动,两种电子相对的数目是温度的函数。

② 正常流体的性质与普通金属中的自由电子气相同,熵不等于零,处于激发态。正常电子因受晶格振动的散射而会产生电阻。

③ 超导电子流体处于一种凝聚状态,即凝聚到某一低能态,所以超导态是比正常态更加有序的状态。超导态的电子由于其有序性,不受晶格散射,不产生电阻,又因为超导态是处于能量最低的基态,所以超导电子流对熵没有贡献。

超导态的有序度可用有序参量 $\omega(T) = N_s(T)/N$ 表示,N 为总电子数,N_s 为超导电子数。$T > T_C$ 时,无超导电子,$\omega = 0$;$T < T_C$ 时开始出现超导电子,随着温度 T 的减小,更多的正常电子转变为超导电子;$T = 0$ K 时,所有电子均成为超导电子,$\omega = 1$。

二流体模型对超导体零电阻特性的解释是：当 $T < T_C$ 时，出现超导电子流体，它们的运动是无阻的，超导体内部的电流完全来自超导电子的贡献，它们对正常电子起到短路作用，所以样品内部不能存在电场，也就没有电阻效应。从这个模型出发可以解释许多超导实验现象，如超导转变时电子比热容的“λ”型跃变等。

（2）金兹堡 - 朗道理论。

1950年金兹堡（V. L. Ginzberg）和朗道（L. D. Landau）将朗道的二级相变理论应用于超导体，对于在一个恒定磁场中的超导体行为给予了更为适当的描述，建立了金兹堡 - 朗道理论。该理论也能预言迈斯纳效应，并且还可以反映超导体宏观量子效应的一系列特征。1957年阿布里科索夫（A. A. Abrikosov）对金兹堡 - 朗道方程进行了详细求解，提出超导体按照其磁特性可以分为两类。元素金属超导体主要是第一类超导体，Nb等少数元素金属、多数合金及氧化物超导体为第二类超导体，它有上、下两个临界磁场。1959年戈科夫（L. P. Gorkov）从超导性的微观理论证明了金兹堡 - 朗道理论的正确性。

2. 超导现象的微观机制

二流体模型，伦敦方程和金兹堡 - 朗道理论作为唯象理论在解释超导电性的宏观性质方面取得了很大成功，然而这些理论无法给出超导电性的微观图像。20世纪50年代初同位素效应、超导能隙等关键性的发现为揭开超导电性之谜奠定了基础。

超导电性是一种宏观量子现象，只有依据量子力学才能给予正确的微观解释。按经典电子说，金属的电阻是由于形成金属晶格的离子对定向运动的电子碰撞的结果。金属的电阻率和温度有关，是因为晶格离子的无规则热运动随温度升高而加剧，因而使电子更容易受到碰撞。在点阵离子没有热振动（冷却到绝对零度）的完整晶体中，一个电子能在离子点阵间做直线运动而不经受任何碰撞。

根据量子力学理论，电子具有波的性质，上述经典理论关于电子运动的图像不再正确。但结论是相同的，即在没有热振动的完整晶体点阵中，电子波能自由地、不受任何散射（或偏析）地向各方向传播。这是因为任何一个晶格离子的影响都会被其他粒子抵消。然而，如果点阵离子排列的完整规律性有缺陷时，在晶体中的电子波就会被散射而使传播受到阻碍，这就使金属具有电阻。晶格离子的热振动是要破坏晶格完全规律性的，因此，热振动也就使金属具有电阻。在低温时，晶格热振动减小，电阻率就下降；在绝对零度时，热振动消失，电阻率也消失（除去杂质和晶格错位引起的残余电阻以外）。

由此不难理解为什么在低温下电阻率要减小，但还不能说明为什么在绝对零度以上几度的温度下，有些金属的电阻会完全消失。成功地解释这种超导现象的理论是由巴登（J. Bardeen）、库珀（L. N. Cooper）和史雷夫（J. R. Schrieffer）于1957

年联合提出的(现在就称 BCS 理论)。这个理论认为,超导现象产生的原因在于超导体中的电子在超导态时,电子之间存在着特殊的吸引力,而不是正常态时电子之间的静电斥力。这种吸引力使得电子能够克服静电斥力,使动量和自旋方向相反的两个电子能够结成电子对,称为库珀电子对,它是超导态电子与晶格点阵间相互作用产生的结果。而产生超导现象的关键在于,在超导体中电子形成了"库珀对"。

根据这一理论,金属中的电子不是十分自由的,它们都通过点阵离子而发生相互作用。每个电子的负电荷都要吸引晶格离子的正电荷。因此,邻近的离子要向电子微微靠拢。这些稍微聚拢了的正电荷又反过来吸引其他电子,总效果是一个自由电子对另一个自由电子产生了小的吸引力。在室温下,这种吸引力是非常小的,不会引起任何效果。但当温度低到接近绝对温度,热骚动几乎完全消失时,吸引力就大得足以使两个电子结合成对,如图 2.48 所示。

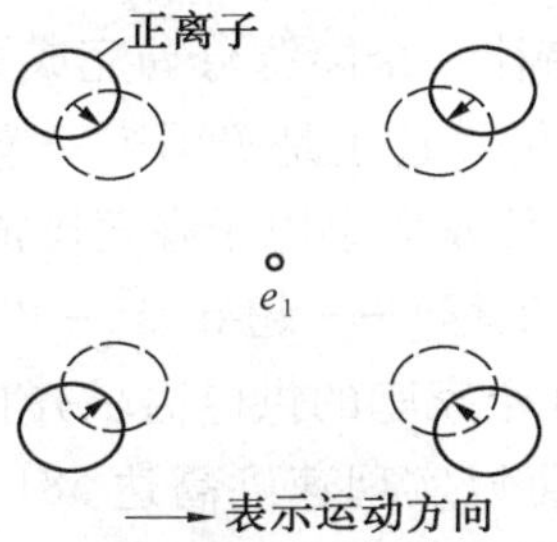

图 2.48 电子与正离子相互作用形成电子对示意图

当超导金属处于静电平衡时(没有电流),每个"库珀对"由两个动量完全相反的电子所组成。很明显,这样的结构用经典的观点是无法解释的。因为按经典的观点,如果两个粒子有数值相等、方向相反的动量,它们将沿相反的方向彼此分离,它们之间的相互作用将不断减小,因而不能永远结合在一起。然而,根据量子力学的观点,这种结构是有可能的。这里,每个粒子都用波来描述。如果两列波沿相反的方向传播,它们能较长时间地连续交叠在一起,因而就能连续地相互作用。

在有电流的超导金属中,每个电子对都有一总动量,这动量的方向与电流方向相反,因而能传送电荷,同时每个电子对在运动中的总动量保持不变。在通以直流电时,超导体中的电子对通过晶格运动时不受阻力。这是因为当电子对中的一个电子受到晶格散射而改变其动量时,另一个电子也同时要受到晶格的散射而发生相反的动量改变,因此,成对电子的平均运动不减慢也不加快,结果这电子对的总动量不变。所以晶格既不能减慢也不能加快电子对的运动,这就说明超导态的电子对运动时不消耗能量,在宏观上就表现为超导体对电流的电阻是零,这也是超导体中可以产生永久电流的原因。

2.7.4 超导电性的主要应用

超导电性具有重要的应用价值，如利用在临界温度附近电阻率随温度快速变化的规律可制成灵敏的超导温度计；利用超导态的无阻效应可传输强大的电流，以制造超导磁体、超导加速器、超导电机等；利用超导体的磁悬浮效应可制造无摩擦轴承、悬浮列车等；利用约瑟夫森效应制造的各种超导器件已广泛用于基本常数、电压和磁场的测定、微波和红外线的探测及电子学领域。高临界温度超导材料的出现必将大大扩展超导电性的应用前景。

超导体最理想的应用是在城市商业用电输送系统中充当电缆带材。然而由于费用过高和冷却系统难以达到现有要求导致无法实用化，但现在已经有部分地点进行了试运行。2001年5月，丹麦首都哥本哈根大约150 000户居民使用上了由超导材料传送的生活用电。

2001年夏，Pirelli公司为底特律一个能源分局完成了可以输送1亿瓦特功率电能的三条400英尺长高温超导电缆。这也是美国第一条将电能通过超导材料输送给用户的商用电缆。2006年7月住友商事电子在美国能源部和纽约能源研究发展委员会的支持下进行了一项示范工程——超导DI－BSCCO电缆首次入网运行。到目前为止该电缆承担着70 000个家庭的供电需求并且未出现过任何问题。

利用超导体的磁悬浮效应，可以实现速度高达581 km/h的磁悬浮列车，世界上第一条磁悬浮列车建成于英格兰伯明翰。我国上海浦东机场也有一条长达30 km的磁悬浮列车于2003年12月投入运营。

超导体还可用来制作超导磁体，与常规磁体相比，它没有焦耳热，无需冷却；轻便，例如，一个5 T的常规磁体重达20 t，而超导磁体不过几千克；稳定性好、均匀度高；易于启动，能长期运转。

超导磁体也使得制造能将亚粒子加速到接近光速的粒子对撞击成为可能。

超导材料还可应用于超导直流电机、变压器，以及磁流体发电机，这将显著提高能效并显著减轻重量和体积。此外超导计算机、超导储能线圈、核磁共振成像、超导量子干涉仪(SQUID)、开关器件、高性能滤波器、军事上的超导纳米微波天线、电子炸弹、超导X射线检测仪、超导光探测器，以及160 GHz的超导数字路由器等都是非常诱人的应用项目。

2.8 导电性的测量

材料导电性的测量实际上归结为一定几何尺寸试样电阻的测量，因为根据几何尺寸和电阻值就可以计算出电阻率。根据跟踪测量试样在变温或变压装置中的电阻,就可以建立电阻与温度或压力的关系,从而得到电阻温度系数或电阻压力系数。

电阻的测量应根据阻值大小、准确度要求和具体条件选择不同的方法。一般可以把电阻的测量分为直流指示测量法和直流比较测量法。前者有直接测量法和间接测量法,后者有直流电桥测量法和直流补偿测量法。

2.8.1 指示仪表间接测量法

用电流表和电压表测量直流电阻时,可以有以下两种接线方法。根据图2.49(a)所示的线路,电压表的示值不仅包括待测电阻 R_x 上的电压降,同时还包括电流表两端的电压降。而在图2.49(b)所示的线路中,电流表测出的不仅是流过被测电阻的电流,同时也包含流过电压表的电流。因此,每种方法都不可避免地存在方法误差。

图2.49 用指示仪表间接测量电阻

图2.50(a)所示的线路,根据电压表和电流表的指示 U_v 和 I_a 计算的电阻为

$$R'_x = \frac{U_v}{I_a} \tag{2.56}$$

由于

$$U_v = U_x + I_a R_a \tag{2.57}$$

所以

$$R'_x = \frac{U_x}{I_a} + R_a$$

考虑到该线路中 $I_a = I_x$,因此

$$R'_x = \frac{U_x}{I_x} + R_a = R_x + R_a \tag{2.58}$$

可见,根据仪表示值计算出的电阻 R'_x 是待测电阻的实际值 R_x 与电流表内电阻 R_a 的和。因此,即使采用理想的仪表进行测量也将产生误差。

图2.50(a)所示线路的方法误差为

$$\gamma_a = \frac{R'_x - R_x}{R_x} = \frac{R_a}{R_x} \tag{2.59}$$

同样,对于图2.50(b)所示的线路有

$$R''_x = \frac{U_v}{I_a} = \frac{U_v}{I_x + I_v} \tag{2.60}$$

式中,I_v 为电压表中的电流,$I_v = \frac{U_v}{R_v}$。

考虑到 $U_v = U_x$,因此

$$R''_x = \frac{U_x}{I_x + \frac{U_x}{R_v}} = \frac{U_x}{I_x} \times \frac{1}{1 + \frac{U_x}{I_x R_v}} = \frac{R_x R_v}{R_x + R_v} \tag{2.61}$$

可见,根据仪表示值计算出的电阻 R''_x 是 R_x 和 R_v 的并联总电阻。由此可得,图2.49(b)所示的线路的方法误差为

$$\gamma_b = \frac{R''_x - R_x}{R_x} = \frac{1}{1 + \frac{R_x}{R_v}} - 1 = \frac{R_x}{R_x + R_v} \tag{2.62}$$

由以上误差分析可知,在电流表电阻 R_a 比待测电阻 R_x 小得多的时候,应该采用第一种线路;而当电压表电阻 R_v 比待测电阻 R_x 大得多的时候,应该采用第二种线路,通常图2.49(a)所示的线路适合于测量中、高电阻,而图2.49(b)所示的线路适用于测量低电阻($< 1\ \Omega$)。

2.8.2 直流电桥测量法

直流指示测量法虽然比较简便,但由于测量结果受仪表误差的限制,其测量精度却不高,直流电桥是一种用来测量电阻(或与电阻有一定函数关系的量)的比较式仪器,它是根据被测量与已知量在桥式电路上进行比较而获得测量结果的,由于电桥具有很高的测量精度和灵敏度,而且有着很大的灵活性,故被广泛采用。

(1)单电桥。

单电桥又称惠斯登电桥,是桥式电路中最简单地一种,采用经典的桥式测量线路,由连接成封闭环形的四个电阻组成。接上工作电源的ac称为输入端,接上平衡用指零计的bd称为输出端,如图2.50所示。

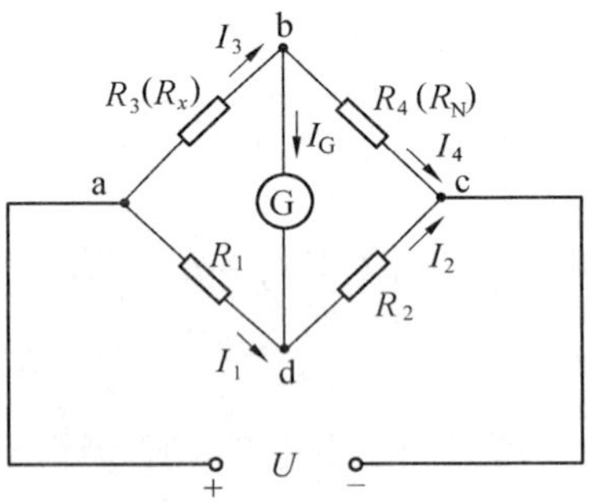

图2.50 单电桥线路原理

如果在单电桥线路中电阻 R_1,R_2 和 R_4 已知,则调节这些已知电阻达到某一数值时,可以使顶点b和d的电位相等,这时指零仪中电流 $I_g = 0$,因此有

$$I_1R_1 = I_3R_x$$
$$I_2R_2 = I_4R_4 \tag{2.63}$$

根据等式两边的比值仍然相等，可得

$$\frac{I_1R_1}{I_2R_2} = \frac{I_3R_x}{I_4R_4}$$

因为电桥平衡($I_g = 0$)时，$I_1 = I_2$，$I_3 = I_4$，故上式简化为

$$R_x = R_4 \frac{R_1}{R_2} \tag{2.64}$$

由式(2.64)可见，电桥平衡时只要电桥中三个电阻是已知的，待测电阻 R_x 便可求得，如果调换电源和指零仪的位置，则平衡方程式不变，电桥的这种性质称为对角线互换性。

用电桥测量电阻时的相对误差取决于各已知电阻的相对补偿，当 R_2 数值偏大时待测电阻 R_x 的读数将偏小。通常在电阻测量时选择一个与待测电阻 R_x 有同一数量级的 R_1 作为标准电阻 R_N 以减小误差，提高测量精度。

当电桥四个电阻相等时，其线路灵敏度接近最大值。此外考虑到电桥的灵敏度正比于电源电压，故在各电阻允许的功率条件下，工作电源的电压 U 应尽可能大一些。

必须指出，式(2.64)获得的测量电阻是基于电桥各顶点 a，b，c，d 间的电势降落只发生在各电阻上，但是，实际上并非如此，在线路的接线上存在着导线和接头的附加电阻。倘若待测电阻 R_x 较小，数量级接近于附加电阻，将出现不允许的测量误差。可见，单电桥适合于测量较大的电阻($10^2 \sim 10^6\ \Omega$)。对于小的电阻应采用能够克服和消除附加电阻影响的双电桥或电位差计来测量。

(2) 双电桥。

双电桥又称开尔文电桥，是测量电阻值低于 10 Ω 的一种常用测量方法，它是在单电桥的基础上，对导线电阻和接触电阻的影响采取了较好的消除措施而发展起来的。图2.51是双电桥测量原理图，由图可见，待测电阻 R_x 和标准电阻 R_N 相互串联，并串联于恒直流源的回路中。由可调电阻 R_1，R_2，R_3，R_4 组成的电桥臂线路与 R_x，R_N 线段并联，并在其间的 B，D 点处连接检流计 G。待测电阻 R_x 的测量归结为调节可变电阻 R_1，R_2，R_3，R_4，使电桥达到平衡，即此时检流计 G 指示为零($U_B = U_D$，B 与 D 点电位相等。)由此可写出下列等式

$$I_3R_x + I_2R_3 = I_1R_1 \tag{2.65}$$

$$I_3R_N + I_2R_4 = I_1R_2 \tag{2.66}$$

$$I_2(R_3 + R_4) = (I_3 - I_2)r \tag{2.67}$$

解以上方程得

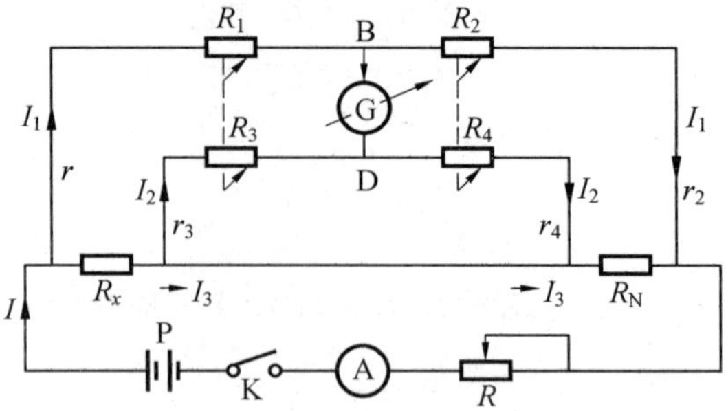

图 2.51　双电桥测量原理图

$$R_x = \frac{R_1}{R_2}R_N + \frac{R_4 r}{R_3 + R_4 + r}\left(\frac{R_1}{R_2} - \frac{R_3}{R_4}\right) \tag{2.68}$$

式中,第二项为附加项。为了使该项等于零或接近于零,必须满足的条件是可调电阻 $R_1 = R_3, R_2 = R_4$。这样

$$R_x = \frac{R_1 R_N}{R_2} = \frac{R_3 R_N}{R_4}$$

为了满足上述条件,在双电桥结构设计上有所考虑:无论可调电阻处于何位置,可调电阻 $R_1 = R_3, R_2 = R_4$(使 R_1 与 R_3 和 R_2 与 R_4 分别做到同轴可调旋转式电阻)。R_1, R_2, R_3, R_4 的电阻不应小于 10 Ω,只有这样,双电桥线路中的导线和接触电阻可忽略不计(为使 r 值尽量小,选择连接 R_x, R_N 的一段铜导线应尽量短而粗)。

2.8.3　直流电位差计法

直流电位差计是用比较测量法测量电动势(或电压)的一种仪器。它是基于被测量与已知量相互补偿的原理来实现测量的一种方法。用来进行比较的已知量一般是标准电池的电动势,比较方式是使某一电路通过电位差计中的电阻,并在其中形成一个已知压降,取此已知压降的一部分(或全部)与被测电动势(或电压)相比较,从而测定被测量的大小。

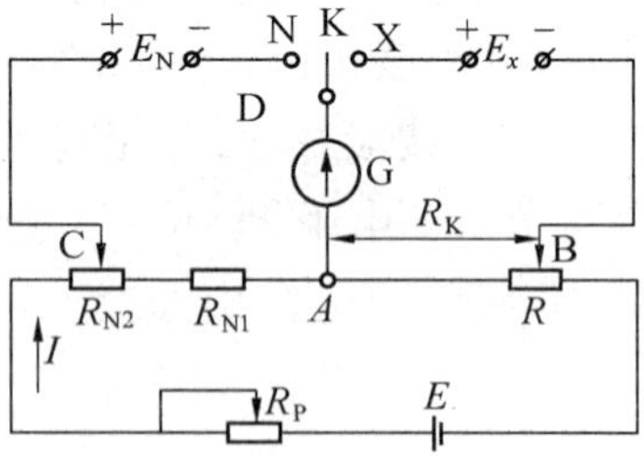

图 2.52　直流电位差计线路原理

图 2.52 所示为目前通用的用标准电池来校准工作电流的直流电位差计线路原理。图中 E 为电位差计工作电源的电动势,R_P 为调节工作电流的调节电阻;R_K 为测量电阻(或称为补偿电阻),是电位器 R 的输出部分,其数值是准确知道的;G 为指零仪,一般多采用电磁系检流计;E_x 为待测电动势;E_N 为标准电池的电动势;$R_N = R_{N1} + R_{N2}$ 为准确知道数值的电阻,称为工作电流调定电阻,其数值可

以根据电位差计的工作电流来选定；K 为单刀双掷开关。整个线路包括工作电流回路、标准回路和测量回路三部分。工作电流回路由工作电源、调节电阻 R_P，以及全部调定电阻和测量电阻组成。标准回路也称调定工作电流回路，由标准电池、换接开关、指零仪和调定电阻 R_N 组成。测量回路也称补偿回路，由待测电动势 E_x（或待测电压 U_x）、指零仪、换接开关和测量电阻 R_K 组成。

为了测量电动势 E_x，首先利用变阻器 R_P 调节好该电位差计所规定的工作电流，称为电流标准化。调节时，把开关 K 合向 N 位置，改变 R_P 的值直至检流计处于零位。这时标准电池的电动势 E_N 已经被调节电阻上的电压降 IR_N 所补偿，电位差计所需的工作电流即已调定，其大小为

$$I = \frac{E_N}{R_N} \tag{2.69}$$

工作电流调好后，把换接开关 K 合向 X 位置。然后移动测量电阻 R 的滑动触点，再次使检流计指零。假如这是在测量电阻 R 移动到某一数值 R_K 时达到的，则有

$$E_x = I \cdot R_K \tag{2.70}$$

由于工作电流相同（前面已经标准化了），合并上述两式，可得

$$E_x = \frac{R_K}{R_N} E_N \tag{2.71}$$

即可求出待测电动势 E_x（或电压 U_x）。

考虑到电位差计的工作电流（$I = E_N/R_N$）是一个固定值，可以在测量电阻上直接按电压的单位进行刻度，即待测电动势 E_x 的值可以从 R_K 上直接读出。

从以上的分析可以看出，直流电位差计测量法有两个突出的优点：

① 在两次平衡中检流计都指零。也就是说，电位差计既不从标准电池中吸取能量，也不从待测电势中吸取能量。因此，无论是标准电池还是待测电势，其电源内和连接导线都没有电阻压降。标准电池的电动势 E_N 在测量中仅作为电动势的参考标准，而且待测对象的状态也不因测量时的连线而改变，从而高度保持了原有数值。当用作电阻测量时也就消除了导线和接触电阻的影响，避免了方法的误差，这一点是很可贵的。

② 被测电动势 E_x 既然由 E_N 和 R_K/R_N 来决定，而标准电池的 E_N 十分准确且高度稳定，电阻元件的制造也可以有很高的精度，因而待测电动势也可以达到很高的测量精度。

把直流电位差计用于电阻的精确测量时必须选择一个标准电阻 $R_{标}$，且将其与待测电阻 R_x 串联在一个稳定的外接电流回路中（图 2.53），然后利用双刀双掷开关分别测量待测电阻与标准电阻上的电压降落 U_x 和 $U_{标}$。在这种情况下，由于以同样大小的电流通过 R_x 和 $R_{标}$，且 $R_x : R_{标} = U_x : U_{标}$，所以根据已知的 $R_{标}$ 和分别测到

的 U_x 和 $U_{标}$ 即可得到 R_x。

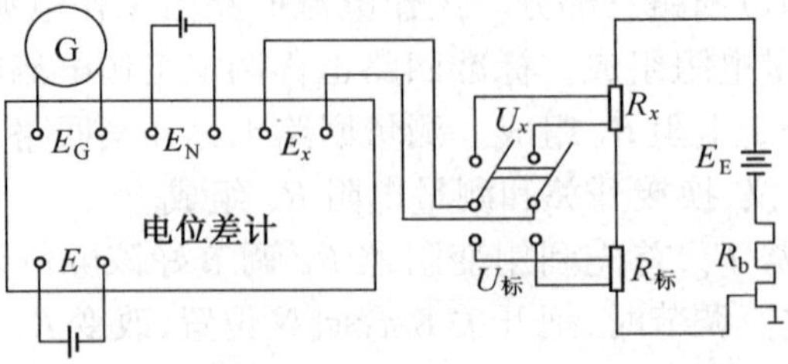

图 2.53 用电位差计测量电阻的外接线路

比较双电桥法和电位差计法可知,当测量金属电阻随温度变化时,用电位差计法比双电桥法精度高,这是因为双电桥法测量不同温度电阻时,较长的引线和接触电阻难以消除,而电位差计的优点在于导线电阻不影响其电势 U_x 和 $U_{标}$ 的测量。

2.8.4 用冲击检流计法测量绝缘体电阻

对于电阻率很高的绝缘体可以采用冲击检流计法测量,其原理如图 2.54 所示。由图可见,待测电阻 R_x 与电容器 C 串联,电容器极板上的电量通过冲击检流计测量。如果换接开关 K 合向 1 位置起按动秒表,经过 t 时间电容器极板上的电压 U_c 将按下式变化

$$U_c = U_0(1 + e^{-\frac{1}{R_xC}t}) \tag{2.72}$$

而电容器在时间 t 内所获得的电量为

$$Q = UC(1 - e^{-\frac{1}{R_xC}t}) \tag{2.73}$$

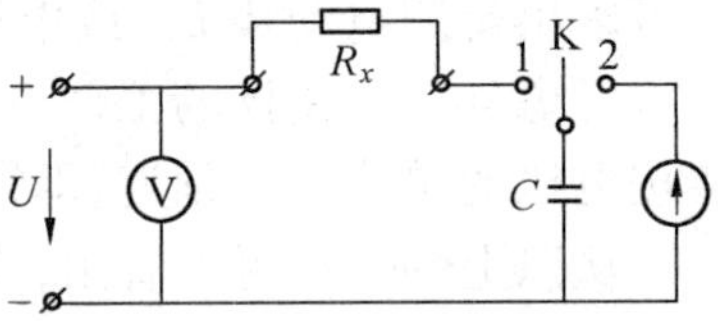

图 2.54 绝缘电阻测量原理

将所得 Q 的表达式按级数展开,取第一项则有

$$Q = \frac{Ut}{R_x}$$

即

$$R_x = \frac{Ut}{Q}$$

上式中所包含的电量可以用冲击检流计测出,为此,图 2.54 中的换接开关应该合向 2 位置。对于冲击检流计有

$$Q = C_b \times \alpha_m$$

式中,C_b 为检流计冲击常数;α_m 为检流计的最大偏移量。

2.8.5 直流四探针法

直流四探针法也称四电极法,主要用于半导体材料和超导体等的低电阻率的测试。测量时,使用的仪器以及与样品的接线如图 2.55 所示。由图可见,测试时

四根金属探针与样品表面接触,探针彼此相距约1 mm。由恒流源输入其中的1号、4号探针以小电流使样品内部产生压降,同时用高阻的静电计、电子毫伏计或数字电压表测出其他两根探针2和3间的电压 U_{23}(V),并以下式计算样品的电阻率

$$\rho = C\frac{U_{23}}{I}$$

式中,I 为探针引入的电流,A;C 为测量的探针系数,cm。测量时,四根探针可以不等距地排成一直线(外测两根为通电流探针,内侧两根为测电压探针),也可以排成正方形或矩形。下面简单说明其测量原理。

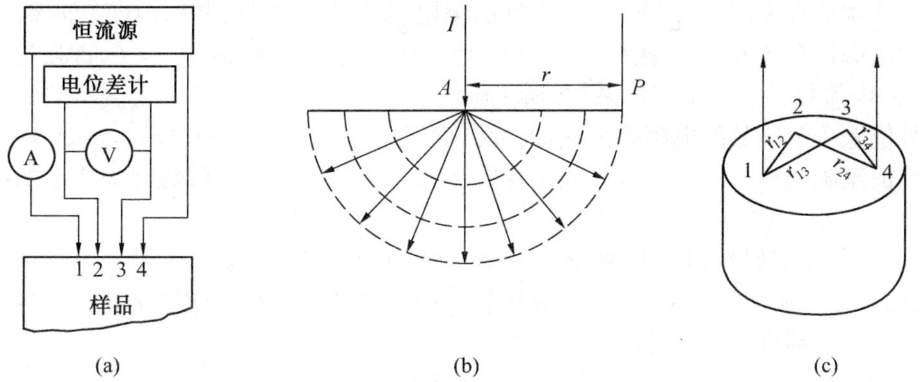

图 2.55 四探针法测试原理示意图

取均匀的一块半导体样品,其电阻率为 ρ,几何尺寸相对于探针间距来说可以是半无限大。当探针引入的点电流源的电流为 I 时,均匀导体内恒定电场的等位面为球面,如图2.55(b)所示,则在半径为 r 处等位面的面积为 $2\pi r^2$,因此,电流密度为

$$j = \frac{I}{2\pi r^2} \tag{2.74}$$

由电导率 σ 与电流密度的关系可得

$$E = \frac{j}{\sigma} = \frac{I}{2\pi r^2 \sigma} = \frac{I\rho}{2\pi r^2} \tag{2.75}$$

则距点电荷 r 处的电势为

$$U = \frac{I\rho}{2\pi r} \tag{2.76}$$

显然,半导体内各点的电势应为分别在该点形成电势的矢量和。通过数学推导可得到四探针的测量电阻率的公式为

$$\rho = \frac{U_{23}}{I}2\pi\left(\frac{1}{r_{12}} - \frac{1}{r_{24}} - \frac{1}{r_{13}} + \frac{1}{r_{34}}\right)^{-1} \tag{2.77}$$

式中,C 为探针系数,$C = 2\pi\left(\frac{1}{r_{12}} - \frac{1}{r_{24}} - \frac{1}{r_{13}} + \frac{1}{r_{34}}\right)$;$r_{12}$,$r_{24}$,$r_{13}$,$r_{34}$ 分别为相应探针间

距(图2.56(c))。

如果四探针处于同一平面的一条直线上,间距分别为 s_1,s_2,s_3,则式(2.77)可写成

$$\rho = \frac{U_{23}}{I}2\pi\left(\frac{1}{s_1} - \frac{1}{s_1 + s_2} - \frac{1}{s_2 + s_3} + \frac{1}{s_3}\right)^{-1} \tag{2.78}$$

当 $s_1 = s_2 = s_3$ 时,可简化为

$$\rho = \frac{U_{23}}{I}2\pi s \tag{2.79}$$

这就是常见的直流等间距四探针法测电阻率的公式,只要测出探针间距 s,即可确定探针系数 C,并直接按式(2.79)计算样品的电阻率,若令 $I = C$,即通过探针1,4的电流数值上等于探针系数,则 $\rho = U_{23}$。换言之,从探针2,3上测得的电势差在数值上等于样品的电阻率。例如,探针间距 $s = 1$ mm,则 $C = 2\pi s = 6.28$ mm,若调节恒流源使得 $I = 6.28$ mA,则由探针2和3直接读出的毫伏数即为样品的电阻率。

为了减小测量区域,以观察半导体材料的均匀性,四探针并不一定要排成直线,而可以排成四方形或矩形,只是计算电阻率公式中的探针系数 C 改变。表2.8列出了这两种排列的计算公式。

表2.8 非线性四探针法的计算公式

名称	电阻率计算公式
正方形四探针	$\rho = \frac{2\pi s}{2 - \sqrt{2}} = 10.07s\frac{V}{I}$
矩形四探针	$\rho = \frac{2\pi s}{2 - \left(\frac{2}{\sqrt{1 - n^2}}\right)}\frac{V}{I}$

四探针法的优点是探针与半导体样品之间不要求制备合金结电极,给测量带来了方便。四探针法可以测量样品沿径向分布的断面电阻率,从而可以观察电阻率的不均匀情况。由于这种方法可迅速、方便、无破坏地测量任意形状的样品且精度较高,故适合于大批生产中使用。但由于该方法受针距限制,很难发现小于0.5 mm两点电阻的变化。

2.9 纳米材料的电性

纳米材料中庞大体积分数的界面使点阵平移周期在一定范围内遭到严重破坏。颗粒尺寸越小,电子平均自由程短,这种材料偏移理想周期场就越严重,这就

带来了一系列的问题。目前对纳米材料电性能的研究尚处于初始阶段，试验数据不多，但从已有的试验结果已充分说明了纳米材料的电性能与常规材料存在明显的差别，有自己的特点。

图2.56表示了不同晶粒尺寸Pd块体的比电阻与测量温度的关系。由图中可以看出，纳米Pd块体的比电阻随粒径的减小而增加，所有尺寸(10 ~ 25 nm)的纳米晶体Pd试验比电阻比常规材料的高。同时可以看出，比电阻随温度的上升而上升，图2.57表示了纳米晶体Pd块材的直流电阻温度系数与粒径尺寸的关系。很明显，随颗粒尺寸减小，电阻温度系数下降。

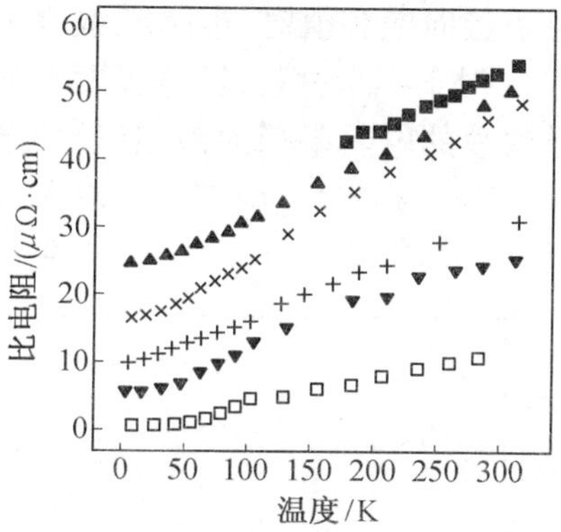

图2.56 不同晶粒尺寸Pd块体的比电阻与测量温度的关系

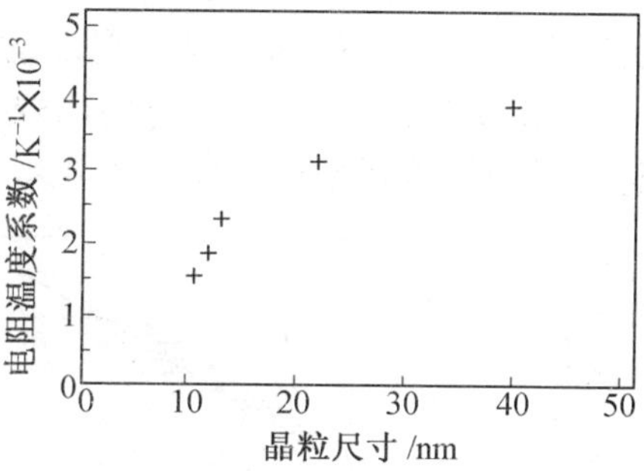

图2.57 纳米晶体Pd块材的直流电阻温度系数与晶粒尺寸的关系

由上述结果可以认为，纳米金属和合金材料的电阻随温度变化的规律与常规粗晶基本相似。其差别在于纳米材料的电阻高于常规材料，电阻温度系数强烈依赖于晶粒尺寸，当颗粒小于某一临界尺寸(电子平均自由程)时，电阻温度系数可能由正变负(图2.58)，而常规金属与合金为正值，即电阻 R、电阻率 ρ 与温度的关系满足

$$R = R_0(1 + \alpha T)$$
$$\rho = \rho_0(1 + \alpha T) \tag{2.80}$$

为了解纳米金属与合金在电阻上的这种新特性，首先分析电子在纳米金属和合金材料中输运的特点。我们知道，电子在理想周期场中以波的形式(布洛赫波)传播，电子的波函数可以看作前进的平面波和各晶面的反射波的叠加。在一般情况下，各反射波的位相没有一定的关系，彼此相互抵消。从理论上可以认为周期势场对电子的传播没有障碍，但实际晶体中存在原子在平衡位置附近的热振动、杂质或缺陷，以及晶界。这样，电子在实际晶体中的传播由于散射使电子运动受障碍，这就产生了电阻。纳米材料中大量晶界的存在，几乎使大量电子运动局限在小颗粒范围。晶界原子排列越混乱，晶界厚度越大，对电子散射能力越强。界面这种高

能垒是使电阻升高的主要原因。总的来说，纳米材料从微结构来分析，它对电子的散射可划分为两部分：一是颗粒(晶内)组元；二是界面组元(晶界)。当颗粒尺寸与电子的平均自由程相当时，界面组元对电子的散射有明显的作用，而当颗粒尺寸大于电子平均自由程时，晶内组元对电子的散射逐渐占优势，颗粒尺寸越大，电阻和电阻温度系数越接近常规粗晶材料，这是因为常规粗晶材料主要是以晶内散射为主。当颗粒尺寸小于电子平均自由程时，使界面对电子的散射起主导作用，这时电阻与温度的关系，以及电阻温度系数的变化都明显偏离了粗晶的情况，甚至出现反射现象。例如，电阻温度系数变负值就可以用占主导地位界面对电子散射加以解释。我们知道，一些结构无序的系统，当电阻率趋向饱和值时，电阻随温度上升增加的趋势减弱，甚至电阻温度系数会由正变负。对于纳米材料，固体界面占据庞大的体积分数，界面中原子排列混乱，这就会导致总的电阻率趋向饱和值，加之粒径小于一定值时，量子尺寸效应的出现，也会导致颗粒内部对电阻率的贡献大大提高，这就是负温度系数出现在纳米材料中的原因。

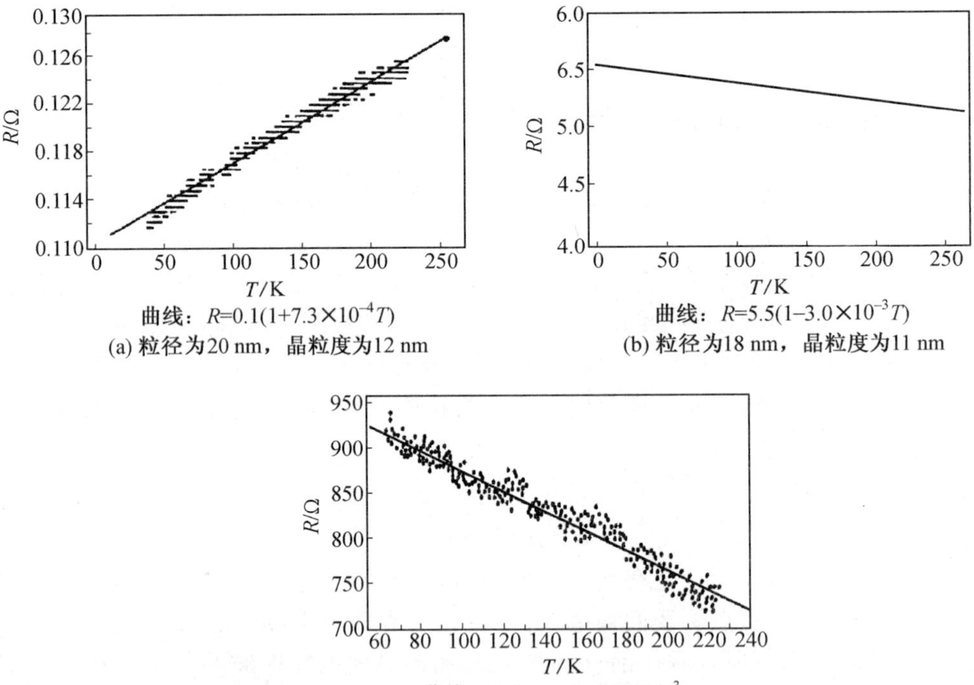

曲线：$R=0.1(1+7.3\times10^{-4}T)$

(a) 粒径为20 nm，晶粒度为12 nm

曲线：$R=5.5(1-3.0\times10^{-3}T)$

(b) 粒径为18 nm，晶粒度为11 nm

曲线：$R=973.9(1-1.2\times10^{-3}T)$

(c) 粒径为11 nm，晶粒度为11 nm

图2.58 室温以下纳米Ag的电阻随温度的变化

思考题

1. 简述电阻、电阻率、电导率及电阻温度系数的定义及相互关系。

2. 简述电阻的物理意义。为何温度升高、冷塑性变形和形成固溶体使金属的电阻率增加,形成有序固溶体使电阻率下降?

3. 为什么金属的电阻温度系数为正?

4. 简述马基申定则的表达式及各项意义。

5. 为何纯金属的电阻温度系数较其合金大? 如何获得电阻温度系数很低的精密电阻合金?

6. 试说明接触电阻发生的原因和减小这个电阻的措施。双电桥较单电桥有何优点?

7. 简述用电位差计测量电阻的原理及用电阻分析法测定铝铜合金时效和固溶体的溶解度的原理。

8. 何谓本征半导体? 其载流子为何? 证明关系式 $J = qnv$ 和 $\rho = E/J$(J、和 E 分别为电流密度和电场强度)。

9. 为何掺杂后半导体的导电性大大增强? 为何有电子型和空穴型两种半导体。什么是 n 型和 p 型半导体中的多子和少子,为何 PN 结有单向导电性?

10. 何谓霍耳效应和霍耳系数? 如何根据霍耳效应判断半导体中载流子是电子还是空穴?

11. 表征超导体性能的三个主要指标是什么? 目前氧化物超导体应用的主要弱点是什么?

12. 试评述下列建议:银有良好的导电性而且能够在铝中固溶一定的数量,可用银使其固溶强化,以供高压输电线使用。

(a) 这个意见是否正确;

(b) 能否提供另一种达到上述目的方法;

(c) 阐述你所提供方案的优越性。

第3章　材料的介电性能及其分析测试技术

3.1　绪　论

介电材料和绝缘材料是电子和电气工程中不可缺少的功能材料，它主要应用材料的介电性能，这一类材料总称为电介质。电介质(dielectric)是在电场作用下具有极化能力并能在其中长期存在电场的一种物质，其电阻率大于 $10^{10}\ \Omega \cdot cm$，在电场中以感应而非传导的方式呈现其电学性能。就这个意义而言，不能简单地认为电介质就是绝缘体。事实上，许多半导体也是良好的电介质。

前面章节介绍了导体、半导体在电场作用下都会发生电荷的自由运动，而介电材料在有限电场作用下几乎没有自由电荷迁移。介电性的一个重要标志就是能够产生极化现象，电介质具有极化能力和其中能够长期存在电场这种性质是电介质的基本属性，也是电介质多种实际应用(如储存静电能)的基础。静电场中电介质内部能够存在电场这一事实，已在静电学中应用高斯定理得到了证明，电介质的这一特性有别于金属导体材料，因为在静电平衡态导体内部的电场是等于零的。

如果运用现代固体物理的能带理论来定义电介质，则可将电介质定义为这样一种物质:它的能级图中基态被占满。基态与第一激发态之间被比较宽的禁带隔开，以致电子从正常态激发到相对于导带所必须的能量，大到可使电介质被破坏。为了便于将电介质的能带结构和半导体、导体的能带结构相比较，图3.1分别画出了它们的能带结构示意图。

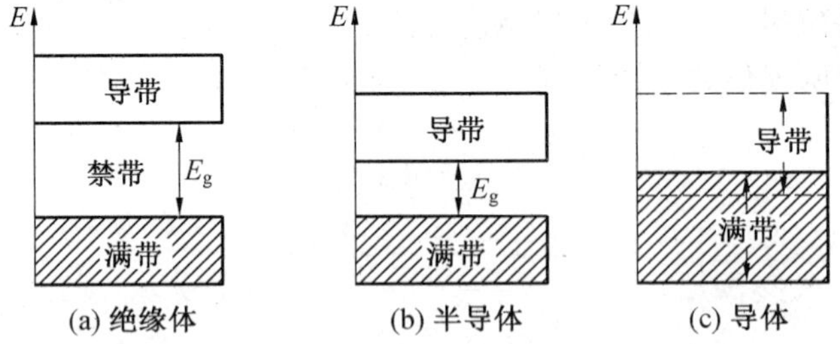

图3.1　绝缘体、导体、半导体的能带模型

电介质对电场的响应特性不同于金属导体。金属的特点是电子的共有化，体

内有自由载流子,从而决定了金属具有良好的导电性,它们以传导方式来传递电的作用和影响。然而,在电介质内,一般情况下只具有被束缚着的电荷。在电场的作用下,将不能以传导方式而只能以感应的方式,即以正、负电荷受电场驱使形成正、负电荷中心不相重合的电极化方式来传递和记录电荷的影响。尽管对不同种类的电介质、电极化的机制各不相同,然而,以电极化方式响应电场的作用却是共同的。

由上所述,电介质体内一般没有自由电荷,从而具有良好的绝缘性能。在工程应用上,常在需要将电路中具有不同电势的导体彼此隔开的地方使用电介质材料,这就利用了介质的绝缘特性,从这个意义上讲,电介质又可称为绝缘材料(Insulating Material)或绝缘体(Insulator)。

电介质种类繁多,组成物质结构亦千差万别,可以从不同角度对电介质进行分类。

按物质组成特性可将电介质分为无机电介质(如云母、玻璃、陶瓷等)和有机电介质(如矿物油、纸以及其他有机高分子聚合物等)两大类。

按照物质的聚集态,则可将电介质分为气体介质(如空气)、液体介质(如电容器油)以及固体介质(如涤纶薄膜)三大类。

若按组成物质原子排列的有序化程度分类,便可将电介质分成晶体电介质(如石英晶体)和非晶态电介质(如玻璃、塑料),前者表现为长程有序,而后者只表现为短程有序。

在工程应用上,还常常按照组成电介质的分子电荷在空间分布的情况进行分类。按此分类方法,一般将电介质分为极性电介质和非极性(中性)电介质。当无外电场作用时,介质由正、负电荷中心相重合的中性分子组成,这样的介质即为非极性(中性)介质,如聚四氟乙烯薄膜、变压器油等;若由正、负电荷中心不相重合的极性分子组成,这样的介质即为极性介质,如电容器纸的主要成分 —— 纤维素以及聚氯乙烯薄膜等。其中聚四氟乙烯和纤维素的分子结构具有一定的代表性。聚四氟乙烯的分子结构如图 3.2 所示。

最后,如按照介质组成成分的均匀度进行分类,又可将电介质分为均匀介质(如聚苯乙烯)和非均匀介质(如电容器纸 —— 聚苯乙烯薄膜复合介质)。

尽管可能还有别的分类方法,如将介质分成块状介质和膜状介质等,但常用的分类方法如上所述。

由于实际电介质与理想电介质不同,在电场作用下,实际电介质存在泄漏电流和电能的耗散以及在强电场下可能导致电介质破坏,因此,电介质物理性质除了研究极化外,还要研究有关电介质的电导、损耗以及击穿特性。

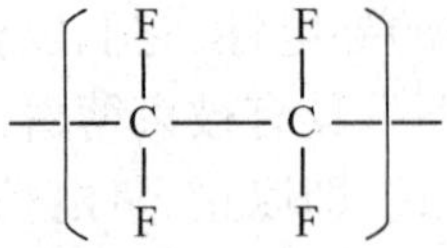

（由于结构的对称性，正、负电荷中心重合，故不呈现极性）

纤维素的分子结构：

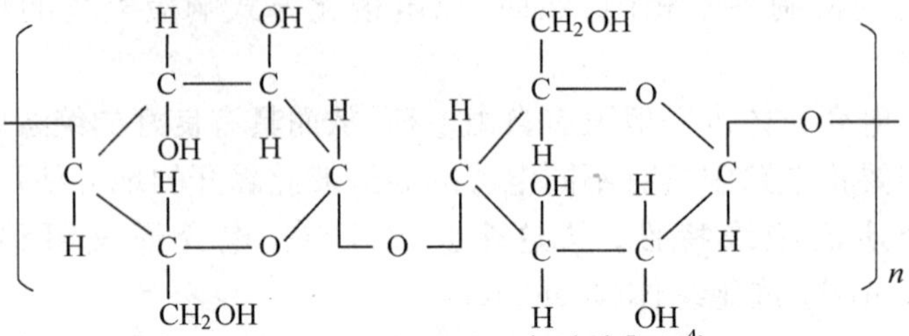

$(n=1-1.5\times10^4)$

（由于分子结构中存在有极性的氢氧根，故导致纤维素的极性）

图 3.2　聚四氟乙烯的分子结构

3.2　电介质及其极化机制

电介质作为一类重要的电子材料被广泛应用于各种电子、电工仪器设备中，它的性质决定于在电场作用下其物质内所发生的物理现象和过程。在远离击穿强度的电场作用下工作的电介质，通常可用两个基本参数来表征：介电常数 ε 和电导率 σ（或交流电压下的 $\tan\delta$ 值）。这些基本参数的大小，就是对在电场作用下电介质所发生的物理现象的定量评价，其中介电常数 ε 是表征电介质极化的基本物理量。

电介质在电场作用下的物理现象主要有极化、电导、损耗和击穿。研究电介质的极化过程，广泛涉及静电学定律和有关物质结构的知识，以探求极化与物质结构间的关系。20 世纪 20 年代，关于原子结构和分子结构的研究开始发展的时候，电极化基本过程的研究也发展起来，它从物理学分离出来并成为一个独立分支。目前备受关注的课题包括：材料性质的第一性原理计算；弛豫铁电体；非均匀介质；有限尺寸材料；电解质的弛豫特性研究及微波介质和低介电常数材料。

3.2.1　恒定电场中的电极化

本节主要讨论各向同性线性电介质在电场中的行为，并以均匀电介质在均匀电场中的行为作为特例进行具体分析。这里所说的均匀是指电介质的性质不随空间坐标发生变化，所说的各向同性是指电介质的参数不随场量的方向发生变化；所说的线性是指电介质的参数不随场量的数值发生变化。

(1) 静电学基本定律。

① 电荷系的作用力、电场和电势。

若有两个点电荷 q_1 和 q_2，彼此相距 r，则根据库仑定律，其间的作用力为

$$\boldsymbol{F} = K\frac{q_1q_2}{\varepsilon_r r^2}\boldsymbol{r}_{12} \tag{3.1}$$

式中，ε_r 为相对介电常数；K 为比例常数，其大小与所采用的单位制有关，在国际单位制中，由实验测定的值为 $K \approx 9\times10^9\ \mathrm{N\cdot m^2\cdot C^{-2}}$。但在实际问题中，直接应用库仑定律的机会较少，而是常用其推导出来的公式。为简化起见，将 K 写成

$$K = \frac{1}{4\pi\varepsilon_0} \tag{3.2}$$

式中，$\varepsilon_0 = 8.85\times10^{-12}\ \mathrm{F\cdot m^{-1}}$，称为真空介电常数。

任意电荷系统的周围均有库仑力 $\boldsymbol{F}$ 的作用，其能影响的区域称为电场。设有一点电荷 Q，在距离该点电荷为 r 处的电场强度为

$$E = \frac{Q}{4\pi\varepsilon_0\varepsilon_r r^2} \tag{3.3}$$

一组电荷所产生的电场具有叠加性质，如果有点电荷 q_1 与 q_2，其在 P 点所产生的电场强度分别为 E_1 与 E_2，则 P 点的总的电场强度为 $\boldsymbol{E} = \boldsymbol{E}_1 + \boldsymbol{E}_2$。推广之，若有几个点电荷共同作用于 P 点，则 P 点的总的电场强度变为各个点电荷分别作用在 P 点的电场强度的矢量和，即

$$\boldsymbol{E} = \boldsymbol{E}_1 + \boldsymbol{E}_2 + \boldsymbol{E}_3 + \cdots + \boldsymbol{E}_n \tag{3.4}$$

这种“电场叠加定理”对下面分析电介质中电场的作用十分有用。

在静电学中，电场强度可以理解为电势的梯度，因此，与一个点电荷 Q 相距 r 处的电势即可表示为

$$\varphi = \frac{Q}{4\pi\varepsilon_0\varepsilon_r r} \tag{3.5}$$

电势 φ 的单位为 V。一组电荷所产生的电势是其中各个电荷所产生的。了解如何计算组成物质的各种电荷所产生的电势非常重要，因为电介质的许多电学性质的讨论都是与电势计算相关联的。

② 高斯定理与两个平行极板间的电场。

电场强度是矢量，若能设法变为标量(如电荷或电荷密度)来解决电场问题将方便得多，高斯定理正是实现这一变换的重要公式。设所取曲面包围的区域内没有电荷，那么，从曲面一侧进入的任何一条电力线，一定在曲面上其他一点离开曲面，只有当这空间区域内有电荷存在时，电力线才能发自或终止于这一空间区域内，此时严格的数学表述为

$$\begin{cases}\oint E\cos\theta \mathrm{d}A = 4\pi Kq \\ \oint E_{\perp}\mathrm{d}A = 4\pi Kq\end{cases} \tag{3.6}$$

式中，$E_l \mathrm{d}A = E\cos\theta \mathrm{d}A$ 为垂直穿过曲面上任一面积元 $\mathrm{d}A$ 的电通量。因此，式(3.6)可表述为：穿出一个闭合曲面的总的电通量是与该曲面所包围的电荷量成正比的。代入 K 值后，式(3.6)可写成 $\oint E_{\perp}\mathrm{d}A = q/E_0$。这一表达式运用于单一电荷。如对任何电荷分布要写出其表达式，只须将此式加以推广，即

$$\oint E_{\perp}\mathrm{d}A = \frac{\sum q}{E_0} \tag{3.7}$$

因为电位移 $D = \varepsilon_0\varepsilon_r E$，将此关系式代入式(3.6)并计及有介质的情况，即得到

$$\oint_S D\mathrm{d}A = q = \int_V \rho \mathrm{d}V \tag{3.8}$$

高斯定律与库仑定律均根据相同实验结果得出，但由于高斯定理的各个表达式的右端只涉及标量（电荷量 q 或电荷密度 p），故在许多情形下用以解决电场问题时要方便得多的。

作为高斯定理的具体应用，可以方便地计算出“无限大”的均匀带电平行极板间的电场。平行极板系统的电场分布（图3.3(a)）以及两片均匀带电极板各自的电场（图3.3(b)）。

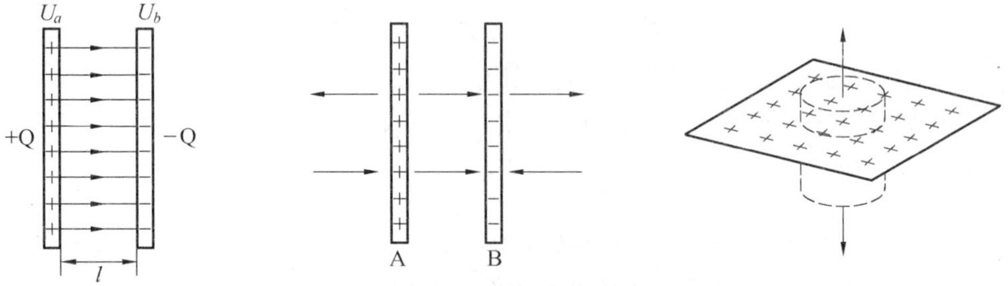

(a) 均匀带电平行极板的电场 (b) 两片均匀带电平行极板各自的电场 (c) 正极板作出封闭圆柱面

图3.3 均匀带电平行极板间电场

现取出两片极板中的任何一片极板，利用高斯定理来计算均匀带电平面的电场。

作一封闭圆柱面，经过平面的中部（图3.3(c)），轴线和平面正交，底面积为 A。显而易见，通过圆柱的曲面部分的电通量等于零，而通过两底面的电位移线均与底面正交，且都向外。

设 E 为两底面上的场强，则通过两底面的电通量等于通过整个封闭面的电通

量，为 E_A+E_A，柱面所包围的电荷为 $\sigma_0 A$（σ_0 为每单位面积上的电荷，称为电荷面密度，由于均匀带电，此面的 σ_0 处处相等），按照高斯定理得

$$E_A+E_A=\frac{\sigma_0 A}{\varepsilon_0}(\text{真空中})$$

所以

$$E=\frac{\sigma_0}{2\varepsilon_0} \tag{3.9}$$

由式（3.9）算出的场强，实际上是一个极板单独产生的场强，即相当于 E_A 或 E_B。现在再计算图 3.3（b）所示两个平行极板间的电场。显然，两平板所产生的电场 E 是每一平板单独产生的场强 E_A 和 E_B 的矢量和

$$\boldsymbol{E}=\boldsymbol{E}_A+\boldsymbol{E}_B$$

在两平板间，E_A 和 E_B 都从 A 板（荷正电）指向 B 板（荷负电）故总的场强为

$$\boldsymbol{E}=\boldsymbol{E}_A+\boldsymbol{E}_B=\frac{\sigma_0}{2\varepsilon_0}+\frac{\sigma_0}{2\varepsilon_0}=\frac{\sigma_0}{\varepsilon_0} \tag{3.10}$$

在两平板的外侧，E_A 和 E_B 是反方向的，所以总电场强度为

$$E=E_A-E_B=0$$

由此可见，均匀地分别带有正、负电的两平行极板，只要板面的长度远大于两极板间的距离时，除了边缘附近以外，电场全部集中于两极板之间而且是均匀场，其强度为 σ/ε_0（真空中）。

（2）电介质的极化。

在电介质材料中起主要作用的是被束缚着的电荷。在电场的作用下正、负电荷尽管可以逆向移动，但它们不能挣脱彼此的束缚而形成电流，只能产生微观尺度的相对位移，称为电极化。简单地说，电介质的极化就是在外电场作用下，在电介质内部感生偶极矩的现象，电介质极化是电介质基本电学行为之一。

在普通物理和电工学中已经了解到电容的意义，它是当两个临近导体加上电压后具有存储电荷能力的量度，即

$$C(F)=\frac{Q(C)}{V(V)} \tag{3.11}$$

真空电容器的电容主要由两个导体的几何尺寸决定，已经证明真空平板电容器的电容为

$$C_0=\frac{Q}{V}=\frac{\varepsilon_0(V/d)A}{V}=\frac{\varepsilon_0 A}{d}$$

其中

$$Q=qA=\pm\varepsilon_0 EA=\varepsilon_0(V/d)A \tag{3.12}$$

式中，q 为单位面积电荷；d 为平板间距，m；A 为面积，m^2；V 为平板上电压，V。

法拉第发现，当一种材料插入两平板之间后，平板电容器的电容增加。现在已经掌握，增大的电容应为

$$C = \varepsilon_r C_0 = \varepsilon_r \varepsilon_0 A/d \tag{3.13}$$

式中，ε_r 为相对介电常数；$\varepsilon(\varepsilon_0\varepsilon_r)$ 为介电材料的电容率，或称介电常数（单位为 C^2/m^2 或 F/m）。

放在平板电容器中增加电容的材料称为介电材料。显然，它属于电介质。所谓电介质就是指在电场作用下能建立极化的物质。如上所述，在真空平板电容器间嵌入一块电介质，当加上外电场时，则在正极板附近的介质表面上感应出负电荷，负极板附近的介质表面感应出正电荷。这种感应出的表面电荷称为感应电荷，亦称束缚电荷（图3.4）。电介质在电场作用下产生束缚电荷的现象称为电介质的极化。正是这种极化的结果，使电容器增加了电荷的存储能力。

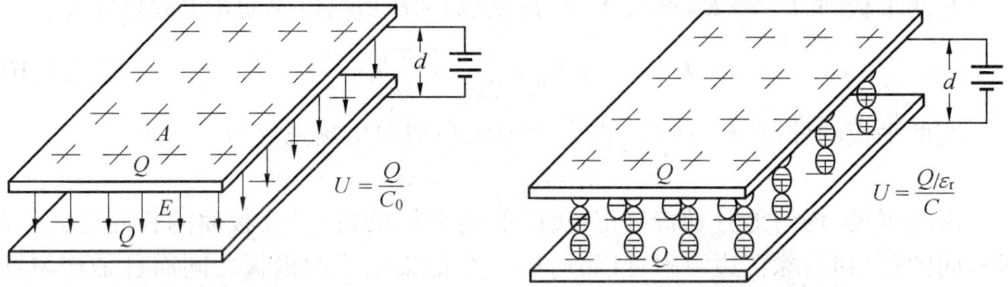

(a) 真空平板电容器　　(b) 平板电容器中的介电材料

图 3.4　平板电容器中的电容

3.2.2　电介质极化的微观机制

在工程上所用的电介质分为气体、液体和固体三类。根据分子的电结构，电介质可分为两大类：极性分子电介质，例如 H_2O，CO 等；非极性分子电介质，例如 CH_4，He 等。它们结构的主要差别是分子的正、负电荷统计重心是否重合，即是否有电耦极子。极性分子存在电耦极矩，其电耦极矩为

$$\mu = ql \tag{3.14}$$

式中，q 为所含电量；L 为正负电荷重心距离。

电介质在外电场作用下，无极性分子的正、负电荷重心将发生分离，产生电耦极矩。所谓极化电荷，是指和外电场强度相垂直的电介质表面分别出现的正、负电荷，这些电荷不能自由移动，也不能离开，总值保持中性。

电介质在外加电场作用下产生宏观的电极化强度，归根到底是电介质中的微观荷电粒子，在电场作用下，电荷分布发生变化而导致的一种宏观统计平均效应。按照微观机制，电介质的极化可以分成电子的极化、离子的极化、电偶极子转向极

化和空间电荷极化。其中,电子极化和离子极化各自可以分成两个类型,第一个类型的极化为立即瞬态过程,是完全弹性方式,无能量损耗,即无热损耗产生,称为位移极化;第二种类型的极化为非瞬态过程,极化的建立和消失都以热能的形式在介质中消耗而缓慢进行,这种方式称为松弛极化。

(1) 电子位移极化。

电子位移极化是指在外电场作用下每个原子中价电子云相对于原子核发生位移,如图3.5所示。在没有受到电场作用时,组成电介质的分子或原子,其原子核所带正电荷的中心与绕核分布的电子所带负电荷的中心相重合,对外呈电中性。但当介质受到电场作用时,其中每个分子或原子中的正、负电荷中心产生相对位移,由中性分子或原子变成了偶极子。具有这类极化机制的极化形式称为电子位移极化或电子形变极化,"形变极化"一词用来说明在电场作用下,电子云发生形变而导致正、负电荷中心分离的物理过程。在粒子中发生相对位移的电子主要是价电子,这是因为这些电子在轨道的最外层和次外层,离核最远,受核束缚最小的缘故。

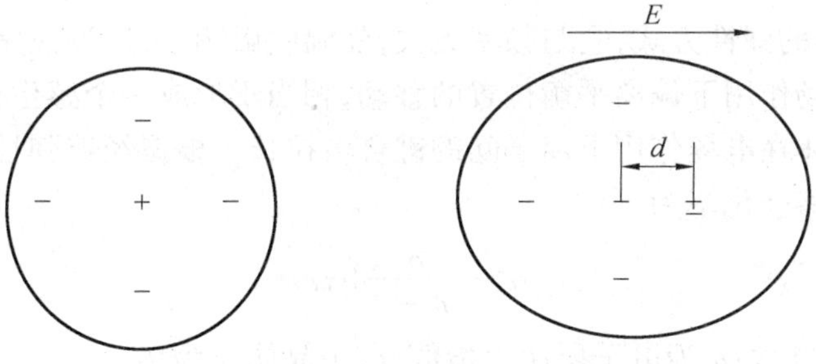

图3.5 电子位移极化机理示意图

电子位移极化对外场的响应时间也就是它建立或消失过程所需要的时间,是极短的,约为$10^{-14} \sim 10^{-16}$ s。这个时间可与电子绕核运动的周期相比拟。这表明,如所加电场为交变电场,其频率即使高达光频,电子位移极化也来得及响应。因此电子位移极化又有光频极化之称。

根据玻耳原子模型,经典理论可以计算出电子的平均极化率为

$$\alpha_e = \frac{4}{3}\pi\varepsilon_0 R^3 \tag{3.15}$$

式中,ε_0 为真空介电常数;R 为原子(离子)的半径。可以发现,电子极化率的大小与原子(离子)的半径有关。

电子极化存在于一切气体、液体和固体中,形成极化所需的时间极短,为完全的弹性方式,属于可逆变化,它与频率无关,受温度影响小,这种极化无能量损失,不导致介质损耗,它的主要贡献是引起介电常数的增加。

(2) 离子位移极化。

由不同原子(或离子)组成的分子,如离子晶体中由正离子与负离子组成的结构单元,在无电场作用时,离子处于正常结点位置并对外保持电中性。但在电场作用下,正、负离子产生可逆相对位移(正离子沿电场方向移动,负离子逆电场方向移动),破坏了原先呈中性分布的状态。电荷重新分布,实际上就相当于从中性"分子"(实际上是正、负离子对)变成了偶极子。只有这类机制的极化形式即称为离子位移极化或简称离子极化。如图 3.6 所示。

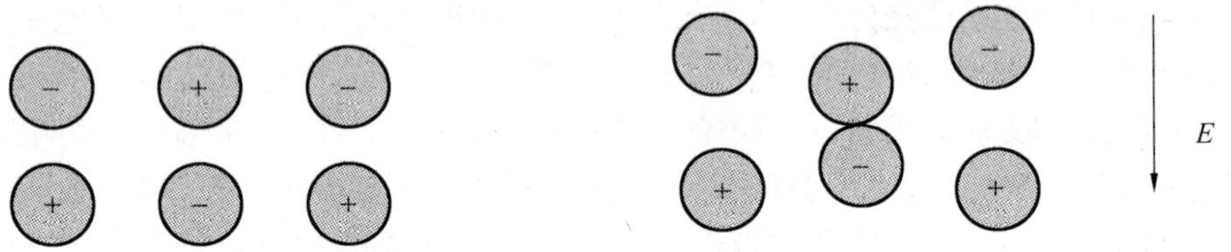

图 3.6 离子位移极化机理示意图

离子极化存在于离子式结构的电介质中(如云母、玻璃等),形成极化所需的时间极短,为完全的弹性方式,它与频率无关,受温度影响小,这种极化无能量损失。

离子在电场作用下偏离平衡位置的移动,相当于形成一个感生偶极矩,也可以理解为离子晶体在电场作用下离子间的键合被拉长。根据经典弹性振动理论可以估计出离子位移极化率为

$$\alpha_{a} = \frac{a^{3}}{n-1} 4\pi\varepsilon_{0} \tag{3.16}$$

式中,a 为晶格常数;n 为电子层斥力指数,离子晶体 n 为 7 ~ 11。

原子中的电荷和原子核之间,或正离子和负离子之间,彼此都是紧密联系的,因此在电场作用下,电子或离子所产生的位移都是有限的,且随电场强度增强而增大,电场一消失,它们就像弹簧一样很快复原,所以统称弹性极化,其特点是无能量损耗,由于离子质量远高于电子质量,因此极化建立时间也较电子慢,极化时间约为 10^{-12} ~ 10^{-13} s。

(3) 松弛(弛豫)极化。

松弛极化机制也是由外加电场造成的,但与带电质点的热运动状态密切相关。例如,当材料中存在弱联系的电子、离子和偶极子等弛豫质点时,温度造成的热运动使这些质点分布混乱,而电场使它们有序分布,平衡时建立了极化状态。这种极化具有统计性质,称为热弛豫(松弛)极化。极化造成带电质点的运动距离可与分子大小相比拟,甚至更大。由于是一种弛豫过程,建立平衡极化时间较长(约为 10^{-2} ~ 10^{-3} s),并且由于创建平衡要克服一定的势垒,故须吸收一定的能量,因此,与位移极化不同,弛豫极化是一种非可逆过程。

① 电子弛豫极化 α_T^e。

由于晶格的热振动、晶格缺陷、杂质引入、化学成分局部改变等因素，使电子能态发生改变，出现位于禁带中的局部能级形成所谓弱束缚电子。例如，色心点缺陷之一的“F－心”就是由一个负离子空位俘获了一个电子所形成的。“F－心”的弱束缚电子为周围结点上的阳离子所共有，在晶格热振动下，可以吸收一定能量由较低的局部能级跃迁到较高能级而处于激发态，连续地由一个阳离子结点转移到另一个阳离子结点，类似于弱联系离子的迁移。外加电场使弱束缚电子的运动具有方向性，这就形成了极化状态，称之为电子弛豫极化。与电子位移极化不同，电子弛豫极化是一种不可逆过程。

由于这些电子是弱束缚状态，因此，电子可做短距离运动。由此可知，具有电子弛豫极化的介质往往具有电子电导特性。这种极化建立的时间约为 10^{-2} ~ 10^{-9} s，在电场频率高于 10^9 Hz 时，这种极化就不存在了。电子弛豫极化多出现在以铌、铋、钛氧化物为基的陶瓷介质中。

② 离子弛豫极化 α_T^a。

和晶体中存在弱束缚电子类似，在晶体中也存在弱联系离子。在完整离子晶体中，离子处于正常结点，能量最低最稳定，称之为强联系离子。它们在极化状态时，只能产生弹性位移，离子仍处于平衡位置附近。而在玻璃态物质中，结构松散的离子晶体或晶体中的杂质或缺陷区域，离子自身能量较高，易于活化迁移，这些离子称弱联系离子。

弱离子极化时，可以从一平衡位置移动到另一平衡位置。但当外电场去掉后离子不能回到原来的平衡位置，这种迁移是不可逆的，迁移的距离可达到晶格常数数量级，比离子位移极化时产生的弹性位移要大得多。然而需要注意的是，弱离子弛豫极化不同于离子电导，因为后者迁移距离属远程运动，而前者运动距离是有限的，它只能在结构松散或缺陷区附近运动，越过势垒到新的平衡位置(图 3.7)。

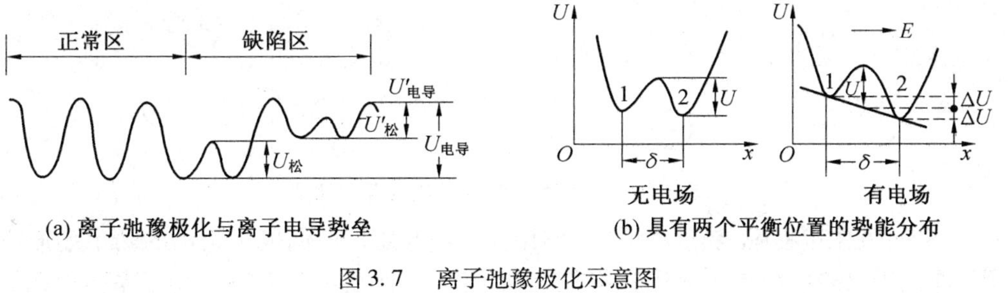

(a) 离子弛豫极化与离子电导势垒　　(b) 具有两个平衡位置的势能分布

图 3.7　离子弛豫极化示意图

根据弱联系离子在有效电场作用下的运动，以及对弱离子运动势垒计算，可以得到离子热弛豫极化率为

$$\alpha_T^a = \frac{q^2\delta^2}{12KT} \tag{3.17}$$

式中,q 为离子荷电量;δ 为弱离子电场作用下的迁移;T 为热力学温度(K);k 为玻耳兹曼常数。由上式可以发现,温度升高,热运动对弱离子规则运动阻碍增大,因此,α_T^a 下降。离子弛豫极化率比位移极化率大一个数量级,因此,电介质的介电常数较大。应注意的是,温度升高,则减小了极化建立所需要的时间,因此,在一定温度下,热弛豫极化的电极化强度 P 达到最大值。

离子弛豫极化的时间为 $10^{-2}\sim10^{-5}$ s,故当频率在 10^6 Hz 以上时,则无离子弛豫极化对电极化强度的贡献。

(4) 电偶极子的取向极化。

电介质中含有固有的极性分子(极性电介质),它们组成质点本身是具有偶极矩 μ_0 的极性分子,它的正负电荷作用中心不重合。在没有电场作用条件下,极性分子混乱分布,固有偶极矩矢量各方向的分布概率相等,所有分子固有偶极矩的矢量和为零,宏观地看,整个介质仍保持电中性。但在电场作用下,组成电介质的极性分子除了贡献电子极化和离子极化外,其固有的偶极子在电场中都受到转动力矩的作用而产生旋转(图3.8),如果分子间联系较紧密时,偶极子将顺电场方向扭转,而分子间联系较为松散的,偶极子将顺电场方向排布,其结果就是整个电介质也形成了带正电和带负电的两极,这类极化形式称为转向极化,这是极性介质在电场作用下所发生的一种主要极化形式,这种电偶极子的转向极化是一种长程作用。尽管固体中极性分子不能像液态和气态电介质中的极性分子那样自由转动,但取向极化在固体电介质中的贡献是不能忽略的。

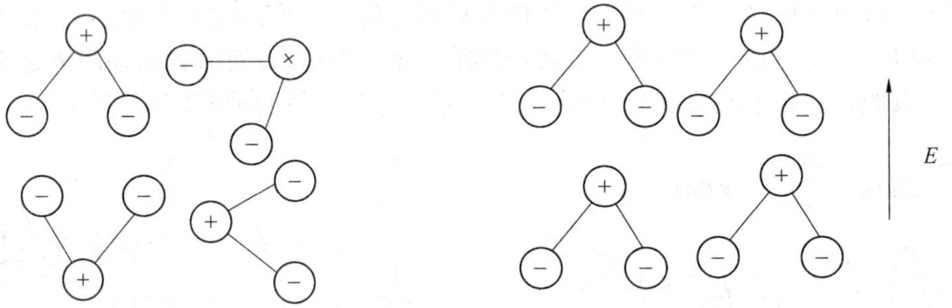

图3.8 电偶极子取向极化机理示意图

取向极化过程中,热运动(温度作用)和外电场是使偶极子运动的两个矛盾方面,偶极子沿外电场方向有序化将降低系统能量,但热运动破坏这种有序化。在二者平衡条件下,可以计算出温度不是很低(如室温),外电场不是很高时材料的取向极化率为

$$\alpha_d = \frac{<\mu_0^2>}{3kT} \tag{3.18}$$

式中，$<\mu_0^2>$ 为无外电场时的均方偶极矩；k 为玻耳兹曼常数；T 为热力学温度，K。

由于这种极化同时受分子热运动和外电场影响，因而这种极化随温度变化有极大值，而且在去掉电场后能保存下来，因而涉及的偶极子极化是永久性的。电偶极子的取向极化在包括硅酸盐在内的离子键化合物与极性聚合物中是普遍存在的，这种极性电介质有胶木、橡胶、纤维素等，极化是非弹性的，极化时间约为 $10^{-10} \sim 10^{-2}$ s，取向极化率比电子极化率一般要高两个数量级。

(5) 空间电荷极化。

众所周知，离子多晶体的晶界处存在空间电荷。实际上，不仅晶界处存在空间电荷，其他二维、三维缺陷都可以引入空间电荷，可以说空间电荷极化常常发生在不均匀介质中。图 3.9 所示为非均匀介质，在电场作用下，原先混乱排布的正、负自由电荷发生了趋向有规则的运动过程。导致正极板附近集聚了较多的负电荷。空间电荷的重新分布，实际形成了介质的极化，这类极化称为空间电荷极化。它是非均匀介质或存在缺陷的晶体介质所表现出的主要极化形式之一。对于实际的晶体介质，其内部自由电荷在电场作用下移动，可能被晶体中不可能避免地存在着的缺陷（如晶界、相界，自由表面、晶格缺位，杂质中心、位错等）所捕获、堆积造成电荷的局部积聚，使电荷分布不均匀，从而引起极化。

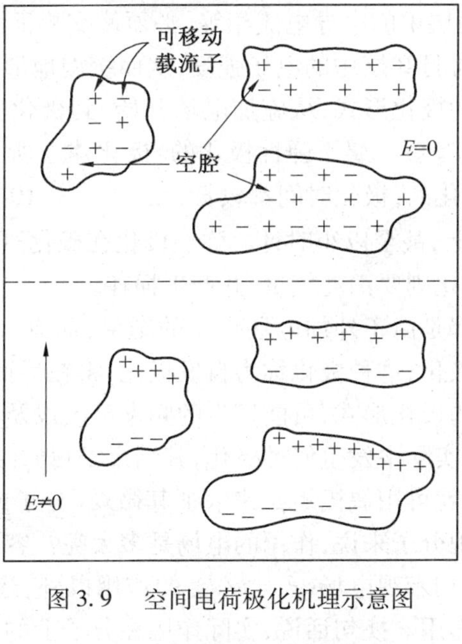

图 3.9 空间电荷极化机理示意图

空间电荷极化过程极其缓慢,其时间可以从几秒到数十分钟,因此,空间电荷极化只对直流和低频下的极化强度有贡献,而且受温度影响极大。随着温度的升高,空间电荷极化显著减弱。空间电荷极化常存在于结构不均匀的陶瓷电介质中。

除了上述四种微观机制外,对于由两层或者多层不同材料组成的不均匀电介质(常被称为夹层电介质),由于各层的介电常数和电导率不同,在电场作用下,各层中的电位,最初按介电常数分布(即按电容分布),以后逐渐过渡到按电导率分布(即按电阻分布)。此时,在各层电介质的交界面上的电荷必然移动,以适应电位的重新分布,最后在交界面上积累起电荷。这种电荷移动和积累,就是一个极化过程,如图3.10所示。图3.10中,由电介质A和B组成双层电介质,设A层中的介电常数大于B层中的介电常数,即$\varepsilon_A > \varepsilon_B$;A层中的电导率小于B层中的电导率,即$\gamma_A < \gamma_B$。当加上电压的瞬时,两层中的电压分布见曲线1,稳定时见曲线2。为了最终保持两层中的电导电流相等,必须使交界面上积累正电荷,以加强A层中的电场强度而削弱B层中的电场强度,从而缓慢地形成极化。

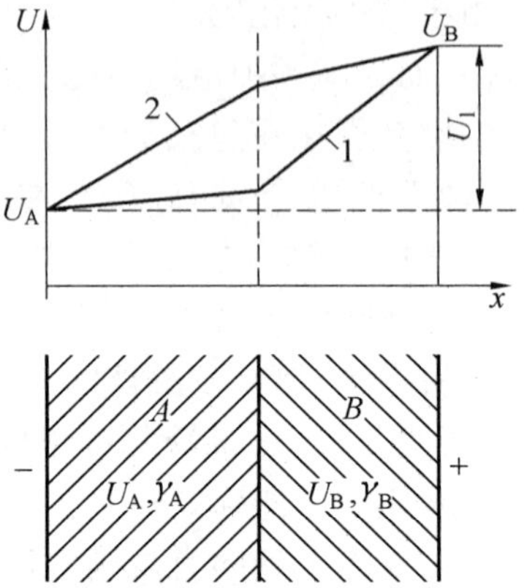

图3.10 夹层电介质极化的电压分布图
U— 夹层介质上所加的总电压;
U_A—A层上分布的电压;
U_B—B层上分布的电压

以上电介质的五种极化形式,从施加电场开始,到极化完成为止,都需要一定的时间,这个时间有长有短。属于弹性极化的,极化建立所需的时间都很短,不超过10^{-12} s;属于松弛极化的,极化时间都较长,在$10^{-10} \sim 10^{-2}$ s以上。夹层极化则时间更长,在10^{-1} s以上,甚至以小时计。弹性极化在极化过程中不消耗能量,因而不产生损耗,而松弛极化则要消耗能量,并产生损耗。

以上介绍的极化都是由于外加电场作用的结果,而有一种极性晶体在无外场作用时自身已经存在极化,这种极化称为自发极化,将在后面予以介绍。表3.1总结了电介质可能发生的极化形式、可能发生的频率范围以及与温度的关系等。

综上所述,不管在实际中发生何种极化,其结果都可归结为介质中偶极子的形成。既然是偶极子,也就可用偶极矩μ来表征其微观(分子或原子)的极化特性。但问题是对于一个微观分子来说,作用的电场是多大呢?容易证明,一个分子所受到的电场作用,除了平均宏观电场($E = v/d$)的作用以外,还要考虑该分子与周围的其他分子间的相互作用。换句话说,实际作用在分子上的电场,并不就是平均宏

观电场 E,而是有效分子电场或称局部电场(Local Electric Field),本书用 E_i 代表有效电场。

表 3.1 晶体电介质极化机制小结

极化形式		极化机制存在的电介质	极化存在的频率范围	温度作用
电子极化	弹性位移极化	发生在一切电介质中	直流到光频	不起作用
	弛豫极化	钛质瓷、以高价金属氧化物为基的陶瓷	直流到超高频	随温度变化有极大值
离子极化	弹性位移极化	离子结构的电介质	直流到红外	温度升高极化增强
	弛豫极化	存在弱束缚离子的玻璃、晶体陶瓷	直流到超高频	随温度变化有极大值
取向极化		存在固有电偶极矩的高分子电介质,以及极性晶体陶瓷	直流到高频	随温度变化有极大值
空间电荷极化		结构不均匀的陶瓷电介质	直流到 10^3 Hz	随温度升高而减弱
自发极化		温度低于 T_C 的铁电材料	与频率无关	随温度变化有最大值

一般分子偶极矩 μ 的大小取决于有效电场 E_i,并与之成正比关系,即可表示为

$$\boldsymbol{\mu} = \alpha_i \boldsymbol{E} \tag{3.19}$$

式中,α 为比例系数,它的物理含义是每单位电场强度的分子偶极矩,称为极化率(Polarizability),这是描述分子极化特性的一个重要微观物理量,α 越大,分子的极化能力越强。如果对照上述四种基本极化机制,就可以相应地规定:α_e 为电子(位移)极化率,α_a 为离子(位移)极化率,α_d 为转向极化率,α_s 为空间电荷极化率。故一般地说,总的极化率可以认为是每种极化机制所决定的极化率的总和,即

$$\alpha = \alpha_e + \alpha_a + \alpha_d + \alpha_s \tag{3.20}$$

可以将宏观的极化强度 P 与微观的极化率 α 联系起来,得到

$$\boldsymbol{P} = N\alpha \boldsymbol{E}_i \tag{3.21}$$

因而

$$P = \varepsilon_0(\varepsilon - 1)E = N\alpha E_i \tag{3.22}$$

此式称为克劳修斯方程(Clausius Equation),由克劳修斯方程又可得到

$$\varepsilon = 1 + \frac{N\alpha E_i}{\varepsilon_0 E} \tag{3.23}$$

式(3.23)只有明确的指导意义。即：

① 介质的实际应用中，通常希望具有大的介电常数值。要达到提高介电常数的目的，由式(3.23)可见有三种途径：a. 提高 N，即提高电介质的密度或选用密度较大的电介质材料；b. 选取由分子极化率 α 大的质粒所组成的电介质；c. 选取或研制介质内部具有大的有效电场 E_i 的介质材料。金红石(T_iO_2)和钙铁矿型离子晶体具有高的介电常数值，就是因为它们的组成质粒 Ti^{4+} 和 O^{2-} 具有高的极化率 α，同时还具有大的内电场 E_i。

② 在一般情况下，有效电场 E_i 总是大于平均宏观电场 E，其间关系可以表示为 $E_i = E + \gamma P$(γ 为分子互作用因子)，且式(3.23)的右端第二项总为正值，因此，电介质的介电常数总是正的，其值大于1。特殊地，对真空情形，有：$E_i = E, N \approx 0$，故 $\varepsilon = 1$。

由于静电能密度方程为 $\omega = \frac{1}{2}\varepsilon_0\varepsilon_\gamma E^2$，该方程包含了两个因子：一个是与材料微观性质有关的介电常数 ε_γ，另一个因子实际上是所考虑的介质中某一点的局部电场强度 E(此时应写成 E_i)，不言而喻，要提高由电介质组成的电容器的储存电能量的能力，只有设法提高介质的介电常数和局部电场才可实现。

3.3 交变电场下的电介质

3.3.1 交变电场下的电介质极化过程

在恒定电场作用下，电介质的静态响应是介质响应的一个重要方面。事实表明，无论从应用还是从理论上来看，变化电场作用下的介质响应，具有更重要的和更普遍的意义。

前面已经指出，电介质极化的建立与消失都有一个响应过程，需要一定的时间。电介质极化与时间有关的现象，一般来说，是由于所有的物理过程不可避免地存在着惰性而引起的。可以说没有一种材料系统能够随着外界驱动力做无限快速的变化。这个惯性就是物质移动和转动时的力学惯性，或者是速率过程所表现的行为。其最终的结果是极化时间函数 $P(t)$ 与电场的时间函数 $E(t)$ 一致，$P(t)$ 滞后于 $E(t)$ 并且函数形式也有变化。

相对于电介质极化明显滞后的响应，真空的响应却是即时的，其极化由电荷 $\varepsilon_0 E(t)$ 和介质的滞后 $P(t)$ 两个分量组成，可表示为

$$D(t) = \varepsilon_0 E(t) + P(t) \tag{3.24}$$

具体来说，在静电场作用下，由于有足够长的时间使极化达到稳定状态，因此就可以不考虑它的建立过程，而以恒稳状态进行处理，于是相应的极化参数及其物理量：介电常数 ε、极化率 χ、电位移 D、极化强度 P 等都是静态的，与时间无关。但这仅仅是特例。在变化电场作用下的极化响应大致可能有以下三种情况：如果电场的变化很慢，相对于极化建立的时间，像在静电场中那样，极化完全来得及响应，这时就无需考虑响应过程，因此可以按照与静电场类似的方法进行处理；如果电场的变化极快，以致极化完全来不及响应，因此也就没有这种极化发生；如果电场的变化与极化建立的时间可以相比拟，则极化对电场的响应强烈地受到极化建立过程的影响，会产生比较复杂的介电现象，这时极化的时间函数与电场的时间函数不相一致。

由于电子弹性位移极化的响应时间极快，可以与可见光的变化周期相比拟，因此在远低于光频的情况下，如在无线电频率范围内，电子位移极化可以看成是即时的，离子弹性极化也有类似的情况。因此弹性位移极化也称为瞬时极化，其极化强度以 P_∞ 表示，偶极子取向极化等弛豫极化对外场的响应时间较慢，故也称缓慢极化，其极化强度以 P_r 表示。因此极化响应 $P(t)$ 就是二者的叠加，即

$$P(t)=P_\infty(t)+P_r(t) \tag{3.25}$$

其中瞬时极化强度 P_∞ 可表示为

$$P_\infty=\varepsilon_\infty\chi_\infty E(t)=\varepsilon_0(\varepsilon_\infty-1)E(t) \tag{3.26}$$

式中，χ_∞ 为瞬时极化率。

$$\chi_\infty=\varepsilon_\infty-1 \quad 或 \quad \varepsilon_\infty=\chi_\infty+1 \tag{3.27}$$

这时 $D(t)$ 就可表示为

$$D(t)=\varepsilon_0E(t)+P_\infty(t)+P_r(t)=\varepsilon_0\varepsilon_\infty E(t)+P_r(t) \tag{3.28}$$

其中，$\varepsilon_0\varepsilon_\infty E(t)$ 可以看成是瞬时响应部分，对 $D(t)$ 求导可得位移电流密度为

$$j_D(t)=\varepsilon_0\frac{\mathrm{d}E}{\mathrm{d}t}+\frac{\mathrm{d}P}{\mathrm{d}t}=\varepsilon_0\frac{\mathrm{d}E}{\mathrm{d}t}+\frac{\mathrm{d}P_\infty}{\mathrm{d}t}+\frac{\mathrm{d}P_r}{\mathrm{d}t}=$$

$$\varepsilon_0\varepsilon_\infty\frac{\mathrm{d}E}{\mathrm{d}t}+\frac{\mathrm{d}P_r}{\mathrm{d}t}=j_\infty(t)+j_r(t) \tag{3.29}$$

其中

$$j_\infty(t)=\varepsilon_0\frac{\mathrm{d}E}{\mathrm{d}t}+\frac{\mathrm{d}P_\infty}{\mathrm{d}t}=\varepsilon_0\varepsilon_\infty\frac{\mathrm{d}E}{\mathrm{d}t} \tag{3.30}$$

$$j_r(t)=\frac{\mathrm{d}P_t}{\mathrm{d}t} \tag{3.31}$$

式中，$j_\infty(t)$ 可以看成是即时响应的瞬时电流密度；$j_r(t)$ 则是弛豫极化建立和消失过程中产生的电流密度。应该指出，式(3.29) 中真空的位移电流密度 $\varepsilon_0\frac{\mathrm{d}E}{\mathrm{d}t}$ 不是

电荷的定向运动，而极化强度的变化率 $\mathrm{d}P/\mathrm{d}t$ 则实质上是电荷的定向运动造成的。当然这里所指的电荷是束缚电荷而不是自由电荷。显然束缚电荷电流密度不可能保持恒稳不变，它总是要随时间或快或慢地衰减，最后趋于零。

3.3.2 交变电场下电介质的复介电系数和介质损耗

为简明起见，这里以平板电容器为模型来进行讨论。若对该电容器施一频率为 ω 的交变电场 $E = E_0 \mathrm{e}^{\mathrm{i}\omega t}$，且两电极间是真空，则电容器的电容量为

$$C_0 = \frac{\varepsilon_0 A}{d}$$

其中，A 和 d 分别为极板面积和两极间的距离。极板上自由电荷面密度为

$$\sigma_0 = D_0 = \frac{Q}{A} = \frac{C_0 V}{A} = \frac{C_0 E d}{A} = \varepsilon_0 E = \varepsilon_0 E_0 \mathrm{e}^{\mathrm{i}\omega t} \tag{3.32}$$

其位移电流密度为

$$j_0 = \frac{\mathrm{d}D_0}{\mathrm{d}t} = \mathrm{i}\omega\varepsilon_0 E_0 \mathrm{e}^{\mathrm{i}\omega t} \tag{3.33}$$

电容位移电流 j_0 超前电场的相位差为 $\pi/2$，因此是一种非损耗性的纯位移电流密度。

如果在两电极间填充一理想电介质，例如完全不导电的绝缘体，它与真空的唯一区别是相对介电常数为 ε_r，因此有关的物理量都是真空的 ε_r 倍，且与电场的相位差仍为 $\pi/2$，因此也是一种非损耗性无功的纯位移电流密度，或称电容电流密度。非极性的、绝缘性能优良的电介质接近于上述情况。

如果在两电极间填充以某一实际电介质。实践表明，在交变电场作用下，电介质内部产生热量，这标志着其内部有能量的损耗。因此，在电介质中存在着一个与电场同相的有功电流分量 γE，其中 γ 为电介质的等效电导率。有功电流分量很小，γ 也很小。显然这一能量损耗也是由电荷运动造成的，其中包括自由电荷，也包括束缚电荷。实际电介质并不是理想的绝缘体，其内部或多或少地存在着少量自由电荷。自由电荷在电场作用下定向迁移，形成纯电导电流，或称漏导电流，这种漏导电流与电场频率无关。至于由电介质中束缚电荷形成的极化非即时响应，当束缚电荷移动时，可能发生摩擦或非弹性碰撞，从而损耗能量，形成等效的有功电流分量，显然它是频率的函数。

在以上情况下，实际电介质中总电流密度为

$$j = (\gamma + \mathrm{i}\omega\varepsilon_0\varepsilon_r)E \tag{3.34a}$$

其中，$\mathrm{i}\omega\varepsilon_0\varepsilon_r E$ 是纯位移电流密度，或无功电流密度；γE 则为有功电流密度，式 (3.34a) 也可表示为

$$j = \gamma E \tag{3.34b}$$

由此定义的复电导率为

$$\gamma^* = \gamma + \mathrm{i}\omega\varepsilon_0\varepsilon_r \tag{3.35}$$

从另一方面来看,实际电介质中电位移 D 和电场 E 的关系可表示为

$$D = \varepsilon_0\varepsilon_r^* E \tag{3.36}$$

实际电介质的位移电流密度则为

$$j = \mathrm{d}D/\mathrm{d}t = \mathrm{i}\omega\varepsilon_0\varepsilon_r^* E \tag{3.37}$$

其中,ε_r^* 为复介电常数。式(3.37)与式(3.34b)是同一物理事实的两种表达方式,对比这两个关系式,复介电常数为

$$\varepsilon_r^* = \varepsilon_r - \mathrm{i}\frac{\gamma}{\omega\varepsilon_0} \tag{3.38}$$

由式可见 ε_r^* 是个复数,因此称复介电常数,其中右端第一项 ε_r 与前述介电常数的意义是一致的,它代表了电容充电放电的过程,没有能量损失,就是我们经常讲的相对介电常数;而第二项 $\gamma/\omega\varepsilon_0$ 则表示电流与电压同相位的能量损耗部分,如令

$$\varepsilon_r = \varepsilon_r, \quad \varepsilon_r^* = \frac{\gamma}{\omega\varepsilon_0} \tag{3.39}$$

其中,ε_r^* 称损耗因子,是一个表示电介质损耗的特性参数。这样,式(3.38)可表示为

$$\varepsilon_r^* = \varepsilon_r - \mathrm{i}\varepsilon_r^* \tag{3.40}$$

对于电介质来说,通常习惯使用复介电常数 ε_r^*,而很少使用复电导率 $\gamma*$,这是由于电介质的电导损耗项毕竟很小的缘故。

以上讨论表明,D 与 E 不同相,若 D 与 E 的相位差以 δ 表示(图 3.11),则可得

$$\varepsilon_r^* = \frac{D}{\varepsilon_0 E} = \frac{D_0\mathrm{e}^{-\mathrm{i}\delta}}{\varepsilon_0 E_0} = \frac{D_0}{\varepsilon_0 E_0}\mathrm{e}^{-\mathrm{i}\delta} = \frac{D_0}{E_0}(\cos\delta - \mathrm{i}\sin\delta) \tag{3.41}$$

将式(3.41)与式(3.40)比较可得

$$\varepsilon'_r = \frac{D}{E}\cos\delta, \quad \varepsilon'_r = \frac{D}{E}\sin\delta \tag{3.42}$$

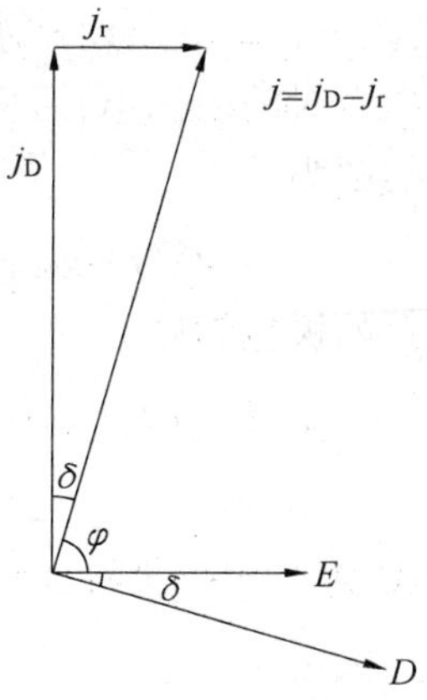

图 3.11 实际电介质电流密度图

由图3.11可见,有损耗时的电流密度 j 与电场 E 的相位差不是 $\pi/2$,而是($\pi/2 - \delta$),即与纯位移电流密度的相位差为 δ 角。显然这个相位角是由电介质中的有功电流密度分量引起的,也即是由能量损耗引起的,因此称损耗角。图 3.11 表明,损耗角正切 $\tan\delta$ 可定义为有功电流密度 γE 与无功电流密度 $\omega\varepsilon_0\varepsilon'_r E$ 之比,即

$$\tan\delta = \frac{\gamma E}{\omega\varepsilon_0\varepsilon'_r E} = \frac{\gamma}{\omega\varepsilon_0\varepsilon'_r} \tag{3.43a}$$

显然上式也可表示为

$$\tan\delta = \frac{\gamma}{\omega\varepsilon_0\varepsilon_r} = \frac{\varepsilon_r^*}{\varepsilon'_r} \tag{3.43b}$$

即 $\tan\delta$ 也是损耗项 γ 与电容项 $\omega\varepsilon_0\varepsilon_r^*$ 之比，或复介电常数虚部 ε_r^* 与实部 ε'_r 之比，它表示了为获得给定存储电荷所要消耗能量的大小。复介电常数虚部 ε_r^* 有时称为总损失因子，它是电介质作为绝缘材料使用评价的参数。而在实际应用中，常常采用 $\tan\delta$ 来定量地描述电介质的损耗，为了减少电介质材料使用时的能量损耗，希望材料具有小的介电常数和更小的损耗角正切。损耗角正切的倒数 $Q = \tan^{-1}\delta$ 在高频应用条件下称为电介质的品质因数，它的值越高越好。

3.3.3 复介电系数与温度、频率的关系

1. 德拜弛豫方程

介质的极化强度 P 由瞬时极化强度 P_∞ 和缓慢极化强度 P_r 两部分所组成。现在我们来分析 P_r 的建立过程。若在 $t = 0$ 时刻施加一阶跃电场 $E(t) = E_0 S(t)$，这时 P_r 从零逐渐上升，经过足够长的时间以后，达到最大值 $\varepsilon_0\chi_{re}E_0$。显然，这就是在静电场作用下的 P_r 值。假设在 t 时刻，P_r 的增长速度 $\mathrm{d}P_r/\mathrm{d}t$ 正比于其终值 $\varepsilon_0\chi_{re}E_0$ 与该时刻的 P_r 值之差，即

$$\frac{\mathrm{d}P_r}{\mathrm{d}t} = \frac{1}{\tau}(\varepsilon_0\chi_{re}E_0 - P_r) \tag{3.44}$$

其中，$\chi_{re} = \varepsilon_s - \varepsilon_\infty$，$1/\tau$ 为比例常数。τ 具有时间的量纲，称为时间常数，它是弛豫极化建立时间的标志，后面在讨论极化的微观机制时将着重进行分析。上述微分方程的解为

$$P_r(t) = \varepsilon_0\chi_{re}E_0(1 - \mathrm{e}^{\frac{1}{\tau}}) = (\varepsilon_s - \varepsilon_\infty)\varepsilon_0E_0(1 - \mathrm{e}^{-\frac{1}{\tau}}) \tag{3.45}$$

这时总的极化强度为

$$\begin{aligned} P(t) = P_\infty + P_r(t) = [\chi_\infty + \chi_{re}(1 - \mathrm{e}^{\frac{1}{\tau}})]\varepsilon_0E_0 = \\ (\varepsilon_\infty - 1)\varepsilon_0E_0 + (\varepsilon_s - \varepsilon_\infty)\varepsilon_0E_0(1 - \mathrm{e}^{-\frac{1}{\tau}}) \end{aligned} \tag{3.46}$$

将式(3.45)对 t 求导可得

$$\frac{\mathrm{d}P_r}{\mathrm{d}t} = (\varepsilon_s - \varepsilon_\infty)\varepsilon_0E_0\frac{1}{\tau}\mathrm{e}^{-\frac{1}{\tau}} \tag{3.47}$$

可得弛豫函数 $f(t)$ 为

$$f(t) = \frac{1}{\tau}\mathrm{e}^{-\frac{1}{\tau}} \tag{3.48}$$

由此可见,按照以上假设所得到的弛豫函数是衰减的指数函数。这是一个传统上广泛应用的弛豫函数,它与很多实验结果比较接近。

如果施加的是交变电场 $E = E\mathrm{e}^{\mathrm{i}\omega t}$,当加上电场的时间足够长时,$P_{\mathrm{r}}(\omega)$ 的稳态解为

$$P_{\mathrm{r}}(\omega) = \frac{\varepsilon_0\chi_{\mathrm{re}}}{1 + \mathrm{i}\omega\tau}E \tag{3.49}$$

而总的极化强度 $P(\omega)$ 则为

$$P(\omega) = P_{\infty} + P_{\mathrm{r}}(\omega) = \varepsilon_0\left(\chi_{\infty} + \frac{\chi_{\mathrm{re}}}{1 + \mathrm{i}\omega t}\right) E = \varepsilon_0\chi_{\mathrm{r}}^* E \tag{3.50}$$

其中,$\chi_{\mathrm{r}}^*(\omega)$ 为电介质复极化率。

$$\chi_{\mathrm{r}}^* = \chi_{\infty} + \frac{\chi_{re}}{1 + \mathrm{i}\omega t} \tag{3.51}$$

因此可得电介质的复介电常数为

$$\varepsilon_{\mathrm{r}}^*(\omega) = 1 + \chi_{\mathrm{r}}^* = 1 + \chi_{\infty} + \frac{\chi_{\mathrm{re}}}{1 + \mathrm{i}\omega\tau} = \varepsilon_{\infty} + \frac{\varepsilon_{\mathrm{s}} - \varepsilon_{\infty}}{1 + \mathrm{i}\omega\tau} \tag{3.52}$$

其中,$\varepsilon_{\mathrm{r}}^*(\omega)$ 的实部 $\varepsilon_{\mathrm{r}}'(\omega)$ 与虚部 $\varepsilon_{\mathrm{r}}''(\omega)$ 以及 $\tan\delta(\omega)$ 分别为

$$\begin{aligned} \varepsilon_{\mathrm{r}}' &= \varepsilon_{\infty} + (\varepsilon_{\mathrm{s}} - \varepsilon_{\infty})\frac{1}{1 + \omega^2\tau^2} \\ \varepsilon_{\mathrm{r}}''(\omega) &= (\varepsilon_{\mathrm{s}} - \varepsilon_{\infty})\frac{\omega\tau}{1 + \omega^2\tau^2} \\ \tan\delta(\omega) &= \frac{\varepsilon_{\mathrm{r}}''(\omega)}{\varepsilon_{\mathrm{r}}'(\omega)} = \frac{(\varepsilon_{\mathrm{s}} - \varepsilon_{\infty})\omega\tau}{\varepsilon_{\mathrm{s}} + \varepsilon_{\infty}\omega^2\tau^2} \end{aligned} \tag{3.53}$$

式(3.53)称为德拜(Debye)方程,可以分析其物理意义。

(1)电介质的相对介电常数(实部和虚部)随所加电场的频率而变化。在低频时,相对介电常数与频率无关。

(2)当 $\omega\tau = 1$ 时,损耗因子 $\varepsilon_{\mathrm{r}}''(\omega)$ 极大,同样,$\tan\delta$ 也有极大值。

(3)$\varepsilon_{\mathrm{r}}'$,$\varepsilon_{\mathrm{r}}^*$ 和 $\tan\delta$ 与频率有关系。

由复介电常数 $\varepsilon_{\mathrm{r}}''$与频率关系的德拜弛豫方程

$$\varepsilon_{\mathrm{r}}'' = \varepsilon_{\infty} + \frac{\varepsilon_{\mathrm{s}} - \varepsilon_{\infty}}{1 + \mathrm{i}\omega\tau} \tag{3.54}$$

其实部与虚部以及 $\tan\delta$ 分别为

$$\begin{aligned} \varepsilon_{\mathrm{r}}' &= \varepsilon_{\infty} + (\varepsilon_{\mathrm{s}} - \varepsilon_{\infty})\frac{1}{1 + \omega^2\tau^2} \\ \varepsilon_{\mathrm{r}}''(\omega) &= (\varepsilon_{\mathrm{s}} - \varepsilon_{\infty})\frac{\omega\tau}{1 + \omega\tau} \end{aligned} \tag{3.55}$$

$$\tan\delta(\omega)=\frac{\varepsilon_r''(\omega)}{\varepsilon_r'(\omega)}=\frac{(\varepsilon_s-\varepsilon_\infty)\omega\tau}{\varepsilon_s+\varepsilon_\infty\omega^2\tau^2}$$

可见,在一定温度下:当 $\omega=0$ 时,$\varepsilon_r'=\varepsilon_s$,$\varepsilon_r''=0$,即恒定电场下的情况;当 $\omega\to\infty$ 时,$\varepsilon_r'=\varepsilon_\infty$,$\varepsilon_r''=0$,即光频下的情况;当 ω 在 $0\sim\infty$ 之间,包括在电工和无线电频率范围内,介电常数 ε_r' 随频率 ω 增加而降低,从静态介电常数 ε_s 降至光频介电常数 ε_∞,如图3.12所示。损耗因子 ε_r'' 的频率关系则出现极大值,极值的条件是

$$\frac{\partial\varepsilon_r'}{\partial\omega}=0 \tag{3.56}$$

由此计算而得的极值频率 ω_m 为

$$\omega_m=\frac{1}{\tau} \tag{3.57}$$

当 $\omega=\omega_m=1/\tau$ 时,由式(3.52)可得

$$\varepsilon_r'=\frac{1}{2}(\varepsilon_s+\varepsilon_\infty)$$

$$\varepsilon_r''=\frac{1}{2}(\varepsilon_s-\varepsilon_\infty) \tag{3.58}$$

$$\tan\delta_{max}=\frac{\varepsilon_s-\varepsilon_\infty}{\varepsilon_s+\varepsilon_\infty}$$

由式(3.55)可见,当 $\omega\ll1/\tau$ 时,$\varepsilon_r'\to\varepsilon_s$,$\varepsilon_r''\approx(\varepsilon_s-\varepsilon_\infty)\omega\tau$,$\varepsilon_r''$ 大致正比于 ω,并有 $\varepsilon_r''\to0$;当 $\omega\gg1/\tau$ 时,$\varepsilon_r'\to\varepsilon_\infty$,$\varepsilon_r''\approx(\varepsilon_s-\varepsilon_\infty)/\omega\tau$,$\varepsilon_r''$ 大致反比于 ω,并有 $\varepsilon_r''\to0$;在 $\omega=l/\tau$ 附近的频率范围内,ε_r',ε_r'' 急剧变化,ε_r' 由 ε_s 过渡到 ε_∞,与此同时,ε_r'' 出现一极大值,如图3.12中 $\varepsilon_r''-\lg\omega$ 曲线所示。在这一频率区域,介电常数发生剧烈变化,同时出现极化的能量耗散,这种现象被称为弥散现象,这一频率区域被称为弥散区域。显然这是由极化的弛豫过程造成的。

有时为了比较不同试样在不同条件下的试验结果,常将式(3.55)稍加变换

$$\frac{\varepsilon_r'-\varepsilon_\infty}{\varepsilon_s-\varepsilon_\infty}=\frac{1}{1+\omega^2\tau^2}$$

$$\frac{\varepsilon_r''}{\varepsilon_s-\varepsilon_\infty}=\frac{\omega\tau}{1-\omega^2\tau^2} \tag{3.59}$$

如果作 $\varepsilon_r'-\varepsilon_\infty/\varepsilon_s-\varepsilon_\infty\sim\lg\omega\tau$ 和 $\varepsilon_r''/\varepsilon_s-\varepsilon_\infty\sim\lg\omega\tau$ 的关系曲线,则消除了不同试样在不同条件下,ε_s 和 ε_∞ 间的差异如图3.13所示。

$\tan\delta$ 与频率的关系类似于 ε_r'' 与频率的关系。在 $\tan\delta$ 与频率的关系中也出现极大值,但 $\tan\delta$ 的极值频率 $\omega_{m'}$ 与 ε_r' 的极值频率 ω_m 不同,按照 $\tan\delta$ 的极值条件

$$\frac{\partial(\tan\delta)}{\partial(\omega)}=0 \tag{3.60}$$

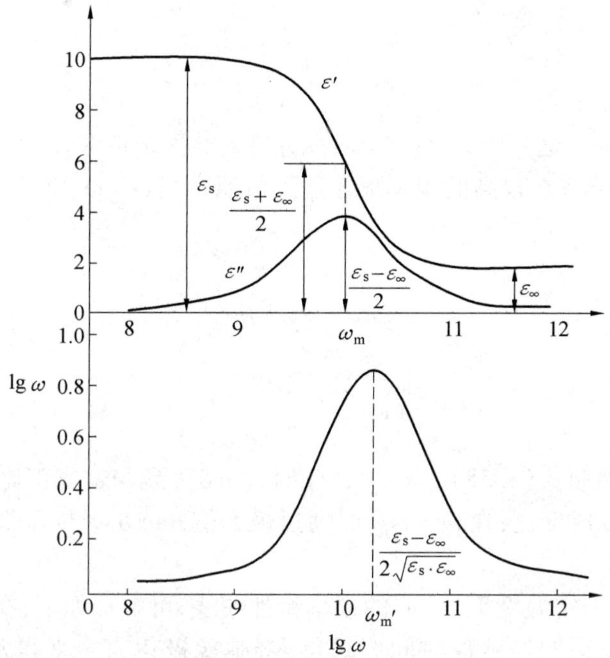

图 3.12　ε_r'、ε_r''、tan δ 的频率特性曲线

（图中 $\varepsilon_s = 10, \varepsilon_\infty = 2, \tau = 10^{-10}$ s）

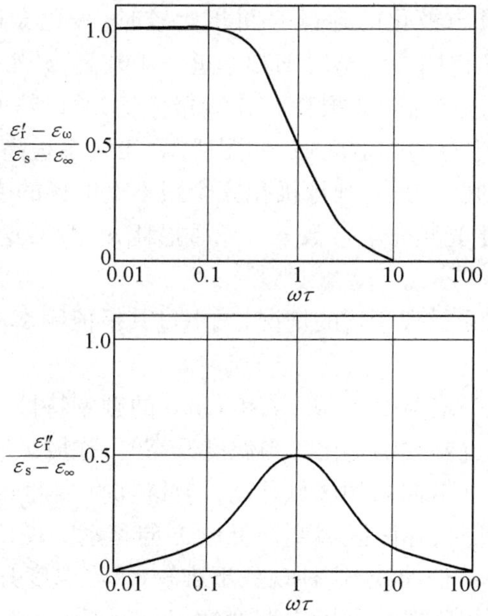

图 3.13　$\varepsilon_r' - \varepsilon_\infty / \varepsilon_s - \varepsilon_\infty$ 和 $\varepsilon_r'' / \varepsilon_s - \varepsilon_\infty$ 与 lg ωτ 间的关系

可得

$$\omega_{m'} = \frac{1}{\tau}\sqrt{\frac{\varepsilon_s}{\varepsilon_\infty}} \tag{3.61}$$

显然 $\omega_{m'} > \omega_m$，这是因为 $\tan\delta = \varepsilon_r''/\varepsilon_r'$，当 ε_r''达到极值时，ε_r'不再随频率的增加迅速减少，因而 $\tan\delta$ 在较高的频率下才达到极值。当 $\omega = \omega_{m'}$ 时，由式(3.55)可得

$$\varepsilon_r' = \frac{2\varepsilon_s\varepsilon_\infty}{\varepsilon_s + \varepsilon_\infty}$$

$$\varepsilon_r'' = \frac{\varepsilon_s - \varepsilon_\infty}{\varepsilon_s + \varepsilon_\infty}\sqrt{\varepsilon_s\varepsilon_\infty} \tag{3.62}$$

$$\tan\delta_{max} = \frac{\varepsilon_s - \varepsilon_\infty}{2\sqrt{\varepsilon_s\varepsilon_\infty}}$$

与 ε_r''情况类似，按照式(3.55)，当 $\omega \ll 1/\tau$ 时，$\tan\delta$ 大致与 ω 成正比；当 $\omega \gg 1/\tau$ 时，$\tan\delta$ 则大致与 ω 成反比；在 $\omega = \omega_{m'}$ 时通过极大值，$\tan\delta \sim \lg\omega$ 曲线如图3.12所示。

以上讨论在一定温度下，ε_r'，ε_r''的频率特性曲线，可解释如下：在低频时，电场变化很慢，它的变化周期经弛豫时间要长得多，弛豫极化完全来得及随电场发生变化，这时电介质的行为与静电场时的情况相接近，因此 ε_r'趋近于静态介电常数，相应的介质损耗也很小，如图3.13所示。当频率逐渐升高时，电场的变化周期逐渐变短；当周期缩短到可与极化的弛豫时间相比较时，极化会逐渐跟不上电场的变化，介质损耗也逐渐变得明显。这时随频率进一步升高，ε_r'几乎从静态介电常数 ε_s 降至光频介电常数 ε_∞，同时介质损耗 ε_r'出现极大值，并以热的形式发散出来，这就是极值频率 $\omega_m\tau = 1$ 附近的弥散区域，如图所示，当频率很高时，电场变化很快，它的变化周期比弛豫时间短得多，弛豫极化完全跟不上电场的变化，这时只有瞬时极化发生，因此 ε_r'接近于光频介电常数 ε_∞，介质损耗 ε_r'很小，这时瞬时极化不发生损耗。

$\tan\delta$ 与频率的关系类似于 ε_r''的情况，只不过其极值频率 $\omega_{m'}$ 大于 ε_r''的极值频率 ω_m。

以上讨论的是在一定温度下，ε_r'，ε_r''和 $\tan\delta$ 的频率特性。如果温度改变的话，介质弥散的频率区域也要发生变化。当温度升高时，弥散区域向高频方向移动，也即 ε_r'发生剧烈变化的区域向高频区域移动，与此同时 ε_r''和 $\tan\delta$ 的峰值也相应移向高频，反之当温度降低时，弥散区域则向低频方向移动。图3.14示出了不同温度下 ε_r'，ε_r''，$\tan\delta$ 的频率特性曲线，这种现象不难解释，当温度升高时，弛豫时间减少，因此可以和弛豫时间相比拟的电场周期变短，于是弥散频率区域包括损耗极值频率 ω_m 或 $\omega_{m'}$ 增加。反之则频率降低。

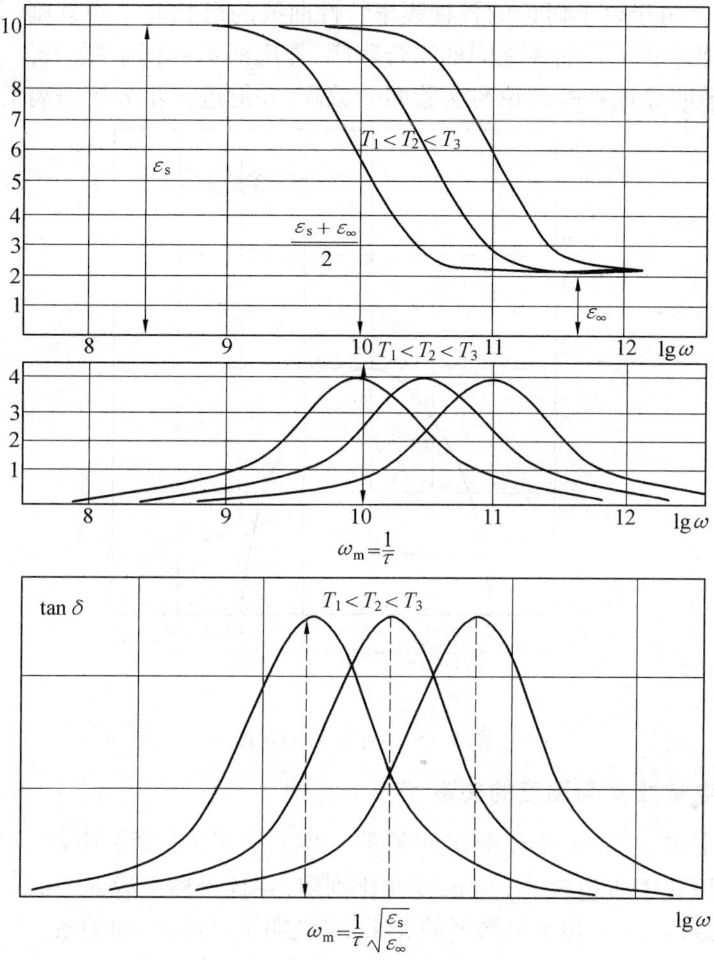

图 3.14　不同温度下的 ε_r'、ε_r''和 tan δ 频率特性曲线

(2) 柯尔 - 柯尔(Cole - Cole) 图。

由德拜方程可以看出,ε_r'和 ε_r''两者是相关的,不是独立的。K · S · 柯尔和 R · H · 柯尔利用这一相关性,从式(3.55) 中消去了参变量 $\omega\tau$,就得到 ε_r',ε_r''两者之间的关系为

$$\left(\varepsilon_r' - \frac{\varepsilon_s + \varepsilon_\infty}{2}\right)^2 + \varepsilon_r^2 = \left(\frac{\varepsilon_s - \varepsilon_\infty}{2}\right)^2 \tag{3.63}$$

这是一个半圆的方程。圆心为$((\varepsilon_1 + \varepsilon_\infty)/2,0)$,半径为$(\varepsilon_1 + \varepsilon_\infty)/2$,若以 ε_r''为纵坐标,以 ε_r'为横坐标,就得到如图 3.15 所示的一个半圆,这种不同的频率或不同温度下的 ε_r''与 ε_r'间的关系图就称为柯尔 - 柯尔图。为了区别起见,有时把根据德拜方程所得的 $\varepsilon_r'' - \varepsilon_r'$半圆图称为柯尔一柯尔图,而把一般的 $\varepsilon_r'' - \varepsilon_r'$图称为阿冈

(Argand) 图。由于以上讨论的各种频率特性曲线的形状并不很规则，为了比较各种电介质的理论和实验曲线之间的吻合程序，常用柯尔－柯尔图。$\varepsilon_r''-\varepsilon_r'$曲线是否为半圆可以最明显地判断理论与实验间的偏离，并能进一步分析偏离情况。

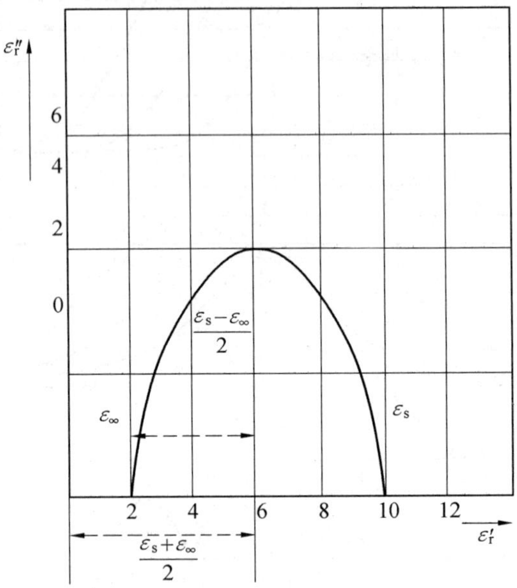

图 3.15　柯尔－柯尔图

2. 复介电常数 ε_r''与温度的关系

复介电常数 ε_r''与温度有密切的关系。但是在式(3.55) 中没有直接显示出来。实际上该式中所包含的 τ 随温度变化剧烈，并且严格来说 ε_∞ 和 ε_s 也与温度有关，这里将通过 ε_∞，ε_s 和 τ 与温度的关系，来说明 ε_r 与温度的关系。

光频介电常数 ε_∞ 是电子位移极化和离子位移极化贡献的介电常数。ε_∞ 可表示为

$$\varepsilon_\infty = 1 + \frac{P_\infty}{\varepsilon_0 E} \tag{3.64}$$

式中，瞬时极化强度 $P_\infty = n_0(\alpha_r + \alpha_i)E_r$，其中 α_r 和 α_i 分别为电子和离子位移极化率。如设 $E_e \approx E$，则式(3.64) 近似等于

$$\varepsilon_\infty \approx 1 + \frac{n_0}{\varepsilon_0}(\alpha_r + \alpha_i) \tag{3.65}$$

前面已经指出α_r 和α_i 与温度无关，因此，ε_∞ 随温度的变化，主要是由单位体积中的极化粒子数 n_0 随温度的变化引起的，也即由电介质的密度发生变化而引起的。由于材料的密度在一定温度范围内与温度呈线性关系，并且随温度的变化不大，因此光频介电常数 ε_∞ 与温度也有类似的关系，ε_∞ 随温度的变化呈线性下降。

静态介电常数 ε_s 可表示为

$$\varepsilon_s = \varepsilon_\infty + \frac{P_r}{\varepsilon_0 E} \tag{3.66}$$

式中，弛豫极化强度 $P_r = n_0\alpha_d E_e$，其中 α_d 为偶极子取向极化等弛豫极化率。由前面讨论可知，α_d 与温度成反比，可表示为

$$\alpha_d = \frac{a'}{T} \tag{3.67}$$

式中，a' 为常数，例如自由偶极子转向极化 $a' = \mu_0^2/2k$。如设 $E_e \approx E$，则有

$$\varepsilon_s \approx \varepsilon_\infty + \frac{a}{T} \tag{3.68}$$

其中，$a \equiv a'/\varepsilon_0$。

由于弛豫时间 τ 与温度呈指数关系，可简化表示为

$$\tau \approx A\mathrm{e}^{B/T} \tag{3.69}$$

其中，A 和 B 近似为常数。

按照以上讨论，现在来看式(3.55)中在一定频率下，介电常数 ε_r 与温度的关系。由式可见，当温度很低时，弛豫时间 τ 很大，这时 $\omega\tau \gg 1$，因此式中$(\varepsilon_s - \varepsilon_\infty)/(1+\omega^2\tau^2)$项可以略去不计。于是$\varepsilon_r' \to \varepsilon_\infty$，也即$\varepsilon_r'$趋近于光频介电常数$\varepsilon_\infty$。这时 ε_r'随温度升高略有降低，这是由电介质密度变化而引起的。温度很高时，弛豫时间 τ 很小，$\omega\tau \ll 1$，式中$(\varepsilon_s - \varepsilon_\infty)/(1+\omega^2\tau^2)$项趋于 $\varepsilon_s - \varepsilon_\infty$，这时 ε_r'趋近于静态介电常数 ε_s。从式(3.67)可以看出，ε_s 随温度升高成反比降低。由以上讨论可见，从低温到高温，ε_r'从 ε_∞ 上长到 ε_s，因此在 ε_r'温度特性中也出现一极大值，只是由于 ε_s 随温度的变化相对来说不太大，致使极大值不太尖锐罢了，以上关系如图 3.16 所示。

在一定频率下，损耗因子与温度的关系可讨论如下：当温度很低时，τ 很大，$\omega\tau \gg 1$，式(3.55)中 $\omega\tau/(1+\omega^2\tau^2)$ 趋近于 $1/(\omega\tau)$，即 ε' 与 τ 成反比。这表明，ε_r^* 随温度增加而增加，反之，在高温区，$\omega\tau \ll 1$，式中 $\omega\tau/(1+\omega^2\tau^2)$ 趋近于 $\omega\tau$，即 ε_r''正比于 τ。这表明 ε_r''随温度增加而减少；当 $\omega\tau = 1$ 时，则出现极大值。在一定频率下，ε_r''与 τ 的关系中有极大值，其极值温度用 T_m 表示。T_m 可通过极值时相应的弛豫时间 τ_m 按式(3.69)求得，即

$$\tau_m = \frac{1}{\omega_m} \tag{3.70}$$

ε' 温度特性曲线如图 3.16 所示。

tan δ 的温度特性类似于损耗因子 ε_r''的情况，但 tan δ 的极值温度 T_m 比 ε_r''的极

值温度 T_m 来得低，这一点，由式(3.55)中 $\tan\delta$ 与 $\omega\tau$ 的关系可以得到，如对 $\tan\delta$ 求导，当

$$(\omega\tau)'_m = \sqrt{\frac{\varepsilon_s}{\varepsilon_\infty}} \tag{3.71}$$

时，$\tan\delta$ 达极大值，因此有

$$\tau'_m = \frac{1}{\omega}\sqrt{\frac{\varepsilon_s}{\varepsilon_\infty}} \tag{3.72}$$

由式可见，τ'_m 比 τ_m 要大，因此相应的 $\tan\delta$ 的极值温度 T'_m 就比 ε'_r 的极值温度 T_m 要低。

以上 ε'_r，ε''_r 的温度特性曲线可解释如下：在一定频率下，当温度很低时，极化粒子热运动能量很小，几乎处于"冻结"状态，因此取向极其缓慢，弛豫时间很长，来不及随外加电场发生变化，弛豫极化难以建立，这时只有瞬时极化，所以介电常数 ε'_r 趋于光频介电常数 ε_∞，介质损耗 ε''_r，$\tan\delta$ 很小；当温度升高时，极化粒子的热运动能量增大，弛豫时间减少，可以与外加电场变化周期相比拟，弛豫极化逐渐得以建立，ε'_r 相应增加，随着温度继续升高，弛豫时间很快降低，弛豫极化进一步建立，ε'_r 急剧增加，几乎趋近于静态介电常数 ε_s，在 ε'_r 剧烈变化的同时，伴随着能量损耗，并出现损耗极值；若温度再继续升高，则弛豫时间再继续减少，弛豫极化完全来得及建立，趋近于静电场的情况，这时 ε'_r 趋近于 ε_s，介质损耗 ε''_r，$\tan\delta$ 又恢复很小。

同样需要指出，如果频率改变的话，在 ε''_r，$\tan\delta$ 的温度关系中，ε''_r，$\tan\delta$ 的极值温度要随频率增加向高温方向移动；反之则移向低温(图3.16)。这可解释如下：当频率发生改变时，如频率增高，则电场变化周期缩短，与其相比拟的弛豫时间 τ 也应相应减小，因此出现弛豫极化的温区，即 ε'_r 由 ε_∞ 增加至 ε_s 的温区也随之向高温方向移动，出现 ε''_r，$\tan\delta$ 峰值的温度也相应升高。

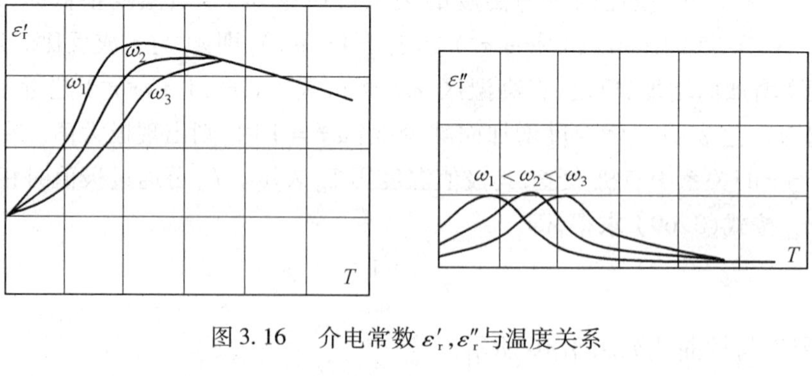

图3.16 介电常数 ε'_r，ε''_r 与温度关系

3.4　电介质极化在工程实践中的意义

1. 增大电容器的电容量

当电极间为真空时，在电场作用下，极板上的电荷量为 Q_0，如图 3.17(a) 所示。极板间的电容可表示为

$$C_0 = \frac{Q_0}{U} = \frac{S\varepsilon_0}{d} \tag{3.73}$$

式中，C_0 为真空中的电容；Q_0 为真空中极板上的电荷量；ε_0 为真空中介电常数，其数值为 8.86×10^{-14} F/cm；S 为极板面积，cm^2；d 为极板距离，cm。

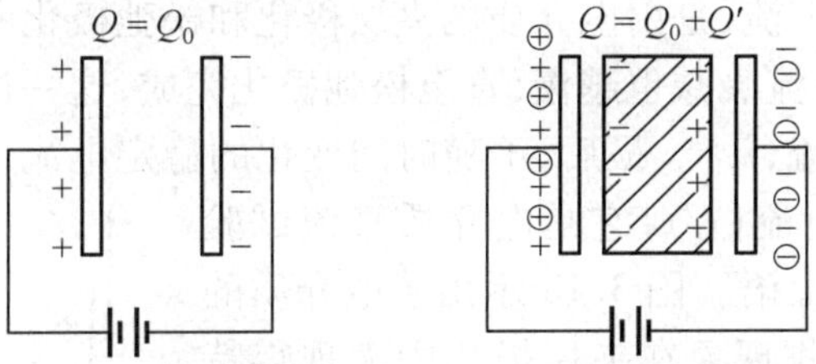

(a) 极板间为真空时　　(b) 极板间加上介质时

图 3.17　介质在电场中的电荷分布

当电极间放入电介质后，在靠近电极的电介质表面形成束缚电荷 Q'，它将从电源吸引一部分额外电荷来“中和”，使极板上储存的电荷增加，因此极板间的电容为

$$C = \frac{Q_0 + Q'}{U} = \frac{S\varepsilon_0}{d} \tag{3.74}$$

用式(3.74) 除以式(3.73)，有 $\frac{C}{C_0} = \frac{\varepsilon}{\varepsilon_0} = \varepsilon_r$，$\varepsilon_r$ 称为介质相对介电常数，通常用来表征介质的介电特性。ε_0 和 ε_r 是描述电介质极化性能的基本宏观参数，它们是电介质中从微观上来看足够大的区域内极化性能的平均值。例如，我们说在各向同性的线性电介质中的电场强度是真空中的 $1/\varepsilon_r$。也就是说电介质中在微观上足够大区域的电场强度的平均值是真空中的 $1/\varepsilon_r$，而并不是说作用在电介质中极化粒子、分子和离子等上的电场强度为真空的 $1/\varepsilon_r$。所以介电常数是宏观参数。对于均匀电介质来说，ε_0 和 ε_r 为常数。电介质的介电常数 ε 恒大于真空的介电常数 ε_0，因此电介质的相对介电常数 ε_r 恒大于1(真空的相对介电常数等于1)。

因此，在保持电极间电压不变时，相对介电常数还代表将介质引入极板间后使电极上储存的电荷量增加的倍数，也即代表极板间电容量比真空时增加的倍数。

如果把电介质与真空中静电场的有关方程相比较的话，就可以看出电介质与真空的第一区别就在于电介质的介电常数是 ε，比真空大，且是真空的 ε_r 倍。因此

从宏观上来看,可以把电介质看作介电常数为 ε 的连续媒介。

所以,在一定的几何尺寸下,为了获得更大的电容量,就要选用相对介电常数 ε_r 大的电介质,例如,在电力电容器的制造中,以合成液体(相对介电常数 ε_r 约为 3 ~ 5)代替由石油制成的电容器油(ε_r 约为2),这样就可以大大增加电容量或者减小电容器的体积和质量。

2. 绝缘的吸收现象

当在电介质上加上直流电压时,初始瞬间电流很大,以后在一定时间内逐渐衰减,最后稳定下来。电流变化的这三个阶段表现了不同的物理现象。初始瞬间电流是由电介质的弹性极化所决定的,弹性极化建立的时间很快,电荷移动迅速,所呈现的电流就很大,持续的时间也很短,这一电流称为电容电流(i_c)。接着,随时间延长缓慢衰减的电流,是由电介质的夹层极化和松弛极化所引起的,它们建立的时间越长,则这一电流衰减也越慢,直至松弛极化完成,这一过程称为吸收现象,这个电流称为吸收电流(i_a)。最后,不随时间变化的稳定电流,是由电介质的电导所决定的,称为电导电流(I_g),它是电介质直流试验时的泄漏电流的同义语。图3.18示出了电介质的吸收电流曲线。吸收现象在夹层极化中表现得特别明显。如发电机和油纸电缆都是多层绝缘,属于夹层极化;吸收电流衰减的时间均很长。中小型变压器的吸收现象要弱些。绝缘子是单一的绝缘结构,松弛极化很弱,所以基本上不呈现吸收现象。由于夹层绝缘的吸收电流随时间变化非常明显,所以在实际测试工作中利用这一特性来判断绝缘的状态,吸收电流 i_a 随时间变化的规律一般表示为

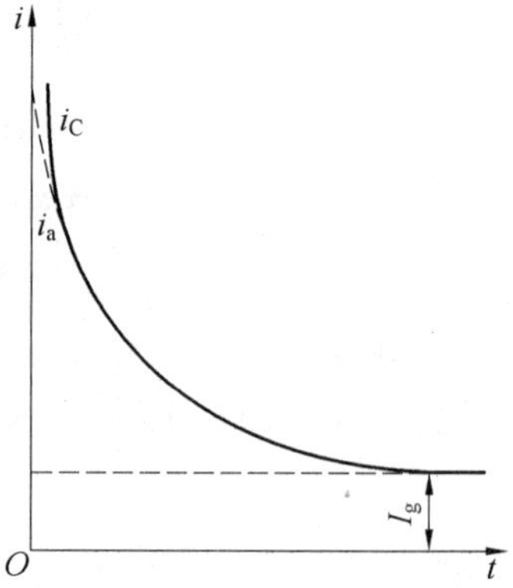

图3.18 电介质吸收电流曲线

$$i_a = UC_xDt^{-nt} \tag{3.75}$$

式中,U 为施加电压;C_x 为被测试样品的电容;t 为时间;D,n 均为常数。

式(3.75)在 $t = 0$ 以及 $t \to 0$ 时都不适用,但是在工程上应用是可行的,式(3.75)表明,吸收电流 i_a 是随时间按幂函数衰减的,如果将式(3.75)两端取对数,可以发现

$$\lg i_a = \lg UC_xD - n\lg t \tag{3.76}$$

则吸收电流的对数与时间的对数呈一下降直线关系,n 为该直线的斜率,如图3.19所示。

由于吸收电流随时间变化,所以在测试绝缘电阻和泄漏电流时都要规定时间,例如,在现行电气设备交接和预防性试验的有关标准中,利用60 s和15 s时的绝缘电阻比值、1 min或10 min的泄漏电流等,作为判断绝缘受潮程度或脏污状况的一

个指标。绝缘受潮或脏污后，泄漏电流增加，吸收现象就不明显了。

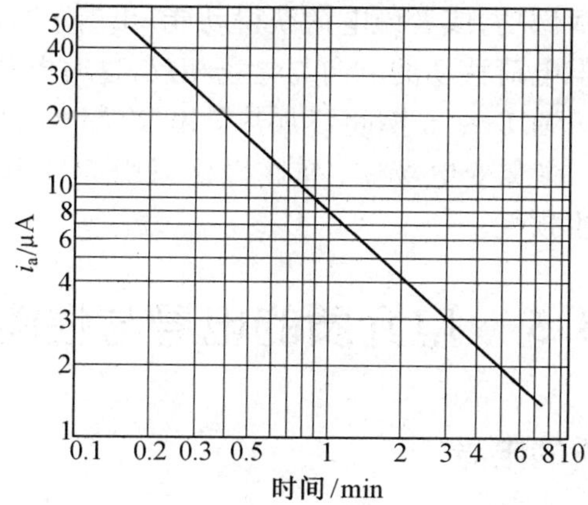

图 3.19　吸收电流 i_a 与时间的关系曲线

3. 电介质的电容电流和介质损耗

前面所述的是电介质在直流电场中的情况，如果把电介质放在交变电场中，电介质也要极化，而且随着电场方向的改变，极化也随之不断改变它的方向。

对于 50 Hz 的工频交变电场来说，弹性极化完全能够跟上交变电场的变化，如图 3.20 所示。当电场从零按正弦规律变到最大值时（图中曲线 u），极化（即电矩 F）也从零按正弦规律变到最大，经过半周期后又同样沿负的方向变化。图 3.20(b) 为极化形成的偶极子随电场变化的示意图。既然电矩是按照正弦规律变化的，则电流 i_c（因 $i_c = \mathrm{d}I/\mathrm{d}t$）一定会按余弦规律变化，如图 3.20(a) 中的 $\mathrm{d}I/\mathrm{d}t$ 曲线。由图可见，在 0 ~ $\pi/2$ 期间，电矩 I 是增加的，$\mathrm{d}I/\mathrm{d}t$ 为正，则电流 i_c 为正；在 $\pi/2$ 时 i_c 为零；在 $\pi/2$ ~ π 期间，i_c 为负。因此，电流 i_c 超前外加电压 u 为 90°，这就是电介质中的电容电流。

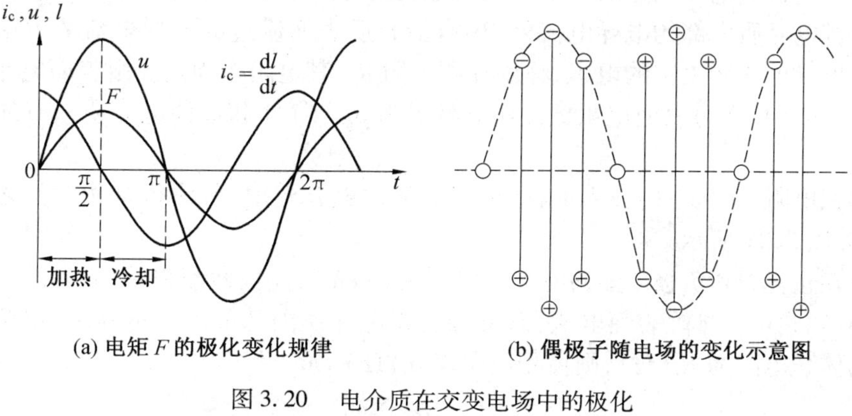

(a) 电矩 F 的极化变化规律　　(b) 偶极子随电场的变化示意图

图 3.20　电介质在交变电场中的极化

由图3.20中还可以看出，在0 ~ π/2期间，电荷移动的方向与电场方向相同，即电场对移动中的电荷做功，或者说电荷获得动能，相当于"加热"。当π/2 ~ π期间，电场的方向未变，但电荷移动的方向与电场相反，这时电荷反抗电场做功，丧失自己的动能而"冷却"。在0 ~ π期间，"加热"和"冷却"正好相等，因此电介质中没有损耗。这就是说，在交变电场中，弹性极化只引起纯电容电流，而不产生损耗。弛豫极化则要产生损耗。

3.5 电介质的电导与性能

3.5.1 电介质的电导

从电导机理来看，电介质的电导可分为离子电导和电子电导。离子电导是以离子为载流子，而电子电导是以自由电子为载流子。理想的电介质是不含带电质点的，更没有自由电子。但在实际工程中所用的电介质或多或少都会含有一些带电质点(主要是杂质离子)，这些离子与电介质的分子联系非常弱，甚至呈自由状态，有些电介质在电场或外界因素(如紫外线辐射)影响下，本身就会离解成正负离子。它们在电场作用下，沿电场方向移动，形成了电导电流，这就是离子电导。电介质中的自由电子，则主要是在高电场作用下，离子和电介质分子碰撞、游离激发出来的，这些电子在电场作用下移动，形成电子电导电流。当电介质中出现电子电导电流时，就说明电介质已经被击穿，因而不能再做绝缘体使用，因此，一般说电介质的电导都是离子型电导。

3.5.2 电介质的电导率和电阻率

描述电介质电导性能的主要性能指标是电导率γ和电阻率ρ。固体电介质中除了通过电介质内部的电导电流外，还有沿介质表面流过的电导电流I_g。由电介质内部电导电流所决定的电阻，称为体积电阻R_v，其电阻率为ρ_v。由表面电导电流I_g决定的电阻，称为表面电阻R_g，其电阻率为ρ_g。气体和液体电介质只有体积电阻。

体积电阻，就是在边长为1 cm的正方体的电介质中，所测得其相对面之间的电阻，如图3.21所示。

设在正极1和负极2间的电介质厚度为d(cm)，电极截面为S(cm^2)，3为屏蔽电极，利用它可以排除表面电流，以准确测得电介质内部的电导电流I_v，如测得电介质的体积电阻为R_v(Ω)，则体积电阻率ρ_v(Ω·cm)为

$$\rho_v = R_v \frac{S}{d} \tag{3.77}$$

体积电导率就是体积电阻率的倒数，为

$$\gamma_v = \frac{1}{\rho_v} = \frac{1}{R_v}\frac{d}{S} = G_v\frac{d}{S} \quad (3.78)$$

式中，G_v 为体积电导。

表面电阻率就是在每边长为 l 的正方形表面积上，其相对边之间量的电阻。如图3.22所示，设电介质表面两电极间距离为 d(cm)，电极长度为 l(cm)，测得的表面电阻为 R_s(Ω)，则表面电阻率 ρ_s(Ω) 为

$$\rho_s = R_s\frac{1}{d} \quad (3.79)$$

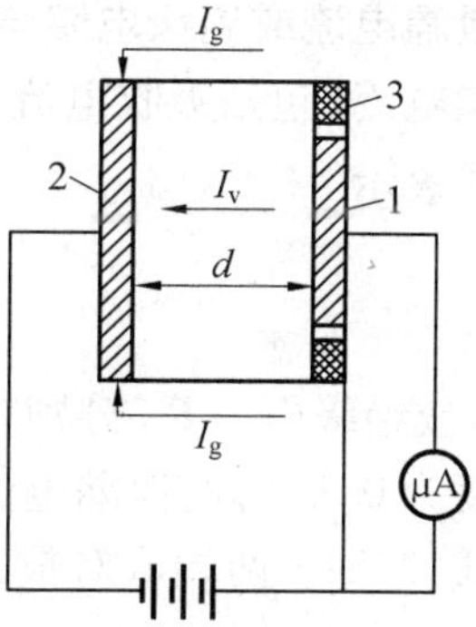

图3.21 体积电阻的测定装置
1— 正极；2— 负极；3— 屏蔽电极

表面电导率 γ_s(s) 为表面电阻率的倒数，即

$$\gamma_s = \frac{1}{\rho_s} = \frac{1}{R_s}\frac{d}{l} = G_s\frac{d}{l} \quad (3.80)$$

式中，G_s 为表面电导。

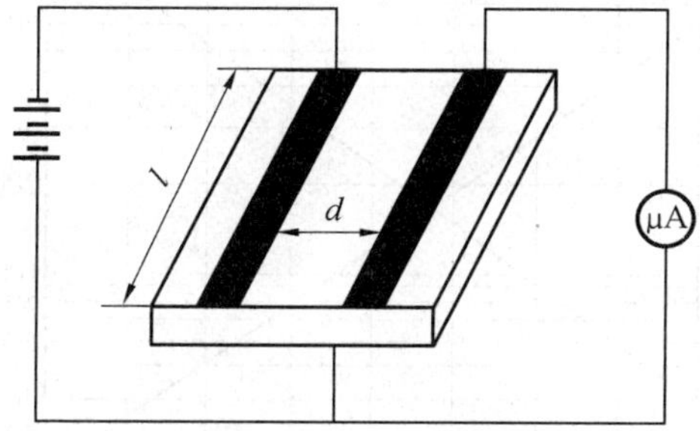

图3.22 表面电阻的测量图

电介质的电导与温度有关，它和松弛极化中的热离子极化类似，都是由附着在电介质分子上的带电质点在电场作用下沿电场方向位移形成的，不同的是热离子极化中带电质点与电介质分子联系较紧，当受电场作用时，它们只在有限范围内有规律地移动一点，仍然是束缚电荷的性质。而离子电导中的带电质点与电介质分子联系较弱，在电场作用下，则顺电场方向移动成为电流，上述两种情况，在没有外加电场时，带电质点热运动的动能越大，就更易跳越原来的平衡位置，在电场作用下就更易顺电场方向移动。因此，温度越高，无论是热离子极化随时间衰减的吸收电流，还是离子电导的恒定电导电流，都要相应地增加，或电介质的绝缘电阻相应地减小。

1. 泄漏电流或绝缘电阻与温度的关系式

泄漏电流(包括吸收电流和电导电流)$i_{\sigma T}$ 或绝缘电阻 R_{iT} 与温度 T 的关系,可以用下式表示

$$i_{\sigma T} = i_0 10^{MT} \tag{3.81}$$

$$R_{iT} = R_0 10^{-MT} \tag{3.82}$$

式中,$i_{\sigma T}$ 或绝缘电阻 R_{iT} 分别表示温度为 T ℃ 时的泄漏电流和绝缘电阻;i_0 和 R_0 分别是温度为 0 ℃ 时的泄漏电流和绝缘电阻;M 代表系数。

将式(3.81) 两端取对数,可以得到

$$\lg i_{\sigma T} = \lg i_0 + MT = A + MT \tag{3.83}$$

式中,A 为常数。从式(3.83) 中可以看到,$\lg i_{\sigma T}$ 与温度 T 呈直线关系,M 为直线的斜率。如图 3.23 所示为一台油浸变压器的泄漏电流和绝缘电阻与温度的关系曲线,因取直流泄漏电流或绝缘电阻为对数,取温度为等分刻度,在这样的半对数坐标中,泄漏电流为上升直线 1,绝缘电阻为下降曲线 2。

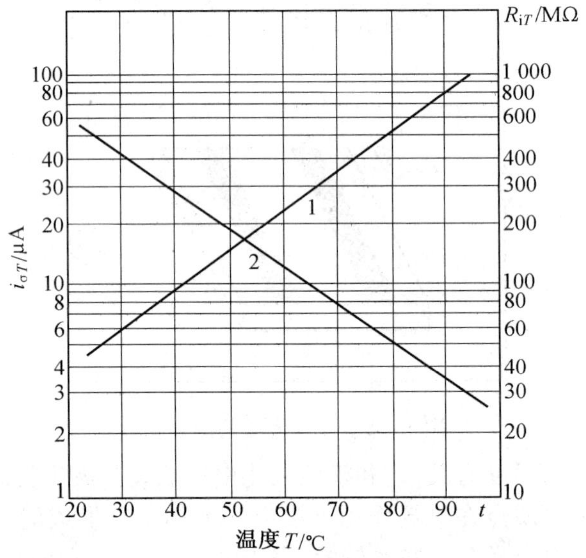

图 3.23 泄漏电流和绝缘电阻与温度的关系曲线

2. 温度差的换算系数

由于泄漏电流和绝缘电阻与温度有关,因此在不同温度下测得的泄漏电流或绝缘电阻,必须换算到同一温度下进行比较,这是试验中经常碰到的,按电气设备交接和预防性试验有关标准的规定,油浸变压器绝缘电阻的温度换算系数见表 3.2。例如,将温度为70 ℃ 测得的绝缘电阻80 MΩ,换算到较低温度30 ℃ 时,可由表3.2 查得与其温度差值(70 ℃ - 30 ℃ = 40 ℃) 对应的系数为5.1,则30 ℃ 的绝

缘电阻值为 80 MΩ × 5.1 = 408 MΩ。

表 3.2 温度差与温度系数换算表

温度差/℃	5	15	20	25	30	35	40	45	50
换算吸收	1.2	1.5	1.8	2.3	3.4	4.1	5.1	6.2	7.5

温度的换算也表示为

$$R_2 = R_1 \times 1.5^{(T_1 - T_2)/10} \tag{3.84}$$

式中，R_1，R_2 分别为 T_1，T_2 温度时的绝缘电阻值。

3.5.3 气体电介质中的电导

正常情况下，气体为极好的电介质，电导非常小，如果给气体加以不同的电压，则其电流密度与外加电场强度的关系如图 3.24 所示，即在外加场强低于 E_2 时，气体电介质中的电流仍极小。在极小场强时（阶段 Ⅰ），气体中的电流密度 j 大致与外加场强成正比，基本上符合欧姆定律，即

$$j = \gamma E \tag{3.85}$$

式中，γ 为电导率；E 为电场强度。

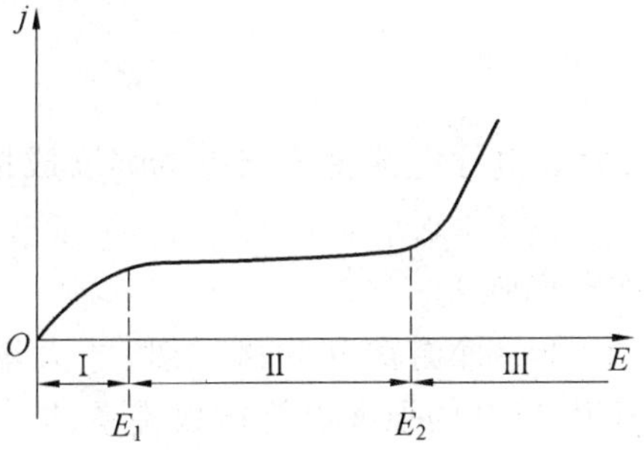

图 3.24 其他电介质的电流密度与电场强度的关系曲线

当场强稍增大（阶段 Ⅱ）时，电流达到饱和状态，不再随外加场强而上升，这是因为在此阶段电流全部取决于外界游离因子（如辐射等）引起的气体电介质电离而出现的带电粒子。只有当外加场强显著提高，电介质进入电子碰撞游离阶段，如大于 E_2 时，由于碰撞电离，才使带电粒子急剧增多，这就是阶段 Ⅲ，即气体电介质已接近击穿了。

由图 3.24 可见，$E_1 \sim E_2$ 的饱和段比较宽，气体电介质在工程应用上总是处于饱和条件下，因此，对气体电介质，不能以电导率作为电气绝缘特性。因为在饱和电流条件下，电流密度不随电场强度变化，电导率就没有意义。又由于气体的电导很小，故只要气体的工作场强低于游离场强，就不必考虑气体的电导。

3.5.4 液体电介质中的电导

液体介质中形成电导电流的带电质点主要有两种:一种是电介质分子或杂质分子离解而成的离子;另一种是较大的胶体(如绝缘油中的悬浮物)带电质点。前者称为离子电导,后者称为电泳电导。二者只是带电质点大小上的差别,其导电性质是一样的。中性和弱极性的液体电介质,其分子的离解度小,相应电导率就小。介电常数大的极性和强极性(如水、醇类等)液体,在一般情况下,不能用作绝缘材料。工程上常用的液体电介质,如变压器油、漆和树脂以及它们的溶剂(如四氯化碳、苯)等,都属于中性和弱极性。这些电介质在很纯净的情况下,其电导率是很小的。但工程上常用的液体电介质难免含有杂质,这样就会增大其电导率。

3.5.5 固体电介质中的电导

固体电介质中的电导分为离子电导和电子电导两部分。离子电导在很大程度上决定电介质中所含的杂质离子,特别对于中性及弱极性电介质,杂质离子起主要作用。离子电导的电流密度为 j_{io},在电场强度较低时,它与电场强度成正比,符合欧姆定律,即

$$j_0 = \gamma_{io} E \tag{3.86}$$

式中,γ_{io} 代表了离子电导率。

当电场强度较高时,离子电导电流密度与电场强度成指数关系,即

$$j_{io} = \gamma_{io} e^{CE} \tag{3.87}$$

式中,C 为常数;E 为外加电场强度。

只有当电场更高时,由于碰撞游离和阴极发射,才大量产生自由电子,电子电导激增。电子电导电流密度与电场强度也是指数关系,即

$$j_e = \gamma_e e^{AE} \tag{3.88}$$

式中,γ_e 代表电子电导率;A 为常数。

由于电子电导电流激增,电介质总的电导电流的增长比指数曲线更陡。图 3.25 为固体电介质电导电流密度与电场强度的关系曲线。曲线分三部分,Ⅰ 部分为欧姆定律阶段;Ⅱ 部分为电场强度高时,电子电流密度呈指数曲线上升;Ⅲ 部分为电子电流激增阶段,曲线更陡,开始出现电子电导电流激增的电压,约在固体电介质击穿电压的 80% 左右,这就预示绝缘接近击穿的程度,因而固体绝缘电气设备在运行情况下,固体电介质的电导以离子电导为主。

固体电介质的表面电导,主要决定于它表面吸附导电杂质(如水分和污染物)的能力及其分布状态。只要电介质表面出现很薄的吸附杂质膜,表面电导就比体积电导大得多。极性电介质的表面与水分子之间的附着力远大于水分子的内聚力

(因为水也是极性的),就很容易吸附水分,而且吸附的水分润湿整个表面,形成连续水膜,称为亲水性的电介质。这种电介质表面电导就大,如云母、玻璃、纤维材料等。不含极性分子的电介质表面与水分子之间的附着力小于水分子的内聚力,不容易吸附水分,只在表面形成分散孤立的水珠,不构成连续的水膜,称为憎水性电介质,其表面电导也很大。表面粗糙或多孔的电介质也更容易吸附水分和污染物。在实际测试工作中,有时表面电导远大于体积电导,所以在测量绝缘泄漏电流或绝缘电阻时,要注意屏蔽和具体分析测试结果。

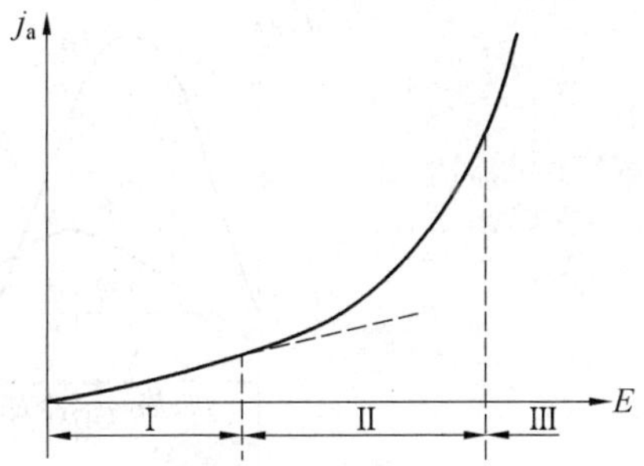

图 3.25 固体电介质电导电流密度与电场强度的关系曲线

3.6 电介质的损耗及等值电路

在交流或直流电场中,电介质都要消耗电能,统称电介质的损耗。现将电介质损耗的原因及其等值电流分析如下。

1. 电介质的损耗

(1) 电导损耗。

电介质在电场作用下有电导电流流过,这个电流使电介质发热产生损耗,一般情况下,电介质的电导损耗很小。

(2) 游离损耗。

电介质中局部电场集中处(如固体电介质中的气泡、油隙以及气体电介质中电极的尖端等),当电场强度高于某一值时,就产生游离放电,又称局部放电。局部放电伴随着很大的能量损耗,这些损耗是因游离和电子轰击而产生的。游离损耗只在外加电压超过一定值时才会出现,且随电压升高而急剧增加,这在交流和直流电场中都存在,但严重程度不同。

2. 极化损耗

如上所述,松弛极化要产生损耗,其松弛极化损耗示意图如图 3.26 所示。由于松弛极化建立得比较缓慢,跟不上 50 Hz 交变电场的变化,当电压从零按正弦规律变到最大值时(图 3.26 中的 u 曲线),极化还来不及完全发展到最大,在电压经过最大值后,极化还在继续增长,并在电压已经越过最大值下降的时候达到最大值,以后极化又开始减小,比电压滞后一段时间极化减小到零,并再向负值方向发展,如图 3.26 中的电矩 F 曲线。

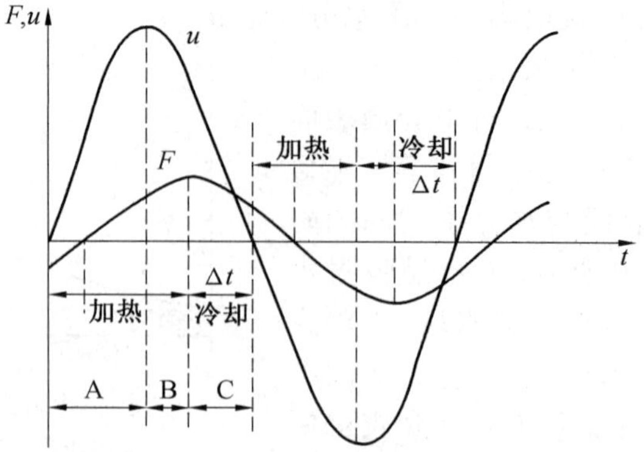

图 3.26 电介质松弛极化损耗的示意图

这样,极化的发展总要滞后电压一个时间,从图 3.26 看,在电压的第一个 1/4 周期(图中 A 段),极化中电荷移动的方向与电场的方向相同,即电场对移动中的电荷做功,相当于"加热"。从电压的最大值到极化的最大值这一段时间内(图中 B 段),情况和前面的一样,仍相当于"加热"。从极化的最大值到电压为零这一阶段(图中 C 段),电场的方向未变,而电荷移动的方向却变成与电场方向相反,这时电荷反抗电场做功,丧失自己的动能而"冷却"。在一个周期内,冷却只发生在较短的时间 Δt 内,在其余较长时间内都是"加热"。显然,加热大于"冷却",一部分电场能不可逆地转变成热能,产生了电介质的损耗,这就是因松弛极化产生的极化损耗,这种损耗只有在交变电场下才会出现。对于偶极子的电介质,在交变电场中,偶极子要随电场的变化来回扭动,在电介质内部产生摩擦损耗,这也是极化损耗的一种形式。

一般所谓的介质损耗,是指在一定电压作用下所产生的各种形式的损耗。至于哪种由电导引起,哪种由极化引起,在工程实际测试中,目前不能明确区分。为表征某种绝缘材料或结构的介质损耗,一般不用 W 或 J 等单位来表示,而是用电介质中流过的电流的有功分量和无功分量的比值来表示,即 $\tan\delta$。这是一个无因次的量,其好处是只与绝缘材料的性质有关,而与它的结构、形状、几何尺寸等无关,这样更便于比较判断。

3. 电介质损耗的等值电路

如果电介质中没有损耗(即没有电导、没有游离,也没有松弛极化),则在交变电场作用下,完全是由弹性极化所引起的纯电容电流 i_c,且 i_c 超前电压 90°。在有损耗的电介质中流过的电流,由于含有有功损耗分量,所以它超前电压一个角度 φ,φ 小于 90°,电介质损耗的并联等值电路如图 3.27 所示。

图中 δ 是 φ 的余角,称为介质损耗角。δ 的大小决定于电介质中有功电流与无功电流之比,如将电介质看成由一个电阻 R 与一个理想的无损耗电容 C 并联而成

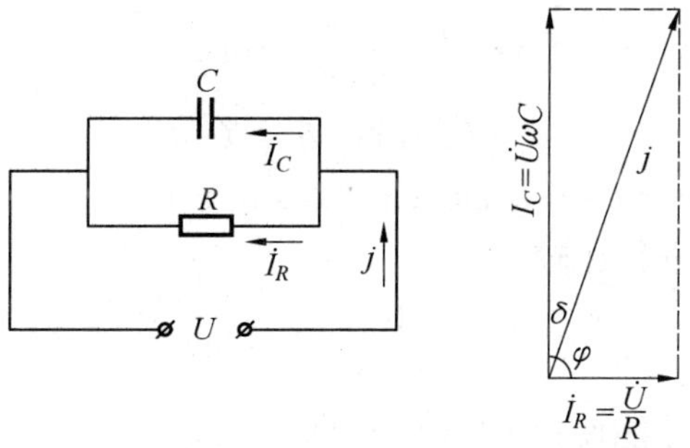

(a) 等值电路　　(b) 相量图

图 3.27　电介质损耗的并联等值电路

的等值电路，则由图 3.27(b) 可得

$$\tan\delta=\frac{I_R}{I_C}=\frac{U/R}{U\omega C}=\frac{1}{\omega CR}=\frac{1}{2\pi f\left(\varepsilon\dfrac{S}{d}\right)\left(\rho\dfrac{d}{S}\right)}=\frac{1}{2\pi f\varepsilon\rho}\tag{3.89}$$

$$P=U\frac{U}{R}=U^2\omega C\tan\delta\tag{3.90}$$

$$I=U\omega C\frac{1}{\cos\delta}\approx U\omega C\tag{3.91}$$

式(3.89) ~ 式(3.91) 中，S 为极板面积；d 为极板间距离；P 为介质损耗的功率；I 为介质中的总电流；ω 为角频率；ρ 为绝缘介质的电阻率。

由式(3.89) 可知，电介质的介质损耗除与施加电源的频率有关外，还与介质的介电常数及电阻率有关，而与电极的尺寸(S,d) 无关。因此，测量介质损耗正切值 $\tan\delta$ 是一种衡量绝缘介质优劣的好方法。

此外，也可用电阻 r 与一个理想的无损耗的电容 C' 串联而成的等值电路来分析，如图 3.28 所示。

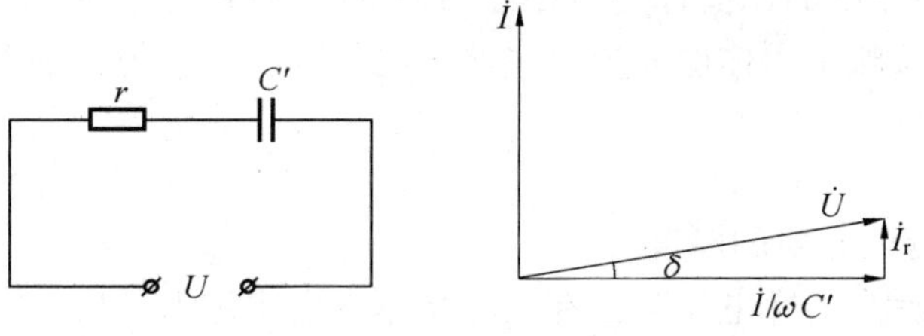

(a) 等值电路　　(b) 相量图

图 3.28　电介质损耗的串联等值电路

由图可得

$$\tan\delta = \frac{Ir}{I/\omega C'} = \omega C' r \tag{3.92}$$

$$I = U\omega C' \cos\delta \approx U\omega C' \tag{3.93}$$

$$P = I^2 r = U^2 \omega C' \tan\delta \cos^2\delta \approx U^2 \omega C' \tan\delta \tag{3.94}$$

将上述两种等效电路进行比较,得

$$\frac{C'}{C} = \frac{1}{\cos^2\delta} = 1 + \tan^2\delta \tag{3.95}$$

只有当 $\tan\delta$ 较小时,才能使得 $C' = C$,也即

$$\frac{r}{R} = \frac{\tan^2\delta}{1 + \tan^2\delta} \approx \tan^2\delta \tag{3.96}$$

由此可见,$r \ll R$。

由上面两种等值电路的分析可知,介质损耗功率 P 与外加电压的平方和电源频率成正比。如果外加电压和频率不变,则介质损耗与 $\tan^2\delta$ 成正比。对于固定形状和结构的被试品而言,如果其电容 C 与介电常数 ε 成正比,则介质损耗 $P \propto \varepsilon\tan\delta$。但对同类型电介质构造的被试品而言,其 ε 是定值,故对于同类被试品绝缘的优劣,可以直接以 $\tan\delta$ 的大小来判断。

3.7 电介质的击穿

当施加于电介质上的电压超过某临界值时,则使通过电介质的电流剧增,电介质发生破坏或分解,直至电介质丧失固有的绝缘性能,这种现象称为电介质的击穿。电介质的击穿分为固体电介质击穿、液体电介质击穿和气体电介质击穿三种。

电介质发生击穿时最低临界电压称为击穿电压,常用 U_b 表示,在均匀电场中,击穿电压与介质厚度的比值称为击穿电场强度(简称击穿场强,又称介电强度)常用 E_b 表示。它反映了固体电介质自身的耐电强度。在均匀电场中

$$E_b = \frac{U_b}{\delta} \tag{3.97}$$

式中,δ 为击穿处电介质的厚度。

不均匀电场中,击穿电压与击穿处介质厚度之比称为平均击穿场强,它低于均匀电场中介质的介电强度。

1. 气体电介质的击穿

气体电介质的击穿主要指在电场作用下气体分子发生碰撞电离而导致电极间的贯穿性放电。当施加在气体电介质上的电压超过气体的饱和电流阶段之后,即进入电子碰撞游离阶段,带电质点(主要是电子)在电场中获得巨大能量,从而将

气体分子碰裂游离成正离子和电子。新形成的电子又在电场中积累能量去碰撞其他分子,使其游离,如此连锁反应,便形成了电子崩。电子崩向阳极发展,最后形成一个具有高电导的通道,导致气体击穿。

气体电介质击穿电压与气压、温度、电极形状及气隙距离等有关,因此在实际工作中要考虑这些因素并进行校正。

几种典型电极在不同距离的空间间隙击穿电压如图 3.29 所示。由图可见,在短间隔距离内,图列的各种间隙的击穿电压相差较小,在 2 m 以上时差别就逐渐增大,所以对于长间隙的试验研究就更为重要。因此,在设计高压工程,特别是超、特高压输配电工程时,除了考虑自然条件的影响外,对实际存在的各种复杂的电极形式要进行模拟试验,才能得到正确的数据。

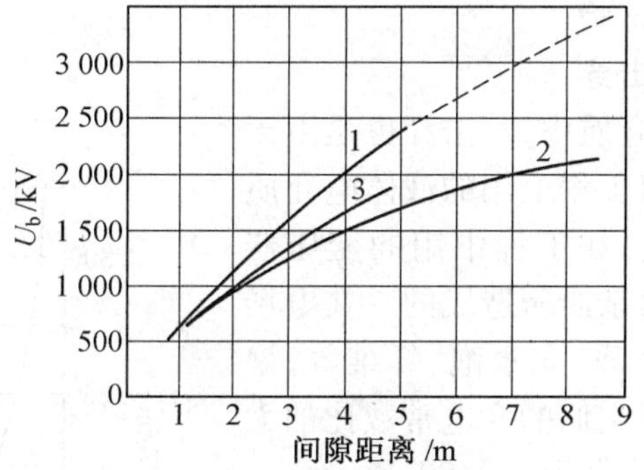

图 3.29 几种典型电极在不同距离的空间间隙击穿电压

1— 环对环,棒对棒;2— 环对垂直平面,球对平面;3— 导线对杆塔

在不均匀电场中,如棒 → 板电极,由于受到空间电荷的影响,当尖端为正极性时,电位的最大梯度移向负极,故而形成负极性尖端放电电压高,正极性放电电压低的情况。

当气体成分和电极材料一定时,击穿电压 U_b 是气体压力 p 与极板间距离 d 乘积的函数,即巴申定律

$$U_b = f(pd) \tag{3.98}$$

巴申曲线如图 3.30 所示,图中曲线有一个最低电压值,当电极距离 d 一定时,如改变压力,由于带电粒子的平均自由行程与气体压力 p 成反比,则压力低时,自由行程大,电子与气体分子碰撞机会减少,只有增加电子的能

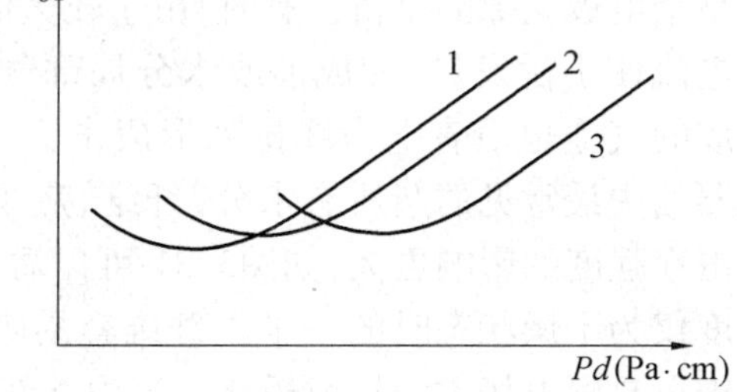

图 3.30 巴申曲线

1— 空气;2— 氢气;3— 氦气

量才能产生足够的碰撞游离(否则只碰撞而不游离)以使气体击穿,因此击穿电压提高。当压力大时,自由行程小,电子在电场方向(电子前进方向)积聚能量不够,即使有碰撞也不游离,因而击穿电压也提高。当压力p不变,而d太小时,由于极间碰撞次数太少,不易游离,亦需提高电压,因而在p,d变化过程中会出现最小值。

巴申定律指出提高气体击穿电压的方法是提高气压或提高真空度,这两者在工程上都有实用意义。这就是当变压器在真空滤油,直接测量绝缘电阻时,绝缘强度可能很低的原因,要测试绝缘电阻就必须破坏真空。

空气是很好的气体绝缘材料,电离场强和击穿场强高,击穿后能迅速恢复绝缘性能,且不燃、不爆、不老化、无腐蚀性,因而得到了广泛应用。为提供高电压输电线或变电所的空气间隙距离的设计依据(高压输电线应离地面多高等),需进行长空气间隙的工频击穿试验。

2. 液体电介质的击穿

在纯净的液体电介质中,其击穿也是由于离子游离所引起的,但工程上用的液体电介质或多或少总会有杂质,如工程中用的变压器油,其击穿则完全是由杂质所造成的。在电场作用下,变压器中的杂质,如水泡、纤维等,聚集到两电极之间,由于它们的介电常数比油大得多(纤维素为$\varepsilon = 7$,水为$\varepsilon = 80$,油为$\varepsilon = 2.3$),将被吸向电场较集中的区域,可能顺着电力线排列起来,即顺电场方向构成“小桥”。“小桥”的电导和介电常数都比油大,因而使“小桥”及其周围的电场更为集中,降低了油的击穿电压。若杂质较多,还可构成一贯穿整个电极间隙的小桥。有时,由于较大的电导电流使小桥发热,形成油或水分局部气化,生成的气泡也沿着电力线排列形成击穿。变压器油中最常见的杂质有水分、纤维、灰尘、油泥和溶解的气体等。水分对变压器油击穿强度的影响更大,如图3.31可以看出,含有0.03%水分的变压器油的击穿强度仅为干燥状态时的一半。纤维容易吸收水分,纤维含量高,水分也就多,而且纤维更易顺电场方向构成桥路。油中溶解的气体一遇到温度变化或搅动就容易释放形成气泡,这些气泡在较低电压下就可能游离,游离气泡的温度升高就会蒸发,因而气泡沿电场方向也易构成小桥,导致变压器油击穿。因此,变压器油中应尽可能除去杂质,一般采取真空加热过滤的方法,使其达到安全运行的标准要求。为了

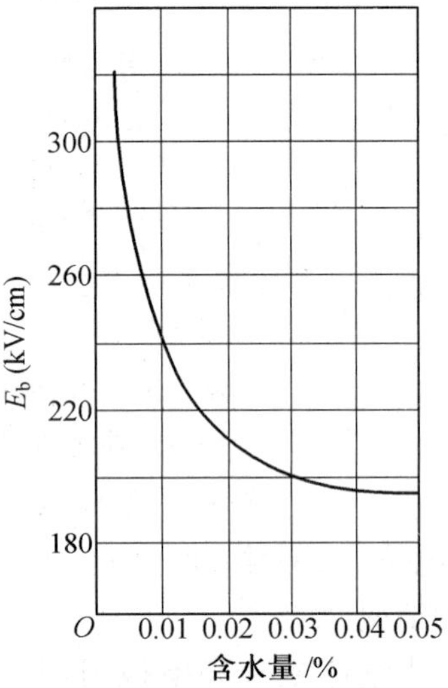

图 3.31 变压器的击穿场强和其含水量的关系

阻挡杂质,可以在电场电极附近加装屏障,这样可以大大提高电介质的击穿电压,例如高压变压器绕组外的绝缘围屏就起这个作用。

沿液体和固体电介质分界面的放电现象称为液体电介质中的沿面放电。这种放电不仅可使液体变质,而且放电产生的热作用和剧烈的压力变化可能使固体介质内产生气泡。经多次作用会使固体介质出现分层、开裂现象,放电有可能在固体介质内发展,绝缘结构的击穿电压因此下降。脉冲电压下液体电介质击穿时,常出现强力气体冲击波(即电水锤),可用于水下探矿、桥墩探伤及人体内脏结石的体外破碎。

3. 固体电介质的击穿

固体介质击穿后,由于有巨大电流通过,介质中会出现熔化或烧焦的通道,或出现裂纹。脆性介质击穿时,常发生材料的碎裂。固体电介质的击穿大致可分为电击穿、热击穿、电化学击穿三种形式,不同击穿形式与电压作用时间和场强的关系如图 3.32 所示。

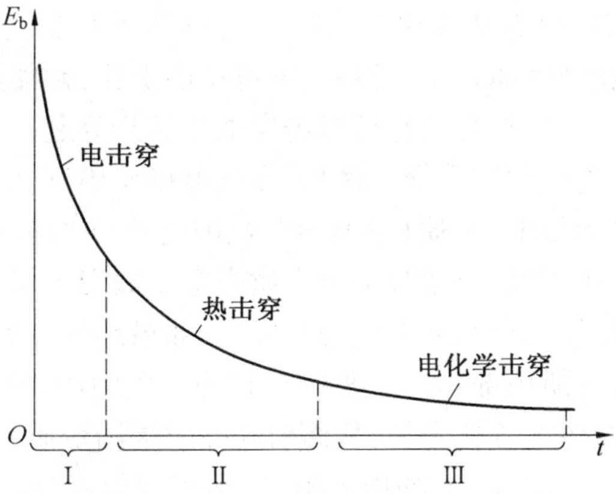

图 3.32 不同击穿形式与电压作用时间和场强的关系

Ⅰ段 — 以微秒 ~ 毫秒计;Ⅱ段 — 以秒 ~ 分钟计;Ⅲ段 — 以小时 ~ 年计

(1) 电击穿。

电击穿是因电场使电介质中积聚起足够数量和能量的带电质点而导致电介质失去绝缘性能。在强电场的作用下,当电介质的带电质点剧烈运动,发生碰撞游离的连锁反应时,就产生电子崩。当电场强度足够强时,就会发生电击穿,此种电击穿是属于电子游离性质的击穿。一般情况下,电击穿的击穿电压是随着电介质的厚度呈线性地增加,而与加压时的温度无关。电击穿作用时间很短,一般以微秒计,其击穿电压较高,而击穿场强与电场均匀程度关系很大。

(2) 热击穿。

热击穿是指在强电场作用下,由于电介质内部介质损耗而产生的热量,由于来不及散发出去，使得电介质内部热量积累、温度过高，而电介质的绝缘电阻或介质损耗具有负的温度系数。当温度上升时，其电阻变小，又会使电流进一步增大，损耗发热也增大。电解质的热击穿是由电介质内部的热不平衡过程造成的。如果发热量大于散热量，形成恶性循环，电介质温度就会不断上升，导致温度不断上升，进一步引起介质分解、炭化等。因此，导致分子结构破坏而击穿称为热击穿。

热击穿的特点是：击穿电压随温度的升高而下降，击穿电压与散热条件有关，如电介质厚度增加，散热条件变坏，击穿强度也随之下降。高压电器设备（如电缆、套管、发电机等）由于结构原因，在运行中经常出现温度过高，引起绝缘劣化、损耗增大而发生热击穿故障。热击穿除与温度和时间有关外，还与频率和电化学击穿有关。当外施电压频率增高时，击穿电压将下降。而电化学过程也将引起绝缘劣化和介损增加，从而导致发热增加。因此，可以认为电化学击穿是某些热击穿的前奏。

（3）电化学击穿。

电化学击穿是固体电介质在电场、温度、化学以及机械力等因素的长期作用下，电介质的物理和化学性能发生缓慢的、不可逆的老化，性能逐渐劣化，击穿电压逐渐下降，长时间击穿电压常常只有短时击穿电压的几分之一，并最终丧失绝缘能力。这种绝缘击穿称为电化学击穿。例如，在强电场作用下，电介质内部包含的气泡首先发生碰撞游离而放电，杂质（如水分）也因受电场加热而气化并产生气泡，于是使气泡放电进一步发展，导致整个电介质击穿。如变压器油、电缆、套管、高压电机定子线棒等，也往往因含气泡发生局部放电，如果逐步发展会使整个电极之间导通击穿。而在有机介质内部（如油浸纸、橡胶等），气泡内持续的局部放电会产生游离生成物，如臭氧及碳水等化合物，从而引起介质逐渐变质和劣化。电化学击穿与介质的电压作用时间、温度、电场均匀程度、累积效应、受潮、机械负荷等多种因素相关。

（4）影响固体电介质击穿的因素。

实际上，电介质击穿往往是上述三种击穿形式同时存在的。一般地说，$\tan\delta$ 大、耐热性差的电介质，处于工作温度高、散热不好的条件下，热击穿的概率就大些。至于单纯的电击穿，只有在非常纯洁和均匀的电介质中才有可能，或者电压非常高而作用时间又非常短，如在雷电和操作波冲击电压下的击穿，基本属于电击穿。固体电介质中的电击穿强度要比热击穿高，而放电击穿强度则决定于电介质中的气泡和杂质，因此固体电介质由电化学引起击穿时，击穿强度不但低，而且分散性较大。温度和电压作用时间对电击穿的影响小，对热击穿和电化学击穿的影响大；电场局部不均匀性对热击穿的影响小，对其他两种影响大。

影响固体电介质击穿电压的主要因素有：电场的不均匀程度，作用电压的种类及施加的时间,温度,固体电介质性能、结构,电压作用次数,机械负荷,受潮等。

①电场的不均匀程度:均匀、致密的固体电介质在均匀电场中的击穿场强可达 1 ~ 10 MV/cm。击穿场强决定于物质的内部结构,与外界因素的关系较小。当电介质厚度增加时,由于电介质本身的不均匀性,击穿场强会下降。当厚度极小时(小于 10^{-3} cm),击穿场强又会增加。电场越不均匀,击穿场强下降越多。电场局部加强处容易产生局部放电,在局部放电的长时间作用下,固体电介质将产生化学击穿。

②作用电压时间、种类:固体电介质的三种击穿形式与电压作用时间有密切关系。同一种固体电介质,在相同电场分布下,其雷电冲击击穿电压通常大于工频击穿电压,且直流击穿电压也大于工频击穿电压。交流电压频率增高时,由于局部放电更强,介质损耗更大,发热严重,更易发生热击穿或导致化学击穿提前到来。

③温度:当温度较低,处于电击穿范围内时,固体电介质的击穿场强与温度基本无关。当温度稍高时,固体电介质可能发生热击穿。周围温度越高,散热条件越差,热击穿电压就越低。

④固体电介质性能、结构:工程用固体电介质往往不很均匀、致密,其中的气孔或其他缺陷会使电场畸变,损害固体电介质。电介质厚度过大,会使电场分布不均匀,散热不易,降低击穿场强。固体电介质本身的导热性好,电导率或介质损耗小,则热击穿电压会提高。

⑤电压作用次数:当电压作用时间不够长,或电场强度不够高时,电介质中可能来不及发生完全击穿,而只发生不完全击穿。这种现象在极不均匀电场中和雷电冲击电压作用下特别显著。在电压的多次作用下,一系列的不完全击穿将导致介质的完全击穿。由不完全击穿导致固体电介质性能劣化而积累起来的效应称为累积效应。

⑥机械负荷:固体电介质承受机械负荷时,若材料开裂或出现微观裂缝,击穿电压将下降。

⑦受潮:固体电介质受潮后,击穿电压将下降。

3.8　电介质极化的相关表征物理量

1. 极化强度

电极化即电介质极化,简称极化,它是电介质基本电学行为之一。在外电场作用下,在电介质内部感生偶极矩的现象,称为电介质的极化。

电介质在电场作用下的极化程度用极化强度矢量 $\boldsymbol{P}$ 来表示,极化强度 $\boldsymbol{P}$ 是电介质单位体积内的感生偶极矩。它可表示为

$$\boldsymbol{P}=\lim_{\Delta V\to 0}\frac{\sum\boldsymbol{\mu}}{\Delta V} \tag{3.99}$$

式中，$\boldsymbol{\mu}$ 为极化粒子的感应偶极矩；ΔV 为体积元。由式可见，$\boldsymbol{P}$ 是空间坐标的函数，可用 $\boldsymbol{P}(x'\ y'\ z')$ 或 $\boldsymbol{P}(\boldsymbol{r}')$ 表示。在国际制中，极化强度的单位是库仑/米^2（C/m^2）。

已经证明，电极化强度就等于分子表面电荷密度 $\boldsymbol{\sigma}$。证明如下：

假设每个分子电荷的表面积为 A，则电荷占有的体积为 lA，且单位体积内有 N_m 个分子，则单位体积内电量为 $N_m q$，那么，在 lA 的体积中的电量为 $N_m qlA$，则表面电荷密度为

$$\boldsymbol{\sigma}=\frac{N_m qlA}{A}=N_m\boldsymbol{\mu}=P \tag{3.100}$$

实验证明，电极化强度不仅与所加外电场相关，而且还和极化电荷所产生的电场有关，即电极化强度与电介质所处的实际有效电场成正比。

2. 介电系数

介电性的一个重要标志是材料能够产生极化现象，材料的介电系数是综合反应介质内部电极化行为的一个主要宏观物理量。

从基础电学已经知道，一个平板电容器的容量 C 与平板的面积 A 成正比，而与板间的距离 d 成反比。这里的比例常数 ε 称为静态介电常数，写成

$$C=\varepsilon\frac{A}{d} \tag{3.101}$$

显然，ε 代表板间电介质的性能。1837 年法拉第首先研究了在两板间填充电介质时所引起的效应。他用两个同样的电容器做试验：在一个电容器中放入电介质，而另一个电容器则含有标准气压的空气。当两个电容器充电到相同的电位差时，发现含有电介质那个电容器上的电荷比另一个电容器上的电荷多些，如图 3.33 所示。

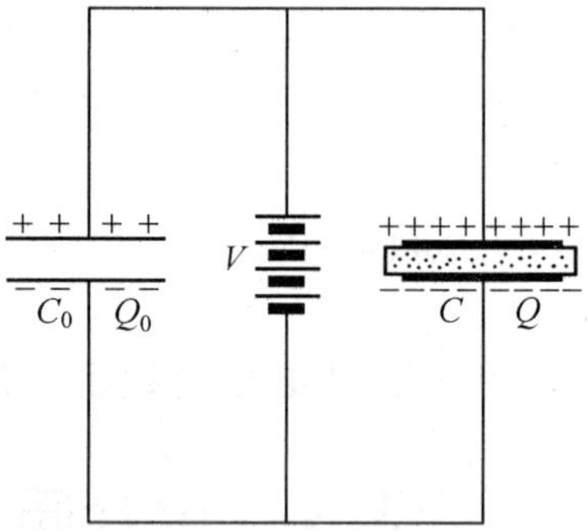

图 3.33 静电场中介质的极化

根据 $C=Q/V$ 可知，如果在电容器两极板间放入电介质，则这个电容器的电容就要增加。带有电介质的电容 C 与不带有电介质（真空）的电容 C_0 之比称为介质的相对介电系数 ε_r，表示为

$$\varepsilon_r=\frac{C}{C_0} \tag{3.102}$$

因此，式(3.102) 又可写作

$$C = \frac{\varepsilon_0 \varepsilon_r A}{d} \tag{3.103}$$

式中,ε_0 为真空介电系数。它们都是无量纲的正数,反映了电介质材料在静电场中的极化特性。

3. 介质极化强度和介电系数的关系

根据定义,介质的极化强度 p 应等于束缚电荷的面密度,而两个电容器极板电荷的差值即相当于电介质极化的束缚电荷数。放电极化强度为

$$p = \frac{Q - Q_0}{A} = (\varepsilon_r - 1)\frac{Q_0}{A} \tag{3.104}$$

而 Q_0/A 为无电介质的真空电容器电荷面密度,即

$$\frac{Q_0}{A} = \frac{C_0 V}{A} = \frac{\varepsilon_0\left(\frac{A}{d}\right)V}{A} = \varepsilon_0 \frac{V}{d} = \varepsilon_0 \boldsymbol{E} \tag{3.105}$$

因此

$$\boldsymbol{P} = (\varepsilon_r - 1)\varepsilon_0 \boldsymbol{E} = \chi_e \varepsilon_0 \boldsymbol{E} \tag{3.106}$$

式中,χ_e 为电极化率。可见,电介质的极化强度 P 不但随外电场强度 E 加大而增高,且取决于材料的相对介电系数 ε_r。

4. 电位移

电位移 $\boldsymbol{D}$ 是为了描述电介质的高斯定理所引入的物理量,电位移的物理学含义在于电容器上自由电荷的面密度,因此其可表示为

$$\boldsymbol{D} = \varepsilon_0 \boldsymbol{E} + \boldsymbol{P} = \varepsilon \boldsymbol{E} \tag{3.107}$$

式中,$\boldsymbol{D}$ 为电位移;E 为电场强度;P 为电极化强度。这个式子描述了 $\boldsymbol{D}$,$\boldsymbol{E}$,$\boldsymbol{P}$ 三矢量之间的关系,这对于各向同性电介质或各向异性电介质都是适用的。

联系 $\boldsymbol{P} = (\varepsilon_r - 1)\varepsilon_0 \boldsymbol{E} = \chi_e \varepsilon_0 \boldsymbol{E}$ 以及 $\boldsymbol{D} = \varepsilon_0 \boldsymbol{E} + \boldsymbol{P} = \varepsilon \boldsymbol{E}$,可以得到

$$\boldsymbol{D} = \varepsilon_0 \boldsymbol{E} + \boldsymbol{P} = \varepsilon_0 \boldsymbol{E} + x_e \varepsilon_0 \boldsymbol{E} = \varepsilon_0 \varepsilon_r \boldsymbol{E} = \varepsilon \boldsymbol{E} \tag{3.108}$$

这个式子说明,在各向同性的电介质中,电位移等于场强的 ε 倍,如果是各向异性的电介质,如石英单晶体等,则 $\boldsymbol{D}$,$\boldsymbol{E}$ 和 $\boldsymbol{P}$ 的方向一般并不相同,电极化率 χ_e 也不能只用数值来表示。

5. 介电强度

必须看到,各种电介质都有一定的介电强度,不允许外电场无限加大。当电场足够高时,通过电介质的电流是如此之大,致使电介质实际上变为导体,有时还能造成材料的局部熔化、烧焦和挥发。这种现象称为介电击穿。所谓“介电强度”,是指电介质不发生电击穿条件下可以存在的最大电位梯度。介电强度也称击穿强度,单位为 $V \cdot mm^{-1}$。通常在两导电极板之间放置电介质,是为了使极板间可承受的电位差能比空气介质承受得更高。表 3.3 列出了一些普通电介质材料的相对介

电系数和介电强度。

表3.3 一些材料的介电性能

材料	相对介电系数		介电强度/(V·mm^{-1})
	60 Hz	106 Hz	
真空	1.000 00	1.000 00	∞
空气	1.000 54	1.000 54	80
云母	5.4	5.4 ~ 8.7	4 000 ~ 7 900
瓷器	6.0	6.0	160 ~ 1 600
钛酸钙陶瓷	130	130 ~ 10 000	200 ~ 1 200
滑石(Mg - Si_2O)		5.5 ~ 7.5	790 ~ 1 400
钠钙玻璃	6.9	6.9	1 000
聚乙烯	2.3	2.3	1 800 ~ 2 000
聚苯乙烯	2.6	2.6	2 000 ~ 2 800
特氟隆	2.1	2.1	1 600 ~ 2 000
尼龙66	4.0	3.6	1 600

3.9 电介质弛豫和频率响应

简单说来,电介质的极化是在电极的作用下,介质内部正、负电荷重心不重合被感应而传递和记录的电的影响,静态介电系数大体上反应了这一过程的性质。但是,当外加电场的频率增高时,极化过程却显示出很不相同的特征,这时的静态介电系数已不能作为表征内部过程的参数,因为电极化过程内部存在着不同的微观机制,它们对高频电场有不同的响应速度,了解极化过程的微观机制将有助于揭示电介质有关效应的物理本质,如前所述,电子极化、原子极化和取向极化都是弛豫过程,因此电介质的极化强度、介电常数必定是电场频率的函数。在静电场中,三种极化机制都能充分实现,介电常数最大。

在交变电场中,介电常数和频率的关系如图3.34所示,当交变电场频率$f \ll 10^8$ Hz时,由于三种极化都能跟上电场的变化,介电常数与静电场中的介电常数相等,而且基本不随频率变化而变化。当电场频率增加到10^8 Hz以上时,首先是取向极化逐渐跟不上电场的变化,因而介电常数随频率的提高而发生明显的跌落。当频率增加到10^{10} Hz以上时,取向极化已根本不可能实现,这时的介电常数仅仅是电子极化和原子极化的贡献,通常人们把介电常数跌落的频率范围称为反常色散区。由以上的讨论可知,取向极化在 $10^8 \sim 10^{10}$ Hz 范围内发生色散。同理,由于原子极化的弛豫时间为 $10^{-12} \sim 10^{-14}$ s,将在 f 为 $10^{12} \sim 10^{14}$ Hz 范围(红外光谱区)内发生色散;由于电子极化的弛豫时间小于 10^{-15} s,将在更高的频率范围内发生色散。

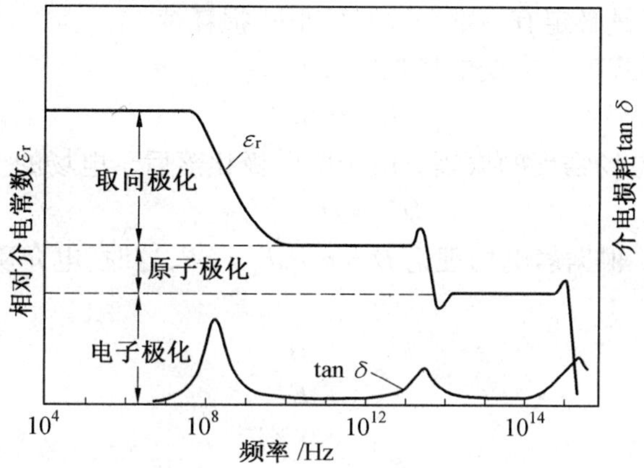

图 3.34 介电常数和介电损耗随交变电场频率的变化示意图

电介质的介电常数不仅与电场频率有关,而且与温度有关。不过在三种极化机制中,只有取向极化与温度有关。由式 $\alpha_0 = \dfrac{\mu_0^2}{3kT}$ 可知,在静电场作用下取向极化率随温度提高而降低,所以电介质的静电介电常数必然随温度的提高而减小。但是在交变电场作用下,介电常数与温度的关系如图 3.35 所示。

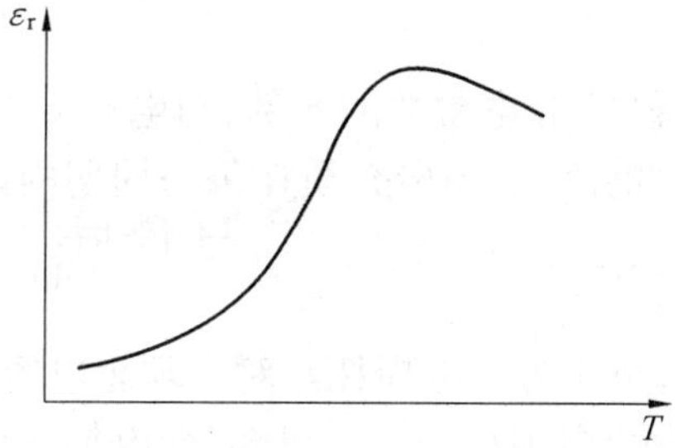

图 3.35 在交变电场作用下介电常数随温度变化的示意图

在温度较低时,介电常数随温度的提高而增大,温度较高时,介电常数又随温度的提高而减小。这时因为热对取向极化有两方面的作用:一方面热有利于分子运动,缩短取向极化的弛豫时间,有利于取向极化跟上电场的变化,使介电常数增大;另一方面,热有对抗外电场的作用,破坏分子沿电场方向取向的趋势,使介电常数减小。温度较低时,前者起主导作用;而温度较高时,后者起主导作用。

值得指出的是,以上介绍的是一般情况,由于电介质材料结构的复杂性,特别是由于高分子链结构及高分子热运动的复杂性,一些材料的介电常数与频率和温度的关系比以上讨论的情况要更为复杂。

介电损耗

一个理想的电容器在充电时储存电能,放电时又将储存的电能全部释放出来,它在交变电场作用下没有能量的损耗。但是介质电容器一般不是理想电容器,当它受交变电场作用时,由于偶极子取向需要克服分子间的摩擦力等原因,在每一周期中获得的电场能量必定有一部分以热的形式损耗掉。

如果以复数形式表示交变电场强度,即

$$E^{*} = \dot{E}e^{i\omega t} \tag{3.109}$$

式中,$\dot{E}$ 表示交变电场强度的振幅。由于取向极化落后于电场的变化,则电位移有

$$D^{*} = \dot{D}e^{i(\omega t-\delta)} \tag{3.110}$$

式中,δ 为相位角。根据静电场理论 $D=\varepsilon_r\varepsilon_0 E=\varepsilon E$,这时,电介质的介电常数应有复数形式

$$\varepsilon^{*} = \frac{D^{*}}{E^{*}} \tag{3.111}$$

$$\varepsilon^{*} = \frac{\dot{D}}{\dot{E}}e^{-i\delta} \tag{3.112}$$

$$\varepsilon^{*} = |\varepsilon^{*}|(\cos\delta - i\sin\delta) \tag{3.113}$$

$$\varepsilon^{*} = \varepsilon' - i\varepsilon'' \tag{3.114}$$

式中,ε' 为介电常数的实部,与电介质在每一周期内储存的最大电能有关;ε'' 为介电常数的虚部,与电介质在每一周期内以热的形式消耗的电能相关。

$$\tan\delta = \frac{\varepsilon''}{\varepsilon'} \tag{3.115}$$

式中,$\tan\delta$ 为介电损耗。对于理想电容器,$\tan\delta=0$。

由介电损耗的本质可知,介电损耗的大小不仅与介电材料相关,而且与电场频率有关。当电场频率较低时,偶极取向容易跟得上电场的变化,即取向中所受的内摩擦力较小,因而以热的形式损耗的能量少。当电场频率很高以至于偶极取向几乎不可能实现时,以热的形式损耗的能量必然也很小。而当电场频率处于反常色散区时,偶极取向虽然能够进行,但取向中需克服较大的内摩擦力,因而总是不能及时跟上电场的变化,这时损耗的能量最多。从介电常数和介电损耗随交变电场频率变化示意图中可以看出,$\tan\delta$ 总是在反常色散区达到极大值。

3.10　压电性及其表征量

电介质作为材料主要应用于电子工程中做绝缘材料、电容器材料和封装材料。电介质共有的特性之一是在电场作用下表现为极化现象,但由于电介质晶体结构的不同,它们的极化特性表现也不同,因而有些电介质还有三种特殊性质:压

电性、热释电性和铁电性。它们构成了电介质材料实际应用的基础。具有这些特殊性质的电介质作为功能材料，不仅在电子工程中作为传感器、驱动器元件，还可以在光学、声学、红外探测等领域中发挥独特的作用。

3.10.1　压 电 性

1880 年，Piere Curie 和 Jacques Curie 兄弟发现，对 α - 石英单晶体（以下称晶体）在一些特定方向上加力，则在力的垂直方向的平面上出现正、负束缚电荷。在晶体的某个方向上施加力的作用，则电介质会产生极化，也就是通过纯粹的机械作用而产生极化，并在介质的两个端面上出现符号相反的束缚电荷，其面密度与外力成正比，这种由于机械力的作用而激起表面电荷的效应称为压电效应。

当晶体受到机械力作用时，一定方向的表面产生束缚电荷，其电荷密度大小与所加应力的大小呈线性关系，这种由机械能转换成电能的过程，称为正压电效应。正压电效应很早就已经用于测量力的传感器中。

反之，如果将一块压电晶体置于外电场中，由于电场作用也会引起晶体的极化，正负电荷重心的位移将导致晶体形变，这种现象称为逆压电效应。可以说，逆压电效应就是当晶体在外电场激励下，晶体的某些方向上产生形变（或谐振）的现象，而且应变的大小与所加电场在一定范围内有线性关系。这种由电能转变为机械能的过程称为逆压电效应。

压电晶体产生压电效应的机理可以用图 3.36 表示，图 3.36(a) 表示晶体中的质点在某方向上的投影，此时晶体不受外力作用，正电荷的重心与负电荷的重心相重合，整个晶体的总电矩为零，晶体表面的电荷亦为零。这里是简化的假设，实际上是会有电偶极矩存在的。当沿着某一方向施加机械力时，晶体就会由于形变导致正负电荷重心分离，亦即晶体的总电矩发生变化，同时引起表面荷电现象。图 3.36(b) 和图 3.36(c) 分别为受压缩力和拉伸力的情况，这两种受力情况所引起的晶体表面带电的符号正好相反。

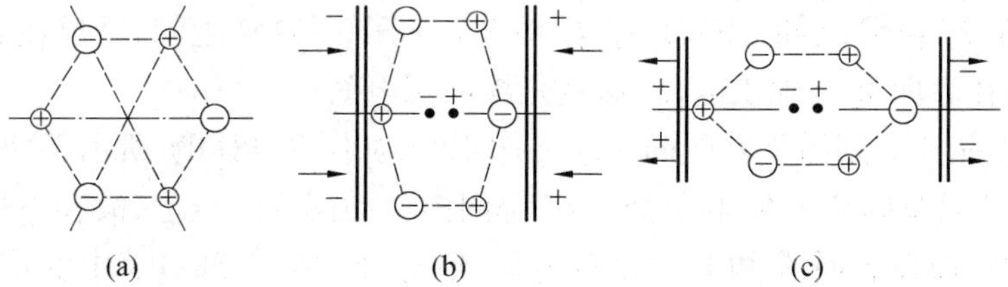

图 3.36　压电晶体产生压电效应机理

此处应强调指出，对压电材料施加电场，压电体相关方向上会产生应变，那么，其他电介质受电场作用是否也有应变呢？

实际上，任何电介质在外电场作用下，都会发生尺寸变化，即产生应变。这种现象称为电致伸缩，其应变大小与所加电压的平方成正比。对于一般电介质而言，电致伸缩效应所产生的应变很小，可以忽略，只有个别材料，其电致伸缩应变较大，在工程上有使用价值，这就是电致伸缩材料。例如电致伸缩陶瓷 PZN（锌铌酸铅陶瓷），其应变水平与压电陶瓷应变水平相当。

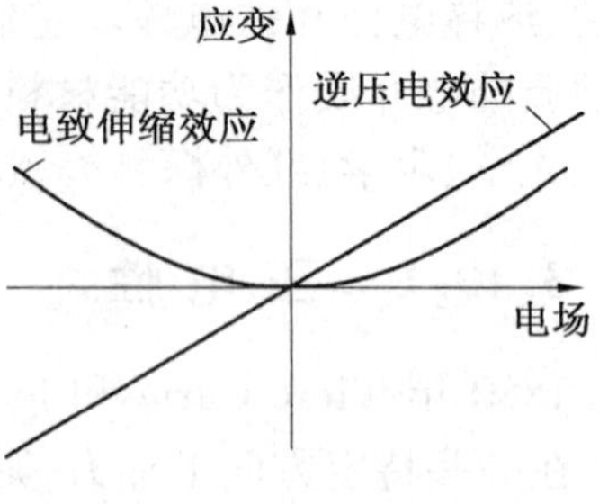

图 3.37　逆压电效应与电致伸缩示意图

如果形象地表示逆压电效应和电致伸缩材料在应变与电场关系上的区别，可以参考图 3.37。

3.10.2　晶体压电性产生原因

下面以 α - 石英晶体为例说明晶体产生压电性的原因。α - 石英晶体属于离子晶体三方晶系、无中心对称的 32 点群。石英晶体的化学组成是二氧化硅，三个硅离子和六个氧离子配置在晶胞的晶格上。在应力作用下，其两端能产生最强束缚电荷的方向称为电轴，α - 石英晶体的电轴就是 x 轴；z 轴为光轴（光沿此轴进入不产生双折射），从 z 轴方向看，α - 石英晶体结构如图 3.38(a) 所示。图中大圆为硅原子，小圆为氧原子。由图可见，硅离子按左螺旋线方向排列，3# 硅离子比 5# 硅离子深（向纸内），而 1# 硅离子比 3# 硅离子深。每个氧离子带两个负电荷，每个硅离子带四个正电荷，但每个硅离子的上、下两边有两个氧离子，所以整个晶格正、负电荷平衡，不显电性。为了理解正压电效应产生的原因，现把图 3.38(a) 绘成投影图，上、下氧原子以一个氧符号代替并把氧原子也进行编号，如图 3.38(b) 所示。利用该图可以定性解释 α - 石英晶体产生正压电效应的原因。

（1）如果晶片受到沿 x 方向的压缩力作用，如图 3.38(c) 所示，这时硅离子 1# 挤入氧离子 2# 和6# 之间，而氧离子 4# 挤入硅离子 3# 和 5# 之间，结果在表面 A 出现负电荷，而在表面 B 呈现正电荷，这就是纵向压电效应。

（2）当晶片受到沿 y 方向的压缩力作用时，如图 3.38(d) 所示，这时硅离子 3# 和氧离子 2# 以及硅离子 5# 和氧离子 6# 都向内移动同样的数值，故在电极 C 和 D 上不出现电荷，而在表面 A 和 B 上呈现电荷，但符号与图 3.38(c) 中的正好相反，因为硅离子 1# 和氧离子 4# 向外移动。这称之为横向压电效应。

（3）当沿 z 轴方向压缩或拉伸时，带电粒子总是保持初始状态的正、负电荷重心重合，故表面不出现束缚电荷。

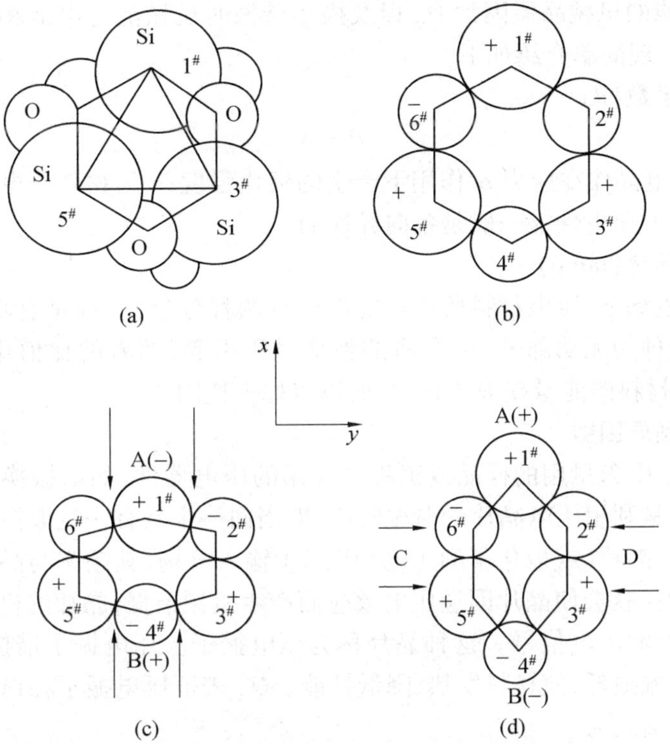

图 3.38 以 α - 石英晶体产生正压电效应的示意图

一般情况正压电效应的表现是晶体受力后在特定平面上产生束缚电荷，但直接作用力使晶体产生应变，即改变了原子相对位置。产生束缚电荷的现象，表明出现了净电偶极矩。如果晶体结构具有对称中心，那么只要作用力没有破坏其对称中心结构，正、负电荷的对称排列也不会改变，即使应力作用产生应变，也不会产生净电偶极矩。这是因为具有对称中心的晶体总电矩为零。如果取一无对称中心的晶体结构，此时正、负电荷重心重合，加上外力后正、负电荷重心不再重合，结果产生净电偶极矩。因此，从晶体结构上分析，只要结构没有对称中心，就有可能产生压电效应。然而，并不是没有对称中心的晶体一定具有压电性，因为压电体首先必须是电介质（或至少具有半导体性质），同时其结构必须有带正、负电荷的质点 —— 离子或离子团存在。也就是说，压电体必须是离子晶体或者由离子团组成的分子晶体。

3.10.3 压电材料的主要表征参数

压电材料性能的表征参量，除了描述电介质的一般参量，如电容率、介质损耗角正切（电学品质因素 Q_e）、介质击穿强度、压电系数外，还有描述压电材料弹性谐振时力学性能的机械品质因素 Q_m 以及描述谐振时机械能与电能相互转换的机电耦合系数 K。现简单介绍如下。

1. 压电系数(d)

$$P = d\sigma$$

式中,P 为压电晶体在应力 σ 作用下产生的极化强度;d 为材料压电效应的大小;d 为张量,材料的压电性能一般是各向异性的。

2. 介质损耗($\tan\delta$)

在交变电场下,压电材料所积累的电荷有两种分量:一种是有功部分,由电导过程引起;一种为无功部分,由介质的弛豫过程引起,两者的比值用 $\tan\delta$ 表示。$\tan\delta$ 与压电材料的能量损失成正比,所以也称损耗因子。

3. 机械品质因数

通常测压电参量用的样品或工程中应用的压电器件,如谐振换能器和标准频率振子,主要是利用压电晶片的谐振效应,即当向一个具有一定取向和形状制成的有电极的压电晶片(或极化了的压电陶瓷片)输入电场,其频率与晶片的机械谐振频率 f_r 一致时,就会使晶片因逆压电效应而产生机械谐振,晶片的机械谐振又可以因压电效应而输出电信号。这种晶片称为压电振子。压电振子谐振时,仍存在内耗,会造成机械损耗,使材料发热、降低性能。Q_m 表征压电振子在谐振时的能量损耗程度,其定义式为

$$Q_m = 2\pi \frac{W_m}{\Delta W_m} \tag{3.116}$$

式中,W_m 为振动一周单位体积存储的机械能;ΔW_m 为振动一周单位体积内消耗的机械能。不同压电材料的机械品质因素 Q_m 的大小不同,而且还与振动模式有关。不做特殊说明,Q_m 一般是指压电材料做成薄圆片径向振动膜的机械品质因数。

4. 机电耦合系数

机电耦合系数综合反映了压电材料的性能。由于晶体结构具有对称性,加之机电耦合系数与其他电性常量、弹性常量之间存在简单的关系,因此,通过测量机电耦合系数可以确定弹性、介电、压电等参量,而且即使是介电常数和弹性常数有很大差异的压电材料,它们的机电耦合系数也可以直接比较。

机电耦合系数常数用 K 表示,其定义为

$$K^2 = \frac{\text{通过逆压电效应转换的机械能}}{\text{输入的电能}}$$

$$K^2 = \frac{\text{通过正压电效应转换的电能}}{\text{输入的机械能}}$$

由上两式可以看出,K 是压电材料机械能和电能相互转化能力的量度。它本

身可为正,也可为负。但它并不代表转换效率,因为它没有考虑能量损失,是在理想状况下,以弹性能或介电能的存储方式进行转换的能量大小。

3.10.4 压电材料的主要应用

20 世纪 70 年代以来,随着高新技术的发展,压电材料作为一种新型功能材料占有重要地位。压电材料的应用领域日益扩大,就其应用特征大致可分为压电振子和压电换能器两大类,前者主要利用振子本身的谐振特点,要求压电、介电、弹性等性能的温度变化、时间变化稳定,机械品质因素高,如制作滤波器、谐振器、振荡器、信号源等;后者主要将一种形式的能量转换成另一种形式的能量,要求换能效益(即机电耦合系数和机械品质)高,如地震传感器、测量力、速度和加速度的元件等。在工业上获得广泛引用的压电晶体主要是 α - 石英,铌酸锂($LiNbO_3$)等,目前使用比较多的主要是压电陶瓷,例如钛酸钡陶瓷、锆钛酸钡、铌酸盐等。

压电陶瓷的应用范围非常广泛,而且与人类的生活密切相关。其应用大致可归纳为以下四方面:

① 能量转换。压电陶瓷可以将机械能转换为电能,故可用于制造压电打火机、压电点火机、移动 X 光机电源、炮弹引爆装置等。用压电陶瓷也可以把电能转换为超声振动,用于探寻水下鱼群,对金属进行无损探伤,以及超声清洗、超声医疗等。

② 传感。用压电陶瓷制成的传感器可用来检测微弱的机械振动并将其转换为电信号,也可应用于声呐系统、气象探测、遥感遥测、环境保护和家用电器等。

③ 驱动。压电驱动器是利用压电陶瓷的逆压电效应产生形变,以精确地控制位移,可用于精密仪器与精密机械、微电子技术、光纤技术及生物工程等领域。

④ 频率控制。压电陶瓷还可以用来制造各种滤波器和谐振器。

实用举例如下:

(1) 压电打火机。

近年来,市场上出现的一种新式的压电打火机,就是应用了压电陶瓷的压电效应制成的。只要用大拇指压一下打火机上的按钮,使一根钢柱在压电陶瓷上施加机械力,压电陶瓷即产生高电压,形成火花放电,从而点燃可燃气体。在这种打火机中,采用直径为 2.5 mm,高度为 4 mm 的压电陶瓷,就可得到 10 ~ 20 kV 的高电压。当压电陶瓷把机械能转换成电能放电时,陶瓷本身不会被消耗,也几乎没有磨损,可以长久使用下去,所以,压电打火机使用方便,安全可靠,寿命长。

(2) 压电探鱼仪。

探鱼仪是一种用来探测水下鱼群的声呐设备。它一般由声波发射部分、接收部分、记录装置、显示装置等组成。压电探鱼仪的声波发射部分和接收部分用压电陶瓷制成。压电陶瓷在交变电场作用下,会产生伸缩振动,从而向水中发射声波。

当交变电场的频率与压电陶瓷的固有频率相近从而产生共振时，它能发出很强的声波，传至上百千米外。声波在向前传播时遇到鱼群即被反射回来，压电陶瓷接收部分收到回波后，即将它变换成电信号，经过电路处理就会显示出鱼群的规模、种类、密集程度、方位和距离等，便于捕捞作业。

压电陶瓷的硬度很高，它振动起来可以发出很强的功率。压电探鱼仪由于声波发射部分采用了压电陶瓷，其发射功率已达到兆瓦级。用压电陶瓷制成的接收部分有很高的灵敏度，根据回波的强弱可以判断是海底、礁石，还是鱼群，甚至可以判断鱼群的种类、大小和分布情况。

(3) 压电振荡器与压电滤波器。

首先认识一下目前收音机中根据电磁振荡原理制成的振荡器和滤波器。

在超外差式收音机中，有一个双联可变电容器，其中大的电容器和天线磁棒线圈相连，小的电容器和一个电感线圈相连，分别组成两个振荡器。假如要收听790 kHz的节目，要把双联电容器调整到相应的适当位置，这时一个振荡器的振荡频率为790 kHz，另一个振荡器同时产生频率比790 kHz高465 kHz的高频信号，这两种信号在晶体管中混在一起，通过差频作用，产生出一个465 kHz的中频信号，经过中频变压器(它事实上是由电感、电容组成的，只允许频率在465 kHz附近的信号通过的滤波器)放大，然后经检波，检出声频信号后再进行放大，最后通过扬声器放出，我们就听到了790 kHz电台的播音。

由此可知，在收音机的电子线路中，振荡器和滤波器是不可缺少的重要部件。那么，压电陶瓷是怎样来完成振荡、滤波功能的呢？

作用在压电陶瓷上的交变电压会产生一定频率的机械振动。一般情况下，这种机械振动的振幅很小。但是当所加电压的频率与压电陶瓷的固有机械振动频率相同时，就会引起共振，使振幅大大增加。这时，外加电场通过逆压电效应产生应变，而应变又通过正压电效应产生电流，电能和机械能最大限度地互相转换，形成振荡，就像在电容和电感所组成的谐振回路中，电能和磁能相互转换形成振荡一样。这就是压电振荡器的基本工作原理。

在同样的电压作用下，只有在共振频率时通过压电陶瓷的电流最大，因此对于有各种频率的电流来讲，只有频率在共振频率附近的电流可以通过，这就是压电滤波器的基本工作原理。

用压电陶瓷制造的振荡器和滤波器，频率稳定性好，精度高，适用频率范围宽，而且体积小，不吸潮，寿命长，特别是在多路通信设备中能提高抗干扰性，所以目前已取代了相当大一部分电磁振荡器和电磁滤波器，而且这一趋势还在不断发展中。

(4) 压电地震仪。

地震是常见的自然现象。全世界每年要发生几百万次地震,平均每分钟就有十几次。不过绝大多数地震比较微弱,人们感觉不到。强烈的大地震,一般每年不过三五次。然而这种大地震一旦发生,对人类造成的灾难是毁灭性的,因此地震预报十分重要。测量地震的仪器灵敏度越高越精确,地震预报就报得越早越准,就可以把地震带来的损失减得越小。

现在看看压电陶瓷是怎样在地震仪中起作用的。

地震发生的地方称为震源,震源一般在地壳内比较深的地方。从震源开始,震动不断向四面八方传播。震动是一种机械波,当地震仪中的压电陶瓷受到机械波的作用后,按照正压电效应,就会感应出一定强度的电信号,这些信号可以在屏幕上显示或是以其他形式表现出来。

由于压电陶瓷的压电效应非常灵敏,能精确测出几达因的力的变化,甚至可以检测到十多米外昆虫拍打翅膀引起的空气扰动,所以压电地震仪能精确地测出地震的强度。由于压电陶瓷能测定声波的传播方向,故压电地震仪还能指示出地震的方位和距离。可以毫不夸张地说,压电陶瓷在地震预报方面大显了身手。

(5) 压电超声医疗仪。

生物医学工程是压电陶瓷应用的重要领域。用作生物医学材料的压电陶瓷称为压电生物陶瓷,如铌酸锂、锆钛酸铅和钛酸钡压电陶瓷等。压电生物陶瓷主要用于制作探测人体信息的压电传感器(如用钛酸钡压电陶瓷制作的心内导管压电微压器和心尖搏动心音传感器,用复合压电材料制作的脉压传感器)和压电超声医疗仪。

压电超声医疗仪中应用最广的是B型超声诊断仪。这种诊断仪中有用压电陶瓷制成的超声波发生探头,它发出的超声波在人体内传输,体内各种不同组织对超声波有不同的反射和透射作用。反射回来的超声波经压电陶瓷接收器转换成电信号,并显示在屏幕上,据此可看出人体各内脏的位置、大小和有无病变等。B型超声诊断仪通常用来检查内脏病变组织(如肿块等)。

压电陶瓷还可应用于超声治疗。进入人体的超声波达到某一强度时,能使人体某一部分组织发热、轻微振动,起到按摩推拿作用,达到治疗的目的,如用于治疗关节、肌肉及其他软组织的创伤和劳损。此外,还可用超声波粉碎体内结石,如胆结石、肾结石和尿路结石等。

3.11 热释电性及其表征量

一些晶体除了由于机械应力作用引起压电效应外,还可以由于温度作用而使其电极化强度发生变化,这就是热释电性,亦称热电性。

3.11.1 热释电现象

取一块电气石，其化学组成为(Na,Ca)(Mg,Fe)$_3$B$_3$Al$_6$Si$_6$(O,OH,F)$_{31}$。在均匀加热它的同时，让一束硫黄粉和铅丹粉经过筛孔喷向这个晶体。结果会发现，晶体的一端出现黄色，另一端变为红色(图3.39)。这就是坤特法显示的天然矿物晶体电气石的热释电性实验。

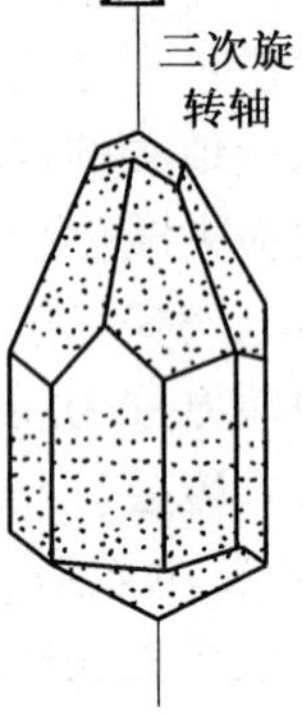

图3.39 坤特法显示电气石的热释电性

实验表明，如果电气石不是在加热过程中，喷粉实验不会出现两种颜色。现在已经认识到，电气石是三方晶系3 m点群，结构上只有唯一的三次旋转轴，具有自发极化。没有加热时，它们的自发极化电偶极矩完全被吸附在空气中的电荷屏蔽掉了。但在加热时，由于温度的变化，使自发极化改变，屏蔽电荷失去平衡。因此，晶体的一端的正电荷吸引硫黄粉呈黄色，另一端吸引铅丹粉呈红色。这种由于温度变化而使极化改变的现象称为热释电效应，其性质称为热释电性。

热释电性是由于晶体中存在着自发极化所引起的，自发极化与感应极化不同，它不是由外电场作用所引起的，而是由于物质本身的结构在某个方向上正负电荷重心不重合而固有的。自发极化矢量方向由负电荷重心指向正电荷重心，当温度变化时，引起晶体结构上正负电荷重心发生相对位移，从而使晶体的自发极化改变。一般情况下，晶体自发极化所产生的表面束缚电荷被来自于大气中而附着在晶体外表面上的自由电荷所屏蔽，晶体的电偶极矩显现不出来。只有当温度变化时，所引起的电矩改变不能被补偿的情况下，晶体两端才表现出荷电现象。

3.11.2 热释电效应产生的条件

热释电效应研究表明，具有热释电效应的晶体一定是具有自发极化(固有极化)的晶体，在结构上应具有极轴(所谓极轴，就是晶体唯一的轴，在该轴的两端往往具有不同性质，且采用对称操作不能与其他晶向重合的方向，故称极轴)。因此，具有对称中心的晶体是不可能存在热释电性的，这一点与压电体的结构要求是一样的。但具有压电性的晶体不一定有热释电性。原因可以从二者产生的条件分析：当压电效应产生时，机械应力使正、负电荷的重心产生相对位移，而且一般来说不同方向上位移大小是不相等的，因而出现净电偶极矩。当温度变化时，晶体受热膨胀却在各个方向同时发生，并且在对称方向上必定有相等的膨胀系数。也就是说，在这些方向上所引起的正、负电荷重心的相对位移是相等的，也就是正、负电荷重心重合的现状并没有因为温度变化而改变，所以没有热释电现象。所以，一定要具有与其他方向不同的唯一的极轴时，才会引起总电矩的变化。

具体以α－石英晶体受热情况加以说明。图3.40示意α－石英晶体(0001)面上质点的情况。图3.40(a)表示受热前情况，图3.40(b)表示受热后情况。由图可见，在三个轴(x_1，x_2，x_3)向的方向上，正、负电荷重心位移情况是相等的，从每个轴向看，显然电偶极矩有变化，但总的正、负电荷重心没有变化，因此总电矩没有变化。故不能显示热释电性。

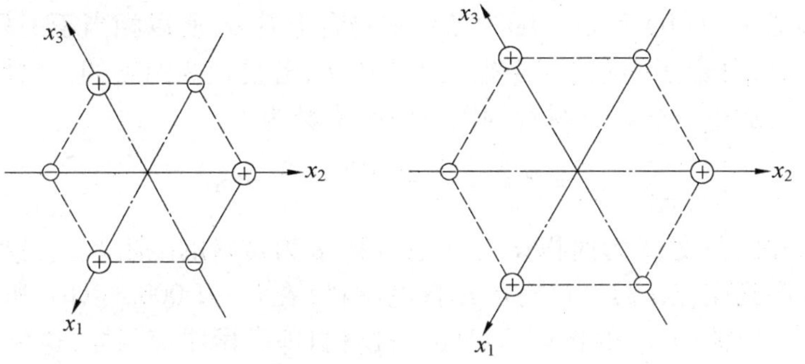

图3.40 α－石英不产生热释电性的示意图

3.11.3 热释电性的表征

表征材料热释电性的主要参量是热释电常量P。其定义为：当电场强度为E的电场沿晶体的极轴方向加到晶体上时，总电位移为

$$D = \varepsilon_0 E + P = \varepsilon_0 E + (P_s + P_{诱}) \tag{3.117}$$

式中，P_s为自发极化强度；$P_{诱}$为电场诱发的极化强度。且

$$P_{诱} = x_e \varepsilon_0 E \tag{3.118}$$

代入上式，得

$$D = \varepsilon_0 E + P_s + x_e \varepsilon_0 E = P_s + \varepsilon E \tag{3.119}$$

令E为常数，对T进行微分，则

$$P_g = P + E\frac{\partial \varepsilon}{\partial T} \tag{3.120}$$

式中，P_g为综合热释电系数；P为热释电常量。

3.11.4 热释电性的应用

热释电材料对温度十分敏感，例如，一片热释电瓷片，电容量$C = 1\ 000$ pF，面

积 $S=1\ \text{cm}^2$，自发极化 $P_s=30\ \mu\text{F/cm}^2$，温度变化 1 ℃ 所引起的电矩变化 $\Delta P_s=0.01\ P_s=0.3\ \mu\text{F/cm}^2$，则两端产生的电位差 $\Delta U=\Delta Q/C=(\Delta P_s\cdot S/C)$，将上述数据代入，可得 $\Delta U=300$ V，可见在 1 cm^2 的瓷片两端由于环境变化 1 ℃ 即可产生 300 V 的电位差，而现在电压测量技术完全可以测量微伏极的信号，因此能测得 $10^{-6}\sim10^{-7}$ 的温度变化。

在应用热释电材料时，大多制成薄片，其切片方向垂直于 P_s，如图 3.41 所示，晶片的正面镀上透明电极以利于晶片接受红外线辐照，晶片的背面也镀上电极材料。工作之前 K 先达到"1"的位置进行放电，使晶片两面电荷中和，经红外辐射 f 照射到热释电晶片上时，电荷会释放出来，此时互接至"2"位置，电流经 R 发电，其等效电路如图 3.41(b) 所示。因为晶片本身有电容 σ，所以相当于一只电阻 R_0 与电容 C 并联，红外辐照的频率 f 必须大于 $1/R_0C$，若是仅为温度的一次性变化，那么只能测得一次放电。热释电材料的固有时间常数为

$$t=R_0C=\frac{1}{\sigma}\frac{l}{S}\frac{\varepsilon S}{l}=\frac{\varepsilon}{\sigma}=\varepsilon\rho \tag{3.121}$$

式中，l 为晶片的厚度；S 为面积；ε 为介电常数；ρ 为材料的电阻率。当 $f>l/t$ 时，可以在 R 两端测到交流信号。已有的热释电材料 t 在 1 ~ 1 000 s 以内，所以热释电测量温度必须是交流的，它的特点是只要一种材料即可做成探测器，这一点与热电偶完全不同，而且它的体积小，响应频率可达毫秒级。

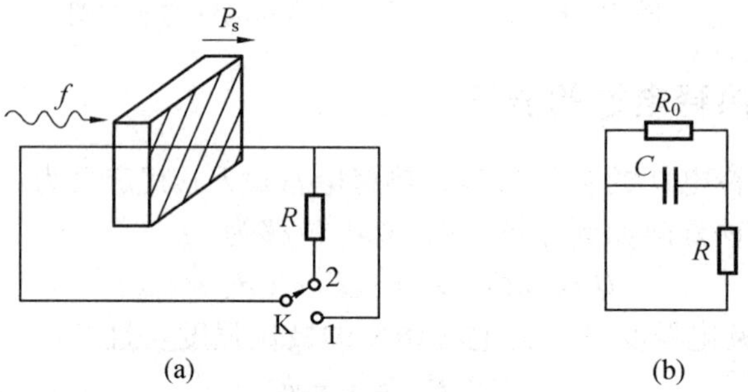

图 3.41 热释电探测的工作原理

收到激光或红外线辐照的热释电体可以很灵敏地测量辐照剂量，从而可制成各种红外探测器件，还可以大面积接受信号做成热摄像管，目前，热释电体已经广泛用于防火和防盗报警器、非接触开关、气体分析、环境污染检测、激光功率检测和夜视军事设备等方面。

压电性和热释电性是电介质的两类重要特性，一些无对称中心晶体结构电介质可具有压电性，而有极轴和自发极化的晶体电介质可具有热释电性，它们在工程上具有广泛的应用。直到 1968 年才发现具有压电性的聚合物，主要代表是聚偏二

氟乙烯(PVDF 或 PVF2)。它的压电性来源于光学活性物质的内应变、极性固体的自发极化以及嵌入电荷与薄膜不均匀性的耦合。

3.12 铁电性及其表征量

3.12.1 铁电性

与压电性、热释电性相关的电介质的一个重要特征是极化强度随着电场增加呈线性变化,但是下面介绍的 $BaTiO_3$ 等电介质的极化强度随外加电场呈现非线性变化,因此,有人称前面的电介质为线性电介质,而把后者称为非线性电介质。

在热释电晶体中,有若干种晶体不但在某些温度范围内具有自发极化,而且其自发极化强度可以因外电场作用而重新取向。1920 年,法国人 Valasek 发现罗息盐(酒石酸钾钠 - $NaKC_4H_4O_6 \cdot 4H_2O$)具有特异的介电性,其极化强度随外加电场的变化有如图 3.42 所示的形状,称为电滞回线。把具有这种性质的晶体称为铁电体。事实上,这种晶体不一定含“铁”,而是由于电滞回线与铁磁体的磁滞回线相似,故称之为铁电体。判断铁电性行为必须根据晶体是否具有电滞回线和其他微观电矩结构特点这一试验事实。

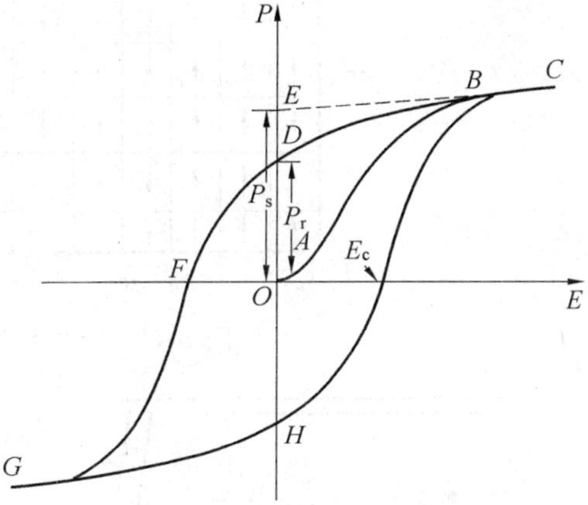

图 3.42 电滞回线示意图

当把罗息盐加热到 24 ℃ 以上时,电滞回线便消失了,此温度称为居里温度 T_C,因此,铁电性的存在是有一定条件的,包括外界的压力变化。

由图 3.42 可知,构成电滞回线的几个重要参量有:饱和极化强度 P_s,剩余极化强度 P_r,矫顽电场 E_c。从电滞回线可以清楚地看到铁电体具有自发极化,而且这种自发极化的电偶极矩在外电场作用下可以改变其取向,甚至反转。在同一外电场作用下,极化强度可以有双值,表现为电场 E 的双值函数。

为什么铁电体会有电滞回线?主要是因为铁电体是由铁电畴组成的。假设一铁电体整体上呈现自发极化,其结果是晶体正、负端分别有一层正、负束缚电荷。束缚电荷产生的电退极化场与极化方向反向,使静电能升高。在受机械约束时,伴随着自发极化的应变还将使应变能增加,所以整体均匀极化的状态不稳定,晶体趋向于分成多个小区域。每个区域内部电偶极子沿同一方向,但不同小区域的电偶极子方向不同，这每个小区域称为电畴（简称畴），畴之间边界地区称之为畴壁（Domain Wall）。现代技术中有很多方法可以观察电畴，电畴的结构与磁畴结构很类似，只是电畴壁比磁畴壁要薄，厚度在点阵常数量级。畴的线性尺寸在 10 μm，畴壁能对于 180° 畴壁为 7 ～ 10 erg/cm^2。

如图 3.43 所示为 $BaTiO_3$ 晶体室温电畴结构示意图。小方格表示晶胞，箭头表示电矩方向。图中 *AA* 分界线两侧的电矩取反平行方向，称为 180° 畴壁，*BB* 分界线为 90° 畴壁。决定畴壁厚度的因素是各种能量平衡的结果，180° 畴型较薄为（5 ～ 20）$\times 10^{-10}$ m，而 90° 畴壁较厚为（50 ～ 100）$\times 10^{-10}$ m。如图 3.44（a）所示为 180° 畴壁的过渡电矩排列变化示意图。

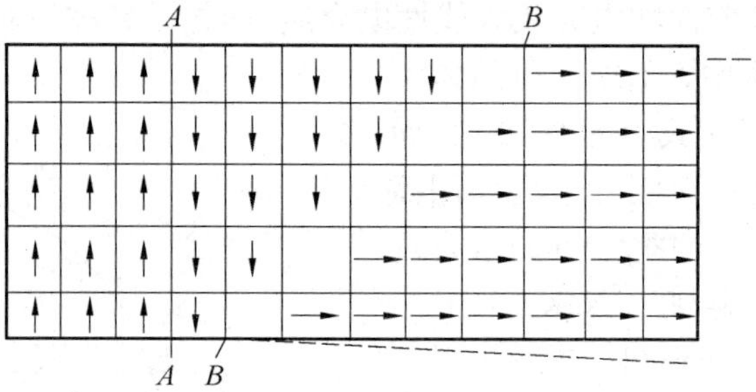

图 3.43 $BaTiO_3$ 晶体电畴结构示意图

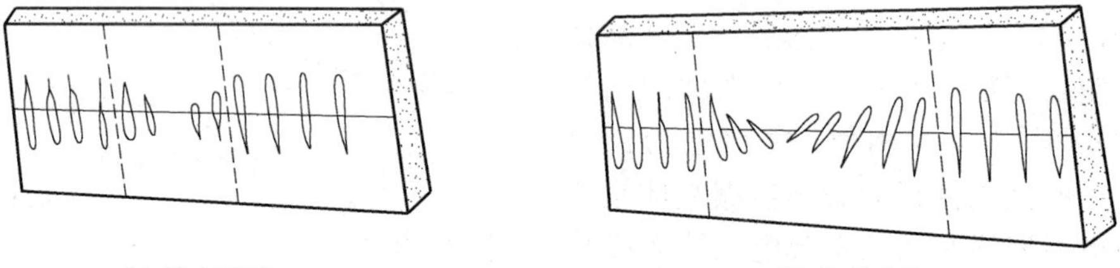

(a) 铁电畴壁 (b) 铁磁畴壁

图 3.44 180° 畴壁示意图

电畴结构与晶体结构有关。例如 $BaTiO_3$ 在斜方晶系中还有 60° 和 120° 畴壁，在菱形晶系中还有 71° 和 109° 畴壁。铁电畴在外电场作用下，总是趋向与外电场方向一致，称之为畴“转向”。电畴运动是通过新畴出现、发展与畴壁移动来实现的。180° 畴转向是通过许多尖劈形新畴出现而发展的，90° 畴主要是通过畴壁侧向移动来实现的。180° 畴转向比较完全，而且由于转向时引起较大内应力，因此这种转向不稳定，当外加电场撤去后，小部分电畴偏离极化方向，恢复原位，大部分电畴则停留在新转向的极化方向上，称为剩余极化。

电滞回线是铁电体的铁电畴在外电场作用下运动的宏观描述。为简化起见，我们假设铁电体为单晶体，而且电畴的极化方向只有两种取向（沿某轴的正向或负向）。在没有外电场时，晶体总电矩为零（能量最低）。当加上外电场后，含有沿电场方向分量极化强度的那些电畴扩展、变大，而与电场方向反向的电畴变小。这样宏观极化强度随外电场增加而增加，如图3.42中的OA段。电场强度继续增大，最后晶体电畴都趋于电场方向，类似形成一个单畴，极化强度达到饱和，相应于图中的C处。如再增加电场，则极化强度P与电场E呈线性增加（形如单个弹性电偶极子），沿着线性外推至$E=0$处，相应的P_s值称为饱和极化强度，也就是自发极化强度。若电场强度自C处下降，晶体极化强度亦随之减小，在$E=0$时，仍存在极化强度，就是剩余极化强度P_r。当反向电场强度为$-E_c$时（图中F点处），剩余极化强度P_r全部消失，E_c称为矫顽电场强度，如果它大于晶体的击穿场强，那么在极化强度反向前，晶体就被击穿，则不能说该晶体具有铁电性。反向电场继续增大，极化强度才开始反向，直到反向极化到饱和达图中G处。电滞回线通常是对称的，早期人们曾把出现电滞回线作为判断铁电性的依据，但是作为铁电体，这一判据并不是唯一的，因为有些铁电体电阻率太低或其他原因，根本无法加上足够电场来观察滞回线。

由于极化的非线性，铁电体的介电常数不是恒定值，一般以OA在原点的斜率来代表介电常数。因此在测定介电常数时，外电场应很小。

另外，有一类物体在转变温度以下，邻近的晶胞彼此沿反平行方向自发极化。这类晶体称为反铁电体。反铁电体一般宏观无剩余极化强度，但在很强的外电场作用下，可以诱导成铁电相，其$P-E$呈双电滞回线（图3.45），$PbZrO_3$在E较小时，无电滞回线，当E很大时，出现了双电滞回线。反铁电体也具有临界温度——反铁电居里温度。在居里温度附近，也具有介电反常特性。

铁电晶体的介电系数随温度的变化，通常存在一个临界温度。通过实验可以测得如图3.46的曲线。在外界温度接近材料的居里温度T_C时，ε_r有一个尖锐的峰值，达$10^4\sim10^5$。在温度高于T_C后，材料处于顺电相，ε_r与T的关系符合居里－外斯定律。从ε_r-T的曲线可以看出，ε_r在T_C处发生突变，事实上居里温度是个相变温度，了解这一点对正确使用铁电材料十分重要。

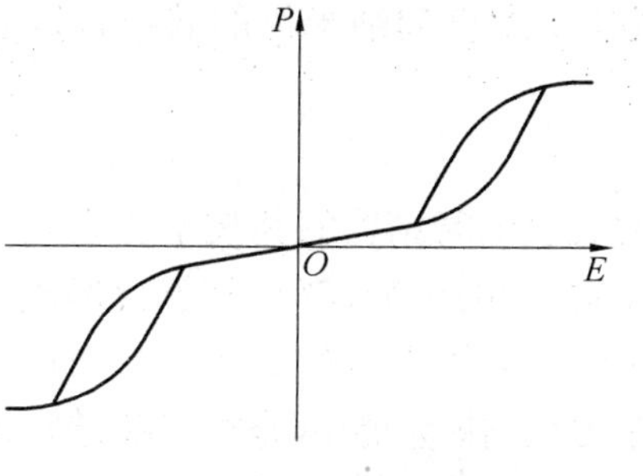

图3.45 $PbZrO_3$的双电滞回线

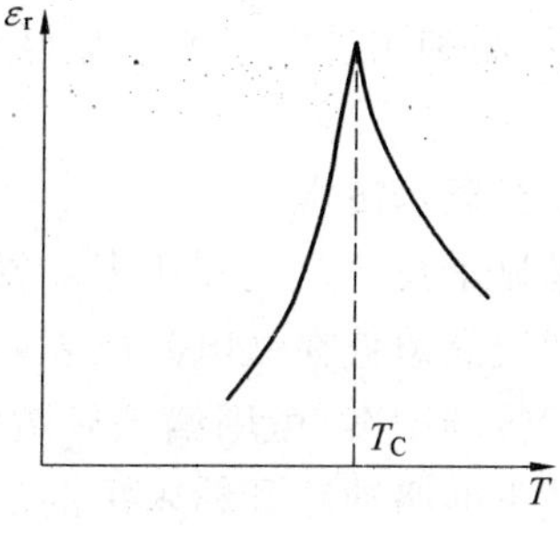

图3.46 ε_r与温度T的关系

3.12.2 铁电畴的观察

观察电畴结构的方法有许多种，其中常见的有电子显微术、光学技术、酸腐蚀技术、粉末沉淀法、液晶显示技术，热电技术、X 射线技术和凝雾法几种。

1. 电子显微术

电子显微法是目前用来观察电畴的主要方法，其优点是分辨率高，而且可观测电场作用下的电畴。扫描电子显微镜(SEM) 可直接观察样品表面(通常是在真空中解理后直接观测)。利用透射电子显微镜(TEM) 观察电畴则需要在样品制备方面付出较大的努力。TEM 用的样品通常是薄箔。制备薄箔时，通常用 HF 腐蚀，但薄箔厚度不易控制。近来离子束减薄等新技术也被用来制备薄箔样品。也可以用表面复型(修饰法) 通过 TEM 来研究电畴结构。除了 AgCl 等无机材料以外，近年来聚合物修饰法以其高分辨率而引人注目。例如在 TGS 晶体的(010) 解理面上蒸镀聚二氟乙烯(PVDF) 和聚乙烯(PE)，即可得到一定向生长的薄膜，其择优取向随电畴的正负而不同。将 TGS 溶化后，用 TEM 观测薄膜，即可得到电畴结构的图案。近年来出现的扫描力显微镜(SPM) 是研究电畴的一种有力手段，其优点是适合于各种材料，不需要真空而且可观测到纳米量级的精细结构。

2. 光学技术

常用的方法是利用铁电晶体的双折射性质把晶片置于正交偏振片之间，用偏光显微镜直接观察电畴结构。这是静态畴结构和研究畴壁运动动力学的最简单方法。但它一般不适用观察反平行畴，因为在畴反转后折射率不变。此外，利用光学二次谐波发生技术可以观察 180° 畴壁。因为 180° 畴壁的两边，二阶非线性极化率要改变符号且相位相消，于是包含畴界的区域比周围单畴区更黑暗。除揭示畴结构外，二次谐波产生技术还能用来测量具有周期性几何形状的非常小的畴的宽度。这种技术能用于对二次谐波具有旋光性的晶体，如 $Pb_5Ge_3O_{11}$，还可以利用其旋光性观察 180° 畴。当一束偏振光沿晶体 c 轴传播时，一组畴在检偏器后显示出黑暗。另一组畴显示出光亮。实现相位匹配的晶体。光学法观察电畴的尺寸只能到毫米级，而利用透射式电子显微镜则可观察宽度直到纳米级的畴结构以及畴壁运动。

3. 液晶显示技术

液晶显示技术是近几年来才发展起来的观察电畴结构的新技术。它是将一薄层向列型液晶覆盖在铁电晶体表面，由于电畴极性的影响，液晶分子会形成一个与畴结构相应的图案，可用偏光显微镜直接观察液晶分子相对于铁电畴的排列。这种方法优于酸腐蚀法和粉末沉淀法。特点是方便、快速，能迅速响应畴结构的快速变化，并具有十分高的分辨率。

4. 酸腐蚀技术

利用铁电体在酸中被腐蚀的速度与偶极矩极性有关的特点,不同极性的畴被腐蚀的程度不一样。偶极矩正端被酸腐蚀很快,负端侵蚀速度很慢,用显微镜可直接观察。腐蚀技术的主要缺点是具有破坏性,而且速度慢。

5. 粉末沉淀法

利用绝缘液中某些有颜色的带电粒子的沉淀位置来显示出畴结构。比如,黄色的硫和红色的氧化铅(Pb_3O_4)粉末在乙烷中将分别沉积在畴的负端和正端,从而显示出畴结构。

3.12.3 铁电性的起源

对铁电体的初步认识是它具有自发极化。铁电体有上千种,不可能都具体描述出其自发极化的机制,但可以说自发极化的产生机制是与铁电体的晶体结构密切相关的。自发极化的出现主要是晶体中原子(离子)位置变化的结果,已经查明,自发极化机制有:氧八面体中离子偏离中心的运动;氢键中质子运动有序化;氢氧根集团择优分布;含其他离子集团的极性分布等。下面以钛酸钡($BaTiO_3$)为例对位移型铁电体自发极化的微观理论予以说明。

钛酸钡具有 ABO_3 型钙钛矿结构。对 $BaTiO_3$ 而言,A 表示 Ba^{2+},B 表示 Ti^{4+},O 表示 O^{2-}。钛酸钡的居里温度为 120 ℃,在居里温度以上是立方晶系钙钛矿型结构,不存在自发极化。在 120 ℃ 以下,转变为四角晶系,自发极化沿原立方的(001)方向,即沿 c 轴方向。室温下,自发极化强度 $P_s = 26 \times 10^{-2}\ C/m^2$;当温度降低到 5 ℃ 以下时,晶格结构又转变成正交系铁电相,自发极化沿原立方体的(011)方向,亦即原来立方体的两个 a 轴都变成极化轴了。当温度继续下降到 -90 ℃ 以下时,晶体进而转变为三角系铁电相,自发极化方向沿原立方体的(111)方向,亦即原来立方体的三个轴都成了自发极化轴,换句话说,此时自发极化沿着体对角线方向。

$BaTiO_3$ 的钡离子被 6 个氧离子围绕形成氧八面体结构(图 3.47)。钛离子和氧离子的半径比为0.468,因而其配位数为6,形成 TiO_6 结构,规则的 TiO_6 结构八面体有对称中心和6个 Ti - O 电偶极矩,由于方向相互为反平行,故电矩都抵消了,但是当正离子 Ti^{4+} 单向偏离围绕它的负离子 O^{2-} 时,则出现净偶极矩。这就是 $BaTiO_3$ 在一定温度下出现自发极化并导致成为铁电体的原因所在。

由于在 $BaTiO_3$ 结构中每个氧离子只能与两个钛离子耦合,并且在 $Ba^{2+}TiO_3$ 晶体中,TiO_6 一定是位于钡离子所确定的方向上,因此,提供了每个晶胞具有净偶极矩的条件。这样在 Ba^{2+} 和 O^{2-} 形成面心立方结构时,Ti^{4+} 进入其八面体间隙,但是诸如 Ba,Pb,Sr 原子尺寸比较大,所以 Ti^{4+} 在钡 - 氧原子形成的面心立方中的八面体间隙的稳定性较差，只要外界稍有能量作用，即可以使 Ti^{4+} 偏移其中心位置，而产生净电偶极矩。

在温度 $T > T_C$ 时，热能足以使 Ti^{4+} 在中心位置附近任意移动。这种运动的结果造成无反对称可言。虽然当外加电场时，可以造成 Ti^{4+} 产生较大的电偶极矩，但不能产生自发极化。当温度 $T < T_C$ 时，此时 Ti^{4+} 和氧离子作用强于热振动，晶体结构从立方改为四方结构，而且 Ti^{4+} 偏离了对称中心，产生了永久偶极矩，并形成电畴。

研究表明，在温度变化引起 $BaTiO_3$ 相结构变化时，钛和氧原子位置的变化如图3.48所示。从这些数据可对离子位移引起的极化强度进行估计。

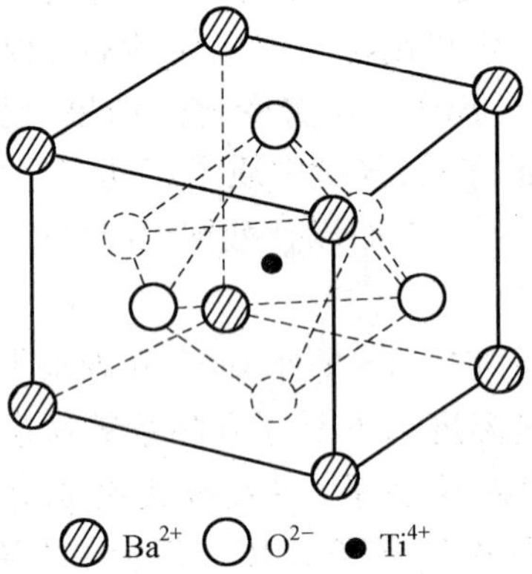

图3.47 $BaTiO_3$ 的立方钙钛矿型结构

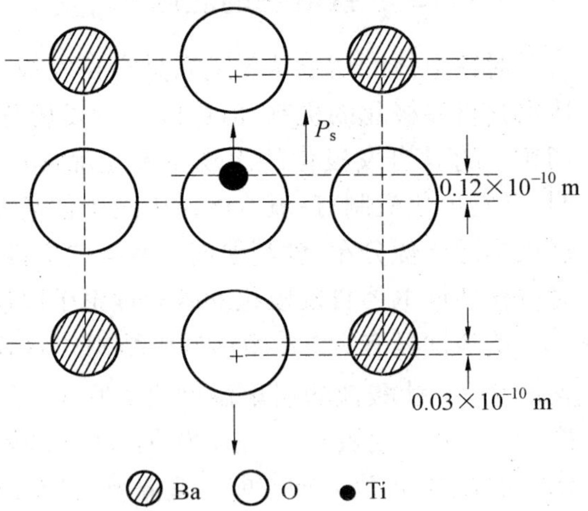

图3.48 铁电转变时，TiO_6 八面体原子的位移

一般情况下，自发极化包括两部分：一部分来源于离子直接位移；另一部分来源于电子云的形变，其中，离子位移极化占总极化的39%。

以上是从钛离子和氧离子强耦合理论分析其自发极化产生的根源。目前关于铁电相起源，特别是对位移式铁电体的理解已经发展到从晶格振动频率变化来理解其铁电相产生的原理，即所谓“软模理论”。

3.12.4 铁电性的分类

1894年Pockels报道了罗息盐具有异常大的压电常数，1920年Valasek观察到了罗息盐晶体（斜方晶系）铁电电滞回线，1935年、1942年又发现了磷酸二氢钾（KH_2PO_4）及其类似晶体中的铁电性与钛酸钡（$BaTiO_3$）陶瓷的铁电性。迄今为止，已发现的具有铁电性的材料，就有一千多种。

（1）按结晶化学分类。

① 含有氢键的晶体：磷酸二氢钾（KDP）、三甘氨酸硫酸盐（TGS）、罗息盐（RS）

等。这类晶体通常是从水溶液中生长出来的，故常被称为水溶性铁电体，又称软铁电体。

② 双氧化物晶体：如 $BaTiO_3$（BaO － TiO_2），$KNbO_3$（K_2O － Nb_2O_5），$LiNbO_3$（Li_2O －Nb_2O_5）等，这类晶体是从高温熔体或熔盐中生长出来的，又称硬铁电体。它们可以归结为 ABO_3 型，Ba^{2+}，K^+，Na^+ 离子处于 A 位置，而 Ti^{4+}，Nb^{6+}，Ta^{6+} 离子则处于 B 位置。

(2) 按极化轴多少分类。

① 沿一个晶轴方向极化的铁电晶体：罗息盐（RS），KDP 等。

② 沿几个晶轴方向极化的铁电晶体：$BaTiO_3$，$Cd_2Nb_2O_7$ 等。

(3) 按照在非铁电相时有无对称中心分类。

① 非铁电相时无对称中心：钽铌酸钾（KTN）和磷酸二氢钾（KDP）族的晶体。由于无对称中心的晶体一般是压电晶体，故它们都是具有压电效应的晶体。

② 非铁电相时有对称中心：不具有压电效应，如 $BaTiO_3$，TGS（硫酸三甘肽）以及与它们具有相同类型的晶体。

(4) 按相转变的微观机构分类。

① 位移型转变的铁电体：这类铁电晶体的转变与一类离子的亚点阵相对于另一亚点阵的整体位移相联系。属于位移型铁电晶体的有 $BaTiO_3$，$LiNbO_3$ 等含氧的八面体结构的双氧化物。

② 有序 － 无序型转变的铁电体：其转变是同离子个体的有序化相联系的。有序 － 无序型铁电体包含氢键的晶体，这类晶体中质子的运动与铁电性有密切关系。如磷酸二氢钾（KDP）及其同型盐就是如此。

(5)“维度模型”分类法。

①“一维型”：铁电体极性反转时，其每一个原子的位移平行于极轴，如 $BaTiO_3$。

②“二维型”：铁电体极性反转时，各原子的位移处于包含极轴的平面内，如 $NaNO_2$。

③“三维型”：铁电体极性反转时，在所有三维方向具有大小相近的位移，如 $NaKC4H4O_6 \cdot 4H_2O$。

3.12.5 铁电体的性能及其应用

1. 电滞回线

(1) 温度对电滞回线的影响。

铁电畴在外电场作用下的“转向”，使得陶瓷材料具有宏观剩余极化强度，即材料具有“极性”，通常把这种工艺过程称为“人工极化”。

极化温度的高低影响到电畴运动和转向的难易。矫顽场强和饱和场强随温度升高而降低。极化温度较高,可以在较低的极化电压下达到同样的效果,其电滞回线形状比较瘦长。

环境温度对材料的晶体结构也有影响,可使内部自发极化发生改变,尤其是在相界处(晶型转变温度点)更为显著。例如,$BaTiO_3$ 在居里温度附近,电滞回线逐渐闭合为一直线(铁电性消失)。

(2)极化时间和极化电压对电滞回线的影响。

电畴转向需要一定的时间,时间适当长一点,极化就可以充分些,即电畴定向排列完全一些。实验表明,在相同的电场强度 E 作用下,极化时间长的,具有较高的极化强度,也具有较高的剩余极化强度。

极化电压加大,电畴转向程度高,剩余极化变大。

(3)晶体结构对电滞回线的影响。

同一种材料,单晶体和多晶体的电滞回线是不同的。图3.49反映了 $BaTiO_3$ 单晶和陶瓷电滞回线的差异。单晶体的电滞回线很接近于矩形,P_s 和 P_r 很接近,而且 P_r 较高;陶瓷的电滞回线中 P_s 与 P_r 相差较多,表明陶瓷多晶体不易成为单畴,即不易定向排列。

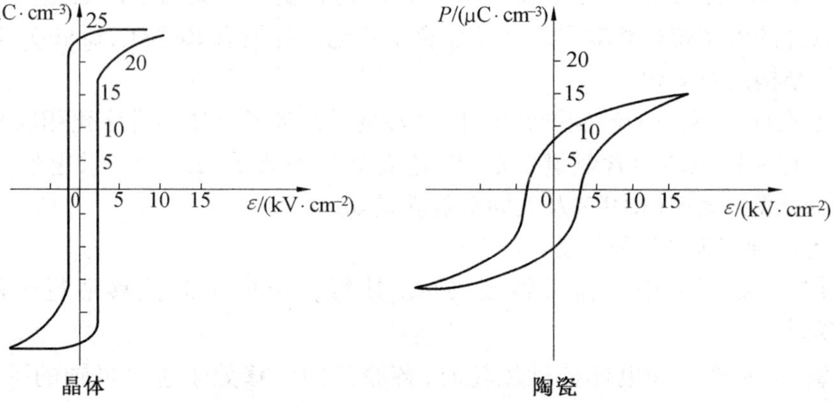

图3.49 $BaTiO_3$ 和陶瓷的电滞回线

2. 电滞回线的特性在实际中的应用

由于铁电体有剩余极化强度,因而可用来作信息存储、图像显示。目前已经研制出一些透明铁电陶瓷器件,如铁电存储和显示器件、光阀、全息照相器件等,就是利用外加电场使铁电畴做一定的取向,目前得到应用的是掺镧的锆钛酸铅(PLZT)透明铁电陶瓷以及 $Bi_4Ti_3O_{12}$ 铁电薄膜。

由于铁电体的极化随 E 而改变,因而晶体的折射率也将随 E 改变。这种由于外电场引起晶体折射率的变化称为电光效应。利用晶体的电光效应可制作光调制器、晶体光阀、电光开关等光器件。目前应用到激光技术中的晶体很多是铁电晶体，如 $LiNbO_3LiTaO_3$，KTN（钽铌酸钾等）。

3. 介电特性

像 $BaTiO_3$ 一类的钙钛矿型铁电体具有很高的介电常数。纯钛酸钡陶瓷的介电常数在室温时约为 1 400；而在居里点（20 ℃）附近，介电常数增加很快，可高达6 000 ~10 000。由图 3.50 可以看出，室温下 ε_r 随温度变化比较平坦，这可以用来制造小体积大容量的陶瓷电容器。为了提高室温下材料的介电常数，可添加其他钙钛矿型铁电体，形成固溶体。在实际制造中需要解决调整居里点和居里点处介电常数的峰值问题，这就是所谓"移峰效应" 和"压峰效应"。在铁电体中引入某种添加物生成固溶体，改变原来的晶胞参数和离子间的相互联系，使居里点向低温或高温方向移动，这就是"移峰效应"。其目的是为了在工作情况下（室温附近）材料的介电常数和温度关系尽可能平缓，即要求居里点远离室温温度，如加入 $PbTiO_3$ 可使 $BaTiO_3$ 居里点升高。

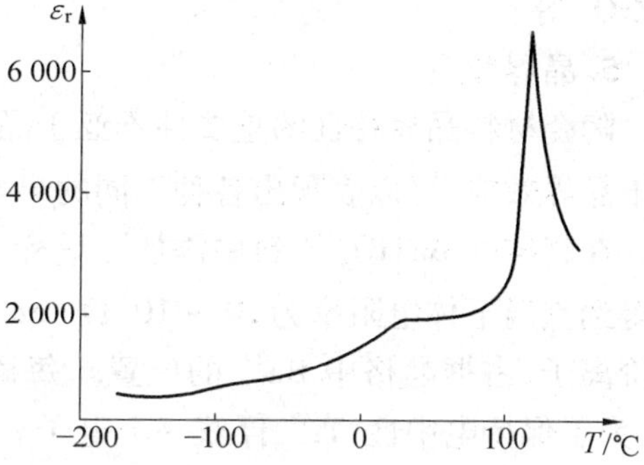

图 3.50 $BaTiO_3$ 陶瓷介电常数与温度的关系

4. 压峰效应

压峰效应是为了降低居里点处介电常数的峰值，即降低 $\varepsilon-T$ 非线性，也使工作状态相应于 $\varepsilon-T$ 平缓区。例如在 $BaTiO_3$ 中加入 $CaTiO_3$ 可使居里峰值下降。常用的压峰剂（或称展宽剂）为非铁电体。如在 $BaTiO_3$ 加入 $Bi_2/3SnO_3$，其居里点几乎完全消失，显示出直线性的温度特性，可认为是加入非铁电体后，破坏了原来的内电场，使自发极化减弱，即铁电性减小。

铁电体的非线性是指介电常数随外加电场强度非线性地变化。从电滞回线也可看出这种非线性关系。

非线性的影响因素主要是材料结构。可以用电畴的观点来分析非线性。电畴在外加电场下能沿外电场取向，主要是通过新畴的形成、发展和畴壁的位移等实现的。当所有电畴都沿外电场方向排列定向时，极化达到最大值。所以为了使材料具有强非线性，就必须使所有的电畴能在较低电场作用下全部定向，这时 $\varepsilon-E$ 曲线一定很陡。在低电场强度作用下，电畴转向主要取决于 90° 和 180° 畴壁的位移。但畴壁通常位于晶体缺陷附近。缺陷区存在内应力，畴壁不易移动。因此要获得强非线性，就要减少晶体缺陷，防止杂质掺入，选择最佳工艺条件。此外要选择适当的主晶相材料，要求矫顽场强低，体积电致伸缩小，以免产生应力。

强非线性铁电陶瓷主要用于制造电压敏感元件、介质放大器、脉冲发生器、稳压器、开关、频率调制等方面。已获得应用的材料有 $BaTiO_3-BaSnO_3$,$BaTiO_3-BaZrO_3$ 等。

5. 晶界效应

陶瓷材料晶界特性的重要性不亚于晶粒本身的特性。例如 $BaTiO_3$ 铁电材料,由于晶界效应,可以表现出各种不同的半导体特性。

在高纯度 $BaTiO_3$ 原料中添加微量稀土元素(例如La),用普通陶瓷工艺烧成,可得到室温下体电阻率为 $10\sim10^3\ \Omega\cdot cm$ 的半导体陶瓷。这是因为像 La^{3+} 这样的三价离子,占据晶格中 Ba^{2+} 的位置。每添加一个 La^{3+} 时离子便多余了一价正电荷,为了保持电中性,Ti^{4+} 俘获一个电子。这个电子只处于半束缚状态,容易激发,参与导电,因而陶瓷具有 n 型半导体的性质。

另一类型的 $BaTiO_3$ 半导体陶瓷不用添加稀土离子,只把这种陶瓷放在真空中或还原气氛中加热,使之“失氧”,材料也会具有弱 n 型半导体特性。

利用半导体陶瓷的晶界效应,可制造出边界层(或晶界层)电容器。如将上述两种半导体 $BaTiO_3$ 陶瓷表面涂以金属氧化物,如 Bi_2O_3,CuO 等,然后在 950 ~ 1 250 ℃ 氧化气氛下热处理,使金属氧化物沿晶粒边界扩散。这样晶界变成绝缘层,而晶粒内部仍为半导体,晶粒边界厚度相当于电容器介质层。这样制作的电容器介电常数可达20 000 ~ 80 000。用很薄的这种陶瓷材料就可以做成击穿电压为45 V以上,容量为0.5 μF 的电容器。它除了体积小,容量大外,还适合于高频(100 MHz 以上)电路使用。在集成电路中的应用是很有前途的。

6. 反铁电体

具有反铁电性(Antiferroelectricity)的材料统称为反铁电体。反铁电体与铁电体具有某些相似之处。例如:晶体结构与同型铁电体相近,介电系数和结构相变上出现反常,在相变温度以上,介电系数与温度的关系遵从居里 - 外斯定律。但也有不同之处,例如,在相变温度以下,一般情况并不出现自发极化亦无与此有关的电滞回线。反铁电体随着温度改变虽要发生相变,但在高温下往往是顺电相,在相变温度以下,晶体变成对称性较低的反铁电相(Antiferroelectric Phase)。

锆酸铅($PbZrO_3$)具有钙钛矿型结构,最早预示其具有“反铁电性”。反铁电体除了 $PbZrO_3$ 外,还有 $NH_4H_2PO_4$(ADP)型(包括 $NH_4H_2AsO_4$ 及氘代盐等),$(NH_4)2SO_4$ 型(包括 NH_4HSO_4 及 NH_4LiSO_4 等),$(NH_4)_2H_3IO_6$ 型(包括 $Ag_2H_3IO_6$ 及氘代盐等),钙钛矿型($NaNbO_3$,$PbHfO_3$,$Pb(Mg\frac{1}{2}W\frac{1}{2})O_3$,$Pb(Yb\frac{1}{2}Nb\frac{1}{2})O_3$ 等)和 $RbNO_3$ 等,其中具有较大应用价值的有 ADP,$PbZrO_3$ 以及 $NaNbO_3$ 等,研究较多的反铁电体是锆酸铅。

反铁电相的偶极子结构很接近铁电相的结构,能量上的差别很小,仅为每摩尔十几焦耳。因此,只要在成分上稍有改变,或者加上强的外电场或压力,反铁电相就转变为铁电相结构。例如 $PbZrO_3$ 在居里温度以下是不能观察到电滞回线的,只能观察到在极化强度 P 与电场强度 E 之间的线性关系,但是,当电场强度值大于某个临界值 E_c 时(如 $E > 20$ kV/cm),$PbZrO_3$ 可以从反铁电态转变为铁电态,并且此时可以观察到 $PbZrO_3$ 的双电滞回线。不过,应当指出,反铁电体中出现的双电滞回线与 $BaTiO_3$ 中的双电滞回线有着本质的不同:前者是在外加电场的强迫下,使在居里温度以下发生的从反铁电相转变到铁电相的结果,而后者的双电滞回线是在居里温度以上发生的,是在外加电场引起 $BaTiO_3$ 居里温度升高,使晶体从顺电相转变到铁电相的结果。

杂质对临界电场的影响很大。如:用 Ba^{2+} 代替5% 的 Pb^{2+} 或用 Ti^{4+} 代替1% 的 Zr^{4+},那么,即使无直流电场作用,也可能出现铁电相。在工程上,常常用 $PbZrO_3$ 和 $PbTiO_3$ 或用 $NaNbO_3$ 与 $KNbO_3$ 组成二元系铁电陶瓷 PZT 与 KNN。这些反铁电体的改性固溶体变成的铁电体,在工程上有许多实际应用。近年来,甚至发展了用流延法工艺制造叠片异质器件,即由"软"铁电体(改性的 PZT) 和具有高临界场(反铁电相转变到铁电相的"开关场") 的反铁电体(改性的 PbSnZT) 串联而成,这样的器件,其介电性能的稳定性大大高于用现在多数使用的单相"硬"材料的相应器件。

3.12.6 铁电性、压电性和热释电性关系

前面已经分别介绍了一般电介质、具有压电性的电介质(压电体)、具有热释电性的电介质(热释电体或热电体)、具有铁电性的电介质(铁电体)。它们存在的宏观条件见表3.4。

表3.4 一般电介质、压电体、热释电体、铁电体存在的宏观条件

一般电介质	压电体	热释电体	铁电体
电场极化	电场极化	电场极化	电场极化
	无对称中心	无对称中心	无对称中心
		自发极化	自发极化
		极轴	极轴
			电滞回线

因此,它们之间的关系如图3.51 所示。

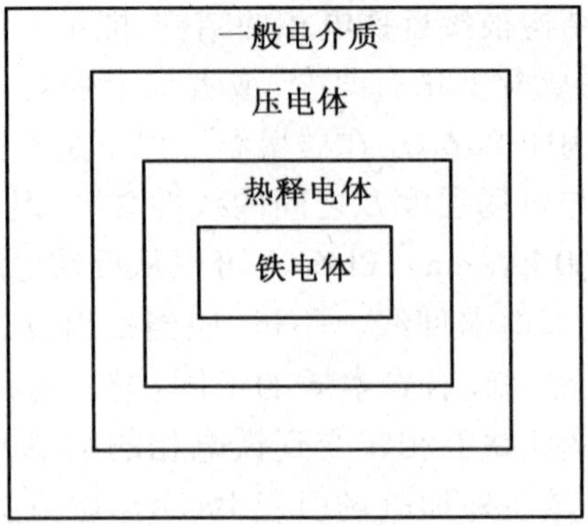

图 3.51　一般电介质、压电体、热释电体、铁电体之间的关系

从图中可以看出,铁电体一定是压电体和热释电体。在居里温度以上,有些铁电体已无铁电性,但其顺电体仍无对称中心,故仍有压电性。有些顺电相如钛酸钡是有对称中心的,因此在居里温度以上既无铁电性也无压电性,总之,与它们的晶体结构密切相关。

同时,压电性、热释电性、铁电性也可以用空间点群关系来进行描述,具体如下:

32 种点群中,有 21 种点群属于异极对称型点群。其特点是不具有对称中心,而且至少有一个极轴方向。极轴是指正负方向不对称的轴线。除了 432 点群外,具有极轴的 20 个异极对称型点群晶体都可能具有压电性。但是并非这 20 个异极对称型点群晶体都必定具有压电性,因为压电晶体首先必须是不导电的,而且其结构还要是分别带正电荷和负电荷的离子或离子团组成的分子晶体。也就是说,压电体必须是离子晶体或由离子团组成的分子晶体。

晶体由于温度均匀变化而引起的表面荷电现象称为热释电效应,其本质在于晶体存在自发极化。压电晶体就是存在极轴的晶体,但是存在极轴的晶体并不一定存在自发极化,因为多个极轴的电矩之和可以使总电矩为零。由此可见,压电晶体不一定是热释电晶体,只有存在唯一极轴的晶体才可能存在自发极化,才能是热释电晶体。反之,热释电晶体一定是压电晶体。什么样点群才具有唯一的极轴呢?只有存在唯一的旋转对称轴,没有对称面垂直于它,这样的点群才具有唯一极轴。因此,只有 1,2,3,4,6,1 mm,2 mm,3 mm,4 mm,6 mm,这十种点群的晶体才存在唯一的极轴,才具有热释电性。

在所有热释电晶体中,有若干种晶体只有在一定的温度范围内才发生自发极化,而且其自发极化方向可以因外电场而重新取向,称此类晶体为铁电体。所以,铁电晶体一定是热释电晶体,它只能属于具有唯一极轴的十种点群晶体,至于哪些晶体具有铁电性,需要实验来确定。

3.13 介电测量简介

根据电介质使用的目的不同,其主要测量的参数是不一样的。

对于电介质一般主要测量其介电常数、介电损耗和介电强度。对于绝缘应用,更要注意介质强度,对于应用铁电性、压电性则应分别测定其电滞回线和压电表征参数,这些测量信息有助于理解分析结构和材料极化的机制。

3.13.1 电容率(介电常数)和介电损耗的测定

介电常数的测量可以采用电桥法、拍频法和谐振法。其中拍频法测定介电常数很准确,但不能同时测量介电损耗。

普通电桥法可以测到 MHz 以下的介电常数。目前使用阻抗分析仪可以进行从几赫到几百赫的介电测量。对铁电材料进行介电测量时应注意的有关事项有:

(1) 注意单晶体铁电材料介电常数至少具有两个值,因此,要选择好晶体的切向和尺寸,安排好晶体和电场的取向。

(2) 铁电体极化与电场关系为非线性,因此,必须说明测量时的电场强度,并且主要研究的是初始状态下的小信号的介电常数,有

$$\varepsilon = \left(\frac{\partial D}{\partial E}\right)_{E\to 0}$$

(3) 铁电体具有压电性,其电学量与测量时的力学条件有关,因此,自由状态的电容率大于夹持电容率。低频电容率是指远低于样品谐振频率时的电容率,即自由电容率。

(4) 测量时通常满足绝热条件,得到的是绝热电容率。

对于绝缘应用的材料着重测定材料的电阻率、绝缘电阻(采用高阻计)及其介电强度。

1. 电桥法测量固体材料的介电常数

电介质是一种不导电的绝缘介质,在电场的作用下会产生极化现象,从而在均匀介质表面感应出束缚电荷,这样就减弱了外电场的作用。在充电的真空平行板电容器中,若金属极板自由电荷密度分别为 $+\sigma_0$ 和 σ_0,极板面积为 S,两内表面间距离为 d,而且 $d \gg d_z$,则电容器内部所产生的电场为均匀电场,电容量为

$$C = \varepsilon_0 \frac{S}{d} \tag{3.122}$$

当电容器中充满了极化率为 c 的均匀电介质后,束缚电荷(面密度为 $\pm s$)所产生的附加电场与原电场方向相反,故合成电场强度 E 较 E_0 小,可以证明

$$C = \varepsilon_r C_0 \tag{3.123}$$

显然,由于极板上电量不变,若两极板的电位差下降,故电容量增大。式(3.123)中,ε_r 称为电介质的相对介电常数,是一个无纲量的量,对于不同的电介质,ε_r 值不同。因此,它是一个描述介质特性的物理量。若分别测量电容器在填充介质前、后的电容量,即可根据式(3.123)推算该介质的相对介电常数。

如图3.52,3.53所示为电极在空气以及电极放入介质中测量电容的示意图,设电极间充满空气时,其分别电容量为 C_1,放入介质时的电容量为 C_2,考虑到边界效应和分布电容的影响,则有 $C_1 = C_0 + C_{边1} + C_{分1}$,放入介质时,其电容量 $C_2 = C_{串} + C_{边2} + C_{分2}$,其中,$C_0$ 是电极间以空气为介质,电极板的面积为 S 计算出来的电容量,考虑到空气的相对介电常数近似为1,则有

$$C_0 = \frac{\varepsilon_0 S}{D} \tag{3.124}$$

$C_{边}$ 为样品面积以外电极间的电容量和边界电容之和,$C_{分}$ 为测量引线及测量系统等所引起的分布电容之和。

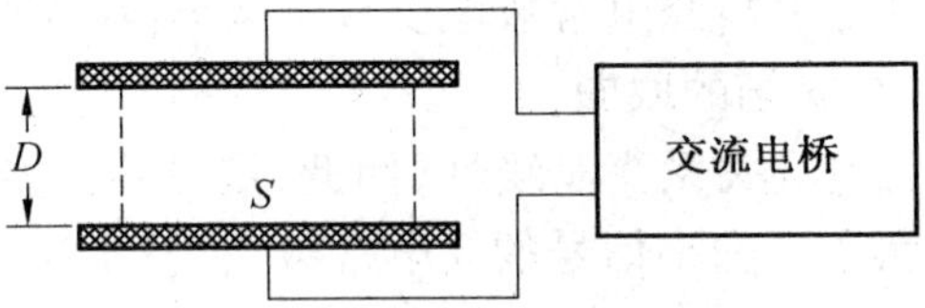

图3.52 电极在空气中测量

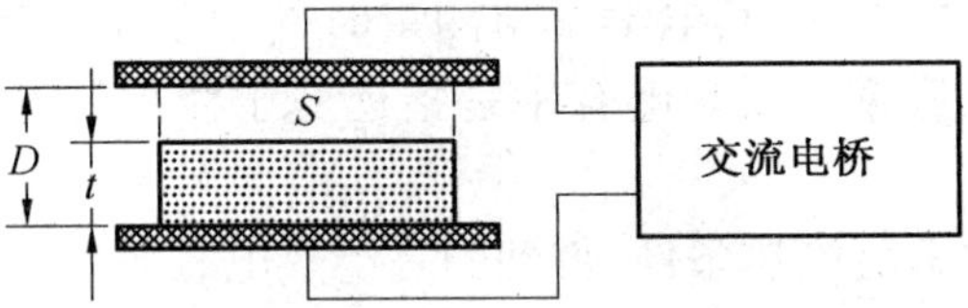

图3.53 电极在介质中测量

电介质样品放入极板间时,样品面积比极板面积小,厚度也比极板的间距小,因此由样品面积内介质层和空气层组成串联电容而成,$C_{串}$ 是放入介质后,电极间的空气层和介质层串联而成的电容量,根据电容串联的计算公式,显然有

$$C = \frac{\dfrac{\varepsilon_0 S}{D-t} \cdot \dfrac{\varepsilon_r \varepsilon_0 S}{t}}{\dfrac{\varepsilon_0 S}{D-t} + \dfrac{\varepsilon_r \varepsilon_0 S}{t}} = \frac{\varepsilon_r \varepsilon_0 S}{t + \varepsilon_r (D-t)} \tag{3.125}$$

当两测量电极间距 D 为一定值时,系统状态保持不变,则可以近似认为 $C_{边1} = C_{边2}$,$C_{分1} = C_{分2}$,结合上面两个式子可以发现

$$C_{串} = C_2 - C_1 + C_0 \tag{3.126}$$

所以固体电介质的介电常数为

$$\varepsilon_r = \frac{C_{串} t}{\varepsilon_0 S - C_{串}(D - t)} \tag{3.127}$$

因此,通过交流电桥测出 C_1 和 C_2,用测微器测出 D 和 t,用游标卡尺测出电极板的直径,就可以求出介质的相对介电系数。该结果中不再包含分布电容和边缘电容,也就是说运用该方法消除了由分布电容和边缘效应引入的系统误差。

2. 频率法测定液体电介质的相对介电常数

在实际中测量液体电介质的介电系数常采用频率法。其测试原理图如图3.54所示。所用电极是两个容量不相等并组合在一起的空气电容,电极在空气中的电容量分别为 C_{01} 和 C_{02},通过一个开关与测试仪相连,可分别接入电路中。测试仪中的电感 L 与电极电容和分布电容等构成 LC 振荡回路。

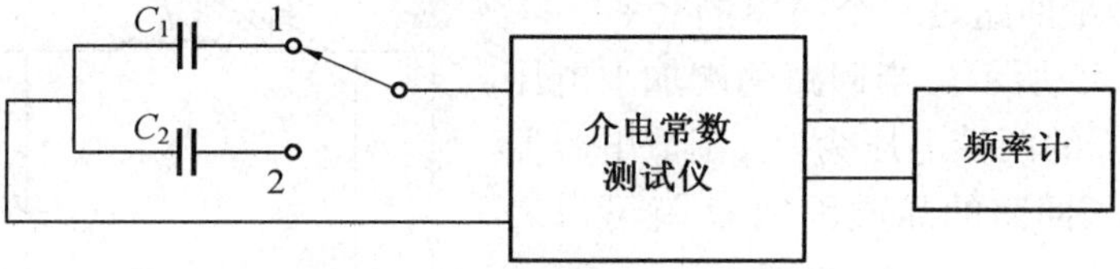

图3.54 频率法测试液体电介质的原理图

振荡频率为

$$f = \frac{1}{2\pi\sqrt{LC}} \tag{3.128}$$

或者

$$C = \frac{1}{4\pi^2 L f^2} = \frac{k^2}{f^2} \tag{3.129}$$

其中,$C = C_0 + C_{分}$。测试仪中电感 L 一定,即式中 k 为常数,则频率仅随电容 C 的变化而变化。当电极在空气中时接入电容 C_{01},相应的振荡频率为 f_{01},得

$$C_{01} + C_{分} = \frac{k^2}{f_{01}^2} \tag{3.130}$$

接入电容 C_{02},相应的振荡频率为 f_{02},得

$$C_{02} + C_{分} = \frac{k^2}{f_{02}^2} \tag{3.131}$$

实验中保证 $C_{分}$ 不变,则有

$$C_{02} - C_{01} = \frac{k^2}{f_{02}^2} - \frac{k^2}{f_{01}^2} \tag{3.132}$$

当电极在液体中时,相应地有

$$\varepsilon_r(C_{02} - C_{01}) = \frac{k^2}{f_2^2} - \frac{k^2}{f_1^2} \tag{3.133}$$

由此可得液体电介质的相对介电常数为

$$\varepsilon_r = \frac{\frac{1}{f_2^2} - \frac{1}{f_1^2}}{\frac{1}{f_{02}^2} - \frac{1}{f_{01}^2}} \tag{3.134}$$

此结果不再和分布电容有关，因此该实验方法同样消除了由分布电容引入的系统误差。

3. Q 表法测量材料的介电损耗角正切

通常测量材料介电常数和介质损耗角正切的方法有两种：交流电桥法和 Q 表测量法，其中 Q 表测量法在测量时由于操作与计算比较简便而广泛采用。本书主要介绍 Q 表测量法。

Q 表的测量回路是一个简单的 R－L－C 回路，如图 3.55 所示。当回路两端加上电压 U 后，电容器 C 的两端电压为 U_c，调节电容器 C 使回路谐振，回路的品质因数 Q 就可以表示为

$$Q = \frac{U_c}{U} = \frac{\omega L}{R} \tag{3.135}$$

式中，L 为回路电感；R 为回路电阻；U_c 为电容器 C 两端电压；U 为回路两端电压。

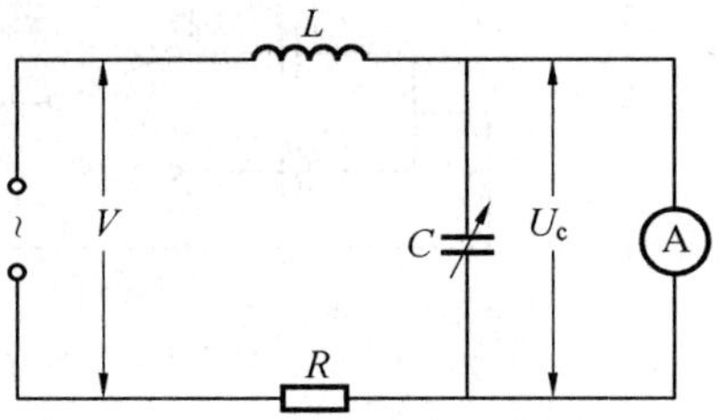

图 3.55　Q 表测量原理图

由式(3.135)可知，当输入电压 U 不变时，则 Q 与 U_c 成正比。因此在一定输入电压下，U_c 值可直接标示为 Q 值。Q 表即根据这一原理来制造。

STD－A 陶瓷介质损耗角正切及介电常数测试仪由稳压电源、高频信号发生器、定位电压表 CB_1、Q 值电压表 CB_2、宽频低阻分压器以及标准可调电容器等组成(图 3.56)。工作原理如下：高频信导发生器的输出信号，通过低阻抗耦合线圈将信号馈送至宽频低阻抗分压器。输出信号幅度的调节是通过控制振荡器的帘栅极电压来实现的。当调节定位电压表 CB_1 指在定位线上时，R_i 两端得到约 10 mV 的电压(U_i)。当 U_i 调节在一定数值(10 mV)后，可以使测量 U_c 的电压表 CB_2 直接以 Q 值刻度，即可直接读出 Q 值，而不必计算。另外，电路中采用宽频低阻分压器的原因是：如果直接测量 U_i 必须增加大量电子组件才能测量出高频低电压信号，成本较高。若使用宽频低阻分压器后则可用普通电压表达到同样的目的。

经推导，介电常数

$$\varepsilon = \frac{(C_1 - C_2)d}{\Phi_2} \tag{3.136}$$

式中，C_1 为标准状态下的电容量；C_2 为样品测试的电容量；d 为试样的厚度，cm；Φ_2 为试样的直径，cm。

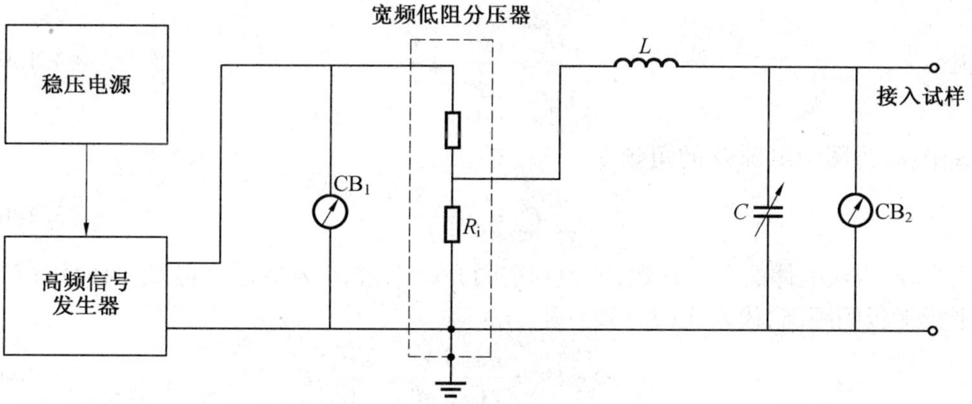

图 3.56 Q 表测量电路图

(1) 介质损耗角正切。

$$\tan\delta = \frac{C_1}{C_1 - C_2} \times \frac{Q_1 - Q_2}{Q_1 \times Q_2} \tag{3.137}$$

式中,Q_1 为标准状态下的 Q 值;Q_2 为样品测试的 Q 值。

(2)Q 值。

$$Q = \frac{1}{\tan\delta} = \frac{Q_1 \times Q_2}{Q_1 - Q_2} \times \frac{C_1 - C_2}{C_1} \tag{3.138}$$

3.13.2 电滞回线的测量

电滞回线为铁电材料提供矫顽场、饱和极化强度、剩余极化强度和电滞损耗的信息,这对于研究铁电材料动态应用(材料电疲劳)是极其重要的。测量电滞回线的方法主要是借助于Sawyer - Tower 回路,其线路测试原理如图 3.57 所示。

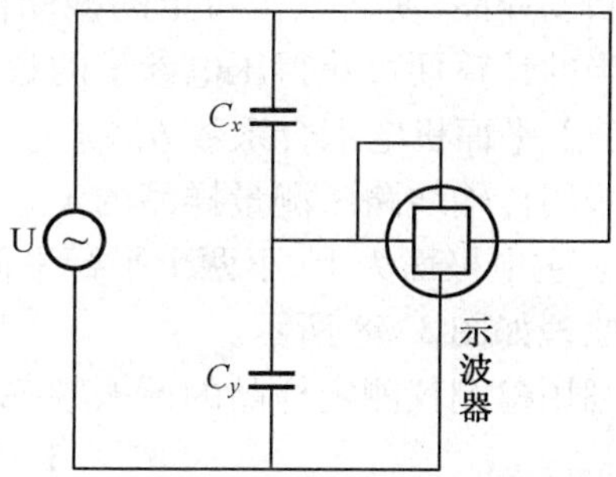

图 3.57 Sawyer - Tower 电桥原理示意图

以电晶体做介质的电容 C_x 上的电压 U 是加在示波器的水平电极板上,与 C_x 串联一个恒定电容 C_y(即普通电容),C_y 上的电压 U_y 加在示波器的垂直电极板上,很容易证明 U_y 与铁电体的极化强度 P 成正比,因而示波器显示的图像,纵坐标反映 P 的变化,而横坐标 U_x 与加在铁电体上外电场强成正比,因而就可直接观测到 $P - E$ 的电滞回线。

下面证明 U_y 和 P 的正比关系。

因
$$\frac{U_y}{U_x}=\frac{\dfrac{1}{\omega C_y}}{\dfrac{1}{\omega C_x}}=\frac{C_x}{C_y} \tag{3.139}$$

式中,ω 为图中电源 U 的角频率

$$C_x=\varepsilon\frac{\varepsilon_0 S}{d} \tag{3.140}$$

式中,ε 为铁电体的介电常数;ε_0为真空的介电常数;S 为平板电容 C_x 的面积;d 为平行平板间距离,代入式(3.139) 得

$$U_y=\frac{C_x}{C_y}U_x=\frac{\varepsilon\varepsilon_0 S}{C_y}\frac{V_x}{d}=\frac{\varepsilon\varepsilon_0 S}{C_y}E \tag{3.141}$$

根据电磁学

$$P=\varepsilon_0(\varepsilon-1)E\approx\varepsilon_0\varepsilon E=\varepsilon_0\chi E \tag{3.142}$$

对于铁电体 $\varepsilon\gg 1$,固有 $P\approx\varepsilon_0\varepsilon E=\varepsilon_0\chi E$ 近似等式,代入式(3.141)

$$U_y=\frac{S}{C_y}P \tag{3.143}$$

因 S 与 C_y 都是常数,故 U_y 与 P 成正比。

3.13.3 压电性的测量

压电性测量方法可以有电测法、声测法、力测法和光测法,其中主要方法为电测法。电测法中按样品的状态分为动态法、静态法和准静态法。动态法是用交流信号激发样品,使之处于特定的振动模式,然后测定谐振及反谐振特征频率,并采用适当的计算便可获得压电参量的数值。

(1) 平面机电耦合系数 K_p。

采用传输线路法测量样品的 K_p。样品为圆片试样,且直径 ϕ 与厚度 t 之比要大于10。主电极面为上、下两个平行平面,极化方向与外加电场方向平行。传输法的线路原理如图 3.58 所示。

利用检测仪测定样品的谐振频率 f_r 和反谐振频率 f_a,并按下式计算 K_p。

$$\frac{1}{K_p^2}=\frac{a}{\dfrac{f_a-f_r}{f_t}}+b \tag{3.144}$$

式中,a 和 b 为与样品振动模式相关的系数。对于圆片径向振动,$a=0.395$,$b=0.574$。

(2) 压电应变常量 d_{33} 和 d_{31}。

可采用准静态法测试 d_{33}。样品规格与测定 K_p 样品相同。测试用仪器为我国中科院声学所研制的 ZJ-2 型准静态 d_{33} 测试仪,测试误差 $\leqslant 2\%$。

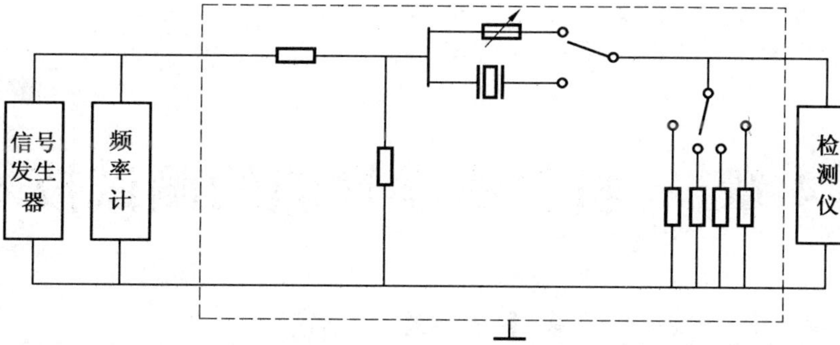

图 3.58 传输法测试原理图

压电常量 d_{31} 没有直接测量仪器,是根据公式计算的。采用动态法测试的样品为条状,尺寸条件是样品的长度和宽度之比大于5,长度和厚度之比大于10。极化方向与电场方向相互平行,电极面为上、下两平行平面。具体步骤如下:

(1) 用排水法测出样品的体积密度 ρ。

(2) 用传输线路法测出样品的谐振频率 f_r 和反谐振频率 f_a。

(3) 算出样品在恒电场下(短路) 的弹性柔顺系数为

$$S_{11}^{E} = \frac{1}{4l^2\rho f_r^2} \tag{3.145}$$

式中,l 为样品长度;ρ 为样品密度,f_r 为样品谐振频率。

(4) 按下式算出样品的机电耦合系数 K_{31}。

$$\frac{1}{K_{31}} = 0.404\frac{f_r}{f_a - f_r + 0.595} \tag{3.146}$$

此近似公式算出的 K_{31} 较国家标准精确计算查表值稍高,但精度可以接受。

(5) 测出样品的自由电容 C^{T},并计算出自由电容率 ε_{33}^{T}。

(6) 算出 K_{31}、ε_{33}^{T} 和 S_{11}^{E} 后,按下式算出 d_{31}。

$$d_{31} = K_{31}\sqrt{\varepsilon_{33}^{T}S_{11}^{E}} \quad (C/N) \tag{3.147}$$

思考题

1. 什么是电介质及极化?
2. 电介质分为哪几类?
3. 电介质的极化机制有哪几类? 各类机制存在的频率范围及电介质如何?
4. 解释压电效应及其产生的原因。
5. 解释热释电效应及其产生的条件。
6. 什么是铁电体? 什么是电畴?
7. 以钛酸钡为例解释铁电体自发极化的机制。
8. 压电性、热释电性及铁电性之间有什么关系?

第4章　材料磁学性能的测试技术

4.1　绪　论

物质磁性是固体物理研究的一个重要领域，也是工业应用方面引起广泛兴趣的话题，磁性出现的范围很广，从微观粒子到宏观物体以至宇宙间的天体都存在着磁的现象。中国是最先应用磁性的国家，公元前4世纪我国使用磁石制成了司南，它是世界上最早的指南针。随着科学技术的发展，磁性材料的研究及应用已深入各个工业部门和人们的日常生活中。

磁学史上，第一部磁学专著是英国吉尔伯特（W. Gilbert）的《论磁石》（1600年），然而，到19世纪前半期磁性作为一门科学才开始发展，例如，丹麦物理学家奥斯特在1820年发现电流的磁效应，拉开了磁与电之间联系的序幕；法国物理学家安培于1820年末，证明通电圆形线圈和普通磁铁一样，有相同的吸引或排斥作用，随后，安培又提出了著名的"分子电流"假说，他预言了原子和物质的磁性的现代电子理论，成为磁学的理论基础，对磁学的发展起了推动作用。到1831年，英国科学家法拉第发现了电磁感应定律，从而揭示出电与磁之间的内在联系，即动电产生磁，动磁产生电。后来，苏格兰物理学家麦克斯韦，将电磁的联系建立起严密的电磁场理论。他发展了法拉第的思想，用数学形式即麦克斯韦方程，总结出电场和磁场的联系。

在一般磁性理论发展的同时，磁性现象物理学方面也有了诸多突破，例如，1845年法拉第确定了抗磁性和顺磁性的存在，居里（Curie）对抗磁性和顺磁性的温度关系进行了广泛的实验研究，至1905年，郎之万（Langevin）对上述两种磁性现象做出了解释。关于铁磁性理论的系统研究工作开始于20世纪初，1907年，法国物理学家外斯（Weiss）在郎之万顺磁性理论基础上，第一次成功建立起铁磁性现象的物理模型，奠定了现代铁磁性理论的基础。从此，现代铁磁性理论得到了迅速发展。近一个世纪以来，磁学和磁性材料的发展，已对人类社会产生了巨大的影响。为了解释各种各样的铁磁性物质的磁性起源，已有多种理论模型被提出，主要有：

（1）"分子场"理论模型：20世纪初，外斯为了解释铁磁性物质的磁化曲线和磁化特征，首先引入了“分子场”的概念，这是对铁磁性物质特性最早的理论描述，但是，这个理论模型对分子场的物理本质和原子为什么有一定大小的磁矩这两个问题却悬而未决。

（2）交换作用模型：20世纪20年代，量子力学迅速发展，人们开始用量子力学做工具来解释物质磁性的来源。1928年，海森堡（Heisenberg）成功地把量子力学引用到铁磁性理论中，建立了局域性电子自发磁化的理论模型。到这时，人们对分子场开始有了实质性的认识，分子场来源于相邻原子中电子间的交换作用模型，唯象地解释了铁磁性的起源，并对铁磁性理论的发展起了决定性的作用。从此以后，解释铁磁性物质自发磁化问题的理论，发展成为两个理论分支，即分子场理论和交换作用理论。

（3）局域电子模型和巡游电子模型：在发展自发磁化理论时，人们根据各种铁磁性材料的实验事实，从交换作用模型出发，使交换作用理论又发展成为两个学派，即局域电子模型和巡游电子模型。局域电子模型在解释稀土金属及其合金的磁性方面取得了成功，而巡游电子模型在解释3d过渡族金属的磁性方面取得了令人欣喜的结果。以局域电子模型为基础，为解释铁氧体、稀土金属的磁性，发展有超交换作用理论和RKKY作用理论。在发展亚铁磁性理论方面，法国物理学家奈尔（Neel）做出了杰出贡献。以巡游电子模型为基础，为阐明3d过渡金属的磁性，具体发展有斯东纳能带模型理论，哈伯德（Hubbard）模型等。

（4）自旋涨落模型：实质上，局域电子模型和巡游电子模型两者是采用了相反出发点的理论，前者以实空间的局域电子态为出发点，后者以倒空间（即波数空间）里的局域电子为出发点。理论发展初期，导出的结果与实验数据相对比时，出现相互对立而又相互补充地说明铁磁性物质特性的格局。现在，过渡族金属的d电子已确认是巡游的，描述过渡族金属的磁性，似乎应该是巡游电子模型，但是按照斯东纳理论，却不能说明有限温区的诸般性质，必须要求计入窄d带里的电子关联来改进理论。近期，守谷提出的自选涨落模型，就是试图在局域电子模型和巡游电子模型之间寻找一个统一的图像。守谷对弱铁磁性及反铁磁性金属系统，考虑各自自旋涨落模式间的耦合，同时，自洽地求出自旋涨落，并计入热平衡状态，从而描述了弱铁磁性、近代磁性和反铁磁性的许多特性。自旋涨落模型，打开局域电子模型和巡游电子模型向统一理论发展的局面，这部分的研究工作正在发展中。

对铁磁体特性方面的研究，磁畴理论较为成熟，毕特（Bitter）最早用粉纹法在实验上证实了磁畴的存在。定量的铁磁畴理论是由朗道（Landau）和里弗西斯（Lifshits）于1935年建立起来。他们从铁磁晶体的简单模型，推导出磁畴结构，给磁畴理论奠定了坚实的基础。磁畴的存在是自发磁化分布应满足平衡状态下自由能极小的必然结果。

从理论角度看,作为基础概念的磁畴和畴壁是以假设而引入的,而且,自由能极小原理,在假定形成磁畴结构的限制下应用,所以,磁畴理论在体系上是不完善的。在计算磁畴结构时,也难以给出精确的结果。为克服这一困难,布朗(Brown)、杜宁(Doring)、基特尔(Kittel)和奈尔(Neel)又发展出了微磁化理论,即直接由铁磁体系内磁化矢量运动方程求解的理论。

自20世纪50年代以来,出现了关于磁性基础理论研究和磁性应用相结合的局面,加速了磁性领域的发展,范弗列克和奈尔由于在磁学方面的基础贡献,还获得了诺贝尔奖金。

总结前述可以发现,磁学理论的发展是错综复杂的,虽然人们早就了解物质的磁性并加以应用,但对磁性的认识却是从20世纪以来的事情,人们对于磁性的认识,应归功于原子结构被揭露,尤其是量子力学的成就。表4.1列出了磁学发展的重要进展年表。

表4.1 磁学和磁性材料重要进展年表

年　代	发现、发明与学说
公元前3000 ~ 2500年	铁(陨石)的发现
公元前1400 ~ 400年	发明炼铁术
1785	磁极间相互作用定律
1820	电流的磁效应
1831	电磁感应定律
1865 ~ 1866年	电动机和发动机的发明
1895	Curie(居里)定律
1898	磁性录音机发明
1900	Fe – Si软磁合金(硅钢)发现
1905	物质的抗磁性和顺磁性理论(郎之万理论)
1907	铁磁性学说
1909	合成铁氧体
1915年	A. Einstein和W. J. De Haas回转磁效应实验
1919年	巴克豪森(Barkhausen)效应
1920	Fe – Ni软磁合金(坡莫合金)
1928	自发磁化的量子力学解释(Heisenberg海森堡交换作用)

续表 4.1

年　代	发现、发明与学说
1931 ~ 1935	磁畴的试验证明和理论解释
1932 ~ 1933	反铁磁理论
1936	铁磁性能带理论
1938	磁铅石型铁氧体合成
1946	金属铁磁共振现象
1948	奈尔建立亚铁磁理论
1949	Polder（玻耳德尔）旋磁性和张量磁导率理论
1952	钡铁氧体合成
1953	范弗列克提出局域磁矩模型
1953 ~ 1964	矩磁铁氧体在计算机中应用
1953 ~ 1956	铁氧体的高功率现象和非线性理论
1956	超高频铁氧体
1958	穆斯堡尔效应，出现超导性铁磁合金
1959	安德森（Anderson）建立绝缘化合物铁磁性理论
1961 ~ 1965	铁磁半导体
1974	日本 TDK 公司制成 AVILYN 包钴 $\gamma-Fe_2O_3$ 磁粉
1980	日本 KDD 公司成功得到磁光盘，1988 年上市
1985	钕－铁－硼永磁合金

磁性是物质一种普遍而重要的属性。从微观粒子到宏观物体，以至宇宙天体，无不具有某种程度的磁性，这里说的磁性是广义的，包括弱磁性和强磁性两类。有关强磁性问题，按其性质，大致可以分为三类：① 自发磁化；② 技术磁化；③ 应用磁学。不同类型的磁性问题，要求求解水平是不同的。其中，自发磁化涉及凝聚态物质磁性的微观机制，其问题的求解必然要求深入到原子或电子尺度的水平，形成自发磁化理论。技术磁化，属于磁畴理论范围，问题的求解，要求在显微尺度水平，即磁畴或稍进一步的程度，形成技术磁化理论，这个理论可以对磁性材料的宏观特性给出解释，并能用于指导磁性材料的研制。应用磁学，顾名思义，所研究的就是与应用有关的磁性问题。

目前磁性材料大体分属于金属材料和铁氧体材料，由于电磁波频率的提高，金属材料的集肤效应加剧。在微波领域中电磁波已不能穿透一般金属（其集肤深度 $< 1\ \mu m$），电阻极高的铁氧体便成为这一波段中唯一具有实际意义的磁介质，铁氧体正以其高频穿透性、压磁性和自发矩磁性等特点在磁性材料中占据着独特的地位。但是铁氧体也存在着低居里点、低饱和磁化强度等问题，而这些方面正是金属磁性材料的优点。所以，两类材料在应用上既相互竞争又相互补充。

4.2 材料的磁化现象及磁学基本量

所有物体无论处于什么状态，晶态、非晶态，或是液态、气态，无论在怎样的温度和压力条件下，实验证明都显示或强或弱的磁性，所不同的是不同的物质有不同的磁性，有的磁性强，有的磁性弱。

众所周知，任何有限尺寸的物体处于磁场中，都会使它所占有的空间的磁场发生变化，这是由于磁场的作用使物质表现出一定的磁性，这种现象称为磁化。

电磁学中关于物质磁化的理论可以用两种不同的观点来描述：分子电流观点和等效磁荷观点。这两种观点假设的微观模型不同，从而赋予磁感应强度 B 和磁场强度 H 的物理意义也不同，但是最后得到的宏观规律表达式却完全一样，因而计算结果也完全不同。从这种意义上讲，两种观点是等效的。在描述材料的磁性时，经常用到下列几个基本概念。

4.2.1 磁 场

和重力场一样，磁场既看不见也摸不着。对于地球重力场来说，我们可以通过引力直接感知其存在。而对于磁场，只有它作用于一些磁性物体时（例如某些被磁化的金属，天然磁石，或者通电的线圈），我们才能确定其存在。例如，如果我们把一个磁化的针头放在漂于水面的软木塞上，它会缓慢地指向其周围的磁场方向。再比如，通电的线圈会产生磁场，从而引起其附近的磁针转动。磁场的概念正是根据这些现象建立起来的。

电流能够产生磁场，因此我们可以借助于电场来定义由其产生的磁场。图4.1(a) 展示了当导线通以电流 i 时，其四周铁屑分布的情形。根据右手法则，右手

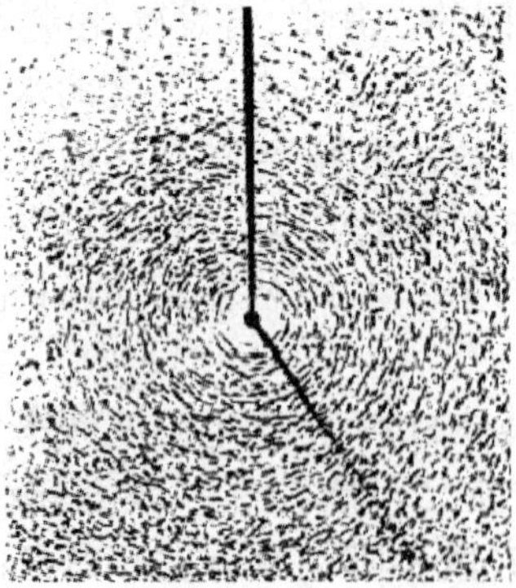

(a)

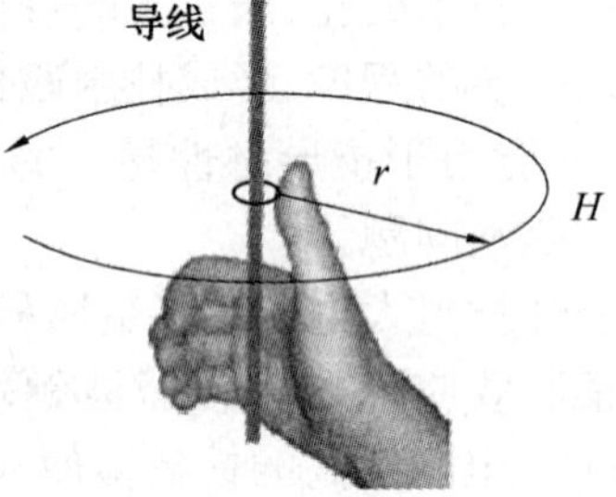

(b)

图4.1 磁场

的大拇指指向电流方向(即正方向,与电子流动方向相反),其他成环状的四指则指示了相应的磁场方向(图4.1(b))。

4.2.2 磁荷、磁偶极子和磁矩

我们从一个很直观的实验可以看到(图4.2),一条条形磁铁投入铁屑中,该条形磁铁的两端吸引铁屑特别多,这表明磁铁两端的磁性强。这个磁性强的区域称为磁极。如果条形磁铁能够在水平面内自由转动,则两磁极总是分别指向地球的南北方向。指北的一端我们称其为正磁极,以N表示。指南的一端我们称为负磁极,以S表示。在磁学和电学还处于彼此独立研究的时期,人们仿照静电学,认为磁极上有一种称为“磁荷”的东西,N极上的为正磁荷,以+m表示,S极上的为负磁荷,以-m表示。当磁极本身几何尺寸与它们之间的距离相比小很多时,磁荷可以看成点磁荷。但与点电荷不同的是,正负磁荷总是同时出现。迄今为止,实验上无论怎样分割一个小永磁体,从未发现单个磁极出现,即使分割成最小的粒子,总还是出现两个或偶数个磁极。

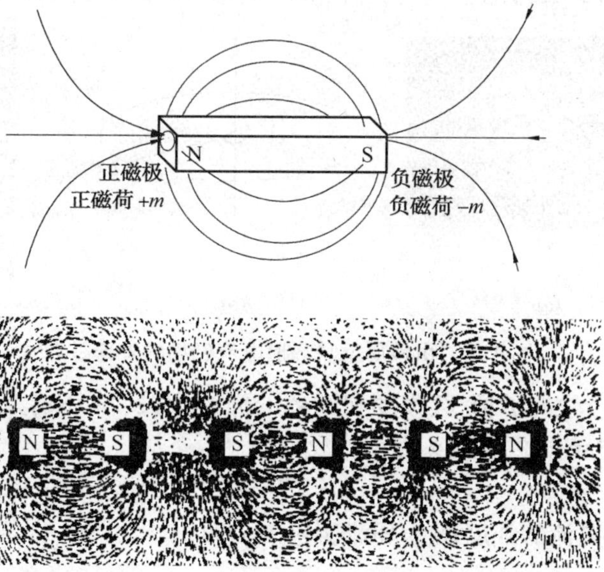

图4.2 正负磁极同时出现的说明

因此,历史上曾提出磁体是元磁双极的假说,即任何一磁体两端,总具有极性相反而强度相等的磁极,它们表现为磁体外部磁力线的出发点和汇集点,当磁体无限小时,其体系定义为磁偶极子,如图4.3所示。

设偶极子的两个大小相等而相反的磁荷是+m和-m,它们之间的距离为l,矢量$\boldsymbol{l}$指向从“-”到“+”。这时磁偶极子产生的偶极矩

$$\boldsymbol{J}_{\mathrm{m}} = m\boldsymbol{l} \tag{4.1}$$

显然,$\boldsymbol{J}_{\mathrm{m}}$ 是一个从 $-\mathrm{m}$ 指向 $+\mathrm{m}$ 的矢量。单位是 Wb·m。

我们已知电流在其四周产生环绕的磁场(图4.4)。如果把通电导线圈成一个面积为 πr^2 的圆环(图4.5(a)),其周围的铁屑则展示了其产生的磁场的形态。这个磁场等效于一个磁矩为 m 的磁铁产生的磁场(图4.5(b))。

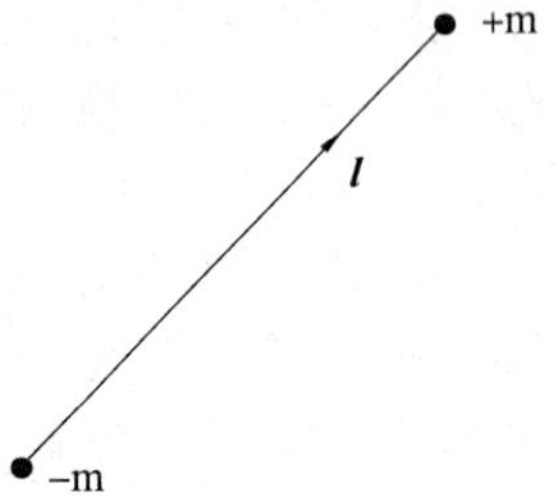

图4.3 磁偶极子

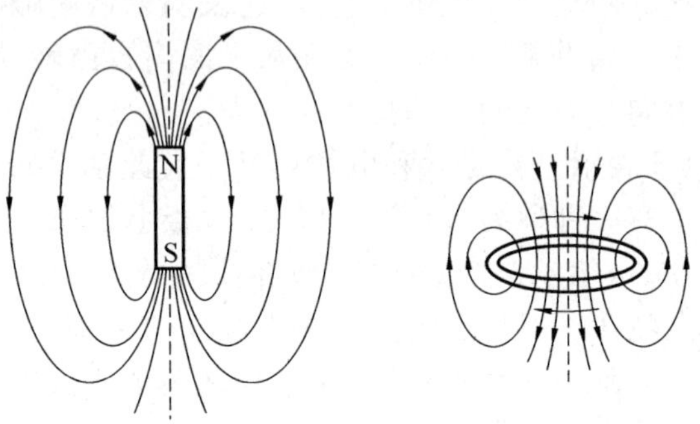

图4.4 环形电流和条形磁铁周围的磁场示意图

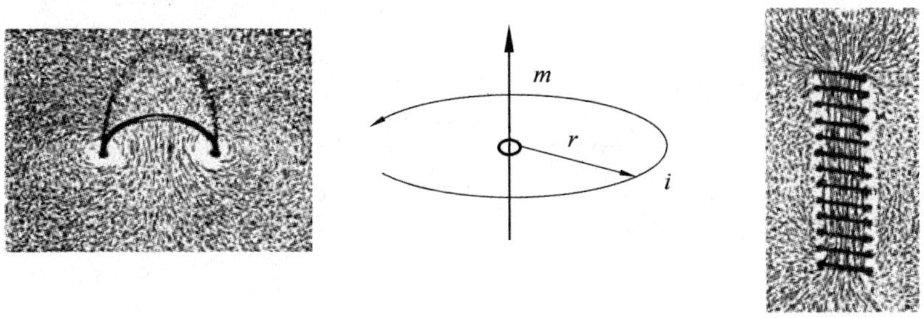

(a) (b) (c)

图4.5 由铁屑反映环形电流磁场的外部磁力线

由电流 i 产生的磁场,其强度和圆环的面积相关(圆环越大,磁矩就越大),因此,一个环形电流的磁矩定义为

$$m = IS = I\pi r^2 \tag{4.2}$$

式中,I 为环形电流的强度;S 为环流所包围的面积;r 为圆环的半径。m 的方向可用右手定则来确定。

由 n 个圆环产生的总磁矩是由这些单一圆环产生的磁矩的叠加,即

$$m = ni\pi r^2 \tag{4.3}$$

因此,磁矩 m 的单位为 $\mathrm{A \cdot m^2}$。

根据玻耳原子模型,电子沿着轨道绕原子核旋转,就像行星围绕太阳旋转一样。电子在原子壳中的轨道运动是稳定的,这种运动与通常的电流闭合回路比较,在磁性上是等效的。因此,把电子绕轨运动这种无限小的电流闭合回路视为磁偶

极子,其磁矩仍由式 $m = IS = I\pi r^2$ 确定。而磁矩的意义是表征磁偶极子磁性强弱和方向的一个物理量。

需要指出的是,电子的绕轨运动相当于一个恒定电流回路。依磁矩定义,容易理解原子中电子绕原子核旋转必定有一个磁矩,然而,电子的自旋磁矩还不能用电流回路来解释,许多基本粒子,包括中子都有自旋磁矩,故把自旋磁矩看作这些基本粒子的固有磁矩为宜。自旋概念的深刻含义是微观物理学中最重要的概念之一,现代物理学对于自旋还没有最终的描述。

4.2.3 磁场强度、磁化强度、磁感应强度及其关系

1. 磁场强度 H

实验证明,导体中的电流或一块永磁体都会产生磁场,磁场强度 H 和磁感应强度 B 都是描述空间任一点的磁场参量。它们都是矢量,有大小和方向。

依照静电学、静磁学定义磁场强度 H 等于单位点磁荷在该处所受到的磁场力的大小,其方向与正磁荷在该处所受磁场力的方向一致。设试探磁极的点磁荷为 m,它在磁场中某处受力为 $\boldsymbol{F}$,则该处的磁场强度矢量为

$$\boldsymbol{H} = \boldsymbol{F}/m \tag{4.4}$$

式中,F 由磁的库仑定律决定,即两个点电荷之间的相互作用力 F,沿着它们之间的连线方向,与它们之间的距离 r 的平方成反比,与每个磁荷的数量(磁极强度 m)m_1 和 m_2 成正比,用公式表示如下

$$F = k(m_1 \cdot m_2)/r^2 \tag{4.5}$$

式中,比例系数 k 与磁荷周围的介质和式中各量的单位有关。设点磁荷处于真空中,在国际单位制(SI) 中,F 的单位是牛顿(N),k 的选择如下

$$k = 1/(4\pi\mu_0) \tag{4.6}$$

式中,μ_0 是真空磁导率,其数值和单位为 $\mu_0 = 4\pi \times 10^{-7}(\mathrm{H \cdot m^{-1}})$。

在实际应用中,常常由电流来产生磁场,并用稳定电流在空间产生的磁场的强度来规定磁场强度的单位。在 SI 制中,用电流 $I = 1$ A 通过直导线,在距离导线为 $r = 1/2\pi$ m 处得到的磁场强度,规定为磁场强度的单位,即 $1\ \mathrm{A \cdot m^{-1}}$。电流产生磁场最常见的集中形式是:

(1) 无限长载流直导线的磁场强度。

$$H = \frac{I}{2\pi r} \tag{4.7}$$

式中,I 为通过直导线的电流,r 为计算点至导线的距离。H 的方向是切于与导线垂直的且以导线为轴的圆周。

（2）载流环形线圈圆心上的磁场强度。

$$H = \frac{I}{2r} \tag{4.8}$$

式中，I 为流经环形线圈的电流；r 为环形线圈的半径；H 的方向按右手螺旋法则确定。

（3）无限长载流螺线管的磁场强度。

$$H = nI \tag{4.9}$$

式中，I 为流经环形线圈的电流；n 为螺线管上单位长度的线圈匝数。H 的方向为沿螺线管方向。

2. 磁化强度 M

通常在无外加磁场时，物体固有磁矩的矢量总和为零，在宏观上物体不呈现出磁性。但当物体受外加磁场的作用被磁化后，便会表现出一定的磁性。实际上，物体的磁化并不改变原子固有磁矩的大小，而是改变了它们的取向。因此，一个物质的固有磁矩 $\boldsymbol{m}$ 矢量的总和用 $\sum \boldsymbol{m}$ 来表示，$\sum \boldsymbol{m}$ 的单位为 $A \cdot m^2$。由于物质的磁矩 $\sum \boldsymbol{m}$ 和尺寸因素有关，为了便于比较物质磁化的强弱，不用 $\sum \boldsymbol{m}$，而是用单位体积的磁矩表示。单位体积的磁矩称为磁化强度，用 M 表示，是一个反映物质磁化状态的物理量，其单位为 $A \cdot m^{-1}$。

$$M = \sum m/V \tag{4.10}$$

式中，V 为物体的体积，m^3。

3. 磁感应强度 B

当一个物体在外加磁场中被磁化时，它的磁化强度对外加磁场来说相当于一个附加的磁场强度，从而导致它所在空间的磁场发生变化。这时，物体所在空间的总磁场强度是外加磁场强度 H 与附加磁场强度 M 之和，也就是说，磁感应强度表示材料在外磁场 H 作用下在材料内部的磁通量密度。

在许多场合，确定磁场效应的量是磁感应强度 B，而不是磁场强度 H，在 SI 单位制中，磁感应强度 B 可认为是通过磁场中某点，垂直于磁场方向单位面积的磁力线总数。在 SI 单位制中，磁感应强度的定义公式是

$$B = \mu_0(H + M)$$

或

$$B = \mu_0 H + B_i$$

和

$$B = \mu_0 H + J \tag{4.11}$$

式中，μ_0 为真空磁导率，它等于 $4\pi \times 10^{-7}\ H \cdot m^{-1}$，$J$ 为磁极化强度，表征了单位体积磁体内具有的磁偶极矩矢量和 p 磁感应强度 B 的单位为 T 或 $Wb \cdot m^{-2}$。显然，比较

上面三个式子,可以发现

$$J = B_i = \mu_0 M \tag{4.12}$$

真空中,由于 $M = 0$,当磁场强度为 $10^7/4\pi(\mathrm{A \cdot m^{-1}})$ 时,相应的磁感应强度 B 为 1 T。

在自由空间中,B 和 H 始终是平行的,数值上成比例,两者的关系只有真空磁导率 μ_0 来联系,即 $B = \mu_0 H$。但是,在磁体内部,两者的关系要复杂得多,必须由式(4.11)来描述,方向上也不一定平行。

在磁学量中,除了 SI 单位制外,还有一种高斯单位制(Gauss),当使用高斯单位制时,磁感应强度的表达式有以下两种形式:

$$B = \mu_0 H + B_i$$

和

$$B = H + 4\pi M \tag{4.13}$$

式中,B 的单位为高斯 G,磁场强度 H 的单位为奥斯特 Oe。磁性常数(真空磁导率)为 1,单位是 $\mathrm{G \cdot Oe^{-1}}$。式(4.13)中的 4π 因子表征单位非有理化制,这是历史上用磁极受力来定义的结果,其 M 是磁极密度,$4\pi M$ 是磁通线密度。

由于在两种单位制中的表达形式不同,因而所得数值各异。两种单位之间存在转化关系,其中磁感应强度 B 的转换最简单,只相差 10^4 因子,即

$$1\ \mathrm{G} = 10^{-4}\mathrm{T}$$

假如磁场是 1 T 的磁通密度,它在高斯单位制的值是 10^4 G,H 的转换稍微复杂一些,$10^3\ \mathrm{A \cdot m^{-1}}$ 的磁场强度有 4πOe 的值,即

$$(10^3/4\pi)\ \mathrm{A \cdot m^{-1}} = 79.577\ \mathrm{A \cdot m^{-1}} = 1\ \mathrm{Oe} \tag{4.14}$$

因为高斯单位制中 $\mu_0 = 1$,则磁偶极矩和磁矩没有差别,都称为磁矩,单位为电磁单位,即 e.m.u.,它们与 SI 单位的换算关系为

$$1\ \mathrm{e.m.u}(\text{磁偶极矩}) = 4\pi \cdot 10^{-10}\ \mathrm{Wb \cdot m}$$

$$1\ \mathrm{e.m.u}(\text{磁矩}) = 10^{-3}\ \mathrm{A \cdot m^{-1}}$$

在高斯单位制中,磁极化强度和磁化强度是相同的,都称作磁化强度,单位是高斯,它们与 SI 单位的换算关系为

J:　　$1\ \mathrm{G} = 4\pi \cdot 10^{-4}\ \mathrm{T}$

M:　　$1\ \mathrm{G} = 10^3\ \mathrm{A \cdot m^{-2}}$

4.2.4 磁化率和磁导率

磁性体被置于外磁场中,它的磁化强度将发生变化。也就是说,物质的磁化总是在外磁场的作用下发生的。因此,磁化强度与外加磁场强度 H 和物质本身的磁化特性有关,即

$$M = \chi H \tag{4.15}$$

式中,H 为外加磁场强度;系数 χ 称为磁化率,无量纲,它表征物质本身的磁化特性。也就是说,磁化率是单位磁场强度在磁体中所感生的磁化强度,χ 是表征磁体磁化难易程度的一个参量。

磁化率通常有三种表示方法:χ 为 1 m^3 物质的磁化率;χ_A 为 1 mol 物质的磁化率;χ_g 为 1 kg 物质的磁化率。它们之间的关系为

$$\chi_A = \chi V_m = \chi_g M \tag{4.16}$$

式中,V_m 为摩尔体积;M 为摩尔质量。

将 $M = \chi H$ 代入 $B = \mu_0(H + M)$ 中,可以得到

$$B = \mu_0(1 + \chi)H \tag{4.17}$$

定义 $\mu = (1 + \chi)$ 为相对磁导率,它与物质的本性相关,无量纲。则有

$$\mu = B/\mu_0 H \tag{4.18}$$

一般在 SI 单位制中,将 B 与 H 的比值称为绝对磁导率,单位为 $H \cdot m^{-1}$。

磁导率是磁体特性和技术上的重要材料,取决于物质的本性,并与材料的组织和结构状态有关。χ 和 μ 只有当 $\boldsymbol{B}$,$\boldsymbol{H}$,$\boldsymbol{M}$ 三个矢量相互平行时才为标量,否则,它们为张量。

此外,由于应用的要求,对应不同的磁化条件,磁导率有不同的定义。常见的有:

(1) 初始磁导率 μ_i。

$$\mu_i = \frac{1}{\mu_0} \lim_{H \to 0} \frac{B}{H} \tag{4.19}$$

初始磁导率是磁中性状态下磁导率的极限值,对于弱磁场下使用的磁性体,初始磁导率 μ_i 是一个重要参数。

(2) 最大磁导率 μ_{max}。

$$\mu_{max} = \frac{1}{\mu_0}\left(\frac{B_a}{H_a}\right)_{max} \tag{4.20}$$

最大磁导率表征单位磁场强度在磁体中感生出最大磁感应的能力,一般说磁性体的磁导率就是指这个参数。

(3) 振幅磁导率 μ_a。

当磁体在交变磁场(无直流磁场存在)中被磁化时,在某一指定振幅的磁场下,磁感应强度和磁场强度之比即为振幅磁导率。

$$\mu_a = \frac{1}{\mu_0} \frac{B_a}{H_a} \tag{4.21}$$

μ_0 是磁场强度(或磁感应强度)振幅的函数,其最大值称为最大振幅磁导率。B_a 和 H_a 分别代表一定振幅下的磁感应强度和磁场强度。

(4) 增量磁导率 μ_Δ。

设磁体受稳恒直流磁场 H_0 作用，当在 H_0 上再叠加一个较小的交变磁场时，磁体对于交变磁场的磁导率称为增量磁导率，用 μ_Δ 表示，即

$$\mu_\Delta = \frac{1}{\mu_0}\frac{\Delta B}{\Delta H} \tag{4.22}$$

式中，ΔH 为交变磁场强度的峰值；ΔB 为相应的磁感应强度的峰值，图4.6示出了增量磁导率的定义图解。

(5) 可逆磁导率 μ_{rev}。

当交变磁场强度趋于零时，增量磁导率的极限值定义为可逆磁导率，即

$$\mu_{rev} = \lim_{\Delta H \to 0} \mu_\Delta \tag{4.23}$$

无论哪种磁导率，它们的值都不是常数，而是磁场强度的函数，其关系如图4.7所示。

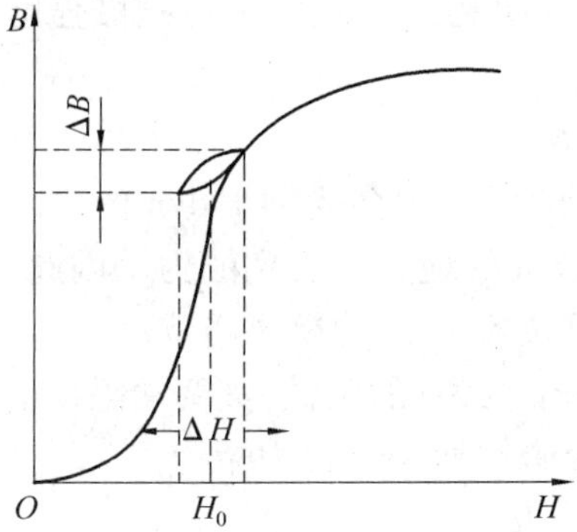

图4.6 μ_Δ 的定义图解

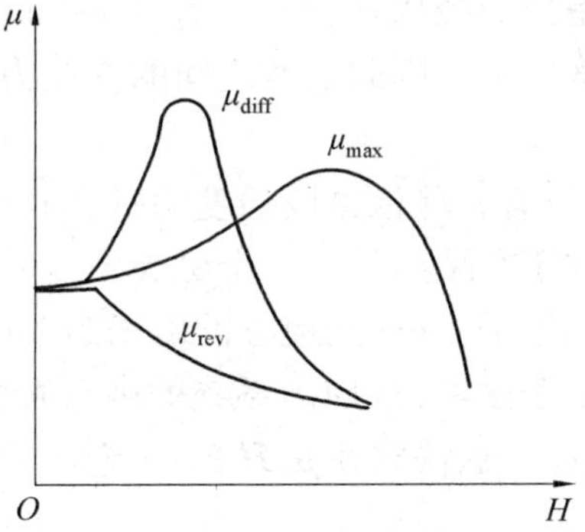

图4.7 $\mu - H$ 曲线

4.2.5 CGS 系统中的磁学单位

磁学系统的单位使用较为混乱，到目前为止，我们已经得到了国际单位制(SI)的磁学单位。然而，实际上，你会发现，许多实验室以及文献中，科学家们往往使用高斯制(CGS)单位系统，也就是根据 cm,g,s 来定义磁学单位。这两种单位系统的转换往往造成不必要的混乱甚至错误，因此值得进一步澄清。

在 CGS 系统中推导磁学单位与在 SI 系统中完全不同。首先考虑一个强度为 p 的磁极(Cullity,1972)。根据库仑定律，用类推的方法，可以得出两个磁极 p_1 和 p_2 之间的作用力。由库仑定律给出的两个电荷(q_1,q_2)之间的力为

$$F_{12} = kq_1q_2/r^2 \tag{4.24}$$

其中，r 为两个电荷之间的距离。在 cgs 单位系统中，比例常数 k 为1。而在 SI 单位系统中，其值为$\frac{1}{4\pi\varepsilon_0}$，其中 $\varepsilon_0 = \frac{10^7}{4\pi c^2}$，$c$ 是真空中的光速。因此 $\varepsilon_0 = 8.859 \times$

10^{-12} As · V^{-1} · m^{-1}。

对于磁学单位，我们考虑强度为 p_1, p_2 的磁极，其单位为静电单位(Electrostatic units,esu)，那么式(4.24)变为

$$F = \frac{p_1 p_2}{r^2} \tag{4.25}$$

在 CGS 单位系统中，力的单位为达因(dyn)，所以

$$F = 1\ \mathrm{dyn} = \frac{\mathrm{lg\ cm}}{\mathrm{s}^2} = \frac{1\ \mathrm{esu}^2}{\mathrm{cm}^2} \tag{4.26}$$

那么一个单位的磁极强度为 1 $\mathrm{gm^{1/2}\ cm^{3/2} s^{-1}}$。实际上，自然界没有独立的单磁极子，只能以偶极子的方式存在。但是磁极强度的概念仍然是 cgs 磁学单位的核心。

一个磁极子或者一个独立的电荷会在其周围空间产生一个磁感应强度 $\mu_0 H$。一个单位的磁场强度定义为(1 oersted 或者 Oe) 相当于在每单位磁极强度上施加一达因的力。因此三者之间的关系为

$$F = \rho \mu_0 H \tag{4.27}$$

所以，具有一单位磁极强度的磁极放在 1 Oe 的磁场中会受到 1 dyn 的力。这个力也等效于在距离具有一个磁极强度的磁极 1 cm 的地方所受到的力。因此，在距离一个单极子 1 cm 的地方的磁场为 1 Oe，并且按着 $1/r^2$ 的规律递减。

至于磁矩，从 CGS 系统的观点看，假设一个长为 l 的磁铁，其两端磁极的强度为 p。把这个磁铁放在 $\mu_0 \boldsymbol{H}$ 的磁场中，那么这个磁铁所受的扭力矩为

$$\Gamma = pl \times \mu_0 H \tag{4.28}$$

其中，pl 是磁矩 m；Γ 的单位是能量(在 CGS 系统中，其单位是 ergs)。所以，磁矩的单位是 ergs/Oe。我们因此定义一电磁单位(emu) 为 1 erg/Oe。

注意，以上推导中用了系数 μ_0。在使用 CGS 单位的 Cullity(1972) 以及很多书籍和文章中，这个系数并不存在。原因是，在应用 CGS 系统时，这个系数值为 1，所以 oersteds($\boldsymbol{H}$) 和 gauss($\boldsymbol{B}$) 经常被互换使用。然而在 SI 系统中，二者并不相同，因为这个系数的值为 $4\pi \times 10^{-7}$。表 4.2 总结了常用的 SI 和 CGS 单位之间的转换关系。

表 4.2 SI 和 CGS 单位之间的转换关系

参数	SI 单位	cgs 单位	转换
磁矩($\boldsymbol{m}$)	$\mathrm{Am^2}$	emu	$1\ \mathrm{A \cdot m^2} = 10^3$ emu
磁化强度($\boldsymbol{M}$)	$\mathrm{A \cdot m^{-1}}$	emu $\mathrm{cm^{-3}}$	$1\ \mathrm{A \cdot m^{-1}} = 10^{-3}$ emu $\mathrm{cm^{-3}}$
磁场强度($\boldsymbol{H}$)	$\mathrm{A \cdot m^{-1}}$	Oersted(oe)	$1\ \mathrm{A \cdot m^{-1}} = 4\pi \times 10^{-3}$ oe

续表 4.2

参数	SI 单位	cgs 单位	转换
磁感应强度($\boldsymbol{B}$)	T	Gauss(G)	$1\ \mathrm{T} = 10^4\ \mathrm{G}$
自由空间磁导率(μ_0)	$\mathrm{H \cdot m^{-1}}$	1	$4\pi \times 10^{-7}\ \mathrm{H \cdot m^{-1}} = 1$
磁化率(χ)			$1\ \mathrm{SI} = 4\pi(\mathrm{cgs})$
总值($\boldsymbol{m}/\boldsymbol{H}$)	$\mathrm{m^3}$	$\mathrm{emuoe^{-1}}$	$1\ \mathrm{m^3} = \mathrm{emu\ oe^{-1}}$
体积归一($\boldsymbol{M}/\boldsymbol{H}$)		$\mathrm{emu\ cm^{-3}\ oe^{-1}}$	$1\ \mathrm{S.I.} = \mathrm{emu\ cm^{-3}Oe^{-1}}$
质量归一($\frac{\boldsymbol{m}}{m} \cdot \frac{1}{\boldsymbol{H}}$)	$\mathrm{m^3 \cdot kg^{-1}}$	$\mathrm{emu\ g^{-1}\ oe^{-1}}$	$1\ \mathrm{m^3 \cdot kg^{-1}} = \mathrm{emu\ g^{-1}Oe^{-1}}$

$1\ \mathrm{H} = \mathrm{kg \cdot m^2 \cdot A^{-2} \cdot s^{-2}}$, $1\ \mathrm{emu} = 1\ \mathrm{G \cdot cm^3}$, $B = \mu_0(H + M)$, $1\ \mathrm{T} = \mathrm{kg \cdot A^{-1} \cdot s^{-2}}$

4.2.6　磁化状态下磁体中的静磁能量

任何磁体被置于外加磁场中将处于磁化状态,外加磁场可以是直流磁场,也可以是交变或脉冲磁场。处于磁化状态下的磁体具有静磁能量。

1. 磁体中的磁场作用能量

在没有外磁场作用时,各分子环流取向杂乱无章,它们的磁矩相互抵消,不显示宏观磁性。将磁矩 m 放入磁场强度为 H 的磁场中,当磁矩方向与外磁场方向不一致时,如图 4.8 所示。它将受到磁场力的作用而产生转矩,其所受到的转矩为

$$L = M_{\mathrm{m}} \times H = -M_{\mathrm{m}} H \sin\theta$$

式中,θ 为磁场 H 与 $-m$ 到 $+m$ 连线方向之间的角度。

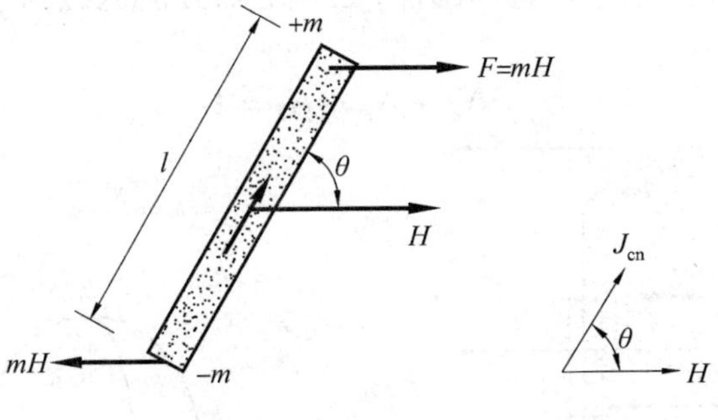

图 4.8　磁体在均匀磁场中受到力矩的作用

我们再把作用在磁极上的力 $F = mH$ 代入上式中,得到

$$L = -Fl\sin\theta \tag{4.29}$$

从上式可以看到,当 $\theta = 0°$ 时,磁体受的力矩最小,处于稳定状态,当 θ 不等于零到等于零,表明磁体在力矩 L 作用下转到和磁场一致的方向。显然,这是要做功

的。根据力学原理，在无摩擦力作用的情况下，转矩所做的功应该使磁体在磁场中的位能降低，设磁体在L作用下的转角为$d\theta$，所做的功是μ，则有

$$\mu = -\int L d\theta = \int MH\sin\theta d\theta \tag{4.30}$$

式中，M是磁化强度，$M = M_m/V$；V是磁铁的体积。假定M和H是均匀的，则有，$\mu = -MH\cos\theta + C$，设$\theta = 90°$时，$\mu = 0, C = 0$，磁铁在磁场中的位能则为

$$\mu = -MH\cos\theta \tag{4.31}$$

式中，μ即为静磁能，单位为J/m^3，如图4.9所示。

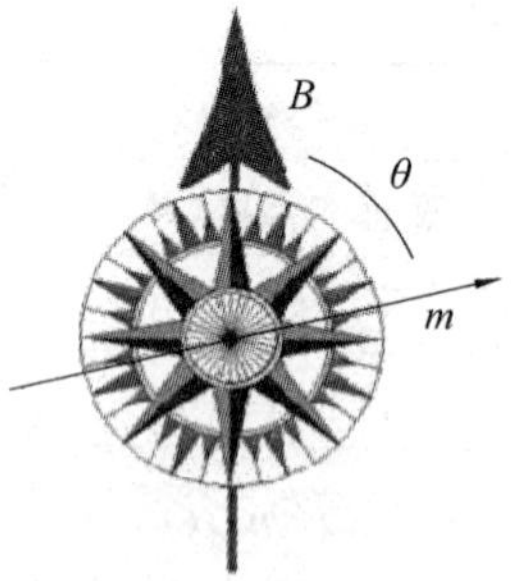

图4.9 静磁能

磁矩为m的磁针会向磁场B的方向偏转。所需要的能量称为静磁能，当m和B的夹角最大时该能量达到极大值

式(4.31)是分析磁体相互作用以及在磁场中所处状态是否稳定的依据。

2. 退磁场和退磁场能量

(1) 退磁场的概念。

对于有限几何尺寸的磁性体，在外磁场H中被磁化后，磁体的表面将产生磁极，如图4.10所示。由于表面磁极使磁体内部存在一种与磁化强度M方向相反的磁场H_d，起着减退磁化的作用，故称为退磁场。

退磁场H_d的大小与磁体的形状及磁极的强度有关。若磁化均匀，则退磁场也是均匀的，且与磁化强度M成正比，即

$$H_d = -NM \tag{4.32}$$

式中，比例系数N称为退磁因子。

(2) 简单几何形状磁体的退磁因子N。

对于如图4.11所示的旋转椭圆体，三个主轴方向退磁因子之和，存在下面简单关系

$$N_a + N_b + N_c = 1 \tag{4.33}$$

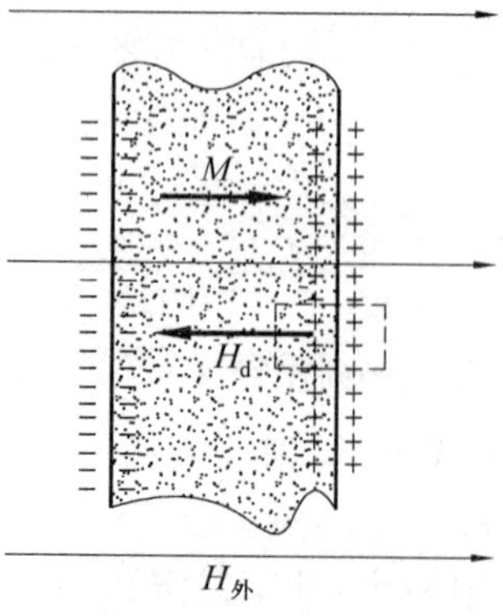

图4.10 退磁场

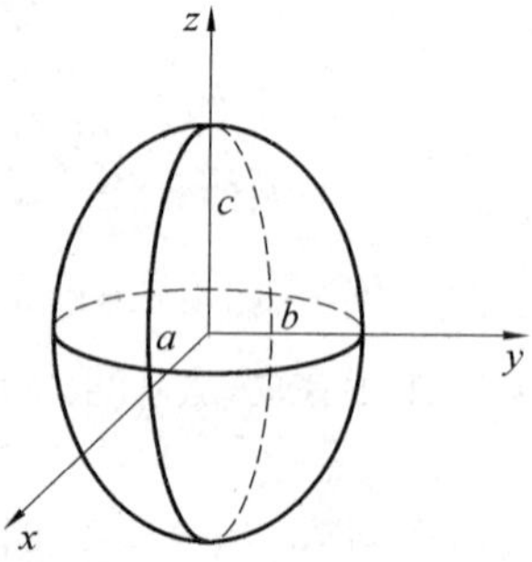

图4.11 旋转椭圆体

其中,a,b,c 分别是旋转椭圆体的三个主轴,它们分别与坐标轴 x,y,z 方向一致。实际上,N_a,N_b,N_c 的计算公式非常复杂,对于不同长、短轴之比,有着不同的计算公式。表4.3列出了各类椭圆体的退磁因子。

表4.3　沿 C 轴磁化椭圆体的退磁因子 N

尺寸比,c/a	长椭圆体	扁椭圆体	长圆柱体
0	1.000 0	1.000 0	1.000 0
1	0.333 3	0.333 3	0.270 0
2	0.173 5	0.236 4	0.140 0
5	0.055 8	0.124 8	0.040 0
10	0.020 3	0.069 6	0.017 2
20	0.006 75	0.036 9	0.006 17
50	0.001 44	0.014 72	0.001 29
100	0.000 430	0.007 75	0.000 36
200	0.000 125	0.003 90	0.000 09
500	0.000 023 6	0.001 567	0.000 014
1 000	0.000 006 6	0.000 784	0.000 003 6
2 000	0.000 001 9	0.000 392	0.000 000 9

根据式(4.33),容易求得图4.12中所示的球形、细长圆柱形、薄圆板形磁体的退磁因子:

球形体:$N = 1/3$。

细长圆柱体:$N_a = N_b = 1/2, N_d = 0$(c 轴与 z 坐标重合)。

薄圆板体:$N_a = N_b = 0, N_c = 1$(c 轴与 z 坐标重合)。

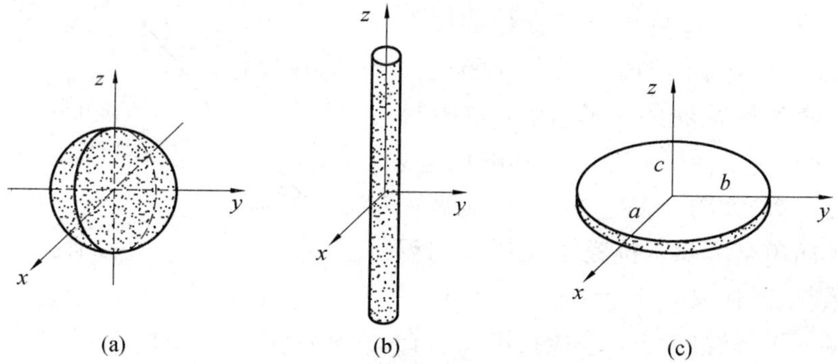

图4.12　旋转椭圆体的极限情况

(3) 退磁场能量。

磁性体在它自身产生的退磁场中所具有的位能即为退磁场能。这与磁体在外磁场中具有的能量有相似之处,因此,退磁场能量的计算从原则上来说也可以采用 $F=-\mu_0 MH$,但值得注意的是,退磁场 $H_d=-NM$ 是 M 的函数,随着 M 的大小而变化。在计算时,应当考虑磁体的磁化强度由零变到 M 时,磁体中的退磁场能量的变化,故要用积分式来计算退磁场能量,即

$$F_g=-\int_0^m \mu_0 H_g \mathrm{d}M=\mu_0\int_0^m NM\mathrm{d}M=\mu_0 NM^2 \tag{4.34}$$

式(4.34)的适用条件仍然是磁体内部均匀一致,磁化是均匀的,这更进一步说明,均匀磁化的磁体的退磁场能量只与退磁因子 N 有关,即与磁体的几何形状有关。对于不同的形状,或沿其不同方向磁化时,则相应的退磁场能量是不同的。这种因形状不同而引起的能量各向异性的特征,称为形状各向异性。退磁场能量是形状各向异性能量。

4.3 物质的磁性分类

把物体放在外加磁场中,物体就磁化了,其磁化强度 M 和磁场强度 H 的关系可以用 $M=\chi H$ 表示。从这个意义上说,这种被磁化了的物体就称为磁性物体。磁性物体在性质上有很大的不同,因此,有必要把磁性体分类。从实用的观点,可以根据磁性体的磁化率大小和符号来分,从物理的观点,可以根据构成磁性起源的磁结构来分。下面从实用观点,扼要地介绍物质磁性的五个种类。

根据物质的磁化率把物质的磁性大致分为五类:铁磁性、亚铁磁性、顺磁性、反铁磁性、抗磁性。按各类磁体磁化强度 M 与磁场强度 H 的关系,可作出其磁化曲线。图4.13为这五类磁体的磁化曲线示意图。

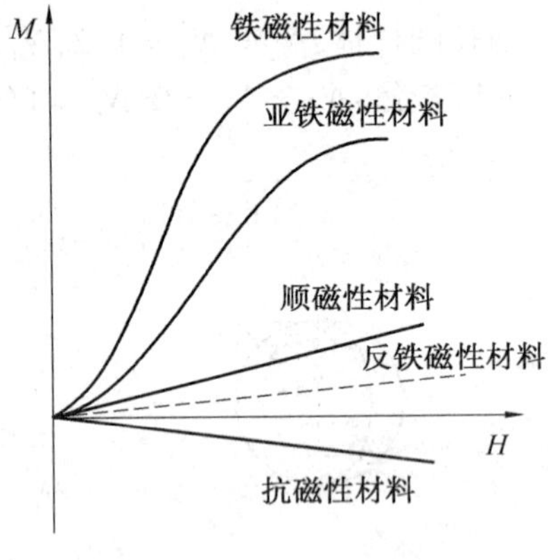

图4.13 五类磁体的磁化曲线示意图

(1) 使磁场减弱的物质,称为抗磁性物质,它在磁场中受微弱斥力。其磁化率 χ 为甚小的负数,大约在 10^{-6} 数量级;金属中约有一半简单金属属于抗磁体,根据 χ 与温度的关系,抗磁体又可分为:①“经典抗磁体”,它的 χ 不随温度变化,如铜、银、金、锌等;② 反常抗磁体,它的 χ 随温度变化,且其大小是前者的10 ~ 100倍,如铋、镓、锡、铟等。

抗磁性来源于将材料放入外磁场中时，外磁场对电子轨道运动回路附加有洛伦兹力作用。这一附加作用产生的磁矩方向和外磁场方向相反，因此，抗磁性的磁化率χ是负的。又因为磁化率的绝对值非常小，所以抗磁性只有在材料的原子、离子或者分子固有磁矩为0时，才能观察出来。

（2）使磁场略有增强的物质，称为顺磁性物质；许多物体放入外磁场中时，感生出和H相同方向的磁性，因此其磁化率$\chi = M/H$为正值，但其数值很小，约为$10^{-3} \sim 10^{-6}$。这种材料称为顺磁性，它在磁场中受微弱吸力。根据χ与温度的关系又可分为：① 正常顺磁体，其χ随温度变化符合$\chi \propto 1/T$关系（T为温度）。金属钯、铂和稀土金属均属于此类。② χ与温度无关的顺磁体，例如锂、钠、钾、铷等金属。③ 存在反铁磁体转变的顺磁体。

组成顺磁性材料的原子有未满壳层的电子，因此有固有原子磁矩，但是原子受热扰动影响，原子磁矩的方向混乱地分布，在任何方向都没有净磁矩，对外不显示磁性（图4.14（a））。而将材料放入外磁场中时，原子磁矩都有沿外磁场方向排列的趋势，感生出和外磁场方向一致的磁化强度M，所以磁化率$\chi > 0$。

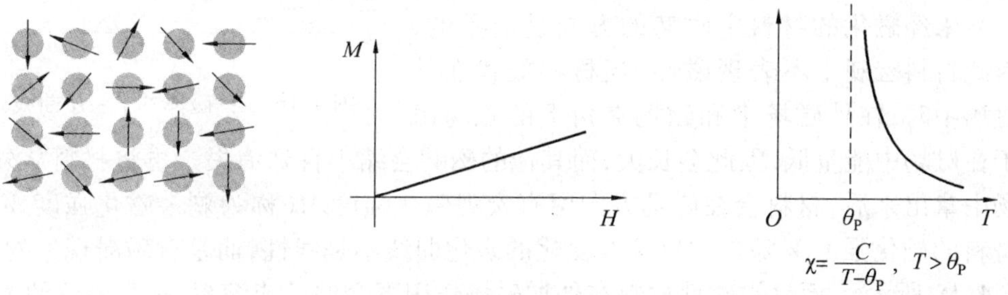

(a) 顺磁性材料原子磁矩在没有外加磁场下的排列　(b) 顺磁性材料的磁化强度随磁场变化的磁化曲线　(c) 磁化率随温度的变化

图4.14　顺磁性

（3）使磁场急剧增加的物质，称为铁磁性物质。铁磁性材料的特点是：在较弱的磁场下，能产生很大的磁化强度，磁化率χ是很大的正数，数值在$10 \sim 10^6$范围，且与外磁场呈非线性的复杂函数关系变化，如铁、钴和镍等。当反复磁化时，将出现磁滞现象。

组成铁磁性材料的原子或者离子和顺磁性材料一样，有未满壳层的电子，因此有固有原子磁矩。但是在铁磁性材料中，相邻离子或者原子的未满壳层的电子之间有强烈的交换耦合作用，在低于居里温度并且没有外加磁场的情况下，这种作用会使相邻原子或者离子的磁矩在一定的区域内趋于平行或者反平行排列，处于自行磁化的状态，称为自发磁化。自发磁化所产生的单位体积内磁矩的矢量和，称为自发磁化强度M_s，如图4.15所示。由于M_s的存在，铁磁性材料的磁化率很大。

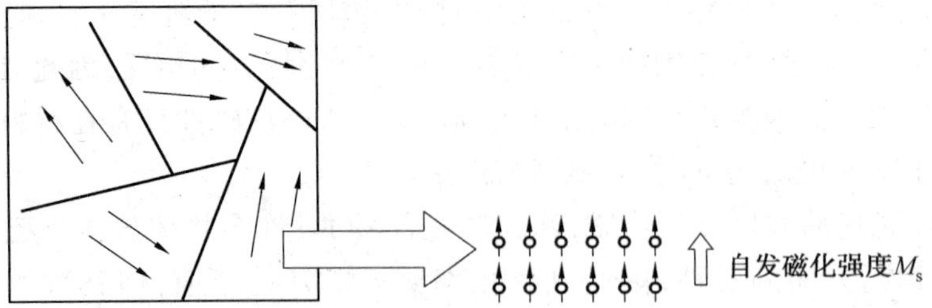

图 4.15　铁磁性材料的原子磁矩在磁畴内平行排列

铁磁性材料还具有一个磁性转变温度——居里温度 T_C。一般自发磁化随环境温度的升高而逐渐减小，当超过居里温度 T_C 后全部消失，这时材料表现出顺磁性(图4.16)。只有当 $T < T_C$ 时，组成铁磁性材料的原子磁矩在磁畴内才平行或反平行排列，材料中有自发磁化。如图 4.17 所示。

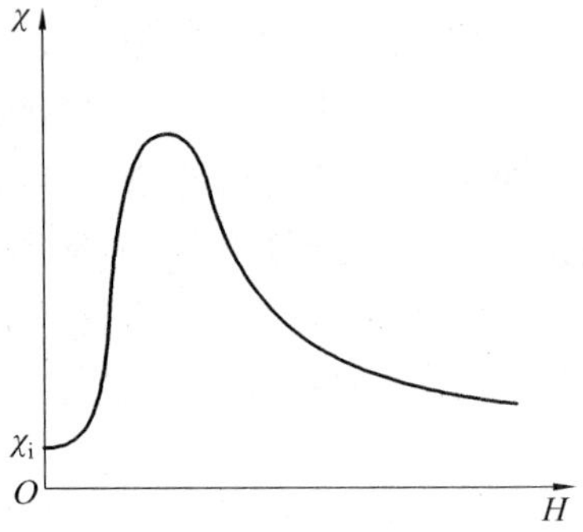

图 4.16　铁磁体的 $\chi - H$ 曲线

未经磁化的材料中磁畴的方向是混乱的，因此材料宏观上不表现磁性，当材料放置在外磁场中时，在外磁场中和磁场夹角下的磁畴由于在磁场中能量低，因此会长大，而其他的磁畴会缩小直到消失。再将材料从外磁场中拿出来后，材料会在磁场方向留有宏观磁化强度 M(称为剩余磁化强度 M_r)，材料的磁化强度 M 随外加磁场 H 变化的磁化曲线不是线性，而是有磁滞现象的，如图4.18 所示。而且铁磁性材料在外加磁场作用下会伸长或缩短，称为磁致伸缩。

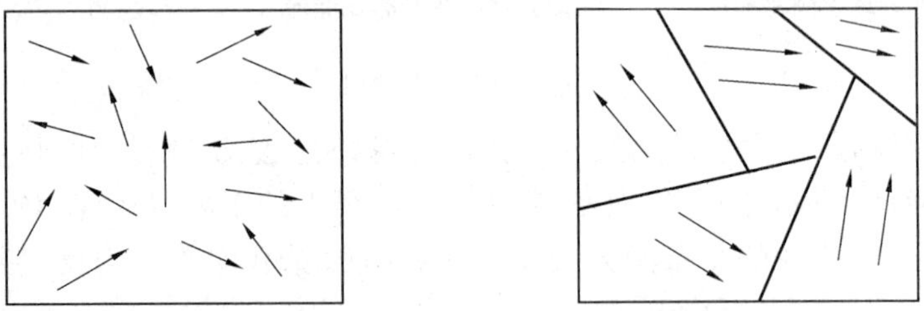

(a) 温度T大于居里温度T_c　　(b) 温度T小于居里温度T_c

图 4.17　铁磁性材料内原子磁矩排列

(4) 亚铁磁体。

1948 年法国物理学家奈耳(Neel)发现亚铁磁和反铁磁物质，才明确了人类知道最早的 Fe_3O_4 是亚铁磁物质，在此之前人们一直认为它是铁磁物质。亚铁磁材料和铁磁性材料的特点有些相同：有自发磁化、居里温度、磁滞和剩余磁化强度，但是它们的磁有序结构不同。在亚铁磁性材料中磁性离子 A,B 构成了两个相互贯穿的次晶格 A,B(简称 A,B 位),如图4.19 所示。A 次晶格上的原子磁矩如图4.19 中箭头方向所示相互平行排列,B 次晶格上的原子磁矩也相互平行排列,但是它们的磁矩方向和 A 次晶格上的原子磁矩方向相反,大小不同。这使得它们的磁矩在克服热运动影响后,处于部分抵消的有序排列状态,导致有自发磁化。显然,它们的自发磁化强度 M_s 比铁磁性材料的小,而其磁化率虽然远大于顺磁材料,但没有铁磁性材料那么大,数值一般在 $10 \sim 10^{-3}$ 范围。

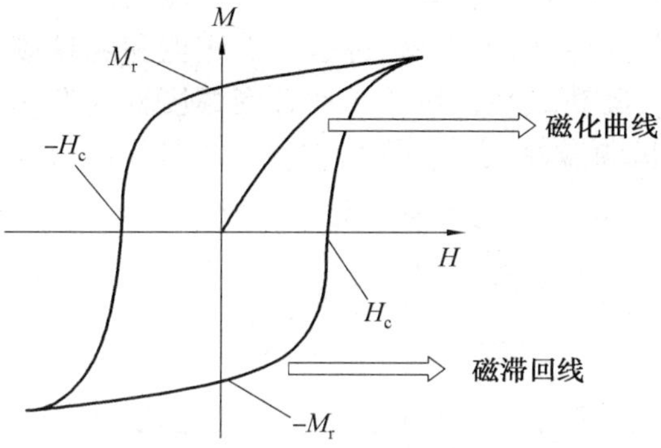

图4.18 铁磁性材料的磁化曲线和磁滞回线

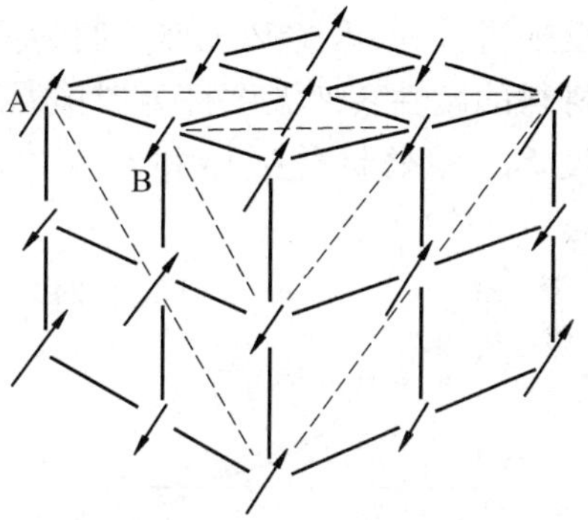

图4.19 亚铁磁性材料中的 A,B 次晶格

亚铁磁性物质由磁矩大小不同的两种离子(或原子)组成,属绝缘体。处于高频率时变磁场的亚铁磁性物质,由于感应出的涡电流很少,可以允许微波穿过,所以,可以作为像隔离器(Isolator)、循环器(Circulator)和回旋器(Gyrator)等微波器件的材料。由于组成亚铁磁性物质的成分必须分别具有至少两种不同的磁矩,只有化合物或合金才会表现出亚铁磁性。常见的亚铁磁性物质大部分是金属的氧化物,是非金属磁性材料。目前发现的亚铁磁体一般有磁铁矿(Fe_3O_4)、铁氧体(Ferrite)等。铁氧体指的是 Fe_2O_3 与二价金属氧化物所组成的复杂氧化物,其分子式为 $MeO \cdot Fe_2O_3$,这里 Me 为铁、镍、锌、钴、镁等二价金属离子。

(5)反铁磁体。

反铁磁性是磁性材料磁学性质的一种。它存在于原子自旋(磁矩)受交换作用而呈现有序排列的磁性材料中。反铁磁晶体同样可以看作由两个亚点阵组成,每个亚点阵中相邻电子因为受到负的交换作用而自旋呈反平行排列,此时磁矩处于有序状态,因此在反铁磁体中两个亚点阵磁矩的方向相反而大小相等,因此反铁磁体总的净磁矩在不受外场作用时仍为零(若两个亚点阵磁矩的方向相反,大小不等,则不能完全抵消,即存在自发磁化强度,从而变现出宏观磁性,也就是亚铁磁性)。反铁磁材料的磁化率因而接近于零。1932 年由 Louis Néel 首次发现。例如,铬、锰、轻镧系元素等都具有反铁磁性。

反铁磁性物质大都是金属化合物，如MnO。反铁磁物质当加上磁场后，其磁矩倾向于沿磁场方向排列，即磁场显示出小的正磁化率χ。该磁化率与温度相关，温度升高到一定值时，反铁磁物质表现出顺磁性，转变温度称为反铁磁性物质的居里点或尼尔点。对存在尼尔点的解释是：在极低温度下，由于相邻原子的自旋完全反向，其磁矩几乎完全抵消，故磁化率几乎接近于0。当温度上升时，使自旋反向的作用减弱。当温度升至尼尔点以上时，热扰动的影响较大，此时反铁磁体与顺磁体有相同的磁化行为。

铁磁性材料、亚铁磁性材料和反铁磁性材料原子磁矩的特点是在磁畴内平行或反平行排列，因此又统称它们为磁有序材料，如图4.20所示。铁磁性和亚铁磁性材料的磁性转变温度称为居里温度T_C，反铁磁性材料的磁性转变温度称为奈尔温度T_N。这些材料在T_C和T_N温度以上呈顺磁性，在T_C和T_N温度以下处于磁有序状态。

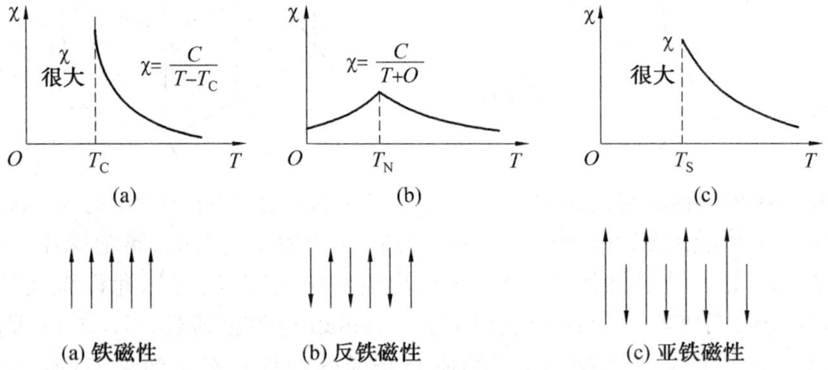

图4.20 三种磁化状态示意图

4.4 磁性的起源与原子本征磁矩、抗磁性和顺磁性

4.4.1 自由原子的本征磁矩

材料的磁性来源于原子磁矩。从原子物理可知，组成材料的最小单位是原子，而原子又是由原子核和核外电子组成的。原子中的电子具有两种运动：电子绕原子核做电子轨道运动和电子绕自身轴旋转做电子自旋运动。电子的轨道运动和自旋运动都和通有电流的环形线圈相类似，组成了电流闭合回路。因此这两种运动都会产生磁矩。这些磁矩就是材料的磁性的来源。原子磁矩除了电子轨道磁矩和电子自旋磁矩以外，还包含原子核磁矩，但试验和理论都证明原子核磁矩很小，只有电子磁矩的几千分之一，通常在考虑它对原子磁矩贡献时可以忽略不计。下面

首先叙述电子的轨道磁矩和自旋磁矩,然后介绍原子磁矩。

1. 电子轨道磁矩

电子绕原子核运动,犹如一环形电流,此环流也应在其运动中心处产生磁矩,称为电子轨道磁矩(图4.21)。设r为电子运动轨道的半径,L为电子运动的轨道角动量,ω 为电子绕核运动的角速度,电子的电量为 e,质量为 m_0,根据磁矩等于电流与电流回路所包围面积的乘积的原理,电子轨道磁矩的大小为

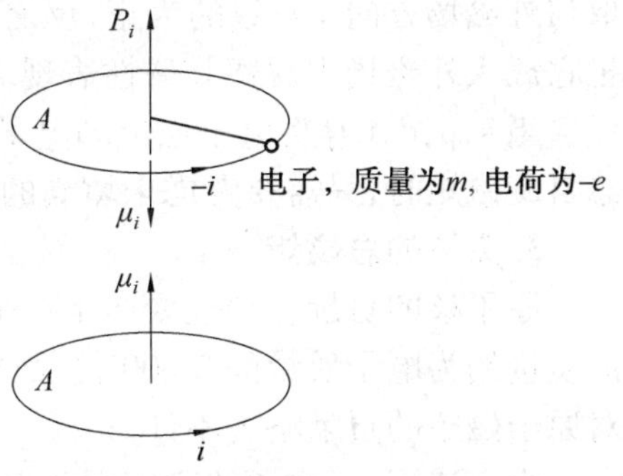

图4.21 电子轨道运动产生的磁矩 μ_i

$$m_e = iS = e\left(\frac{w}{2\pi}\right)\pi r^2 = \frac{e}{2m_0}m_0 w r^2 = \frac{e}{2m_0 L} \tag{4.35}$$

该磁矩的方向垂直于电子运动轨迹平面,并符合右手螺旋定则。它在外磁场方向上的投影,即电子轨道磁矩在外磁场方向上的分量,满足量子化条件

$$m_{ez} = m_l \mu_B \quad (m_l = 0,\ \pm 1,\ \pm 2, \cdots \pm l) \tag{4.36}$$

式中,m_l 为电子运动状态的磁量子数;下标 z 表示外磁场方向;μ_B 为玻耳磁子。理论计算表明,$\mu_B = 9.273 \times 10^{-24}$ J/T,它是电子磁矩的最小单位,经常作为磁矩的单位使用。

在填满了电子的次电子层(s,p,d,f,…)中,各电子的轨道运动分别占据了所有可能的方向,形成一个球形对称体系,因此合成的总轨道角动量等于零,总轨道磁矩也等于零。例如,3d 态电子,$n = 3$,$l = 2$,如果 3d 层填满了 10 个电子,则这 10 个电子轨道磁矩在磁场方向的投影总和为$[0 + 1 + 2 + (-1) + (-2)]\mu_B = 0$。所以计算原子的总轨道磁矩时,只需考虑未填满的那些次壳层中电子的贡献。

2. 电子的自旋磁矩

电子的自旋运动是人们在研究原子中的电子运动时逐渐认识到的。在研究反常塞曼效应、斯特恩 - 盖拉赫实验和碱金属光谱的双线结构时,发现这些现象用电子轨道运动不能得到解释,因此认识到电子除了做轨道运动外还有一种自旋运动。这已经被实验和量子力学所证实。

每个电子本身自旋运动,产生一个沿自旋轴方向的自旋磁矩。自旋磁矩有两个方向,一个向上,一个向下。自旋运动产生的电子磁矩大小为

$$|\mu_s| = 2\sqrt{s(s+1)}\,\mu_B \tag{4.37}$$

式中,s 为自旋量子数,它仅能取 1/2。自旋磁矩在磁场中的投影为

$$\mu_{s,H} = 2m_s\mu_B \tag{4.38}$$

式中，$m_s = \pm 1/2$，称为自旋角动量方向量子数，其符号决定于电子自旋方向，一般取与外磁场方向 z 一致的为正，反之为负。为了确定材料是抗磁性还是顺磁性，要把它放入外磁场中观察其磁性表现。

当 s，p，d，f 等次电子层填满电子时，电子总自旋磁矩也为零。所以计算原子的总自旋磁矩时，只需要考虑未填满的那些次壳层中电子的贡献。

3. 原子的总磁矩

原子核的自旋运动也要产生一个自旋磁矩，但是由于它的磁矩很小（因原子核的质量约为电子质量的 2 000 倍，故核子的磁矩约为电子磁矩的 1/2 000），所以它对原子磁矩的贡献略去不计。

由上述可知，原子的磁矩主要由电子的磁矩组成，而电子的磁矩又是其轨道磁矩和自选磁矩的矢量和。原子中电子的轨道磁矩和电子的自旋磁矩构成了原子固有磁矩，也称本征磁矩。但电子轨道磁矩和电子自旋磁矩如何耦合成原子总磁矩呢？一般磁性原子是由原子内各电子轨道磁矩先组合成原子总的轨道磁矩 $\boldsymbol{\mu}_L$，各电子的自旋磁矩先组合成原子总的自旋磁矩 $\boldsymbol{\mu}_S$，然后两者再耦合成原子的总磁矩。这种耦合称为 LS 耦合。LS 耦合的自由原子的磁矩为

$$M_j = \boldsymbol{\mu}_L + \boldsymbol{\mu}_S = \boldsymbol{\mu}_B \frac{p_l + 2p_s}{\hbar} \tag{4.39}$$

式中，p_l 和 p_s 为原子总轨道角动量和原子总自选角动量。

我们知道，原子中的电子都是按照不同的壳层排列的，那么，原子的磁矩是如何确定的？因为电子的磁矩是与电子的角动量（轨道角动量与自旋角动量的矢量和）成正比的，当原子中某一电子壳层被排满时，各个电子的轨道运动与自旋运动的取向占据了所有可能的方向，这些方向呈对称分布，因此电子的总角动量为零，故该壳层电子的总磁矩也为零。如果原子中所有电子壳层都是填满的，由于形成一个球形对称的集体，则电子轨道磁矩和自旋磁矩各自相抵消，此时原子的本征磁矩 $m = 0$。只有当某一电子壳层未被电子排满时，这个壳层的电子总磁矩才不为零，该原子对外就要显示磁矩。

由于不同的原子具有不同的电子壳层结构，因而对外呈现出不同的磁矩，所以当这些原子组成不同的物质时也会表现出不同的磁性。必须指出的是，原子的磁性虽然是物质磁性的基础，但却不能完全决定凝聚态物质的磁性，这是因为原子间的相互作用（包括磁和电的作用）对物质磁性往往会产生更重要的影响。

4.4.2 物质的抗磁性

上述原子磁性的讨论表明，原子的磁矩取决于未填满壳层电子的轨道磁矩和自旋磁矩。对于电子壳层已填满的原子，虽然其轨道磁矩和自旋磁矩的总和为零，但这仅仅是在无外磁场的情况下。当有外磁场作用时，即使对于那种总磁矩为零

的原子也会显示出磁矩来。

抗磁性,也称逆磁性或反磁性。物质为什么会有抗磁性呢?可以说是由于电子的循轨运动在外磁场的作用下产生了抗磁磁矩 $\Delta\mu$ 所造成的,而不是电子的轨道磁矩和自旋磁矩产生的。可以证明,在外加磁场作用下,电子的循规运动产生一个附加磁矩 $\Delta\mu$,其方向总是和外加磁场的方向相反,因而产生了抗磁性。

为此,取两个电子,设其循轨运动的平面是和磁场 H 的方向垂直,而与循轨运动的方向相反,如图 4.22 所示。在无外加磁场时,电子的循轨运动相当于一个闭合电流,由此而产生的磁矩 $\mu = \frac{e\omega r^2}{2}$。式中的 e 是电子的电荷;ω 是电子循轨运动的角速度;r 是轨道半径。电子在做循轨运动时,必然受到一个向心力 k,如图 4.22(a) 所示。当加上一个磁场之后,电子在磁场的作用下将产生一个附加力 Δk,Δk 又称洛伦兹力,其方向和 k 的方向是一致的。这种情况无疑地相当于使向心力得到增加,总的向心力为 $k + \Delta k$。已知向心力 $k = mr\omega^2$,可以认为 m 和 r 是不变的,这样只能设想,当向心力增加时,必然导致电子循轨运动的角速度 ω 发生变化,即 $k + \Delta k = mr(\omega + \Delta\omega)^2$,$\omega$ 增加一个 $\Delta\omega$,μ 增加一个 $\Delta\mu$,$\Delta\mu$ 与轨道磁矩 μ 的方向相同,但与外磁场的方向相反。这是根据郎之万的思想,认为 m 和 r 是不变的,故当 k 增加时,只能是 ω 变化,电子的这种以 $\Delta\omega$ 围绕磁场所做的旋转运动,称为电子进动。同样的道理,可以证明,图 4.22(b) 中相反方向运动的电子产生与外加磁场相反的 $\Delta\mu$。对于一个电子产生的 $\Delta\mu$ 可表示为

$$\Delta\mu = -\frac{\mu_0 e^2 r^2}{6m}H \tag{4.40}$$

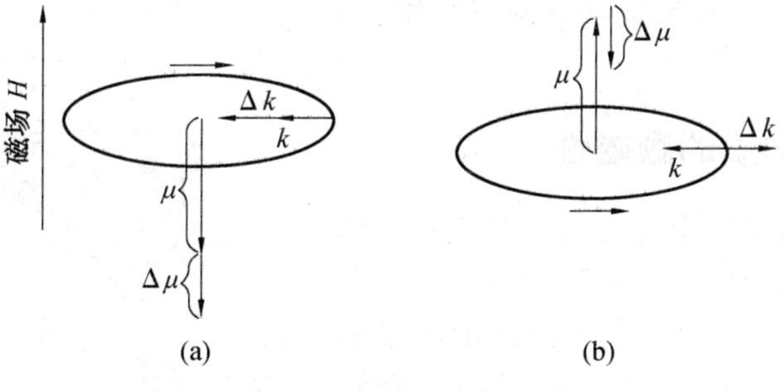

图 4.22 产生抗磁磁矩的示意图
(沿圆周箭头指电流方向)

式(4.40) 中的负号表示 $\Delta\mu$ 的方向与外加磁场 H 的方向相反。由电子进动所引起的附加磁矩总是与外磁场 H 方向相反,这就是物质产生抗磁性的原因。显然,物质的抗磁性不是由电子的轨道磁矩和自旋磁矩本身所产生的,而是由外磁场作用下电子循轨运动产生的附加磁矩所造成的。还可看到,$\Delta\mu$ 的大小和外加磁场强

度成正比，这说明抗磁物质的磁化是可逆的，当外加磁场去除之后抗磁磁矩即行消失，如前所述。

上面讨论的仅仅是一个电子产生的抗磁磁矩，对于一个原子来说，常常是有 n 个电子，这些电子又分布在不同的壳层上，它们有不同的轨道半径 r，且其轨道平面一般与外磁场方向不完全垂直，因此一个原子的抗磁磁矩 $\Delta\mu_a$ 为

$$\Delta\mu_a = -\frac{\mu_0 e^2 H}{6m}\sum_{i=1}^{n} r_i^2 \tag{4.41}$$

对于 1 g 原子的磁矩应等于 $\Delta\mu_a N_A$，这里 N_A 是阿伏加德罗常数，$N_A = 6.022\ 169 \times 10^{23}\ mol^{-1}$。显然，其磁化率

$$\chi_A = -\frac{\mu_0 e^2 N_A}{6m}\sum_{i=1}^{n} r_i^2 \tag{4.42}$$

既然抗磁性是由电子在轨道运动中产生的，而任何物质都存在电子的轨道运动，故可以说任何物质在外加磁场的作用下都要产生抗磁性。但应注意，并不能说任何物质都是抗磁性物质。这是因为原子在外磁场作用下除了产生抗磁磁矩之外，还由轨道和自旋磁矩产生顺磁磁矩。在这种情况下只有那些抗磁性大于顺磁性的物质才称为抗磁性的物质。抗磁性物质的磁化率或者与温度无关，或者随温度的变化发生微弱的改变。凡是电子壳层被填满了的物质都属抗磁体，如惰性气体；离子型固体，如氯化钠等；共价键的C/Si/Ge/S/P等通过共有电子而填满了电子壳层，故也属抗磁体；大部分有机物质也属于抗磁性物质。金属的行为比较复杂，要具体分析，其中属于抗磁性物质的有铋、铅、铜、银等。

4.4.3 物质的顺磁性

顺磁性物质的单个原子是有磁矩的，原子的磁矩在外磁场作用下产生顺磁。对于金属而言，当点阵离子的顺磁矩和自由电子的顺磁矩大于外加磁场下产生的抗磁磁矩时，即表现为顺磁物质。但是由于热振动的影响，在无外加磁场时其原子磁矩的取向是无序的，也就是磁矩沿着所有可能的方向分布着，如图 4.23(a) 所示。图中箭头是指磁矩的方向，此时物质的总磁矩为零，即表现为正向磁化，如图4.23(b) 所示。应当指出，当温

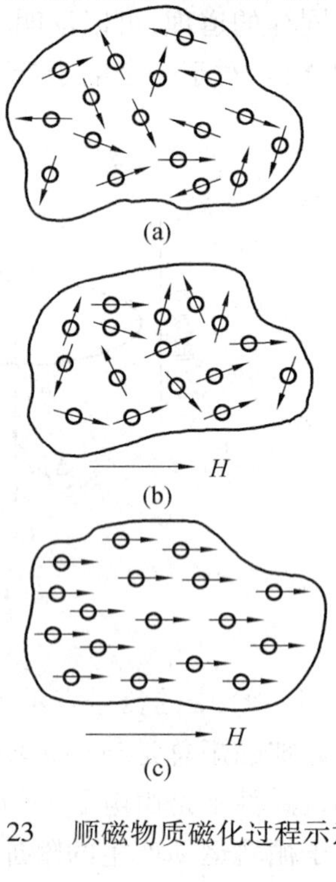

图 4.23 顺磁物质磁化过程示意图

度约为室温或室温以上范围时，顺磁物质的原子或分子热运动产生无序的倾向很大，所以进行磁化十分困难，故室温下磁化很微弱。

在室温下，使顺磁物质达到饱和磁化程度所需要的磁场，经计算约为 8×10^{10} A/m，这在技术上是很难达到的。但是如果把测量温度降低到接近绝对零度，达到磁饱和就容易得多了。例如顺磁体 $GdSO_4$ 在 1 K 时，磁场强度只要有 24×10^4 A/m 便达到磁饱和状态，如图 4.23(c) 所示。可以认为，顺磁物质的磁化是磁场克服原子或分子热运动的干扰，使原子磁矩排向磁场方向的结果。

产生顺磁性的条件是原子的固有磁矩不为零。在如下几种情况下，原子或正离子具有固有磁矩：

(1) 具有奇数个电子的原子或点阵缺陷。

(2) 内壳层未被填满的原子或离子。金属中主要有过渡族金属(d 壳层没有填满电子) 和稀土族金属(f 壳层没有填满电子)。

大多数物质都属于顺磁性物质，如室温下的稀土金属，居里温度以上的铁、钴、镍，还有锂、钠、钾、钛、铝、钒等均属于顺磁性物质。此外，过渡族金属的盐也表现为顺磁性。

根据顺磁磁化率与温度的关系，可以把顺磁体大致分为三类，即正常顺磁体，磁化率与温度无关的顺磁体和存在反铁磁体转变的顺磁体。

1. 正常顺磁体

O_2，NO，Pt，Pd 稀土金属，Fe，Co，Ni 的盐类，以及铁磁金属在居里温度以上都属正常的顺磁体。其中，有部分物质能够准确地符合居里定律，它们的原子磁化率与温度成反比，即

$$\chi = \frac{C}{T} \tag{4.43}$$

式中，C 是居里常数，$C = N_A\mu_B^2/3k$，这里 N_A 是一克原子的原子数；k 是玻耳兹曼常数；T 是绝对温度。应当说，只有部分顺磁性物质能准确地符合这个定律，而相当多的固溶体顺磁物质，特别是过渡族金属元素居里定律实际是不适用的。它们的原子磁化率和温度的关系要用居里 - 外斯定律表达

$$\chi = \frac{C'}{T + \delta} \tag{4.44}$$

式中，C' 是常数；δ 对于某一种物质来说也是常数，但对不同的物质可以大于零或小于零。对存在铁磁转变的物质，其 $\delta = -T_C$(居里温度)。在 T_C 以上的物质属顺磁体，其磁化率大致服从居里 - 外斯定律，此时的 M 和 H 之间保持着线性关系。

2. 磁化率与温度无关的顺磁体

碱金属 Li，Na，K，Rb 属于此类，它们的磁化率在 $10^{-7} \sim 10^{-6}$，其顺磁性由价电子产生，其磁化率与温度无关。

3. 存在反铁磁体转变的顺磁体

过渡族金属及其合金或它们的化合物属于这类顺磁体。它们都有一定的转变温度,称为反铁磁居里温度或者尼尔温度,以 T_N 表示,当温度高于 T_N 时,它们和正常顺磁体一样服从居里-外斯定律,且 δ 大于零。当温度低于 T_N 时,它们的磁化率随温度一起下降,当 $T \to 0$ K 时,磁化率 $\chi \to$ 常数;在 T_N 处 χ 有一极大值。

图 4.24 中表示了单纯顺磁性(图 4.24(a))、存在铁磁性(图 4.24(b))和存在反铁磁性转换(图 4.24(c))的顺磁体的 $\chi - T$ 示意图。由图可以看出,图 4.24(b)中 $T < T_C$ 时,物质属于铁磁体,图 4.24(c)中,$T < T_N$ 时物质属反铁磁体。

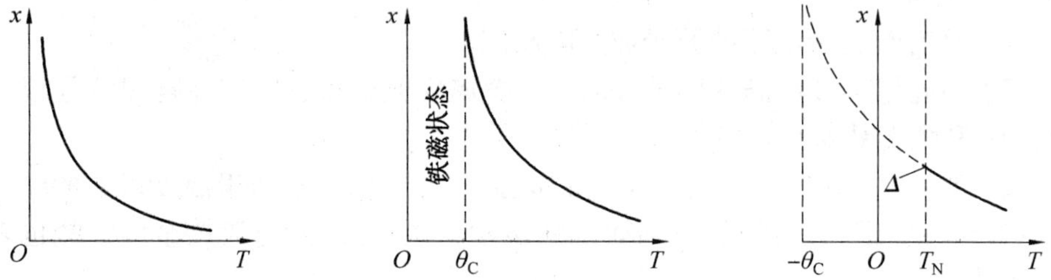

(a) 单纯顺磁性 (b) 存在铁磁性 (c) 存在反铁磁性转换

图 4.24 顺磁体的 $\chi - T$ 关系曲线示意图

4.4.4 金属的顺磁性和抗磁性

众所周知,金属是由点阵离子和自由电子构成的,故金属的磁性要考虑到点阵结点上正离子的抗磁性和顺磁性,自由电子的抗磁性与顺磁性。如前所述,正离子的抗磁性源于其电子的轨道运动,正离子的顺磁性源于原子的固有磁矩。而自由电子的磁性可简述如下:其顺磁性源于电子的自旋磁矩,在外磁场作用下,自由电子的自选磁矩转到了外磁场方向;自由电子的抗磁性源于其在外磁场中受洛伦兹力而做的圆周运动,这种圆周运动产生的磁矩同外磁场反向。这四种磁性可能单独存在,也可能共同存在,要综合考虑哪个因素的影响最大,从而确定其磁性的性质。

非金属中除了氧和石墨外,都是抗磁性(它们与惰性气体相近)。如 Si,S,P 以及许多有机化合物,它们基本都是以共价键结合的,由于共价电子对的磁矩相互抵消,因而都是抗磁体。在元素周期表中,接近非金属的一些金属元素,如 Sb,Bi,Ga,灰 Sn,Tl 等,它们的自由电子在原子价增加时逐步向共价结合过渡,故表现出异常的抗磁性。

在 Cu,Ag,Au,Zn,Cd,Hg 等金属中,由于它们的离子所产生的抗磁性大于自由电子的顺磁性,因而它们属于抗磁体。

所有的碱金属和除 Be 以外的碱土金属都是顺磁体。虽然这两族金属元素在离子状态时有与惰性气体相似的电子结构,似乎应该是抗磁体,但是由于自由电子产生的顺磁性占据了主导地位,故仍表现为顺磁性。

稀土金属的顺磁性较强,磁化率较大且遵从居里 - 外斯定律。这是因为它们的4f或者5d电子壳层未填满,存在未抵消的自选磁矩所造成的。

关于过渡族金属,高温时基本都属于顺磁体,但其中有些存在铁磁转变(如Fe,Co,Ni等),有些则存在反铁磁转变(如Cr)。这类金属的顺磁性主要是由于它们的3d ~ 5d电子壳层未填满,d和f态电子未抵消的自旋磁矩形成了晶体离子的固有磁矩,从而产生了强烈的顺磁性。

如前所述,温度和磁场强度对于抗磁性的影响非常微弱,但当金属熔化凝固、范性变形、晶粒细化和同素异构转变时,电子轨道的变化和原子密度的变化,将使抗磁磁化率发生变化。

熔化时抗磁体的磁化率值一般都减小,铊熔化时抗磁磁化率降低10%,铋降低8%。但锗、金、银不同,它们的磁化率值在熔化时是增高的。

范性形变可使铜和锌的抗磁性减弱,经高度加工硬化后的铜可由抗磁性变为顺磁性,而退火则可使铜的抗磁性恢复。

晶粒细化可使铋、锑、硒、碲的抗磁性减弱,在晶粒高度细化时可由抗磁性转变为顺磁性。显然,熔化、范性变形、晶粒细化等因素都是使金属晶体趋于非晶化,因此其影响效果也类似。而且都是因变化导致的原子间距增大,密度减小所致。

同素异构转变时,白锡 → 灰锡是由顺磁性转变为抗磁性;锰的同素异构转变,无论是 $\alpha \rightarrow \beta$,还是 $\beta \rightarrow \gamma$ 都会使顺磁磁化率增大。前者是因转变时原子间距增大,自由电子减少,故金属性减弱,顺磁性减弱。而后者则与其恰恰相反。α - Fe在 A_2 点(678 ℃)以上变为顺磁状态,而在910 ℃,1 401 ℃分别发生同素异构转变时顺磁率磁化率发生突变,如图4.25所示。由图可见,γ - Fe的磁化率 χ 比 α - Fe和 δ - Fe都低,且几乎与温度无关,而 α - Fe和 δ - Fe的 χ 曲线互为延长线,这说明了它们点阵结构上的一致性,其物理性能的变化规律往往相同。

合金的相结构及组织对磁性的影响比较复杂。当低磁化率的技术,如Cu,Ag,Mg,Al等形成固溶体时,其磁化率与成分呈平滑的曲线关系,这说明形成固溶体时原子之间的结合键发生了变化。如果在抗磁性金属Cu,Ag,Au中溶入过渡族的强顺磁性的元素,如Pd,则会使其磁性发生复杂的变化,如图4.26所示。虽然Pd为强顺磁性金属,但在含Pd量小于30%时,却使得合金的抗磁性增强,有人认为这是由于合金的自由电子填充了d电子壳层而使Pd没有离子化造成的,只有当Pd含量相当高的时候磁化率才变为正值,并且很快上升到Pd所特有的高顺磁值。与Pd同族的元素Ni和Pt溶入Cu中,也会使磁化率降低,但仍保持着微弱的顺磁性。而Cr,Mn与Pd却大不相同,它们溶入Cu中将使得固溶体的磁化率急剧增加,甚至比它们处于纯金属状态时顺磁性还强,如图4.27所示。

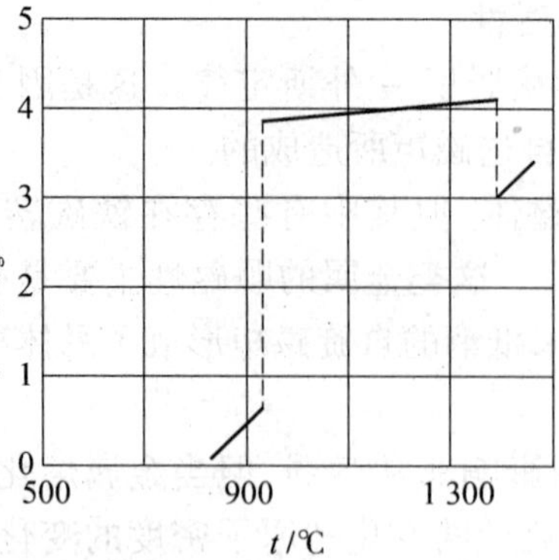

图4.25 铁在A_2点以上的顺磁磁化率

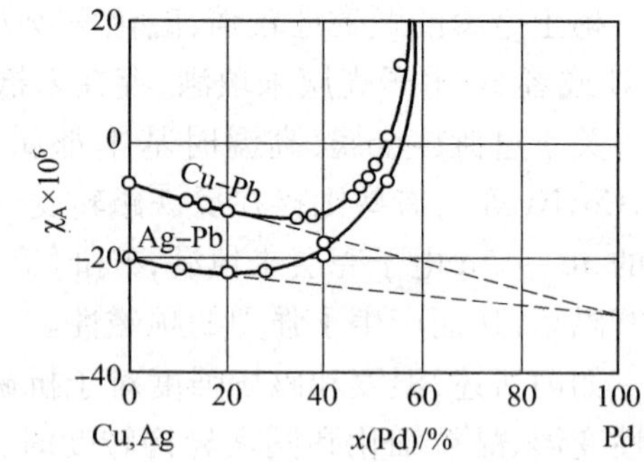

图4.26 Cu - Pd,Ag - Pd固溶体的磁化率

如果在抗磁性金属中加入Fe,Co,Ni等铁磁性金属,则可以使得合金的磁化率χ剧增,甚至加入很少量的铁磁性金属就可以使其转变为顺磁性的。研究合金化对于金属磁性的影响,不但对于了解固溶体中结合键的变化有重要意义,而且对于某些要求弱磁性的仪器仪表也有现实意义。

当固溶体发生有序化时,其原子间的结合力要发生变化,从而引起原子间距变化和磁性的变化。在形成CuAu有序合金时抗磁性减弱,但形成Cu_3Au,Cu_3Pd等合金时抗磁性却增强。

金属形成中间相和化合物时的特征是在磁化率与成分的关系曲线上出现极大或极小值,如图4.28所示。图中曲线表明,在Cu - Zn合金中γ相有很高的抗磁磁化率,这是因为γ相Cu_5Zn_8中的原子是中性的(可能是γ相中电子的顺磁性不存在或小于抗磁性)。化合物的抗磁性在液态时比固态时要弱,这是由于熔化时化合物部分分解而使金属键得到了加强的缘故。

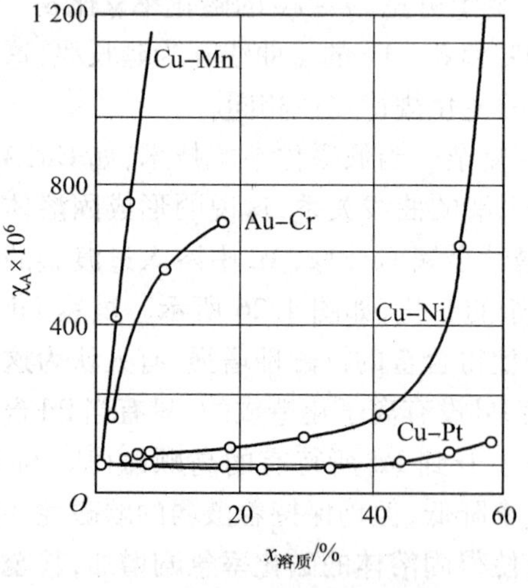

图4.27 Mn,Cr,Ni和Pd在Cu和Au中固溶体的磁化率

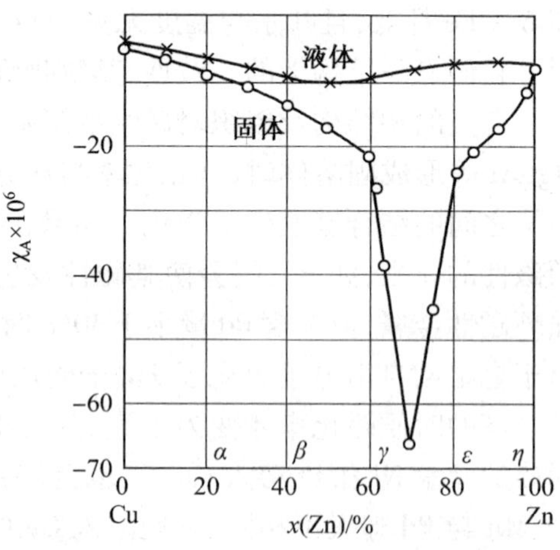

图4.28 Cu - Zn合金的磁化率

4.5 铁磁性和亚铁磁性物质的特性

铁磁性材料以及亚铁磁性材料等都很容易磁化，在不很强的磁场作用下，就可得到很大的磁化强度。铁磁金属材料 Fe，Co，Ni 及其合金，以及稀土金属等都很容易磁化，在不很强的磁场作用下，就可得到很大的磁化强度，如纯铁的 $B_0 = 10^{-6}$ T 时，其磁化强度 $M = 10^4$ A/m，而顺磁性的硫酸亚铁在 10^{-6} T 下，其磁化强度仅有 10^{-3} A/m，同时，铁磁材料的磁学特性与顺磁性、抗磁性物质不同，主要特点表现在磁化曲线和磁滞回线上。

4.5.1 磁化曲线

磁性材料的磁化曲线是材料在外加磁场时表现出来的宏观磁特性。如前所述，铁磁性物质的磁化曲线（$M-H$ 或 $B-H$）是非线性的，如图 4.29 所示。随外加磁场的增加，磁化强度 M 或磁感应强度 B 开始时增加较缓慢，然后迅速地增加，再转而缓慢地增加，最后磁化至饱和。M_s 称为饱和磁化强度，磁化至饱和后，磁化强度不再随外磁场的增加而增加。

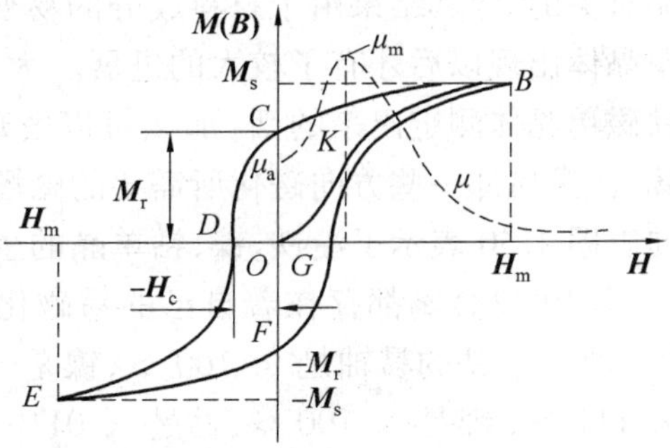

图 4.29 铁磁体的磁化曲线与磁滞回线

在磁化曲线上任何点 B 和相应的 H 的比值称为磁导率。而在磁化曲线起始部分的斜率，称为起始磁导率，用 μ_i 或 μ_a 表示。技术上规定在 0.1 ~ 0.001 Oe 磁场的磁导率为起始磁导率。

最大磁导率是磁化曲线拐点 K 处的斜率。

4.5.2 磁滞回线

将一个铁磁体试样磁化至饱和，然后慢慢地减少 H，则 M 也将减小，这个过程称为退磁。但 M 并不按照磁化曲线反方向进行，而是按照另一条曲线改变，如图 4.29 中的 BC 段。当 H 减小到零时，$M = M_r$（M_r 为剩余磁化强度）。如果要使 $M = 0$，则必须加上一个反向磁场 H_C，称为矫顽力。从磁滞回线上可以看到，退磁过程中 M 的变化落后于 H 的变化，这种现象称为磁滞现象。

当反向磁场 H 继续增加时，最后又可以达到反向饱和，如再沿着正方向增加 H，则又得到另一半曲线。从图中可以看出，当 H 从 $+H_m$ 变到 $-H_m$ 再变到 $+H_m$ 时，试样的磁化曲线形成一个封闭曲线，称为磁滞回线。

磁滞回线所包围的面积表征磁化一周时所消耗的功称为磁滞损耗 Q。其大小为

$$Q = \oint H\mathrm{d}B \tag{4.45}$$

磁滞损耗的单位为 $\mathrm{J/m^3}$。磁化曲线根据 $\mu = B/H$ 的关系可以确定出图4.29中磁导率随磁场的变化曲线。可以发现,从磁场 $H = 0$ 开始随着 H 的增加,磁导率先上升后下降,呈现典型的峰值效应。

4.6 磁晶各向异性和磁晶能

晶体的磁各向异性几乎对所有铁磁材料的性能都有着重要的影响。1905年,外斯最早对天然磁铁矿和硫铁矿大晶体进行研究表明,晶体的磁性是和晶体的取向有关的,但其结果由于材料成分的易变而复杂化。这一工作只有在铁磁金属的单晶体出现以后才有了较大的进展。大量的研究工作表明,如果磁化曲线是根据铁磁单晶体测定出来的话,那么可以发现,沿晶体的某些方向磁化时所需要的磁场,比沿另外一些方向磁化所需要的磁场要小得多,这些晶体学方向称为易磁化方向。图4.30表示了沿铁,镍,钴单晶的主轴所测得的磁化曲线,从曲线可以看出,不同的铁磁金属都存在着自己的易磁化方向(简称“易轴”)和难磁化方向(简称“难轴”)。铁的易轴是 < 100 >,镍是 < 111 >,钴是 < 0001 >,而铁的难轴是 < 111 >,镍是 < 100 >,钴是 < 0110 >。

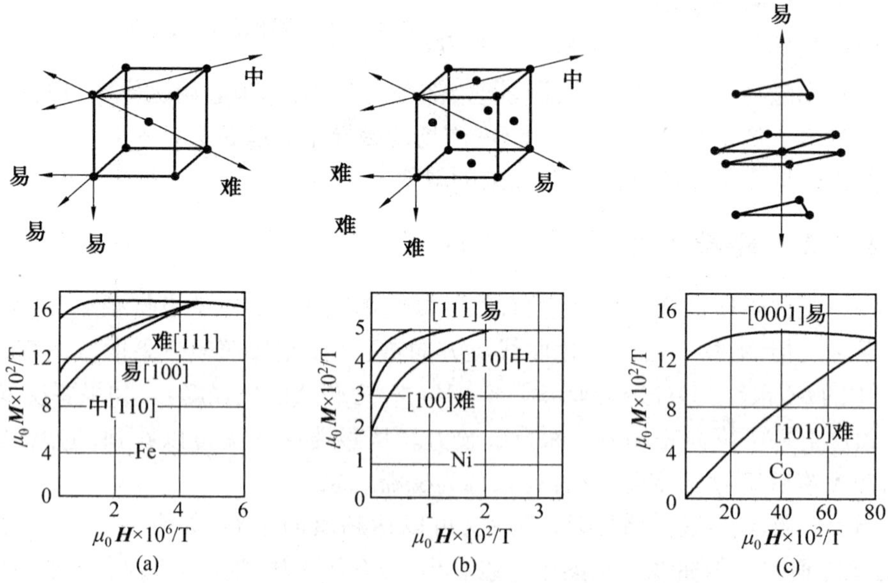

图4.30 铁、镍、钴单晶沿不同晶向的磁化曲线

铁磁体的自发磁化是由于元磁矩(电子的自旋)之间量子交换力的作用所产生的耦合。晶体磁各向异性的存在预示着除了元磁矩之间的相互耦合之外,必须还有元磁矩与原子点阵之间的耦合。在晶体的原子中,一方面电子受空间周期变化的不均匀静电场作用,另一方面邻近原子间电子轨道还有交换作用。通过电子的轨道交叠,晶体的磁化强度受到空间点阵的影响。由于自旋 - 轨道交互作用,电荷分布为旋转椭球形而不是球形。非对称性与自旋方向有密切联系,所以自旋方向相对于晶轴的转动将使交换能改变,同时也使每对原子电荷分布的静电相互作用能改变,这两种效应都会导致磁致各向异性。

基特(Kitter) 曾用图 4.31 表示排列在一条直线上的原子在两种不同磁化方向的情况。图中 4.31(a) 表示磁化垂直于原子排成的直线,近邻原子的电子运动区有重叠,因而彼此的交互作用强;图 4.31(b) 表示磁化沿直线方向,邻近原子间电子运动区重叠极少,因而交换作用很弱,这就造成了晶体的磁各向异性。

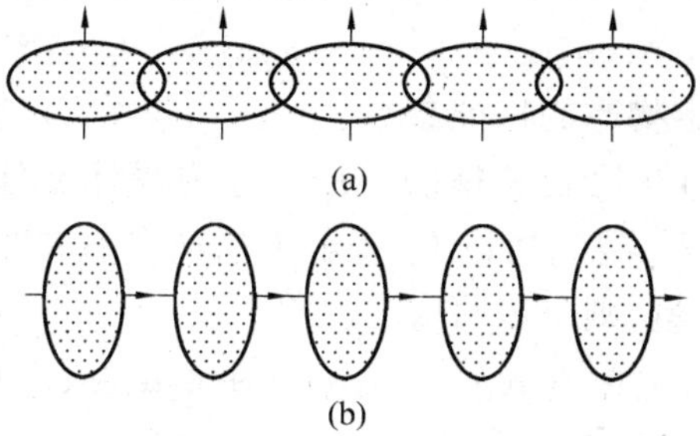

图 4.31　不同磁化方向电子交叠的非对称性示意图

必须指出,对于任何方向磁化的铁磁体都具有一项能量,它使磁化强度指向该特定的晶体学方向,从热力学分析可知,晶体磁化时所增加的自由能 ΔF 等于磁场所做的功(磁化功),可表示为

$$\Delta F = \int_0^M H\mathrm{d}M \tag{4.46}$$

即 ΔF 为磁化曲线与 M 坐标轴间所包围的面积,如图 4.32 所示。可见,晶体的这一部分自由能是与磁化方向有关的,称为磁各向异性能或磁晶能,显然,晶体沿易轴的磁晶能最低,而沿难轴的磁晶能最高。沿不同晶轴方向的磁化功之差即代表沿不同方向的磁晶能之差。这就是为什么可以从能量的观点来解释单晶体磁化曲线随方向变化而不同的原因。

磁晶能是磁化矢量方向的函数,如果磁化方向用三个与主晶轴的交角 $\theta_1,\theta_2,\theta_3$ 来表示。阿库洛夫把随方向而变的磁晶能表示成磁化强度对主晶轴的方向余弦 $\alpha_1,\alpha_2,\alpha_3$ 的一个升幂级数,提出了对单晶磁化曲线的一种表象理论,如图 4.33 所示。

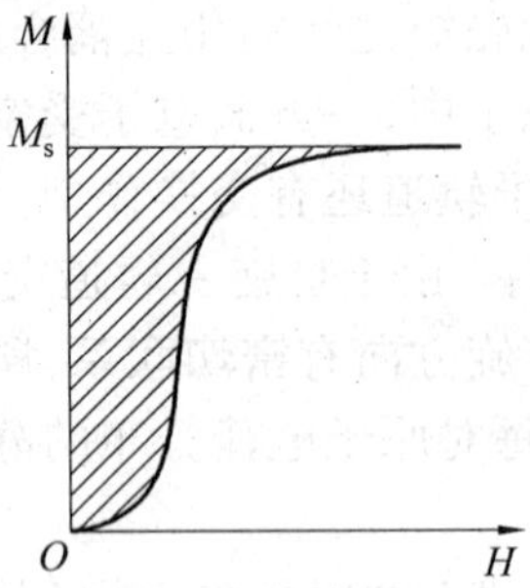

图4.32　磁化功示意图

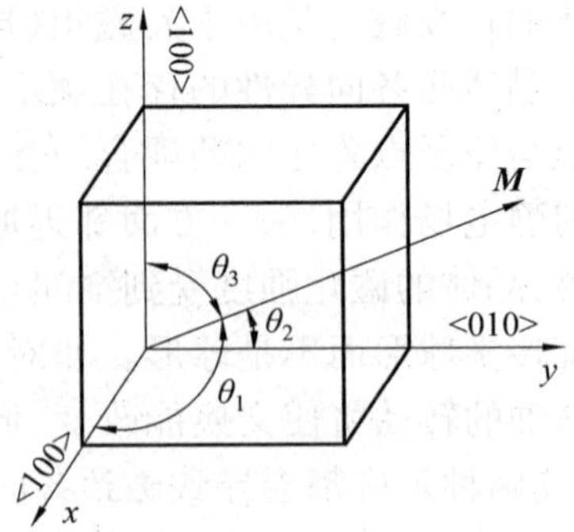

图4.33　方向余弦，$\alpha_1 = \cos\theta_1$，$\alpha_2 = \cos\theta_2$，$\alpha_3 = \cos\theta_3$

这一理论给出的表达式十分简明，已成为计算磁化曲线的基础，并得到了充分的试验证明。例如，对于铁、镍等立方晶体，磁晶能的表达式为

$$F_k = K_0 + K_1(\alpha_1^2\alpha_2^2 + \alpha_2^2\alpha_3^2 + \alpha_3^2\alpha_1^2) + K_2\alpha_1^2\alpha_2^2\alpha_3^2 + \cdots \tag{4.47}$$

式中，K_0、K_1 和 K_2 为特定物质的特征参数，事实上，镍的 K_2 项和铁的 K_2 项及以后各项都很小，即使略去不计也已足够精确。由于立方晶体在任何一个主晶轴方向上有两个 α 等于零，此时 $F_k = K_0$，所以 K_0 表示主晶轴方向的能量。如果用 E_k 代表随方向而变化的那部分能量，则可以写成

$$E_k = K_1(\alpha_1^2\alpha_2^2 + \alpha_2^2\alpha_3^2 + \alpha_3^2\alpha_1^2) + K_2\alpha_1^2\alpha_2^2\alpha_3^2 + \cdots \approx K_1(\alpha_1^2\alpha_2^2 + \alpha_2^2\alpha_3^2 + \alpha_3^2\alpha_1^2) \tag{4.48}$$

式中，K_1 和 K_2 称为晶体磁各向异性常数。

对于立方晶体而言，当晶体沿 <100> 方向磁化时，$\theta_1 = 0°$，$\theta_2 = \theta_3 = 90°$，即 $\alpha_1 = 1$，$\alpha_2 = \alpha_3 = 0$，所以 $E_k = 0$。当晶体沿 <110> 方向磁化时，$\theta_1 = \theta_2 = 45°$，$\theta_3 = 90°$，即 $\alpha_1 = \alpha_2 = 1/\sqrt{2}$，$\alpha_3 = 0$，所以 $E_k = K_1/4$。当晶体沿 <111> 方向磁化时，$\theta_1 = \theta_2 = \theta_3$，$\alpha_1 = \alpha_2 = \alpha_3 = 1/\sqrt{2}$，所以 $E_k = K_1/3$。可见，磁矩沿难轴时单位体积中的能量比沿易轴时要高出 $= K_1/3$，这个常数标志着晶体的磁各向异性程度。

4.7　磁致伸缩与磁弹性能

铁磁体在磁场中磁化，其形状和尺寸都会发生变化，这种现象称为磁致伸缩。磁致伸缩于1842年由焦耳首先发现，磁化引起机械应变这一事实预示着，机械应力将影响铁磁材料的磁化强度，故也称为“压磁效应”。广义地说，磁致伸缩效应包含一些有关磁化强度和应力相互作用的效应。

铁磁体的磁致伸缩已在技术上得到了应用。特别是近年来开发的稀土超磁致

伸缩材料，如 Tefernol - D，即 $Tb_{0.27}Dy_{0.37}Fe_2$ 以及 $TbFe_2$ 等，比一般磁致伸缩合金的磁致伸缩系数高出一个数量级以上，其饱和磁致伸缩系数可达 1.7×10^{-6}，在微步进旋转马达、机器人、传感器、驱动器等领域具有广泛的应用前景；而已成熟的具有高磁致伸缩系数的材料早已被用作超声波换能器、延迟线和存储器等。

试验表明，材料磁化时不但在磁化方向上会伸长（或缩短），在偏离磁化方向的其他方向也同时要伸长（或缩短），但偏离增大，伸缩比逐渐减小，然后改变符号，直至接近垂直于磁场方向时收缩（或伸长量）最大。设铁磁体原来的尺寸为 l_0，放在磁场中磁化时，其尺寸变为 l，长度的相对变化为

$$\lambda=\frac{l-l_0}{l} \tag{4.49}$$

式中，λ 称为线磁致伸缩系数。$\lambda>0$ 时，表示沿磁场方向的尺寸伸长，称为正磁致伸缩；$\lambda<0$ 时，表示沿磁场方向的尺寸缩短，称为负磁致伸缩。所有铁磁体均有磁致伸缩的特性，但不同的铁磁体其磁致伸缩系数不同，一般在 $10^{-6}\sim10^{-3}$ 之间。铁、钴、镍等的磁致伸缩系数随磁场的变化如图 4.34 所示。可以发现，铁在磁化时沿磁化方向伸长，而在垂直于磁化方向缩短，属于正磁致伸缩材料。而钴、镍在磁化时则沿磁化方向缩短，而在垂直于磁化方向伸长，属于负磁致伸缩材料。

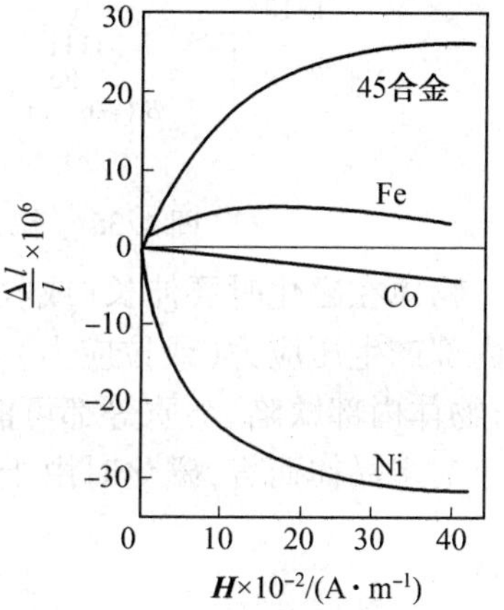

图 4.34 铁、钴、镍等的 $\lambda-H$ 关系

随着外磁场的增强，铁磁体的磁化强度增强，这时 λ 的绝对值也随之增大。当 $H=H_s$ 时，磁化强度达到饱和值 M_s，此时 $\lambda=\lambda_s$，称为饱和磁致伸缩系数。对于一定的材料，λ_s 是个常数。

如果铁磁体原来的体积为 V_0，磁化后体积变为 V，则体积的相对变化为

$$W=\frac{V-V_0}{V_0} \tag{4.50}$$

式中，W 称为体积磁致伸缩系数。除因瓦合金具有较大的体积磁致伸缩系数外，其他铁磁体的体积磁致伸缩系数都十分小，其数量级约为 $10^{-8}\sim10^{-10}$，在一般的铁磁体中，仅在自发磁化或顺磁化过程（即 M_s 变化时）才有体积磁致伸缩现象发生。当磁化场小于饱和磁化场 H_s 时，只有线磁致伸缩，而体积磁致伸缩十分小。因此，对于正磁致伸缩的材料，当它的纵向长度伸长时，横向要缩短。计算多晶体与磁化方向成 θ 角的磁致伸缩系数公式为

$$\lambda_\theta=\frac{3}{2}\lambda_s\left(\cos^2\theta-\frac{1}{3}\right) \tag{4.51}$$

单晶体的磁致伸缩也具有各向异性，图 4.35 所示为铁、镍单晶体沿不同晶向的线磁致伸缩系数。在非取向的多晶体材料中，其磁致伸缩是不同取向晶粒的磁致伸缩的平均值。

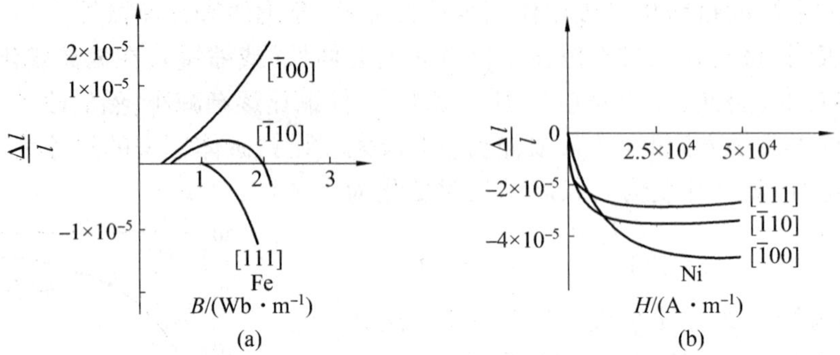

图 4.35 铁、镍单晶体不同晶向的磁致伸缩系数

物体在磁化时要伸长(或收缩)，如果受到限制，不能伸长(或缩短)，则会在物体内部产生压应力(或拉应力)。这样，物体内部将产生弹性能，称为磁弹性能。因此，物体内部缺陷、杂质等都可能增加其磁弹性能。

对多晶体而言，磁化时由于应力的存在而引起的磁弹性能可由下式计算

$$E_\sigma = \frac{3}{2}\lambda_s \sigma \sin^2\theta \tag{4.52}$$

式中，θ 为磁化方向和应力方向的夹角；σ 为材料所受应力；λ_s 为饱和磁致伸缩系数；E_σ 为单位体积中的磁弹性能。

4.8 铁磁性的物理本质

1. 外斯假说

铁磁现象虽然发现较早，但这些现象的本质原因和规律是在 20 世纪初才开始被人们认识的。1907 年，法国科学家外斯系统地提出了铁磁性假说，其主要内容有：铁磁物质内部存在很强的“分子场”，在分子场作用下，原子磁矩趋于同向平行排列，即自发磁化至饱和，称为自发磁化；铁磁体自发磁化分成若干个小区域(这种自发磁化至饱和的小区域称为磁畴)，由于各个区域(磁畴)的磁化方向各不相同，其磁性彼此相互抵消，所以大块铁磁体对外不显示磁性。

外斯的假说取得了很大的成功，试验证明了它的正确性，并在此基础上发展了现代的铁磁性理论。在分子场假说的基础上，发展了自发磁化理论，解释了铁磁性的物理本质，在磁畴假说的基础上发展了技术磁化理论，解释了铁磁体在磁场中的行为。

2. 自发磁化

原子的核外结构表明,Fe,Co,Ni 和元素周期表中与它们近邻的元素 Mn,Cr 等的原子磁性并无本质差别,如图 4.36 所示。当它们凝聚成晶体后,由于外层电子轨道受到点阵周期场的作用方式是变动的,不能产生联合磁矩(即轨道磁矩对总磁矩没有贡献),因此其磁性都来源于 3d 次壳层电子没有填满的自旋磁矩。然而前者是铁磁性,而后者是非铁磁性。由此可见,材料是否具有铁磁性的关键不在于组成材料的原子本身所具有的磁矩大小,而在于形成凝聚态后原子间的相互作用。

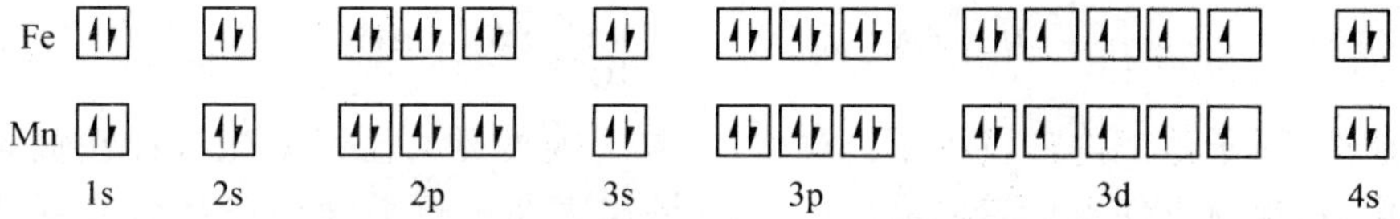

图 4.36 Fe 和 Mn 原子核外结构的差异

显然,在有电子壳层参加的原子现象范围内只有两种类型的力:磁力和静电力。为了解释外斯提出的第一个假设,人们很自然会想到元磁矩之间磁的相互作用力。磁力可以使原子磁矩出现自发的平行取向,这样似乎找到了铁磁体自发磁化的原因。但事实上这种磁的作用对解释铁磁现象是无能为力的。因为与热运动的能量相比,磁相互作用的能量太小了。根据计算,将物体加热到 1 K 就已经能破坏原子磁矩的自发平行取向,因而这种"自发磁化"的铁磁体在很低的温度下应当转入顺磁状态,其居里温度在 1 K 左右。然而实际上铁磁体的居里温度高达几百甚至上千摄氏度(K)。表4.4列出了若干铁磁体的居里温度。由此可见,引起铁磁体内元磁矩整齐排列,并使有序状态保持到如此高的温度的力量比磁力要大千百倍。

表 4.4 某些铁磁体的居里温度

物质	居里温度 /K	物质	居里温度 /K
Fe	1 043	CrO_2	386
Co	1 388	$MnO \cdot Fe_2O_3$	573
Ni	627	$FeO \cdot Fe_2O_3$	858
Gd	292	$NiO \cdot Fe_2O_3$	858
Dy	88	$CuO \cdot Fe_2O_3$	728
MnAs	318	$MgO \cdot Fe_2O_3$	713
MnBi	630	EuO	69
MnSb	587	$Y_3Fe_5O_{12}$	560

如果把导致铁磁体自发磁化的力看成一个等效磁场，不妨估计一下这个等效磁场的大小：既然铁磁体有一磁性转变温度（居里温度），就说明在这个临界温度时，原子热运动能已经大到和自发磁化等效磁场与原子磁矩之间的能量相等。从热运动的分析中已知，在居里温度时，一个原子的热运动能为 $k_B T_C$ 数量级，而静磁能为 $\mu_B H$ 的数量级，所以

$$k_B T_C \approx \mu_B H \tag{4.53}$$

式中，k_B 为玻耳兹曼常数，$k_B = 1.380\ 3 \times 10^{-23}\ \mathrm{J \cdot K^{-1}}$；$T_C$ 为居里温度，10^3 K数量级；μ_B 为玻耳磁子，$\mu_B = 1.165\ 30 \times 10^{-29}\ \mathrm{Wb \cdot m}$，将这些数值代入上式，可得

$$H_{等效}(\mathrm{A \cdot m^{-1}}) = \frac{10^{-23} \times 10^3}{10^{-29}} = 10^9 \tag{4.54}$$

显然，原子范围内提供不了这样大的磁场，既然磁力已经不能解释铁磁体的自发磁化，这也就迫使人们转向静电力。但是建立在牛顿力学和麦克斯韦电动力学基础上的经典电子论，也未能揭示铁磁体自发磁化的本质。

究竟是什么力量使得铁磁体元磁矩整齐排列从而实现了自发磁化呢？海森堡（Heisenberg）和弗兰克（Frank）按照量子理论证明，物质内部相邻原子的电子之间有一种来源于静电的相互作用，由于这种交换作用对系统能量的影响，迫使各原子的磁矩平行或反平行排列。

为了说明静电交换作用，我们对氢分子这一简单的电子系统做一分析，图4.37表示由两个原子核a，b和两个电子1，2所组成的氢分子模型。当两个氢分子距离很远时，因为无相互作用，电子的自旋取向是互不干扰的。这时两个原子内的电子运动状态分别用波函数 $\Psi_a(1)$ 和 $\Psi_b(2)$ 表示。

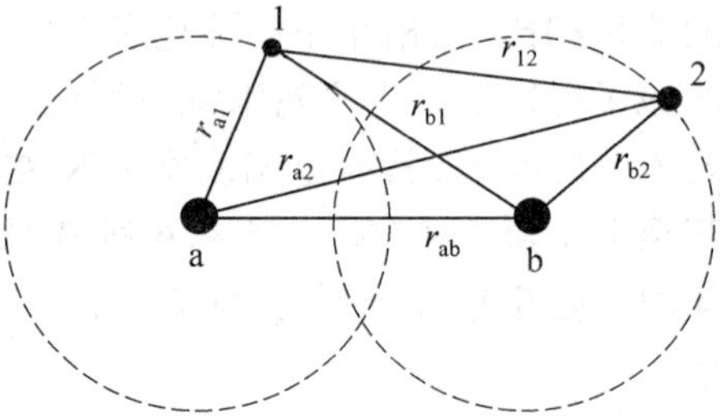

图4.37 氢分子的模型

设每个原子都处于基态，其能量为 E_0。当两个原子接近而组成氢分子时，其核与核、电子与电子以及核与电子之间便产生了新的静电相互作用，其势能为：

（1）核a，b的相互作用势能为$\dfrac{ke^2}{r_{ab}}$；

（2）核a与电子2的相互作用势能为 $-\dfrac{ke^2}{r_{a2}}$；

（3）核b与电子1的相互作用势能为 $-\dfrac{ke^2}{r_{b1}}$；

（4）电子1，2的相互作用势能为$\dfrac{ke^2}{r_{12}}$。

此外,这个系统的静电能还依赖于电子自旋的相对取向。由于以上原因,氢分子的能量 E 已经不是简单的等于两个原子基态能量 E_0 之和,而是

$$E = 2E_0 + E'$$

式中,E' 为能量的补充项,它不但与粒子的库仑作用有关,而且与电子自旋的相对取向有关,考虑到电子自旋平行与反平行时系统的能量不同,用 E_1 和 E_2 分别表示这两种状态时氢分子的能量,上式可写成

$$E_1 = 2E_0 + k\frac{e^2}{r_{ab}} + C - A(\text{自旋平行}) \tag{4.55}$$

$$E_2 = 2E_0 + k\frac{e^2}{r_{ab}} + C + A(\text{自旋反平行}) \tag{4.56}$$

式中,C 和 A 的表达式为

$$C = \iint e^2 k\left(\frac{1}{r_{12}} - \frac{1}{r_{a2}} - \frac{1}{r_{b1}}\right) |\Psi_a(1)|^2 \cdot |\Psi_b(2)|^2 dt_1 dt_2$$

$$A = \iint e^2 k\left(\frac{1}{r_{12}} - \frac{1}{r_{a1}} - \frac{1}{r_{b2}}\right) \Psi_a^*(1)\Psi_b^*(2)\Psi_a(2)\Psi_b(1) dt_1 dt_2$$

式中,$\Psi_a(2)$ 和 $\Psi_b(1)$ 表示电子在核周围运动的波函数;$\Psi_a^*(1)$ 和 $\Psi_b^*(2)$ 表示相应波函数的复数共轭值;dt_1 和 dt_2 为空间体积元。

C 是由于电子之间、核与电子之间的库仑作用而增加的能量项,而 A 可以看作两个原子的电子交换位置而产生的相互作用能,称为交换能或交换积分,它与原子间的电荷分布的重叠有关。影响 A 的主要因素包括原子核之间的距离 a(点阵常数)和壳外未填满壳层的半径 d,当 $a/d > 3$,显示铁磁效应。

从上面两式中可以看出,自旋平行时系统的能量 E_1 和自旋反平行时系统的能量 E_2 究竟哪个低,即哪个处于稳定态的关键在于交换积分 A 的符号,如果 $A < 0$,则 $E_1 > E_2$,即电子自旋反平行排列为稳定态,材料呈现反铁磁材料,如果 $A > 0$,则 $E_1 < E_2$,电子自旋平行排列为稳定态,图 4.38 表示了氢原子的能量与原子间距之间的关系曲线。从 $E_1 > E_2$ 这一事实可知,A 为负值,氢原子的两个电子自旋方向是反平行的,试验验证了交换作用的理论。

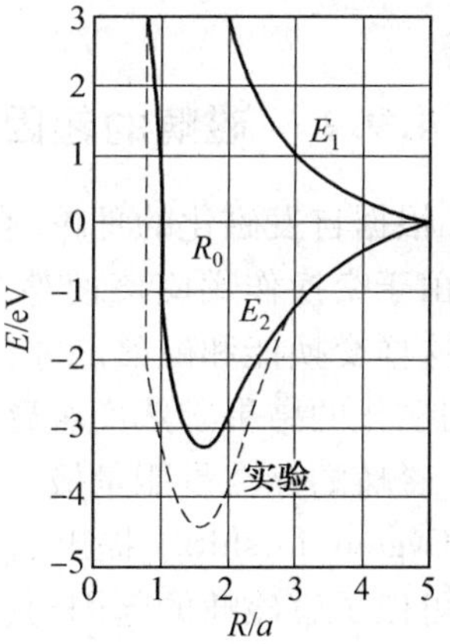

图 4.38 氢原子的能量与原子间距之间的关系曲线
(R:原子间距;a:原子半径)

和氢原子一样,其他物质中也存在静电交换作用,正是由于这种作用使得铁磁体元磁矩整齐排列,从而达到自发磁化。

铁磁材料的充要条件:① 壳外有未充满电子

的次壳层，单有未填满电子的 d 或 f 电子壳层结构是不充分的，因为在原子间的静电交换作用中，A 值的符号和大小与原子核间的距离有着显著的依赖关系；② $A > 0$，为了定量表征原子核间距离与交换积分的关系，斯雷特提出，采用金属点阵常数 a 与未填满壳层半径 d 之比的变化表征金属交换积分 A 的大小与符号。从图 4.39 中可以看出，$a/d > 3$ 时，物质处于铁磁状态，这时电子云重叠时，交换积分 $A > 0$，且数值较大。但当 a/d 太大（如稀土族），电子云重叠很少或不重叠，交换作用很弱，它们或者是顺磁性或者是铁磁性（居里温度比铁族低很多）。如果 $a/d < 3$，就会使得 $\frac{1}{r_{12}} < \frac{1}{r_{a1}} + \frac{1}{r_{b2}}$，因而，$A < 0$，材料将处于反铁磁状态。

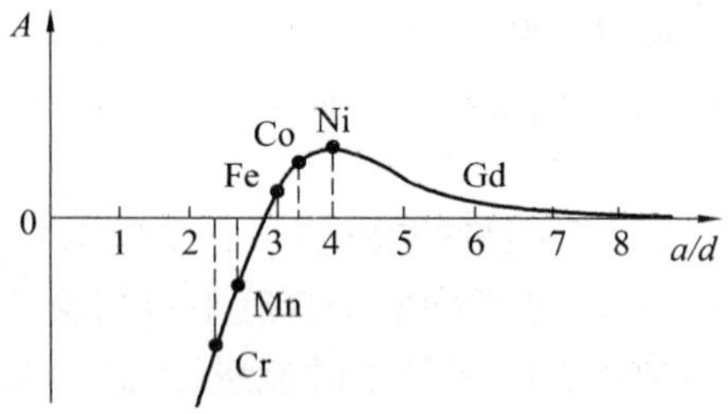

图 4.39 交换能与 a/d 的关系

综上所述，处于铁磁状态的物质除了原子具有未填满电子的次壳层（d 或 f）结构外，还应当具有相应的原子间距，我们要问，既然 Mn，Cr 满足了第一个条件，那么改变其点阵常数是否会使其转入铁磁状态呢？回答是肯定的，奥申费尔（Ochsenfeld）指出，加氮后，锰转变为铁磁体，N 的作用是使点阵常数增大，因而有利于铁磁状态的出现，同样，哈斯勒合金（Mn – Al – Cu 等）和 Cr 与 Mn 的铁磁性二元合金的存在也可以归纳为点阵常数的增大。

4.9 磁畴的起因与磁畴结构

4.9.1 磁畴的起因

根据自发磁化的理论，在冷却到居里温度以下而不受外磁场作用的铁磁晶体中，由于交换作用应该使整个晶体自发磁化到饱和，显然，磁化应该沿着晶体的易轴，这样交换能和磁晶能才都处于极小值。但因晶体有一定大小和形状，整个晶体均匀磁化的结果必然产生磁极。磁极的退磁场将给系统增加一部分退磁能。

磁畴的存在是能量极小化的后果。这是物理大师列夫 · 朗道和叶津 · 李佛西兹（Evgeny Lifshitz）提出的观点。以单轴晶体（如钴）为例，分析图 4.40 所示的结构，可以了解磁畴的起因，其中每个分图表示铁磁单晶的一个截面。图 4.40(a) 表示整个晶体均匀磁化为“单畴”，则会有很多正磁荷与负磁荷分别形成于长方块的顶面与底面，也就是说在晶体表面形成了磁极，从而拥有较强烈的磁能。这种组态退磁能最大，若 $M_s \approx 8 \times 10^4$ A/m，则退磁能 $E_d \approx 10^5$ J/m^3。从能量的观点，把晶体分成两个或者四个平行反向的自发区域，如图 4.40(b)，4.40(c) 所示。其中一个磁畴的磁矩朝上,另一个朝下,则会有正磁荷与负磁荷分别形成于顶面的左右边,又有负磁荷与正磁荷相反地分别形成于底面的左右边,所以,磁能较微弱,这样可以大大降低退磁能。当磁体被分成 n 个区域(即 n 个磁畴)时,退磁能约为原来的 $1/n$。但由于两个相邻磁畴间畴壁的存在,又需要增加一定的畴壁能,因此自发磁化区域的划分并不可以无限地小,而是以畴壁能及退磁能相加等于极小值为条件。为了进一步降低能量,可以想成图 4.40(d),4.40(e) 所示的磁畴结构,其特点是晶体边缘表面附近为封闭磁畴。它们具有封闭磁通的作用,使得退磁能降为零。但是,在单轴晶体中,封闭磁畴的磁化方向平行于难轴,因而,又增加了磁各向异性能。

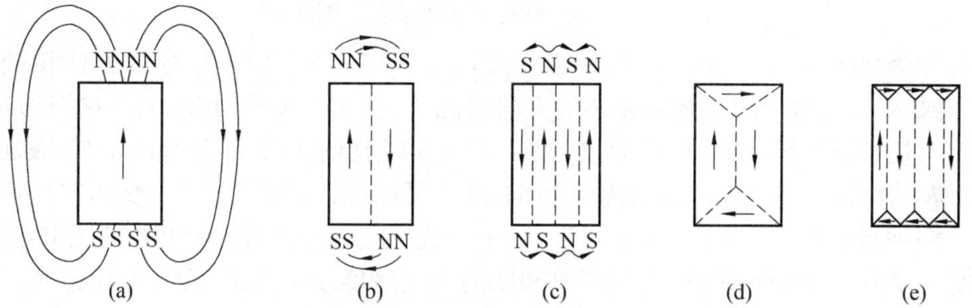

图 4.40 单轴晶体中磁畴的起因

实际的磁畴结构往往比这些简单的例子更为复杂,然而一个系统从高磁能的饱和组态转变为低磁能的分畴组态,从而导致系统能量降低的可能性却总是形成磁畴结构的原因。一般情况下,晶体内的磁畴可分为两类:一类是通过晶体体积的基本畴结构,这是比较简单的;另一类是在晶体外表面的各种畴结构,如前面所讲的封闭畴结构,这种外表面畴结构往往是十分复杂的,它们决定于表面上的各种能量,如磁晶能、磁弹性能等的相对数值。

磁畴的存在已经被实验观察所证实,实验可采用"粉纹法",即将待查试样表面适当处理后,敷上一层含有铁磁粉末的悬胶,然后在显微镜下进行观察。由于铁磁粉末受到试样表面磁畴磁极的作用,将聚集在磁畴的边界处,在显微镜下便可观察到铁磁粉末排成的图像,如图 4.41 所示。由图可以直接看出磁畴的形状和结构,有的磁畴大而长,称为主畴,其自发磁化方向必定沿晶体的易磁化方向;小而短的磁畴称为副畴,其磁化方向不定。

在铁磁体中磁畴沿着晶体的各易磁化方向自发磁化,那么,在相邻磁畴间必然存在过渡层作为磁畴间的分界,称为畴壁(磁畴壁)。畴壁是磁畴结构的一个重要部分,它对磁畴的大小、形状以及相邻磁畴的关系都有着重要影响。畴壁有两种,一种是 180° 壁,即铁磁体中一个易轴上有两个相反的易磁化方向,相邻的两个磁畴的磁化方向相反;一种是 90° 壁,即两个相邻磁畴的磁化方向垂直。在立方晶体中,如果 $K_1 > 0$,易轴互相垂直,则两个相邻磁畴的方向有可能垂直。它们之间的

(a) 铁硅合金单晶在“(100)”面的磁畴结构　(b) 当平面与“(100)”之间形成小角度时的磁畴结构　(c) 多晶铁硅合金的晶界和磁畴界

图 4.41 铁硅合金单晶粉纹图

畴壁称为 90° 壁,如果 $K_1 < 0$,易磁化方向为 < 111 >,两个这样的方向相交为 109° 或者 71°,这时两个相邻磁畴的方向可能相差 109° 或者 71°。由于它们和 90° 相差不远,这种畴壁有时也称为 90° 壁。图 4.42 给出了坡莫合金单晶(110) 表面上的磁畴结构,图中所加箭头表示磁化方向,这里可以看到 180° 壁,109° 壁和 71° 壁。

必须指出的是,畴壁是一个过渡区,有一定的厚度,磁畴的磁化方向在畴壁处不是突然转一个很大角度,而是经过畴壁的一定厚度逐步转过去的,即在过渡区中原子磁矩是逐步改变方向的。若在整个过渡区中原子磁矩都平行于畴壁平面,这种畴壁称为布洛赫畴壁。图 4.43 表示一种 180° 壁(布洛赫壁) 中磁矩逐渐转向的情况。

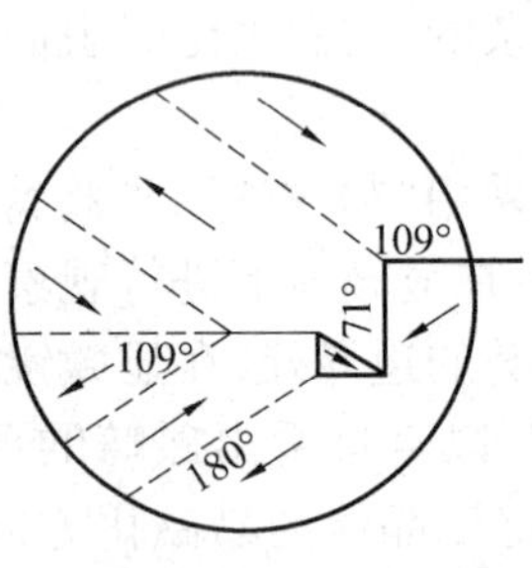

图 4.42 坡莫合金(110) 面上的各种畴壁

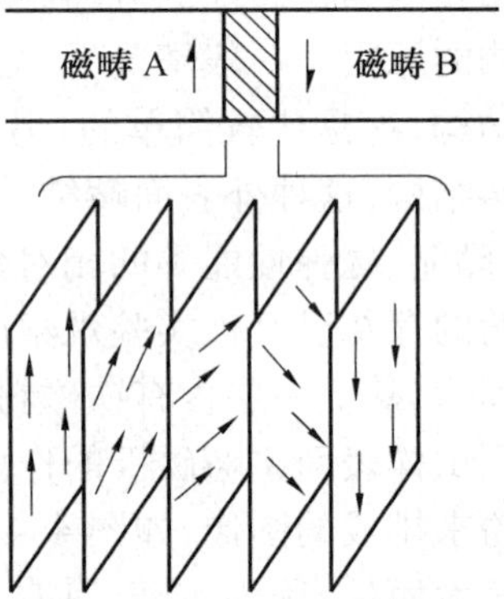

图 4.43 布洛赫壁磁矩转向的过渡

磁畴壁具有交换能、磁晶能和磁弹性能,因为畴壁是原子磁矩的方向由一个磁畴的方向转到相邻磁畴方向的逐渐转向的一个过渡层,所以原子磁矩的逐渐转向比突然转向的交换能小,但仍比原子磁矩同向排列的交换能大。若只考虑降低畴壁的交换能,则畴壁的厚度越大越好;但仍比原子磁矩同向排列的交换能大。但原子磁矩的逐渐转向,使得原子磁矩偏离了易磁化方向,因而使磁晶能增加,故磁晶能倾向于使畴壁变薄。综合考虑此二因素,则单位面积上的畴壁能 W 与壁厚的关系如图4.44所示。畴壁的最小值所对应的壁厚N_0便是平衡状态时的壁的厚度。由于原子磁矩的逐渐转向,使得各个方向上的伸缩难易不同,因此便产生了磁弹性能。这样,畴壁内的能量总比磁畴内的能量高,壁的厚薄和面积的大小都使它具有一定的能量。

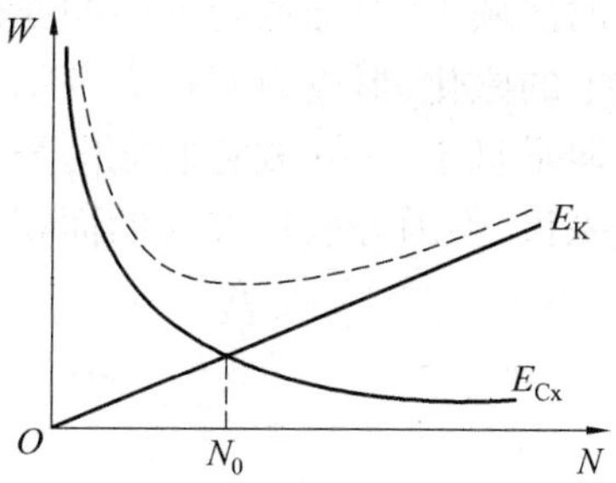

图4.44 畴壁能与壁厚的关系

在弱磁场范围内,一般铁磁体的技术磁化过程主要是畴壁的位移过程,即某些磁化强度矢量接近于外磁场方向(严格地说,应该是铁磁体内的有效磁场方向)的磁畴长大,而另一些磁化矢量偏离外磁场方向较远的磁畴缩小的过程。这个过程决定了一些重要的磁学量,如起始磁化率和可逆磁化率等。在周期应力的作用下,畴壁的不可逆位移可以消耗振动能量,使合金具有阻尼性能。

4.9.2 不均匀物质中的磁畴

上面从能量的角度分析了均匀单晶体的磁畴结构。但实际使用的铁磁体大多是多晶体,多晶体的晶界、第二相、晶体缺陷、夹杂、应力、成分的不均匀性等对畴结构有显著的影响,因而实际多晶体的畴结构是很复杂的。

在多晶体中晶粒的方向是杂乱的,而且每一个晶粒都可能包含许多磁畴,在一个磁畴内磁化强度一般都沿着晶体的易磁化方向,而不同晶粒内由于易磁化方向不同,磁畴的取向不同。但由于大量磁畴沿各个方向,因此就整体来说,材料对外显示各向同性。图4.45所示为多晶体中磁畴结构示意图,图中每个晶粒都分成片状磁畴,可以看出,在晶界两侧,磁化方向虽然转过了一个角度,但是其磁通仍然能够保持连续。这样,在晶界上才能保证不出现磁极,获得较小的退磁能,磁畴结构比较稳定。当然,在多晶体的实际磁畴结构中,不可能全部是片状磁畴,必然还会出现许多附加畴来更好地实现能量最低的原则。对于非织构的多晶体,各晶粒的取向是不同的,因此在不同晶粒内部磁畴的取向是不同的,磁畴壁一般不能穿过晶界。

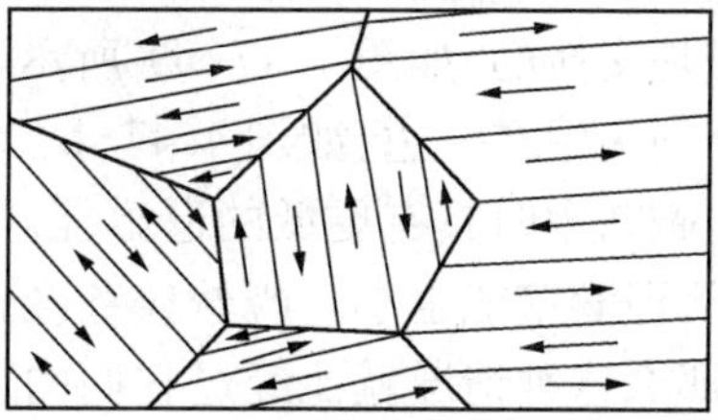

图4.45 多晶体中的磁畴结构示意图

如果晶体内部存在非磁性夹杂物、应力、空洞等不连续性,将使畴结构复杂化。夹杂物和空洞对畴结构有两方面的作用。一方面,由于在夹杂物、空洞处磁通的连续性遭到破坏,势必出现磁极和退磁场能,如图4.46所示。由于在离磁极不远的区域内,退磁场的方向同原磁化方向有很大差别,这就造成这些区域在新的方向上的磁化,形成附着在夹杂物、空洞上的楔形畴或者附加畴。由于楔形畴的磁化方向垂直于主畴,故它们之间为90°畴壁,因而取斜出的方向。虽然在畴壁上出现了磁极,但因分散在较大的面积上,因而降低了退磁能。

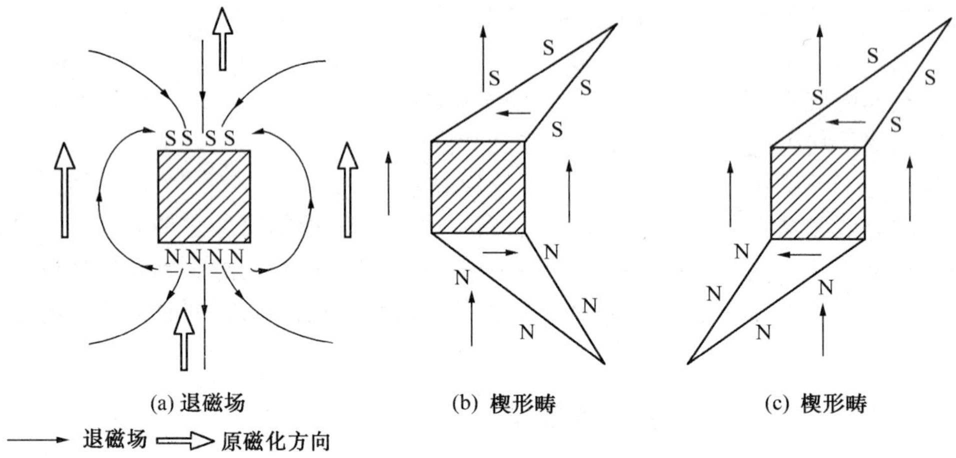

图4.46　夹杂物或空洞附近的退磁场和楔形附加畴

需要指出的是,夹杂物或者空洞对磁畴壁的移动也有很大的影响。如果畴壁经过夹杂物或空洞,夹杂物在两个磁畴之间,界面上出现的磁极N极和S极半数的位置是交换的,如图4.47(a)所示。如果夹杂物处于同一磁畴中,其界面上的N、S极分别集中在一边,如图4.47(b)所示。显然,夹杂物处于两个磁畴之间要比处于同一磁畴中时具有更低的退磁能。从畴壁面积上看,图4.47(a)也比图4.47(b)要小,即畴壁能也小。既然畴壁经过夹杂物或空洞时系统的退磁能和畴壁能都较小,那么这种情况就比经过它们的近旁要稳定得多,看来夹杂物似乎有吸引畴壁的作用,欲把畴壁从经过夹杂物或空洞的位置移开必须提供能量,即需要外力做功。由此可见,材料中夹杂物或空洞越多,壁移磁化就越难,因而磁化率就越低。这种情况对铁氧体性能的影响最为显著,铁氧体的磁化率在很大程度上决定于其内部结构的均匀性、夹杂物和空洞的多少。

实际上,畴壁经过非磁性夹杂物时不一定只出现如图4.47所示的简单情况,可能在夹杂物上会产生附加磁畴以降低退磁能,这些附加畴会把近旁的畴壁给连接起来。图4.48表示主畴的两个畴壁经过一群夹杂物时,通过各种附加畴与各夹杂物相连接的情况。所以,当畴壁切割夹杂物或空洞时,一方面畴壁能降低,因为畴壁的一部分被夹杂物占据,有效面积减少了;另一方面是夹杂物处的退磁能进一步降低。所以,夹杂物有吸引畴壁的作用。在平衡状态下,畴壁一般都跨越夹杂物或空洞。内应力对畴壁也有同样的影响。由于材料内部存在不均匀应力,使材料内部的磁化不均匀,某些局部区域的磁化强度矢量偏离易磁化方向,因此便出现了散磁场。为了减少散磁场,磁畴壁的位置应使散磁场能降低到最小值。

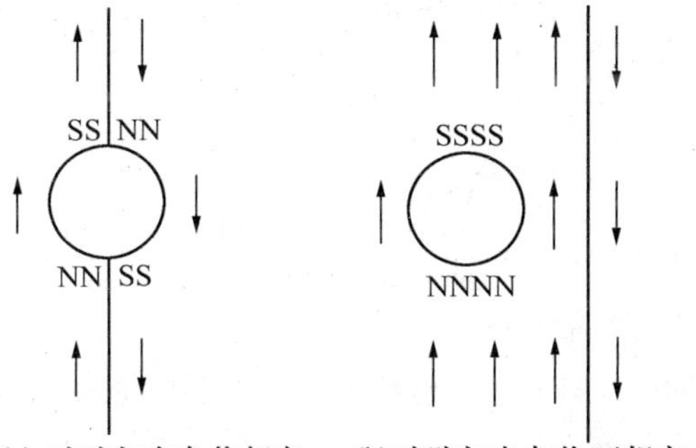

(a) 畴壁与夹杂物相交　(b)畴壁与夹杂物不相交

图 4.47　非磁性夹杂边界上出现的磁极

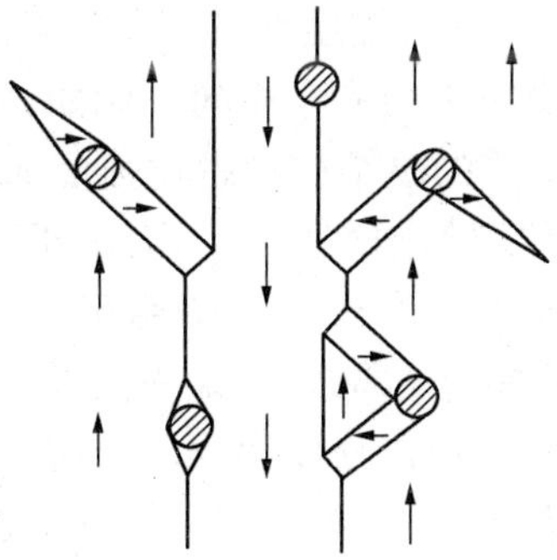

图 4.48　主畴的畴壁经过一群夹杂物时发生附加畴的情况

4.10　影响合金铁磁性和亚铁磁性的因素

由铁磁性理论可知,磁性材料的铁磁和亚铁磁性与相和组织的状态有关。实际上凡是与自发磁化有关的参量都是组织不敏感的。如饱和磁化强度 M_s、饱和磁致伸缩系数 λ_s、磁各向异性常数 K 等只与成分、原子结构、组成合金的各相的数量比有关,还有居里温度 T_C 只与相的结构和成分有关;凡与技术磁化有关的参量,如矫顽力 H_C、磁导率或磁化率 χ、剩磁 B 等都是组织敏感的。这些参量主要与晶粒的形状和弥散度,以及它们的取向与相互的分布、点阵的畸变、内应力等有关。

4.10.1　温度对铁磁和亚铁磁性影响

图 4.49 表示了几种铁磁性材料的铁磁性与温度的关系曲线。由图可见,高于某一温度后,饱和磁化强度 M_s 降低到零,表示铁磁性消失,材料变成顺磁性材料。这个转变温度称为居里温度,它是决定材料磁性能温度稳定性的一个十分重要的物理量。

到目前为止,人类所发现的元素中,仅有四种金属元素在室温以上是铁磁性的,即铁、钴、镍和钆。在极低温度下有五种元素是铁磁性的,即铽、镝、钬、铒和铥。表 4.5 列出了几种材料的居里温度。

表 4.5　几种材料的居里温度

材料	Fe	Ni	Co	Fe_3C	Fe_2O_3	Gd	Dy
居里温度/℃	768	376	1 070	210	578	20	-188

亚铁磁性是由不同相，但磁相互作用相反的磁结构构成。每个磁结构因磁性来源不同，当温度增加时，每种磁结构对温度反应不会完全相同。例如，开始时处于B位置的磁结构的磁化强度 M_B 大于处于A位置的磁结构 M_A，但由于对温度增加反应不同形成了如图4.50(a)所示的 $M-T$ 曲线。那么，在某一温度下，亚铁磁性材料的磁化强度 $M=0$，该温度被称为补偿温度 T_{comp}（亦称补偿点）。这种效应在磁光记录中得到了应用。亚铁磁性 $M-T$ 关系也可能有另外的情况，如图4.50(b)，4.50(c)所示。

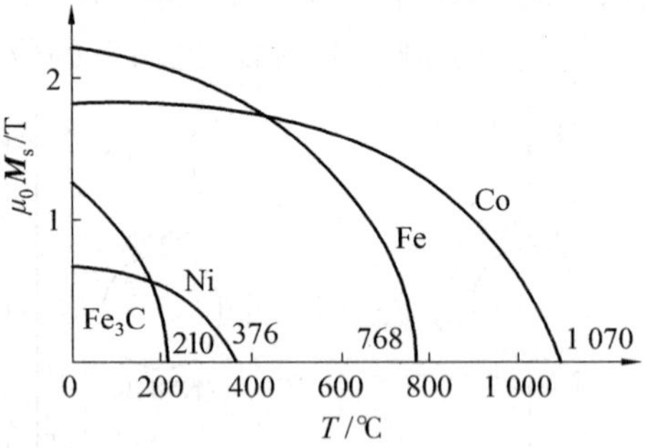

图4.49 饱和磁化强度随温度的变化

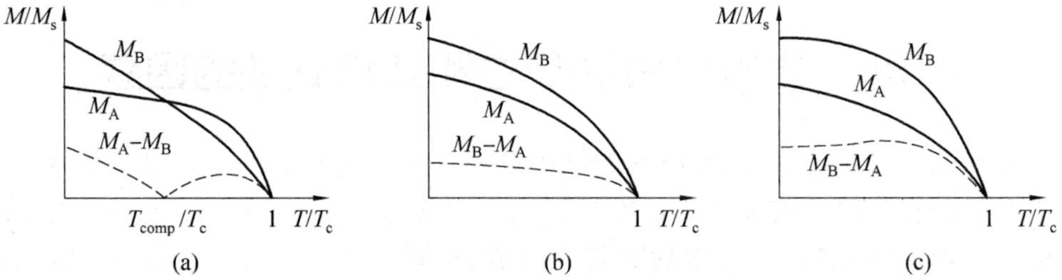

图4.50 亚铁磁性与温度的关系曲线

在低于居里温度的条件下，各类铁磁和亚铁磁性均随温度升高而有所下降，直到居里温度附近，有一个急剧下降。如图4.51所示为温度对铁的矫顽力 H_C、磁滞损耗 Q、剩余磁感应强度 B_r、饱和磁感应强度 B_s 的影响。除 B_r 在 $-200\sim20$ ℃加热时稍有上升外，其余皆为下降。

在多相合金中，如果各相都是铁磁相，则其饱和磁化强度由组成各相的磁化强度之和来决定（即相加定律）。合金的总磁化强度为

$$\left.\begin{aligned} M_s V &= M_1 V_1 + M_2 V_2 + \cdots + M_n V_n \\ M_s &= M_1 \frac{V_1}{V} + M_2 \frac{V_2}{V} + \cdots + M_n \frac{V_n}{V} \end{aligned}\right\} \tag{4.57}$$

式中，$M_1, M_2, \cdots, M_n$ 为各相的饱和磁化强度；$V_1, V_2, \cdots, V_n$ 为各相的体积，且 $V=V_1+V_2+\cdots+V_n$。其中各铁磁相均有各自的居里温度。如图4.52所示为由两种铁磁相组成的合金的饱和磁化强度与温度的关系曲线。利用这个特性可以研究合金中各相的相对含量及析出过程。图中 Δ_i 正比于 $M_i(V_i/V)$。这种曲线称为热磁曲线。

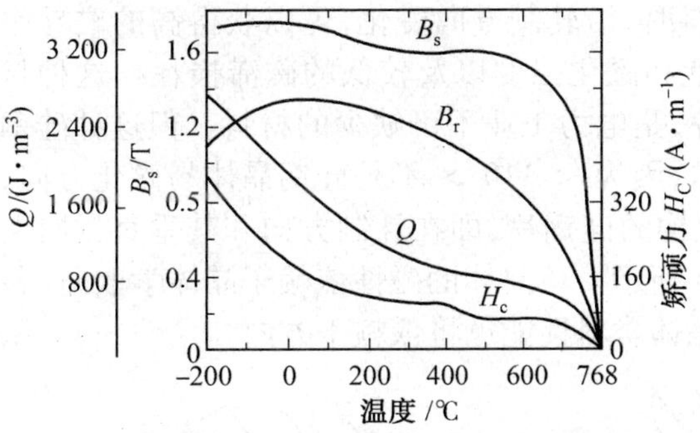

图 4.51 温度对铁的磁性参数的影响

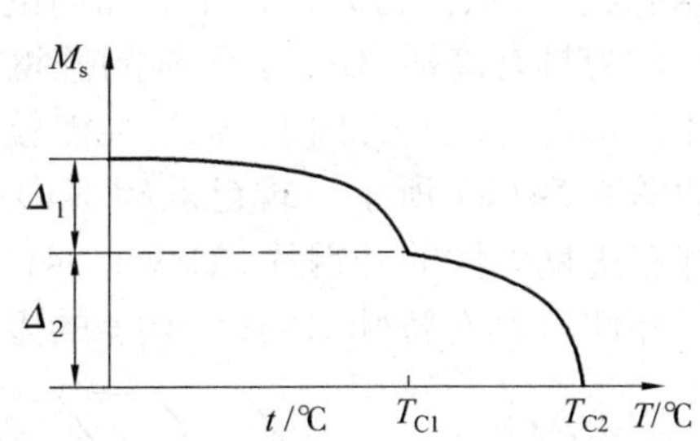

图 4.52 两种铁磁相组成的合金的饱和磁化强度与温度的关系曲线

4.10.2 加工硬化的影响

加工硬化引起晶体点阵扭曲，晶粒破碎，内应力增加，所以会引起与组织有关的磁性改变。

如图 4.53 所示是含 0.07%C 的铁丝经不同压缩变形后铁磁性的变化。由于冷加工变形在晶体中引起滑移而形成的滑移带和内应力将不利于金属的磁化和去磁过程。磁导率 μ_m 随冷加工形变而下降，而矫顽力 H_C 相反，随压缩率增大而增大。磁滞损耗和 H_C 一样在加工硬化下增加。饱和磁化强度与加工硬化无关。剩余磁感应强度 B_r 的变化比较特殊，在临界压缩程度下（约5% ~8%）急剧下降，而在压缩率继续增大时，B_r 也增高。

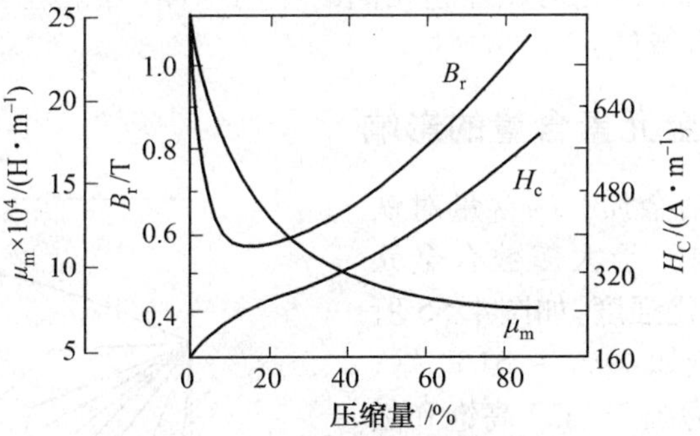

图 4.53 冷加工变形对磁性的影响

再结晶退火与加工硬化的作用相反。退火之后，点阵扭曲恢复，晶粒长大成为等轴状，所以各种磁性又恢复到加工硬化之前的情况。

在冷变形加工过程中，某些材料形成所谓的变形织构。例如 Fe - Si 合金其滑移面为{110}。在冷轧过程中，< 211 > 晶向基本上平行于轧制平面，在以后的退火过程中，又形成再结晶织构，使 < 100 > 平行于轧制方向。因为 < 100 > 是铁的易磁化方向，所以在以后使用这种材料时，沿轧制方向磁化，可以获得高的磁导率（约为没有织构的2倍以上）和高的饱和磁化强度以及较低的磁滞损耗。这种材料称为具有高斯（Goss）织构的硅钢片，是电力工业不可缺少的材料。但这种硅钢片在垂直于轧制方向上，磁学性能较差，因为 < 110 > 不是硅钢晶体易磁化方向，如图4.54(a)所示。现已获得双向织构的硅钢片，即在轧制方向和其垂直方向上都有优良磁性的硅钢片，如图4.54(b)所示。单晶体的磁性依赖于晶体学取向（各向异性），具有特殊取向（织构）的多晶体材料性能也将依赖于方向。

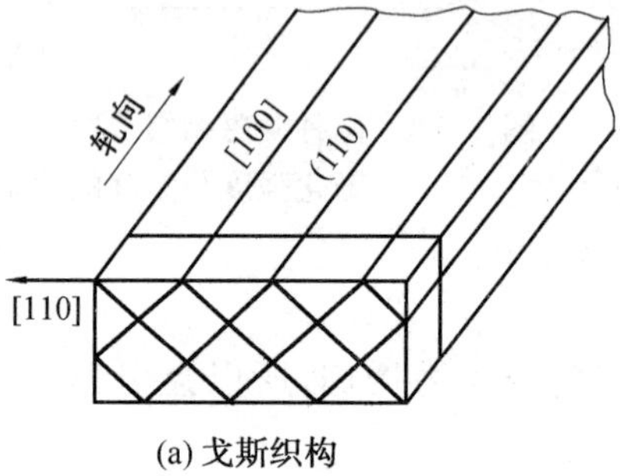

(a) 戈斯织构　　(b) 立方织构

图4.54　硅钢的织构示意图

纯金属及部分固溶体合金多用作高导磁性材料。对这些材料希望其有较高的纯度、粗大的晶粒并呈等轴状以及较小的内应力。有时采用磁场退火以提高磁导率。如果使晶粒细化，晶粒越细，则矫顽力和磁滞损耗越大，而磁导率越小。这是晶界阻碍磁化进行的缘故，因为晶界处晶格扭曲畸变。晶粒越细化，相当于增加了晶界的总长，这和加工硬化对磁性起相同的作用一样（当晶粒进入纳米量级后，晶粒尺寸越小，矫顽力越低）。

4.10.3　合金元素含量的影响

合金元素（包括杂质）的含量对铁的磁性有很大影响。绝大多数合金元素都将降低饱和磁化强度，如图4.55所示，只有钴例外。例如49% ~ 51%钴、1.4% ~ 1.8%钒为国产1J22高饱和磁化强度材料的典型代表，其 $4\pi M_s$ 可高达 2.2 T（22 000 Gs）。阿波耶夫（Апаев）给出计算马氏体的饱和磁化强度同碳的质量分数关系的经验公式

$$M_s = 1\ 720 - 74w_C\,(\text{Gs}) \tag{4.58}$$

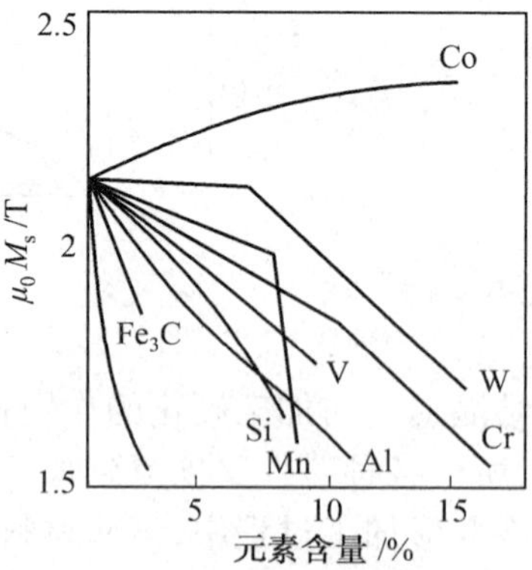

图4.55　合金元素对铁的磁化强度的影响

式中，w_C 为碳钢中碳的质量分数，且 $w_C \leqslant 1.2\%$。α - Fe 的饱和磁化强度为 1 720 Gs。

在固溶体型磁合金中，间隙固溶体要比置换固溶体的磁性差。因此要尽量减少有害的间隙杂质（如气体等）。

图 4.56 表示镍含量对 Fe - Ni 合金磁性的影响。由图可见，μ_m 和 μ_i 的最高值对应于 $w(\text{Ni}) = 78\%$，这正是高导磁软磁材料坡莫合金的成分。此成分材料的 λ_s，K 都趋于零，因而合金具有最高的 μ_m，μ_i 值。在 $w_{Ni} = 30\%$ 附近，发生由 α 到 γ 的相变，致使许多磁学性质发生改变。

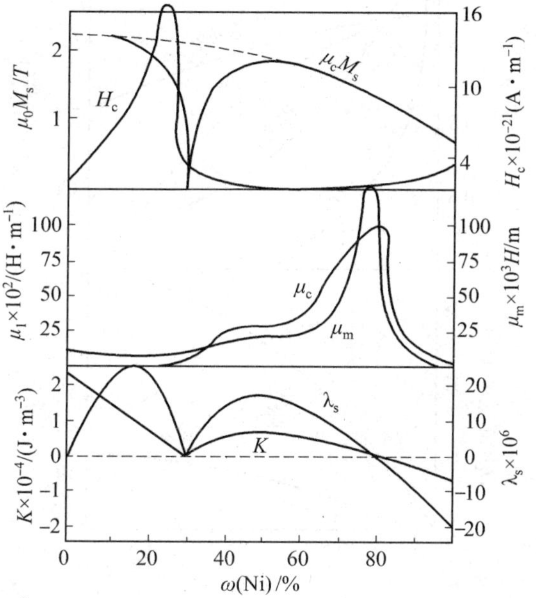

图 4.56 镍含量对 Fe - Ni 合金磁性的影响

合金中析出第二相以及它的形状、大小、分布对于组织敏感的各磁性能影响极为显著。图 4.57 给出第二相对磁性影响的示意图（图中 θ 代表 T_C，B 为合金元素，β 为第二相）。铁磁性合金经热处理后组织发生了变化，其磁性也将发生变化。图 4.58 表示了热处理对钢磁性的影响。随碳的质量分数的增加，钢的饱和磁化强度 M_s 降低，这是由于存在 Fe_3C 相所致。因为 Fe_3C 是弱铁磁性相。从图 4.58 可见，

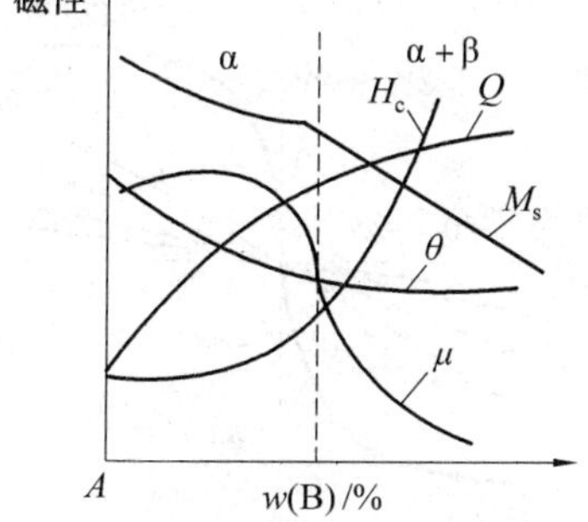

图 4.57 第二相析出对合金磁性的影响

对含碳的质量分数相同的钢而言，淬火态的 M_s 比退火态的 M_s 低，这是因为淬火钢

中含有残留奥氏体，而奥氏体为非铁磁相。矫顽力 H_C 随碳的质量分数的增加而增加，不仅与 Fe_3C 含量有关，而且还与组织形态有关，对含碳的质量分数相同的钢的矫顽力，在淬火后比退火后高，这基本上是由于形成马氏体所致，因为淬火马氏体具有很高的内应力。

从图4.59可以看到拉、压应力对镍的磁化曲线的影响。产生这种影响的原因是：镍的磁致伸缩是负的，即沿磁场方向磁化时，镍在此方向上是缩短而不是伸长。因此当外加拉伸应力时，阻碍了磁化过程的进行。

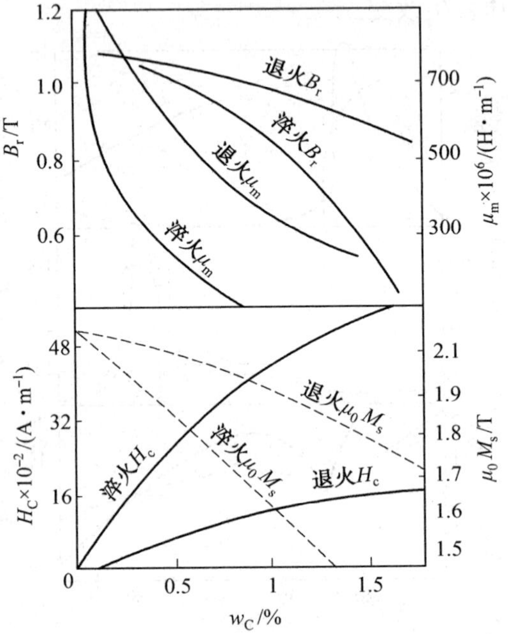

图4.58　热处理对钢磁性的影响

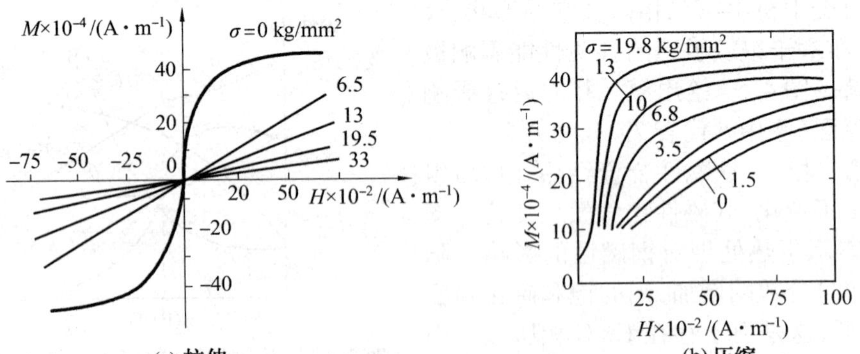

图4.59　拉伸和压缩对镍磁化曲线的影响

4.11 技术磁化和反磁化过程

4.11.1 技术磁化的机制

所谓技术磁化,就是在外磁场的作用下,铁磁体由完全退磁态磁化至饱和的内部变化过程。讨论这一过程不但可以说明铁磁材料磁性的一些规律,而且有助于探索提高材料性能的途径。技术磁化过程实质上就是外磁场对磁畴的作用过程,也即外磁场把各个磁畴的磁矩方向转到外磁场方向(或接近外磁场方向)的过程,显然,它与自发磁化有本质的不同。

前面讨论的磁化曲线与磁滞回线都是技术磁化的结果。我们知道,铁磁物质的基本磁化曲线可以分为三个阶段。从磁畴理论的观点看,这三个阶段的磁化正是铁磁体的磁畴结构在外磁场作用下发生变化的结果。磁畴结构的改变包括磁畴壁的移动(改变磁畴的大小)和磁畴内磁矩的转动(改变磁矩的方向)。前者称为(磁畴)壁移过程,后者称为(磁)畴转(动)过程。这种由外磁场引起的磁畴大小和分布的改变(统称磁畴结构变化),在宏观上表现为强磁(铁磁和亚铁磁)物质的磁化强度 M(或磁通密度 B)随外加磁场的变化。

图 4.60 示出了在磁化曲线各个状态上磁畴结构的特点。设材料原始的退磁状态为四个成封闭结构的磁畴,在磁化的起始阶段,磁场作用较弱,对于自发磁化方向与磁场方向成锐角的磁畴,由于其静磁能低的有利地位而发生了扩张,而成钝角的磁畴则缩小。这个过程是通过磁畴壁的迁移来完成的,这种畴壁的迁移,使材料在宏观上表现出微弱的磁化,与第 I 区段的磁畴结构相对应。然而,此时畴壁的这种微小的迁移是可逆的,若这时去除外磁场,则畴壁又会自动地迁回原位(因原位能态最低),这就是第 I 区段所谓的畴壁可逆迁移区。此时磁化曲线较为平坦,磁导率也不高。

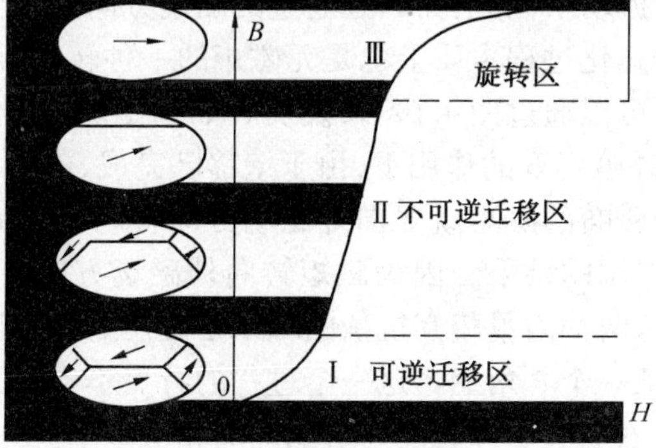

图 4.60 磁化曲线分区示意图

越过第一区段,若外磁场继续增强,则畴壁将会发生瞬时的跳跃。换言之,某些与外加磁场成钝角的磁畴将瞬时转向与磁场成锐角的易磁化方向。由于大量元磁矩的瞬时转向,因此表现出强烈的磁化,磁化曲线急剧上升,磁导率很高,这与第Ⅱ区段的磁畴结构相对应。这时的畴壁迁移是跳跃式的,称为巴克豪森跳跃。畴壁的这种迁移是不会随着外磁场的去除而自动返回原位的,也就是说,巴克豪森跳跃是个不可逆的畴壁迁移过程,对应于图4.60中的第Ⅱ区段的磁畴结构。畴壁这种迁移的结果,将使得畴内所有的原子磁矩都转向与磁场成锐角的易磁化方向,而使晶体成为单畴。

由于易轴通常与外磁场方向不一致,故当外磁场继续增大时,整个晶体单畴的磁矩方向将逐渐转向外磁场方向。这种磁化过程称为磁畴的旋转,这就是第Ⅲ区段的磁畴旋转区。这种转动需要相当大的能量,显然外磁场要为增加磁晶能而做功,故磁化进行得非常缓慢。当晶体单畴的磁化强度矢量与外磁场方向完全一致(或基本一致)时,即达到磁饱和状态。

由上述可知,技术磁化包含两种机制:即畴壁的迁移磁化(简称壁移磁化)和磁畴的旋转磁化(简称畴转磁化)。

关于壁移磁化可用图4.61所示的180°壁的迁移来说明,在未加磁场H之前,畴壁位于a处,左畴的磁矩向上,右畴的磁矩向下,当施加磁场H后,由于左畴的磁矩与H的向上分量一致,静磁能较低,而右畴的静磁能则较高,故畴壁将从a右移到b处。这样,a,b之间原属于右畴、方向向下的元磁矩将转动到方向朝上而属于左畴,这样就增加了磁场方向的磁化强度。

如上所述,畴壁是元磁矩方向逐渐转向的一个过渡层。所以畴壁的右移,实际上就是右畴靠近畴壁的一层元磁矩,由原来朝下的方向开始转动,继而进入畴壁区。与此同时,畴壁区的元磁矩也发生转动,且最左边的一层元磁矩最终完成转动过程后,脱离畴壁区而加入到左畴的行列。必须指出的是,所谓元磁矩进入或脱离畴壁区,并不是说元挪动了位置,而只是通过元磁矩方向的改变来实现畴壁区的迁移。由此可见,壁移磁化过程本质上也是元磁矩的一种转动过程。

关于畴转磁化,可以通过图4.62来说明。如果磁畴原先沿易轴磁化,那么在与该方向成θ_0角的外磁场H的作用下,由于壁移已完成,或者因结构上的原因壁移不能进行时,则整个磁畴的磁矩就要向外磁场方向转动一个θ角。这实际上是静磁能与磁晶能共同作用的结果。因为磁矩转向外磁场方向可以降低静磁能,但是却提高了磁晶能。这两种能量相互抗衡的结果是磁矩稳定在原磁化方向与外磁场方向间能量最小的某一个θ角上。这一个过程的特点不但是元磁矩整体的一致转动,而且转过的角度θ取决于静磁能与磁晶能的相对大小。

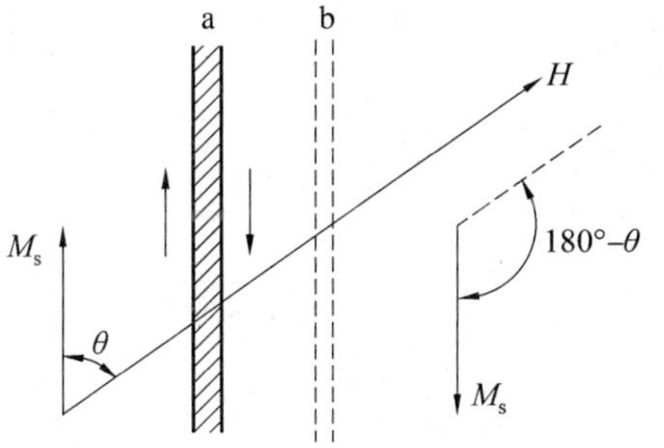

图 4.61 壁移磁化示意图

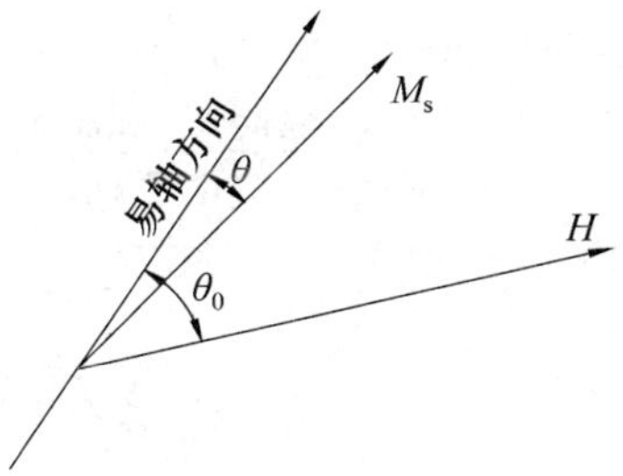

图 4.62 畴转磁化示意图

4.11.2 畴壁壁移的动力与阻力

众所周知,理想、完美的铁磁晶体是内部结构均匀、内应力极小而又无夹杂物的晶体。材料内部的磁畴结构只由其外形的退磁作用决定。这样,理想晶体受到外磁场作用时,只要内部的有效磁场稍微不等于零,畴壁就会开始移动,直至磁畴结构改组到有效磁场等于零时才稳定下来。因此,这种理想晶体的起始磁导率应为无穷大。

在实际晶体中总是不可避免地存在晶体缺陷、夹杂物以及以某种形式分布的内应力,这种结构上的不均匀性产生了对畴壁迁移的阻力,从而使起始磁导率降为有限值。

从技术磁化过程可以看出,壁移存在着阻力,因此需由外磁场做功。据研究,阻力主要来自以下几方面,首先是铁磁材料中的夹杂物、第二相、空隙的数量及分布;其次是内应力的起伏大小和分布;再就是因磁体磁化产生的退磁场能,壁移产生的磁晶各向异性能和磁弹性能。同时还可看出,壁移的阻力是随位置而变化的,正由于此,壁移磁化才有可逆和不可逆之分,而磁滞现象则正是不可逆壁移的结果。

显然,壁移过程中,铁磁晶体中的总自由能将不断发生变化,这里必须考虑静磁能、退磁能、交换能、磁晶能和磁弹性能。由于外磁场是壁移的原动力,故静磁能在技术磁化中起主导作用,而其他几种能量则都与壁移的阻力有关。由于本章讨论的磁化是在缓变磁场或低频交变磁场中进行的,属静态或准静态的技术磁化,因此,畴壁的平衡位置是以各部分自由能的总和达到极小值为条件的。

假定有两个相邻成 180° 的磁畴,其总自由能 $F(x)$ 随畴壁位置 x 的变化如图 4.63 所示。当未加外磁场时,畴壁的平衡位置稳定在能谷 a 处,若加上一个与磁畴 A 的 M_s 方向一致的 H 后,畴壁受磁场作用将向右推移。设壁移为 dx,则外磁场所做的功将等于自由能 $F(x)$ 的增量,故

$$2HM_s = \frac{\partial F}{\partial x}\mathrm{d}x \tag{4.59}$$

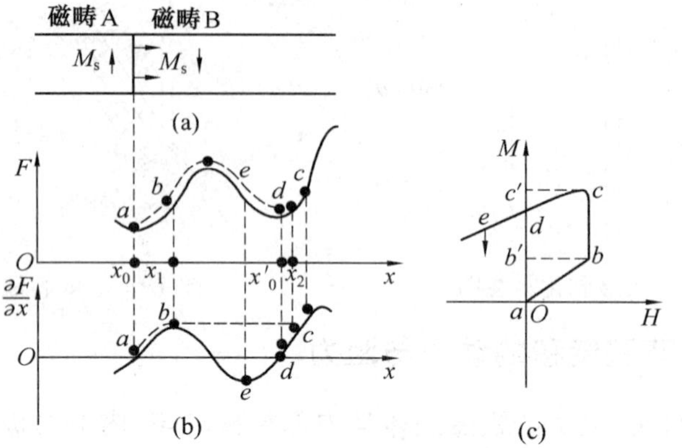

图 4.63 180° 畴壁的可逆与不可逆迁移图解

从式(4.59)可以看出,磁场 H 把畴壁推进单位距离时,对畴壁单位面积所做的功为 $2HM_s$,即磁场的作用等于是对畴壁有一个静压强 $2HM_s$。在磁化过程中,它要克服畴壁迁移所遇到的阻力$\frac{\partial F}{\partial x}$。设 b 点是能量变化曲线的拐点,显然在 b 点之前$\frac{\partial F}{\partial x}$是递增的。$\frac{x^2F}{\partial x^2} > 0$,在拐点 b 处$\frac{\partial F}{\partial x}$达到极大,而在 b 点以后$\frac{\partial F}{\partial x}$逐渐减小,$\frac{x^2F}{\partial x^2} < 0$。这样,当磁场很弱时,畴壁的移动也很小,在 x_1 点之前畴壁的移动是可逆的,即去掉外磁场之后,畴壁受$\frac{\partial F}{\partial x}$的推动仍回到原始位置 x_0 处。如增加磁场使畴壁移动到 x_1,且磁场的推动力能克服 b 点产生的最大阻力$\left(\frac{\partial F}{\partial x}\right)_{\max}$,这时即使磁场不再增强,也足以使畴壁向右继续推移,迅速达到一个新的平衡位置,如图 4.63 中的 c 点,畴壁受阻停留在 x_2 处,畴壁从 x_1 到 x_2 是瞬时完成的,故相当于一个跳跃,即所谓的巴克豪森跳跃,伴随着这个过程,产生强烈的磁化效应。一旦发生巴克豪森跳跃,再去除外磁场也不能使畴壁自动回到原来的 x_0 位置,而是受到$\frac{\partial F}{\partial x}$的作用移到 x'_0 位置(此处,$\frac{\partial F}{\partial x} = 0$)。由于畴壁不能回到 x_0 处,故磁畴在外磁场方向保留了一定的剩余磁化强度 M_r。这种畴壁运动的不可逆性导致了铁磁材料的不可逆磁化,若要消除剩磁,就必须加一个反向磁场来克服畴壁反向移动时产生的最大阻力$\left(\frac{\partial F}{\partial x}\right)_{\max}$,使畴壁回到磁化前的 x_0 处,因此,铁磁材料表现出一定的矫顽力。

可见,从 $a \to b$ 是畴壁可逆迁移过程,若在这个磁化阶段减弱磁场,可以使畴壁退回原位置,即磁化曲线可以沿着原磁化路径下降,不出现磁滞现象,这是因为该磁化过程中各位置均为稳定的平衡状态的缘故。

从 $b\rightarrow c$ 是畴壁不可逆位移过程。如果在这个磁化阶段减弱磁场,畴壁将不能退回原位置,只能移到 d,e 等位置,因而磁化曲线也不能沿原路径下降,而会形成磁滞回线。

这里可逆与不可逆壁移的界限,在于增强磁场时畴壁位置是否达到最大阻力,因而,我们把达到最大阻力的磁场强度

$$H_0=\frac{1}{2M_s}\left(\frac{\partial F}{\partial x}\right)_{\max} \tag{4.60}$$

称为临界场。

从与 a—b—c—d—e 过程相对应的磁化曲线及部分磁滞回线的示意图如图 4.63(c) 所示,可以区分出可逆磁化 ab,不可逆磁化 bc,剩余磁化 ad 以及矫顽力 bb' 等过程。

必须指出,180°壁和90°壁的壁移阻力是不同的。对于180°壁而言,因相邻两磁畴的磁化矢量反平行,磁弹性能基本不变,可以认为,$\frac{\partial F}{\partial x}$ 主要是畴壁能的变化 $\frac{\partial \gamma}{\partial x}$,故可得

$$2HM_s=\frac{\partial \gamma}{\partial x} \tag{4.61}$$

式中,γ 为畴壁能密度。

对于90°壁的迁移则稍有不同,虽然,按以上分析在可逆位移过程中有下面关系

$$HM_s\mathrm{d}x=\frac{\partial F}{\partial x}\mathrm{d}x \tag{4.62}$$

但是,90°壁迁移时磁弹性能的变化甚大,而畴壁能本身的变化较小,这是因为当畴壁迁移时相邻两畴的磁化矢量改变90°时,$\sin\theta$ 的变化是从0到1(或从1到0)所致。这种差别决定了它们在磁场作用下的不同行为,因而对材料的磁参数做出了不同的贡献。

4.11.3 反磁化过程和磁矫顽力

从技术磁化的基本过程知道,铁磁体在较弱外磁场下首先经历一段可逆磁化。当磁场增大到一定数值后将发生畴壁的跳跃迁移(出现不可逆过程),这个磁场 H_0 称为临界场。进一步增强磁场,畴壁经过几次跳跃直至与磁场成钝角的磁畴完全消失。第三阶段则是与磁场成锐角的磁畴转动到磁场方向达到饱和,如果在

饱和后把磁场减到零,由于磁晶能的作用,各磁畴将分别转到离磁场方向最近的易磁化方向,而不是平均分布在各个易磁化方向。因此,在磁场方向仍有磁化强度的矢量,这就是存在剩磁 M_r 的原因。所谓反磁化,就是从该状态开始施加反向磁场所经历的过程。

在反向磁场的作用下,那些磁矩方向同现在反磁场的夹角大于 90° 的磁畴(称为正向磁畴)要缩小,磁矩方向同反磁场的夹角小于 90° 的磁畴(称为反向磁畴)要扩大。我们知道,材料原先磁化到饱和时,以及磁场强度从饱和值减到零后都不应该存在"反向磁畴"。那么壁移反磁化过程怎么才能开始呢?换言之,这时是否存在作为壁移出发点的"反磁化核"呢?古德诺(Goodenough)研究了在饱和磁化的多晶样品内反磁化核的存在和长大条件后指出,由于材料结构的不均匀,内部存在局部应力,存在着空隙和非磁性夹杂物都可能存在反磁化核,特别是晶粒和片状脱溶物的界面上最可能成为这类核的起源。这一结论已经为多晶界面上发现小磁畴的实验所证实。

和正磁化过程一样,可以设想,反磁化过程初期也存在一个可逆壁移阶段。然后才开始不可逆地跳跃。随着磁场的继续增强,磁化强度可能发生多次跳跃式的降低,最后,当磁场增强到某一数值,壁移就可能发生大的跳跃,以致完全侵吞了正向磁畴。当反向磁畴扩大到同正向磁畴大小相等时,它们的磁化对于外部的效果相互抵消,有效磁化强度等于零,这时的磁场强度称为矫顽力。

如果在反磁化过程中壁移和转动两种机制都存在,则磁化强度大幅度改变发生在壁移起主要作用的阶段,壁移是使磁化容易减退的途径。如果要提高材料的磁矫顽力,必须增加壁移的阻力。具体地说,提高磁致伸缩系数设法使材料产生内应力、增加杂质的浓度和弥散度、选择高各向异性低饱和磁化强度的材料等,都是可以考虑的方法。这里最有效的方法就是使壁移不发生,要彻底做到这一点只有使畴壁不存在。如上所述,当材料中的颗粒小到临界尺寸以下可以得到单畴,这种工艺对于提高硬磁材料的矫顽力是非常重要的。在磁矫顽力达 $4\times10^4\sim8\times10^4$ A/m 或更大的情况下时可以推测,这时的不可逆磁化不是由于壁移,而是由于单畴粒子 M_s 矢量的转动,转动时必须克服由晶体磁各向异性和单畴粒子的退磁作用决定的能峰。

4.12 磁性材料的动态特性

前面介绍的磁性材料的性能主要是在直流磁场下的表现,称之为静态(或准静态)特性。但磁性材料工作条件就是在工频交变磁场下,这是一个交流磁化过程。随着信息技术的发展,许多磁性材料工作在高频磁场条件下,因此研究磁性材料特别是软磁材料在交变磁场条件下的表现显得更重要。磁性材料在交变磁场，甚至脉冲磁场作用下的性能统称磁性材料的动态特性，由于大多数是在交流磁场下工作，故动态特性早期亦称交流磁性能。由于这种材料用量极大，又常工作在高磁通密度的条件下，因此工程上必须考虑节能指标，而能耗中很大一部分则是由于这种铁芯的损耗，简称铁耗。同时，对高频条件下工作的磁芯材料，也有因能耗而引起磁芯品质因子 Q 降低的问题。

4.12.1 交流磁化过程与交流回线

软磁材料的动态磁化过程与静态或准静态的磁化过程不同。静态过程只关心材料在该稳恒状态下所表现出的磁感应强度 B 对磁场强度 H 的依存关系，而不关心从一个磁化状态到另一磁化状态所需要的时间。

交流磁化过程，由于磁场强度是周期对称变化的，所以磁感应强度也随之周期性对称地变化，变化一周构成一曲线称为交流磁滞回线，若交流幅值磁场强度 H_m 不同，则有不同的交流回线。交流回线顶点的轨迹就是交流磁化曲线或简称 $B_m - H_m$ 曲线，B_m 称为幅值磁感应强度。

如图4.64所示即为0.10 mm厚的6Al－Fe软磁合金在4 kHz下的交流回线和磁化回线。当交流幅值磁场强度增大到饱和磁场强度 H_s 时，交流回线面积不再增加，该回线称为极限交流回线。由此可以确定材料饱和磁感应强度 B、交流剩余磁感 B_r，这种情况和静态磁滞回线相同，由此也可以确定动态参量最初幅值磁导率 μ_{ai}、最大幅值磁导率 μ_{am}。

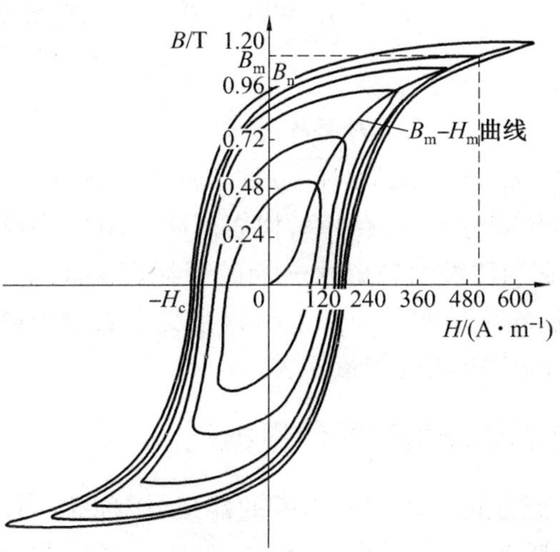

图4.64 6Al－Fe软磁合金的交流回线和磁化曲线(0.1 mm厚,4 kHz)

尽管动态磁化曲线和磁滞回线与静态的曲线形状相似，但是研究表明，动态磁滞回线有以下特点:① 交流回线形状除与磁场强度相关外,还与磁场变化的频率f和波形相关;② 在一定频率下,交流幅值磁场强度不断减少时,交流回线逐渐趋于椭圆形状;③ 当频率升高时,呈现椭圆回线的磁场强度的范围会扩大。

4.12.2 复数磁导率

前面已经提到,在交变磁场中磁化时,要考虑磁化态改变所需要的时间,具体讲就是应该考虑B和H之间的相位差。在交流情况下,希望磁导率μ不仅能够反映类似静态磁化的那种导磁能力的大小,而且还要表现出B和H之间存在的相位差,因此,只能用复数形式。这就是复数磁导率。

设样品在弱交变场磁化,且B和H具有正弦波形,并以复数形式表示,B与H存在的相位差为δ,则

$$\left.\begin{aligned} H &= H_m e^{i\omega t} \\ B &= B_m e^{i(\omega t-\delta)} \end{aligned}\right\} \tag{4.63}$$

从而由磁导率定义得复数磁导率

$$\mu = \frac{B}{H} = \frac{B_m}{H_m}\cos\delta - i\frac{B_m}{H_m}\sin\delta \tag{4.64}$$

引入与H同相位分量$B_{1m} = B_m\cos\delta$,引入与H落后90°分量$B_{2m} = B_m\sin\delta$,则

$$\mu' = \frac{B_m}{H_m}\cos\delta = B_{1m} \tag{4.65}$$

$$\mu'' = \frac{B_m}{H_m}\sin\delta = B_{2m} \tag{4.66}$$

则

$$\mu = \mu' - i\mu'' \tag{4.67}$$

复数磁导率的模$|\mu| = \sqrt{(\mu')^2 + (\mu'')^2}$,称为总磁导率或振幅磁导率。除振幅磁导率外,还把$\mu'$定义为弹性磁导率,代表了磁性材料中储存能量的磁导率;把μ''称为损耗磁导率,它与磁性材料磁化一周的损耗有关。

综上所述,复数磁导率的实部与铁磁材料在交变磁场中储能密度有关,而其虚部却与材料在单位时间内损耗的能量相关。

4.12.3 交变磁场作用下的能量损耗

磁芯在不可逆交流磁化过程中所消耗的能量,统称铁芯损耗,简称铁损。它由磁滞损耗W_n、涡流损耗W_e和剩余损耗W_c三部分组成,则总的磁损耗功率为

$$P_m = P_n + P_e + P_c \tag{4.68}$$

式中,P_n,P_e,P_c分别为磁滞损耗功率、涡流损耗功率以及剩余损耗功率。

当铁磁材料进行交变磁化时，铁磁导体内的磁通量将发生相应变化，根据法拉第电磁感应定律，磁性材料交变磁化过程中会产生感应电动势，因而会产生垂直于磁通量的环形感应电流——“涡流”。显然，涡流的大小与材料的电阻率成反比，因此，金属材料涡流比铁氧体要严重得多。除了宏观的涡流外，磁性材料的磁畴壁处，还会出现微观的涡流。由这种涡流产生的损耗称为涡流损耗。均匀磁化时，单位体积内的损耗为

$$p=\frac{r_0^2}{8p}\left(\frac{\mathrm{d}M}{\mathrm{d}t}\right)^2 \tag{4.69}$$

非均匀磁化时，单位体积内的损耗为

$$p=\frac{r_0^2}{2p}\left(\frac{\mathrm{d}M}{\mathrm{d}t}\right)^2 \tag{4.70}$$

可见，非均匀磁化的涡流比均匀磁化时大四倍。

根据楞次定律，涡流的流动，在每个瞬间都会产生与外磁场产生的磁通方向相反的磁通，以阻止外磁场引起的磁通变化，越到材料内部，这种反向作用就越强，致使磁感应强度和磁场强度沿着样品截面严重不均匀。等效来看，好像材料内部的磁感应强度被排斥到材料表面，这种现象称为趋肤效应。这就是金属软磁材料要轧成薄带使用的原因——减少涡流的作用。而由于存在涡流，铁磁体内的实际磁场总是滞后于外磁场，这就是涡流对磁化的滞后效应，若交变磁场的频率很高，而铁磁导体的电阻率又较小，则可能出现材料内部无磁场，磁场仅存在于铁磁体的表面，就是所谓的涡流屏蔽效应。

在交流磁化条件下，涡流损耗与磁滞损耗是相互依存的，不可能完全分开，但在实际测量中，为满足材料研究的需要，总结了不少分离损耗的方法。在弱磁场范围中，即磁感应强度 B 低于其饱和值1/10时，瑞利总结了磁感应强度 B 和磁场强度 H 的实际变化规律，得到了它们之间的解析表示式，故这一弱磁场范围被称为瑞利区。按瑞利的说法，弱磁场的磁滞回线可以分为上升支和下降支。图4.65中 $B'(1)B$ 为上升支，$B'(2)B$ 为下降支，并分别得到了磁感应强度的解析式

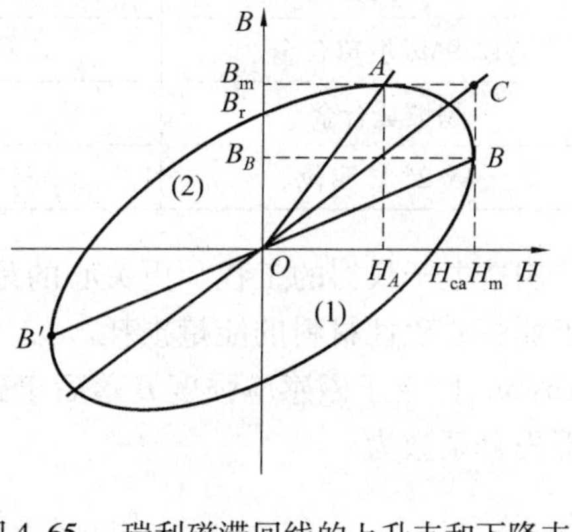

图4.65 瑞利磁滞回线的上升支和下降支

$$B_{(1)}=(\mu_{\mathrm{i}}+\nu H_{\mathrm{m}})H-\frac{\nu}{2}(H_{\mathrm{m}}^2-H^2) \tag{4.71}$$

$$B_{(2)} = (\mu_i + \nu H_m)H + \frac{\nu}{2}(H_m^2 - H^2) \tag{4.72}$$

式中，μ_i 为初始磁导率；$\nu = \frac{d\mu}{dH}$ 称为瑞利常量，其物理意义表示磁化过程中不可逆部分的大小。

由此，可以求得样品单位体积中磁化一周所消耗的磁滞损耗

$$W_h = \oint H dB = \int_B^{B'} H dB_{(2)} - \int_{B'}^{B} H dB_{(1)} \approx \frac{4}{3}\nu H_m^3 \tag{4.73}$$

那么，在交变场中每秒内的磁滞损耗(功率)为

$$P_h = fW_h \approx \frac{4}{3}f\nu H_m^3 \tag{4.74}$$

由此可见，磁滞损耗的功率同频率f，瑞利常量ν成正比，和磁化振幅的三次方成正比。表4.6列出了一些磁性材料的初始磁导率μ_i和瑞利常量ν值。

表4.6 一些铁磁材料的初始磁导率和瑞利常量

铁磁材料	初始磁导率 μ_i	瑞利常量 $\nu/(A \cdot m^{-1})$
纯铁	290	25
压缩铁粉	30	0.013
钴	70	0.13
镍	220	3.1
45坡莫合金	2 300	201
47.9Mo坡莫合金	20 000	4 300
超坡莫合金	100 000	150 000
45.25坡明伐	400	0.001 3

制造电子仪器的工程师更关心的是铁磁材料的品质因数Q和波形失真度，电力工业关心磁性材料的能量损耗。如果所施外磁场是一个简谐振动磁场，即$H = H_m\cos\omega t$，则由于磁感应强度B落后于磁场强度相位角δ所引起的损耗角正切以及波形失真系数为

$$\tan\delta = \frac{4\pi}{3}\frac{\nu H_m}{\mu_i + \mu H_m} \tag{4.75}$$

$$K = \frac{4}{5\pi}\frac{\nu H_m}{\mu_i + \nu H_m}\cos\delta \approx \frac{4\nu H_m}{5\pi\mu_i} \tag{4.76}$$

应当注意的是磁性材料自身的Q值和含磁性材料谐振回路及电抗元件的Q值的区别。显然磁性材料的Q值越高，在相同工作条件下，其谐振回路和电抗元件的

Q 值也越高。

除了磁滞损耗、涡流损耗外的其他损耗均归结为剩余损耗。引起剩余损耗的原因有很多种，而且尚不完全清楚，因此很难写出其具体解析式。在低频和弱磁场条件下，剩余损耗主要是磁后效引起的。

所谓磁后效就是处于外磁场为 H_{t_0} 的磁性材料，突然受到外磁场的阶跃变化到 H_{t_1}，则磁性材料的磁感应强度并不是立即全部达到稳定值，而是一部分瞬时达到，另一部分缓慢趋近稳定值，如图 4.66 所示。

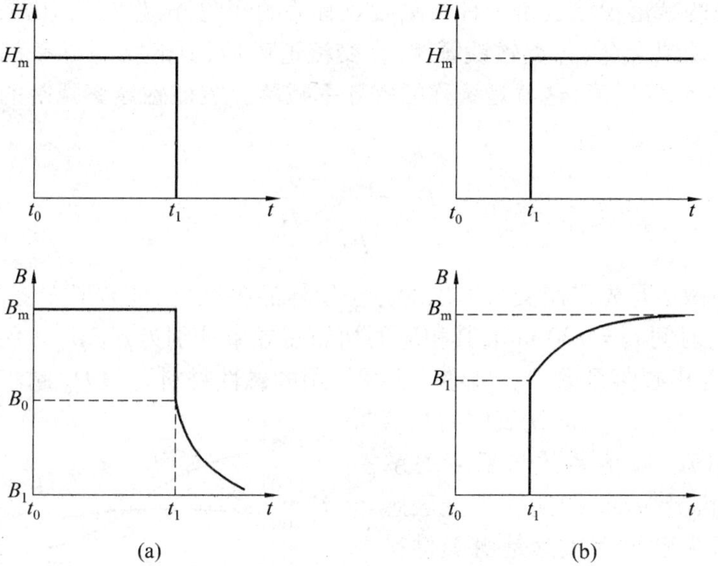

图 4.66　磁后效示意图

其中，图 4.66(a) 表示外磁场从 t_0 时的 H_m 阶跃到 t_1 时的 H 值时，磁性材料 B 值的变化；图 4.66(b) 表示外磁场从 t_0 时的 H 值阶跃到 t_1 时的 H_m 值时，磁性材料 B 值的变化。由于磁后效机制不同，表现也不同，一种重要的磁后效现象是由于杂质原子扩散引起的可逆后效，通常称为李希特(Richter) 后效。

描述磁后效进行所需时间的参数称为弛豫时间 τ，满足下列方程

$$\frac{dB}{dt} = \frac{(B_m - B)}{\tau} \tag{4.77}$$

设 $t = 0$ 时，$B = 0$，而当 $t = \infty$ 时，$B = B_m$(稳恒值)，则式(4.77) 的解为

$$B = B_m(1 - e^{\frac{-t}{\tau}}) \tag{4.78}$$

由式(4.78) 可知，τ 代表磁感应强度到达其平衡值 $B_m(1 - e^{-1})$ 倍时所需的时间。在非晶态磁合金研究中发现，τ 与材料的稳定性密切相关。这类磁后效与温度和频率关系密切。

另一类是由热起伏引起的不可逆后效,常称为约旦(Jordan)后效,其特点是几乎与温度和磁化场的频率无关。

在实际所观察的大多数材料的磁后效现象中,并不是简单地服从李希特磁后效,而应当把不同机制引起的弛豫过程的弛豫时间看成是一种分布函数,这样许多磁后效现象就可以得到解释。例如,永磁材料经过长时间放置,其剩磁逐渐变小,也是一种磁后效现象,称为“减落”。放置的永磁铁,由于退磁场的持续作用,通过磁后效过程引起永久磁铁逐渐退磁。

磁导率的减落现象也是一种与磁后效有关的问题,试验发现,几乎所有软磁材料,如硅钢、铁镍合金、各类软铁氧体,在交流退磁后,其起始磁导率都会随时间而降低,最后达到稳定值,这就是统称的磁导率减落。表征磁导率减落的参量为磁导率减落系数 D_A,定义式为

$$D_A = \frac{\mu_{i1} - \mu_{i2}}{\mu_{i1}^2 \lg \frac{t_2}{t_1}} \tag{4.79}$$

通常的做法是先采用交流退磁的方法使样品中性化,且为了方便,通常取时间 $t_1 = 10$ min,时间 $t_2 = 100$ min,其相应的初始磁导率分别为 μ_{i1}、μ_{i2}。将数据代入上式,可以计算出减落系数 D_A。显然,实际使用的磁性材料希望 D_A 越小越好。

图4.67为Mn－Zn铁氧体的减落曲线。由图可知,减落系数与温度关系密切,同样对机械振动、冲击也十分敏感。目前人们认为磁导率减落是由于材料中电子或离子扩散后效造成的。电子或离子扩散后效的弛豫时间为几分钟到几年,其激活能为几个电子伏特。由于磁性材料退磁时处于亚稳状态,随着时间推移,为使磁性体的自由能达到最小值,电子或离子将不断向有利的位置扩散,把畴壁稳定在势阱中,导致磁中性化后,铁氧体材料的起始磁导率随时间而减落。当然时间要足够长,扩散才趋于完成,起始磁导率也就趋于稳定值。考虑到减落的机制,在使用磁性材料前应对材料进行老化处理,还要尽可能减少对材料的振动、机械冲击等。

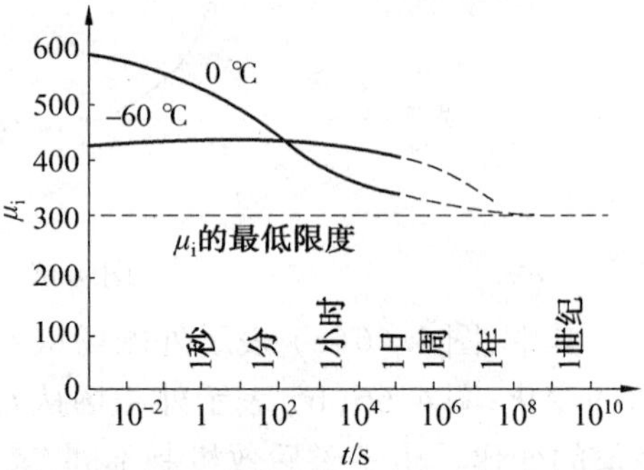

图4.67 Mn－Zn铁氧体磁导率减落曲线

深入研究剩余损耗将会发现,当磁后效的弛豫时间确定后,在某个特定频率下,损耗显著增大,这是一种共振损耗,包括材料尺寸共振损耗、复数磁导率虚部 μ'' 共振损耗等,在高频应用时都应加以注意。

4.13 磁性测量

磁性材料的磁性包括直流磁性和交流磁性。前者通常归结为测量直流磁场下得到的基本磁化曲线、磁滞回线以及由这两类曲线所定义的各种磁参数,如饱和磁化强度 M_s、剩磁 M_r 或 B_r、矫顽力 H_C 及磁导率 μ 等。后者主要是测量磁性材料在交变磁场中的性能,即在各工作磁通密度 B 下,从低频到高频的磁导率和损耗。

4.13.1 抗磁与顺磁材料磁化率的测量

抗磁与顺磁材料的磁化率测量通常采用磁秤法。磁秤的结构虽然各有不同,但测量的原理一样,现以一种较常用的磁秤为例,了解磁秤的结构特点和测量原理。

磁秤的结构如图4.68所示。它是由一个分析天平,一个能够产生不均匀磁场的强电磁铁3和电加荷系统4所构成的。电磁铁的极头具有一定坡度,用以造成一个不等距的间隙。由此在间隙中产生一个不均匀磁场,间隙中沿着 X 方向上的磁场强度 H 可用试验方法获得,它的分布如图4.68(b)所示。从磁场强度曲线便可确定磁场变化的梯度 $\mathrm{d}H/\mathrm{d}x$ 曲线。

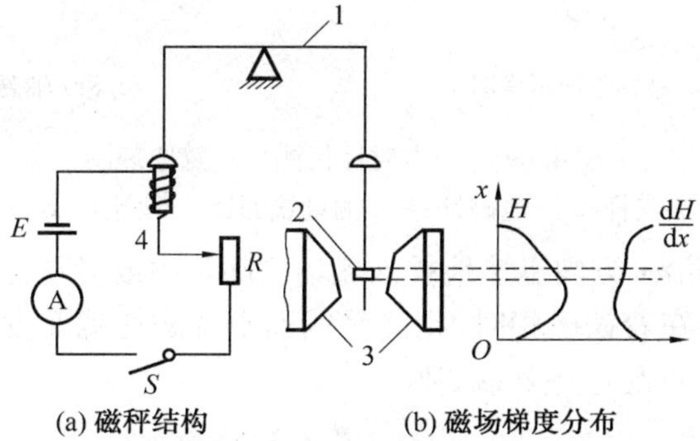

图4.68 磁秤结构示意图

1— 分析天平;2— 试样;3— 电磁铁;4— 电加荷系统

试样2放置在磁极的间隙中,由于磁场是不均匀的,当试样被磁化后将沿着 X 方向受到一个作用力 F,如为顺磁则 F 向下,抗磁则 F 向上。F 大小取决于磁性的强弱,它与磁化率有如下关系

$$F = \chi V \mu_0 H \frac{\mathrm{d}H}{\mathrm{d}x} \tag{4.80}$$

式中,V 为试样的体积;χ 为磁化率;μ_0 为真空磁导率。

试样置于天平的一端,而另一端则悬挂着铁心,铁心置于线圈中。测量时,调整线圈通过的电流使其产生对铁心的吸引力与 F 相等时，即达到平衡状态。通过电流值的大小即可确定出 F，代入上式，便可求得磁化率。

4.13.2 铁磁体材料的直流磁性测量

1. 冲击测量法

作为磁性测量的冲击法是建立在电磁感应基础上的经典方法，在理论上和实践上均较成熟，具有足够高的准确度和良好的重复性，目前国际上仍推荐作为标准的测试方法，冲击测量所用的仪器称为冲击磁性仪，它主要用于测量饱和磁化强度，其结构如图 4.69 所示。

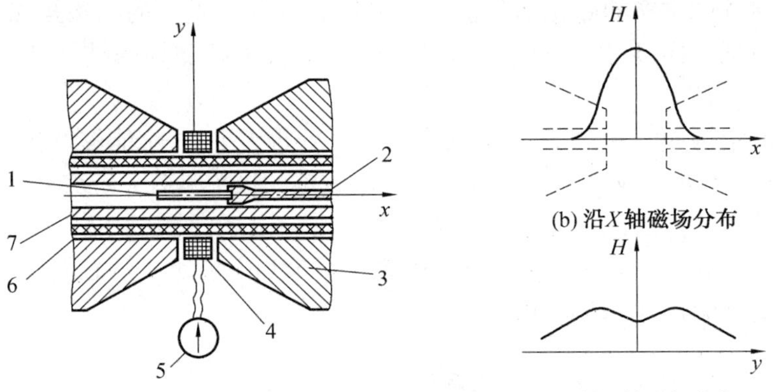

(a) 结构剖面示意图 (b) 沿 X 轴磁场分布 (c) 沿 Y 轴磁场分布

图 4.69 冲击磁性仪测量示意原理图

1— 样品；2— 石英支杆；3— 电磁铁；4— 测量线圈；5— 检流计；6— 加热炉；7— 铜管

测量时将试样沿 x 方向迅速地投入磁场的间隙中或者从磁极的间隙中迅速地抽出。如试样中存在着铁磁相时，则测量线圈中的磁通就要发生变化。若投入试样之前测量线圈中的磁通量为 ϕ_1，则

$$\phi_1 = B \times S_1 \tag{4.81}$$

式中，B 为磁感应强度；S_1 为测量线圈的截面积。试样投入之后，线圈中相当于增加了一个铁心，由于铁磁相被磁化，磁通量将从 Φ_1 增加到 Φ_2 时，即

$$\phi_2 = B \times S_1 + \mu_0 M_s \times S_2 \tag{4.82}$$

式中，S_2 为试样的截面积；μ_0 为真空磁导率。

试样投入前后测量线圈中磁通的变化量为

$$\Delta\phi = \phi_1 - \phi_2 = \mu_0 M_s \times S_2 \tag{4.83}$$

试样投入后线圈的磁通由 ϕ_1 随时间变化为 ϕ_2，由此所产生的感应电势为

$$E_e = -N\frac{d\phi}{dt} \tag{4.84}$$

式中，N 为线圈的匝数。

设测量回路中的电阻为 R，则回路中的感应电流

$$I_e = -\frac{N}{R}\frac{\mathrm{d}\phi}{\mathrm{d}t} \tag{4.85}$$

在时间 t 内流经检流计的电量为

$$Q = \frac{N\Delta\phi}{R} \tag{4.86}$$

通过检流计的电量 Q 与检流计灯尺上光点最大偏移格数 α_m 成正比，故

$$Q = C_b\alpha_m \tag{4.87}$$

式中，C_b 为冲击检流计的冲击常数。

由此可得

$$\Delta\phi = \frac{RC_b}{N}\alpha_m \tag{4.88}$$

$$M_s = \frac{\Delta\phi}{\mu_0 S_2} = \frac{RC_b}{\mu_0 NS_2}\alpha_m = \frac{C_\mu}{\mu_0 NS_2}\alpha_m \tag{4.89}$$

式中，C_μ 称为测量回路中的冲击常数，$C_\mu = RC_b$，单位为 $\mathrm{Wb \cdot mm^{-1}}$，通常用实验方法测定。测量线圈的匝数 N 为已知，只要测出试样的截面积，读出试样投入后检流计偏移的格数，即可求出饱和磁化强度 M_s。

2. 热磁仪（磁转矩仪）

热磁仪又称阿库洛夫仪，其原理是将磁学量转化为力学量进行测量的，故又称为磁转矩仪。如图 4.70 所示即为热磁仪的原理示意图，图中 1 是读数标尺，用以读出试样的转角；2 是带有刻度标记的光源；3 是平衡转矩用的弹性系统；4 是小的平面反射镜；5 是试样夹持杆，一般用耐热的细陶瓷管；6 是电磁极极头，应保证在工作空间内的磁场强度在 24×10^4 A/m（3 000 Oe）以上；7 是待测试样，试样的标准尺寸是 $\phi 3 \times 30$ mm（长度与直径比大于或等于 10）。

试样固定于试样夹持杆的端部，并位于两磁极的中间，试样夹持杆的上端和弹性系统相接，弹性系统固定于仪器架上。试样夹持杆上装有 1 个反射镜，光源发出的光束由反射镜反射到标尺上。

假如，待测试样的起始位置和磁场之间的夹角为 φ_0，一般 $\varphi_0 < 10°$，如图 4.69(b) 所示。在磁场的作用下，铁磁性试样将产生一个力矩 M_1

$$M_1 = VHM\sin\varphi \tag{4.90}$$

式中，V 为试样的体积；H 为磁场强度；M 为磁化强度；φ 为试样与磁场之间的夹角。M_1 驱使试样向磁场方向转动，由此导致弹簧产生变形，由变形产生一个反力矩 M_2，$M_2 = C\Delta\varphi$，这里的 $\Delta\varphi$ 为由 M_1 引起试样与磁场之间夹角的变化值，C 为弹簧的弹性常数。在测量过程中达到平衡状态时，$M_1 = M_2$，则可以得到

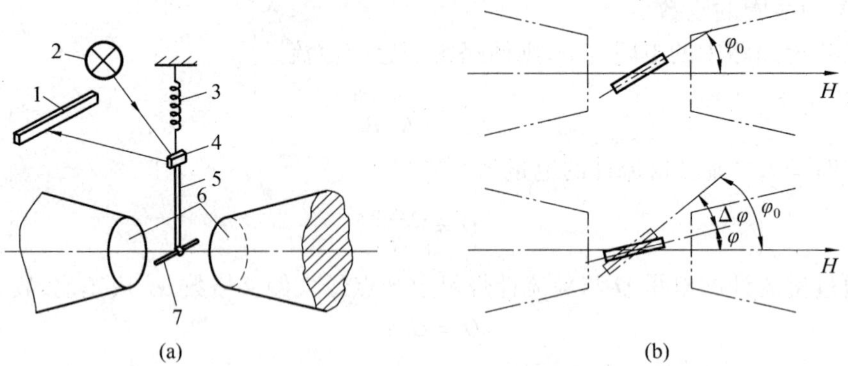

图 4.70 热磁仪原理示意图

1— 标尺;2— 光源;3— 弹性系统;4— 反射镜;5— 试样夹持杆;6— 电磁极极头;7— 待测试样

$$M = \frac{C}{HV\sin\varphi}\Delta\varphi \tag{4.91}$$

在测量过程中,$\Delta\varphi$ 很小,故可以认为 $\sin\varphi = \sin\varphi_0$,则

$$M = \frac{C}{HV\sin\varphi_0}\Delta\varphi \tag{4.92}$$

可以近似地认为,$\Delta\varphi$ 正比于标尺的读数 α,在研究金属时可把式(4.92) 中所有的不变量看作一个常数,因此,测量所得到的 α 越大,磁化强度就越大。

热磁仪测量法的优点是能够连续地测量和自动记录,测量速度也较快,可以跟踪测量转变速度较快的过程。值得注意的是,为了避免试样的氧化,试样表面要求镀铬。

3. 振动样品磁强计

振动样品磁强计(Vibrating Sample Magnetometer,VSM) 是灵敏度高、应用最广的一种磁性测量仪器。图 4.71(a) 是它的原理图,它是采用比较法来进行测量的,由 S. foner 首先提出。图 4.71(b) 是 LDJ9600 型振动样品磁强计的电子线路方框图。

VSM 测定材料磁性参数的样品通常为球形(图 4.71(a)),设其磁性为各向同性,且置于均匀磁场中。如果样品的尺寸远小于样品到检测线圈的距离,则样品小球可近似于一个磁矩为 m 的磁偶极子,其磁矩在数值上等于球体中心的总磁矩,而样品被磁化产生的磁场,等效于磁偶极子取平行于磁场方向所产生的磁场。

如图 4.71(a) 所示,当样品球沿检测线圈方向做小幅振动时,则在线圈中感应的电动势正比于在 x 方向的磁通量变化

$$e_g = -N\left[\frac{\mathrm{d}\varphi_s}{\mathrm{d}x}\right] x_0 \frac{\mathrm{d}x}{\mathrm{d}t} \tag{4.93}$$

式中,N 为检测线圈匝数。样品在 x 方向以角频率 ω、振幅 δ 振动,其运动方程为

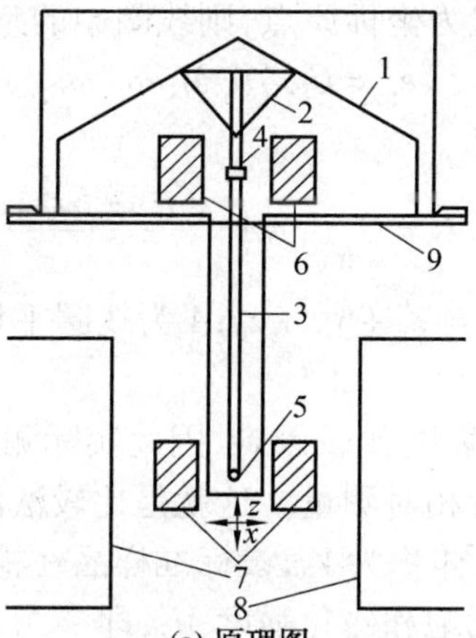

(a) 原理图

1— 扬声器(传感器);2— 锥形纸杯支架;3— 空心螺杆;4— 参考样品;5— 被测样品;6— 参考线圈;7— 检测线圈;8— 磁极;9— 金属屏蔽箱

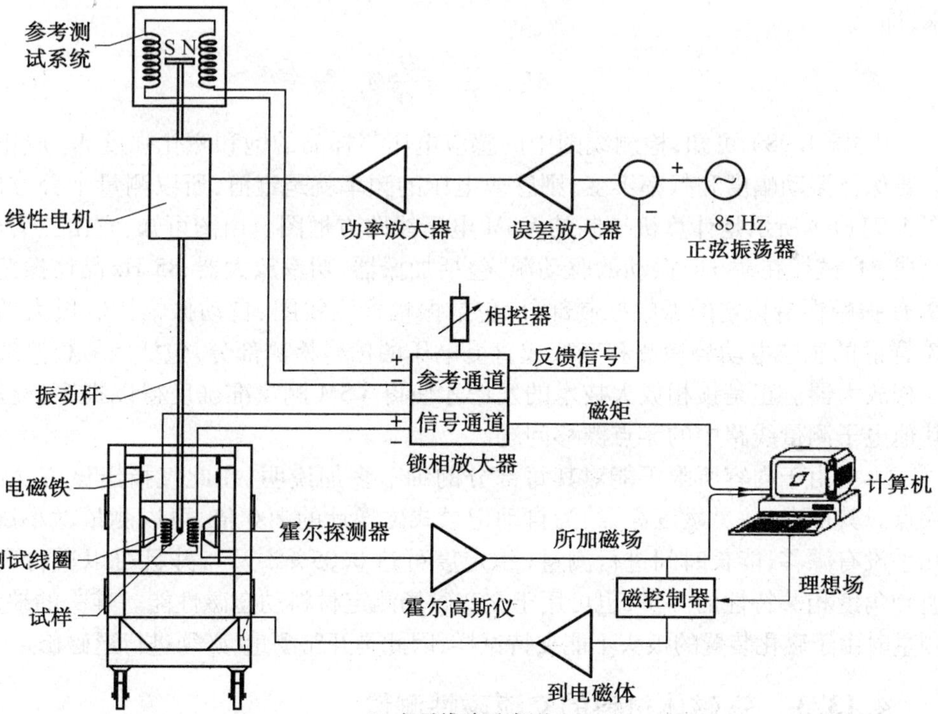

(b) 电子线路示意图

图 4.71　LDJ9600 型振动样品磁强计的电子线路振动样品磁强计原理图及电子线路方框图

$$x = x_0 + \delta \sin \omega t \tag{4.94}$$

设样品球心的平衡位置为坐标原点，则线圈中的感生电动势为

$$e_g = G\omega\delta V_s M_s \cos \omega t \tag{4.95}$$

式中，G 为常数，由下式决定

$$G = \frac{3}{4\pi}\mu_0 NA \frac{z_0(r^2 - 5x_0^2)}{r^7} \tag{4.96}$$

式中，r 为小线圈位置，且 $r^2 = x_0^2 + y_0^2 + z_0^2$；$A$ 为线圈平均截面积；V_s 为样品体积；M_s 为样品的磁化强度。

由于式(4.95)准确计算 M_s 比较困难，因此实际测量时通常是用已知磁化强度的标准样品，如镍球，来进行相对测量。这就是比较法测量的意义所在。已知标准样品的饱和磁化强度为 M_c，体积为 V_c，设标准样品在检测线圈中的感应电压为 E_c，则由比较法可以求出样品的饱和磁化强度 M_s，即

$$\frac{M_s}{M_c} = \frac{E_s}{E_c} \cdot \frac{V_c}{V_s} \tag{4.97}$$

如果把样品体积以样品球直径 D 代替，并且仪器电压读数分别为 E'_s 和 E'_c，则 M_s 可求，即

$$M_s = \frac{E'_s}{E'_c} = \frac{D_c^3}{D_s^3} M_c \tag{4.98}$$

由式(4.98)可知，检测线圈中的感应电压与样品的饱和磁化强度 M_s 成正比，只要保持振动幅度和频率不变，则感应电压的频率就是定值，所以测量十分方便。图4.71(b)所示是计算机控制的VSM电子线路方框图。由图可知，它由三大部分组成：① 试样在 x 方向振动的驱动源，包括加振器、功率放大器、85 Hz晶体振荡器；② 使振幅保持恒定的振幅控制部分，包括振幅检测线圈、自动振幅控制放大器等；③ 样品的感应电动势检测和变换成直流电压的信号检测部分，包括信号检测线圈、锁相放大器。正是锁相放大技术的发展才使得VSM测量准确度得以提高，克服了其他电子测量线路中的零点漂移问题。

本书由于内容所限不能对其每部分的细节多加说明，在此仅指出该方法的优缺点。其优点是：灵敏度高，约为自动记录式磁通计的200倍，可以测量微小试样；几乎没有漂移，能长时间进行测量（稳定度可达0.05%/天）；并且可以进行高、低温和角度相关特性的测量，也可用于交变磁场测定材料动态磁性能。唯一的缺点是测量时由于磁化装置的极头不能夹持试样，因此是开路测量，必须进行退磁修正。

4.13.3 铁磁体材料的交流磁性测量

1. 指示仪表测量法

(1) 动态磁化曲线测量。

图4.72为指示仪表测量动态磁化曲线的原理图。该装置是通过测量一个与

被测磁通链的线圈中的感应电动势来测定交变磁通的。在不同的交变磁场 H_m(峰值)下测出相应的 B_m,即得交流磁化曲线。根据 $B_m - H_m$ 曲线可以求出振幅磁导率 μ_a 等动态磁参数。

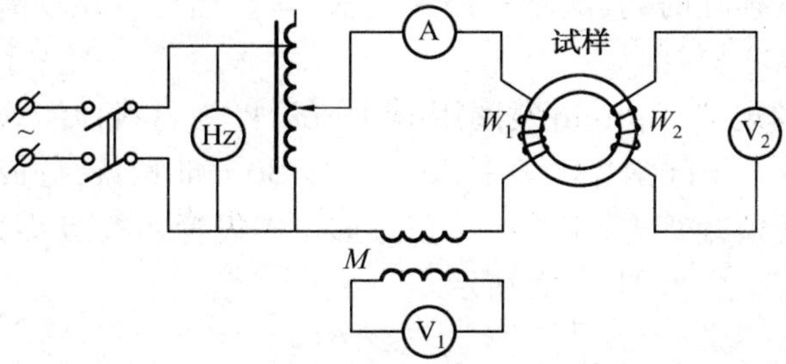

图 4.72 指示仪表法测量动态磁化曲线原理图

由图 4.72 可见,在被测的闭路试样上绕有两组线圈。采用自耦变压器来调节磁化电流的大小。由测得的磁化电流峰值 I_m 可以计算出交流磁场峰值 H_m。如果磁化电流是正弦变化,磁化电流峰值 I_m 可直接由有效值电流表 A 的读数 I 求得。这时,磁场的峰值为

$$H_m = \frac{\sqrt{2}W_1 I}{l} \tag{4.99}$$

式中,W_1 为磁化线圈的总匝数;l 为试样的平均磁路长度。

严格地说,为了满足 B 的正弦变化,磁化电流必为非正弦。这种情况下,磁场的峰值可由磁化电流的平均值方便地求得。具体方法是在磁化电流回路中接入互感 M,用平均值电压表测量互感次级感应电压平均值 $\overline{U}_m$,于是

$$H_m = \frac{W_1 \overline{U}_m}{4fMl} \tag{4.100}$$

式中,f 为磁化电流的频率,由频率计读得;M 为互感,H。

如果测得次级感应电动势平均值为 $\overline{E}_2$,则磁感应强度的峰值为

$$B_m = \frac{\overline{E}_2}{4fW_2S} \tag{4.101}$$

式中,W_2 为测量线圈的总匝数;S 为试样截面积,m^2。

在不同磁化电流下测得 B_m 和 H_m,即得到动态磁化曲线 $B_m = f(H_m)$,由此也可以得到曲线上每点的振幅磁导率 $\mu_a = B_m/H_m$。

由于线圈中磁通的变化与感应电动势成正比,但指示仪表内阻有限,故只能测到线圈两端的端电压,因而存在方法误差。电压表的内阻越小,方法误差越大。可见指示仪表法是一种准确度不高的方法,其测量误差一般为 10% 左右,而且此法不能用来测量交流磁损耗。

(2) 损耗的功率表测量。

用功率法和 Epstein 方圈来测量软磁材料在交变磁化时的损耗,是世界各国规定作为检验硅钢片交流损耗的标准方法。在频率低于1 000 Hz 和较高的磁感应强度下测量硅钢片的损耗时,其测量误差约为 ±3%。当材料在较高频率下使用时要用电桥法来测量铁心损耗。

根据冶金部的规定,Epstein 线圈用 10 kg 试料(当材料性能均匀时可采用1 kg试料的小方圈)从大张硅钢片上剪下 500 mm × 30 mm 长条,分成四组插入预先绕好的四个方形截面螺线管内,组成一个正方形。螺线管初次级均为 600 匝,分成四组,然后分别串联起来,如图 4.73 所示。

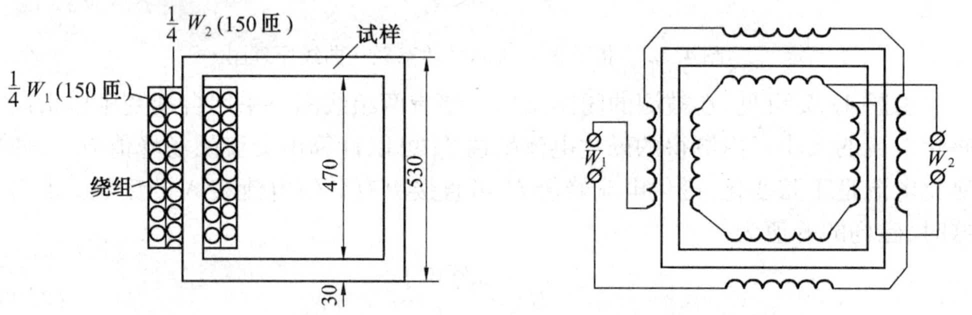

(a) 结构 (b) 线圈连接方法

图 4.73 Epstein 方圈结构和线圈连接方法

图 4.74 为功率表法测量原理。图中初级线圈 W_1 与功率表 W 的电流线圈 1 串连,通过初级绕组的电流由电流表 A 读出,次级线圈 W_2 与功率表电压线圈 2 并联,W_2 绕组的端电压由有效值电压表 U_2 及平均值电压表$\overline{U}_2$ 读出。交流电源通过 AT 自耦变压器输入,其频率由频率表 Hz 读出。从图 3.115(b) 中的等效电路可见,方圈相当与一个互感器,试样就是互感器的铁心,下面说明功率表为什么要这样连接。

用小写字母表示各变量的瞬时值,磁化回路输入功率 $u_1 i_1$ 分别为克服反电动势传递给次级的功率 $e_1 i_1$ 和初级绕组的铜耗 $i_1^2 r_1$,则

$$\mu_1 i_1 = e_1 i_1 + i_1^2 r_1 \tag{4.102}$$

式中,e_1 为 W_1 中的感应电动势;r_1 为初级绕组的铜电阻。

由式(4.102) 可见,必须采用由 W_1 和 W_2 两个绕组构成的互感形式线路,通过初次级回路电动势之间的关系求出 $e_1 i_1$,才能排除原边的铜耗。如果功率表电压线圈是与 W_1 并接,那么功率表读出的只能是功率 $u_1 i_1$ 的平均值,而不是 $e_1 i_1$ 的平均值。根据现在的接法,功率表所测损耗 P_w 的瞬时值为

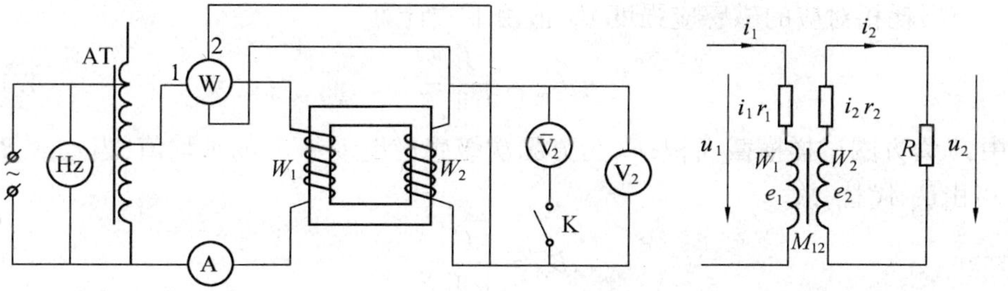

(a) **原理线路**　　　　(b) **等效电路**

图 4.74　功率表测量材料磁损耗原理

$$\mu_2 i_1 = \frac{R}{R + r_2} e_2 i_1 \tag{4.103}$$

式中,r_2 为次级绕组的铜电阻;R 为电压表和功率表电压线圈的并联电阻;e_2 为次级线圈 W_2 中的感应电动势。

如上所述,输入次级线圈的功率 $e_1 i_1$ 包含三部分,即

$$e_1 i_1 = p_c + i_2^2 r_2 + \frac{u_2^2}{R} \tag{4.104}$$

式中,p_c 为试样交变磁化时损耗的瞬时功率;$i_2^2 r_2$ 为次级线圈 W_2 的铜耗;$\frac{u_2^2}{R}$ 为电压功率表损耗的瞬时功率。

由于 W_1 和 W_2 的匝数相同,且以共同的铁芯磁通为相交链,故得 $e_1 = e_2$;而次级电路中 $i_2 = u_2/R$,因此,得

$$p_c = \left(u_2 i_1 - \frac{u_2^2}{R}\right)\left(1 + \frac{r_2}{R}\right) \tag{4.105}$$

交变磁化铁耗 P_c 应为 p_c 在电流周期 T 内的平均值,即

$$P_c = \frac{1}{T}\int_0^T p_c \mathrm{d}t \tag{4.106}$$

则

$$P_c = \left(P_w - \frac{U_2^2}{R}\right)\left(1 + \frac{r_2}{R}\right) \tag{4.107}$$

由于次级线圈的铜电阻 r_2 与次级回路仪表电阻 R 相比可以忽略不及,故式(4.107)可改写为

$$P_c = P_w - \frac{U_2^2}{R} \tag{4.108}$$

式中,P_w 为功率表读数;U_2 为次级线圈 W_2 的端电压有效值,由有效值电压表 U_2 读出。

与损耗相对应的磁感应强度 B_m 值由下式计算

$$B_m = \frac{\bar{E}_2}{4fW_2S} \tag{4.109}$$

式中，S 为方圈试样横截面积；$\bar{E}_2$ 为方圈次级感应电动势 e_2 的平均值，当 $r_2 \ll R$ 时，$\bar{E}_2$ 可由 $\bar{U}_2$ 代替，故

$$B_m = \frac{\bar{U}_2}{4fW_2S} \tag{4.110}$$

测量硅钢片损耗的交变频率规定为 50 Hz 和 400 Hz 两种。磁感应强度的峰值 B_m 为 1 T 和 1.5 T，对于冷轧材料还需要测量 1.7 T 时的损耗。测量时应采用低功率因素的功率表，否则会由于测量灵敏度过低而带来较大的误差。选电压表时也希望它们的内阻尽量大一些。

2. 示波器法

用示波器法可以在较宽的频率范围内，直接观察铁磁材料试样的磁滞回线，也可以进行摄影。在已知灵敏度条件下，可以根据磁滞回线确定材料的有关磁参数。示波器法既适用于闭路试样，也适用于开路试样，所测定的基本磁化曲线和磁滞回线的误差约为 7% ~ 10%，其测试原理如图 4.75 所示。

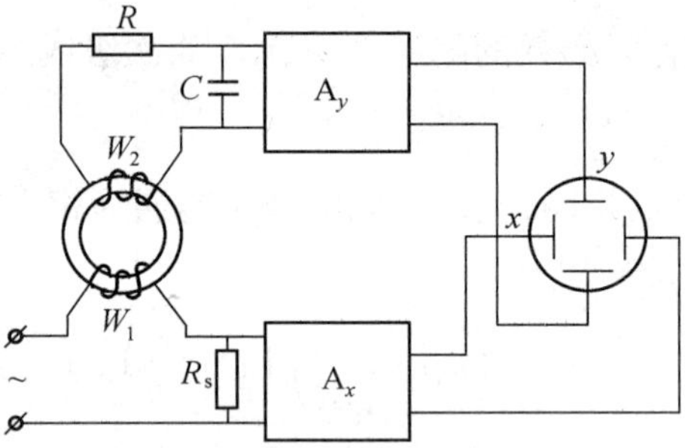

图 4.75 示波器法线路原理

测量时磁化电流在 R_s 上的压降经放大器 A_x 放大后送至示波器 x 轴，因而电子束在 x 方向上的偏转正比于磁场强度。为了减小磁化电流波形畸变对测量的影响，R_s 应选择较小的数值。环试样次级的感应电动势经 RC 积分电路积分，再经过放大器 A_y 放大，接入示波器 y 轴。可以证明，电容器上的电压 u_c 正比于试样中的磁感应强度 B。

试样测量回路的电路方程为

$$e_2 = i_2R + L\frac{\mathrm{d}i_2}{\mathrm{d}t} + u_c \tag{4.111}$$

式中，e_2 为次级绕组中的感应电动势；i_2 为次级电路电流；R 和 L 分别为此回路中的电阻和电感。

若将 R 选得很大,以致上式右边第二项和第三项可以忽略,则有

$$e_2 = -W_2 S\frac{\mathrm{d}B}{\mathrm{d}t} = i_2 R \tag{4.112}$$

式中,W_2 为次级绕组的匝数;S 为试样的截面积。

由于积分电容两端电压为

$$u_c = \frac{1}{C}\int i_2 \mathrm{d}t \tag{4.113}$$

所以

$$u_c = -\frac{W_2 S}{RC}\int \mathrm{d}B = -\frac{W_2 S}{RC}B \tag{4.114}$$

可见,电子束在 y 方向的偏转正比于 B,示波器上可以观察到动态磁滞回线。

为了使次级回路中的感应电压和初级磁化电流无畸变被取样放大,不失真地显示磁滞回线的形状,必须使次级回路中的电流 i_2 很小,这样次级绕组的电感和积分电容上的压降就很小,不会引起显著的相移。通常认为,积分电路的时间常数 RC 应该比 $1/2\pi f$ 大 100 倍以上,这里 f 是测量时采用的频率。

当然,由于 RC 的增大会引起积分电压的降低,使 y 轴方向的测量灵敏度下降,为此要求放大器具有高而稳定的增益和尽可能低的相移。

4.14 纳米材料的磁性

材料的磁学特性与其组分、结构和状态相关,一些磁学性能(如磁化强度、磁化率等)与材料的晶粒大小、形状、第二相分布及缺陷密切相关,另一些磁学性能(如饱和磁化强度、居里温度等)则与材料中的相及其数量等相关。

纳米材料与常规材料在结构上,尤其是磁结构上有很大的差别,因此在磁性方面有独特的性能。常规磁性材料的磁结构是由很多磁畴构成的,磁化是通过畴壁运动实现的,而在许多纳米相中不存在这种磁畴,一个纳米晶即为一个单磁畴,磁化由两个因素控制:一个是晶粒的各向异性,各个晶粒的磁化都趋向于排列在自己易磁化的方向;二是相邻的晶粒间的磁交互作用,这种交互作用使得相邻晶粒朝共同磁化方向磁化。除了磁结构和磁化特点不同外,纳米晶材料颗粒组元小到纳米级,具有高的矫顽力、低的居里温度,而当颗粒尺寸小于某一临界值时,具有超顺磁性等。同时,纳米材料的界面组元与粗晶材料有很大差别,使界面组元本身磁性具有独特性能。

纳米晶材料的磁结构和磁化特点是引起它的磁性不同于常规材料的重要原因。

1. 纳米颗粒的磁性

纳米微粒通常是构成纳米结构材料的组元，由于纳米微粒的小尺寸效应、量子尺寸效应、表面效应等，因此它具有常规粗晶材料所不具备的磁特性，其主要磁特性可归结如下。

（1）超顺磁性。

纳米微粒尺寸小到一定临界值时进入超顺磁状态，例如 α - Fe，Fe_3O_4 和 α - Fe_2O_3 的粒径分别为5 nm，16 nm和20 nm时变成顺磁体，这时磁化率χ不再服从居里 - 外斯定律，在居里点附近没有明显的χ突变。

超顺磁状态的起源可归纳于以下原因：在小尺寸下，当各向异性能减小到与热运动能可相比拟时，磁化方向就不再固定在一个易磁化方向，易磁化方向做无规律的变化，结果导致超顺磁性的出现。不同种类的纳米磁性颗粒显现超顺磁的临界尺寸是不相同的。

（2）居里温度。

对于纳米微粒，由于小尺寸效应和表面效应而导致纳米粒子的本征和内禀的磁性变化，因此具有较低的居里温度，例如85 nm粒径的Ni微粒，由于磁化率在居里温度呈现明显的峰值，因此通过测量低磁场下磁化率与温度关系可得到居里温度约为623 K，略低于常规块体Ni的居里温度（631 K）。

2. 纳米晶体材料

（1）饱和磁化强度。

固体的铁磁性将随原子间距的变化而变化，纳米晶Fe与玻璃态和多晶粗晶 α - Fe一样都具有铁磁性，但纳米Fe的饱和磁化强度要低于玻璃态和多晶粗晶 α - Fe，在4 K时，其饱和磁化强度M_s仅为多晶粗晶 α - Fe的30%。Fe的饱和磁化强度主要取决于短程结构。而纳米晶Fe的界面短程有序与多晶粗晶 α - Fe有较大差别，比如原子间距较大，这就是纳米Fe的M_s下降的原因。M_s的下降意味着庞大界面对磁化不利。

（2）抗磁性到顺磁性的转变以及顺磁到反铁磁转变。

由于纳米材料颗粒尺寸很小，这就可能使一些抗磁体变成顺磁体，同时某些纳米晶顺磁体当温度下降至某一特征温度（尼尔温度，T_N）时，转变成反铁磁体，此时磁化率χ随温度降低而减小，且几乎同外加磁场强度无关。

（3）居里温度。

Valiev等人曾观察到，纳米晶材料具有低的居里温度，这是由大量界面以及晶粒组元共同所引起的。

思考题

1. 简述 M,P_m 的关系,M,H 的关系,μ_0,μ,χ 的概念,B,H 的关系及磁化曲线中 M_r,H_C 的概念。

2. 简述原子的轨道磁矩和自旋磁矩。何种条件下原子对外显示磁矩？物质的抗磁性是如何产生的？物质在外磁场作用下是否都产生抗磁性？在何时物质才成为抗磁体？

3. 何谓原子的固有磁矩？物质的顺磁性是如何产生的？哪些因素决定金属的顺磁性和抗磁性？列举说明属于抗磁性和顺磁性的物质。铁在不同温度时磁性如何变化？什么是磁化率测量原理？

4. 铁磁质自发磁化的充分必要条件。何时产生反铁磁性？何谓居里温度？磁致伸缩的概念。

5. 简述磁畴是如何形成的？技术磁化的三个阶段和机制是什么？简述 M_s 的概念,巴克豪森跳跃。哪些磁性参数是组织敏感的？哪些是组织不敏感的？影响 μ,M_r 和 H_C 的组织因素有哪些？

6. 说出钢铁组织中(残余奥氏体、珠光体、马氏体、贝氏体、铁素体)哪些属于顺磁体、哪些弱铁磁体,哪些属于强铁磁体？

7. 用于高频范围的铁磁体如何才能降低铁耗？简述静态磁性的测量原理——冲击法和抛脱法。

8. 简述测定钢中残余奥氏体的原理。如何用磁性法测量过冷奥氏体的等温转变？

9. 对于软磁材料和硬磁材料,其 μ,M_r,H_C 各有何要求？

第5章　材料光学性能的测试技术

5.1　前　言

长期以来，人们对材料的光学性能给予了极大的关注，光在高科技中的地位正在不断提高。光集成器件和光子计算机都是人们关注的对象。电子器件有的正在被光子器件取代或者密切合作成为光－电子新器件。

众所周知，材料对可见光的不同吸收和反射性能使我们周围的世界呈现出五彩斑斓的色彩。由于金和银对红外线的反射能力最强，所以常被用来作为红外辐射腔的镀层。玻璃、石英、金刚石是熟知的可见光透明材料，而金属、陶瓷、橡胶和塑料在一般情况下对可见光是不透明的。但是，橡胶、塑料、半导体锗和硅却对红外线透明。因为锗和硅的折射率大，故被用来制造红外透镜。许多陶瓷和密胺塑料制品在可见光下完全透明，但却可以在微波炉中用作食品容器，因为它们对微波透明。

对于一个特殊材料领域，光学材料是光学仪器的基础，它们由于在一些高新技术上的应用，已越来越受到人们的青睐。玻璃、塑料、晶体、金属和陶瓷都可以成为光学材料。光学玻璃的生产已有200多年的历史，其传统的应用有望远镜、显微镜、照相机、摄影机等使用的光学透镜。而今除了传统的应用外，还出现了高纯、高透明的光通信纤维玻璃。这种玻璃制成的纤维对工作频率的吸收低达普通玻璃的万分之几，使远距离光通信成为可能。

发光材料的进步对于信息显示技术有着重要的意义，它给人类生活带来了巨大变化。1929年Zworykin成功地演示了黑白电视接收机，1964年以稀土元素化合物为基质和以稀土离子掺杂的发光粉问世，成倍地提高了发红光材料的发光亮度，这一成就使得“红色”能够与“蓝色”和“绿色”的发光强度相匹配，实现了如今这样颜色逼真的彩色电视。光盘与光记录无论对于电子计算机，还是激光唱盘或影碟都是一次非凡的突破。彩色照相技术的出现也给人们的生活增添了一份乐趣。这一切都与材料光学性能的开发和应用联系在一起。

5.2　光的本性

光是人类最早认识和研究的一种自然现象。然而对于光本质的认识，在人类历史上却经历了长期的争论和发展过程。早期以牛顿为代表的一种观点认为,光是粒子流。后来以惠更斯为代表的观点认为光是一种波动。麦克斯韦创立了电磁波理论,既能解释光的直线行进和反射,又能解释光的干涉和衍射,表明光是一种电磁波,随后人们进一步测量了光的速度,使得光的波动学说在19世纪初期和中叶占据了统治地位。然而在19世纪末,当人们深入研究光的发生及其与物质的相互作用时,波动学说却碰到了难题,于是普朗克提出了光的量子假设并成功解释了黑体辐射。接着爱因斯坦进一步完善了光的量子理论,不仅圆满地解释了后来的光点效应,而且解释了后来的康普顿效应等许多试验现象。爱因斯坦首先提出电磁场(或光场)的能量是不连续的,可以分成一份一份最小的单元,其数值为

$$\varepsilon = h\nu = \frac{hc}{\lambda} \tag{5.1}$$

式中,ν 为光波电磁场的频率;h 为普朗克常数。这个最小的能量单元就称为"光子",电磁场则由许许多多光子所组成。爱因斯坦理论中的光量子不同于牛顿微粒学说中的粒子,它将光子的能量、动量等表征粒子性质的物理量与频率、波长等表征波动性质的物理量联系在一起,并建立了定量关系,从而把光的粒子性和波动性联系起来。1927年狄拉克提出了电磁场的量子化理论,进一步以严格的理论形式把波动理论和量子理论统一起来,大大提高了人们对光本性的认识。

光是一种电磁波,是传递电磁相互作用的基本粒子,也是电磁辐射的载体,它是电磁场周期性振动的传播所形成的,光的频率、波长和辐射能都是由光子源决定的。例如,γ 射线是改变原子核结构产生的,具有很高的能量。X射线、紫外辐射、可见光谱都是与原子的电子结构改变相关的。红外辐射、微波和无线电波是由原子振动或晶格结构改变引起的低能、长波辐射。如图5.1所示为辐射电磁波谱,其中可以用光学方法进行研究的那一部分光波只占很小一部分,它的范围从远红外到真空紫外,其中可见光是眼睛能感知的很窄一部分辐射电磁波,其波长大约在390 ~ 770 nm范围,其颜色决定于光的波长。

各种形式的电磁波在真空中传播的速度为 3×10^8 m/s,以 c 表示。c 与真空介电常量 ε_0 和真空磁导率 μ_0 的关系为

$$c = \frac{1}{\mu_0 \varepsilon_0} \tag{5.2}$$

当光在介质中传播时,其速度 v 由下式决定

$$v = \frac{c}{\varepsilon \mu} \tag{5.3}$$

式中,c 为真空中光的速度;ε 为介质的介电常量;μ 为介质的磁导率。在讨论光与材料相互作用产生的反射、透射、折射等现象时,应用光的粒子性更容易理解,也更方便。讨论光波在介质中的传播、衍射等应用,光的波动性更方便、更易理解。

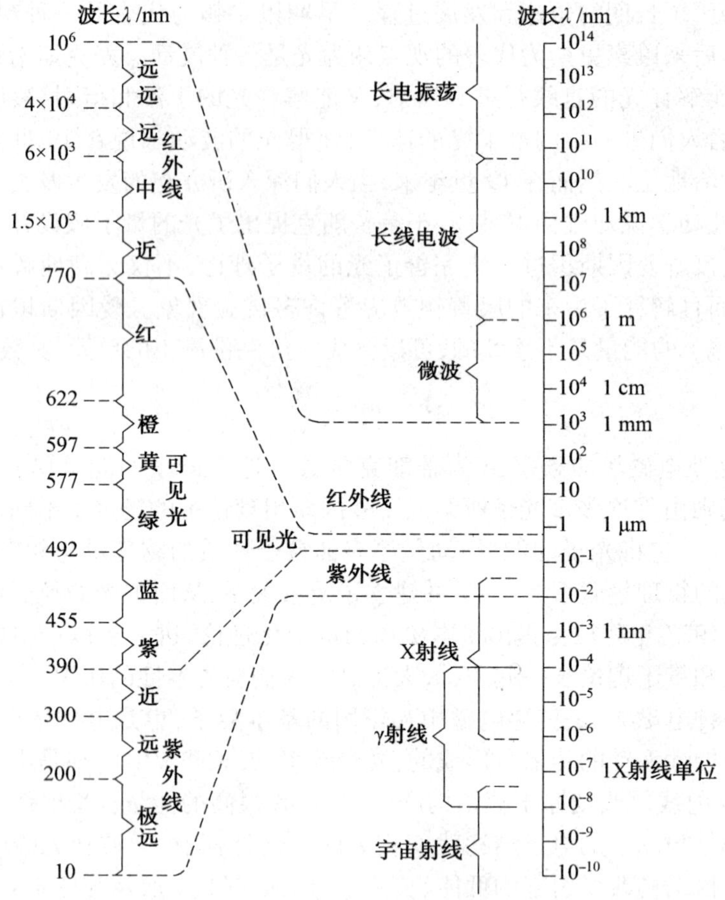

图 5.1 电磁波谱

5.3 光的透射、折射和反射

当光从一种介质进入另一种介质时，一部分透过介质，一部分被吸收，一部分在两种介质的界面上被反射，还有一部分被散射。假如入射到材料表面的光辐射能流率为 φ_0，透过、吸收、反射和散射的光辐射能流率分别为 φ_T，φ_A，φ_R，φ_σ，则

$$\varphi_0 = \varphi_T + \varphi_A + \varphi_R + \varphi_\sigma \tag{5.4}$$

光辐射能流率的单位为 W/m^2，表示单位时间内通过单位面积（与光线传播方向垂直）的能量。如用 φ_0 除以等式的两边，则

$$1 = \frac{\varphi_T}{\varphi_0} + \frac{\varphi_A}{\varphi_0} + \frac{\varphi_R}{\varphi_0} + \frac{\varphi_\sigma}{\varphi_0} \tag{5.5}$$

$$1 = T + \alpha + R + \sigma$$

式中，T 称为透射系数，$T=\frac{\varphi_T}{\varphi_0}$；$\alpha$ 称为吸收系数，$\alpha=\frac{\varphi_A}{\varphi_0}$；$R$ 称为反射系数，$R=\frac{\varphi_R}{\varphi_0}$；$\sigma$ 称为散射系数，$\sigma=\frac{\varphi_\sigma}{\varphi_0}$。

上述光子与固体介质的相互作用可由图 5.2 予以形象描述。

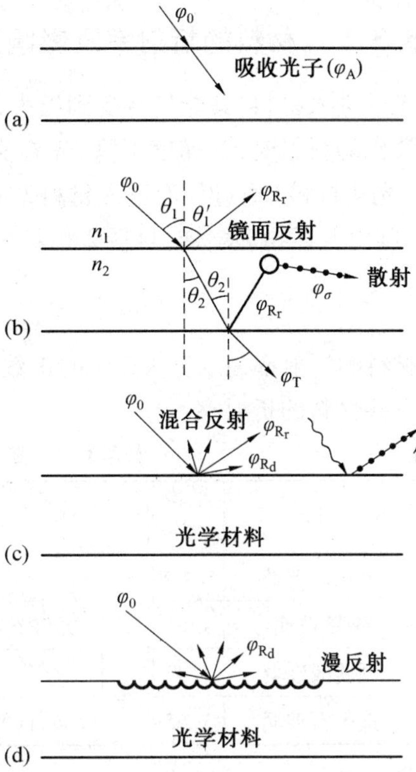

图 5.2　光子与固体介质的作用

从微观上分析，光子与固体材料相互作用，实际上是光子与固体材料中的原子、离子、电子之间的相互作用，出现的两种重要结果是：

（1）电子极化。

电磁辐射的电场分量，在可见光频率范围内，电场分量与传播过程中的每个原子都发生作用，引起电子极化，即造成电子云和原子核电荷重心发生相对位移，其结果是：当光线通过介质时，一部分能量被吸收，同时光波速度被减小，导致折射产生。

（2）电子能态转变。

光子被吸收和发射，都可能涉及固体材料中电子能态的转变。为讨论方便，考虑一孤立的原子，其电子占据的能态如图 5.3 所示。

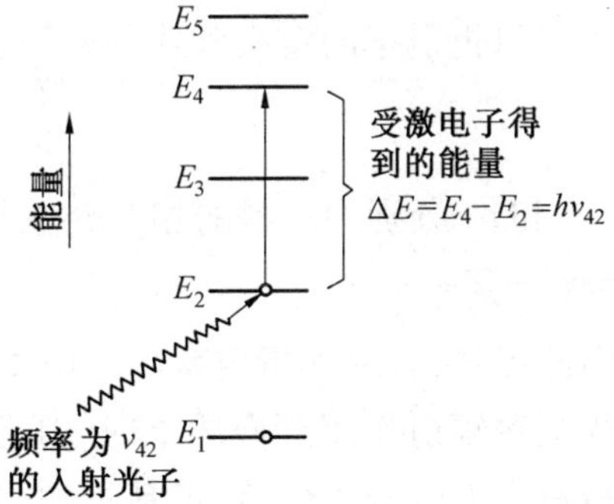

图 5.3　孤立原子吸收光子后电子态转变示意图

该原子吸收了光子能量之后，可能将 E_2 能级上的电子激发到能量更高的 E_4 空能级上，电子发生的能量变化 ΔE 与电磁波的频率有关

$$\Delta E=h\nu_{42} \tag{5.6}$$

式中，h 为普朗克常量；ν_{42} 为入射光子的频率。此处应明确以下两个概念：第一，原子中的电子能级是分立的，能级间存在特定的 ΔE。因此，只有能量为 ΔE 的光子才能被该原子通过电子能态转变而吸收。第二，受激原子不可能无限长时间地保持在激发状态，经过一个短时期后，它又会衰变回基态，同时发射出电磁波。衰变的途径不同，发射出的电磁波频率就不同。

5.3.1 材料的折射率及影响因素

光子进入材料,其能量将受到损失,因此光子的速度将要改变。当光从真空进入较致密的材料时,其速度下降,光在真空和材料中的速度之比,称为材料的折射率 n。光从材料1通过界面进入材料2时,与界面法线所形成的入射角为 θ_1,折射角为 θ_2,则由普通物理学知,材料2相对材料1的相对折射率为

$$n_{21}=\frac{\sin\theta_1}{\sin\theta_2}=\frac{n_2}{n_1}=\frac{v_1}{v_2} \tag{5.7}$$

材料的折射率是永远大于1的正数,例如空气的折射率 $n=1.000\ 3$。表5.1列出了一些材料的折射率。

表5.1 一些透明材料的折射率

材料		平均折射率	材料		平均折射率	材料		平均折射率
玻璃	氧化硅玻璃	1.458	陶瓷	刚玉	1.76	高聚物	聚乙烯	1.35
	钠钙玻璃	1.51		方镁石(MgO)	1.74		聚四氟乙烯	1.60
	硼硅酸玻璃	1.47		石英(SiO_2)	1.55		聚甲基丙烯酸甲酯	1.49
	重火石玻璃	1.65		尖晶石($MgAl_2O_4$)	1.72		聚丙烯	1.49

材料的折射率与下列因素有关。

(1) 构成材料元素的离子半径。

由材料折射率的定义和式 $v=\frac{c}{\varepsilon\mu}$,可以导出材料的折射率

$$n=\sqrt{\varepsilon_r\mu_r} \tag{5.8}$$

式中,ε_r 和 μ_r 分别为材料的相对介电常数和相对磁导率。因陶瓷等无机材料 $\mu\approx 1$,故 $n=\sqrt{\varepsilon_r}$。

由此可知,材料的折射率随介电常数增大而增大,而介电常数与介质的极化有关。当电磁辐射作用到介质上时,其原子受到电磁辐射的电场作用,使原子的正、负电荷重心发生相对位移,正是电磁辐射与原子的相互作用,使光子速度减弱。由此可以推论,大离子可以构成高折射率的材料,如PbS,其 $n=3.912$;而小离子可以构成低折射率的材料,如 $SiCl_4$,其 $n=1.412$。

(2) 材料的结构、晶型。

折射率不仅与构成材料的离子半径有关,还与其在晶胞中的排列有关。根据光线通过材料的表现,把介质分为均质介质和非均质介质。

① 均质晶体:非晶态(无定型体)和立方晶体结构,当光线通过时光速不因入射方向而改变,因此材料只有一个折射率,称为均质介质。

② 非均质介质:除立方晶体外的其他晶体均属于非均质介质。其特点是光进入介质时产生双折射现象。双折射现象使得晶体有两个折射率,其一是服从折射定律的寻常光折射率 n_0,无论入射方向怎样变化,n_0 始终为一常数;而另一折射光的折射率随入射方向而改变,称为非寻常光的折射率 n_e。当光沿晶体的光轴方向入射时,不产生双折射,只有 n_0 存在。当与光轴方向垂直入射时,n_e 最大,表现为材料的特性,一般说来,沿晶体密堆积程度较大的方向,其 n_e 较大。例如,石英的 $n_0 = 1.543$,$n_e = 1.552$。一般来说,沿晶体密堆积程度较大的方向,其 n_e 较大。

(3)材料存在的内应力。

有内应力的透明材料,垂直于受拉主应力方向的 n 值大,平行于受拉主应力方向的 n 值小。

(4)同质异构体。

在同质异构材料中,高温时的晶型原子密堆积程度低,因而折射率较低;低温时存在的晶型原子的密堆积程度高,折射率较高。例如:常温下的石英玻璃 $n = 1.46$,常温下的石英晶体,$n = 1.55$;高温时,鳞石英 $n = 1.47$,方石英 $n = 1.49$。可见常温下的石英晶体 n 最大。

以上所说的种种材料折射率的影响因素,均为材料自身的因素,事实上,材料的折射率还与入射光的波长有关,总是随着波长的增加而减小,这种性质称之为色散。其数值大小为

$$\text{色散} = \frac{\mathrm{d}n}{\mathrm{d}\lambda} \tag{5.9}$$

如图 5.4 所示为一些晶体和玻璃的色散曲线。

色散对于光学玻璃是重要参量,因为色散严重时造成单片透镜成像不够清晰,在自然光的透过下,像的周围环绕了一圈色带。克服的方法是用不同牌号的光学玻璃,分别磨成凸透镜和凹透镜复合镜头,以消除色差,这被称之为消色差镜头。判断光学玻璃色散的方法,主要采用色散系数 ν_d(Abbe′数)来表征

$$\nu_d = \frac{n_D - 1}{n_F - n_C} \tag{5.10}$$

式中,n_D,n_F,n_C 分别是以钠的 D 谱线、氢的 F 谱线和 C 谱线为光源测定的折射率。

Abbe′ 数是光学材料色差的量度。把 $n_F - n_C$ 称为光学玻璃的中部色散,亦称平均色散。显然,一种光学材料若作为有用的折射器件且其色差最小,那么总是希望光学材料的 *Abbe′* 数和折射率 n 高。

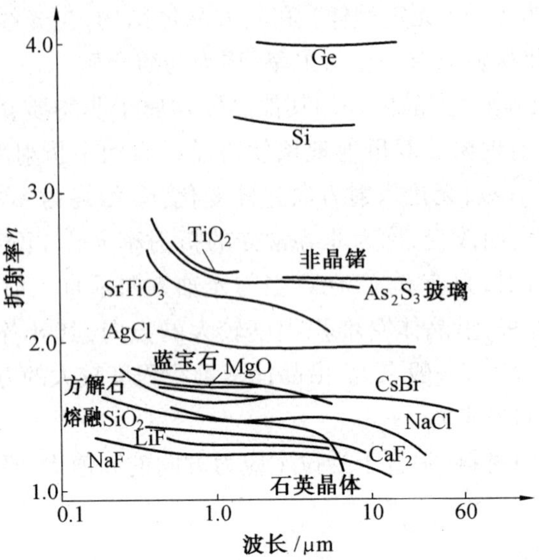

图5.4　一些晶体和玻璃的色散曲线

5.3.2　材料的反射系数

当一束光从介质1(折射率为n')穿过界面进入介质2(折射为n)出现一次反射;当光在介质2中经过第二个界面时,仍要发生反射和折射。从反射定律和能量守恒定律可以推导出,当入射光线垂直或接近垂直于介质界面时,其反射系数为

$$R = \left(\frac{n_{21} - 1}{n_{21} + 1}\right)^2 \tag{5.11}$$

$$n_{21} = \frac{n'}{n} \tag{5.12}$$

如果光介质1是空气,则

$$R = \left(\frac{n - 1}{n + 1}\right)^2 \tag{5.13}$$

显然,如果两种介质折射率相差很大,则反射损失相当大,透过系数只有$1 - R$。若两种介质折射率相同,则$R = 0$。垂直入射时,光透过几乎没有损失。由于陶瓷、玻璃等材料的折射率较空气的大,所以反射损失较严重。为了减小反射损失,经常采取以下措施:

(1)透过介质表面镀增透膜。

(2)将多次透过的玻璃用折射率与之相近的胶将它们粘起来,以减少空气界面造成的损失。

若进入介质中存在不可忽略的吸收时,反射系数的表达式则必须进行修正。

引入的修正系数统称为消光系数 k,并定义为

$$k = \frac{\alpha}{4\pi n}\lambda \tag{5.14}$$

式中,α 为吸收系数;λ 为入射波长;n 为介质折射率。这样便可以导出介质存在吸收情况下的 R 表达式

$$R = \frac{k^2 + (n-1)^2}{k^2 + (n+1)^2} \tag{5.15}$$

这里应指出的是,对于金属,如银、铝等的反射关系更为复杂。

5.3.3　材料的透射及其影响因素

1. 金属的光透过性质

金属对可见光是不透明的,其原因在于金属的电子能带结构的特殊性。在金属的电子能带结构中(图 5.5(a)),费密能级以上存在许多空能级。当金属受到光线照射时,电子容易吸收入射光子的能量而被激发到费密能级以上的空能级上。研究证明,只要金属箔的厚度达到 0.1 μm,便可以吸收全部入射的光子。因此,只有厚度小于 0.1 μm 的金属箔才能透过可见光。由于费密能级以上有许多空能级,因而各种不同频率的可见光,即具有各种不同能量(ΔE)的光子都能被吸收。事实上,金属对所有的低频电磁波(从无线电波到紫外光)都是不透明的。只有对高频电磁波 X 射线和 γ 射线才是透明的。

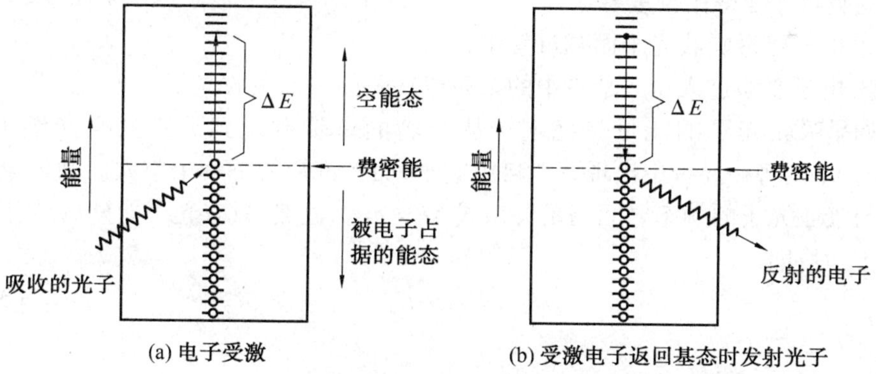

(a) 电子受激　　(b) 受激电子返回基态时发射光子

图 5.5　金属吸收光子后电子能态的变化

大部分被金属材料吸收的光又会从表面上以同样波长的光波发射出来(图 5.5(b)),表现为反射光,大多数金属的反射系数在 0.9 ~ 0.95 之间。还有一小部分能量以热的形式损失掉了。利用金属的这种性质往往在其他材料衬底上镀上金属薄层作为反光镜(Reflector)使用。如图 5.6 所示是常用金属膜的反射率与波长的关系曲线。肉眼看到的金属颜色不是由吸收光的波长决定的,而是由反射光的

波长决定的。在白光照射下表现为银色的金属(如银和铝),表面反射出来的光也是由各种波长的可见光组成的混合光。其他颜色的金属(如铜为橘红色,金为黄色)表面反射出来的可见光中,以某种可见光的波长为主,构成其金属的颜色。

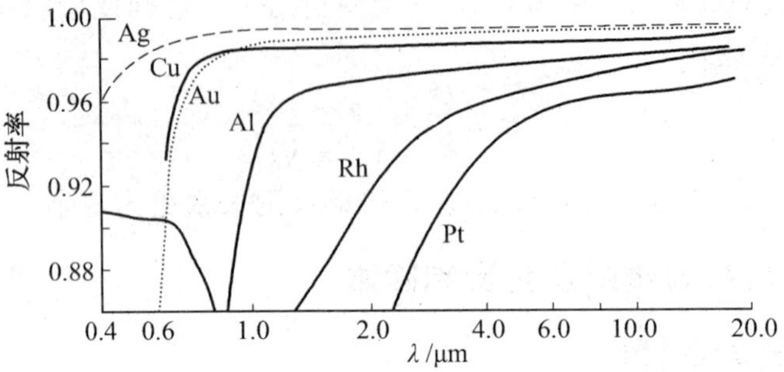

图5.6　金属膜反射镜的反射率与光波长的关系

2. 非金属材料的透过性

非金属材料对于可见光可能透明,也可能不透明。除光在界面被反射外,材料的透射系数和光进入材料中被吸收和散射的状况有关。

(1) 介质吸收光的一般规律。

原则上,非金属材料对可见光的吸收有下列三种机理:

① 电子极化,但只有光的频率与电子极化时间的倒数处于同一数量级时,由此引起的吸收才变得比较重要;

② 电子受激吸收光子而越过禁带;

③ 电子受激进入位于禁带中的杂质或缺陷能级而吸收光子。

如果吸收光子的能量是把电子从填满的价带激发到导带的空能级上(图5.7(a)),则将在导带中出现一个自由电子,而在价带留下一个空穴。激发电子的能量与吸收光子的频率之间满足关系式$\Delta E=h\nu$。显然,只有光子能量$h\nu$大于禁带宽度E_g时,即

$$h\nu > E_g \tag{5.16}$$

或者

$$\frac{hc}{\lambda} > E_g \tag{5.17}$$

才能以这种机制产生吸收。根据这个条件可以算出,非金属材料的禁带宽度大于3.1 eV,则不可能吸收可见光。显然若这种材料纯度很高,则对于可见光将是无色透明的。

另一方面,可见光的最大波长约为0.7 μm,因此吸收光子后电子能越过的最小禁带宽度为

$$E_{g\,\min} = \frac{hc}{\lambda_{\min}} = 1.8\ \text{eV} \tag{5.18}$$

这个结果表明，对于禁带宽度小于1.8 eV的半导体材料，所有可见光都可以通过激发价带电子向导带转移而被吸收，因而是不透明的。对于禁带宽度介于1.8 eV和3.1 eV之间的非金属材料，则只有部分可见光被材料吸收。这类材料常常是带色透明的。

每一种非金属材料对特定波长以下的电磁波不透明，其具体波长取决于禁带宽度 E_g。例如，金刚石的 E_g 为5.6 eV，因而对于波长小于0.22 μm的电磁波是不透明的。

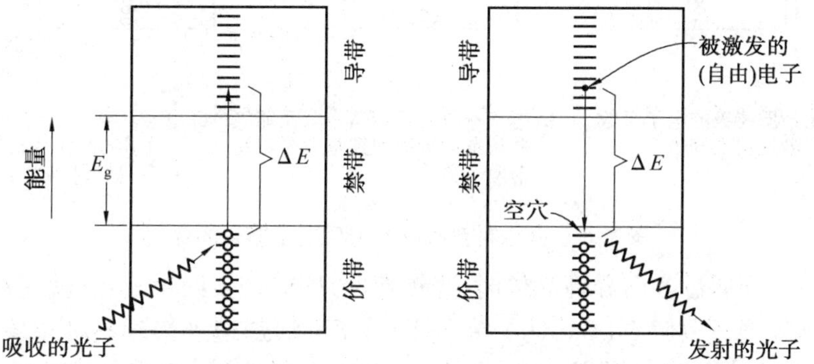

(a) 电子受激越过禁带，在价带中留下一个空穴

(b) 电子返回价带时与空穴结合发射出一个光子

图5.7 非金属材料吸收光子后电子能态的变化

禁带较宽的介电材料也可能吸收光子，不过机制不是激发电子从价带进入导带，而是借助于禁带中引入的杂质或缺陷能级，使吸收光子的电子进入禁带或导带中（图5.8(a)）。电子受激时吸收的电磁波能量必定会以某种方式释放出来，释放的机理有几种。对于通过电子从价带 → 导带所吸收的能量，可能会通过电子与空穴的重新结合而释放出来（图5.7(b)），也可能通过禁带中的杂质能级而发生电子的多级转移，从而发射出两个光子（图5.8(b)）。此外，还可能在电子多级转移中放出一个声子和一个光子（图5.8(c)）。

光学材料的应用，一般情况下都希望材料的透射系数（亦称为透射比、透过率）高。除了界面反射损失外，材料对入射光的吸收及其散射，是影响材料光透射比的两个重要方面。总之，影响透射系数的因素可总结如下：

① 吸收系数。对于陶瓷电介质材料，在可见光部分吸收系数比较低，这不是主要影响透过率的因素。

② 反射系数。材料与环境的相对折射率和材料表面光洁度是两个重要因素。

③ 散射吸收。这是影响陶瓷材料透射比的主要因素，可反映在材料的宏观缺

陷、显微缺陷(在不均匀界面处存在相对折射率,使散射系数加大)及晶粒排列方向三方面。

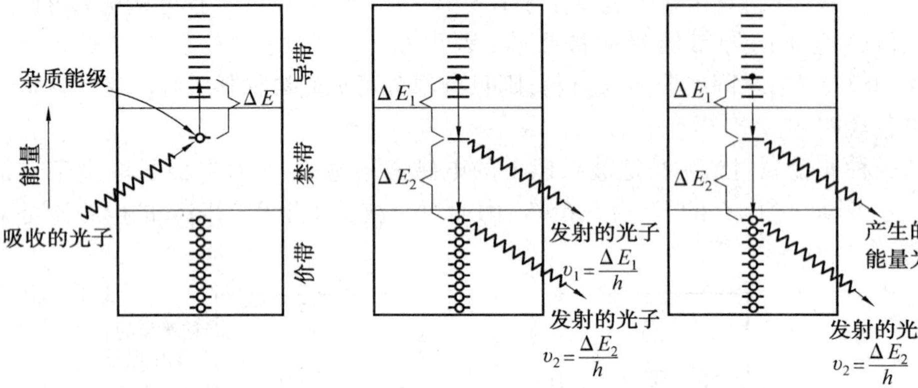

(a) 禁带中杂质能级的电子吸收光子后激发进入导带　(b) 电子从导带返回禁带杂质能级并从杂质能级回到基态时共发射两个光子　(c) 电子从导带回到杂质能级发射一个声子,并从杂质能级回到基态时发射出光子

图 5.8　介电材料吸收光子后电子能态的变化

当一束光通过各向异性晶体时,光被弯曲,同时产生两束光,这就是双折射(图5.9)。光线通过方解石($CaCO_3$)单晶体时,便可清楚地观察到这种现象。实验发现,当光通过这种晶体的某个方向时,并不产生双折射,这个方向称为晶体的光轴。有些晶体存在两个这种方向,称为双轴晶体。当一束光通过双轴晶体时也分成两束折射光,振动相互垂直,但它们都不遵从折射定律,也不分寻常光和非寻常光。现已证明,它们都与晶体的结构有关。双折射中的两束光均为偏振光,其中一束偏振光速度变化符合折射定律,称为寻常光,简写为 o 光,而另一束不符合折射定律,称为非寻常光,简写为 e 光。当 e 光速度大于 o 光速度时,这种晶体称为负单轴晶体,如方解石晶体;否则称为正单轴晶体,如石英晶体。

如果材料不是各向同性的立方晶体或玻璃态,则必然存在双折射。这样,与晶轴成不同方向的折射率都不相同。对于多晶体材料,结晶取向不会完全一致,因此,晶粒之间会产生折射率的差别,故引起晶界处的反射及散射损失。这种情况被示意地表现在图 5.10 中。

图中表示具有双折射的两个相邻晶粒晶轴相互垂直。设光线沿左边晶粒光轴方向入射,则在左边晶粒内,只存在寻常光的折射率 n_0。右边晶粒光轴垂直于左边晶粒的光轴,即垂直于入射的寻常光。对于右边晶粒此时的入射光不是从光轴方向入射,因此不但有寻常光,还有非寻常光。寻常光折射率都相同,因此无反射损失,但寻常光对于右边晶粒的非寻常光则存在相对折射率 $n_0/n_e \neq 1$,此值导致相当可观的反射损失和散射损失,损失大小与具体材料有关。

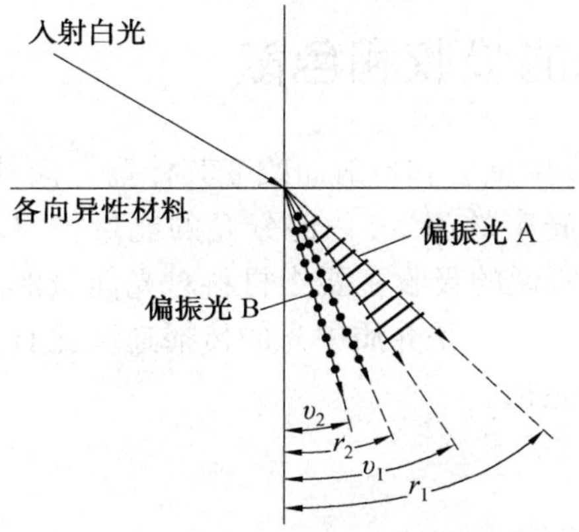

图 5.9　各向异性材料中的折射
v— 紫光；r— 红光

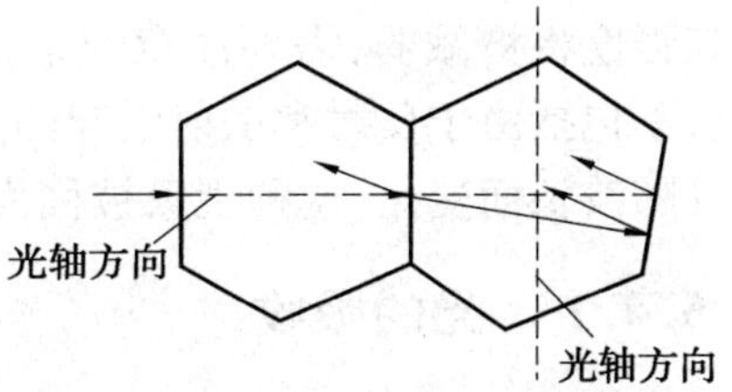

图 5.10　双折射在晶界处引起的反射、折射和散射

现计算 $\alpha-Al_2O_3$ 在上述情况下引起的损失。对于 $\alpha-Al_2O_3$，n_0，n_e 分别为 1.760 和 1.768，则晶界面的反射系数为

$$R=\left(\frac{\frac{1.768}{1.760}-1}{\frac{1.768}{1.760}+1}\right)^2=5.14\times10^{-6} \tag{5.19}$$

假设 $\alpha-Al_2O_3$ 陶瓷片厚 2 mm，晶粒平均直径为 10 μm，理论上晶界数为 200 个，那么除掉晶界反射损失后，剩余光强占 $(1-R)^{200}=0.998\ 97$，损失不算大。如果考虑散射损失：设入射光为可见光，波长 λ 位于 0.39 ~ 0.77 μm 之间，散射系数可按（$S=k\times3\phi_{孔}/4r$）计算（式中 $\phi_{孔}$ 为散射质点体积分数，r 为质点半径，k 为散射因子）。

因为 $n_{12}=1.768/1.760\approx1$，故 $k\to0$。因此，S 也很小。从以上两方面分析，$\alpha-Al_2O_3$ 陶瓷可以透可见光。这正是为什么可以使用氧化铝陶瓷制成高透过率灯管的原因。

然而像金红石（TiO_2）那样的陶瓷材料则不可能制成透明陶瓷，原因是金红石晶体的 $n_{21}=n_0/n_e=2.854/2.567=1.112$，则 $R=2.8\times10^{-3}$，若材料厚为 3 mm，平均粒径为 3 μm，则余下光能为 $(1-R)^{1\,000}=0.06$；此外，因为 n_{21} 较大，所以 S 较大，散射损失也多，故金红石不透可见光。

气孔引起的反射损失存在于晶粒之内的以及晶界玻璃相内的气孔、孔洞构成了第二相，其折射率 n_1 可定为 1，而基体晶粒折射率定为 n_2，二者相对折射率 $n_{21}=n_2$，由此引起的反射损失和散射损失较杂质、不等向晶粒排列引起的损失较大。因此，要制备光学陶瓷材料，一定要千方百计地消除气孔、孔洞等第二相，特别是消除大气孔的存在（采取真空热压、热等静压方法）。

5.4 材料对光的吸收和色散

一束平行光照射均质的材料时,除了发生反射和折射而改变其传播方向外,进入材料之后还会发生两种变化:一是随着光束的深入,一部分光的能量被材料吸收,其强度将被减弱,需要注意的是,这里所说的吸收主要指材料对光能量的真正吸收,不包括由于反射和散射引起的光强减弱;二是介质中光的传播速度比真空中小,且随波长而变化,这种现象被称为光的色散。

5.4.1 光的吸收

产生光吸收的原因是由于光作为能量流在穿过材料时,引起材料的价电子跃迁,或使原子振动而消耗能量。此外材料中的价电子吸收光子能量而激发,尚未退激时在运动中与其他分子碰撞,电子能量转变为热能也会导致光的能量衰减。

1. 吸收系数与吸收率

假设强度为I_0的单色平行光束通过厚度为l的均匀介质,如图5.11所示,光在传播一段距离x之后,强度减弱为I,再通过一个极薄的薄层dx后,强度变为$I + dI$。因为光强是减弱的,此处dI为负值。

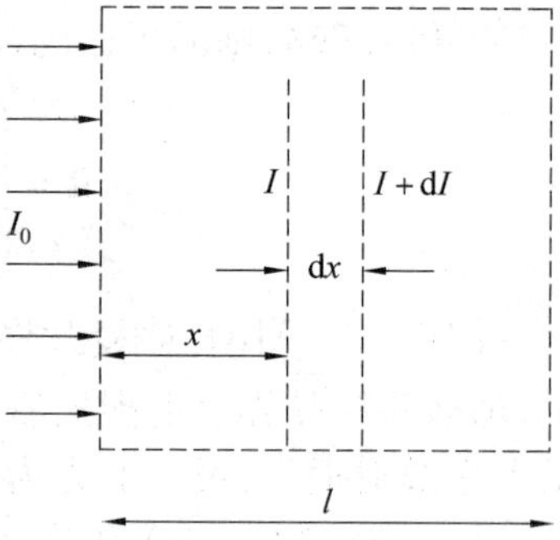

图5.11 光的吸收

光在同一介质内通过同一距离,到达该处的光能中将有同样百分比的能量被该层介质吸收,假定光通过单位距离时能量损失的比例为α,则

$$\frac{dI}{I} = -\alpha dx \tag{5.20}$$

式中,负号表示光强随着x的增加而减弱;α为吸收系数,cm^{-1}。对于一定波长的光波而言,吸收系数是和介质性质有关的常数,与光强无关。

对式(5.25)进行积分,得

$$\int_{I_0}^{I} \frac{dI}{I} = -\alpha \int_0^l dx$$

$$\ln I - \ln I_0 = -\alpha l$$

所以

$$I = I_0 e^{-\alpha l} \tag{5.21}$$

式(5.26)又称为朗伯特定律,式中I和I_0分别代表透射光强和入射光强。它表明,在介质中光强随传播距离呈指数式衰减。当光的传播距离达到$1/\alpha$时,强度衰减到入射时的$1/e$。

如果式(5.26)中 $\alpha l \ll 1$，则可以近似写成

$$\alpha l = \frac{I_0 - I}{I} \tag{5.22}$$

记 $A = \alpha l$，A 称为吸收率，式(5.27)表示经过厚度为 l 的材料后光强被吸收的比率。

不同材料的 α 有很大差别，例如：空气的 $\alpha \approx 10^{-5}\ \mathrm{cm}^{-1}$，玻璃的 $\alpha = 10^{-2}\ \mathrm{cm}^{-1}$，而金属的 α 在 $10^4\ \mathrm{cm}^{-1}$ 数量级以上，因此，金属对于可见光是不透明的。

2. 吸收光谱

事实上介质对光的吸收与光的波长密切相关。如图5.12所示是材料的光吸收系数与电磁波波长的关系。由图可见，在电磁波可见光区，金属和半导体介质对其吸收都是很大的，但是电介质材料，包括玻璃、陶瓷、非均相高聚物等材料在可见光波谱区吸收系数很小，具有良好的透过性。其原因正是前面所分析的，它们的价电子所处的能带是填满的，不能吸收光子而自由运动，而光子能量又不足以使价电子跃迁到导带，所以在一定的波长内吸收系数很小。但是在紫外区却出现了紫外吸收端，原因是波长越短，光子能量越大，一旦光子能量达到介质禁带宽度时，电子便会吸收光子跃迁到导带。

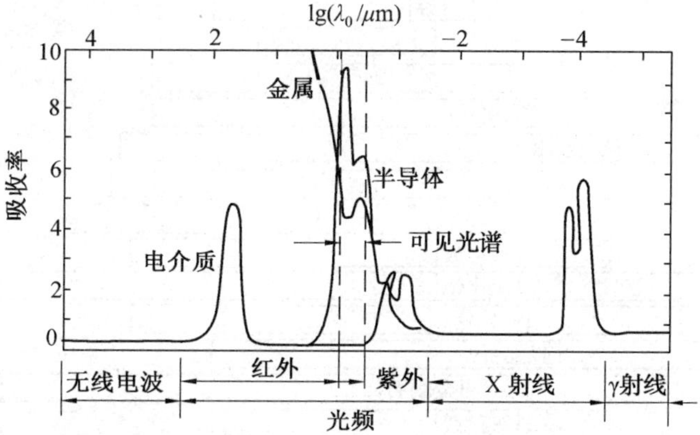

图5.12　材料吸收系数与电磁波长的关系

这里要指出的是图5.12所示的红外区的吸收峰产生的原因。它与可见光及紫外端吸收产生的原因不同。红外吸收与晶格振动有关。具体说是离子的弹性振动与光子辐射发生谐振消耗能量所致，即声子吸收。研究表明此吸收与材料的热振频率 f 有关。

共价晶体材料的固有频率 f 由下式给出

$$f^2 = 2k \frac{1}{M_c} + \frac{1}{M_a} \tag{5.23}$$

式中，k 为离子小位移时的弹性常数；M_c，M_a 分别为阳离子和阴离子的质量。

若以 u 表示阳－阴离子对的折合质量，即

$$\frac{1}{u}=\frac{1}{M_c}+\frac{1}{M_S} \tag{5.24}$$

则

$$f=\frac{2k}{u} \tag{5.25}$$

说明声子吸收带开始在晶格振动的基频，光子能量被吸收并转化为晶格的弹性振动。为了使吸收峰远离可见光区，并使其在长波区透过截止，则希望共价晶体的离子相互作用常数 k 和折合质量的倒数都是低值。这对于相对原子质量高的一价碱金属的卤化物显然是最有利的。如图 5.13 所示为常见光学材料透明波长范围的比较。

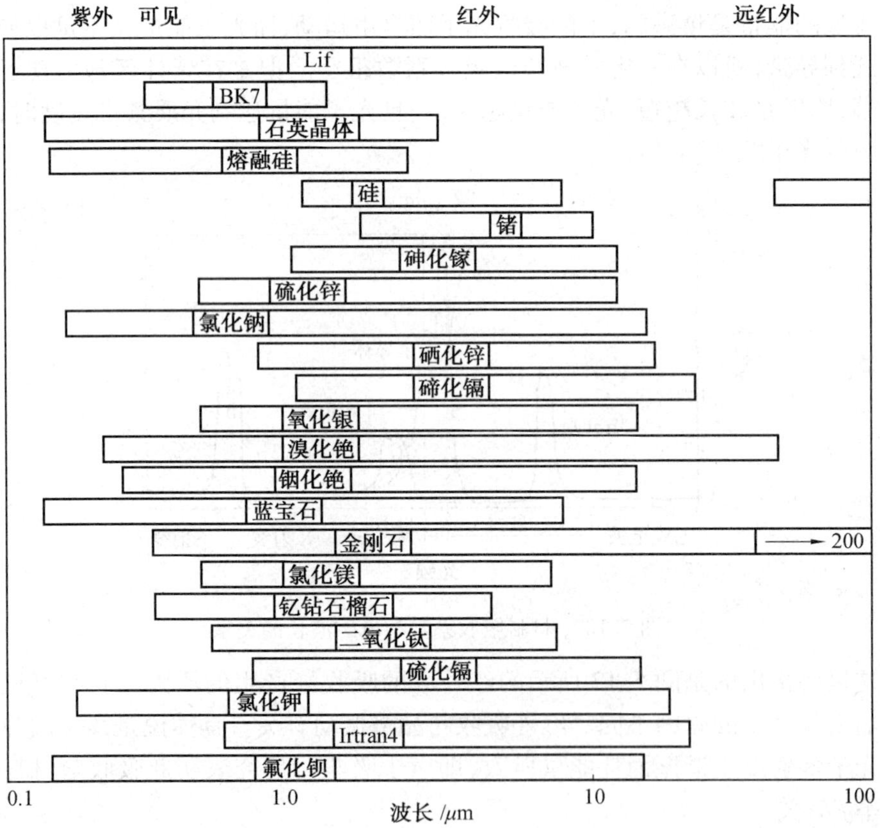

图 5.13 光学材料透过波长范围

研究物质的吸收特性发现，任何物质都只对特定的波长范围表现为透明，而对

另一些波长范围则不透明。例如石英在整个可见光波段都很透明,且吸收系数几乎不变,这种现象称为“一般吸收”。但是,在3.5 ~ 5.0 μm的红外线区,石英表现出强烈吸收,且吸收率随波长剧烈变化,这种现象称为“选择吸收”。任何物质都有这两种形式的吸收,只是出现的波长范围不同而已。

将能发射连续光谱的白光源(如卤钨灯)所发的光经过分光仪器(如单色仪、分光光度计等)分解出单色光束,并使之相继通过待测材料,可以测量吸收系数与波长的关系,得到吸收光谱。图5.14给出了金刚石从紫外到远红外之间的吸收光谱的大致轮廓。由图可见,金刚石的吸收区出现在紫外和红外波长范围内。在整个可见光区都是透明的,是优良的可见光区透光材料。

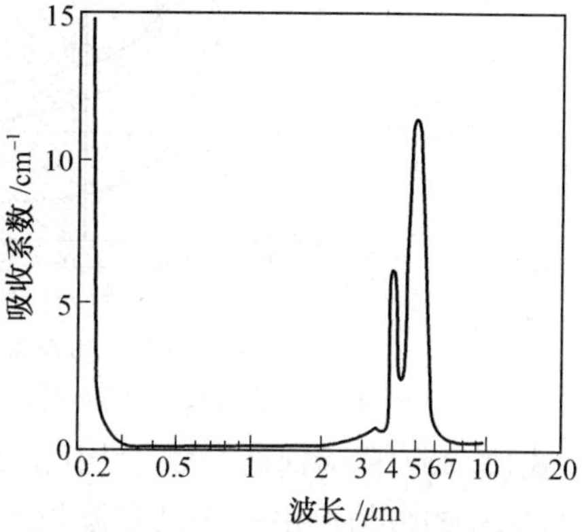

图5.14 金刚石的吸收光谱

5.4.2 光的色散

1. 正常色散

前面已经了解光在介质中的传播速度低于真空中的光速,其关系为 $v = \frac{c}{n}$,据此可以解释光在不同介质界面时发生的折射现象。若将一束白光斜射到两种均匀介质的分界面上,就可以看到折射光束分散成按红、橙、黄、绿、青、蓝、紫的顺序排列而成的彩色光带,这是在介质中不同波长的光有不同速度的直接结果,介质中光速或折射率随波长改变的现象称为光的色散现象。

研究色散最方便的试验可以通过棱镜进行,测量不同波长的光线经棱镜折射的偏转角,就可以得到折射率随波长变化的曲线。图5.15给出了几种常用光学材料的色散曲线,分析这些曲线可以得出如下规律:

① 对于同一材料而言,波长越短,则折射率越大

② 折射率随波长的变化率($dn/d\lambda$)称为“色散率”。波长越短,色散率越大。

③ 不同材料,对同一波长,折射率大者色散率也大。

由于人们早期对色散现象的研究都是在可见光波段为透明的光学材料上进行的,结果都符合上述规律,故称之为“正常色散”。这里“正常”二字是相对于后来发现的一些反常现象而言的。

1936年,柯西(Cauchy)研究了材料的折射率,成功地将正常色散曲线表达为

$$n = A + \frac{B}{\lambda^2} + \frac{C}{\lambda^4} \tag{5.26}$$

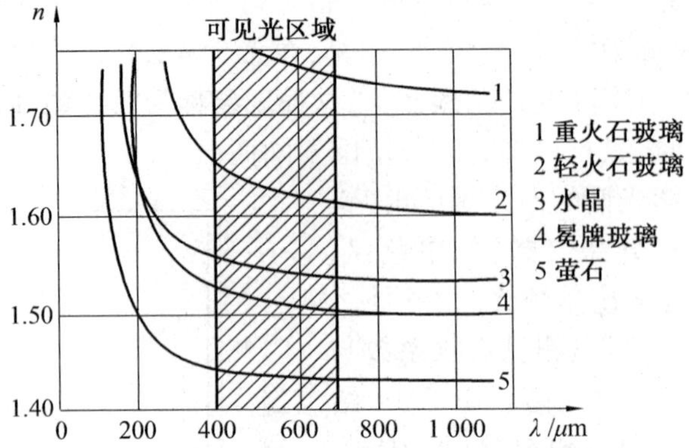

图 5.15　几种常用光学材料的色散曲线

1— 重火石玻璃;2— 轻火石玻璃;3— 水晶;4— 冕牌玻璃;5— 萤石

式(5.26)称为柯西公式,式中 A,B,C 为表征材料特性的常数,对具体材料而言,A,B,C 的数值可由三个已知波长的测量值 n 代入式中,解联立方程而求得。只需对波长求导,即可得到材料的色散率。

2. 反常色散

反常色散与上述正常色散不同,如果对石英之类透明材料,把测量波长延伸到红外区域,这时所得到的色散曲线就开始明显偏离柯西公式。进一步的研究发现,这类偏离总是出现在吸收带的附近。如图 5.16 所示为石英等透明材料在红外区的反常色散。

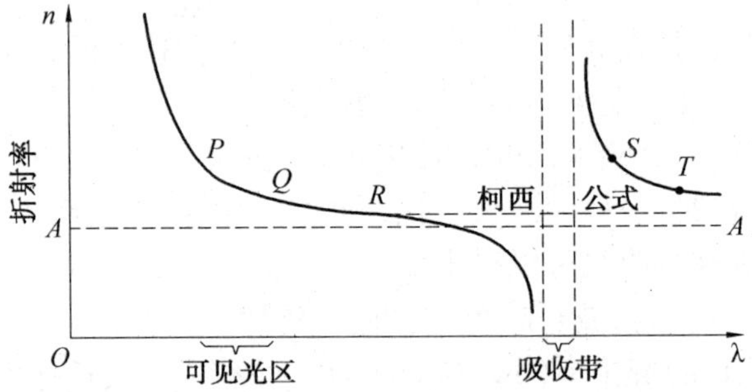

图 5.16　石英等透明材料在红外区的反常色散

图 5.16 中,色散曲线的 PQ 段准确地符合柯西公式,但从 R 点起折射率开始急剧下降,而不是如柯西公式所预言的,随 λ 的增加缓慢下降并趋近于极限 A。在接近吸收带的短波侧,折射率 n 越降越快,直到进入完全不透光的吸收区。在吸收带的长波侧测得的 n 值很高,离开吸收区后,n 先是迅速下降,距离渐远再缓慢降低。在 S 点到 T 点的范围内,n 值又可以用柯西公式表示,只是常数值与前面不同,实际

上是常数 A 变大了。在经过吸收带时,色散曲线发生了明显的不连续,而且,在吸收带附近长波一侧的折射率 n 比短波一侧的大。折射率曲线在吸收带附近不符合柯西公式的这种特征被称为“反常色散”。

5.5 光的散射及散射光谱

光在通过气体、液体、固体等介质时,遇到烟尘、微粒、悬浮液滴或者结构成分不均匀的微小区域,都会有一部分能量偏离原来的传播方向而向四面八方弥散开来,这种现象称为光的散射。

产生散射的原因是光传播的介质不均匀。通过研究实践已经证明,光在均匀介质中传播只能沿介质折射率确定的方向前进,因为介质中偶极子发出的次波具有与入射光相同的频率,并且由于偶极子之间有一定相位关系,因而它们是相干光,在与折射光线不同方向上它们相互抵消。因此,均匀介质(折射率 n 处处相等)是不能散射的。介质的不均匀结构,例如透过介质含有小粒子,光性能不同的晶界相、气孔或其他夹杂物产生的次级波与主波方向不一致,并合成产生干涉现象,使光偏离原来的折射方向,从而引起散射。散射使光在前进方向上的强度减弱。对于相分布均匀的材料,其减弱的规律与吸收规律具有相同的形式

$$I = I_0 e^{-Sx} \tag{5.27}$$

式中,I_0 为光的初始强度;I 为经 x 厚度后光剩余强度;S 为散射系数。一般测量得到的“吸收系数”实际包含两部分,一部分是真正的吸收系数 α,一部分是散射系数 S。在很多情况下,α 和 S 中一个往往比另一个小得多,小的一个可以忽略不计。当然也有两种作用是同等重要的。

光的散射现象有多种多样的表现,介质对入射光的散射大小不但与入射光波长有关,也与散射颗粒的大小、分布、数量以及散射相与基体的相对折射率大小有关。然而,根据散射前后光子能量(或光波波长)变化与否,可以区分为弹性散射和非弹性散射两大类。与弹性散射相比,通常非弹性散射要弱几个量级,常常被忽略,只有在一些特殊安排的实验中才能观察到。

1. 弹性散射

散射前后,光的波长(或光子能量)不发生变化的散射称为弹性散射。从经典力学的观点,这个过程被看成光子和散射中心的弹性碰撞。散射的结果只是把光子碰到不同的方向上去,并没有改变光子的能量。弹性散射的规律除了波长(或频率)不变之外,散射光的强度和波长的关系可因散射中心尺度的大小具有不同的规律。

假如以 I_s 表示散射光强度,λ 表示入射光的波长,一般有如下关系:

$$I_s \propto \frac{1}{\lambda^{\sigma}} \tag{5.28}$$

式中,参量 σ 与散射中心尺度和波长 λ 的相对大小有关,按照 a_0 与 λ 的大小比较,弹性散射又可分为三种情况:

(1) 廷德尔(Tyndall)散射。

当 $a_0 \gg \lambda$ 时,$\sigma \to 0$,即当散射中心的尺度远大于光波的波长时,散射光强与入射光波长无关。例如,粉笔灰颗粒的尺寸对所有可见光波长均满足这一条件,所以,粉笔灰对白光中所有单色成分均有相同的散射能力,看起来是白色的。天上的白云,是由水蒸气凝成较大的水滴而组成的,线度也在此范围,所以散射光也呈白色。

(2) 米氏(Mie)散射。

当 $a_0 \approx \lambda$ 时,即散射中心尺度与入射光波长可以比拟时,σ 在0 ~ 4之间,具体数值与散射中心尺寸有关。

(3) 瑞利(Rayleigh)散射。

当 $a_0 \ll \lambda$ 时,$\sigma = 4$。换言之,当散射中心的线度远小于入射光波长时,散射强度与波长的四次方成反比。这一关系被称为瑞利散射定律。

根据瑞利定律,微小粒子对长波的散射不如短波有效。图5.17画出了 $I_s - \lambda$ 的关系曲线。

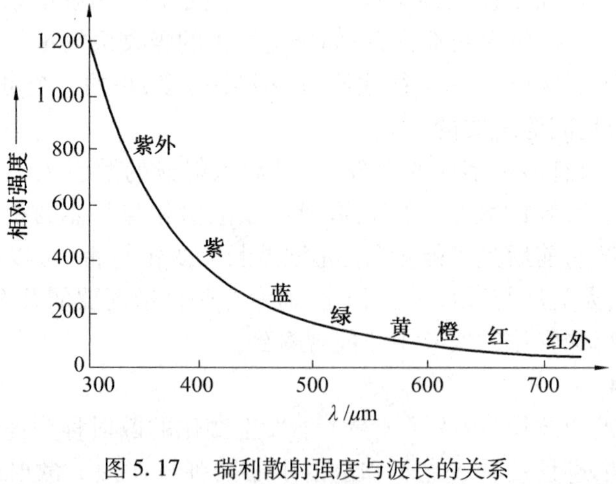

图5.17 瑞利散射强度与波长的关系

据此,在可见光的短波侧(λ = 400 nm 处),紫外的散射强度要比长波侧 λ = 720 nm 处红光的散射强度大约大10倍,根据瑞利定律,我们不难理解晴天早晨的太阳为何呈红色,而中午却变成白色。图5.18表示了地球大气层结构和阳光在一天中不同时刻到达观测者所通过的大气厚度。由于大气及尘埃对光谱上蓝紫色的散射比对红橙色强，阳光透过大气层越厚，蓝紫色成分损失越多，因此到达观测者的阳光中蓝紫色的比例就越少。

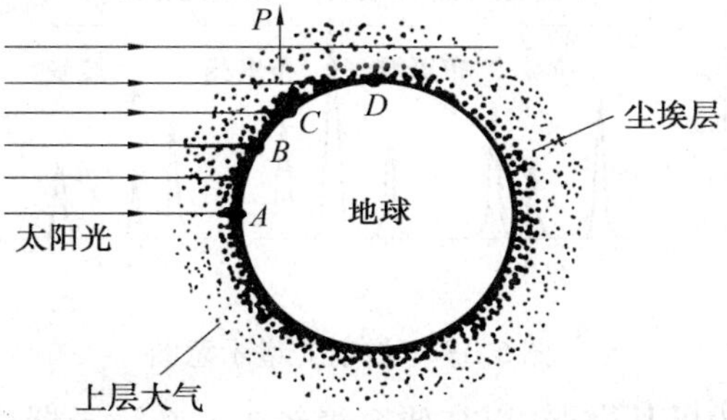

图 5.18 地球表面尘埃和大气引起的光散射

必须指出，瑞利散射并非气体介质所独有，固体光学材料在制备过程中形成的气泡、条纹、杂质颗粒、位错等都可成为散射中心。因此，人们通常可以根据散射光的强弱来判断材料光学均匀性的好坏。对各种介质弹性光散射性质的测量和分析，可以获取胶体溶液、浑浊介质、晶体和玻璃等光学材料的物理化学性质。

2. 非弹性散射

由上所述，当光束通过介质时，从侧向接收到的散射光主要是波长（或频率）不发生变化的瑞利散射光，属于弹性散射。除此之外，使用高灵敏度和高分辨率的光谱仪器，可以发现散射光中还有其他光谱成分，它们在频率坐标上对称地分布在弹性散射光的低频和高频侧，强度一般比弹性散射微弱得多。这些频率发生改变的光散射是入射光子与介质发生非弹性碰撞的结果，称为非弹性散射。研究非弹性散射通常是对纯净介质进行的。

图 5.19 给出了散射光谱示意图，图中与入射光频率相同的谱线为瑞利散射线，其近旁两侧的两条谱线为布里渊散射线，与瑞利散射线的频差一般在 $10^{-1} \sim 1\ \mathrm{cm}^{-1}$ 量级。距离瑞利散射线较远些的谱线是拉曼（Raman）散射线，它们与瑞利线的频差可因散射介质能级结构的不同而在 $1 \sim 10^4\ \mathrm{cm}^{-1}$ 之间变化。拉曼散射是光通过材料时由于入射光与分子运动相互作用而引起的频率发生变化的散射，又称为拉曼效应。拉曼散射遵循如下规律：散射光在每条原始入射谱线（频率为 ν_0）两侧对称地伴有频率为 $\nu_0 \pm \nu_i (i = 1,2,3,\cdots)$ 的谱线，其中频率较小的成分 $\nu_0 - \nu_i$ 称为斯托克斯线，频率较大的成分 $\nu_0 + \nu_i$ 称为反斯托克斯线。

拉曼效应的理论解释是，入射光子与分子发生非弹性散射，分子吸收频率为 ν_0 的光子，发射 $\nu_0 - \nu_i$ 的光子，同时分子从低能态跃迁到高能态（反斯托克斯线），频率差 ν_i 与入射光频率 ν_0 无关，其由散射物质的性质决定，每种散射物质都有自己特定的频率差，其中有些与材料的红外吸收频率相一致。

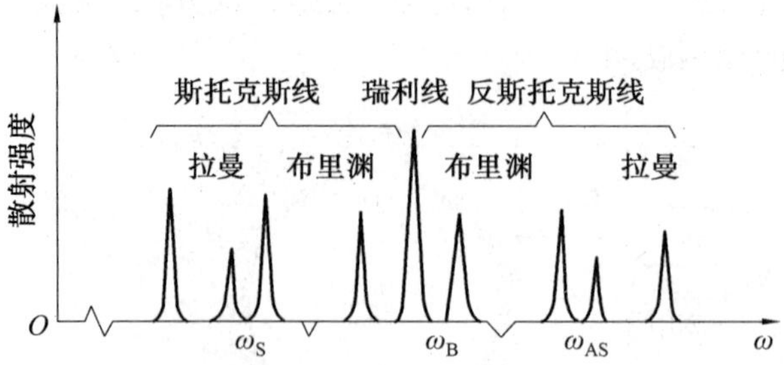

图 5.19 散射光谱示意图

非弹性散射一般极其微弱,以往研究得较少。在激光器这样的强光源出现后,这一新的研究领域才获得迅猛的发展。由于拉曼散射中散射光的频率与散射物质的能态结构有关,拉曼散射为研究晶体或分子的结构提供了重要手段,在光谱学中形成了拉曼光谱学的一个分支。用拉曼散射的方法可迅速定出分子振动的固有频率,并可决定分子的对称性、分子内部的作用力等,研究拉曼散射已经成为获得固体结构、点阵振动、声学动力学以及分子的能级特征等信息的有效手段。

5.6 材料的光折变效应

5.6.1 光折变效应的现象和特点

20 世纪 60 年代中期,美国贝尔实验室的科学家在用铌酸锂晶体进行高功率激光的倍频转换实验时,观察到晶体在强激光照射下出现可逆的"光损伤"现象。由于伴随这种效应是材料的折射率改变,并且"光损伤"是可擦除的,故人们把这种效应称为光折变效应,以区别通常所遇到的晶体受强激光辐照所形成的永久性损伤。

光折变效应是光致折射率变化效应(Photo-induced Refractive Index Change Effect)的简称,但它并不是泛指所有由光感生折射率变化的效应。它的确切意义在于材料在光辐射下,通过光电效应形成空间电荷场,由于电光效应引起折射随光强空间分布而发生变化的效应。它现在已形成了非线性光学的一个重要分支——光折变非线性光学。

在光折变效应中折射率的变化和通常在强光场作用下所引起的非线性折射率变化的机制是完全不同的。光折变效应是发生在电光材料中的一种复杂的光电过程,是由于光致分离的空间电荷产生的相应空间电荷场,由于晶体的电光效应而造成折射率在空间的调制变化,形成一种动态光栅(实时全息光栅)。

与高功率激光作用的非线性光学效应相比,光折变效应有两个显著特点:

(1) 一定意义上讲,光折变效应与光强无关。因为光折变效应是起因于光强的空间调制,而不是光强作用于价键电子云发生形变造成的。入射光的强度,只影响光折变过程进行的速度。正是这种低功率下出现的非线性光学现象为采用低功率激光制作各种实用非线性光学器件奠定了坚实的基础。

(2) 该效应不仅在时间响应上显示出惯性,而且在空间分布上是非局域响应。也就是说,折射率改变最大处并不对应于光辐射的最强处。正是因为有这个显著特点,使利用光折变效应进行光耦合,其增益系数可以达到 10 ~ 100 cm^{-1} 量级,远远高于红宝石、钕玻璃激光物质的增益系数。

光折变效应在光放大、光学记忆、图像关系、空间光调制器、光动态滤波器、光学时间微分器、光偏转器等各种原型器件中都有应用。而且由于光折变材料具有灵敏、耐用等特点,因此有人正在研究把它们应用于光计算机。

5.6.2 光折变效应的机制

光折变效应是由三个基本过程形成的:光折变材料吸收光子而产生自由载流子(空间电荷),这种电荷由于相干光束干涉强度分布不均匀,它们在介质中的漂移、扩散和重新俘获形成了空间电荷的重新分布,并产生空间电荷场。

为说明这种过程提出了不同的模型:较早提出的有电荷转移模型、带输运模型和跳跃模型。其中带输运模型是被人们接受的理论模型。带输运模型同时考虑了光激发载流子在晶体中的三种可能迁移过程,即扩散、漂移和光生伏打效应形成的光电流,比较全面地分析了光折变效应的微观过程,对于稳态光折变现象做出了合理的结论,并可以描述光折变效应的瞬态和随时间演化过程以及非静态记录的各种情况,以此说明了许多动态现象。

5.6.3 光折变晶体及其应用

光折变晶体大体上分为两类:一类为非铁电氧化物,如,BSO($Bi_{12}SiO_{20}$),BGO($Bi_{12}GeO_{20}$),GaAs 等,其主要性能及其应用见表 5.2。它们的特点是具有快的响应速度,但能够形成折射率光栅的调制度比较小。另外一类是 $BaTiO_3$,KNSBN[$(K_y Na_{1-y})a(Sr_x Ba_{1-x})b\ Nb_2O_6$],SBN($Sr_{1-x}Ba_xNb_2O_6$),$LiNbO_3$ 等铁电晶体,它们可以形成大的折射率光栅调制度,但其光折变的灵敏度比较小。它们的主要性能及应用见表 5.3。

表 5.2 几种非铁电的光折变晶体及其应用

材料名称	$Bi_{12}(Si,Ge,Ti)O_{20}$	GaAs：Cr;InP：Fe
响应时间	10 ms	10 ms
光强波长	10 ~ 100 mW/cm^2(514 nm)	10 ~ 100 mW/cm^2(1.06 μm)
增益系数	8 ~ 12 cm^{-1}	1 ~ 6 cm^{-1}
四波混频反射率	1 ~ 30	0.1 ~ 1
应用领域	光放大、位相共轭、无散斑成像、光学卷积、图像边缘增强、实时干涉计量、空间光调制	近红外、红外波段的相位共轭、光放大与高速信息处理

表 5.3 几种铁电晶体的光折变性能及应用领域

材料名称	$LiNbO_3$、$BaTiO_3$、SBN、KNSBN、$KNbO_3$、KTN
响应时间	1 ~ 10 s
光强(波长)	10 ~ 100 mW/cm^2(514 nm)
增益系数	10 ~ 30 cm^{-1}
四波混频反射率	1 ~ 50
应用领域	全息存储、光学位相共轭(自泵浦)、光放大干涉仪、光刻激光模式锁定、位相共轭激光器、动态滤波器、图像加减、反转、边缘增强、关联存储、激光光束导向、净化、光互联、光学逻辑运算、光通信等

5.7 材料的光发射

5.7.1 发光和热辐射

1. 荧光和磷光

材料的光发射是材料以某种方式吸收能量之后，将其转化为光能，即发射光子的过程。发光是辐射能量以可见光的形式出现。如果辐射或任何其他形式的能量，激发电子从价带进入导带，当其返回到价带时便发射出光子(能量为 1.8 ~ 3.1 eV)。如果这些光子的波长在可见光范围内，那么，便产生了发光现象。与热辐射发光相区别，这种发光称为冷光。

冷光发光一般有两种类型：荧光和磷光(图 5.20)。当激发除去后在 10^{-8} s 内发的光称为荧光，其发光是被激发的电子跳回价带时，同时发射光子。发磷光则有所不同。发磷光的材料往往含有杂质并在能隙附近建立了施主能级，当激发的电子从导带跳回价带时，首先跳到施主能级并被捕获。在它跳回价带时，电子必须先从捕获陷阱内逸出，因此延迟了光子发射时间。当陷阱中的电子逐渐逸出时，跳回价带并发射光子。发光强度由下式决定

$$\ln\left(\frac{I}{I_0}\right) = -\frac{t}{\tau} \tag{5.29}$$

式中，τ 为驰预时间。激发去除后 t s 内光的强度从 I_0 减小到 I。

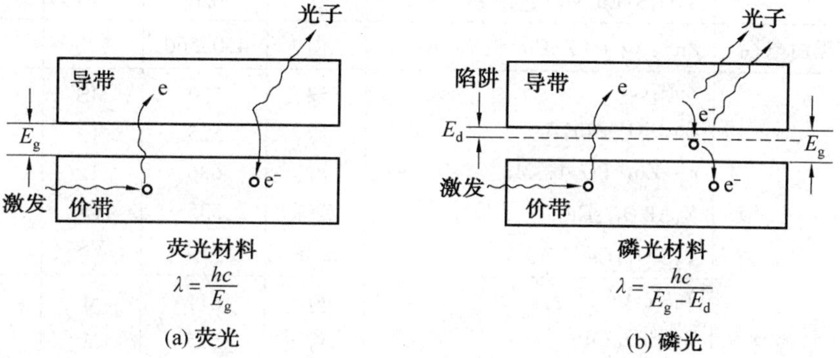

图 5.20 荧光和磷光发射

第一位有记录观察到自然磷光现象的是 Cellini 于 1568 年在宝石上发现的。1600 年人工合成了磷光材料。最初人们难以区分荧光和磷光，因为当时没有高精度分辨率的计时方法。1853 年把发荧光的时间确定为 100 μs，直到现在确定为 10 ns。

通常人们把激发停止后的一段时间内能发光的复杂晶体无机物质称为磷光体。电视机荧光屏内表面常涂有这种物质。电视屏幕所用磷光体的弛豫时间 τ 不能太长，否则会产生影像重叠。

工程上应用的磷光体材料要求具有下列性能：① 高的发光效率；② 希望的发光色彩；③ 适当的余辉时间（afterglow time），所谓余辉时间，就是发光后其强度降到原强度 1/10 时所需要的时间；④ 材料与基体结合力强等。

目前可供选用的磷光体很多。根据发光激发源不同可以有：紫外激发 30 余种；电子射线激发 30 余种；X 射线激发 5 种

磷光体一般由基体和激活剂两部分组成。基体常是金属硫化物，如 CaS，SrS，BaS，ZnS，CdS 等。激活剂主要是金属，由基质选定。例如 ZnS 和 CdS，最好的激活物质是 Ag，Cu，Mn。在黑白电视中使用发蓝光的［ZnS：Ag］和黄色光的［Zn，Cd］S：Cu，Al 的混合材料，使荧光屏呈白色。表5.4 列出了一些磷光体的使用对象、主要性能等。

表5.4　一些磷光材料的使用对象及主要性能

<table>
<tr><th colspan="2">使用对象</th><th>材料</th><th>发光颜色</th><th>主波长/nm</th><th>10%余辉的时间</th><th>转换效率/%</th></tr>
<tr><td rowspan="5">电子激发</td><td>彩　电</td><td>ZnS:Ag + 蓝色颜料
ZnS:Cu,Al
ZnS:Au,Cu,Al
(ZnCd)S:Cu,Al
Y_2O_3S:Eu + 红色颜料</td><td>蓝
黄绿
黄绿
黄绿
红</td><td>450
530
535
530 ~ 560
626</td><td>MS
MS
MS
MS
M</td><td>21
17、23
16
17
13</td></tr>
<tr><td>黑白电视</td><td>ZnS:Ag + (ZnCd)S:Cu,Al</td><td>白</td><td>450,560</td><td></td><td></td></tr>
<tr><td></td><td>ZnS:Cu
Zn_2SiO_4:Mn,As
r - $Zn_3(PO_4)_2$:Mn
$Y_3Al_5O_{12}$:Ce
Y_2SiO_5:Ce</td><td>绿
绿
红
黄绿
蓝紫</td><td>530
525
636
535
410</td><td>MS
L
L
VS
VS</td><td></td></tr>
<tr><td>显像管（投射式阴极射线管）</td><td>Y_2O_3:Eu
Zn_2SiO_4:Mn
Gd_2O_2S:Tb
$Y_3Al_5O_{12}$:Tb
Y_2SiO_5:Tb</td><td>红
绿
黄绿
黄绿
黄绿</td><td>611
525
544
545
545</td><td>M
M
M
M
M</td><td>
8.7
8
15
</td></tr>
<tr><td>磷光显示管</td><td>ZnO:Zn
(ZnCd)S:Ag + In_2O_3</td><td>绿白
红</td><td>505
650</td><td>S
MS</td><td></td></tr>
<tr><td rowspan="3">紫外线激发</td><td>普通荧光灯</td><td>$Ca_5(PO_4)_3$(FCl):Sb,Mn</td><td>白</td><td>460,577</td><td></td><td></td></tr>
<tr><td>高显色荧光灯</td><td>Y_2O_3:Eu
$LaPO_4$:Ce,Tb
(CeTb)$MgAl_{11}O_{19}$
$(CrCa)_5(PO_4)_3$Cl:Eu^{2+}
$BaMg_2Al_{16}O_{17}$:Eu^{2+}</td><td>红
黄绿
黄绿
蓝
蓝</td><td>611
543
541
452
453</td><td></td><td></td></tr>
<tr><td></td><td>Y(P,V)O_4:Eu</td><td>红</td><td>620</td><td></td><td></td></tr>
<tr><td>X射线激发</td><td>感光纸</td><td>$CaWO_4$
Gd_2O_2S:Tb
BaFCl:Eu^{2+}</td><td>蓝
绿
蓝</td><td>420
545
380</td><td></td><td></td></tr>
</table>

续表 5.4

使用对象		材料	发光颜色	主波长 /nm	10% 余辉的时间	转换效率 /%
红外	把红外光转换成可见光	$YF_2:Yb,Er$;$NaYF_4:Yb,Er$ $LaF_3:Yb,Er$	绿	538		

VS: < 1 μs; S:1 ~ 10 μs; MS:10 μm ~ 1 ms; M:1 ~ 100 ms; L:100 ms ~ 1 s

荧光灯的工作是由于在汞蒸气和惰性气体的混合气体中的放电作用,使大部分电能转变为汞谱线的单色辐射,这种辐射激发了涂在放电管壁上的荧光剂,造成在可见光范围内的宽频带发射。具体讲,普通的日光灯用荧光剂的基质是卤代磷酸钙,激活剂是锑和锰(表 5.4),能提供两条在可见光区重叠发射带的激活带,发射出的荧光颜色从蓝到橙和白。用于阴极射线管的荧光剂(磷光体)的激发是由电子束提供的。在彩色电视应用中,对应于每一种原色的频率范围的发射,采用不同的荧光剂。用于这类电子扫描显示屏幕仪器时,荧光剂的衰减时间是个重要参量。例如用于雷达扫描显示器的荧光剂是 Zn_2SiO_4,激活剂是 Mn,发射波长为 530 nm 的黄绿色光,其余辉时间为 2.45×10^{-2} s。磷光体的用途除前面举的例子和表 4.4 中所阐述的之外,在公路交通中的夜间路标都应用了长余辉的磷光体,最新开发的环保型夜间用磷光体显示了极大优越性。

2. 热辐射

当材料开始加热时,电子被热激发到较高能级,特别是原子外壳层电子与核作用较弱,易激发,当电子跳回它们的正常能级时就发射出低能长波光子,波长位于可见光之外。温度继续增加,热激活增加,发射高能量的光子增加,则辐射谱变成连续谱(包括最小波长),其强度分布决定于温度。由于发射的光子包括可见光波长的光子,所以热辐射的材料的颜色和亮度随温度改变。

不同材料的热辐射能力是不同的。这样,在较低温下热辐射的波长太长以至不可见。温度增加,发射有短波长光子。在高温下材料热辐射所有可见光的光子,所以辐射成为白光辐射,即看到的材料为白亮的。从而可以理解,用高温计测量辐射光的频带范围,便可以估计材料的温度。类似这些问题已在大学物理中学过,此处强调一下,热辐射发光是另一种光源形式,例如白炽灯就是辐射发光的应用。

另外再提醒一下读者,当材料应用于红外探测器的透过系统时,应考虑这种材料热辐射性能,否则会因其热辐射干扰正确的红外信号探测。

5.7.2 激励方式

发光是人类研究最早也应用最广泛的物理效应之一。一般的说,物体发光可分为平衡辐射和非平衡辐射两大类。平衡辐射的性质只与辐射体的温度和发射本领有关,如白炽灯的发光就属于平衡或准平衡辐射;非平衡辐射是在外界激发下物体偏离了原来的热平衡态,继而发出的辐射。本节只讨论固体的非平衡辐射。

材料发光的性质与其能量结构密切相关。已经知道固体的基本能量结构是能带。固体发光的微观过程可以分为两个步骤:第一步,对材料进行激励,即以各种方式输入能量,将固体中的电子能量提高到一个非平衡态,称为"激发态";第二步,处于激发态的电子自发地向低能态跃迁,同时发射光子。如果材料存在多个低能态,发光跃迁可以有多个渠道,那么材料就可能发射多种频率的光子。在很多情况下发射光子和激发光子的能量不相等,通常前者小于后者。倘若发射光子与激发光子的能量相等,发出的辐射就称为"共振荧光"。当然,向下跃迁未必都发光,也可能存在把激发的能量转变为热能的无辐射跃迁过程。

发光前,可以有多种方式向材料注入能量。通过光的辐照将材料中的电子激发到高能态从而导致发光,称为"光致发光"。光激励可以采用光频波段,也可以采用 X 射线和 γ - 射线波段。日常照明用的荧光灯就是通过紫外线激发涂布于灯管内壁的荧光粉而发光的。

利用高能量的电子来轰击材料,通过电子在材料内部的多次散射碰撞,使材料中多种发光中心被激发或电离而发光的过程称为"阴极射线发光"。彩色电视机的研究就是采用电子束扫描、激发显像管内表面上不同成分的荧光粉,使其发射红、绿、蓝三种基色光波而实现的。

通过对绝缘发光体施加强电场导致发光,或者从外电路将电子(空穴)注入半导体的导带(价带),导致载流子复合而发光,称为"电致发光"。作为仪器指示灯的发光二极管就是半导体复合发光的粒子。

5.7.3 材料发光的基本性质

自然界中很多物质都或多或少可以发光,但发光材料主要是无机化合物,在固体材料中主要是采用禁带宽度比较大的绝缘体,其次是半导体,它们通常以多晶粉末、单晶或薄膜的形式被采用。从应用的角度看,对材料发光性能关注的一般是发光的颜色、强度和延续时间。所以,材料的发光特性主要从发射光谱、激光光谱、发光寿命等方面进行评价。

1. 发射光谱

发射光谱是指在一定的激发条件下发射光强按波长的分布,发射光谱的形状与材料的能量结构有关,有些材料的发射光谱呈现宽谱带,甚至由宽谱带交叠而形成连续谱带,有些材料的发射光谱则是线状结构。如图 5.21 所示即为 $Y_2O_3S:Tb^{3+}$ 的发射谱,可见其具有复杂的谱线结构,它由于可发绿色和蓝色光,故常被选作黑白电视显像材料。

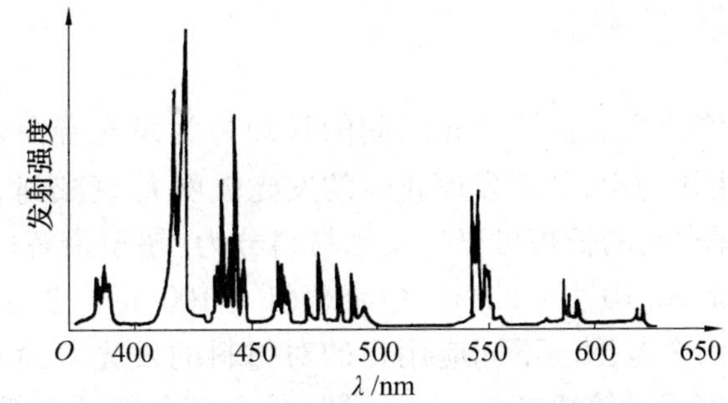

图 5.21　Y2O_3S:Tb^{3+} 的线状发射光谱

发射光谱的波长分布与吸收辐射的波长无关,而仅仅与物质的性质和物质分子所处的环境有关。

2. 激发光谱

激发光谱是指材料发射某一种特定谱线(或谱带)的发光强度随激发光的波长而变化的曲线。由此可知,激发光谱反应的是不同波长的光激发材料的效果,横坐标代表所用的激发光波长,纵坐标代表发光的强度,纵坐标值越高,说明发光越强,能量也越高。图 5.22 给出了 Y_2SiO_5:Eu^{3+} 部分高分辨率的激发光谱。其中两个吸收峰的间距仅有约 0.2 nm,接收波长为 612 nm。

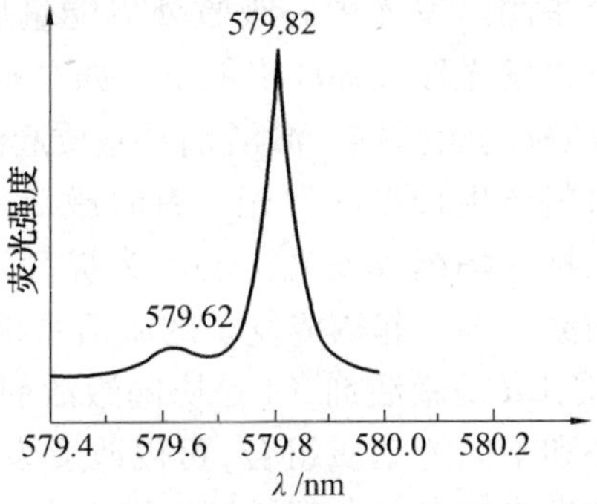

图 5.22　Y_2SiO_5:Eu^{3+} 部分高分辨率的激发光谱

能够引起材料发光的激发波长也一定是材料可以吸收的波长,就这一点而言,激发光谱与吸收光谱有类似之处。但是有的材料吸收光之后不一定会发射光,就是说它可能把吸收的能量转化为热能而耗散掉,对发光没有贡献的吸收是不会在激发光谱上得到反映的。因此,激发光谱又不同于吸收光谱。通过激发光谱的分析可以找出,要使材料发光采用什么波长进行光激励最为有效。激发光谱和吸收光谱都是反映材料中从基态始发向上跃迁的,因此都能给出有关材料能级和能带结构的有用信息。与之形成对比的是,发射光谱则是反映从高能级始发的向下跃迁过程。

3. 发光寿命

发光体在激发停止之后持续发光时间的长短称为发光寿命(荧光寿命或余辉时间)。在应用中往往约定,从激发停止时的发光强度 I_0 衰减到 $I_0/10$ 的时间称为余辉时间,根据余辉时间的长短可以把发光材料分为:超短余辉(< 1 μs)、短余辉(1 ~ 10 μs)、中短余辉(10^{-2} ~ 1 ms)、中余辉(1 ~ 100 ms)、长余辉(0.1 ~ 1 s)和超长余辉(> 1 s) 六个范围。不同应用目的对材料的发光寿命有不同的要求,例如短余辉材料常应用于计算机的终端显示器;长余辉和超长余辉材料常应用于夜光钟表字盘、夜间节能告示板等。

5.7.4 发光的物理机制

固体吸收外界能量以后很多情形是转变为热能,并非在任何情况下都能发光,只有在一定情况下才能形成有效的发光。固体材料发光一般有两种微观的物理过程:一种是分立中心发光,另一种是复合发光。就具体的发光材料而言,可能只存在其中一种过程,也可能两种过程均有。

1. 分立中心发光

这类材料的发光中心通常是掺杂在透明基质材料中的离子,有时也可以是基质材料自身结构的某一个基团。发光中心吸收外界能量后从基态激发到激发态,当从激发态回到基态时就以发光形式释放出能量。如在基质中掺入少量杂质以形成发光中心,这种少量杂质称为激活剂。激活剂对基质起激活作用,从而使原来不发光或发光很弱的基质材料产生较强的发光。有时激活剂本身就是发光中心,有时激活剂与周围离子或晶格缺陷组成发光中心。为提高发光效率,还掺入别的杂质,称为协同激活剂,它与激活剂一起构成复杂的激活系统。例如硫化锌发光材料(ZnS:Cu,Cl),ZnS 是基质,Cu 是激活剂,Cl 是协同激活剂。

选择不同的发光中心和不同的基质组合,可以改变发光材料的发光波长。不同的组合当然也会影响到发光效率和余辉长短。发光中心分布在晶体点阵中或多或少会受到点阵上离子的影响,使其能量状态发生变化,进而影响材料的发光性能。发光中心与晶体点阵之间相互作用的强弱又可以分成两种情况:一种发光中心基本上是孤立的,它的发光光谱与自由离子很相似;另一种发光中心受基质点阵电场(或称"晶格场")的影响较大,这种情况下的发光性能与自由离子很不相同,必须把中心和基质作为一个整体来分析。

分立发光中心的最好例子是掺杂在各种基质中的三价稀土离子。它们产生光学跃迁的是4f 电子,发光的只是在4f 次壳层中的跃迁。在4f 电子的外层还有8 个电子(2 个 5s 电子,6 个 5p 电子),形成了很好的电屏蔽。因此,晶格场的影响很小,其能量结构和发射光谱很接近自由离子的情况。晶格场对发光离子的影响主要表现在以下几个方面:

(1) 晶格场影响光谱结构。由于晶格场的扰动会引起中心离子兼并能级的分裂,因而发光谱线也会引起分裂,这样就使得发射光谱比自由离子时要复杂。

(2) 晶格场影响光谱的相对强度。晶格场对光谱相对强度的影响源于晶格场的参与改变了跃迁选择定则,从而也改变了不同谱线的跃迁概率。例如,彩电三基色中发红光的材料,常选择 Eu^{3+} 为发光中心。它在中心对称的晶格场中却以发橙色谱为主(属$^5D_0-{}^7F_1$ 跃迁,中心波长为 593 nm),不符合要求。但是,如果出现非中心对称的晶格场,就可以破坏偶极跃迁的"宇称选择定则",使得原先禁戒的$^5D_0-{}^7F_2$ 跃迁成为可能。图 5.23 给出了 Eu^{3+} 在中心对称和非中心对称晶格场中的发射光谱。

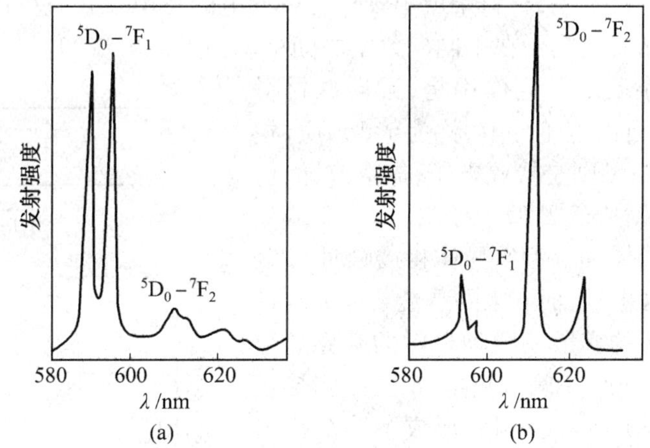

图 5.23 Eu^{3+} 在 $NaLuO_2$(中心对称)和 $NaGdO_2$ 晶体(非中心对称)晶格场中的发射光谱

(3) 晶格场影响发光寿命。晶格场对发光寿命的影响通常也是通过改变选择定则而实现的。例如,作为 $ZnF_2:Mn^{2+}$ 材料发光中心的 Mn^{2+} 离子,就是依靠基质晶格场的影响使原来禁戒的跃迁部分地解除禁戒而发光。由于禁戒解除不彻底,发光概率不大,因而有较长的余辉时间,$ZnF_2:Mn^{2+}$ 的余辉时间可达 100 ms。

2. 复合发光

复合发光与分立中心发光最根本的差别在于,复合发光时电子的跃迁涉及固体的能带。由于电子被激发到导带时在价带上留下一个空穴,因此当导带的电子回到价带与空穴复合时,便以光的形式放出能量,这种发光过程就称复合发光。复合发光所发射的光子能量等于禁带宽度。通常,复合发光采用半导体材料,并且以掺杂的方式提高发光效率。下面以硅基发光二极管为例说明复合发光的机制。

硅属于Ⅳ族元素，有四个价电子，在材料中构成共价键。在低温的平衡状态下硅中没有自由电子，不会导电。当价电子受到激发而跃迁到导带时就变成自由电子，而在价带上留下一个空穴，这称为本征激发。由于受激发的结果，自由电子和空穴都成为材料中的载流子，具有一定的导电性。实验表明，在硅中掺入Ⅴ族元素（例如砷）或Ⅲ族元素（例如硼）等杂质时，其导电能力大大增强。砷有五个价电子，当它取代一个硅原子时，与周围原子进行共价结合之余，多出一个电子，这个电子虽然没有束缚在共价键里，却仍然受到砷原子核的吸引，只能在砷原子附近运动。然而与共价键的约束相比，这种吸引要弱得多，只要很少的能量就能使它挣脱而成为自由电子，相应地砷原子就变成带正电的离子 As^+。

当硅中掺入硼时，由于硼只有三个价电子，与硅形成共价键还缺一个价电子，因而留下一个可以吸引外来电子的空穴。如施加一定的能量使硅价键中的电子能够跳跃到硼的空穴中去，材料中就出现了可以导电的自由空穴，这称为空穴激发。空穴导电是依靠成键电子在不同硅原子之间移动而形成电流的。

上述两种杂质的不同作用是，砷向硅材料中施放电子，靠自由电子导电，称为n型杂质，相应于n型半导体；硼则是接收电子，靠空穴导电，称为p型杂质，对应于P型半导体。

当n型半导体和p型半导体相接触时，n区的电子要向p区扩散，而p区的空位要向n区扩散。由于载流子的扩散使两种材料的交界处形成空间电荷，在p区一侧带负电，n区一侧带正电，如图5.24(a)所示。因而形成了一个称为“p－n结”的电偶极层和与其相应的接触电位差 ΔU。显然，p－n结内的电场方向阻止着电子和空穴进一步扩散。电子要从n区扩散到p区，必须克服高度为 $e(\Delta U)$ 的势垒，如图5.24(b)所示。如果在p－n结上施加一个正向外电压 U（把正极接到p区，负极接到n区），那么势垒的高度就降低到 $e(\Delta U - U)$，势垒区的宽度也要变窄（从 δ 变成 δ^0），如图5.24(c)所示。由于势垒的减弱，电子便可以源源不断地从n区流向p区，空穴也从p区流向n区。这样，在p－n结区域，就有大量的电子和空穴相遇而产生复合发光。

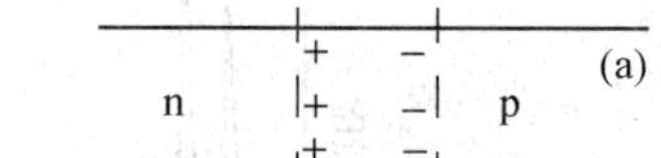

图5.24 p－n结势垒的形成和在外电场作用下的减弱

半导体发光二极管就是根据上述原理制作的发光器件。表5.5列出了几种半导体材料的禁带宽度和相应的复合发光波长，其中 Ge，Si 和 GaAs 等禁带宽度较窄，只能发射红外光，另外三种则辐射可见光。

发光材料在各个领域的应用十分广泛，材料光发射的研究对象和内容也十分丰富。通过材料发光性能的测量可以获得有关物质结构、能量特征和微观物理过程的大量信息，这对于开发新型光源、光显示以及显像材料、激光材料等都具有重要的意义。

表 5.5 几种半导体材料的禁带宽度和相应的复合发光波长

材料	Ge	Si	GaAs	GaP	$GaAs_{1-x}P_x$
E_g/eV	0.67	1.11	1.43	2.26	1.43 ~ 2.26
λ/nm	1 850	1 110	867	550	867 ~ 550

5.8 常用的光谱分析方法

5.8.1 吸收光谱

材料的吸收光谱本质上是分子或原子吸收了入射光中某些特定波长的光，相应地发生分子振动能级跃迁和电子能级跃迁的结果。由于各种材料具有不同的分子、原子及不同的空间结构，其吸收光能量的情况也就不会相同，因此各种材料都有其特有的、固定的吸收光谱曲线。分光光度分析是根据物质的吸收光谱研究物质的成分、结构和物质间相互作用的有效手段。根据吸收光谱上的某些特征波长处的吸光度的高低判别或测定该物质的含量是光谱定性和定量分析的基础。

吸收光谱以波长（nm）为横坐标，以吸收强度或吸收系数为纵坐标。吸收光谱的三大要素为谱峰在横轴的位置、谱峰的强度和谱峰的形状。谱峰在横轴的位置和谱峰的形状为化合物的定性指标，而谱峰的强度为化合物的定量指标。光谱的基本参数是最大吸收峰的位置 ε_{max} 和相应吸收带的强度 λ_{max}，通过谱峰位置可以判断产生该吸收带化合物的类型；根据谱峰的形状可以辅助判断化合物的类型。下面以紫外－可见吸收光谱和红外吸收光谱为例来介绍材料光吸收性能的测量和应用。

1. 紫外－可见吸收光谱

（1）紫外－可见吸收光谱的物理基础。

紫外－可见吸收光谱的定量分析基础是朗伯－比尔（Lambert－Beer）定律，即物质在一定浓度的吸光度与它的吸收介质的厚度成正比。紫外－可见吸收光谱所使用的波长范围通常在 180 ~ 1 000 nm，其中 180 ~ 380 nm 是近紫外光，380 ~

1 000 nm 是可见光。它是利用某些材料的分子吸收该光谱区的辐射来进行分析测定的方法。这种分子吸收光谱产生于价电子和分子轨道上的电子在电子能级间的跃迁,吸收的光谱区域依赖于分子的电子结构。当样品分子或原子吸收光子后,外层电子由基态跃迁到激发态,不同结构的样品分子,其电子跃迁不同,吸收光的波长范围不同,吸光的概率也不同,从而可根据波长范围、吸光度等鉴别不同物质结构方面的差异。

紫外吸收光谱是由分子中价电子能级跃迁所产生的,这些价电子吸收一定能量后,从基态跃迁到激发态。按分子轨道理论,当两个原子结合组成化学键时,原子中参与成键的电子组成新的分子轨道,两个成键原子的原子轨道组成一个能量较低的成键分子轨道和一个能量较高的反键分子轨道。由电子对组成的共价键可以分成σ轨道和π轨道,必有相应的σ,π反键轨道,分子中没有参与成键的电子称为非键电子或n电子。

化合物分子吸收紫外－可见光后产生的两种最主要的电子跃迁类型为:

① 成键轨道与反键轨道之间的跃迁,即 $\sigma\rightarrow\sigma^*$,$\pi\rightarrow\pi^*$;

② 非键电子激发到反键轨道,即 $n\rightarrow\sigma^*$,$n\rightarrow\pi^*$;跃迁能 ΔE 从大到小的顺序为:$\sigma\rightarrow\sigma^*$,$n\rightarrow\sigma^*$,$\pi\rightarrow\pi^*$,$n\rightarrow\pi^*$,如图5.25所示。

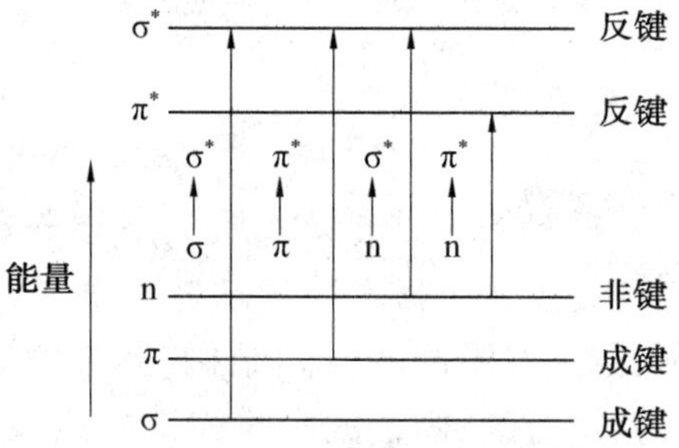

图5.25 分子电子的能级与跃迁

不同类型分子结构的电子跃迁方式是不同的,有的基团可有几种跃迁方式,在紫外光谱团有吸收的是 $n\rightarrow\pi^*$ 和 $\pi\rightarrow\pi^*$ 两种。

凡是能量导致化合物在紫外－可见光区域发生吸收的基团,无论是否显出颜色均成为发色基团,如果化合物中由几个发色基团互相共轭,则各个发色基团所产生的吸收带将消失,而代之出现新的共轭吸收带,其波长将比单个发色基团的吸收波长长,吸收强度也将显著增强。

凡是本身不会使化合物分子产生颜色或者在紫外－可见光区不发生吸收的一些基团称为助色基团,这种基团与发色基团相连时却能使发色基团的吸收带波长移向长波,同时使吸收强度增强。

由于有机化合物分子中引入了助色基团或其他发色基团而产生结构的改变,或由于溶剂的影响使其他紫外吸收带的最大吸收波长向长波方向移动的现象称为红移。与此相反,如果吸收带的最大吸收波长向短波方向移动,则称为蓝移。

此外,在紫外光谱带分析中,往往将谱带分成四种类型,即R吸收带、K吸收带、B 吸收带和 E 吸收带。在有机和高分子的紫外吸收光谱中，R，K，B，E 吸收带的分类不仅考虑到各基团的跃迁方式，而且还考虑到分子结构中各基团的相互作用效应。

紫外吸收光谱常以吸收带最大吸收处波长（λ_{max}）和该波长下的摩尔吸光系数（ε_{max}）来表征化合物的吸收特征。吸收带的形状、λ_{max} 和 ε_{max} 与吸光分子的结构有密切关系，各种化合物的 λ_{max} 和 ε_{max} 都有定值，同类化合物的 ε_{max} 比较接近，处于一定范围。

（2）紫外 - 可见吸收光谱仪的基本结构。

紫外 - 可见吸收光谱仪通常由光源室、单色器、样品室、检测器及信号显示系统五个部分组成（图 5.26）。光源室中光源的作用是提供激发能，要求发射强度足够而且稳定的连续光谱。紫外光谱常用的光源有氘灯（190 ~ 400 nm）和碘钨灯（360 ~ 800 nm）。两者在波长扫描过程中自动切换，反射镜使两个光源发射的任一光反射，经入射狭缝进入单色器。单色器的作用是从光源发出的光分离出所需要的单色光。一般为石英棱镜或者光栅。经过入射狭缝聚焦，由滤光片去掉杂散光，斩光镜脉冲输送，并将光束劈分成两束光，一束为样品光束，另一束是参比光束，两束光由劈分器反射到反光镜，再由反光镜反射进入参比池和样品池。进入样品室的两束光，一束经过样品池射向检测器，另一束经过参比池射向检测器，样品池和参比池均为石英材质。检测器的功能是检测光信号，并将光信号转换为电信号。目前应用最广的检测器是光电倍增管，它灵敏度高，不易疲劳，但是强光照射会引起不可逆的损害。常用的信号显示系统有检流计、数字显示仪、微型计算机等。现在大多采用微型计算机，它既可以实现自动控制和自动分析，又可用于记录样品的吸收曲线，进行数据处理，从而明显提高了仪器的精度、灵敏度和稳定性。

紫外 - 可见吸收光谱仪根据使用要求不同，可分为单光束、双光束、双波长/双光束等类型。单波长单光束的仪器是最简单的紫外光谱计，单光束吸收光谱仪只有一束光，但样品池的位置可以更换，分别测量参比和样品的信号，用样品的信号减去参比的信号，就可得到样品的吸收度。单光束仪器必须分别手动测量每个波长下溶剂和样品的吸光度，而且对光源的稳定性要求很高，若在测量过程中电源发生波动，则光源的强度不稳定，导致重复性不好。双光束仪器则没有这种弊端，它在单色器的射出狭缝和样品室之间加了一个斩波器，可同时扫描测量溶剂和样品的紫外光谱，而且可以实现自动记录。图 5.26 是一台双光束紫外 - 可见吸收光谱的光学示意图。近年来出现了采用光二极管阵列检测器的多通道紫外 - 可见吸收光谱，整个仪器由计算机控制，该类仪器可在 200 ~ 820 nm 的光谱范围内保持波长分辨率达到 2 nm。光二极管阵列仪器具有多通路优点、测量快速、信噪比高于单通道仪器的特点。

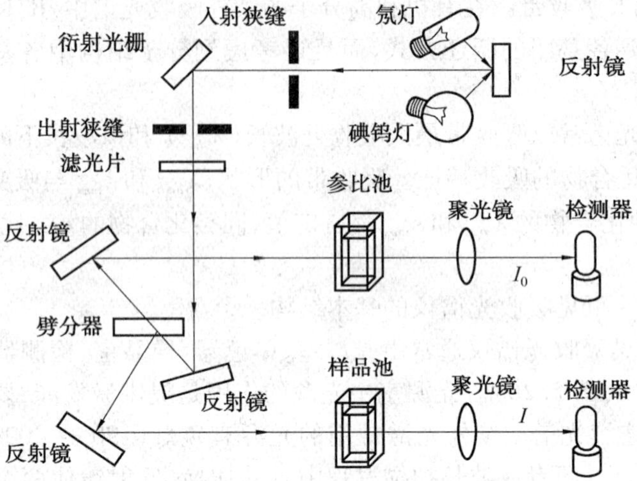

图5.26 双光束紫外－可见分光光度计的光学示意图

(3) 紫外－可见吸收光谱仪的应用。

①定性分析。紫外吸收光谱鉴定有机化合物时,有两种方法:一种是根据吸收光谱图上的一些特性吸收判断,特别吸收系数是鉴定材料的常用物理参数;另一种是与标准图谱对照,比较光谱与标准物是否一致。通常是在相同测定条件下,比较未知物与已知标准物的紫外光谱图。若两者的谱图相同,则可认为待测样品与已知化合物具有相同的生色团。若无标准物,则可借助于标准谱图或有关电子光谱数据进行比较。

但应注意,紫外吸收光谱相同,两种化合物有时不一定相同,因为紫外吸收光谱常只有2～3个较宽的吸收峰,具有相同生色团的不同分子结构,有时在较大分子中不影响生色团的紫外吸收峰,导致不同分子结构产生相同的紫外吸收光谱,但它们的吸收系数是有差别的,所以在比较λ_{max}的同时,还要比较它们的ε_{max},如果待测物和标准物的吸收波长相同、吸收系数也相同,则可认为两者是同一物质。

如果没有相应化合物的标准谱图可供对照,也可根据某些化合物中发色团的出峰规律来分析,这样也可将具有特征官能团的高分子与不具有特征官能团的化合物分子区分开。

②定量测定。紫外光谱法的吸收强度比红外光谱法大得多,其灵敏度为10^{-4}～10^{-5},测量准确度高于红外光谱法。

紫外光谱法适合测定多组分材料中某些组分的含量,研究共聚物的组成、微量物质(单体中的杂质、聚合物中的残留单体或少量添加剂等)和聚合反应动力学。对于多组分混合物含量的测定,如果混合物中各种组分的吸收互相重叠,则往往仍需预先进行分离。

③纯度检测。一般通过检查吸收峰或吸光系数可以确定某一化合物是否含有杂质。样品与纯品之间的差示光谱就是样品中含有的杂质光谱。如果一化合物在紫外区没有吸收峰,而其中的杂质有较强的吸收,就可方便地检出该化合物中的痕量杂质。

如果一化合物在可见光区或紫外光区有较强的吸收带,有时可用摩尔吸光系数来检查其纯度,例如,菲的氯仿溶液在296 nm处有强吸收($\lg \varepsilon = 4.10$)。用某法精制的菲,熔点为100 ℃,沸点为340 ℃,似乎已很纯,但用紫外吸收光谱检查,测得的$\lg \varepsilon$比标准菲低10%,实际含量只有90%。

2. 红外吸收光谱

(1) 红外光谱的基本原理。

红外辐射光的波数可分为近红外区(10 000 ~ 4 000 cm^{-1}),中红外区(4 000 ~400 cm^{-1})和远红外区(400 ~ 10 cm^{-1})。其中最为常用的是中红外区,大多数化合物的化学键振动能级的跃迁发生在这一区域,在此区域出现的光谱为分子振动光谱,即红外光谱。

分子吸收红外辐射的条件:分子的每一简正振动对应于一定的振动频率,在红外光谱中就可能出现该频率的谱带。但是,并不是每种振动都对应有一条吸收谱带。分子吸收红外辐射必须满足两个条件:

①只有在振动过程中,偶极矩发生变化的那种振动方式才能吸收红外辐射,从而在红外光谱中出现吸收谱带,这种振动方式称为红外活性的。反之,在振动过程中偶极矩不发生改变的振动方式是红外非活性的,虽有振动但不能吸收红外辐射。

②振动光谱的跃迁规律是$\Delta\nu \pm 1, \pm 2, \cdots$,因此,当吸收的红外辐射的能量与能级间的跃迁相当时才会发生吸收谱带。

吸收谱带的强度:红外吸收谱带的强度取决于偶极矩的变化大小。振动时偶极矩的变化越大,吸收强度越大。一般极性比较强的分子或基团吸收强度比较大。例如C═C,C═N,C—C,C—H等化学键的振动吸收谱带都比较弱;而C═O,Si—O,C—CL等的振动吸收谱带就很强。

(2) 红外光谱与分子结构。

分子除了有简正振动对应的基本振动谱带外,由于各种简正振动之间的相互作用,以及振动的非谐性质,还有倍频、组合频、耦合以及费密共振等的吸收谱带,因此确定红外光谱中各个谱带的归属是非常困难的。但由于具有相同化学键或官能团的一系列化合物有近似共同的吸收频率,这种频率被称为基团特征频率。同时同一种基团的某种振动方式若处于不同的分子和外界环境中,其化学键力常数是不同的,它们的特征频率也会有差异,因此,了解各种因素对基团频率的影响,可以帮助我们确定化合物的类型。由此可见,掌握各种官能团与红外吸收频率之间的关系以及影响吸收峰在谱图中的位置的因素是光谱解析的基础。

按照光谱与分子结构的特征整个红外光谱大致分为两个区,即官能团区(4 000 ~1 300 cm^{-1})和指纹区(1 300 ~ 400 cm^{-1})。

官能团区,即前面讲到的化学键和基团的特征振动频率区,其吸收光谱主要反映分子中特征基团的振动,基团的鉴定工作主要在该区进行。指纹区的吸收光谱很复杂,特别能反映分子结构的细微变化,每一种化合物在该区的谱带位置、强度和形状都不一样,相当于人的指纹,用于认证化合物是可靠的。此外,在指纹区也有一些特征吸收峰,对于鉴定官能团也是很有帮助的。

利用红外光谱鉴定化合物的结构,需要熟悉红外光谱区域基团和频率的关系。通常将红外区分为四个区,如图 5.27 所示。

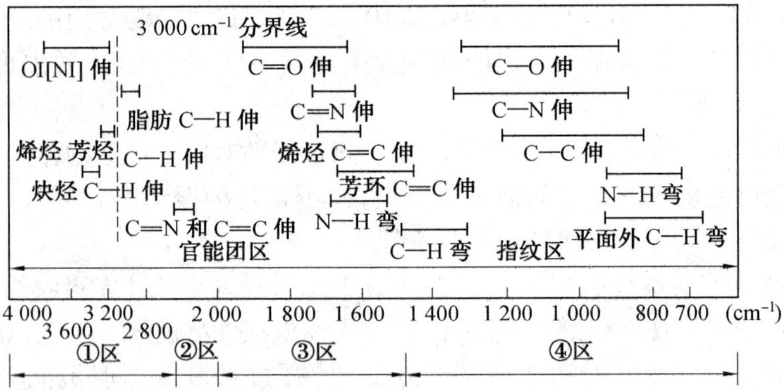

图 5.27 重要的基团振动和红外光谱区域

下面对各光谱区域做一下介绍:

① 区为 X - H 伸缩振动区,(X 代表 C,O,N,S 等原子),频率范围是 4 000 ~ 2 500 cm^{-1},该区主要包括 O—H,N—H,C—H 等的伸缩振动。

② 区为叁键和累积双键区,频率范围在 2 500 ~ 2 000 cm^{-1},该区的红外谱带较少,主要包括 —C≡C— ,—C≡N 等叁键的伸缩振动和 —C ═ C ═ C,—C ═ C ═ O 等累积双键的反对称伸缩振动。

③ 区为双键伸缩振动区,频率范围在 2 000 ~ 1 500 cm^{-1},该区主要包括 C ═ O,C ═ C,C ═ N,N ═ O 等的伸缩振动以及苯环的骨架振动,芳香族化合物的倍频谱带。

④ 区为部分单键振动及指纹区。1 500 ~ 670 cm^{-1} 区域的光谱比较复杂,出现的振动形式很多,除了极少数较强的特征谱带外,一般难以找到它的归属。对鉴定有用的特征谱带主要有 C—H,O—H 的变形振动以及 C—O,C—N,C—X 等的伸缩振动。

上述四个重要基团振动光谱区域的分布与理论计算结果是相符的，即键力常数大的(如 C≡C)，质量小的(如 X—H) 基团都在高波数区，反之键力常数小的(如单键)，质量大的(如 C—Cl) 基团均在低波数区。

3. 红外光谱仪

红外光谱仪可以有不同的分类方法，这里介绍市场上常见的双光束色散型红外光谱仪和傅里叶变换红外光谱仪。

双光束光谱仪是最典型、最常见的色散型红外光谱仪，其结构框图如图 5.28 所示。

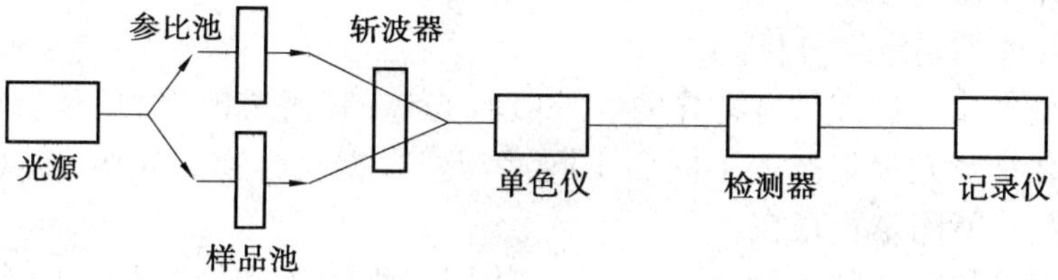

图 5.28 双光束色散型红外光谱仪结构框图

图 5.29 是傅里叶变换红外光谱仪(FTIR) 的原理图。在傅里叶变换红外光谱仪中其心脏部件是迈克逊干涉仪，干涉仪由光源、动镜、定镜、分束器、检测器等几个重要部分组成。

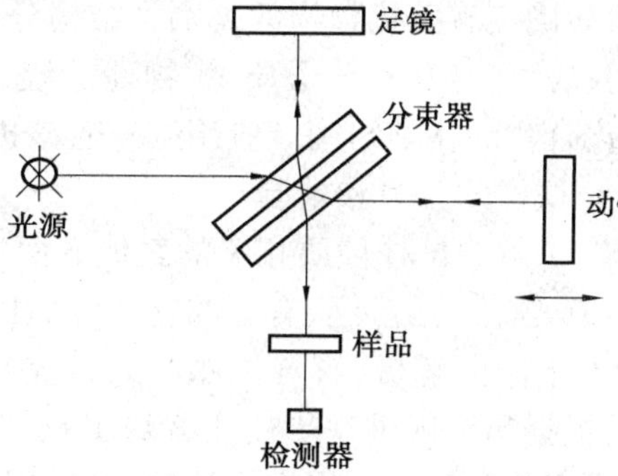

图 5.29 傅里叶变换红外光谱仪原理图

当光源发出一束光后，首先到达分束器，把光分成两束；一束光透射到定镜，随后反射回分束器，再反射入样品池后到检测器；另一束光经过分束器，反射到动镜，再反射回分束器，通过分束器与定镜束的光合在一起，形成干涉光透过样品池后进入检测器。由于动镜的不断运动，使两束光线的光程差随动镜移动距离的不同，呈周期性变化。因此在检测器上所接收到的信号是以 $\lambda/2$ 为周期变化的。

干涉光的信号强度的变化可用余弦函数表示

$$I(x) = B(\nu)\cos 2\pi\nu x \tag{5.30}$$

式中，$I(x)$ 表示干涉光的强度；I 是光程差 x 的函数；$B(\nu)$ 表示入射光的强度；B 是频率 ν 的函数。

当光源发出的光是多色光时，干涉光强度应是各单色光的叠加，可表示为

$$I(x) = \int_{-\infty}^{+\infty} B(\nu)\cos 2\pi\nu x \mathrm{d}x \tag{5.31}$$

把样品放在检测器前,由于样品对某些频率的红外光吸收,使检测器接收到的干涉光强度发生变化,从而得到各种不同样品的干涉图。

上述干涉图是光强随动镜移动距离 x 的变化曲线,为了得到光强随频率变化的频域图,借助傅里叶变换函数,将式(5.31)转换为

$$B(\nu)=\int_{-\infty}^{+\infty} I(x)\cos 2\pi\nu x\mathrm{d}x \tag{5.32}$$

这个变化的过程比较复杂,在仪器上是由计算机完成的,最后计算机控制终端打印出与经典红外光谱仪相同的光强随频率变化的红外吸收光谱图。

4. 红外光谱的应用

(1)红外光谱定性分析。

由于每个化合物都具有特异的红外吸收光谱,其谱带的数目、位置、形状和强度均随化合物及其聚集态的不同而不同,因此,根据化合物的光谱,就可确定出该化合物或其官能团是否存在。

红外光谱的定性分析,大致可分为官能团定性分析和结构分析两个方面。官能团定性分析是根据化合物的红外光谱的特征基团频率来检定物质含有哪些基团,从而确定有关化合物的类别。结构分析,则需要由化合物的红外光谱并结合其他实验材料(如相对分子质量、物理常数、紫外光谱、磁共振波谱和质谱等)来推断有关化合物的化学结构。应用红外光谱进行定性分析的大致过程如下:

① 试样的分离和精制。

② 了解与试样性质相关的其他方面资料,如试样来源、元素种类、相对分子质量、熔点、沸点、溶解度、有关的化学性质以及紫外光谱、磁共振、质谱等。

③ 谱图的解析,解释谱图时通常先从各个区域的特征频率入手,发现某基团后,再根据指纹区进一步核证该基团及其与其他基团的结合方式。由此再根据元素分析资料等就可定出它的结构,最后用标准谱图进一步进行验证。

④ 和标准谱图进行对照,在红外光谱定性分析中,无论是已知物的验证,还是未知物的检定,常需利用纯物质的谱图来做校验。

(2)红外光谱的定量分析。

和其他吸收光谱分析一样,红外光谱定量分析是根据物质组分的吸收峰强度来进行的。因此,各种气体、液体和固体均可采用红外光谱法进行定量分析

$$A=\log\frac{I_0}{I}=KCL \tag{5.33}$$

式中,A 表示吸光度;I_0,I 分别为入射光和透射光的强度;K 为摩尔吸光系数;L 为样品槽厚度;C 为样品浓度。

若分子键的相互作用对谱带的影响很小,则由各种不同分子组成的混合物的光谱可认为是各个光谱的加和。

用红外光谱做定量分析，其优点是有较多的特征峰可供选择。对于物理和化学性质相近，而用气相色谱法进行定量分析又存在困难的试样（为沸点高或气化时要分解的试样），常常可采用红外光谱法定量。

5.8.2 激光拉曼散射光谱

拉曼光谱是一种利用光子与分子之间发生非弹性碰撞获得的散射光谱，从中研究分子或物质微观结构的光谱技术。它是一种优异的无损表征技术。与分子红外光谱不同，极性分子和非极性分子都能产生拉曼光谱。激光器的问世提供了优质高强度单色光，有力推动了拉曼散射的研究及其应用。拉曼光谱一般采用氩离子激光器作为激发光源，所以又称为激光拉曼光谱。

1. 激光拉曼散射光谱的基本原理

拉曼光谱为散射光谱，当一束频率为 ν_0 的入射光照射到气体、液体或者透明晶体样品上时，绝大部分可以透过，约有 0.1% 的入射光光子与样品分子发生碰撞后向各个方向散射，若发生非弹性碰撞，即在碰撞时有能量交换，这种光散射称为拉曼散射；反之，若产生弹性碰撞，即两者之间没有能量交换，这种光散射，称为瑞利散射。在拉曼散射中，若光子把一部分能量给样品分子，得到的散射光能量较少，在垂直方向测量到的散射光中，可以检测频率为（$\nu_0 = \Delta E/h$）的线，称为斯托克斯（Stokes）线，如图 5.30 所示。如果它是红外活性的话，$\Delta E/h$ 的测量值与激发该振动的红外频率一致。相反，若光子从样品分子中获得能量，在大于入射光频率处接收到散射光线，则称为反斯托克斯线。

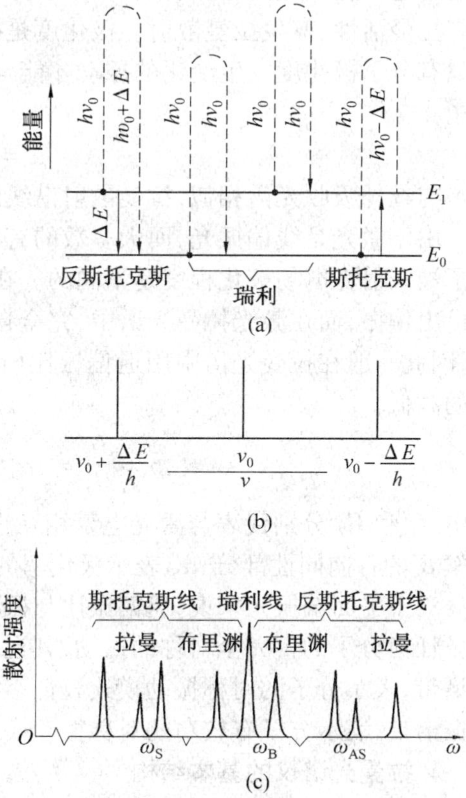

图 5.30 散射效应示意图

处于基态的分子与光子发生非弹性碰撞，获得能量到激发态可得到斯托克斯线，反之，如果分子处于激发态，与光子发生非弹性碰撞就会释放能量而回到基态，得到反斯托克斯线。

斯托克斯线或反斯托克斯线与入射光频率之差称为拉曼位移。拉曼位移的大小和分子的跃迁能级差一样，因此对应于同一分子能级，斯托克斯线与反斯托克斯线的拉曼位移应该相等，而且跃迁的概率也应该相等。但在正常情况下，由于分子大多数处于基态，测量到的斯托克斯线强度比反斯托克斯线强得多，所以在一般拉曼光谱分析中，都采用斯托克斯线研究拉曼位移。

拉曼位移的大小与入射光的频率无关，只与分子的能级结构有关，其范围为 25 ~ 4 000 cm^{-1}，因此入射光的能量应大于分子振动跃迁所需的能量，小于电子能级跃迁的能量。

红外吸收要服从一定的选择定则，即分子振动时只有伴随分子偶极矩发生变化的振动才能产生红外吸收。同样，在拉曼光谱中，分子振动要产生位移也要服从一定的选择定则，也就是说，只有伴随分子极化度 α 发生变化的分子振动模式才能具有拉曼活性，产生拉曼散射。极化度是指分子改变其电子云分布的难易程度，因此只有分子极化度发生变化的振动才能与入射光的电场 E 相互作用，产生诱导偶极矩 μ

$$\mu = \alpha E \tag{5.34}$$

与红外吸收光谱相似，拉曼散射谱线的强度与诱导偶极矩成正比。

由于激光是线偏振光，而大多数的有机高分子是各向异性的，在不同方向上的分子被入射光电场极化程度是不同的。在红外光谱中只有单晶和取向高聚物才能测量出偏振，而在激光拉曼光谱中，完全自由取向的分子所散射的光也可能是偏振的，因此一般在拉曼光谱中用退偏振比（或称去偏振度）ρ 表征分子对称性振动模式的高低。

$$\rho = \frac{I_1}{II_2} = 3\alpha_a^2(45\alpha_i + 4\alpha_a^2) \tag{5.35}$$

式中，I_1 和 II_2 分别代表与激光电量相互垂直和相互平行的谱线的强度；α_i 表示极化率 α 的各向同性部分；α_a 表示极化率的各向异性部分。

对于平面偏振光来说，退偏振比与振动的不对称程度有关，基值在 0 ~ 3/4 之间。任何分子的不完全对称的振动，其退偏振比 ρ 为 3/4 的谱带（$\alpha_i = 0$），称为退偏振谱带，表示分子的对称振动模式较低；对于完全对称的振动，$\rho < 3/4$ 的谱带称为偏振谱带，表示分子有较高的对称振动模式。

2. 拉曼光谱仪的基本结构

拉曼散射光在可见光区，因此对仪器所用的光学元件及材料的要求比红外光谱简单。它一般由激光光源、样品池、干涉仪、滤光片、检测器等组成（图 5.31）。拉曼散射光较弱，只有激发光的 10^{-6} ~ 10^{-8}，因而要求采用很强的单色光来激发样品，这样才能产生强的拉曼散射信号。激光是非常理想的光源，激光激发波长从近红外（1 000 nm）到近紫外（200 nm），一般采用连续气体激光器，如最常用的滤光片氩离子(Ar^+)激光器的激光波长为514.5 nm(绿光)和488.0 nm(蓝光)。也有的采用He－Ne激光器(波长为632.8 nm)和Kr^+离子激光器(波长为568.2 nm)。需要指出的是,所用激发光的波长不同,所测得的拉曼位移是不变的,只是强度不同而已。激光通过滤片和聚焦镜投射到样品上,然后向各个方向散射(散射包括拉曼散射和瑞利散射)。

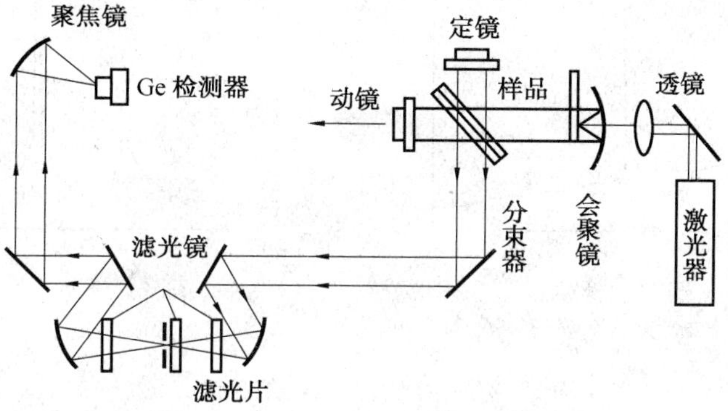

图5.31 典型的傅里叶变换拉曼光谱仪装置图

由于拉曼光谱检测的是可见光,常用Ga－As光阴极光电倍增管作为检测器。在测定拉曼光谱时,将激光束射入样品池,与激光束成90°处观察散射光,因此单色器、检测器都装在与激光束垂直的光路中。单色器是激光拉曼光谱仪的心脏,由于弹性光散射强度比拉曼散射高出10^3倍以上,要在强的瑞利散射线存在下观测有较小位移的拉曼散射线,要求单色器的分辨率必须高,色散系统必须精心设计,以消除弹性散射以及不同杂散光对信号的干扰。拉曼光谱仪一般采用全息光栅的双单色器来达到目的。为减少杂散光的影响,整个双单色器的内壁和狭缝均为黑色。

3. 拉曼光谱图谱解析方法

拉曼光谱是测量相对单色激发光(入射光)频率的位移,把入射光频率位置作为零,那么频率位移(拉曼位移)的数值正好相应于分子振动或转动能级跃迁的频率(间接观察到的)。也就是说拉曼光谱记录的是拉曼位移,即瑞利散射与拉曼散射频率的差值。由于激发光是可见光,所以拉曼方法的本质是在可见光区测定分子振动光谱。

4. 拉曼散射光谱的应用

拉曼光谱是一种表征碳材料的有效手段。可以从化学气相沉积金刚石薄膜的拉曼光谱中确定出该膜是晶态还是非晶态。另外,拉曼光谱对其碳结构的变化(SP^3,SP^2,SP^1)也十分敏感,被用来确认膜内金刚石结构是否存在。天然金刚石单晶的拉曼谱约在1 333 cm^{-1}处有一尖锐峰(图5.32(a))。大块结晶良好的石墨单晶呈现出一单线(1 580 cm^{-1} 处),称为G线;多晶石墨的谱线位于1 355 cm^{-1} 处,称为D线,是由无序引起边界声子散射造成的(图5.32(b))。晶粒尺寸越小,D线越强烈(指峰高),通常在晶粒尺寸小于25 nm时即可观察到。

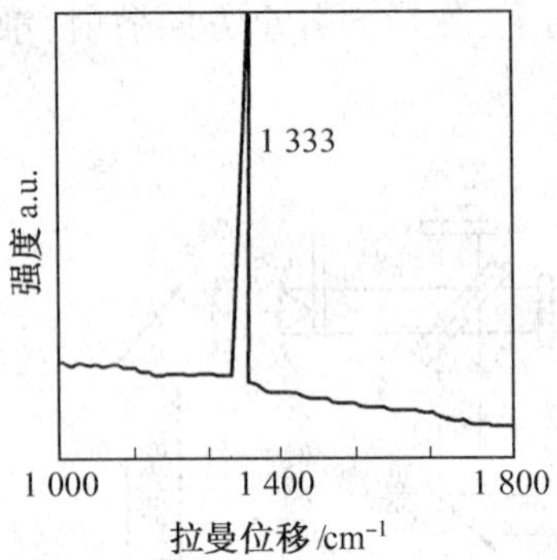

(a) 天然金刚石

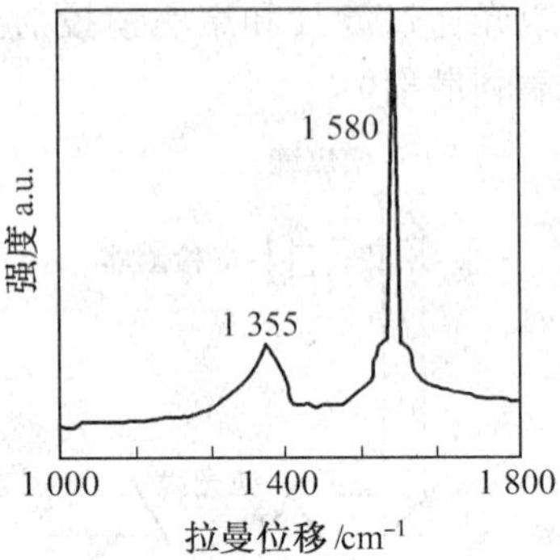

(b) 石墨

图5.32 金刚石和石墨的拉曼光谱

用激光器做光源的激光拉曼光谱分析广泛地应用于物质的鉴定、分子结构的研究、有机和无机分析化学、生物化学、高分子化学催化、石油化工和环境科学等各个领域。对于纯定性分析、高度定量分析和测定分子结构都有很大价值。

(1) 定性和定量分析:拉曼光谱图的横坐标为拉曼位移,不同的分子振动、不同的晶体结构具有不同的特征拉曼位移,测量拉曼位移,可以对物质结构做定性分析。当入射光波长等实验条件固定时,拉曼散射光的强度与物质的浓度成正比,因此光谱的相对强度可以确定的相应成分的含量,可用于定量分析。

(2) 结构分析:对光谱谱带的分析,是进行物质结构分析的基础。

(3) 无机物及金属配合物的研究:拉曼光谱可以测定某些无机原子团的结构,另外可以用拉曼光谱对配合物的组成、结构和稳定性进行研究。

(4) 生物大分子的研究:可以对生物大分子的构象、氢键和氨基酸残基周围环境等方面提供大量的结构信息。

5. 激光拉曼光谱与红外光谱的比较

拉曼效应产生于入射光子与分子振动能级的能量交换。在很多情况下,拉曼频率位移的程度正好相当于红外吸收频率,因此红外测量能够得到的信息,同样也出现在拉曼光谱中,红外光谱解析中的三要素——吸收频率、强度和峰形,对拉曼光谱的解析也适用。但由于这两种光谱的分析机制不同,在提供信息上也是有差异的。一般来说,分子的对称性越高,红外与拉曼光谱的区别就越大,非极性官能团的拉曼散射谱带较为强烈,极性官能团的红外谱带较为强烈。对于链状聚合物来说,碳链上的取代基用红外光谱较易检测出,而碳链的振动用拉曼光谱表征更为方便。

与红外光谱相比，拉曼散射光谱具有下述优点：

（1）拉曼光谱是一个散射过程，因而任何尺寸、形状和透明度的样品，只要能被激光照射到，就可直接用来测量。由于激光束的直径较小，且可进一步聚焦，因而极微量样品都可测量。

（2）拉曼光谱可以提供快速、简单、可重复和无损伤的定性定量分析，它无需准备样品可直接通过光纤探头或者通过玻璃、石英测量。

（3）由于激光束的直径在它的聚焦部位通常只有0.2 ~ 2 mm，常规拉曼光谱只需要少量的样品就可获得。这是拉曼光谱一个很大的优势。拉曼显微镜物镜还可将激光束进一步聚焦至20 μm 甚至更小来用于可分析更小面积的样品。

（4）拉曼光谱一次可以同时覆盖50 ~ 4 000 波数的区间来对有机物及无机物进行分析。

（5）水是极性很强的分子，因而其红外吸收非常强烈，但水的拉曼散射却极微弱，因而水溶液样品可直接进行测量，这对生物大分子的研究十分有利。

（6）对于聚合物及其他分子，拉曼散射的选择定则的限制较小，因而可以得到更为丰富的谱带。S—S，C—C，N ═ N 等红外较弱的官能团，在拉曼光谱中信号较为强烈。

5.8.3 荧光分析法

分子荧光光谱法简称为荧光光谱法或发光光谱法。当物质分子吸收了一定的能量后，电子能级由基态跃迁至激发态。激发态分子经过与周围分子撞击而消耗了部分能量，下降至基态的过程中，以光辐射的形式释放出多余的能量，此时所发射的光即是荧光。由于不同的发光物质有其不同的内部结构和固有的发光性质，因此可以根据荧光光谱来鉴别物质进行定性分析，或者根据特定波长下的发光强度进行定量分析。荧光分析通常采用荧光分光光度计。

1. 基本结构

一般的荧光分光光度计由激发光源、样品池、双单色器系统及检测器等组成（图5.33）。试样前的激发单色器主要对光源进行分光，选择激发光波长，实现激发光波长扫描以获得激发光谱。用某一固定单色光照射试样，吸收辐射光后发射出荧光，通过发射单色器来选择发射光（测量）波长，或扫描测定各发射波长下的荧光强度，可获得试样的发射光谱。为避免光源的背景干扰，将检测器与光源设计成直角。荧光分光光度计通常使用氙灯和高压汞灯作为光源，采用染料激光器作为光源时可提高荧光测量的灵敏度。检测器通常为光电倍增管。

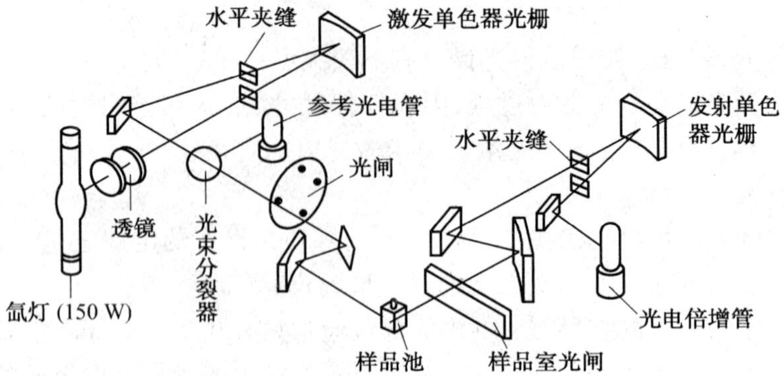

图5.33　荧光分光光度计的光学系统图

2. 荧光分析方法的特点

(1) 灵敏度高。一般情况下,分子荧光分析法的灵敏度比紫外 - 可见分光光度法高2 ~ 4个数量级,检出限可达0.01 ~ 0.001 $\mu g \cdot cm^{-1}$。

(2) 选择性强。

(3) 试样量少。

荧光分析法的主要不足是应用范围小,这是因为能够发射荧光的材料及能形成荧光测量的材料比较少的缘故。

3. 图谱解析方法

保持激发光的波长和强度不变,让物质所发出的荧光通过发射单色器照射于检测器进行扫描,以荧光波长为横坐标,以强度为纵坐标,即为荧光发射光谱。荧光发射光谱的形状与激发光的波长无关。以不同波长的激发光激发物质使之发生荧光,让荧光以固定的发射波长照射到检测器上,然后以激发光波长为横坐标,以荧光强度为纵坐标所绘制的图为荧光激发光谱。

4. 举例

图5.34为ZnS纳米线的室温荧光光谱。位于467 nm和515 nm处的比较弱的发光峰是由ZnS纳米线的表面态引起的。位于366 nm处的比较强的发光峰为紫外发光峰,对应于ZnS的带边发光峰,但是比体材料ZnS发光峰的位置(385.2 nm)蓝移19.2 nm,这是由于纳米材料的量子限制效应引起的。

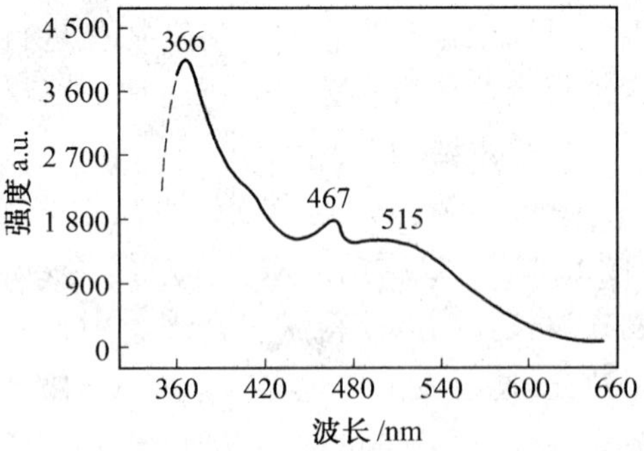

图5.34　ZnS纳米线的荧光光谱

5. 荧光分析法的应用

(1) 无机化合物的荧光分析:目前可

以测定70多种元素,也可以分析氮化物、氧化物、硫化物、氰化物及过氧化物等,涉及的样品多种多样。

(2) 有机化合物的荧光分析:这是荧光分析法研究最活跃、涉及生命科学课题最多的领域。许多在食品工艺、医药卫生、农副产品质量检验中的化合物都可以用荧光分析法。由于分析体系和方法的高灵敏度和高选择性,使得某些测定体系更具有特殊的价值。

(3) 荧光光度计还可以作为高效液相色谱基电色谱的检测器。

思考题

1. 试说明介质对光吸收的物理机制。
2. 为什么不同时间观察到的太阳颜色可能不同?
3. 试述激发光谱、发射光谱与吸收光谱的异同。
4. 试述红外吸收光谱以及拉曼散射光谱的工作机理。
5. 发光辐射的波长由材料中的杂质决定,也就是决定材料的能隙。

(a) 试确定 ZnS 中使电子激发的光子波长($E_g = 3.6$ eV)。

(b) ZnS 中杂质形成的陷阱能级为导带下的 1.38 eV,试计算发光波长及发光类型。

6. 假设X射线源用铝材屏蔽,如果要使95% 的X射线能量不能穿透它,试决定铝材的最大厚度。设线性吸收系数为 0.42 cm^{-1}。

第6章　材料热学性能及其分析测试技术

6.1　热学性能的物理基础

材料是由晶体和非晶体组成的，也就是说，材料是由原子组成的，微观原子始终处于运动状态，我们把这种运动称为“热运动”。外界环境的变化（如温度、压力等）会影响物质的热运动。热运动规律可以用热力学和热力学统计物理进行描述。热力学与分子物理学一样，都是研究热力学系统的热现象及热运动规律的，但它不考虑物质的微观结构和过程，而是以观测和实验事实为依据，从能量的观点出发来研究物态变化过程中有关热、功的基本概念以及它们之间相互转换的关系和条件；而热力学统计物理则是从物质的微观结构出发，根据微观粒子遵守的力学规律，利用统计方法，推导出物质系统的宏观性质及其变化规律。

在热力学中，将所研究的宏观物质称为“热力学系统”。当某系统所处的外界环境条件改变时，此系统通常要经过一定的时间后才可以达到一个宏观性质不随时间变化的状态，将这种状态称为“热力学平衡状态”。在热力学统计物理中，系统的宏观性质是相应微观量的统计平均值，当系统处于热平衡时，系统内的每个分子（或原子）仍处于不停的运动状态中，系统的微观状态也在不断发生变化，只是分子（或原子）微观运动的某些统计平均值不随时间而改变，因此热力学平衡是一种动态平衡，也称“热动平衡”。

一个热力学系统必须同时达到下述四方面的平衡，才能处于热力学平衡状态：

（1）热平衡：如果系统内没有隔热壁存在，则系统内各部分的温度相等；如果没有隔绝外界的影响，即在系统与环境之间没有隔热壁存在的条件下，当系统达到热平衡时，则系统与环境的温度也相等。

（2）力学平衡：如果没有刚性壁的存在，则系统内各部分之间没有不平衡的力存在。如果忽略重力场的影响，则达到力学平衡时系统内各部分的压强应该相等；如果系统和环境之间没有刚性壁的存在，则达到平衡时系统和环境之间也就没有不平衡的力存在，系统和环境的边界将不随时间而移动。

（3）相平衡：如果系统是一个非均匀性相，则达到平衡时系统中各相可以长时间共存，各相的组成和数量都不随时间而改变。

(4) 化学平衡:系统内各物质之间如果可以发生化学反应,则达到平衡时系统的化学组成及各物质的数量将不随时间而改变。

6.1.1 热力学第一定律

热力学第一定律是一条实验定律,把能量定义为物质的一种属性,表述为外界对系统传递热量的一部分使系统的内能增加,另一部分用于系统对外做功,表达式为

$$Q = \Delta E + A \tag{6.1}$$

式中,ΔE 为系统内能的变化;Q 为外界对系统传递的热量,Q 为正值时表示系统从外界吸收热量,Q 为负值时表示系统向外界放出热量;A 为系统对外界做功,A 为正时表示系统对外界做功,A 为负时表示外界对系统做功。

热力学第一定律表明系统不从外界获取能量($Q = 0$)而不断对外做功($A > 0$)是不可能的,也就是第一类永动机不能制成。

热力学第一定律指出能实现的热力学过程必然遵守能量守恒和能量转换定律,只说明了热、功转化的数量关系,而不能解决过程进行的方向及限度问题,解决这些问题需要利用热力学第二定律。

6.1.2 热力学第二定律

热力学第二定律是能够反映过程进行方向的规律,反映了热总是从高温传向低温这个经验事实。这一定律有两种等价的表述。

开尔文表述:不可能制成一种循环动作的热机,只从一个热源吸收能量,使它完全变为功,而使其他物体不发生任何变化。

克劳修斯表述:热量不可能自动从低温物体传到高温物体。

热力学第二定律说明第二类永动机($\eta = 100\%$ 的单热源热机)不可能实现。

玻耳兹曼对热力学第二定律的叙述为:自然界里的一切过程都是向着状态概率增长的方向进行的,这就是热力学第二定律的统计意义。在实际应用中,热力学第二定律常用熵(S)来描述,熵是表示系统无序度的一个量度。玻耳兹曼熵公式为

$$S = k\ln \omega \tag{6.2}$$

式中,S 为系统的熵,是系统的单值函数;k 为玻耳兹曼常数,ω 为系统宏观态的热力学概率。

热力学第二定律用熵(S)表述也就是熵增加原理:在孤立系统中进行的自发过程总是沿着熵增加的方向进行的,它是不可逆的。平衡态对应熵最大的状态,即熵增加原理。

$$\Delta S \geqslant 0 \tag{6.3}$$

6.1.3 热性能的物理本质

热性能的物理本质是晶格热振动。材料一般是由晶体和非晶体组成的。晶体点阵中的质点(原子、离子)总是围绕着平衡位置做微小振动,称为晶格热振动。晶格热振动是三维的,根据空间力系可以将其分解成三个方向的线性振动。

设质点的质量为m,在某一瞬间该质点在x方向的位移为x_n,则相邻两质点的位移为x_{n-1},x_{n+1}。根据牛顿第二定律,该质点振动方程为

$$m\frac{\mathrm{d}^2x_n}{\mathrm{d}t^2}=\beta(x_{n+1}+x_{n-1}-2x_n) \tag{6.4}$$

式中,β为微观弹性模量;m为质点质量;x_n为质点在x方向上的位移。

方程(6.4)为简谐振动方程,其振动频率随着β的增大而提高。对于每个质点,β不同,即每个质点在热振动时都有一定的频率。如果某材料内有N个质点,那么就会有N个频率的振动组合在一起。温度升高时动能增大,所以振幅和频率均增大。各质点热运动时动能的总和就是该物体的热量,即

$$\sum_{i=1}^{N}(\text{动能})_i=\text{热量} \tag{6.5}$$

由于质点间有很强的相互作用力,因此,一个质点的振动会带动邻近质点的振动。因相邻质点的振动存在一定的相位差,使得晶格振动就以弹性波(格波)的形式在整个材料内传播,包括振动频率低的声频支和振动频率高的光频支。

如果振动着的质点中包含频率很低的格波,质点彼此之间的相位差不大,则格波类似于弹性体中的应变波,称为"声频支振动"。格波中频率很高的振动波,质点彼此之间的相位差很大,邻近质点的运动几乎完全相反时,频率往往在红外光区,称为"光频支振动"。

试验测得的弹性波在固体中的传播速度为3×10^3 m/s,固体的晶格常数a一般在10^{-10} m数量级,而声频振动的最小周期为$2a$,故它的最大振动频率为

$$\gamma_{\max}=\frac{v}{2a}=\frac{3\times10^3\ \text{m/s}}{2\times10^{-10}\ \text{m}}=1.5\times10^{13}\ \text{Hz} \tag{6.6}$$

在图6.1所示晶胞中,包含了两种不同的原子,各有独立的振动频率,即使它们的频率都与晶胞振动频率相同,由于两种原子的质量不同,振幅也会不同,所以两原子间会有相对运动。声频支可以看成相邻原子具有相同的振动方向,如图6.1(a)所示;光频支可以看成相邻原子振动方向相反,形成一个范围很小、频率很高的振动,如图6.1(b)所示。如果是离子型晶体,就为正、负离子间的相对振动,当异号离子间有反向位移时,便构成了一个电偶极子,在振动过程中此偶极子的偶极矩是周期性变化的。根据电学、动力学理论,它会发射电磁波,其强度决定于振

幅的大小。在室温下,所发射的这种电磁波是微弱的,如果从外界辐射来相应频率的红外光,则立即被晶体强烈吸收,从而激发总体振动,该现象表明离子晶体具有很强的红外光吸收特性,这就是该支格波被称为光频支的原因。

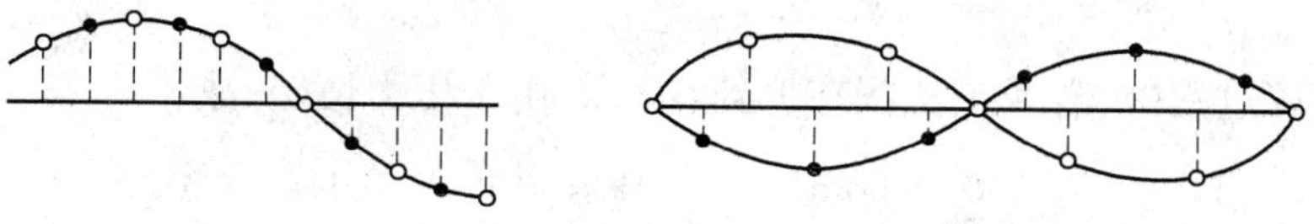

(a) 声频支　　(b) 光频支

图 6.1　一维双原子点阵中的格波

材料的热学性能是材料一种非常重要的物理性能,主要包括材料的热容、热膨胀、热传导等。材料热学性能的研究在材料科学的相变研究中有着重要的理论意义,在工程技术中包括高技术领域中也占有重要的地位,在工程中选择热性能合适的材料,可以节约能源,提高效率,延长使用寿命等。比如,用于微波谐振腔、精密天平、标准尺、标准电容等材料要求低的热膨胀系数;电真空封接材料要求一定的热膨胀系数,热敏元件却要求尽可能高的热膨胀系数。又如,工业炉衬、建筑材料,以及航天飞行器重返大气层的隔热材料要求具有优良的绝热性能;可以说,在不同的应用领域中对于材料的热性能有着不同的要求,在某些领域中材料的热性能甚至成为技术关键。

从另一方面考虑,材料的组织结构发生变化时常常伴随有一定的热效应。在研究热焓与温度的关系中可以确定热容和潜热的变化。因此,热性能分析已成为材料科学研究中一种重要的手段,特别是对于确定临界点并判断材料的相变特征有重要的意义。

本章将概括介绍固体的热容理论,材料热性能的一般规律,主要测试方法及其在材料研究中的应用。

6.2　热容和热焓及其测定

6.2.1　材料的热容和热焓

根据热力学第一定律,材料吸热将使内能增高,对外做功又使内能降低,表示为

$$\Delta U = Q - W \tag{6.7}$$

式中,Q 为系统吸热;ΔU 为内能增量;W 为对外做功。如果材料只做膨胀功,则

$$\mathrm{d}U = \Delta Q - P\mathrm{d}V \tag{6.8}$$

其中,P,$\mathrm{d}V$ 分别为压力和与其相应的体积变化,如果 ΔQ_V 和 Q_V 为等容过程的吸热,由于系统不做功,则

$$\begin{aligned} \mathrm{d}U &= \Delta Q_V \\ \Delta U &= Q_V \end{aligned} \tag{6.9}$$

在等压过程中,若系统从状态 1 到状态 2,由于压力恒定,故

$$W = \int_1^2 p\mathrm{d}V = p\int_1^2 \mathrm{d}V = p(V_2 - V_1) \tag{6.10}$$

则

$$\Delta U = U_2 - U_1 = Q_p - p(V_2 - V_1) \tag{6.11}$$

式中,Q_p 表示等压过程吸热。可见在等压过程中热交换除了影响内能外,还关系到系统对外做功。

根据热力学第二定律,孤立系统中的自发过程是不可逆的,而用来量度过程不可逆程度的状态函数为熵(S)。如果系统中的自发等压过程在一定程度下吸收(或放出)热量,则系统的熵值的变化为

$$\begin{aligned} \Delta S &= \frac{Q}{T} \\ \mathrm{d}S &= \frac{\mathrm{d}Q}{T} \end{aligned} \tag{6.12}$$

或

$$\Delta S = \int \frac{\Delta Q}{T} = \int \frac{C_p}{T}\mathrm{d}T \tag{6.13}$$

式中,C_p 称为等压热容;$\Delta S > 0$ 乃是不可逆过程自发进行的条件,而 $\Delta S = 0$ 则表示过程达到平衡状态。换言之,孤立系统的熵值总是增大,直至平衡。

假如材料在恒压下从状态 1 到状态 2,使体积从 V_1 到 V_2,则内能变化为

$$U_2 - U_1 = Q_p - p(V_2 - V_1) \tag{6.14}$$

即

$$Q_p = U_2 + pV_2 - U_1 - pV_1 \tag{6.15}$$

这里,$H = U + pV$ 称为热焓,则式(6.15)可以写为

$$Q_p = (U + pV)_2 - (U + pV)_1 = H_2 - H_1 = \Delta H \tag{6.16}$$

可见,在等压过程中系统的吸热等于系统热焓的增加,而热焓的变化由系统的起始态和终了态决定,与中间过程无关。与温度 T、压力 p 和内能 U 一样,热焓 H 也是状态函数。

众所周知,系统在变温过程中发生与环境的热交换,物体的温度每升高 1 K 所需的热量称为该物体的热容 C,其单位为 $\mathrm{J \cdot K^{-1}}$,定义为

$$C = \lim_{\Delta T \to 0} \frac{\Delta Q}{\Delta T} = \frac{\mathrm{d}Q}{\mathrm{d}T} \tag{6.17}$$

通常,我们以单位质量材料的热容来表示材料的性质,称为“比热容”或比热,其表示为小写 c,单位为 $\mathrm{J\cdot kg^{-1}\cdot K^{-1}}$,为区分定压比热容 c_p 和定容比热容 c_v,写成

$$c_p = \frac{1}{m}\left(\frac{\mathrm{d}Q}{\mathrm{d}T}\right)_p \qquad c_V = \frac{1}{m}\left(\frac{\mathrm{d}Q}{\mathrm{d}T}\right)_V \tag{6.18}$$

式中,m 为材料的质量。如果以摩尔来表示质量,则称为摩尔热容,写成

$$C_{\mathrm{m}} = \frac{1}{n}\left(\frac{\mathrm{d}Q}{\mathrm{d}T}\right) \tag{6.19}$$

这里 C_{m} 的单位为 $\mathrm{J\cdot mol^{-1}\cdot K^{-1}}$,式中,$n$ 为材料质量的摩尔数。

根据热容的定义和热力学第一定律 $\mathrm{d}Q = \mathrm{d}U + p\mathrm{d}V$,在定压条件下

$$c_p = \left(\frac{\mathrm{d}Q}{\mathrm{d}T}\right)_p = \frac{\mathrm{d}U}{\mathrm{d}T} + p\frac{\mathrm{d}V}{\mathrm{d}T} \tag{6.20}$$

而在定容条件下

$$c_V = \left(\frac{\mathrm{d}Q}{\mathrm{d}T}\right)_V = \frac{\mathrm{d}U}{\mathrm{d}T} \tag{6.21}$$

可见,定容热容为材料升高温度 1 K 所增加的内能,而定压热容为材料升高温度 1 K 所增加的热焓。理论上定容热容和定压热容并不相等,定容的摩尔热容 c_V 容易计算。由于材料定压变温过程中存在体积变化,热膨胀将对环境附加做功,所以,$c_p > c_V$,并可表示成

$$c_p - c_V = \frac{\beta^2 VT}{\chi} \tag{6.22}$$

式中,β 为材料的体膨胀系数;V 为每摩尔体积;χ 为体积压缩系数。

应当看到,在常压下固体材料的定压热容和定容热容几乎没有差别,而我们所测定的都是定压热容,有时则是平均比热容

$$\overline{c_p} = \frac{1}{m}\cdot\frac{Q_2 - Q_1}{T_2 - T_1} \tag{6.23}$$

一般说来,在测定材料比热容时,与内压比较起来,外压要小得多,材料克服外压所做的功可以忽略不计,且认为所吸收的热量只是增加系统的内能,导致点阵振动得加剧或部分地转化为相变潜热。

6.2.2 晶格比热容的量子理论

研究固体的比热容是探索固体微观结构与运动机理的重要手段。固体物理学中的热容一般是指定容热容,即

$$C_V(T) = \left(\frac{\partial \overline{E}(T)}{\partial T}\right)_V \tag{6.24}$$

其中，$\bar{E}(T)$ 为固体在温度 T 时的热力学平均能量。$C_V(T)$ 主要由两部分组成，即

$$C_V(T) = C_{Vc}(T) + C_{Ve}(T) \tag{6.25}$$

其中，$C_{Vc}(T)$ 是晶格(离子)热运动的结果，称晶格比热容；$C_{Ve}(T)$ 是电子热运动的结果，称为电子比热容。电子比热容仅在低温下才起作用。本节仅涉及晶格比热容。

1. 经典理论的困难

如果不考虑量子效应，可用经典的能量均分定理求 N 个原子三维运动的总能量 E。设晶体有 N 个原子，则自由度数为 $3N$，根据经典统计的能量均分定理，每个简谐振动的平均能量为 $\bar{E}_j = k_B T$，k_B 为玻耳兹曼常数，因而晶体的总能量为 $\bar{E} = 3Nk_B T$，定容热容为 $C_V(T) = 3Nk_B$，摩尔热容为 $C_m(T) = 3N_0 k_B = 3R$(大约为 25 J·K^{-1}·mol^{-1})，$C_m(T)$ 是一个与材料性质和温度无关的常数，此即为杜隆－珀替定律。该定律在高温下成立，但在低温下不成立。实验表明，温度很低时，C_V 快速下降，并当 $T \to 0$ K 时，$C_V \propto T^3$，很快趋近于零，如图 6.2 所示。晶格比热容在低温下趋于零的特征是经典理论无法解释的难题。

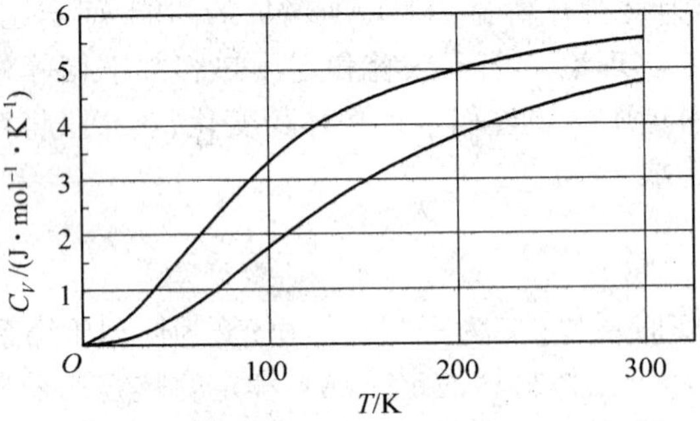

图 6.2 低温段晶格比热容下降

2. 晶格比热容的一般公式

晶体中原子的热振动可归结为 $3N$ 个相互独立的简谐振动模。每个谐振子的能量均是量子化的。由于量子化，使得每个振动平均热运动能量不再是 $k_B T$，如果忽略零点能，而成为 $n_j(q)\hbar\omega_j(q)$，则

$$\bar{E}_j(T) = \frac{\hbar\omega}{e^{\frac{\hbar\omega_f}{k_B T}} - 1} \tag{6.26}$$

晶体的总能量为

$$\overline{E(T)} = \sum_{j=1}^{3N} \frac{\hbar\omega_j}{e^{\frac{\hbar\omega_j}{k_b T}} - 1} \tag{6.27}$$

晶体的总热容

$$C_V(T)=\left(\frac{\partial\overline{E(T)}}{\partial T}\right)_V \text{ 或 } C_V(T)=\sum_{j=1}^{3n}C_V^j=\sum_{j=1}^{3N}\frac{d\,\overline{E_j(T)}}{\mathrm{d}T} \tag{6.28}$$

但在具体计算过程中碰到了求和的困难，计算出成果 N 个简正振动频率往往是十分复杂的。在一般讨论中，常采用爱因斯坦模型和德拜模型。

3. 爱因斯坦模型

为了解释晶体比热容，1907 年爱因斯坦采用了非常简单的假设：假设晶体中的原子振动是相互独立的，所有原子都具有同一频率，即

$$\omega_1=\omega_2=\cdots=\omega_{3N}=\omega_E \tag{6.29}$$

其中，ω_E 为爱因斯坦频率，这时式(6.28) 和式(6.29) 可分别写成

$$\bar{E}(T)=\frac{3N\hbar\omega_E}{e^{\frac{\hbar\omega_E}{k_BT}}-1} \tag{6.30}$$

$$C_V=\left(\frac{\partial\bar{E}}{\partial T}\right)_V=3Nk_B\left(\frac{\hbar\omega_E}{k_BT}\right)^2\cdot\frac{e\,\frac{\Theta_E}{T}}{(e^{\frac{\Theta_E}{T}}-1)^2} \tag{6.31}$$

其中，$\Theta_E=\hbar\omega_E/k_B$，称为爱因斯坦温度。式(6.30) 是一个约化温度(T/Θ_E) 普适函数。对于不同的材料，Θ_E 不同。当温度 $T\gg\Theta_E$ 时，由式(5.30) 给出：$C_V\approx3Nk_B$，恰为经典理论的结果。这是因为在高温区，振子的能量近似 k_BT，而当 k_BT 远大于能量量子($\hbar\omega$) 时，量子化效应可以忽略。这个结果与高温区的比热容实验结果相符合。

当温度 $T\ll\Theta_E$ 时，有 $\exp(\Theta_E/T)\gg1$，由式(6.30) 可以得出

$$C_V=3Nk_B\left(\frac{\Theta_E}{T}\right)^2e^{\frac{-\Theta_E}{T}} \tag{6.32}$$

当温度趋于零时，C_V 亦趋于零，这是经典理论所不能得到的结果，解决了长期以来困扰物理学的一个疑难问题(图 6.3)，这正是爱因斯坦模型的重要贡献所在。但是 C_V 以指数形式趋于零，快于实验给出的以 T^3 趋于零的结果。这是该模型的缺点，其根源在于该模型对频谱进行了过多简化。为了取得在较大范围内与实验一致的结果，爱因斯坦温度大约为几百 K(如对于 Ag，Θ_E = 150 K)，若取 Θ_E = 300 K，对应的 $\hbar\omega_E\sim1\times10^{13}$ Hz，相当于红外光频率，相应的声频波长与原子间距的数量级一样，而长声学波的频率要比此频率低得多。也就是说，当温度很低时，不可能使所有格波均有很高的频率，还有一些低频的格波。所以，低温时，C_V 随温度下降而快速下降。

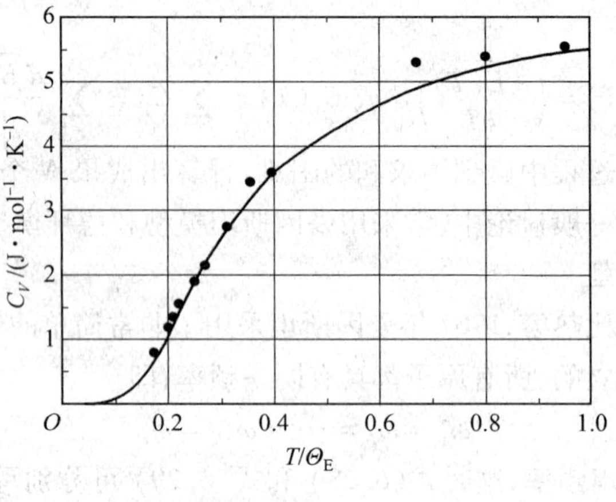

图6.3　爱因斯坦模型理论与实验比较

（圆点为金刚石实验值，温度以 $\Theta_E = \omega_E/\hbar$ 为单位）

4. 德拜模型

为改进爱因斯坦模型，德拜(Debye)于1912年提出了另一个简化模型。不再认为所有振动模为单一频率，而是有一个宽广的频率分布。德拜采用了一个很简单的近似模型，得到近似的频率分布函数。如果不从原子理论而从宏观力学来看晶体，则可以把晶体当作弹性介质来处理，德拜就是这样处理的，当然德拜的模型既有其合理性也有其局限性。长声学波相当于连续媒质弹性波。低温时，只有长声学波被激发，对比热容产生影响，所以实际上，德拜模型考虑的正是长声学波对比热容的影响。

弹性介质的振动模就是弹性力学中熟悉的弹性波。德拜具体分析的是各向同性的弹性介质，在这种情况下，对于一定的波数矢量 $\boldsymbol{q}$，有一个纵波

$$\omega = C_l \boldsymbol{q} \tag{6.33}$$

和两个独立的横波

$$\omega = C_t \boldsymbol{q} \tag{6.34}$$

这表明：纵波和横波具有不同的波速。在德拜模型中各种不同的波矢 $\boldsymbol{q}$ 的纵波和横波，构成晶格的全部振动模。

由于边界条件，波矢 $\boldsymbol{q}$ 并不是任意的，与前面讨论格波时相类似，根据周期性边界条件，允许的 $\boldsymbol{q}$ 值在 $\boldsymbol{q}$ 空间形成均匀分布的电子，在体积元 $\mathrm{d}\boldsymbol{k} = \mathrm{d}k_x \mathrm{d}k_y \mathrm{d}k_z$ 中数目为

$$\frac{V}{(2\pi)^3}\mathrm{d}k \tag{6.35}$$

其中，V 表示所考虑的晶体的体积；$V/(2\pi)^3$ 是均匀分布 $\boldsymbol{q}$ 值的“密度”。

$\boldsymbol{q}$ 虽然不能取任意值，但由于 V 是一个宏观的体积，允许的 $\boldsymbol{q}$ 值在 $\boldsymbol{q}$ 空间是十分

密集的，可以看作准连续的，根据式(6.33)和式(6.34)，纵波和横波频率的取值也同样是准连续的。对于这样准连续分布的振动，一般地将包含在 ω 到 $\omega + d\omega$ 内的振动模的数目写成

$$\Delta n = g(w)\Delta w \cdots \tag{6.36}$$

$g(\omega)$ 往往称为振动的频率分布函数或称为振动模的模式密度函数，它具体概括一个晶体中振动模频率的分布状况，很容易求得德拜频率分布函数。先考虑纵波，在 ω 到 $\omega + d\omega$ 内的纵波，波数为

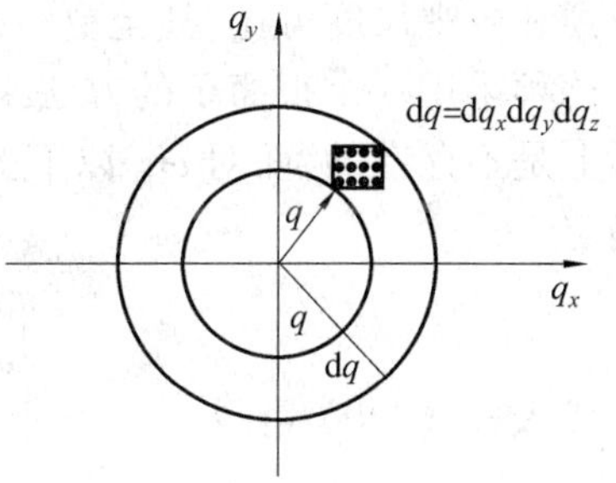

图 6.4　振动膜在 K 空间的分布

$$q = \frac{\omega}{C_1} \rightarrow q + dq = \frac{\omega + d\omega}{C_1} \tag{6.37}$$

在 q 空间中占据着半径为 q，厚度为 dq 的球壳(平面示意图5.3)。从球壳体积 $4\pi q^2 dq$，和 q 的分布密度 $V/(2\pi)^3$ 可以得到纵波的数目为

$$\frac{V}{(2\pi)^3} 4\pi q^2 dq = \frac{V}{2\pi^2 C_1^3}\omega^2 d\omega \tag{6.38}$$

类似地可写出横波的数目为

$$2 \times \left(\frac{V}{2\pi^2 C_1^3}\omega^2 d\omega\right) \tag{6.39}$$

其中考虑了同一个 $\boldsymbol{q}$ 有两个独立的横波，加起来就可得到总的频率分布：

$$g(\omega) = \frac{3V}{2\pi^2 \overline{C^3}}\omega^2 \tag{6.40}$$

其中

$$\frac{1}{\overline{C^3}} = \frac{1}{3}\left(\frac{1}{C_1^3} + \frac{1}{C_t^3}\right) \tag{6.41}$$

根据以上的频率分布函数计算热容，还有一个重要的问题必须解决。根据弹性理论，ω 可取从 0 到 ∞ 的任意值，它们对应于从无限长的波到任意短的波($q = 0 \rightarrow \infty$ 或 $\lambda = \infty \rightarrow 0$)，对式(6.40)积分，可得

$$\int_0^\infty g(\omega) d\omega \tag{6.42}$$

显然上式将发散，换一句话说，振动模的数目是无限的，从抽象的连续介质模型看，得到这样的结果是理所当然的，因为理想的连续介质包括无限的自由度。然而，实际晶体是由原子组成的，如果晶体包括 N 个原子，自由度为 $3N$ 个，这个矛盾集中地表现出德拜模型的局限性。容易想到，对于波长远远大于微观尺度(如原子间距，原子相互作用的力程)时，德拜的宏观处理方法应当是适用的，然而，当波长

已短到和微观尺度可比，甚至更短时，宏观模型必然会导致很大的偏差以致完全错误。德拜采用一个很简单的方法来解决以上的矛盾：他假设 ω 大于某一 ω_m 的短波实际上是不存在的，而对 ω_m 以下的振动都可以应用弹性波的近似，ω_m 可根据自由度确定

$$\int_0^{\omega_m} g(\omega)\mathrm{d}\omega = 3N \tag{6.43}$$

代入式(6.40) 可得

$$\omega_m = \bar{C}\left[6\pi^2\left(\frac{N}{V}\right)\right]^{\frac{1}{3}} \tag{6.44}$$

这样把德拜频率分布函数代入热容公式(6.28)，得到

$$C_V = \left(\frac{\partial \bar{E}}{\partial T}\right)_V \frac{g(\omega)\mathrm{e}^{\frac{\hbar\omega}{k_b T}}}{\left[\mathrm{e}^{\frac{\hbar\omega}{k_B T}} - 1\right]^2}\omega^2\mathrm{d}\omega \tag{6.45}$$

代入 $g(\omega)$ 表达式

$$C_V = \frac{3k_B V}{2\pi^2 \bar{C}^3}\int_0^{\omega_n} \frac{\frac{\hbar\omega}{(k_B T)^2}\mathrm{e}^{\frac{\hbar\omega}{k_B T}}}{\left[\mathrm{e}^{\frac{\hbar\omega}{k_B T}} - 1\right]^2}\omega^2\mathrm{d}\omega \tag{6.46}$$

令 $R = Nk_B$(是气体常数)，$\xi = \hbar\omega/k_B T$，则上式化简为

$$C_V = 9R\left(\frac{k_B T}{\hbar\omega_m}\right)^3\int_0^{\frac{\hbar\omega}{k_B T}} \frac{\xi^4\mathrm{e}^{\xi}}{(\mathrm{e}^{\xi} - 1)^2}\mathrm{d}\xi \tag{6.47}$$

若令 $\Theta_D = \dfrac{\hbar\omega_m}{k_B}$ 作为单位来计量温度，德拜热容就成为一个普适的函数

$$C_V\left(\frac{T}{\Theta_D}\right) = 9R\left(\frac{T}{\Theta_D}\right)^3\int_0^{\frac{\Theta_D}{T}} \frac{\xi^4\mathrm{e}^{\xi}}{\mathrm{e}^{\xi} - 1}\mathrm{d}\xi \tag{6.48}$$

这里，Θ_D 称为德拜温度。所以按照德拜理论，一种晶体，它的热容量特征完全由它的德拜温度确定。Θ_D 可以根据实验的热容量值来确定，使理论的 C_V 和实验值尽可能符合得好。图6.5表示出 $C_V(T/\Theta_D)$ 的图线形状与某些晶体实验热容量值(适当选取 Θ_D)的比较。

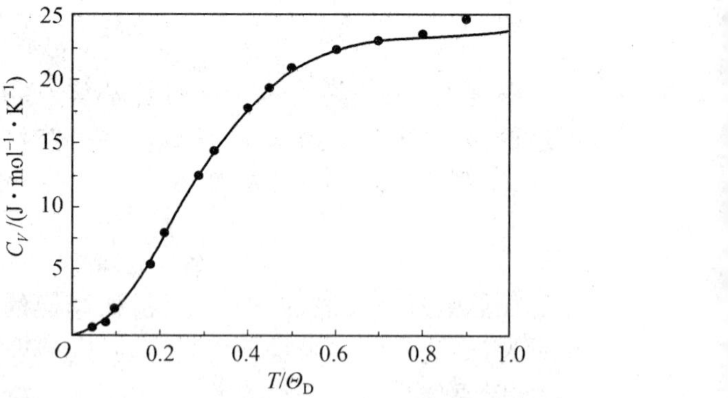

图6.5 德拜理论与实验比较(实验点为镱的测量值)

德拜理论提出后相当长一个时期人们认为与实验相当精确地

符合，但是，随着低温测量技术的发展，越来越暴露出德拜理论与实际仍存在显著的偏离。一个常用的比较理论与实验的办法是：在各不同温度，令理论函数 $C_V(T/\Theta_D)$ 与实验值相等。

$$C_V(T/\Theta_D)=C_{V实验} \tag{6.49}$$

定出 Θ_D。假若德拜理论精确地成立，各温度下的 Θ_D 都应当是同一个值，但实践证明不同温度下得到的 Θ_D 值是不同的。这种情况可以表示为一个 $\Theta_D(T)$ 函数，它偏离恒定值的情况具体表现出德拜理论的局限性，图 6.6 给出了金属铟的 $\Theta_D(T)$ 变化情况。

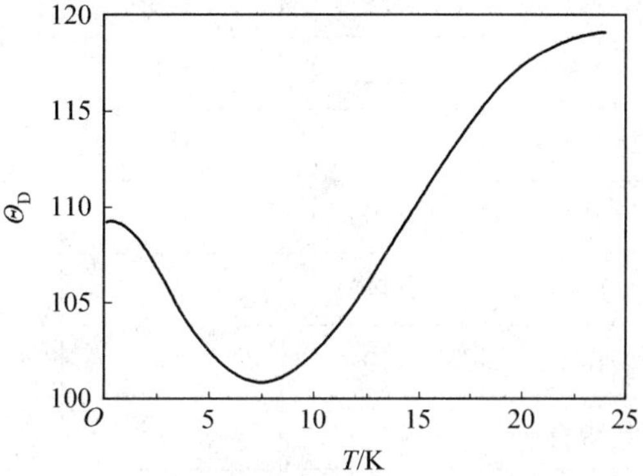

图 6.6 金属铟的德拜温度随温度的变化

德拜热容的低温极限是特别有意义的，根据前节，在一定的温度 T，$\hbar\omega \gg k_BT$ 的振动模对热容几乎没有贡献，热容主要来自

$$\hbar\omega \leqslant k_BT \tag{6.50}$$

的振动模。所以在低温极限，热容决定于最低频率的振动，这些正是波长最长的弹性波。前面已经指出，当波长远远大于微观尺度时，德拜的宏观理论近似是成立的。因此，德拜理论在低温的极限是严格正确的。在低温极限，德拜热容公式可写成

$$C_V=\left(\frac{T}{\Theta_D}\right)\rightarrow 9R\left(\frac{T}{\Theta_D}\right)^3\int_0^{\infty}\frac{\xi e^{\xi}}{(e^{\xi}-1)^2}d\xi=\frac{12\pi^4}{15}R\left(\frac{T}{\Theta_D}\right)^3 \tag{6.51}$$

表明 C_V 与 T^3 成比例，常称为 T^3 德拜定律。但是实际上 T^3 定律一般只适用于大约 $T<\Theta_D/30$ 的范围，相当于图(6.4) 中 $\Theta_D(T)$ 图线接近纵轴的水平切线。

德拜温度 Θ_D 可以粗略地指示出晶体振动频率的数量级，见表 6.1。可以看出一般 Θ_D 都是几百 K，较多的晶体的 Θ_D 在 200 ~ 400 K，相当于 $\omega_m \approx 10^{13}/s$。但是一些弹性模量大、密度低的晶体，如金刚石、铍、硼，Θ_D 高达 1 000 K 以上，这一点容易理解。因为在这种情况下，弹性波速很大，因此根据式(6.51) 将有高的振动频率 ω_m 和德拜 Θ_D。这样的固体在一般温度下，热容量低于经典值。

德拜温度是反映原子间结合力的又一重要物理量。不同材料其 Θ_D 不同，熔点高，即材料原子间结合力强，Θ_D 便高，尤其是相对原子质量小的金属更为突出。选用高温材料时，Θ_D 也是考虑的参数之一。

表 6.1 固体元素的德拜温度

元素	Θ_D	元素	Θ_D	元素	Θ_D
Ag	225	Ga	320	Pb	274
Al	428	Ge	374	Pt	240
As	282	Gd	200	Sb	211
Au	165	Hg	71.9	Si	645
B	1 250	In	108	Sn(灰)	360
Be	1 440	K	91	Sn(白)	200
Bi	119	L	344	Ta	240
金刚石	2 230	La	142	Th	163
Ca	230	Mg	400	Ti	420
Cd	209	Mn	410	Tl	78.5
Co	445	Mo	450	V	380
Cr	630	Na	158	W	400
Cu	343	Ni	450	Zn	327
Fe	470	Pb	105	Zr	291

德拜热容模型虽比爱因斯坦模型有很大进步，但德拜把晶体看成是连续介质，这对于原子振动频率较高部分不适用，故德拜理论对一些化合物的热容计算与实验不符。另外德拜认为 Θ_D 与温度无关也不尽合理。

6.2.3 金属和合金的热容

1. 金属的热容

金属与其他固体的重要差别之一是其内部有大量自由电子。讨论金属热容，必须先认识自由电子对金属热容的贡献。

经典自由电子理论把自由电子对热容的贡献估计得很大，在$\frac{3}{2}k$ 数量级，并且与温度无关。但实测电子对热容的贡献，常温下只有此数值的 1/ 100。用量子自由电子理论可以算出自由电子对热容的贡献。前已述及，电子的平均能量为

$$\bar{E} = \frac{3}{5}E_F^0\left(1 + \frac{5\pi}{12}\frac{kT}{E_F^0}\right)^2 \tag{6.52}$$

则电子热容 C_m^e(以摩尔为单位) 为

$$C_m^e = \frac{\bar{E}}{T_m} = \frac{\pi^2}{2}RZ\frac{k}{E_F^0}t \tag{6.53}$$

式中,R 为气体常数;Z 为金属原子价数;k 为玻耳兹曼常数;E_F^0 为0 K时金属的费密能级。

下面以铜为例,计算其自由电子热容。

铜的密度为 $8.9\times10^3\ kg/m^3$,相对原子质量为 63,每立方米所含摩尔数为 $(8.9\times63)\times10^6$,因1 mol所含有的原子数即为阿伏加德罗常数 6.022×10^{28},将上述有关数值代入得

$$E_F^0 = \frac{h^2}{2m}\left(\frac{3n}{8\pi}\right)^{\frac{2}{3}} = 11\times10^{-19}$$

$$\frac{kT}{E_F^0} = \frac{1.4\times10^{-23}}{11\times10^{-19}} = 0.13\times10^{-4} \tag{6.54}$$

此值代入式(6.53) 得

$$C_m^e = 0.64\times10^{-4}kT \tag{6.55}$$

与常温时原子摩尔热容(约 3 R) 相比,此值很小,可忽略不计。温度很低时,原子振动热容(C_m^A) 满足式(6.51),电子热容与原子热容之比为

$$\frac{C_m^e}{C_m^A} = \frac{5}{24\pi^2}\frac{kT}{E_F^0}(\Theta_D/T)^3 \tag{6.56}$$

若取 $\Theta_D = 200$,$k/E_F^0 = 0.13\times10^{-4}$,则 $C_m^e/C_m^A \approx \frac{2}{T^2}$,当 $T < 1.4$ K时,$C_m^e/C_m^A > 1$,即 $C_m^e > C_m^A$,实验已经证明,温度低于5 K以下时,$C_m \propto T$,即热容以电子贡献为主,这些分析表明,当温度很低时 $T \ll \Theta_D$,$T \ll T_F$,$T_F = \frac{E_F^0}{k}$ 称为费米温度,金属热容需要同时考虑晶格振动和自由电子两部分对热容的贡献,为此,金属热容可以写成

$$C_m = C_m^A + C_m^e = AT^3 + BT \tag{6.57}$$

式(6.55) 两边同除以 T,则得 $C_m/T = B + AT^2$,再以 T^2 为横坐标,C_m/T 为纵坐标,便可以绘出斜率为 A,截距为 B 的金属实验热容随 T^2 变化的直线。图6.7是根据实验测得的金属钾热容值绘制的图形。

由上述分析可知,材料的标识特征常数 A、B 在理论上可以计算,即

$$\left.\begin{aligned} A &= \frac{12\pi^4R}{5\Theta_D^3} \\ B &= \frac{\pi^2}{2}ZR\frac{K}{E_F^0} \end{aligned}\right\} \tag{6.58}$$

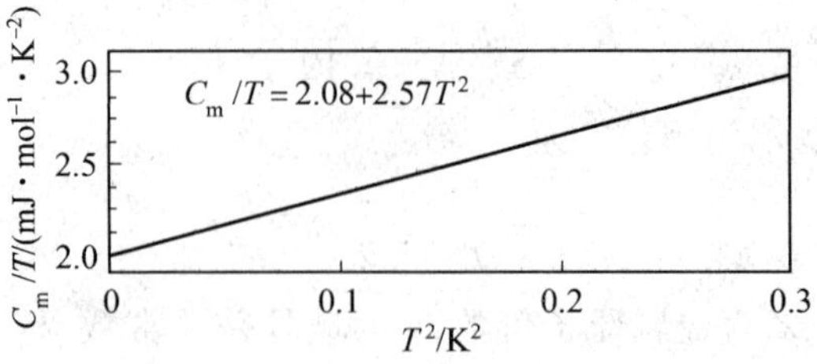

图6.7 钾热容实验值绘制的 C_m/T 对 T^2 的图形

而 A,B 值又可以由测试低温下的金属热容而得到。将两方面获得的数据进行对比后便可检验理论的正确性,这对物质结构的研究具有实际意义。

过渡族金属中电子热容表现更为突出,它包括s层电子热容,也包括d层或f层电子热容。例如镍在5 K以下温度时,热容基本上由电子激发所决定,其热容可以近似为

$$C_m = 0.007\,3T \quad (J \cdot mol^{-1} \cdot K^{-1}) \tag{6.59}$$

综合以上的讨论,以铜为例绘出一般金属摩尔热容随温度变化的曲线,如图6.8所示。图中Ⅰ区被放大,温度范围为0 ~ 5 K,$C_m \propto T$。Ⅱ区 $C_m \propto T^3$,这一温度区间相当大。当温度达到 Θ_D 温度时,热容趋于一常数。当温度大于 Θ_D 时,热容曲线稍有平缓上升趋势,这就是曲线Ⅲ部分,$C_m > 3R$,其增加部分主要是金属中自由电子热容的贡献。表6.2和表6.3分别列出了部分金属材料的实测热容和比热容。

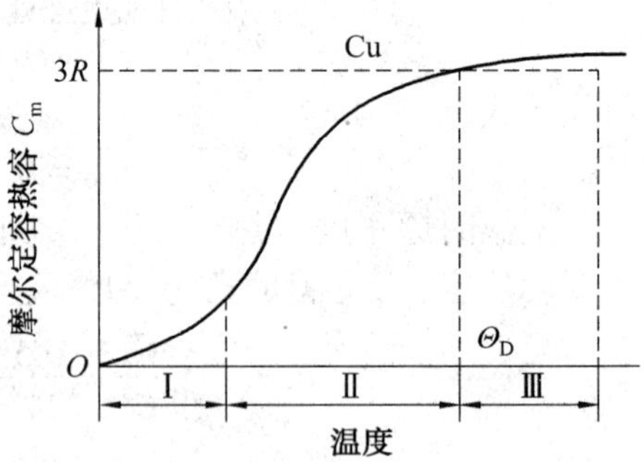

图6.8 金属铜摩尔热容随温度变化的曲线

表6.2 金属材料热容

温度/K	$C_p/(J \cdot mol^{-1} \cdot K^{-1})$					温度/K	$C_p/(J \cdot mol^{-1} \cdot K^{-1})$				
	W	Ta	Mo	Nb	Pt		W	Ta	Mo	Nb	Pt
1 000					30.03	2 500	34.57	32.08	48.3	37.08	
1 300		28.14	30.66	27.68	31.67	2 800	37.84	34.06			
1 600	29.32	28.98	32.59	29.23	34.06	3 100	43.26				
1 900	30.95	29.85	35.11	30.91	37.93	3 400	53.13				
2 200	32.59	30.87	39.69	33.43		3 600	63				

表 6.3 某些钢的比热容 $c \times 10^{-3}$ $J \cdot kg^{-1} \cdot K^{-1}$

温度/℃	100	200	300	400	500	600	700	800	900	1 000	1 100
20	0.51	0.52	0.54	0.57	0.63	0.74		0.70	0.61	0.62	0.63
35	0.48	0.51	0.56	0.61	0.66	0.71	1.26	0.83	0.66	0.62	0.65
40Cr	0.49	0.52	0.55	0.59	0.65	0.75		0.61	0.62	0.62	0.63
9Cr2SiMo	0.46	0.50	0.56	0.62	0.68	0.74		0.83	0.70	0.71	0.72
30CrNi3Mo2V	0.48	0.53	0.55	0.59	0.66	0.75	0.92	0.66	0.66	0.67	0.67
3Cr13	0.43	0.48	0.55	0.63	0.70	0.78	0.93	0.74	0.69	0.70	0.72

2. 合金的热容

前述金属热容的一般概念适用于金属或多相合金。但在合金中还应考虑合金相的热容及合金相形成热等。

在形成金属化合物时，虽然有形成热而使总的结合能量增大，但是组成化合物的每个原子的热振动能，在高温下几乎与原子在纯物质的晶体中同一温度的热振动能是一样的。具体地说，固态化合物分子热容 C，是由组元原子热容按比例相加而得的，其数学表达式为

$$C = pC_1 + qC_2 \tag{6.60}$$

式中，p 和 q 是该化合物分子中各组成的原子分数；C_1、C_2 为各组元的原子热容。称式(6.60)为奈曼－考普(Neumann-Kopp)定律。它可应用于多相混合组织、固溶体或化合物。但不同对象其表达式稍有差别。例如对于二元固溶体合金等压热容，式(6.60)可写成

$$C_p^{AB} = C_a C_p^{B} + (1 + C_a) C_p^{A} \tag{6.61}$$

式中，C_a 为组元 B 在固溶体中的原子浓度。

由奈曼－考普定律计算的热容值与实验值相差不大于4%。但应当指出它不适用于低温条件或铁磁性合金。

3. 陶瓷材料的热容

由于陶瓷材料主要由离子键和共价键组成，室温下几乎无自由电子，因此热容与温度关系更符合德拜模型。但不同材料德拜温度是不同的，例如石墨为1 873 K，BeO 为1 173 K，Al_2O_3 为923 K。这取决于键合强度、材料弹性模量、熔点等。图6.9所示为几种陶瓷材料的热容－温度曲线。由图可见，热容都是在接近 Θ_D 时趋近 24.9 $J \cdot mol^{-1} \cdot K^{-1}$。此后温度增加，热容几乎不变，只有 MgO 稍有增加。表6.4给出了一些陶瓷材料与其他材料的热性能比较。

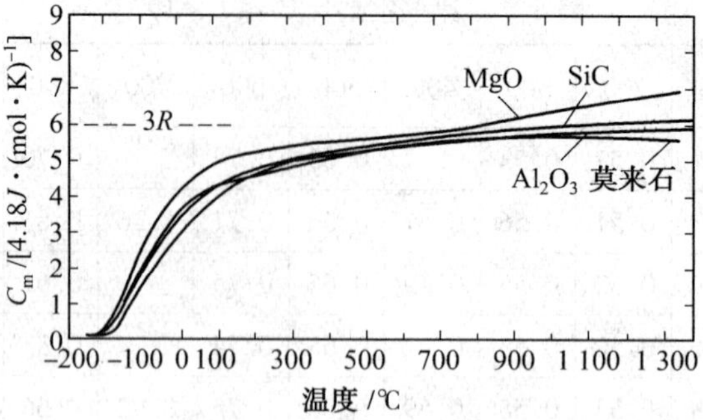

图 6.9 几种陶瓷材料的热容 - 温度曲线

表 6.4 一些陶瓷材料和其他材料的热性能比较

类别	材料	$C_{p,m}$/($J^{-1}·kg^{-1}·K^{-1}$)	α_1/(10^{-6} ℃$^{-1}$)	K/($W·m^{-1}·K^{-1}$)
陶瓷	氧化铝(Al_2O_3)	775	8.8	30.1
	氧化铍(BeO)	1 050[a]	9.0[a]	220[b]
	氧化镁(MgO)	940	13.5[a]	37.7[b]
	尖晶石($MgAl_2O_4$)	790	7.6[a]	15.0[b]
	熔融氧化硅(SiO_2)	740	0.5[a]	15.0[b]
	钠钙玻璃	840	9.0[a]	1.7[b]
金属	铝	900	23.6	247
	铁	448	11.8	80.4
	镍	443	11.3	89.9
	316 不锈钢	502	16.0	16.3[a]
高聚物	聚乙烯	2 100	60 ~ 220	0.38
	聚丙烯	1 880	80 ~ 100	0.12
	聚苯乙烯	1 360	50 ~ 85	0.13
	聚四氟乙烯	1 050	100	0.25

a—100 ℃ 时测得的数据;b—0 ~ 1 000 ℃ 的平均值

尽管热容对材料晶体结构不敏感,但是相变仍然对热容大小起作用。由于陶瓷材料一般是多晶多相系统,材料中的气孔率对单位体积的热容有影响。多孔材料因为质量轻,所以热容小,故提高轻质隔热材料的温度所需的热量远低于致密的耐火材料,因此周期加热的窑炉尽可能选用多孔的硅藻土砖、泡沫刚玉等,以达到节能的目标。

实验证明,在较高温度下(573 K 以上)固体的摩尔热容约等于构成该化合物各元素原子热容的总和,写成

$$C_m = \sum n_i C_i \tag{6.62}$$

式中,n_i 为化合物中元素 i 的原子数;C_i 为化合物中元素 i 的摩尔热容,对于多相复合材料的比热容 c 也有类似的公式

$$c = \sum w_i c_i \tag{6.63}$$

式中,w_i 为材料中第 i 种组成的质量分数;c_i 为材料中第 i 种组成的比热容。

6.2.4 相变对热容的影响

材料在发生相变时,形成新相的热效应与形成新相的形成热相关。其一般规律是:以化合物相的形成热最高,中间相形成热居中,固溶体形成热最小。在化合物中以形成稳定化合物的形成热最高,反之形成热低。根据热力学函数相变前后的变化,相变可以分为一级相变和二级相变。图 6.10 给出了相变温度和热焓 H、自由能 G、熵 S 及热容 C_p 的关系,下面分别予以介绍。

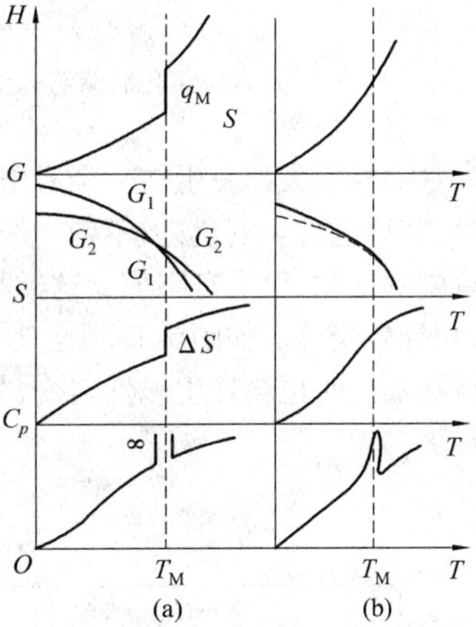

图 6.10 热焓 H、自由能 G、熵 S 及热容 C_p 随温度变化示意图

1. 一级相变

热力学分析已经证明,发生一级相变时,除有体积突变外,还伴随相变潜热发生。由图 6.10(a) 可知一级相变时热力学函数变化的特点,即在相变温度下,H(焓)发生突变,热容为无限大。由于一级相变发生在恒温恒压下,则 $\Delta H = \Delta Q_p$。故相变潜热(热效应 Q_p)可直接从 H 和 T 的关系曲线中得到。具有这种特点的相变很多,如纯金属的三态转变、同素异构转变,共晶转变、包晶转变等。固态的共析转变也是一级相变。

下面以金属熔化为例结合图 6.11 说明温度和焓的关系。由图可见,在较低温度时,随温度升高,热量缓慢增加,其后逐渐加快,到某一温度 T_M 时,热量的增加几乎是直线上升。在高于这个温度之后,所需热量的增加又变得缓慢。T_M 为金属熔点,在此温度下金属由固态变成液态,需要吸收部分热量,这部分热量即为熔化热 q_M。如将液态金属的焓变化曲线 F 和固态金属的焓变化曲线 K 相比较,可发现液态金属比固态(晶体)金属的焓高,因此可以说液态金属的热容比固态金属热容

大。陶瓷材料发生一级相变时，材料的热容会发生不连续突变，如图 6.12 所示 SiO_2 同素异构转变。

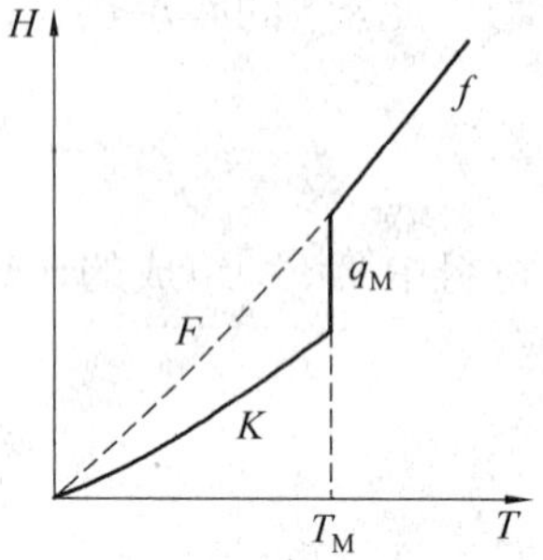

图 6.11 金属熔化时焓与温度的关系

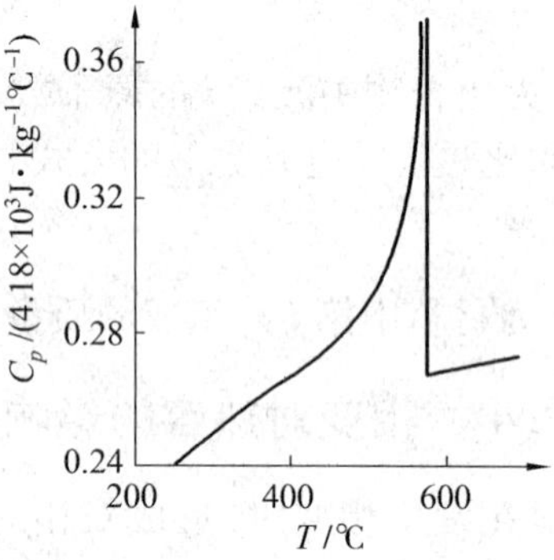

图 6.12 α— 石英，β— 石英转变的热容变化

2. 二级相变

这类相变大都发生在一个有限的温度范围。由图 6.10(b) 可见，发生二级相变时，其焓也发生变化，但不像一级相变那样发生突变，其热容 C_p 在转变温度附近也有剧烈变化，但为有限值。这类相变包括磁性转变、部分材料中的有序 - 无序转变，超导转变等。如图6.13 所示为 $CuCl_2$ 在24 K时磁性转变对热容的影响。同样，纯铁在加热时也会发生磁性转变，如图 6.14 所示的 A_2 转变点，其对热容的影响比较显著。

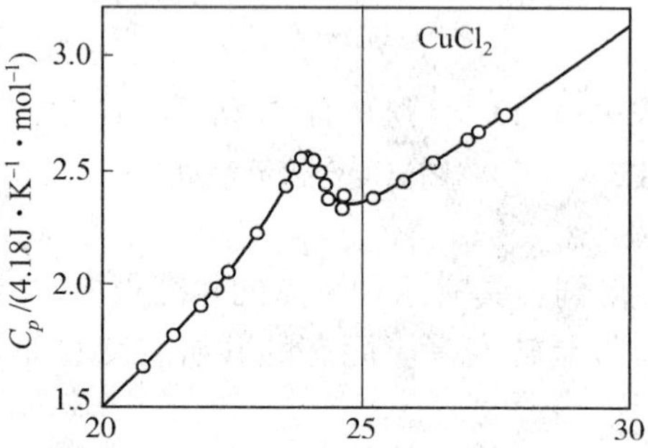

图 6.13 $CuCl_2$ 磁性转变对其热容的影响

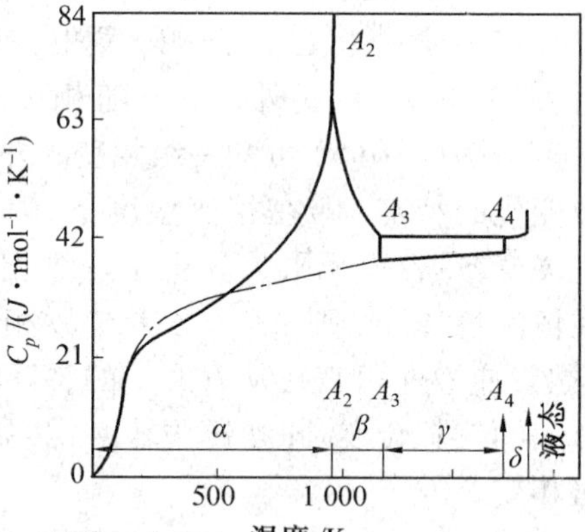

图 6.14 铁加热时的热容变化

6.2.5 焓和热容的测量

焓和热容是研究合金相变过程中重要的参数，研究焓和温度的关系，可以确定热容的变化和相变潜热。热焓(热容)的测量方法有很多，常用的是量热计、撒克

司和史密斯法。它们测定金属的比热容是以电加热为基础的。

(1) 撒克司法。

撒克司法一般用于高温下测热容,其装置如图6.15所示,其特点是将试样1作成圆桶形并加上带孔的盖,然后用石英棒托着置于一个厚壁的铜制箱体2内,箱体和盖都相互磨光密接,圆桶形试样内部安放一个电热丝,然后将试样和箱子一起放入电炉中(以真空环境为最佳)。箱体的温度 T_b 可以用热电偶测量,试样与箱体间的温差($T_b - T_a$)通过热电偶反接得到。

如果只用外电炉加热,则试样温度必然落后于箱体温度。为了使试样温度与箱体温度保持相同,使相互间不产生热交换,把圆桶形试样内的电热丝与电源接通。如果保证实验过程中 $T_s = T_b$,则电热丝发出的功率 $P = IU$(其中,I 为电流,U 为电压)全部用来加热试样,材料的比热容由下式求出

$$\bar{c}_p = \frac{qIU}{m(\mathrm{d}T_s/\mathrm{d}t)} \tag{6.64}$$

式中,q 为热功当量;m 为试样的质量;$\mathrm{d}T_s/\mathrm{d}t$ 为试样的升温速率,只有试样与箱体处于热平衡状态时,上式才能成立,故试验过程中严格控制 T_s 跟踪 T_b,使($T_s - T_b$)接近于零,而 T_b 随时间单调上升,如图6.16所示。目前的电子技术很容易解决这些问题,$T_b - t$ 图即代表了试样的升温曲线,从而得到

$$\frac{\mathrm{d}T_s}{\mathrm{d}t} = \frac{\mathrm{d}T_b}{\mathrm{d}t} + \frac{d}{\mathrm{d}t}(T_s - T_b) \tag{6.65}$$

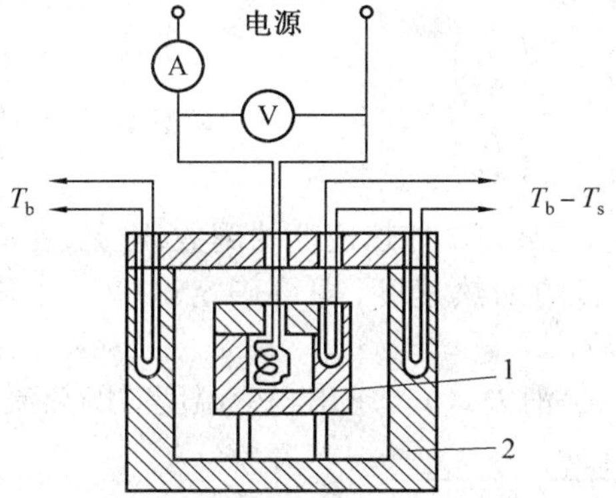

图6.15 撒克司法原理示意图

1— 试样;2— 箱体

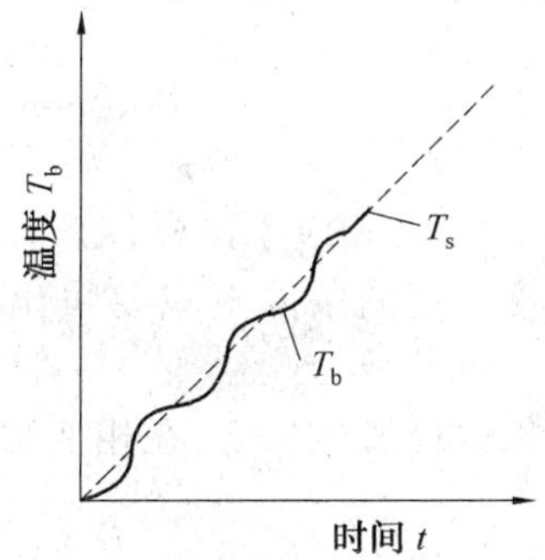

图6.16 箱体温度 - 时间关系图

(2) 史密斯法。

史密斯法测试的基本部分是将试样(ϕ19 mm × 38 mm)放在一个由小导热率耐火材料制成的杯子中,加上耐火盖封闭,一起送入电炉中加热。试样中插有热电偶用以测量试样温度,杯壁内外的温差 ΔT 由示差热电偶测量,如图6.17所示。此

法的要点是在试验过程中保持 ΔT 不变。如认为杯壁的热导率为常数，则通过杯壁传到试样的热流 H（以 $J \cdot s^{-1}$ 计）也是常数，在这个固定的 H（或 ΔT）下建立某种稳流状态，在此状态下开始把空杯子在 Δt_b 秒内加热升高 ΔT_b ℃，而消耗在升高 ΔT_b ℃ 的热量为

$$H\Delta t_b = \Delta T_b c_b m_b \tag{6.66}$$

式中，C_b 和 m_b 分别为杯子的比热容和质量；$\Delta T_b/\Delta t_b$ 为温度从 T 升高到 $T+\Delta T$ 的加热速度。当把试样放入杯中后，为了保持同样的 H 和 ΔT，需要用另一速度加热带有试样的杯子，即得到不同于 ΔT_b 和 Δt_b 的 ΔT_s 和 Δt_s，设试样的比热容为 C_s，则

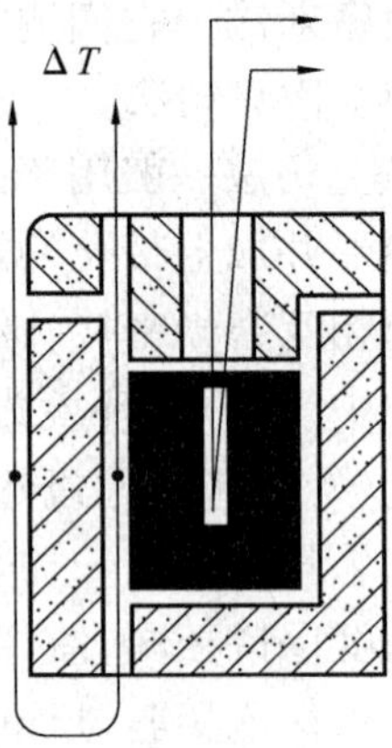

图 6.17 史密斯法原理示意图

$$H = \frac{\Delta T_s}{\Delta t_s}(c_s m_s + c_b m_b) \tag{6.67}$$

若杯子的比热容 c_b 及质量 m_b 为已知，根据上式即可求出 c_s。为此，可通过已知比热容的标样求出 $c_b m_b$ 的乘积，则上式可以写成

$$H = \frac{\Delta T_o}{\Delta t_o}(c_o m_o + c_b m_b) \tag{6.68}$$

式中，c_o，m_o 分别表示标样的比热容和质量

将以上三式联立求解，消去 H 和 $c_b m_b$ 得

$$\frac{c_o m_o}{c_s m_s} = \frac{\left(\frac{\Delta t}{\Delta T}\right)_o - \left(\frac{\Delta t}{\Delta T}\right)_b}{\left(\frac{\Delta t}{\Delta T}\right)_s - \left(\frac{\Delta t}{\Delta T}\right)_b} \tag{6.69}$$

式中，$\Delta t/\Delta T$ 为相应于试样（s）、标样（o）和空杯（b）加热速度的倒数，可见，在固定杯壁温度梯度的条件下只要量出三种状态的加热速度，即可确定试样的比热容 c_s。

如果试样发生相变，在相变温度下联立，消去 $c_b m_b$，求出相变温度时的热流

$$H = \frac{c_s m_s}{(\Delta t/\Delta T)_s - (\Delta t/\Delta T)_b} \tag{6.70}$$

并测定恒温相变持续时间 Δt，即可由 $Lm_s = H\Delta t$ 确定相变潜热 L。

撒克司法和史密斯法是测定材料比热容的基础，在此基础上目前已发展了许多新的测量方法，仪器的制造已相当完善。

6.2.6 热分析法

由于材料在热容测量中严格绝热要求难以实现，因而发展了广泛应用于相变

测试的热分析法，这一方法主要是为了探测过程的热效应，并确定热效应的大小和发生温度。现代的热分析是在程序控制温度下，测量物质的物理性质与温度关系的一种技术。根据国际热分析协会的分类，热分析方法共分为九类十七种，见表6.5。此处只介绍其中几种应用最多的热分析方法。

表6.5 热分析方法的分类

物理性质	热分析技术名称	缩写
质量	热重法	TG
	等压质量变化测定	
	逸出气检测	
	逸出气分析	EGD
	反射热分析	EGA
	热微粒分析	
温度	升温曲线测定	
	差热分析	DTA
热量	差示扫描量热法	DSC
尺寸	热膨胀法	
力学特性	热机械分析	TMA
	动态热机械法	DMA
声学特性	热发声法	
	热传声法	
光学特性	热光学法	
电学特性	热电学法	
磁学特性	热磁学法	

(1) 差热分析(DTA)。

差热分析是在程序控制温度下，测量处于同一条件下样品与参比物的温度差和温度关系的一种技术。其工作原理如图6.18所示。

图中1为试样和参比物及其温度变化测试系统。参比物又称为标准试样，往往是稳定的物质，其导热、比热容等物理性质与试样相近，但在应用的试验温度内不发生组织结构变化。处于加热炉2与均热坩埚内的试样和参比物在相同的条件下加热和冷却。试验和参比物之间的温差通常用对接的两支热电偶进行测定。热电偶的两个接点分别与盛装试样和参比物坩埚底部接触，或者分别直接插入试样和参比物中。测得的温差电动势经放大后由 $X-Y$ 记录仪直接把试样和参比物之间的温差 ΔT 记录下来。与此同时，$X-Y$ 记录仪也记录下了试样的温度（或时间 t），这样便获得差热分析曲线，即 $\Delta T-T(t)$ 图。当试样不发生相变时，试样温度 T_s 应与参比物温度 T_r 相等，即 $T_s-T_r=0$，则记录仪不指示任何示差电动势。如果样品发生吸热或放热反应，则 $\Delta T=T_s-T_r$，在 $X-Y$ 记录仪上就可得到 $\Delta T=f(T)$ 差热分析曲线。

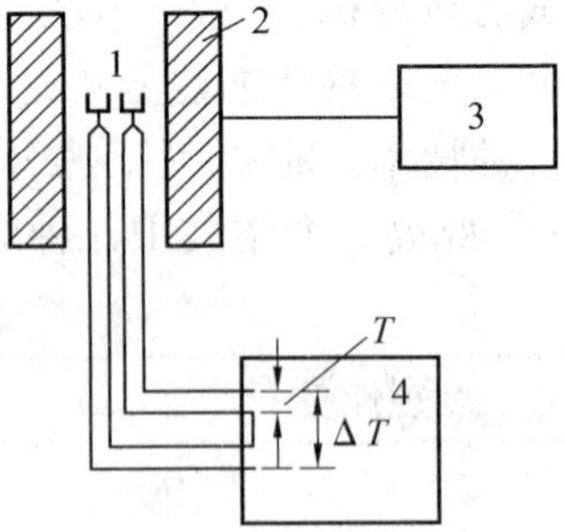

图6.18 DTA 仪简图

1— 测量系统;2— 加热炉;3— 温度程序控制器;4— 记录仪

差热分析虽然广泛应用于材料物理化学性能变化的研究，但同一物质测定得到的值往往不一致。这主要是由于实验条件不一致引起的。因此必须认真控制影响实验结果的各种因素，并在发表数据时应说明测定时所用的实验条件。影响实验结果的因素包括：实验所用仪器（如炉子形状、尺寸、热电偶位置等）；升温速率；气氛；试样用量、粒度等。

（2）差示扫描量热法（DSC）。

由于差热分析与试样内的热传导有关，而试样和参比物与坩埚之间的导热系数又不断随温度变化，因此定量分析又相当困难。为了保持DTA测试速度快，样品用量少、适用范围广等优点，克服其定量分析的困难而研制出 DSC。根据测量方法不同，差示扫描量热计又分为功率补偿型和热流型。这里只介绍功率补偿型的 DSC。

功率补偿型 DSC 原理图如图6.19所示，其主要特点是试样和参比物分别具有独立的加热器和传感器。通过加热调整试样的加热功率 P_s，使试样和参比物的温度 ΔT 为0，这样可以从补偿的功率直接计算热流率，即

$$\Delta W=\frac{\mathrm{d}Q_s}{\mathrm{d}t}-\frac{\mathrm{d}Q_r}{\mathrm{d}t}=\frac{\mathrm{d}H}{\mathrm{d}t} \qquad (6.71)$$

式中，ΔW 为所补偿的功率；Q_s 为试样的热量，Q_r 为参比物的热量；$\frac{\mathrm{d}H}{\mathrm{d}t}$ 为热流率，其单位为 mJ/s。该仪器中，试样和参比物的加热器电阻相等，$R_s=R_r$，当试样没有任何热效应时，有

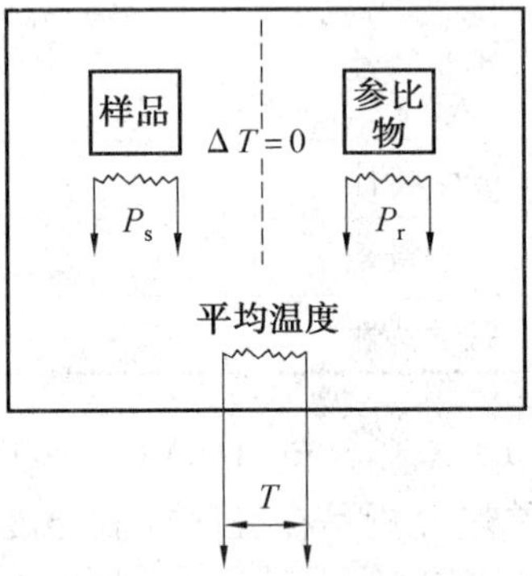

图6.19 功率补偿型 DSC 原理图

$$I_s^2R_s^2=I_r^2R_r^2 \qquad (6.72)$$

如果试样产生热效应，立即进行功率补偿的值为

$$\Delta W = I_s^2 R_s - I_r^2 R_r \tag{6.73}$$

令 $R_s = R_r = R$，则

$$\Delta W = R(I_s + I_r)(I_s - I_r) \tag{6.74}$$

令 $I_s + I_r = I_T$，则

$$\Delta W = I_T(I_s R - I_r R) = I_T(U_s - U_r) = I_T \Delta U \tag{6.75}$$

式中，I_T 为总电流；ΔU 为电压差。若 I_T 为常数，则 ΔW 与 ΔU 成正比，因此 ΔU 直接表示了 $\frac{dH}{dt}$。

值得注意的是，DSC 和 DTA 的曲线形状相似，但其纵坐标不同，前者表示热流率 dH/dt(mJ/s)，后者表示温度差。

6.3 材料的热膨胀

6.3.1 材料的热膨胀系数

一般说来，物体的热胀冷缩是一种普遍现象，固体材料的热膨胀本质归结为点阵结构中的质点间平均距离随温度升高而增大。而膨胀系数是材料的重要物理参数，不同的物质其热膨胀特性是不同的。通常，膨胀系数指的是温度变化 1 ℃ 物体单位长度的变化量，故也称为线膨胀系数，用其区别于表示物体单位体积变化量的体膨胀系数。

与电阻温度系数的定义一样，金属材料在不出现相变和磁性转变的情况下，试样长度随温度的变化可近似表示成线性关系

$$L_2 = L_1[1 + \bar{\alpha}(T_2 - T_1)] \tag{6.76}$$

式中，L_2 和 L_1 为在 T_2 和 T_1 温度下试样的长度；$\bar{\alpha}$ 为平均膨胀系数，表示成

$$\bar{\alpha} = \frac{1}{L_1} \cdot \frac{L_2 - L_1}{T_2 - T_1} \tag{6.77}$$

实际上，即使在没有相变的温度范围内，不同温度下材料的膨胀系数也并非严格恒定的。为了反映某一温度 T 时材料真实的热膨胀特性，可以用温差 $T_2 - T_1$ 趋近于零时的“真膨胀系数” α_T 来表示

$$\alpha_T = \frac{1}{L_T} \cdot \frac{dL}{dT} \tag{6.78}$$

式中，L_T 为温度 T 时试样的长度。

对于某一组织稳定的材料来说，真膨胀系数 α_T 随温度略有变化。实际应用的膨胀系数通常均为某一温度区间内的平均线膨胀系数 $\bar{\alpha}$。

如果金属在加热和冷却的过程中发生了相变，由于不同组成相的比热容差异，

将引起热膨胀的异常,这种异常的膨胀效应为研究材料中的组织转变提供了重要的信息。因此,对于研究与固态相变(尤其是体积效应较大的一级相变)有关的各种问题,膨胀分析可以做出重要的贡献。研究热膨胀的另一方面兴趣是来自于仪表工业对材料热膨胀性能的特殊要求。例如作为尺寸稳定零件的微波设备谐振腔、精密计时器和宇宙航行雷达天线等,都要求在气温变动范围内具有很低的膨胀系数的合金;电真空技术中为了与玻璃、陶瓷、云母、人造宝石等气密封接要求具有一定膨胀系数的合金;用于制造热敏感元件的双金属却要求高膨胀合金。

6.3.2 热膨胀的物理机制

固体材料热膨胀本质归结为点阵结构中的质点间平均距离随温度升高而增大。晶格振动中相邻质点间的作用力实际上是非线性的,即作用力并不简单地与位移成正比。由图6.20可以看到,在质点平衡位置 r_0 的两侧,合力曲线的斜率是不等的。当 $r < r_0$ 时,斜率较大,所以 $r < r_0$ 时,斥力随位移增大很快;$r > r_0$ 时,引力随位移的增大要慢一些。在这样的受力情况下,质点振动的平均位置不在 r_0 处,而要向右移,因此相邻质点间平均距离增加。温度越高,振幅越大,则质点在 r_0 两侧受力不对称情况越显著,平衡位置向右移动越多,相邻质点平均距离就增加得多,导致微观上晶胞参数增大,宏观上晶体膨胀。

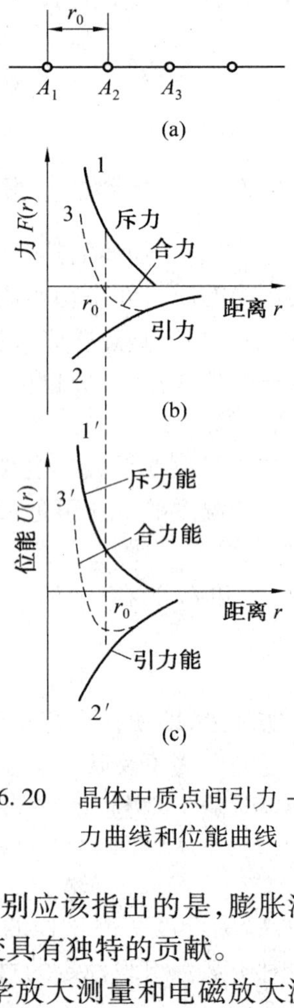

图6.20 晶体中质点间引力-斥力曲线和位能曲线

6.3.3 热膨胀系数的测量

长期以来,膨胀测量已成为广泛用于材料热性能研究的一种物理方法,它不仅应用于测定材料的膨胀特性,还可以用来分析不同温度区间的组织结构变化。最初,由于技术上的限制,膨胀法仅限于低速的加热、冷却过程中进行测量,后来随着加热方法(炉型和电子控制系统)的改进,以及位移测量系统方面的进步,膨胀分析的优点被大大发扬了,特别应该指出的是,膨胀法在快速加热、冷却的热循环中对于研究材料组织结构转变具有独特的贡献。

目前常用的测量仪器主要分为机械放大测量,光学放大测量和电磁放大测量三类,下面简单予以说明。

1. 机械放大测量法

机械放大测量法主要包括千分表简易膨胀仪和杠杆式膨胀仪两种。膨胀仪的基本结构通常由加热炉、试样热膨胀时位移的传递机构和位移的记录装置组成。

(1) 千分表简易膨胀仪。

千分表简易膨胀仪是最简单的机械式膨胀仪,利用千分表直接测量试样的热膨胀。如图 6.21 所示即为千分表简易膨胀仪。图 6.21 中待测试样一般做成 ϕ3 mm ×(30 ~ 50)mm 的杆状,待测试样放在一端封闭的石英管底部,使其保持良好的接触,试样的另一端通过石英传动杆与千分表的触头保持良好接触。炉子 3 通电加热时,试样受热膨胀经传动杆传递,在千分表上计量。热电偶焊在试样上测量温度。

为了防止电炉表面温度过高,减少散热对千分表精确度的影响,通常在炉子周围加上冷却水套。选用石英做套管和顶杆是因为在0 ~ 1 000 ℃ 范围内,石英不发生相变,且膨胀系数极低,在通常情况下可以忽略不计。

千分表简易膨胀仪简单易行,但其精确度受千分表的最小刻度(0.001 mm) 所限,且不能进行膨胀量的放大与记录,对于体积效应较小的相变在实验数据中得不到反映。

(2) 杠杆式膨胀仪。

在工业上为了测定材料的膨胀系数和临界点,通常必须对热膨胀引起的位移进行放大和记录。杠杆式膨胀仪一般可将位移放大几百倍,且工作情况相当稳定,如图 6.22 所示。

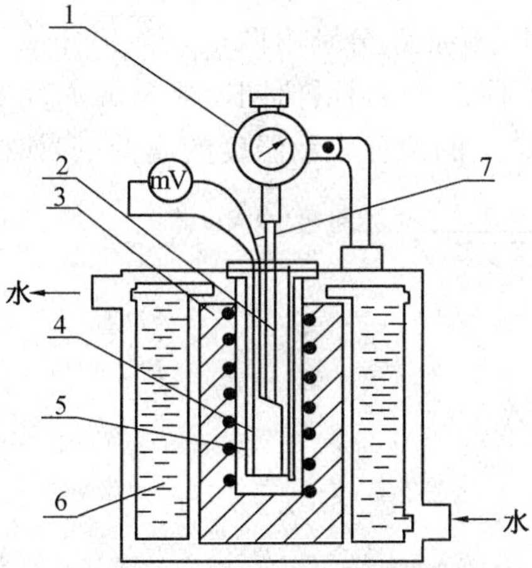

图 6.21　千分表简易膨胀仪

1— 千分表;2— 石英顶杆;3— 加热炉;4— 试样;5— 石英套管;6— 冷却水套;7— 热电偶

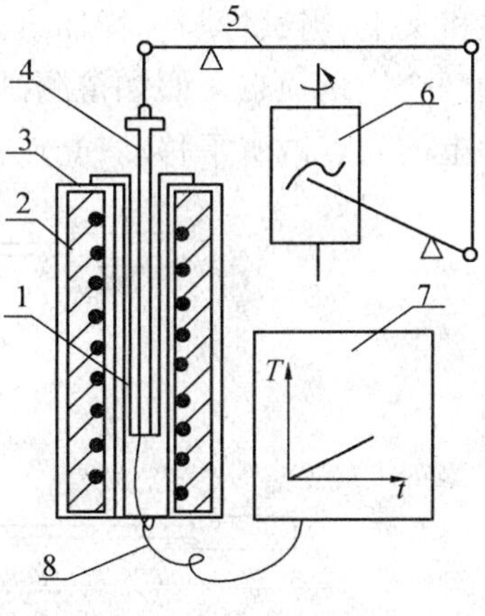

图 6.22　杠杆式膨胀仪示意图

1— 试样;2— 加热炉;3— 石英套管;4— 石英顶杆;5— 杠杆机构;6— 转筒;7— 温度记录仪;8— 热电偶

从图中可以看出，试样的膨胀量经过两次杠杆放大传递到记录用的笔尖上，由于安放在转筒上的记录纸以一定速度移动，因而可以把膨胀量随时间的变化情况记录下来。与此同时，用一个温度控制与记录仪记录试样的升温情况，并根据这两条曲线换算成膨胀曲线，即膨胀量与温度的关系曲线。

2. 光学膨胀仪

光学膨胀仪是应用广泛而又较精密的一种膨胀仪，其特点是把加热炉做成卧式，使炉温比较均匀；由于采用光学放大系统并通过照相进行记录，因此机械惰性小，提高了仪器的灵敏度。此外，在光学膨胀仪中一般都采用与待研究试样一起加热的标准试样，利用其伸长量来标定试样的温度，这就使得试样温度的测量比较方便。根据仪器的测量原理可以分为普通光学膨胀仪和示差光学膨胀仪两种。

（1）普通光学膨胀仪。

在这种膨胀仪中，以标准试样的膨胀量来标定温度。那么，标准试样的选择必须满足导热系数与待研究试样接近；伸长与温度成正比；在使用温度范围内没有相变；由较大的膨胀系数且不易发生氧化。因此，通常选用纯铝或纯铜作为在较低温度下研究有色合金的标准试样。

为了使标准试样能正确反映待研究试样的温度，必须使两个试样处于相同的加热条件下，特别在测定马氏体相变温度的淬火试验中，把标样与试样的几何形状与尺寸做得一样是比较有利的。

普通光学膨胀仪测量的核心部分是由一块小的直角等腰三角板所组成的光学杠杆机构，如图6.23所示。三角板当中安装一个凹面镜，三角板的直角顶点由铰链固定在机架上，当试样与标样加热时，它们的膨胀量分别由两根石英顶杆传递到三角板的两个锐角顶点。假如待测试样长度不变，只有标样伸长，则从光源反射到照相底片上的光点做水平移动，光点在水平轴上的位置表示温度的高低；假如标样

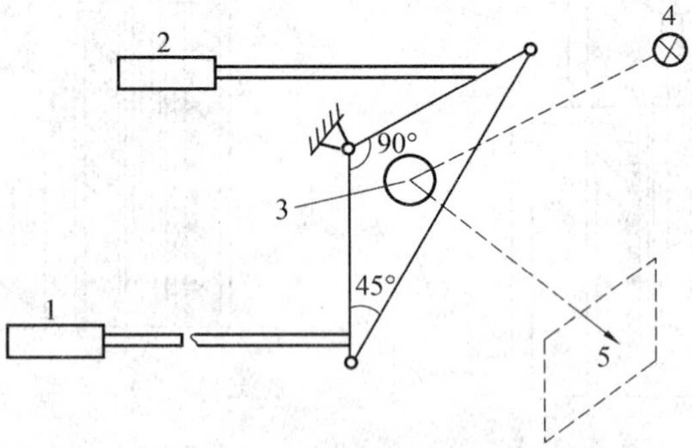

图6.23 普通光学膨胀仪测量示意图

1— 待测试样；2— 标准试样；3— 凹面镜；4— 光源；5— 照相底片

长度不变，仅仅待测试样伸长，则反射光点做垂直向上移动。现在两个试样在加热过程中同时伸长，那么就可以得到热膨胀曲线。

(2) 示差光学膨胀仪。

示差光学膨胀仪是为了提高相变测试的灵敏度在普通光学膨胀仪基础上进行改进的一种仪器。它和普通光学膨胀仪不同的是，其测量部分的三角板不是等腰三角形，而是一个具有 30° 和 60° 角的直角三角形。30° 角的顶点用铰链固定，60° 角的顶点通过石英顶杆与待测试样 1 接触，直角顶点通过另一石英顶杆与标准试样 2 接触，如图 6.24 所示。

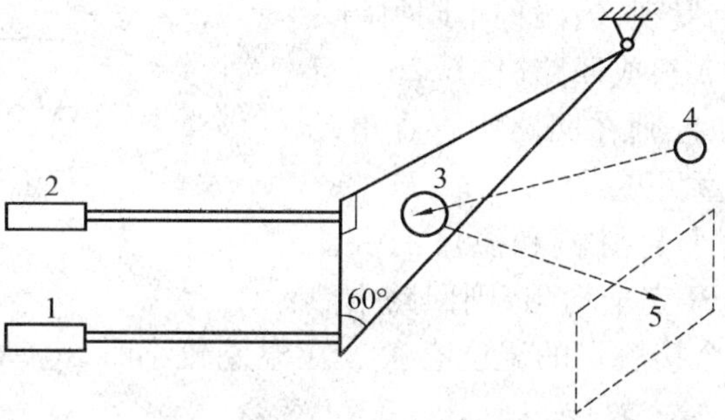

图 6.24 示差光学膨胀仪测量原理图

1— 待测试样；2— 标准试样；3— 凹面镜；4— 光源；5— 照相底片

如果标准试样长度不变，仅待测试样伸长时，反射的光点在底片上将垂直向上移动；如果待测试样长度不变，仅标准试样伸长时，反射光点不是沿水平方向移动，而是沿与水平轴成 α 角的方向移动，如图 6.25 所示。可见，OB 代表待测试样的伸长，OA 代表标准试样的伸长。但两个试样被加热同时伸长时，光点沿 OC 移动，显然，C 点在纵轴上的投影即为标准试样伸长在纵轴上的投影与试样伸长之差，故称为示差。如图 6.25 所示。

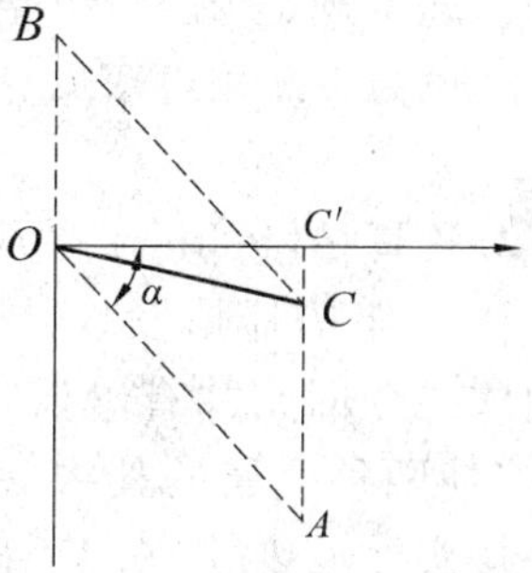

图 6.25 光点移动示意图

$$CC' = \overline{OA}\sin\alpha - \overline{OB}$$

在示差膨胀测量中标准试样的功能除跟踪和指示待测试样的温度外，还有一个重要的功能，就是在试样内部组织未发生转变时，将标准试样伸长在纵坐标上的投影与试样的伸长相互抵消，这样使膨胀量的测量范围缩小，从而可采用更大的光学放大倍数，使转变部分的曲线突出出来，提高测量的灵敏度和精确度。

必须注意的是示差光学膨胀仪在相变测试方面比普通光学膨胀仪要灵敏，但不能用于材料膨胀系数的测定。

6.4 热电性

温度测量中广泛应用的热电偶,是根据 Seebeck 发现的热电效应制造的,热电偶能进行温度测量正是由于热电偶材料具有热电性,下面简单对热电性进行介绍。

6.4.1 热电效应

1. 塞贝克(Seebeck)效应

1821 年,塞贝克发现,当两种不同材料 A 和 B(导体或半导体)组成回路(图 6.26),且两接触处温度不同时,则在回路中存在电动势。这种效应称为塞贝克效应。

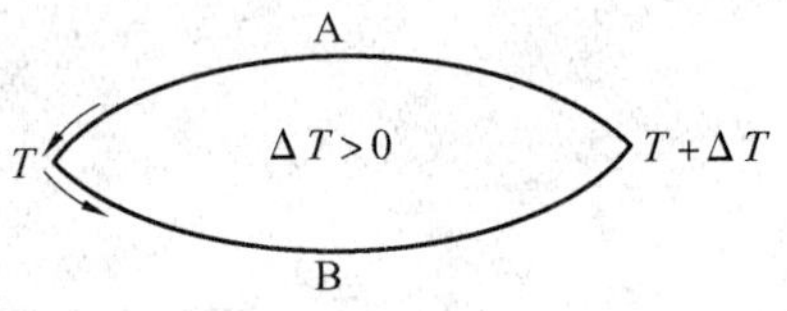

图 6.26　塞贝克效应

其电动势的大小与材料和温度有关。如果两种材料 A 和 B 完全均匀,则回路中热电势的大小仅与两个接触点的温度有关。在温差较小时,电动势与温度差有线性关系

$$E_{AB} = S_{AB}\Delta T \tag{6.79}$$

式中,S_{AB} 称为 A 和 B 间的相对塞贝克系数。由于电动势有方向性,所以 S_{AB} 也有方向性。通常规定,在冷端(温度相对较低的一端)其电流由 A 流向 B,则 S_{AB} 为正,显然 E_{AB} 也为正。相对塞贝克系数具有代数相加性,因此,绝对塞贝克系数定义为

$$S_{AB} = S_A - S_B \tag{6.80}$$

2. 珀耳帖(Peltier)效应

1834 年珀耳帖发现,当两种不同金属组成一个回路并有电流在回路中通过时,将使两种金属的其中一接头处放热,另一接头处吸热(图 6.27)。如果电流从一个方向流过接点使接点吸热,那么电流反向后就会使其放热。这种效应称为珀耳帖热效应。如果电流方向在接头处与塞贝克效应所产生的热电流方向一致,该接点就要吸收热量,这时,另外一端就要放热。单位时间内两种金属接点吸收(或放出)的热量与流过接点的电流 I 成正比,满足下式

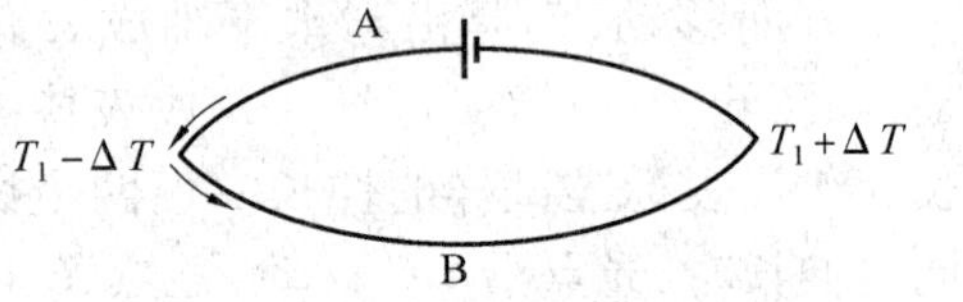

图 6.27　珀耳帖效应

$$q_{AB} = \Pi_{AB} I \tag{6.81}$$

式中,q_{AB} 为接头处吸收珀耳帖热的速率;Π_{AB} 为金属 A 和 B 之间相对珀耳帖系数;I 为通过的电流。

珀耳帖效应产生的热量总是叠加到焦耳热中或从中减去，而不能以单独的形式得到。利用焦耳热与电流方向无关的事实，假设只按一个方向通电，然后按另一个方向通电，若测到两种情况的热量相减即可消去焦耳热，相减的结果即为珀耳帖热的2倍。

3. 汤姆逊(Thomson)效应

1847年，汤姆逊根据热力学理论，证明珀耳帖效应是塞贝克效应的逆过程，并预测，在具有温度梯度的一根均匀导体通过电流时，整个导体上会产生吸热和放热现象，这就是汤姆逊效应。可以用图6.28表示。

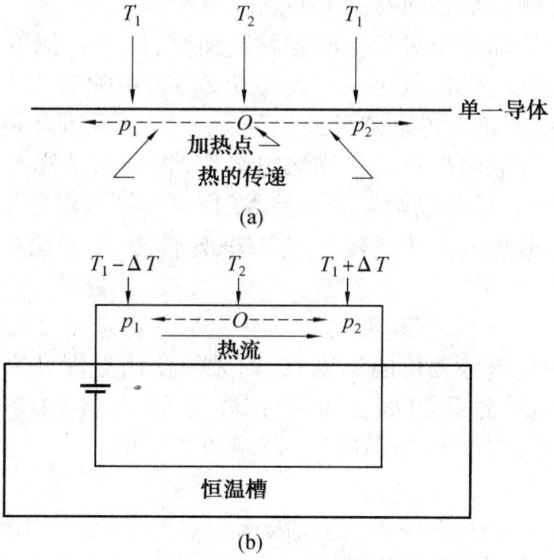

图6.28 汤姆逊效应

单位时间内单位长度导体所吸收(或放出)的热量 Q 与通过的电流 I 成正比，与导体中的温度梯度 $\frac{\mathrm{d}T}{\mathrm{d}X}$ 成正比，写成

$$Q = tI\frac{\mathrm{d}T}{\mathrm{d}X} \tag{6.82}$$

式中，t 取决于材料的系数，称为汤姆逊系数。若电流方向与温度梯度产生的热流方向一致时，为放热效应；反之，若电流方向与热流方向不一致时为吸热效应。

汤姆逊热效应也是一种可逆的热过程，利用它有别于不可逆的焦耳热效应，也可以和珀耳帖效应一样，从通电产生的焦耳热中区分出来，但汤姆逊效应又不同于珀耳帖效应，它是普遍存在于这个均匀金属导体中的效应，而珀耳帖效应则出现于两种金属的连接处。

综上所述，在有不同接点温度 T_1 和 T_2 的金属导体AB中，上述所有三种效应将同时出现。倘若回路闭合,热电势将引起热电流。当热电流通过接点时,其中一个接点放出珀耳帖热,另一个接点吸收珀耳帖热。由于存在温度降落,导体A和B中又有热电流通过,因而将出现汤姆逊效应,即在每一条导体的全长上放出或吸收汤姆逊热。

6.4.2 热电势的测量

热电势的测量通常包括温度测量和电动势测量两个方面。热电势测量使用的电位差计与温度测量使用的基本相同,一般准确度在0.05% ~ 0.01%,所有用于研究目的的热电势测量都必须有一定的热源和冷源。

由于通常热电势都是相对某一固定材料而言,即使在深低温下测量绝对热电势率,也是与某一超导材料(其绝对电动势 S 为零)相配对。为了使测量有统一的量度,要求参考电极的绝对电动势已经反复确定,且对周围环境影响不敏感。

为了测量某一温区内材料的平均热电势率,将待测试样与某一参考电极组成回路,得到总热电势 E 后除以两端的温差 ΔT 即可得到该温差范围内的平均热电势率。用来测量总热电势的方法通常有定点法、比较法、示差法等。

1. 定点法

所谓定点法,是利用某些高纯物质具有稳定的物态转变温度和国际温标所定义的固定温度作为热电势测量的温度点,而无须使用温度计来确定试样所处的温度。通常作为热电测量的固定点有:液氦的沸点(4.2 K)、液氧的沸点(-182.962 ℃)和干冰的升华温度(-78.476 ℃)等。

2. 比较法

定点法的温度值虽然很精确,但仅限于少数温度点,应用受到限制。目前,材料电动势的测量多数还是采用比较法。比较法的原理是把待测试样与已知热电特性的标准参考电极的一端相焊,组成热电偶的测量端,按要求的测试温度置于相应的热源中,而参考端置于冰点槽内进行测量。由于使用的热源温度在其使用的范围内可以连续改变,因此可以测定各种温度下试样对标注参考电极的热电势。用比较法测定热电势的测量回路如图6.29所示。

3. 示差法

示差法也是一种在材料研究和热电分析中广泛应用的热电势测量方法。其原理是将待测试样B与参考电极A构成两对A-B热电偶,并在 O 点反串联为示差热电偶。无论 O 点处于什么温度,测量时参考电极的参考端始终保持恒定温度,如图6.30所示。

对于示差热电偶而言,只要 $T_1 \neq T_2$,就会产生热电势。该热电势就是在稳定热源温度下温差为 $\Delta T = T_2 - T_1$ 时,试样B为相对于参考电极A的热电势值。作示差测量也必须有稳定的热源,且试样还要处于一定的温差 ΔT 之中,产生 ΔT 的方法通常可以附加一个小的热源。

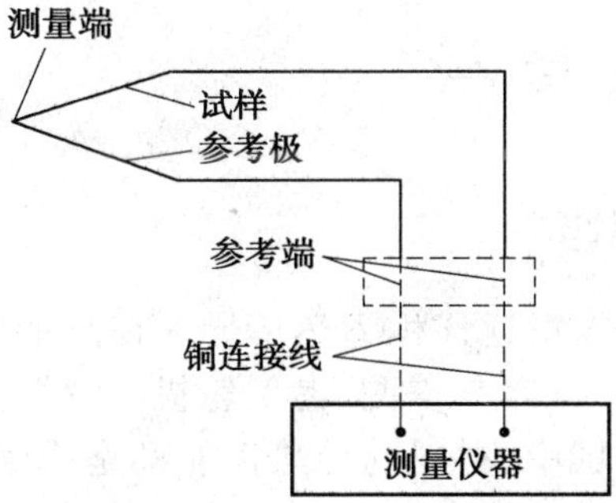

图 6.29 比较法测量热电势示意图

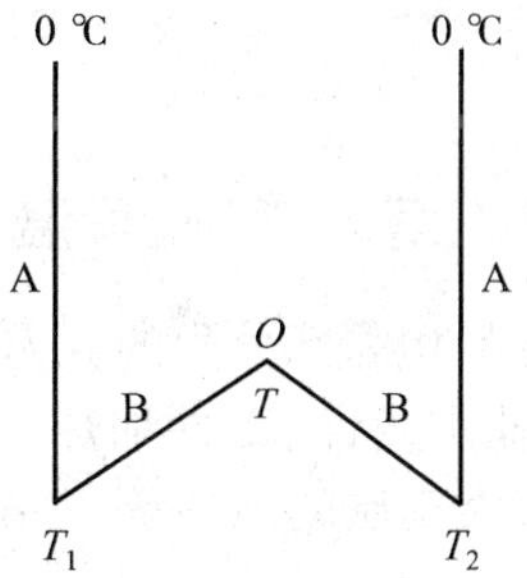

图 6.30 示差法测量热电势原理

T_1 和 T_2 通常是用两支相同类型且经过单支检定的细支热电偶来确定，热电偶的丝径尽量细，以不扰乱试样的温度场为准。两支测温热电偶可以分别和参考电极一起焊在试样的不同点，为了得到高的分辨率，可以采用光电放大检流计。测温热电偶的参考端(冷端)应处于保持 0 ℃ 的冰点器中，参考电极的参考端通常也处于冰点器中以保持温度恒定，如图 6.31 所示。图中的转换开关是用来切换两支热电偶和两参考电极间的热电势信号，依次提供给电位差计，反向开关是用来确定试样对参考电极的极性。

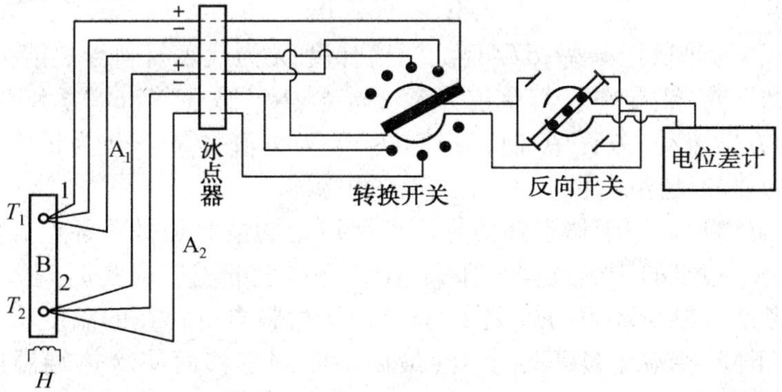

图 6.31 示差法测量热电势示意图

具体的测量过程是：

(1) 通过转换开关先用热电偶 1 和 2 测量出温度 T_1 和 T_2。

(2) 测量两参考电极 $A_1 \sim A_2$ 间的热电势 E，即待测材料 B 处于温度 T_1 时相对于参考电极 A 和温度 $\Delta T = T_2 - T_1$ 的热电势值。测量时，T_1 温度由所用的稳定热源确定，ΔT 可以通过调整小热源来改变，以得到不同 ΔT 下的热电势值。

(3) 最后，将所得到的热电势值 E 除以 ΔT 即可得到接点两端温差范围内的平均热电势率。

6.5 热传导

6.5.1 导热系数、导温系数和热阻

由于材料相邻部分间的温差而发生的能量迁移称为热传导。在热能工程、制冷技术、工业炉设计、工件加热和冷却、房屋采暖与空调、燃气轮机叶片散热，以及航天器返回大气层的隔热等一系列技术领域中，材料的导热性能都是一个重要的问题。

设有一块横截面为A、厚度为Δx的板材，板的两面存在温差ΔT，我们量出在时间Δt内流过的热量为ΔQ。实验证明，单位时间内流过的热量$\Delta Q/\Delta t$与A和ΔT均成正比而与厚度Δx成反比，即

$$\frac{\Delta Q}{\Delta t} \propto A\frac{\Delta T}{\Delta x} \tag{6.83}$$

在板材厚度为无限小的$\mathrm{d}x$情况下，板两面温差为$\mathrm{d}T$，则可以得到热传导的傅里叶(Fourier)定律

$$\frac{\mathrm{d}Q}{\mathrm{d}t} = -\lambda A\frac{\mathrm{d}T}{\mathrm{d}x} \tag{6.84}$$

式中，$\mathrm{d}Q/\mathrm{d}t$称为热量迁移率；$\mathrm{d}T/\mathrm{d}x$为温度梯度；λ为代表材料导热能力的常数，称为“导热系数”或“热导率”，其单位为$\mathrm{W\cdot m^{-1}\cdot K^{-1}}$或$\mathrm{W\cdot cm^{-1}\cdot K^{-1}}$。由于热量沿$T$降低的方向流动，方程中加负号使$\mathrm{d}T/\mathrm{d}x$为负值时，$\mathrm{d}Q/\mathrm{d}t$为正值。与非金属相比，金属为热的良导体，而气体则是热的绝缘体。

傅里叶定律只适用于移态热传导。若所讨论的情况是材料各点温度随时间变化，即传热是不稳定的传热过程。那么，在该材料上的温度应是时间t和位置x的函数，若不考虑材料与环境的热交换，只是由于材料自身存在的温度梯度将导致热端温度不断下降，冷端温度不断上升，最后随时间推移而使冷热端温度差趋近于零，达到平衡状态。

理论分析表明，不稳定导热过程与体系的热函相联系，而热函的变化速率与材料的导热能力(λ)成正比，与储热能力(体积热容)成反比。因此，工程上常采用与导热系数有关的一个参数，称为导温系数或热扩散率α，定义为

$$\alpha = \frac{\lambda}{cd} \tag{6.85}$$

式中，λ为热导率；c为比热容；d为密度。导温系数的引入是出于不稳定热传导过程的需要。在不稳定热传导过程中，材料内经历着热传导的同时还有温度场随时间的变化。热扩散率正是把两者联系起来的物理量，其表示温度变化的速率。在加热和冷却相同的条件下，α越大的材料各处的温差越小。例如，金属工件在加热

炉内被加热的情形就是一种典型的不稳定导热过程。要计算出经过多长时间才能使工件达到某一预定的均匀温度,就需要知道导温系数。

与电导率和电阻率之间的关系一样,也可以引入热阻率 $\bar{\omega} = 1/\lambda$ 的概念,同样可以把合金固溶体的热阻分为基本热阻(本征热阻)$\bar{\omega}(T)$ 和残余热阻两部分。基本热阻也是基质纯组元的热阻,为温度的函数,而残余热阻则与温度无关,即

$$\overline{W} = \overline{W}_0 + \overline{W}(T) \tag{6.86}$$

由于热阻的大小表征着材料对热传导的阻隔能力,故可以根据材料热阻的数值对工程技术的不同装置进行“隔热”或“导热”的计算。此类隔热装置的应用十分广泛,如锅炉、冷冻、冷藏、石油液化、建筑结构等需要隔热;燃气轮机叶片和电子元件散热器等要求导热,特别是那些超低温和超高温装置对隔热材料更有严格的要求。例如,近代低温物理技术已能达到 10^{-4} K,液化天然气需要长途运输,航天飞行器需要携带液氢燃料,而飞船返回大气层时前沿局部要经受 4 273 K ~ 5 773 K 的高温。隔热材料和热防护材料对于实现这些目标是至关重要的。

6.5.2 魏德曼 - 弗朗兹定律

在量子论出现之前,人们研究金属材料的热导率时发现一个引人注目的实验事实:在室温下许多金属的热导率与电导率之比 λ/σ 几乎相同,且不随金属不同而改变,称为魏德曼 - 弗朗兹(Widemann - Franz)定律。这一定律同样表明,导电性好的材料,其导热性也好。后来洛伦兹(Lorenz)进一步发现,比值 λ/σ 与温度 T 成正比,该比例常数称为洛伦兹数,且可导得

$$L = \frac{\lambda}{\sigma T} = \frac{\pi^2}{3}\left(\frac{k_B}{e}\right)^2 = 2.54 \times 10^{-8}\ \mathrm{W \cdot \Omega \cdot K^{-2}} \tag{6.87}$$

式中,k_B 为玻耳兹曼常数;e 为电子电量。表 6.6 列出了一些金属的洛伦兹数的试验值。

表 6.6 若干金属洛伦兹数的试验值

金属	$L/(\times 10^5\ \mathrm{W \cdot \Omega \cdot K^{-2}})$		金属	$L/(\times 10^5\ \mathrm{W \cdot \Omega \cdot K^{-2}})$	
	0 ℃	100 ℃		0 ℃	100 ℃
Ag	2.31	2.37	Pb	2.47	2.56
Au	2.35	2.40	Pt	2.51	2.60
Cd	2.42	2.43	Sn	2.52	2.49
Cu	2.23	2.33	W	3.04	3.20
Ir	2.49	2.49	Zn	2.31	2.33
Mo	2.61	2.79			

各种金属的洛伦兹数都一样,这一事实是因为它所表征的同是费密面上各电

子所参与的物理过程。但是许多事实也表明,洛伦兹数只有在 $T > 0$ ℃ 的较高温度时才近似为常数。当 $T \to 0$ K时,洛伦兹数也趋近于零。因为金属中的热传导不仅仅依靠电子来实现,也还有声子(点阵波)的作用,尽管它所占的比例很小。然而,随着温度的降低,电子的作用很快被削弱,使导热过程变得复杂起来。因此,不同金属的洛伦兹数偏离恒定值也就容易理解。从表6.6可见,不同金属 L 值有些差别,对于合金间的差异则更大,如果计算出声子(点阵波)的导热系数 λ_1,从总的热导率 λ 中减去声子部分的贡献,则洛伦兹数被修正为

$$L' = \frac{\lambda - \lambda_1}{\sigma T} \approx 2.5 \times 10^{-8}\ \mathrm{W \cdot \Omega \cdot K^{-2}} \tag{6.88}$$

修正后的洛伦兹数 L',除 Be 和 Cu 以外,对绝大多数金属都相符合,对合金也可适用。

应当看到,即使魏德曼 - 弗朗兹定律和洛伦兹数是近似的,但它们所建立的电导率与热导率之间的关系还是很有意义的。因为,与电导率相比热导率的测定既困难又不准确,这就提供了一个通过测定电导率来确定金属热导率的既方便又可靠的途径。

6.5.3 热传导的物理机制

热传导过程就是材料内部的能量传输过程。在固体中能量的载体可以有:自由电子、声子(点阵波)和光子(电磁辐射)。因此,固体的导热包括电子导热,声子导热和光子导热。对于纯金属而言,电子导热是主要机制;在合金中声子导热的作用要增强;在半金属或半导体内声子导热常与电子导热相仿;而在绝缘体内几乎只存在声子导热一种形式。通常可以不考虑光子导热。因为只有极高温下才可能有光子导热存在。根据不同导热机制的贡献,可以把固体材料的导热系数写成

$$\lambda = \lambda_e + \lambda_1 \tag{6.89}$$

式中,λ_e 为电子导热系数;λ_1 为声子(点阵波)导热系数。

按照气体分子运动论并取某种近似,可得到的气体导热系数为

$$\lambda = \frac{1}{3} c v \bar{l} \tag{6.90}$$

式中,c 为单位气体比热容;v 为分子速度;$\bar{l}$ 为分子的平均自由程。气体分子的比热容越大,意味着气体分子从高温区向低温区运动时,携带能量越多;气体分子的运动速度越高,意味着单位时间内有更多的气体分子通过所考虑的截面。气体分子的平均自由程是气体分子运动过程中相邻两次碰撞的平均距离。

借用气体导热系数公式近似地描述固体材料中电子、声子和光子的导热机制,则有

$$\lambda = \frac{1}{3} \sum_j c_j v_j \bar{l}_j \tag{6.91}$$

式中，下标 j 的参数表示不同载体类型的相应物理量。电子的导热系数可写成

$$\lambda = \frac{1}{3} c_e v_e \bar{l}_e \tag{6.92}$$

由于电子的平均自由程 $\bar{l}_e$ 完全由金属中自由电子的散射过程所决定，所以，如果点阵是完整的，电子运动不受阻碍，$\bar{l}_e$ 为无穷大，则导热系数也无限大。实际上，由于热运动引起点阵上原子偏移，杂质原子引起弹性畸变、位错，晶界引起点阵缺陷，受到这些散射机制的影响电子热导变得十分复杂。通过近似计算知，金属中电子热导率和声子热导率之比 $\lambda_e/\lambda_1 \approx 30$。可见，金属中电子热导率与绝缘体热导率之比约为30，因为金属点阵上正离子所引起的作用与绝缘体中的情形大致相同。但是，电子对声子的散射而使得金属的声子导热与绝缘体有所不同。在低温下金属中电子对声子的散射通常起主导作用，因而限制了声子的平均自由程，使得金属中的声子导热系数比起具有相同弹性性能绝缘体 λ_1 要小。

由于“电子 - 电子”间的散射对于能态密度很高的金属相当重要，因此在许多场合下对于过渡金属必须考虑其影响。此外，在极低温度下，位错通常是散射声子最重要的因素；在高温和高点缺陷浓度下，点缺陷引起的热阻与点阵非谐振相联系。实验表明，点缺陷对声子的散射有一个粗略的规则：大区域缺陷主要在最低温度下显示对热阻的贡献；点、面缺陷则主要在中等温度下显示出来。

固体中除了声子的热传导外还有光子的热传导。这是因为固体中分子、原子和电子的振动、转动等动作状态的改变，会辐射出频率较高的电磁波。这类电磁波覆盖了一较宽的频谱。其中具有较强热效应的是波长在0.4 ~ 40 pm 间的可见光与部分近红外光的区域。这部分辐射线就称为热射线。热射线的传递过程称为热辐射。由于它们都在光频范围内，其传播过程和光在介质（透明材料、气体介质）中传播的现象类似，也有光的散射、衍射、吸收和反射、折射，所以可以把它们的导热过程看作光子在介质中传播的导热过程。

在温度不太高时，固体中电磁辐射能很微弱，但在高温时就明显了。因为其辐射能量与温度的四次方成正比。例如，在温度 T 时黑体单位容积的辐射能为

$$E_T = \frac{4\sigma n^3 T^4}{v} \tag{6.93}$$

式中，σ 是斯蒂芬 - 玻耳兹曼常数（$\sigma = 5.67 \times 10^{-8}\ \mathrm{W \cdot m^{-2} \cdot K^{-4}}$）；$n$ 是折射率；v 是光速，$v = 3 \times 10^{10}$ cm/s。

由于辐射传热中，定容热容相当于提高辐射温度所需的能量，所以

$$C_{V,\mathrm{m}} = \left(\frac{\partial E}{\partial T}\right) = \frac{16\sigma n^3 T^3}{v} \tag{6.94}$$

同时由辐射线在介质中的速度 $v_r = \dfrac{v}{n}$，以及式(6.90)，可以得到辐射的传导率

$$\lambda_r = \frac{16}{3} \sigma n^2 T^3 l_r \tag{6.95}$$

实际上,光子传导的 $C_{V,m}$ 和 l_r,都依赖于频率,所以更一般的形式仍应是式(6.95)。

对于介质中辐射传热过程,可以定性地解释为:任何温度下的物体既能辐射出一定频率的射线,同样也能吸收类似的射线。在热稳定状态,介质中任一体积元平均辐射的能量与平均吸收的能量相等。当介质中存在温度梯度时,相邻体积间温度高的体积元辐射的能量大,吸收的能量小;温度较低的体积元正好相反,吸收的能量大于辐射的,因此,产生能量的转移,整个介质中热量从高温处向低温处传递。λ_r 就是描述介质中这种辐射能的传递能力。它取决于辐射能传播过程中光子的平均自由程 l_r。对于辐射线是透明的介质,l_r 很小;对于完全不透明的介质,$l_r=0$,在这种介质中,辐射传热可以忽略。一般,单晶和玻璃,辐射线是比较透明的,因此在 773 ~ 1 273 K 辐射传热已经很明显,而大多数烧结陶瓷材料是半透明或透明度很差的,其 l_r 要比单晶和玻璃的小得多,因此,一些耐火氧化物在 1 773 K 高温下辐射传热才明显。

光子的平均自由程除与介质的透明度有关外,对于频率在可见光和近红外光的光子,其吸收和散射也很重要。例如,吸收系数小的透明材料,当温度为几百摄氏度(℃)时,光辐射是主要的;吸收系数大的不透明材料,即使在高温时光子传导也不重要。在无机材料中,主要是光子的散射问题,这使得 l_r 比玻璃和单晶的都小,只是在1 500 ℃ 以上,光子传导才是主要的,因为高温下的陶瓷呈半透明的亮红色。

6.5.4 热传导的影响因素

1. 温度对热传导的影响

对金属而言,当温度很低时,热传导系数 $\lambda_e \propto T$;温度升高到一定程度后,$\lambda \propto T^{-2}$,因此,在这一温区内 λ 会出现一个极大值;到更高的温度时,λ 几乎不变。图 6.32 表示金属导热 λ 与温度关系的典型曲线。而玻璃体的导热系数则随着温度的降低而减小。在室温下,玻璃体的导热系数要比晶体的低一个数量级左右。图 6.33 表示熔凝石英玻璃(SiO_2)和非晶态聚苯乙烯(PS)的热导率随温度的变化。石英玻璃在室温下导热系数低,从其电子平均自由程仅 0.8 nm 即可说明。

2. 原子结构对热传导的影响

由于金属的热传导主要是自由电子所起的作用,而热导率与电导率又有密切的关系,可以想象物质的电子结构将对金属的热传导有重大影响。由魏德曼 - 弗朗兹(Widemann - Franz)定律可知,在室温下许多金属的热导率与电导率之比(λ/σ)几乎相同。因而由金属导电性随元素族号的变化,也可大体反映出导热性的变化趋势。

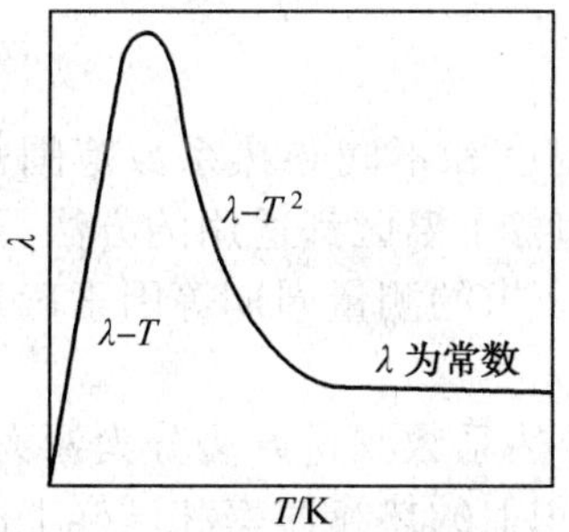

图 6.32 典型金属的导热系数曲线

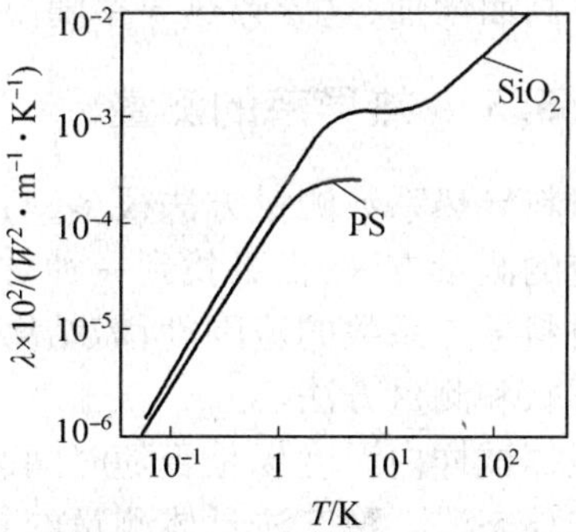

图 6.33 熔凝石英和非晶态聚苯乙烯的热导率随温度的变化

3. 热导率与成分、组织的关系

离子的热传导往往和加入的杂质原子的类型有关。格梅(Lomer)发现当锌加入铜时,导致 λ_1 明显增大;虽然 λ_1 不可能估计得很准确,但从一些 Cu - Zn 合金的热导率的结果中可以看出,当掺入较多的杂质时,热导率的减少是十分明显的。

在连续固溶体中,合金成分离纯金属越远,热导率降低越多,而且热导率极小值约位于50%(原子分数)处,如图 6.34 所示。在固溶体系列中,热导率的极小值可能是组元热导率的几分之一。从图 6.34 中看出,当加入少量杂质时,组元的热导率降低得很剧烈,但随着浓度的增加对热导率的影响要小很多。

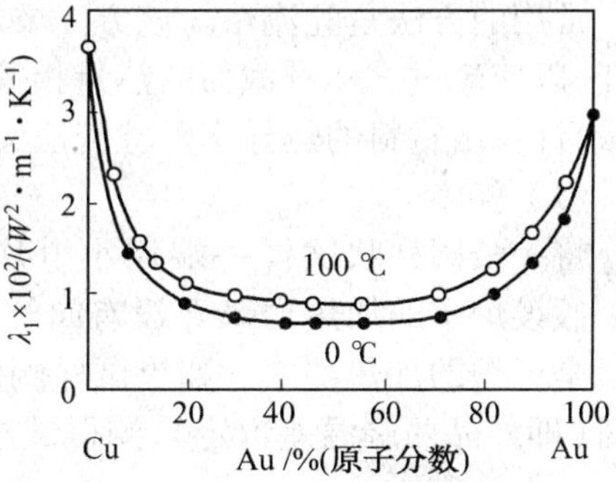

图 6.34 Cu - Au 合金的热导率

在与铁或其他铁磁性金属形成的固溶体连续系列中,热导率的极小值可能不在原子数分数为 50% 处。在固溶体有序化时,热导率升高;在合金完全有序时热导率达到极大值。在两相区热导率随体积浓度近乎呈直线变化,如图 6.35 所示。另外,热导率还与晶粒尺寸有关,即随晶粒尺寸的增加而增加。

金属材料的热传导是金属材料的重要特征之一。随着低温技术和航空、航天工业的发展,材料的热传导是必须考虑的重要问题,并要求材料有最低的热导率。

4. 半导体的热导率

热量在半导体材料中的传导由声子和电子二者共同承担。温度较低时,声子是主要的载子,在较高温度下,电子可以被激发穿过小的禁带而进入导带,同时在价带中留下空穴。和电子一样,空穴的运动也会导致在温度梯度作用下产生热能传导,从而对导热系数做出贡献。在本征半导体中,导带中电子和价带中的空穴随温度升高而增加,这导致热导率随温度升高而升高。

6.5.5 热导率的测量

材料导热系数测量方法很多,对不同测量温度和不同导热系数范围常需要采用相应的测量方法,很难找到一种对各种材料和各个温区都适用的方法,而往往要根据材料导热系数的范围、所需结果的精确度、要求的测量周期等因素确定试样的几何形状和测量方法。

根据试样内温度场是否随时间改变,可将导热系数测量方法分为两大类:稳态法和非稳态法。稳态法具体测量的是每单位面积上的热流速率和试样上的温度梯度;非稳态法则直接测量导温系数,因此在试验中要测定热扰动传播一定距离所需的时间,要得到材料的密度和比热容数据。

热导率是重要的物理参数,在宇航、原子能、建筑材料等工业部门都要求对有关材料的热导率进行预测或实际测定:热导率测试方法可以分为稳态测试和动态测试,下面分别予以介绍。

1. 稳态测试

常用的方法是驻流法。该方法要求在整个试验过程中,试样各点的温度保持不变,以使流过试样横截面的热量相等,然后利用测出的试样温度梯度 dT/dx 及热流量,计算出材料的热导率。驻流法又分为直接法和比较法。

(1) 直接法。

将一长圆柱状试样一端用小电炉加热,并使样品此端温度保持在某一温度上。假设炉子的加热功率 P 没有向外散失,而完全被试样吸收,则试样所接收的热量就是电炉的加热功率。如果试样侧面不散失热量,只从端部散热,那么当热流稳定时(即样品两端温差恒定),测得试样长 L,两点温度为 T_1,T_2($T_2 > T_1$),可以得出

$$\frac{P}{S} = \lambda \frac{T_2 - T_1}{L}$$

即

$$\lambda = \frac{PL}{(T_2 - T_1)S} \tag{6.96}$$

式中,P 为电功率,W;S 为试样截面积,cm^2;T_1,T_2 为两端点温度,K。

图6.35为测试较高温度下材料热导率的装置结构示意图。试棒1的下端放入铜块2内,其外有电阻丝加热。试棒的上端紧密地旋入铜头3,它以循环水冷却。入口水的温度以温度计4测量,出口水温用温度计5测量。假若所有的热量在途中无损耗,全部被冷却水带走,则知道了水的流量和它的注入、流出之温差,就可以计算单位时间中经过试样截面的热量。图中6,7,8为三个测温热电偶。为了减少试棒侧面的热损失,围绕它有保护管9,保护管上部由水套10冷却,使沿保护管的总温度降落和试样的一样,这样侧面就不会向外散失热量。若已知注入水的温度为

t_1，出水温度为 t_2，水流量为 G，试样横截面积为 S，其距离为 L 的两点的温度为 T_1，T_2，则热导率

$$\lambda = \frac{QL}{S(T_2 - T_1)} = \frac{cG(t_2 - t_1)L}{S(T_2 - T_1)} \tag{6.97}$$

式中，c 为比热容。

这种用度量冷却器所带走热量的方法，没有以度量电炉消耗于加热试样的电功率的方法优越。为了准确估计消耗的电能，电炉（具体指就是电阻丝）不是置于试样外，而是置于内部，这样可以减少无法估计的热损失。图 6.37 就是这种结构简单示意图。其试样同样以保护管围绕。即以图 6.36 的装置所用方法减少试样侧面的热损失，以使热导率测定更准确。

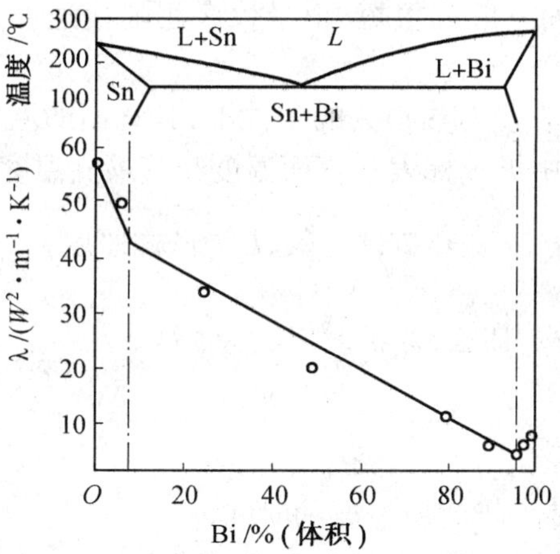

图 6.35 Sn - Bi 合金的平衡首相图和热导率与成分的关系

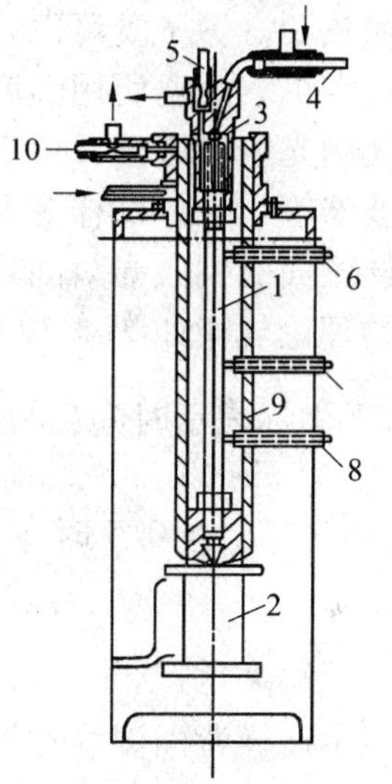

图 6.36 导热率测试装置结构示意图
1— 试棒；2— 铜块；3— 铜头；4,5— 温度计；6,7,8— 测温热电偶；9— 保护管；10— 水套

（2）比较法。

将热导率已知的材料做成一标样，待测试样做成与标样完全相同，同时将它们一端加热到一定温度，然后测出标样和待测试样上温度相同点的位置 x_0，x_1。则热导率为

$$\frac{\lambda_0}{\lambda_1} = \frac{x_0^2}{x_1^2} \tag{6.98}$$

式中，下标“0”表示标样；下标“1”表示待测试样。x_0，x_1 距离都是从热端算起。静态测试热导率最难以解决的问题是如何防止热损失。为此，可以采用测定样品电阻率来估计其热导率，精度约为 10%。或者采用动态测试方法。

2. 动态测试

动态(非稳态)测试主要是测量试样温度随时间的变化率,从而直接得到热扩散系数。在已知材料比热容后,可以算出热导率。这种测试方法主要有闪光法(Flash Method)。下面介绍这种方法所使用的设备——激光热导仪,以说明动态测试方法的特点。

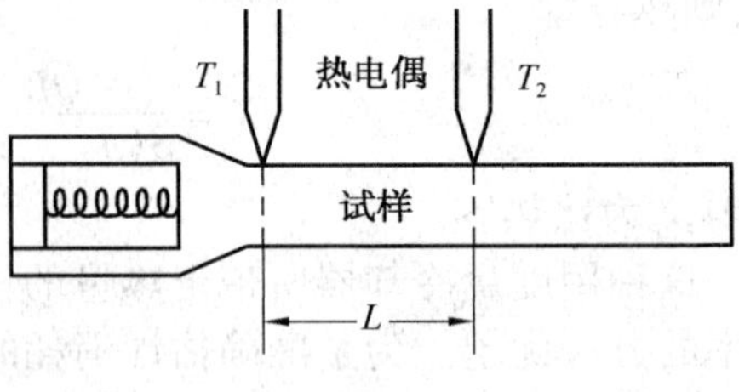

图 6.37 内热式测热导率结构示意图

激光热导仪是 1961 年以后才发展起来的。图 6.38 为激光热导仪装置示意图。图中激光器多为钕玻璃固体激光器作为瞬时辐照热源。炉子既可以是一般电阻丝绕的中温炉,也可以是以钼臂为发热体的高温真空炉。测温所用温度传感器可以是热电偶或红外接收器。在 1 000 ℃以上可以使用光电倍增管。由于测试时间一般都很短,记录仪多用响应速度极快的光线示波器等记录。试样为薄的圆片状。

当试样正面受到激光瞬间辐照之后,在没有热损失的条件下,其背面的温度随时间变化的理论规律如图 4.39 所示。其中纵坐标表示背面温度与其最高温度 T_{max} 的比值,水平坐标表示时间(乘以$\frac{\pi^2\alpha}{L^2}$因子,α 是热扩散系数,L 为试样厚度)。理论研究表明,当 $T/T_{max}=0.5$ 时,$\frac{\pi^2\alpha}{L^2}=1.37$。那么,热扩散系数为

$$\alpha=\frac{1.37L^2}{\pi^2 t_{1/2}} \tag{6.99}$$

式中,$t_{1/2}$ 表示试样背面温度达到其最大值一半时所需要的时间。

由式(6.99)可见,只要测出被测试样背面温度随时间变化曲线,找出 $t_{1/2}$ 的值,代入式(6.99)即可求出热扩散系数,然后利用式(6.99)算出热导率。

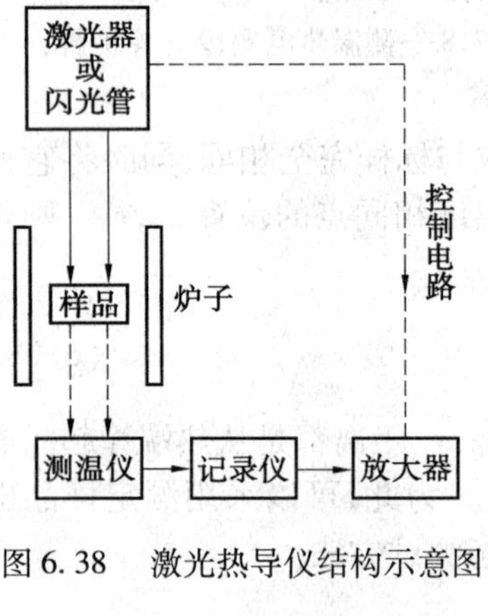

图 6.38 激光热导仪结构示意图

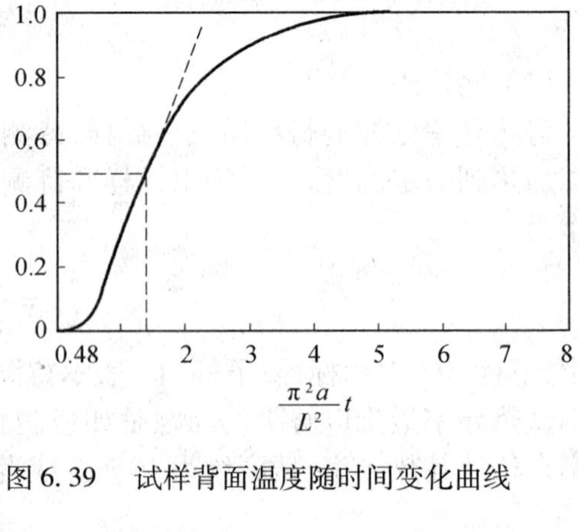

图 6.39 试样背面温度随时间变化曲线

计算热导率所用比热容 c 往往可在同一台设备上用比较法测出。设已知标样比热容为 c_0，标样与试样质量分别为 m_0，m，最大温升分别为 T_{m_0}，T_m，吸收的辐射热量分别为 Q_0，Q，则

$$c = c_0 \frac{m_0 T_{m_0} Q}{m T_m Q_0} \tag{6.100}$$

激光热导仪测热导率较稳态法速度快，试样简单，高温难熔金属及粉末冶金材料都可测试。由于加热时间极短，往往热损失可以忽略，据报道，一般在 2 300 ℃时测试精度可达 3%。缺点是对所用电子设备要求较高，当热损失不可忽略时，往往会引入较大误差。尽管如此，该方法仍获得了广泛应用。

6.6 材料的热稳定性

材料的热稳定性是指材料承受温度的急剧变化而不致破坏的能力，所以又称抗热震性。由于无机材料在加工和使用过程中，通常会受到环境温度起伏的热冲击，因此，热稳定性是无机材料的一个重要性能。在不同应用条件下，因工况环境不同，对其要求差别很大。例如：日用瓷器，要求能承受温度差为 200 K 左右的热冲击；而对火箭喷嘴要求瞬时可承受 3 000 ～ 4 000 K 温差的热冲击，同时还要经受高速气流的力和化学腐蚀作用。

一般无机材料和其他脆性材料一样，热稳定性很差。它们的热冲击损坏主要有两种类型：一种是材料发生瞬时断裂，抵抗这类破坏的性能称为抗热冲击断裂性；另外一种是在热冲击循环作用下，材料表面开裂、剥落，并不断发展，最终碎裂或变质。抵抗这类破坏的性能称为抗热冲击损伤性。

6.6.1 热稳定性的表示方法

由于难于建立精确数学模型，因此对热稳定性能的评定一般采用比较直观的测定方法表征热稳定性。例如，日用陶瓷通常是以一定规格的试样，加热到一定温度，然后立即置于室温的流动水中急冷，并逐次提高温度和重复急冷，直至观察到试样发生龟裂，则以产生龟裂的前一次加热温度来表征其热稳定性。对于普通耐火材料，常将试样的一端加热到 1 123 K 并保温 40 min，然后置于 289 ～ 293 K 的流动水中 3 min 或在空气中 5 ～ 10 min，重复这样的操作，直至试样失重 20% 为止，以这样操作的次数来表征材料的热稳定性。某些高温陶瓷材料是以加热到一定温度后，在水中急冷，然后测其抗折强度的损失率来评定它的热稳定性。如制品具有复杂的形状，则在可能的情况下，可直接用制品来进行测定，这样就避免了形状和尺寸带来的影响。如高压电磁的悬式绝缘子等，就是这样来考核的。测试条件应参照使用条件并更严格些，以保证实际使用过程中的可靠性。总之，对于无机材料，

尤其是制品的热稳定性,尚需提出一些评定的因子。从理论上得到的一些评定热稳定性的因子,对探讨材料性能的机理显然还是很有意义的。

6.6.2 热应力

不改变外力作用状态,材料仅因热冲击造成开裂和断裂而损坏,这必然是由于材料在温度作用下产生的内应力超过了材料的力学强度极限所致。仅由于材料热膨胀或收缩引起的内应力称为热应力。

热应力主要来源于下列三个方面。

(1) 因热胀冷缩受到限制而产生的热应力。假设有一根均质各向同性固体杆受到均匀的加热和冷却,即杆内不存在温度梯度。当它的温度从 T_0 升到 T' 后,杆件膨胀伸长 Δl,如果这根棒的两端不被夹持,能自由地膨胀或收缩,那么,杆内不会产生热应力。但如果杆的轴向运动受到两端刚性夹持的限制,则热膨胀不能实现,杆内就会产生热应力,杆件所受的抑制力等于把样品自由膨胀后的长度($l+\Delta l$)再压缩回 l 时所需要的压应力。因此,杆件所承受的压应力正比于材料的弹性模量 E 和相应的弹性应变 $-\Delta l/l$。所以,当这根杆的温度从 T_0 改变到 T' 时,产生的热应力为

$$\sigma = E\left(-\frac{\Delta l}{l}\right) = -E\alpha(T' - T_0) \tag{6.101}$$

式中,σ 为内应力;E 为弹性模量;α 为热膨胀系数;$-\Delta l/l$ 为弹性应变。

这种由于材料热膨胀或收缩引起的内应力称为热应力。若上述情况是发生在冷却过程中,即 $T_0 > T'$,则材料中的内应力为张应力(正值),这种应力才会使杆件断裂。

(2) 因温度梯度而产生热应力。固体加热或冷却时,内部的温度分布与样品的大小和形状以及材料的热导率和温度变化速率有关。当物体中存在温度梯度时,就会产生热应力。因为物体在迅速加热或冷却时,外表的温度变化比内部快,外表的尺寸变化比内部大,因而邻近体积单元的自由膨胀或自由压缩便受到限制,于是产生热应力。例如,物体迅速加热时,外表温度比内部高,则外表膨胀比内部大,但相邻的内部的材料限制其自由膨胀,因此表面材料受压缩应力,而相邻内部材料受拉伸应力。同理,迅速冷却时(如淬火工艺),表面受拉应力,相邻内部材料受压缩应力。

(3) 多相复合材料因各相膨胀系数不同而产生热应力。这一点可以认为是第一点情况的延伸,只不过不是由于机械力限定了材料的热膨胀或收缩,而是由于结构中各相膨胀收缩的相互制约而产生的热应力。

实际材料在受到热冲击时,三个方向都会有胀缩,即一般所受的是三向热应力,而且相互影响,下面以陶瓷平板为例(图6.40)说明热应力的计算。

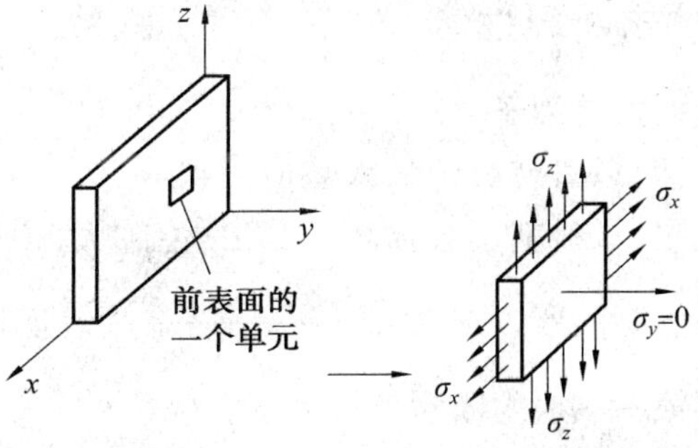

图 6.40 平面薄板的热应力

此薄板 y 方向的厚度较小，在材料突然冷却的瞬间，垂直于 y 轴各平面上的温度是一致的；但在 x 轴和 z 轴方向上，瓷板表面和内部的温度有差异。外表面温度低，中间温度高，它约束前后两个表面的收缩（$\varepsilon_x = \varepsilon_z = 0$），因而产生应力 $+\sigma_x$ 和 $+\sigma_z$。y 方向上由于可以自由胀缩，$+\sigma_y = 0, \varepsilon_y \neq 0$。这样的薄板称为无限平板。

根据广义胡克定律有

$$\varepsilon_x = \frac{\sigma_x}{E} - \mu\left(\frac{\sigma_y}{E} + \frac{\sigma_z}{E}\right) - \alpha\Delta T = 0（不允许 x 方向胀缩） \tag{6.102}$$

$$\varepsilon_z = \frac{\sigma_z}{E} - \mu\left(\frac{\sigma_y}{E} + \frac{\sigma_x}{E}\right) - \alpha\Delta T = 0（不允许 z 方向胀缩） \tag{6.103}$$

$$\varepsilon_y = \frac{\sigma_y}{E} - \mu\left(\frac{\sigma_x}{E} + \frac{\sigma_z}{E}\right) - \alpha\Delta T \tag{6.104}$$

解得

$$\sigma_x = \sigma_z = \frac{\alpha E}{1 - \mu}\Delta T \tag{6.105}$$

式中，μ 为泊松比。

在 $t = 0$ 的瞬间，$\sigma_x = \sigma_z = \sigma_{\max}$，如果此时达到材料的极限抗拉强度 σ_f，则前后两表面将开裂破坏，代入上式得

$$\Delta T_{\max} = \frac{\sigma_f(1 - \mu)}{E\alpha} \tag{6.106}$$

对于其他非平面薄板状材料制品有

$$\Delta T_{\max} = S \times \frac{\sigma_f(1 - \mu)}{E\alpha} \tag{6.107}$$

式中，S 为形状因子，对于无限平板 $S = 1$；μ 为泊松比。

式(6.107) 可以推算骤次时的最大误差，同时，该式仅包含材料的几个本征性能参数，并不包含形状尺寸数据，因而可以推广到一般形态的陶瓷材料及制品。

6.6.3 抗热冲击断裂性能

1. 第一热应力断裂抵抗因子 R

由前面的分析可知,只要材料中最大热应力值 σ_{max}(一般在表面或中心部位)不超过材料的强度极限,材料就不会损坏。ΔT_{max} 值越大,说明材料能承受的温度变化越大,即热稳定性越好,所以定义 $R=\dfrac{\sigma_f(1-\mu)}{E\alpha}$ 来表征材料热稳定性的因子,即第一热应力因子或第一热应力断裂抵抗因子。

2. 第二热应力断裂抵抗因子 R'

第一热应力因子只考虑到了材料的 σ_f,α,E 对其热稳定性的影响。但材料是否出现热应力断裂,还与材料中应力的分布、产生的速率和持续时间,材料的特性(例如塑性、均匀性、弛豫性)以及原先存在的裂纹、缺陷等有关。因此,R 虽然在一定程度上反映了材料抗热冲击性的优劣,但并不能简单地认为就是材料允许承受的最大温度差,R 只是与 ΔT_{max} 有一定的关系。

热应力引起的材料破裂破坏,还涉及材料的散热问题,散热使热应力得以缓解。与此相关的影响因素主要有以下几方面。

(1)材料的热导率。λ 越大,传热越快,热应力缓解得越快,所以对热稳定性有利。

(2)传热的途径,即材料或制品的厚薄尺寸,薄的传热通道短,容易很快使温度均匀。

(3)材料表面散热速率。如果材料表面向外散热速度快(如吹风等),材料内、外温差变大,热应力也大,如窑内进风会使降温的制品炸裂,所以引入表面热传递系数 h。表面热传递系数 h 表示材料表面温度比周围环境温度高 1 K 时,在单位表面积上、单位时间内带走的热量。h 越大,散热越快,造成的内外温差越大,产生的热应力也越大。

综合考虑以上三种因素的影响,引入毕奥(Biot)模量 β,$\beta=\dfrac{hr_m}{\lambda}$,无单位;$r_m$ 为材料的半厚,cm,λ 为热导率。显然,β 越大,对热稳定性越不利。

实际上,无机材料在受到热冲击时,并不会像理想的骤冷那样,瞬时产生最大应力 σ_{max},而是由于散热等因素,材料内部产生的最大热应力是滞后的,即热应力并不是马上达到最大值;且随 β 的不同,σ_{max} 会有不同程度的折减。β 越小,折减越多,即可达到的实际最大应力要小得多,同时最大应力的滞后也越厉害。设折减后的最大应力为 σ,令 $\sigma^*=\dfrac{\sigma}{\sigma_{max}}$,$\sigma^*$ 称为无因次表面应力,其随时间的变化规律如图 6.41 所示。由图可知,不同的 β 值其最大应力折减程度不同,β 越小,应力折减越大,且随 β 减小,实测最大应力滞后也越严重。

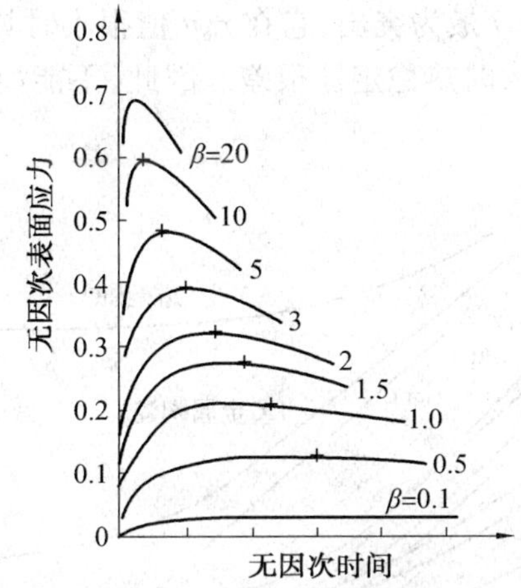

图 6.41 不同 β 值的无限平板的无因次表面应力 σ^* 随时间的变化

对于对流及辐射传热等条件下比较低的表面热传递系数，S. S. Manson 发现

$$[\sigma^*]_{\max} = 0.31\frac{r_m h}{\lambda} \tag{6.108}$$

考虑到表面热传递系数、材料尺寸和热导率的影响后，就使得表征材料热稳定性的理论更接近实际情况了。为此，把式 $\Delta T_{\max} = \dfrac{\sigma_f(1-\mu)}{\alpha E}$ 和式(6.108)结合起来得到

$$[\sigma^*]_{\max} = \frac{\sigma_f}{\dfrac{\alpha E}{(1-\mu)}\Delta T_{\max}} = 0.31\frac{r_m h}{\lambda}$$

$$\Delta T_{\max} = \frac{\lambda\sigma_f(1-\mu)}{\alpha E}\frac{1}{0.31 r_m h}$$

令

$$R' = \frac{\lambda\sigma_f(1-\mu)}{\alpha E} \tag{6.109}$$

R' 称为第二热应力断裂抵抗因子，单位为 J/(cm · s)。考虑到制品形状，得出最大温差

$$\Delta T_{\max} = R'S\frac{1}{0.31 r_m h} \tag{6.110}$$

式中，S 为非平板样品的形状系数。不同形状的样品，其 S 值不同。

图 6.42 是某些材料在 673 K(其中 Al_2O_3 分别按 373 K 及 1 273 K 计算) 时 $\Delta T_{\max} - r_m h$ 的计算曲线。从图 6.42 中可以看出，一般材料在 $r_m h$ 值较小时，$\Delta T_{\max}$ 与 $r_m h$ 成反比；当 $r_m h$ 值较大时，$\Delta T_{\max}$ 趋于一恒定值。同时可以看出，图中几种材料的

曲线是交叉的，尤其是 BeO 最为突出，它在 $r_m h$ 值很小时具有很大的 ΔT_{max}，即热稳定性很好，而在 $r_m h$ 值很大时热稳定性很差。因此，不能简单地排列各种材料抗热冲击断裂性能的顺序。

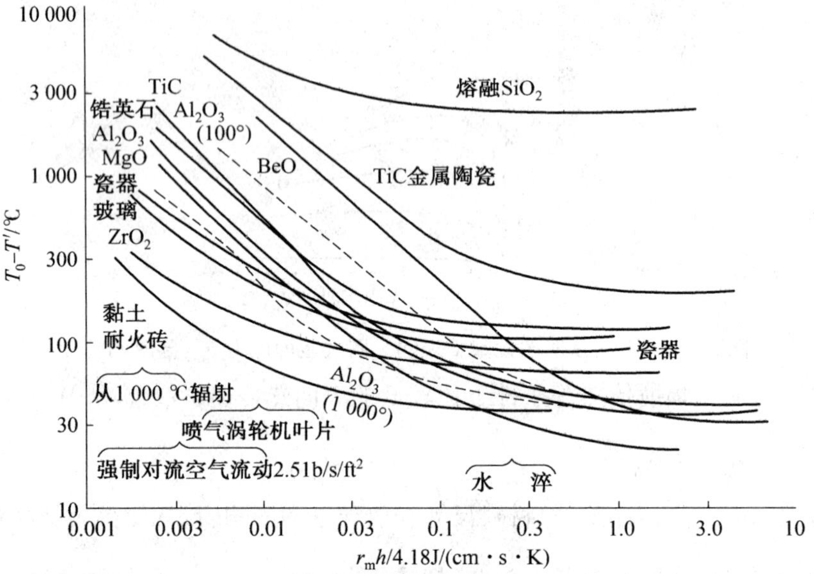

图 6.42 不同传热条件下，材料淬冷断裂的最大温差

3. 第三热应力断裂抵抗因子 R''

对于在某些场合下使用的材料，其所允许的最大冷却（或加热）速率 dT/dt 往往更加直接和实用。对于厚度为 $2r_m$ 的无限平板，考虑到降温过程中所引起的内外温差，经过推导可以得出所允许的最大冷却速率为

$$-\left(\frac{dT}{dt}\right)_{max}=\frac{\lambda}{pc_p}\frac{\sigma_f(1-\mu)}{\alpha E}\frac{3}{r_m^2} \tag{6.111}$$

式中，ρ 为材料的密度；c_p 为材料的定压比热容。

导温系数 $\alpha=\dfrac{\lambda}{\rho c}$ 表征材料在温度变化时，内部各部分温度趋于均匀的能力。α 越大，样品内温差越小产生的热应力也越小，对热稳定性越有利。所以定义

$$R''=\frac{\sigma(1-\mu)}{\alpha E}\frac{\lambda}{\rho c_p} \tag{6.112}$$

R'' 称为第三热应力断裂抵抗因子，所以又有

$$\left(\frac{dT}{dt}\right)_{max}=R''\times\frac{3}{r_m^2} \tag{6.113}$$

$\left(\dfrac{dT}{dt}\right)_{max}$ 是材料所能经受的最大降温速率。陶瓷材料在烧成冷却时，其冷却速率不

得超过此值,否则会发生制品炸裂。

6.6.4 抗热冲击损伤性能

上面讨论的抗热冲击断裂是从热弹性力学的观点出发,以强度 - 应力为判据,认为材料中的热应力达到其抗张强度极限后,材料就会产生开裂。一旦有裂纹成核就会导致材料的完全破坏。这样导出的结果对于一般的玻璃、陶瓷和电子陶瓷等是适用的。但对于一些含微孔的材料(如黏土质耐火制品、建筑砖等)和非均质的金属陶瓷等是不适宜的。实际上,这些材料在受到热冲击产生裂纹后,即使裂纹是从表面开始的,在裂纹的瞬时扩展过程中也可能被微孔、晶界或金属相所吸收,不致引起材料的完全断裂,而是使材料表面开裂、剥落,最终发展至碎裂或变质,即材料发生热冲击损伤破坏。

实践表明,在一些筑炉用的耐火砖中,往往含有 10% ~ 20% 气孔率时反而具有最好的抗热冲击损伤性。而气孔的存在是降低材料强度和热导率的,R 和 R' 值都会减小。这一现象按强度 - 应力理论就不能解释了。实际上,凡是以热冲击损伤为主的热冲击破坏都是如此。因此,对于抗热冲击损伤性发展了另一理论,即从断裂力学观点出发,以应变能为判据的理论。

按照热弹性力学观点,计算热应力时认为材料外形是完全受刚性约束的。即任何应力释放,如位错运动或黏滞流动等都是不存在的,裂纹产生和扩展过程中的应力释放也不予考虑,整个坯体中各处的内应力都处在最大热应力状态。这实际上只是一个条件最恶劣的力学假设,按此计算的热应力破坏会比实际情况更为严重。对于材料的热冲击损伤,按照断裂力学的观点,不仅要考虑材料中裂纹的产生情况(包括材料中原有的裂纹情况),而且要考虑在应力作用下裂纹的扩展、蔓延。如果裂纹的扩展、蔓延能抑制在一个很小的范围内,也可能不致使材料完全破坏。

通常在实际材料中,都存在一定大小和数量的微裂纹。受热冲击时,这些裂纹的产生、扩展以及蔓延的程度与材料积存的弹性应变能和裂纹扩展的断裂表面能有关。裂纹的产生与扩展将释放所积存的弹性应变能,减小体系能量,因此所积存的弹性应变能释放是裂纹产生与扩展的动力;另一方面,裂纹产生与扩展将新增断裂表面能,使体系能量增大,因此断裂表面能的增加是裂纹产生与扩展的阻力。可见,材料内积存的弹性应变能释放率(裂纹扩展单位面积所降低的弹性应变能)越小,原裂纹扩展的可能性越小(所以弹性应变能释放率也称裂纹扩展力),抗热冲击损伤性越好;裂纹扩展、蔓延所需的断裂表面能越大,裂纹蔓延程度越小,抗热冲击损伤性越好。就是说,材料的抗热冲击损伤性正比于断裂表面能,反比于应变能释放率。这样就提出了两个抗热冲击损伤因子 R''' 和 R''''

$$\left.\begin{aligned} R''' &= \frac{E}{\sigma^2(1-\mu)} \\ R'''' &= \frac{E2r_{\mathrm{eff}}}{(1-\mu)\sigma^2} \end{aligned}\right\} \tag{6.114}$$

式中，σ 为材料断裂强度；E 为材料弹性模量；μ 为泊松比；$2r_{\mathrm{eff}}$ 为断裂表面能，单位是 J/m^2（形成两个断裂表面）。R''' 实际上是材料的弹性应变能释放率的倒数，用来比较具有相同断裂表面能的材料；R'''' 用来比较具有不同断裂表面能的材料。R''' 和 R'''' 越高的材料抗热冲击损伤性越好。

根据 R''' 和 R''''，具有较低的 σ 和较高的 E 的材料热稳定性好，这与 R 和 R' 正好相反。原因在于两者的判据不同。在抗热冲击损伤性中，认为强度高的材料，原有裂纹在热应力的作用下容易扩展和蔓延，对热稳定性不利，尤其在晶粒较大的样品中经常会遇到这样的情况。

6.6.5 提高抗热冲击断裂性能的措施

提高抗热冲击断裂性能的措施，主要是根据上述抗热冲击断裂因子所涉及的各个性能参数对热稳定性的影响。具体如下。

1. 提高材料的强度，减小弹性模量 E，使 σ/E 提高

实际无机材料的 σ 并不是很低，但其 E 很大，尤其是普通玻璃更是如此。而金属材料则是 σ 大，E 小，如钨的断裂强度比普通陶瓷高几十倍。因此一般金属材料的热稳定性较陶瓷材料好得多。

对于同一种材料，晶粒较细，晶界缺陷小，气孔少且分散均匀，则往往具有较高的强度，抗热冲击性较好。

2. 提高材料的热导率 λ

λ 大的材料传递热量快，使材料内外的温差较快地得到缓解、平衡，可降低短时期的热应力聚集，对提高热稳定性有利。金属的 λ 一般较大，也是其具有好的热稳定性的原因之一。在无机非金属材料中只有 BeO 瓷的热导率可与金属类比。

3. 减小材料的热膨胀系数 α

α 小的材料，在相同的温差下，产生的热应力较小，对热稳定性有利。例如，石英玻璃的 σ 并不高，仅为 100 MPa，但其 α 仅有 $0.5\times10^{-6}\ K^{-1}$，比一般的陶瓷低一个数量级，所以其热应力因子高达3 000，其 R' 在陶瓷中也是较高的，所以它具有良好的热稳定性。Al_2O_3 的 $\alpha_i=8.4\times10^{-6}\ K^{-1}$，$Si_3N_4$ 的 $\alpha_i=2.75\times10^{-6}K^{-1}$，虽然两者的 σ 和 E 相差不多，但后者的热稳定性优于前者。

4. 减小表面散热系数 h

h 越大，越易造成较大的表面和内部的温差，对热稳定性不利。不同周围环境的散热条件对材料的 h 影响很大。例如，在烧成冷却工艺阶段，维持一定的炉内降温速率，制品表面不吹风，保持缓慢地散热降温是提高产品质量及成品率的重要措施。

5. 减小产品的有效厚度 r_m

r_m 越小，越容易很快使温度均匀，对热稳定性有利。

以上措施是针对密实性陶瓷材料、玻璃等，提高抗热冲击断裂性能而言。但对多孔、粗粒、干压和部分烧结的制品，要从抗热冲击损伤性来考虑。如耐火砖的热稳定性不够，表现为层层剥落，这是表面裂纹、微裂纹扩展所致。根据 R'''' 和 R'''''，要求材料具有高的 E 和低的 σ_f，使材料具有更低的弹性应变能释放率；另一方面，要提高材料的断裂表面能，一旦开裂，就会吸收较多的能量使裂纹很快停止扩展。这样，降低裂纹扩展的材料特性（高 E 和 r_{eff}，低 σ_f），刚好与避免发生断裂的要求相反。对于热冲击损伤的材料，主要是避免原有裂纹的扩纹扩展所引起的深度损伤。

思考题

1. 简述 C_V，C_p 和 c 的定义及 C_{pm} 和 C_{Vm} 的关系。实际测量得到的是何种量？简述 C_{Vm} 与温度（包括 Θ_D）的关系，自由电子对金属热容的贡献及合金热容的计算。

2. 哪些相变属于一级相变和二级相变？其热容等的变化有何特点？

3. 简述用撒克斯法测量热容的原理。什么是 DTA 和 DSC？DTA 测量对标样有何要求？如何根据 DTA 曲线及热容变化曲线判断相变的发生及热效应（吸热或放热）？

4. 简述线膨胀系数和体膨胀系数的表达式及两者的关系。证明 $\alpha_V = \alpha_a + \alpha_b + \alpha_c$（采用与教材不同的方法）。

5. 简述金属热膨胀的物理本质。热膨胀和热容与温度（包括 Θ_D）的关系有何类似之处？为何金属熔点越高其膨胀系数越小？为何化合物和有序固溶体的膨胀系数比固溶体低？奥氏体转变为铁素体时体积的变化及机理。膨胀测量时对标样有何要求？

6. 简述钢在共析转变时热膨胀曲线的特点及机理。如何根据冷却膨胀曲线计算转变产物的相对量？

7. 简述傅里叶定律和热导率、热量迁移率及导温系数的表达式及物理意义。

8. 简述金属、半导体和绝缘体导热的物理机制和魏德曼 – 弗兰兹定律。

第 7 章　材料弹性及内耗测试技术

7.1　概　述

众所周知,材料的弹性是人们选择使用材料的依据之一,近代航空、航天、无线电及精密仪器仪表工业对材料的弹性有很高的要求,不仅要求具有高的弹性模量,而且还要恒定。同时,材料弹性模量的准确测定,对于研究材料间原子的相互作用和相变都具有重要的工程和理论意义。

物体具有恢复形变前的形状和尺寸的能力称为弹性。弹性的研究可以追溯到17世纪所建立的胡克定律,基于这一定律的弹性理论观点,在施加给材料的应力 F 和所引起的应变 D 之间存在线性关系

$$F = MD \tag{7.1}$$

式中,比例常数 M 是一个与材料性质有关的物理常数,而不随施加应力的大小而变化,称为弹性模量或简称模量。

但是,弹性模量 M 依应力状态的形式而异:对于各向同性的材料而言,单向拉伸或压缩时用正弹性模量 E(又称杨氏模量)来表征;当受到剪切形变时用剪切弹性模量 G(又称剪切模量)来表征;当受到各向体积压缩时用体积弹性模量 K(又称流体静压模量)来表征,它们分别定义为

$$E = \frac{\sigma}{\varepsilon}$$

$$G = \frac{\tau}{\gamma} \tag{7.2}$$

$$K = \frac{p}{\theta}$$

式中,σ,τ,p 分别为正应力、切应力和体积压缩应力;ε,γ,θ 分别为线应变、切应变和体积应变。

显然,E,G,K 具有相同的物理意义,都代表了产生单位应变所需的应力,是材料弹性形变难易的衡量,从微观上讲,弹性模量表征了材料中原子、离子或分子间的结合力。

应当指出,表现出从弹性形变向范性变形过渡的弹性极限和屈服极限就其本

质而言,是塑性性能而不是弹性性能。

由于材料在形变过程中内部存在着各种微观的"非弹性"过程,即使在胡克定律适用范围内材料的弹性也是不完全的。材料的这种特性在交变载荷的情况下表现为应变对应力的滞后,称为滞弹性。

由于应变的滞后,材料在交变应力的作用下就会出现振动的阻尼现象。实验证明,固体的自由振动并不是可以永远延续下去的,即使处于与外界完全隔离的真空中,其振动也会逐渐停止。这是由于振动时固体内部存在某种不可逆过程,使系统的机械能逐渐转化为热能的缘故,如果要使固体维持受迫振动状态,则必须从外界不断提供能量。这种由于固体内部的原因使机械能消耗的现象称为"内耗"。

7.2 材料的弹性

7.2.1 广义胡克定律

如前所述,各向同性的弹性体受单向拉伸、剪切或流体静压时,其应力 - 应变关系的性质可由式(7.2)中的弹性模量表示。倘若考虑在一般应力作用下各向异性的单晶体,则表示材料弹性需要较多的常数。假定从受力的材料中我们所考查的那一点附近取出一个足够小的立方单元体,则可以用每个面上的三个应力表示周围对它的作用,如图7.1所示。图中正应力σ的下标第一个字母表示应力所在的面,第二个字母表示应力方向,σ的符号规定为:与立方体表面法线指向相同为正,反之为负。切应力τ的符号规定为:如果作用面的外法线与坐标轴正向相同,则τ与坐标轴同向为正;如果作用面外法线与坐标轴正向相反,则τ与坐标轴正向相反为正。据此,图中所标出的σ和τ均为正。

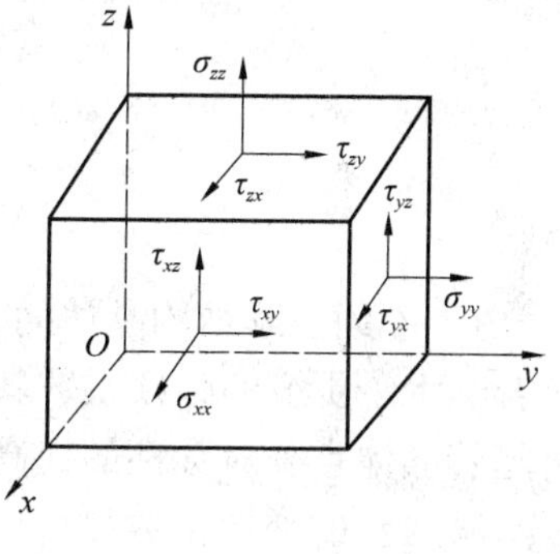

图7.1 单元体的一般应力状态

考虑到单元体足够小,相对两面上对应的应力可以认为相等,而且在平衡条件下$\tau_{ij}=\tau_{ji}$,所以在最一般的情况下,描述单元体的应力状态也需要六个独立的应力分量。

在这些应力作用下单元体产生相应的应变,以ε表示正应变,γ表示切应变。由于在弹性形变范围内ε和γ都很小,若假定应变为零时应力也为零(即不考虑热应力和其他预应力),则

$$
\begin{aligned}
\sigma_{xx} &= C_{11}\varepsilon_x + C_{12}\varepsilon_y + C_{13}\varepsilon_z + \varepsilon_x C_{14}\gamma_{yz} + C_{15}\gamma_{zx} + C_{16}\gamma_{xy} \\
\sigma_{yy} &= C_{21}\varepsilon_x + C_{22}\varepsilon_y + C_{23}\varepsilon_z + C_{24}\gamma_{yz} + C_{25}\gamma_{zx} + C_{26}\gamma_{xy} \\
\sigma_{zz} &= C_{31}\varepsilon_x + C_{32}\varepsilon_y + C_{34}\gamma_{yz} + C_{35}\gamma_{zx} + C_{36}\gamma_{xy} \\
\tau_{yz} &= C_{41}\varepsilon_x + C_{42}\varepsilon_y + C_{43}\varepsilon_z + C_{44}\gamma_{yz} + C_{45}\gamma_{zx} + C_{46}\gamma_{xy} \\
\tau_{zx} &= C_{51}\varepsilon_x + C_{52}\varepsilon_y + C_{53}\varepsilon_z + C_{54}\gamma_{yz} + C_{55}\gamma_{zx} + C_{56}\gamma_{xy} \\
\tau_{xy} &= C_{61}\varepsilon_x + C_{62}\varepsilon_y + C_{63}\varepsilon_z + C_{64}\gamma_{yz} + C_{65}\gamma_{zx} + C_{66}\gamma_{xy}
\end{aligned}
\tag{7.3}
$$

式(7.3)为一般受力条件下材料在弹性范围内应力－应变的普遍关系，称为广义胡克定律。$C_{ij}(i,j=1,2,3,\cdots,6)$共36个，称为弹性系数。在一般情况下$C_{ij}$为$x$，$y$，$z$的函数。加入材料均质且各向同性，那么只要承受同样的应力就应该有相同的应变，反之亦然。换言之，各向同性均质材料的C_{ij}对于所在空间(x,y,z)也表现为常数。

应当看到，36个弹性系数并非都是独立的，即使对于极端各向异性的单晶体材料也只需21个独立的系数，在各向同性的情况下独立的系数只有两个。21个系数表示为

$$
\begin{matrix}
C_{11} & C_{12} & C_{13} & C_{14} & C_{15} & C_{66} \\
 & C_{22} & C_{23} & C_{24} & C_{25} & C_{26} \\
 & & C_{33} & C_{34} & C_{35} & C_{36} \\
 & & & C_{44} & C_{45} & C_{46} \\
 & & & & C_{55} & C_{56} \\
 & & & & & C_{66}
\end{matrix}
$$

由于不同点阵结构晶体的对称性各不相同，它们的各向异性也不一样。因此，只需比21个更少的弹性系数就可以表征各种单晶材料的弹性性能。同样可以证明，随着晶体点阵对称性的提高，弹性系数的表示大大简化，有些系数相同，有些则为零，其独立的弹性系数数目将减少。表7.1示出了不同对称性单晶体和各向同性体所需弹性系数数目。

表7.1 不同对称性单晶体和各向同性体所需弹性系数数目

晶系	三斜	单斜	正交	四角	六角	立方	各向同性
独立的弹性系数数目	21	13	9	6	3	3	2

由于晶体材料的弹性是各向异性的，因此为了评价不同晶体各向异性的程度，下面将引进弹性各向异性常数。为此，先考查材料各向同性体所要求的条件。

由单元体的分析可知，若把立方系晶体相对于力的坐标轴任意旋转一个角度，则应当得到一组新的应力－应变方程。假如这时的弹性系数和旋转前相等，则可

以认为该弹性体为各向同性。可以证明,立方晶满足这一要求的条件为

$$C_{44}=\frac{1}{2}(C_{11}-C_{12}) \tag{7.4}$$

式中,C_{44} 的物理意义为立方晶系中(100)方向的切变模量;C_{11} 和 C_{12} 没有确切的物理意义,但$(C_{11}-C_{12})/2$ 则为立方系晶体中(110)面沿 < 110 > 方向的切变模量,常标为$C'=(C_{11}-C_{12})/2$。通常用弹性各向异性常数A作为弹性各向异性的量度,在立方晶系中弹性各向异性常数 A 定义为

$$A=\frac{2C_{44}}{C_{11}-C_{12}} \tag{7.5}$$

7.2.2 各向同性体的弹性常数

由于各向同性体的弹性必须满足式(7.4)的条件,那么立方系各向同性体的弹性特征用C_{11}和C_{12}两个常数就可以确定。但是工程上一般不用C_{ij},而习惯用E,G,K,且它们之间的关系为

$$G=\frac{E}{2(1+\mu)} \tag{7.6}$$

$$K=\frac{E}{3(1-2\mu)} \tag{7.7}$$

式中,μ 为泊松系数。

显然,在 E,G,K 中任意两个模量就可以确定各向同性体的弹性特征。

为了更进一步了解模量和各弹性系数的意义,可以建立它们之间的定量关系,根据弹性力学推导,各向同性广义胡克定律可以表示为

$$\begin{aligned}
\varepsilon_x&=\frac{1}{E}[\sigma_x-\mu(\sigma_y+\sigma_z)], & \gamma_{yz}&=\frac{2(1+\mu)}{E}\tau_{yz}=\frac{\tau_{yz}}{G}\\
\varepsilon_y&=\frac{1}{E}[\sigma_y-\mu(\sigma_x+\sigma_z)], & \gamma_{zx}&=\frac{2(1+\mu)}{E}\tau_{zx}=\frac{\tau_{zx}}{G}\\
\varepsilon_z&=\frac{1}{E}[\sigma_z-\mu(\sigma_y+\sigma_x)], & \gamma_{xy}&=\frac{2(1+\mu)}{E}\tau_{xy}=\frac{\tau_{xy}}{G}
\end{aligned} \tag{7.8}$$

以立方系晶体为例,考虑到把多晶体看成各向同性体,在等应力作用下分别将其代入立方系晶体和各向同性体的广义胡克定律进行比较,便可得到弹性系数和模量之间的关系为

$$\left.\begin{aligned}
C_{11}&=2G\left(1+\frac{\mu}{1-2\mu}\right)=2G\left(\frac{1-\mu}{1-2\mu}\right)\\
C_{12}&=2G\left(\frac{\mu}{1-2\mu}\right)\\
C_{44}&=G
\end{aligned}\right\} \tag{7.9}$$

若以大多数金属的 $\mu \approx 1/3$ 代入式(7.9),可以得到 $C_{11} : C_{12} : C_{44} = 4 : 2 : 1$,表7.2列出了一些立方系晶体弹性的有关常数。

表7.2　一些立方系金属室温下的弹性数据

金　属	点阵类型	弹性系数 $\times 10^{-5}$ MPa			$c' = (c_{11} - c_{12})/2$	A	μ
		c_{11}	c_{12}	c_{44}			
α - Fe	bcc	2.37	1.41	1.16	0.480	2.4	0.37
Na(210 K)	bcc	0.055 5	0.042 5	0.049 1	0.006 5	7.5	0.43
K	bcc	0.049 5	0.037 2	0.026 3	0.006 15	4.3	0.45
W	bcc	5.01	1.98	1.51	1.51	1.00	0.28
β - 黄铜	bcc	0.52	0.275	1.73	0.122 5	14.1	0.32
Al	fcc	1.08	0.622	0.284	0.229	1.24	0.36
Au	fcc	1.86	1.57	0.420	0.145	2.9	0.46
Ag	fcc	1.20	0.897	0.436	0.151	2.9	0.46
Cu	fcc	1.70	1.23	0.753	0.235	3.2	0.35
Pb	fcc	0.483	0.409	0.144	0.037	3.9	0.44
α - 黄铜	fcc	1.47	1.11	0.72	0.180	4.0	0.35
Cu_3Al	fcc	2.25	1.73	0.663	0.260	2.6	0.34
C	金刚石	9.2	3.9	4.3	2.6	1.6	0.30

7.2.3　弹性模量的微观本质

从金属电子论已经知道,金属凝聚态之所以能够维持,是由于电子气和点阵结点上的正离子群之间存在一种特殊的结合 —— 金属键。可以把自由电子气看成是均匀地分布在正离子中间构成某种负电性的点阵。例如,在面心立方点阵中由点阵间隙组成的点阵,也具有与面心立方体相同的性质。两种点阵相结合构成具有金属键的固体,其中正负离子相互交替呈棋盘式分布。根据弗伦克尔的意见,可以认为固体金属内部存在着两种互相矛盾的作用力:正离子点阵和想象中的负电性点阵间的相互吸引力,正离子与正离子间、自由电子与自由电子间的相互排斥力。固态金属就是这两种作用力的对立统一体。

为了简化起见,以下仅以弗伦克尔双原子模型讨论两个原子间的相互作用力和相互作用势能。

金属中正离子和自由电子之间是存在吸引力的,但作为两个孤立原子相距很远,可以认为不发生力的作用。现假设A原子固定不动,当B原子向A原子靠近到外层电子相接触、价电子能共有化时，就产生库仑吸引力。可以证明，库仑吸引力 $P_{引}$ 的大小和电量乘积成正比，和它们之间距离的 m 次方成反比。令引力为负，即

$$P_{引}=-\frac{ae^2}{r^m} \tag{7.10}$$

式中，e 为一个离子的电荷；r 为原子距离；a 和 m 为常数。

同理，电子间和正离子间存在相互排斥力。当 B 原子和 A 原子相距较远时，这种库仑斥力是不存在的。一旦 B 原子向 A 原子靠近到使内层电子相互接触时，就产生排斥力，其大小随原子间距的缩小而迅速增加。排斥力 $P_{斥}$ 的大小也和电量的乘积成正比，和它们之间距离的 n 次方成反比。令斥力为正，即

$$P_{斥}=+\frac{be^2}{r^n} \tag{7.11}$$

式中，b 和 n 也是常数。

由于排斥力是在电子间与正离子间产生的，因此它随原子间距的变化比吸引力的变化要快得多。所以 $n > m$。

原子间的结合力 $P(r)$ 是吸引力和排斥力的总和，表示为

$$P(r)=-\frac{ae^2}{r^m}+\frac{be^2}{r^n} \tag{7.12}$$

由于结合力的存在必然有结合能，原子间结合能也是原子间距 r 的函数，而且结合力实际上是结合能对原子间距的微分，即

$$P(r)=-\frac{\mathrm{d}U(r)}{\mathrm{d}r} \tag{7.13}$$

或

$$\mathrm{d}U(r)=-P(r)\,\mathrm{d}r \tag{7.14}$$

负号表示间距增大，结合力降低，将式(7.12) 代入式(7.14) 并进行积分，就可求得原子间结合能和原子间距的关系。

$$U(r)=-\int\left(-\frac{ae^2}{r^m}+\frac{be^2}{r^n}\right)\mathrm{d}r=\int\frac{ae^2}{r^m}\mathrm{d}r-\int\frac{be^2}{r^n}\mathrm{d}r=$$

$$-\frac{ae^2}{m-1}\cdot\frac{1}{r^{m-1}}+\frac{be^2}{n-1}\cdot\frac{1}{r^{n-1}}+C \tag{7.15}$$

令 $A=\dfrac{ae^2}{m-1}$，$B=\dfrac{be^2}{n-1}$，$C=$ 常数，不影响变化趋势，可暂略去，结果得

$$U(r)=-\frac{A}{r^{m-1}}+\frac{B}{r^{n-1}}\quad (n>m) \tag{7.16}$$

比较式(7.12) 和式(7.16) 可知，原子间结合力和结合能随原子间距 r 变化的趋势相同，如图 7.2 所示。

当金属不受外力作用时，原子处于平衡位置 r_0 处，这时结合能最低，结合力为零，因此很容易受运动干扰而振动。通常在热平衡状态时，原子以 10^{12} 频率在平衡位置附近振动。

当 $r < r_0$ 时，$F_{斥} > F_{引}$，$F_{合(r)} > 0$，总的作用力为斥力；当 $r > r_0$ 时，$F_{引} > F_{斥}$，$F_{合(r)} < 0$，总的作用力为引力。

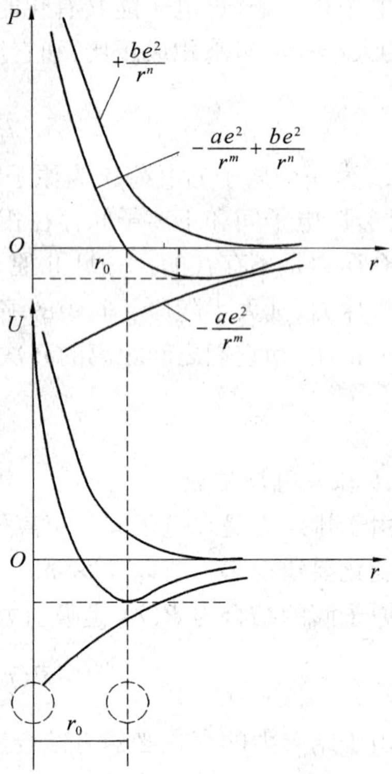

图 7.2 原子间结合力和结合能随原子间距的变化

设材料受力后，原子离开平衡位置 r_0 发生一个很小的位移，将原子间相互作用势能 $U(r)$ 对平衡位置 r_0 做泰勒级数展开

$$U(r) = U(r_0) + \frac{1}{1!}\left(\frac{\partial U}{\partial r}\right)_{r_0}(r - r_0) + \frac{1}{2!}\left(\frac{\partial^2 U}{\partial r^2}\right)_{r_0}(r - r_0)^2 + \cdots + \frac{1}{n!}\left(\frac{\partial^n U}{\partial r^n}\right)_{r_0}(r - r_0)^n \quad (7.17)$$

考虑到在 r_0 处，$\left(\frac{\partial U}{\partial r}\right)_{r_0}$ 取二级近似，得

$$U(r) = U(r_0) + \frac{1}{2!}\left(\frac{\partial^2 U}{\partial r^2}\right)_{r_0}(r - r_0)^2 \quad (7.18)$$

由于原子间的作用力 P 应为势能对原子间距的一次积分，则由式(7.18)得

$$P = -\frac{\mathrm{d}U}{\mathrm{d}r} = -\frac{\mathrm{d}\left[U(r_0) + \frac{1}{2}\left(\frac{\partial^2 U}{\partial r^2}\right)_{r_0}(r - r_0)^2\right]}{\mathrm{d}r} = -\left(\frac{\partial^2 U}{\partial r^2}\right)_{r_0}(r - r_0) \quad (7.19)$$

并改写成

$$-\left(\frac{\partial^2 U}{\partial r^2}\right)_{r_0} = \frac{P}{r - r_0} \quad (7.20)$$

式中，$-\left(\frac{\partial^2 U}{\partial r^2}\right)_{r_0} = \left(\frac{\partial P}{\partial r}\right)_{r_0}$ 为作用力在 r_0 处的斜率，对于一定的材料是个常数，它代表了对原子间弹性位移的抗力，即原子结合力。

从模量的定义 $E=\dfrac{\sigma}{\varepsilon}$ 看，在双原子模型中 E 相当于 $\dfrac{P}{r-r_0}$，所以模量 E 是反映原子间结合力大小的物理量，即

$$E=\left|\left(\frac{\partial^2 U}{\partial r^2}\right)_{r_0}\right| \tag{7.21}$$

7.3 弹性模量的影响因素

7.3.1 原子结构的影响

弹性模量是材料的一个相当稳定的力学性能，其表征了原子结合力的大小，因此材料的原子结构对其模量值有着决定性的影响，这表明弹性模量属于组织不敏感量。

在元素周期表中，原子结构呈周期变化，可以看到在常温下弹性模量随着原子序数的增加也呈周期性变化，如图 7.3 所示。

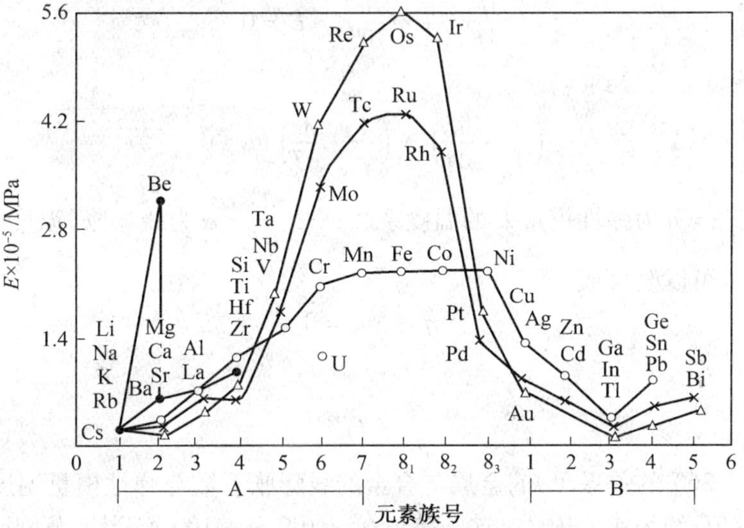

图 7.3 金属正弹性模量的周期变化

(1) 在两个短周期中(如 Na,Mg,Al,Si 等)，弹性模量随原子序数一起增大，这与价电子数目的增加和原子半径的减小有关。

(2) 周期表中，同一族的元素，随原子序数的增大，弹性模量减小。

(3) 过渡族的金属表现出特殊的规律性，它们的弹性模量都比较大，这可以认为是由于 d 层电子引起较大原子结合力的缘故，带有 5 ~ 7 个 d 壳层电子的元素具

有高的弹性模量。过渡族金属与普通金属弹性模量的不同之处还在于随着原子序数的增加出现一个最大值,且在同一组过渡族金属中(例如 Fe,Ru,Os 或 Co,Rb,Ir),弹性模量与原子半径一起增大,这一现象目前还未获得理论解释。

7.3.2 温度的影响

从弹性形变的微观模型出发,自然可以期待弹性模量和点阵常数之间存在特定的关系。根据大量的实验事实,曾经出现过一系列把弹性模量值(主要是正弹性模量 E)和晶体点阵常数 r 相联系的经验公式。例如,可以把金属弹性模量随点阵常数的减小而增大近似地表述成:

$$E = \frac{K}{r^m} \tag{7.22}$$

式中,k 和 m 均为与材料有关的常数。

不难理解,随着温度的升高材料发生热膨胀现象,原子间结合力减弱,因此金属与合金的弹性模量将要降低,且随着温度的升高,温度对弹性模量的影响大大增加。如果把方程(7.22)对温度求微分就很容易找到这个关系

$$\frac{\mathrm{d}E}{\mathrm{d}T}r^m + m\frac{\mathrm{d}r}{\mathrm{d}T}r^{m-1}E = 0 \tag{7.23}$$

将各项都除以 Er^m 得到

$$\left(\frac{1}{E}\cdot\frac{\mathrm{d}E}{\mathrm{d}T}\right) + \left(\frac{1}{r}\cdot\frac{\mathrm{d}r}{\mathrm{d}T}\right)m = 0 \tag{7.24}$$

式中,$\frac{1}{E}\cdot\frac{\mathrm{d}E}{\mathrm{d}T} = \eta$ 为弹性模量 E 的温度系数;$\frac{1}{r}\cdot\frac{\mathrm{d}r}{\mathrm{d}T} = \alpha$ 为线膨胀(温度)系数。这时式(7.24)可以改写成

$$\eta + \alpha m = 0 \tag{7.25}$$

或

$$\frac{\alpha}{\eta} = 常数 \tag{7.26}$$

由式(7.26)的关系可知,金属与合金的线膨胀系数与弹性模量温度系数之比 α/η 是个定值,约为 4×10^{-2}。这一结论在 $-100 \sim +100$ ℃ 温度范围已为试验资料所证实,见表7.3。

一些金属弹性模量随温度的变化如图7.4所示。这里钨虽然熔点最高(约为3 400 ℃),但其弹性模量比铱($T_s = 2\ 454$ ℃)要低得多。注意这些金属升温时模量降低的过程,从此过程中可以看到,铱从室温升到1 000 ℃时,模量降低约20%,而钨只降低12%。模量迅速下降的还有铑,而钼与钨类似却降低得比较缓慢。

表 7.3 一些金属与合金的 α/η 值(温度范围 −100 ~ +100℃)

名称	$\alpha\times10^5$	$\eta\times10^5$	$(\alpha/\eta)\times10^{-2}$
Fe	1.1	27.0	4.01
W	0.4	9.5	4.11
18 − 8 不锈钢	1.6	39.7	4.00
黄铜	1.7	4.0	4.25
Al − 4% Cu	2.3	58.3	3.94
Fe − 5% Ni	1.05	26.0	40.4

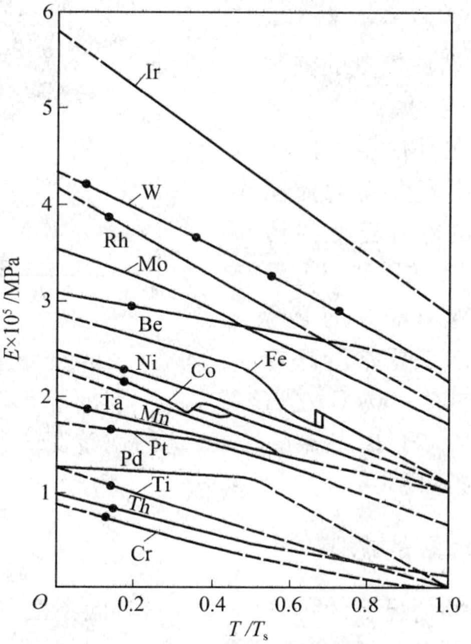

图 7.4 一些金属模量与温度的关系

当加热到 600 ℃ 时,钯的模量值仍保持接近于初始值,铂也有类似的情况,这说明,该金属在高温下保持原子间结合力的能力较强,即模量温度系数 η 绝对值较小。

从图 7.4 可以看出,如不考虑相变影响,大多数金属的模量随着温度的升高几乎都直线地下降,一般金属材料的模量温度系数 $\eta=-(300\sim1\,000)\times10^{-6}$ ℃$^{-1}$,低熔点金属的 η 值较大,而高熔点的金属和难熔化合物 η 值较小,合金的模量随温度升高而下降的趋势与纯金属大致相同,具体数据可以从材料手册上查到。

7.3.3 相变的影响

材料内部的相变(如多晶型转变、有序化转变、铁磁性转变以及超导转变)都会对弹性模量产生比较显著的影响,其中有些转变的影响在很宽范围内发生,另一些转变则在比较窄的温度范围里引起模量的突变,这是由于原子在晶体学上的重构和磁的重构所造成的。

图7.5表示了Fe,Co,Ni的多晶型转变与铁磁转变对模量的影响。其中,铁、钴弹性模量的反常拐点与相变相关,而镍的反常拐点同磁性转变有关。当铁加热到910 ℃时发生了α→γ转变,点阵密度增大造成模量的突然增大,冷却时在900 ℃发生α→γ的逆转变,使模量降低。在其他温度区间里,加热与冷却过程中所测得的弹性模量 E 值相重合。钴也有类似的情况,当温度升高到480 ℃时,从六方晶系的α - Co转变为立方晶系的β - Co,此时弹性模量也出现反常升高的拐点,温度降低时同样在400 ℃左右观察到模量的跳跃,对应于β→α的转变,这种逆转变的温差显然是由于过冷所致。

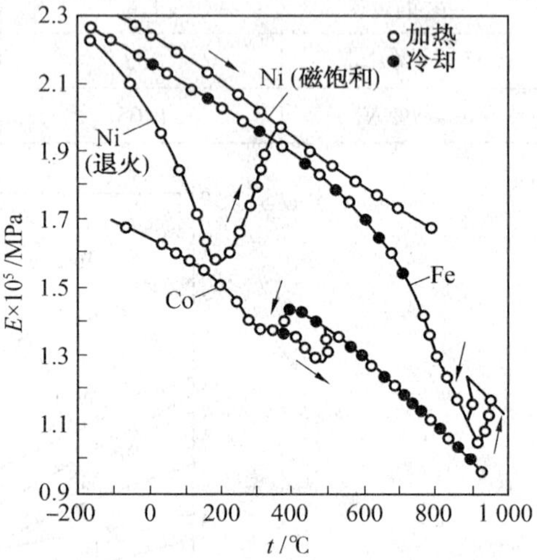

图7.5 相变对模量 - 温度曲线的影响

7.3.4 合金元素的影响

在固态完全互溶的情况下,即当两种金属具有同类型空间点阵,且其价数及原子半径也相近的情况下,二元固溶体的弹性模量作为原子浓度的函数呈近线性关系,如Cu - Ni,Cu - Pt,Cu - Au等,如图7.6所示。在固溶体中具有过渡族金属时对直线规律出现明显偏离,且曲线是对着浓度轴向上凸出的,如图7.7所示。

在有限固溶的情况下,溶质对合金弹性模量的影响有以下三个方面:

(1) 由于溶质原子的加入造成点阵畸变,引起合金弹性模量的降低。

(2) 溶质原子可能阻碍位错线的弯曲和运动,会减弱点阵畸变对弹性模量的影响。

(3) 当溶质和溶剂原子间结合力比溶剂原子间结合力大时,会引起弹性模量增加,反之,则降低。

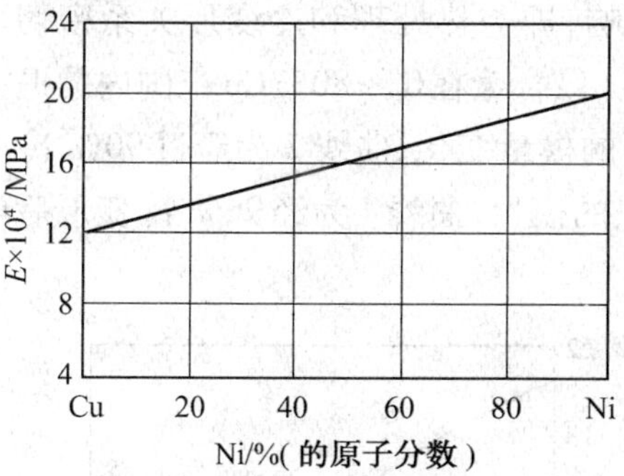

图 7.6 Cu - Ni 合金的模量

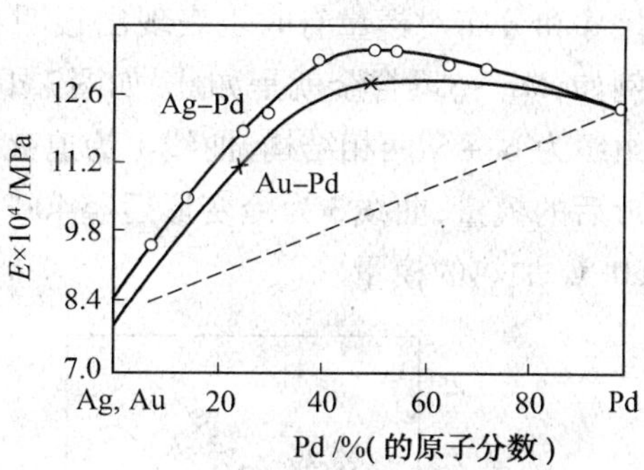

图 7.7 Ag - Pd 和 Au - Pd 合金的模量

由上述可知,溶质可以使固溶体弹性模量增加,也可使之降低,视上述作用强弱而定。

对普通金属 Cu 及 Ag 为基有限固溶体的研究表明,加入在元素周期表中与其相邻的普通金属(Zn,Ga,Ge,As 加入 Cu 中,Cd,In,Sn,Sb 加入 Ag 中),弹性模量 E 将随溶质组元含量的增加呈直线减小,溶质的价数 Z 越高则减小越大,如图 7.8 所示。人们虽试图寻找弹性模量的变化率 dE/dc 与溶质浓度 c、溶质组元原子价 Z(或固溶体电子浓度)以及原子半径差 ΔR 等参数之间的关系,但未能得到普遍满意的结果。

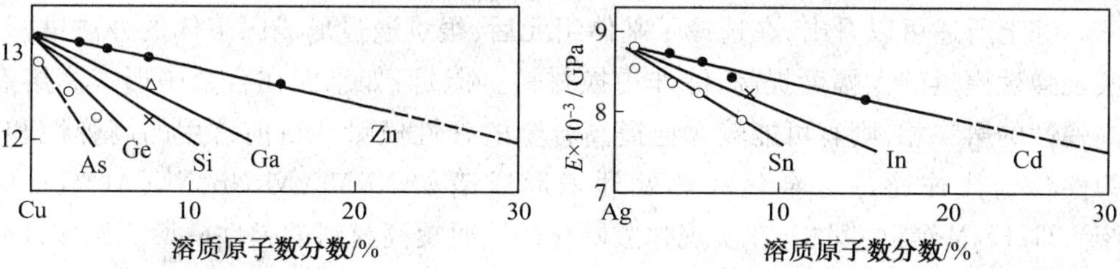

(a) Cu (b) Ag

图 7.8 溶质组元含量对 Cu 以及 Ag 基固溶体模量的影响

必须指出,形成固溶体合金的弹性模量与成分的关系并非总是符合线性规律,有时也会出现很复杂的情况。Fe - Ni 合金就是一个例子。图7.9 所示为 Fe - Ni 合金在不同磁场下弹性模量随 Ni 含量的变化。

化合物及中间相的模量研究得还比较少,比如,在 Cu - Al 系中化合物 $CuAl_2$ 具有比较高的模量(但比铜的小),相反地 γ 相的正弹性模量差不多比铜的模量高 1.5 倍。一般说来,中间相的熔点越高,其弹性模量也越高。

通常认为,弹性模量的组织敏感性较小,多数单相合金的晶粒大小和多相合金的弥散度对模量的影响很小,即在两相合金中,弹性模量对组成合金相的体积浓度具有近似线性关系。但是,多相合金的模量变化有时显得很复杂。第二相的性质、尺寸和分布对模量有时也表现出很明显的影响，即与热处理和冷变形关系密切。例如，Mn－Cu合金就是如此，如图7.10所示。该合金在0～80% Cu范围内的退火组织为α＋γ两相结构，曲线1为退火条件下的模量变化，曲线2为经过90%冷变形后的模量，曲线3为冷变形后经400 ℃加热的模量，曲线4为经96%冷变形后经60 ℃加热的模量。

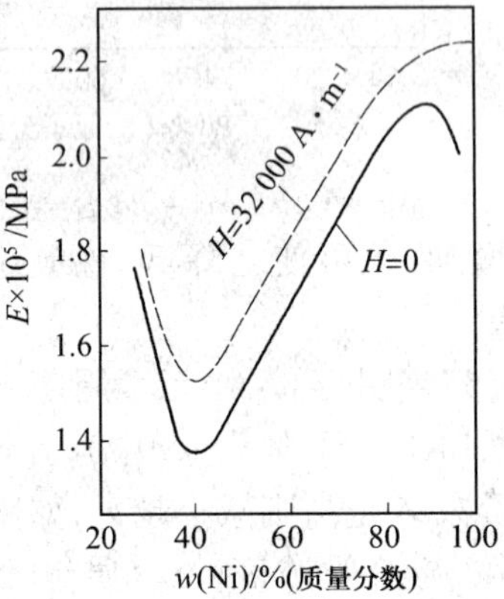

图7.9 不同磁场下Fe－Ni合金的弹性模量随Ni含量的变化规律

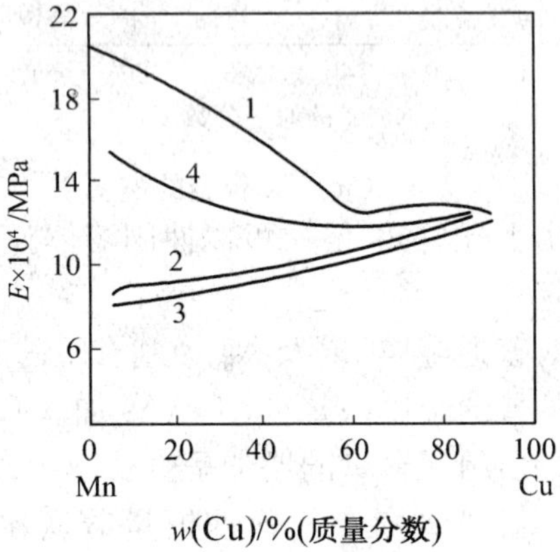

图7.10 Mn－Cu合金的模量

综上所述可以看出，在选择了基体组元后，很难通过形成固溶体的办法进一步实现弹性模量的大幅度提高，除非更换材料。但是，如果能在合金中形成高熔点、高弹性的第二相，则有可能较大地提高合金的弹性模量。目前常用的高弹性和恒弹性合金往往通过合金化和热处理来形成诸如Ni_3Mo，Ni_3Nb，$Ni_3(Al,Ti)$，$(Fe,Ni)_3Ti$，Fe_2Mo等中间相，在实现弥散硬化的同时提高材料的弹性模量。例如，Fe－42Ni－5.2Cr－2.5Ti（质量分数）恒弹性合金就是通过$Ni_3(Al,Ti)$相的析出来提高材料弹性模量的。

7.3.5 晶体结构的影响

和晶体的其他性能一样，弹性模量是依晶体的方向而改变的。但在多晶体中，由于晶粒的取向混乱所测得的弹性模量却又表现为各向同性，不依方向而变化，其量可用单晶体的弹性模量取平均值的方法计算出来。

多数立方晶系的金属单晶体，其[111]晶向的弹性模量值最大，而沿[100]方向的弹性模量值最小，最大切变模量G沿[100]方向，最小切变模量沿[111]晶向，常见的立方晶系金属多晶的弹性模量见表7.4。

表 7.4　弹性模量的各向异性

晶系	材料	E_{max}/GPa		E_{min}/GPa		$E_{多晶}$/GPa
		单　晶	晶向	单　晶	晶向	
立方	Al	75.46(7 700)	[111]	62.72(6 400)	[100]	70.56(7 200)
	Au	137.20(14 000)	[111]	41.16(4 200)	[100]	79.38(8 100)
	Cu	190.22(19 400)	[111]	66.64(6 800)	[100]	118.58(12.100)
	Ag	114.66(11 700)	[111]	43.12(4 400)	[100]	79.40(8.000)
	W	392.00(40 000)	[111]	392.00(40 000)	[100]	347.90 ~ 392.00
	MgO	348.90	[111]	248.20	[100]	210(5% 气孔)
	Fe	284.20(29 000)	[111]	132.30(13 500)	[100]	209.72(21 400)
六方	Mg	50.37(5 140)	0°	42.83(4.370)	53.5°	44.10(4 500)
	Zn	123.77(12 630)	70.2°	34.89(3.560)	0°	98.00(10 000)
	Cd	81.34(8 300)	90°	28.22(2.800)	0°	49.98(5 100)
四方	Sn	84.67(8.640)	[001]	26.26(2 680)	[110]	54.29(5 540)
立方	Al	28.42(2 900)	[100]	24.50(2 500)	[111]	26.46(2 700)
	Au	40.18(4 100)	[100]	17.64(1 800)	[111]	27.44(2 800)
	Cu	75.46(7 700)	[100]	30.38(3 100)	[111]	43.12(4 400)
	Ag	43.61(4 450)	[100]	19.31(1 970)	[111]	26.46(2 700)
	W	151.90(15 500)	[100]	151.90(15 500)	[111]	130.34 ~ 151.90
	MgO	154.60	[100]	113.80	[111]	87.50
	Fe	115.64(11 800)	[100]	59.78(6 100)	[111]	82.32(8 400)
六方	Mg	18.03(1 840)	44.5°	16.76(1 710)	90°	17.64(1 800)
	Zn	48.71(4 970)	30°	27.24(2 780)	41.8°	36.26(1 800)
	Cd	24.60(2 510)	30°	18.03(1 840)	30°	21.56(2 200)
四方	Sn	17.84(1 820)	45.7°	10.39(1 060)	[100]	20.38(2 080)

* 表中括号内的数单位为 kg/mm^2，$1\ kg/mm^2 = 9.8 \times 10^6\ N/m^2 = 9.8 \times 10^6\ Pa$

如果对弹性模量各向同性的多晶体进行冷变形(冷轧、冷拉、冷压、扭转)，且冷变形量很大时，由于织构的形成，将导致金属与合金弹性模量的各向异性，经冷加工变形的金属与合金，在高于再结晶温度退火时，会产生再结晶结构，这时材料的性能也会出现各向异性。事实表明，在冷拉(冷拔)时只出现织构轴，即所有晶粒的某一晶体方向 < uvw > 都沿冷拉方向排列，而不形成织构面；冷轧时所有晶粒的某一晶面(hkl)都趋向于轧制面平行，与此同时，晶粒的某一晶向 < uvw > 则平行于轧向。只有了解材料的织构类型，并根据使用特性进行选择，才能最有效发挥具有织构的材料性能。例如，当材料受拉力或弯曲力时，建议采用冷拔使材料形成织构轴。当材料受扭力时，则建议采用轧制法，选择的目的是把材料的最大弹性模量安排在形变的轴上。

有人研究了冷轧织构与再结晶退火织构对铜的弹性各向异性的影响，如图7.11所示。曲线1表示冷轧后铜板各个方向的弹性模量，曲线2表示再结晶退火的铜板弹性模量同轧制方位的关系。铜的冷轧织构为(110)[112]和(112)[111]，因[112]方向与[111]之间夹角很小，所以经冷轧的铜板沿轧向和横向弹性模量值最高；与轧向成45°角方向的E值最低，这同[110]晶向的E值相关([110]晶向的E值居于[111]和[100]晶向E值之间)。铜的再结晶退火织构是(100)[001]，故沿轧向和横向的弹性模量值最低。表7.5列出了不同变形量对黄铜和锡青铜的轧向和横向弹性常数的影响。

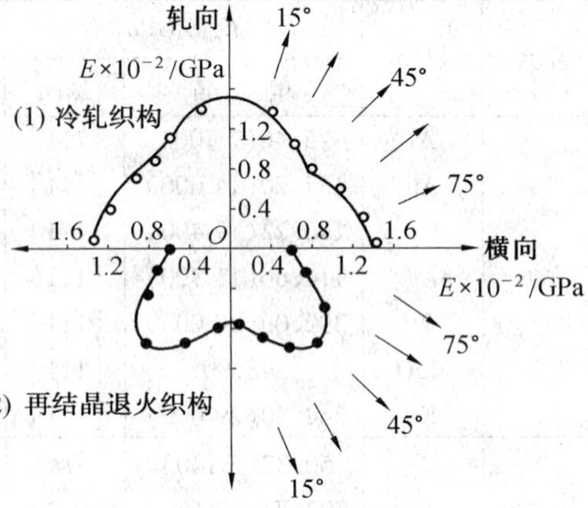

图7.11 铜板材的弹性各向异性

表7.5 不同变形量对黄铜和锡青铜的轧向和横向弹性常数的影响

变形量/%	$\sigma_{0.005}$/MPa		E/GPa	
	黄　铜	锡青铜	黄　铜	锡青铜
8	轧向 188(19.2)	261(26.6)	100.45(10.250)	100.94(10 300)
	横向 203(20.7)	285(29.1)	97.51(9.950)	99.96(10 200)
20	轧向 187(19.1)	294(30.0)	101.43(10 350)	93.10(9 500)
	横向 274(28.0)	326(33.3)	95.06(9 700)	100.94(10 200)
50	轧向 212(21.6)	309(31.5)	95.84(9 780)	91.63(9 350)
	横向 343(35.0)	459(46.9)	994.70(10 150)	106.33(10 850)
80	轧向 218(22.3)	384(39.2)	90.16(9 200)	91.63(9 350)
	横向 400(40.8)	602(61.4)	107.80(11 000)	110.74(11 300)
92	轧向 296(30.2)	509(52.0)	93.10(9 500)	91.63(9 350)
	横向 457(46.6)	670(68.4)	108.78(11 00)	113.19(11 550)

定向结晶工艺研究结果表明，定向凝固的金属与合金的弹性性能表现出各向异性。图7.12给出了$K3$镍基铸造高温合金和定向凝固合金的高温弹性模量E和G值。一般情况下，铸造$K3$合金在常温下的弹性模量E = 194.73 GPa，而沿[100]方向定向凝固$K3$合金的弹性模量E = 126.40 GPa。可见定向凝固方向合金的弹性模量E比铸态合金E值低1/3左右。试验结果还指出，垂直于[100]方向定向凝固$K3$合金的切变模量G也比铸态$K3$合金低，如图7.12所示。

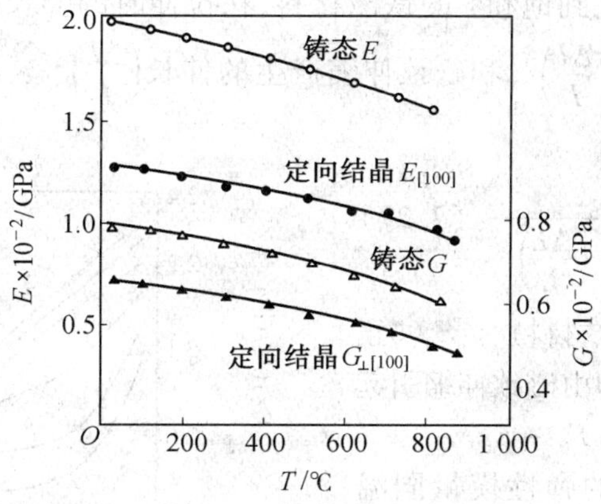

图 7.12　定向凝固对 $K3$ 镍基合金高温弹性模量的影响

●— 铸态 $K3$ 合金 E;Δ— 铸态 $K3$ 合金 G;

· — 定向凝固 $K3$ 合金 $E[100]$;▲— 定向凝固 $K3$ 合金 $G\perp[100]$

7.3.6　铁磁状态的弹性模量异常(ΔE 效应)

实验表明,铁磁体的应力应变对于胡克定律的线性关系有明显的偏离,未磁化的铁磁材料,在居里温度以下的弹性模量比磁化饱和状态的弹性模量低,这一现象称为弹性的铁磁性反常,又称 ΔE 效应,这是由于铁磁体中磁致伸缩的存在引起的附加应变所造成的,其中 $\Delta E=E_0-E_f$ 表示弹性模量降低的数值(E_0 为正常情况下的模量,E_f 为磁化状态下的模量)。在加热时随温度升高向居里温度趋近,ΔE 将逐渐消失,在这个过程中的某一个温度区间模量 E 甚至可能在加热时增大,当温度高于居里温度以后,弹性模量与温度的关系又恢复了正常。

如图 7.13 所示为铁磁材料应力－应变曲线的示意图。图中 OA 直线表示已磁化饱和的铁磁材料的应力－应变关系(一般“正常”材料的应力－应变关系),OBC 曲线表示未磁化或未磁化到饱和材料的应力－应变关系。

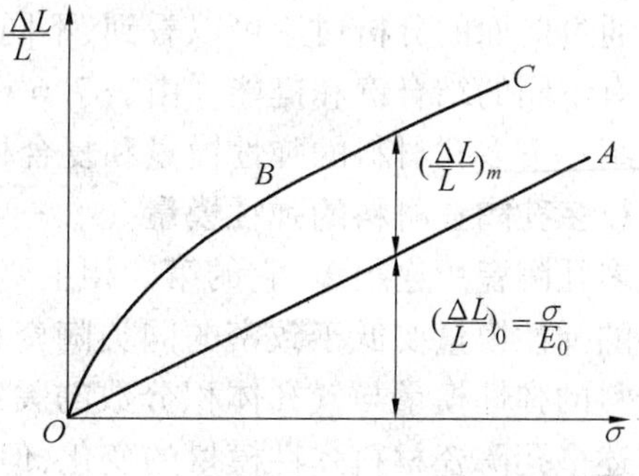

图 7.13　铁磁材料的应力－应变曲线

未经磁化的铁磁材料,由于自身存在自发磁化,它的各个磁畴的取向排列是封闭的。当这种材料在外力作用下发生弹性变形时,还将引起磁畴的磁矩转动,产生相应的磁致伸缩(力致伸缩)。在拉伸时,具有正的磁致伸缩的材料,其磁畴矢量将转向垂直于拉伸方向,同样在拉伸方向上产生附加伸长。由此,一个未磁化(或未磁化到饱和)的铁磁材料,在拉伸时的伸长是由两部分组成的:拉应力所产生的伸长$\left(\frac{\Delta L}{L}\right)_0$和磁致伸缩产生的伸长$\left(\frac{\Delta L}{L}\right)_m$。这样,铁磁材料的弹性模量应是

$$E=\frac{\sigma}{\left(\frac{\Delta L}{L}\right)_0+\left(\frac{\Delta L}{L}\right)_m} \quad (7.27)$$

不难看出,E_f(铁磁材料) $< E_0$("正常"材料),二者之差即由磁致伸缩引起的弹性模量降低$\Delta E = E_0 - E_f$。

图7.14表示镍的弹性模量同温度、磁场的关系。磁场强度为46 kA·m^{-1}时镍已被磁化饱和,故此时在任一温度的弹性模量按正常规律变化,而未磁化(未磁化饱和)的镍在低于居里温度时都具有较低的弹性模量。

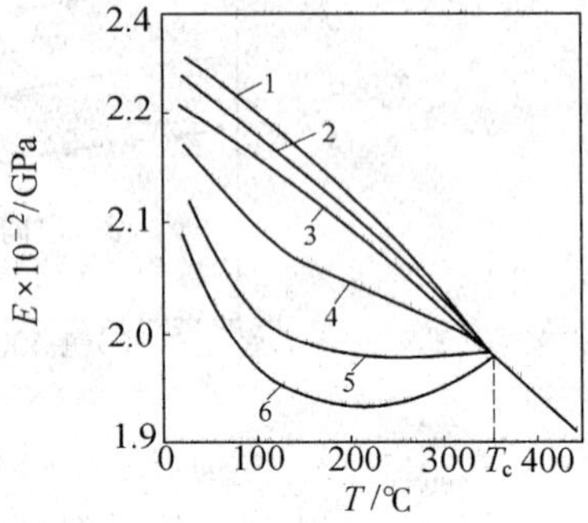

图7.14 在磁场作用下镍的高温弹性模量

1—46 kA·m^{-1};2—8.48 kA·m^{-1};3—3.28 kA·m^{-1};4—0.8 kA·m^{-1};5—0.48 kA·m^{-1};6—$H = 0$

随温度升高,E_0值下降,自发磁化也降低,磁致伸缩减小,因此ΔE值减小。如果温度升高时E_0和ΔE的降低在数值上大体相同,则E_f接近一个常数,与温度无关。具有这一特征的合金称恒弹性合金,它们的弹性温度系数很小或接近于零。艾林瓦合金即属于此合金。

7.3.7 无机材料的弹性模量

通过前面的分析讨论可以看到,不同材料的弹性模量差别很大,主要是由于材料具有不同的结合键和键能。由表7.6可以比较不同材料的弹性模量值。本节主要介绍一下多孔材料的弹性模量和复合材料的弹性模量。

1. 多孔陶瓷材料的弹性模量

多孔陶瓷用途很多,它的第二相主要是气孔,其弹性模量为零。显然多孔陶瓷材料的弹性模量要低于致密的同类陶瓷材料的弹性模量。图7.15给出了一些陶瓷材料的弹性模量与气孔体积分数的关系曲线。试图采用单一参量——气孔率来描述多孔陶瓷材料弹性模量的变化,但是材料的应力、应变在很大程度上取决于气孔的形态及其分布。Dean和Lopez经仔细的研究提出一个半经验公式来计算多孔陶瓷的弹性模量E,即

$$E = E_0(1 - b\varphi_{气孔}) \quad (7.28)$$

式中,E_0为无孔状态的弹性模量;$\varphi_{气孔}$为气孔体积分数;b为经验常数,其主要决定

于气孔的形态。

表 7.6 一些工程材料的弹性模量、熔点和键型

材料	弹性模量 E/GPa	熔点 T_M/℃	键型
铁及低碳钢	~ 207.00	1 538	金属键
铜	~ 121.00	1 084	金属键
铝	~ 69.00	660	金属键
钨	~ 410.00	3 387	金属键
金刚石	~ 1 140.00	> 3 800	共价键
Al_2O_3	~ 400.00	2 050	共价键和离子键
石英玻璃	~ 70.00	T_g ~ 1 150*	共价键和离子键
电木	~ 5.00		共价键
硬橡胶	~ 4.00		共价键
非晶态聚苯乙烯	~ 3.00	T_g ~ 100	范德华力
低密度聚乙烯	~ 0.2	T_g ~ 137	范德华力

* T_g 为玻璃化温度。

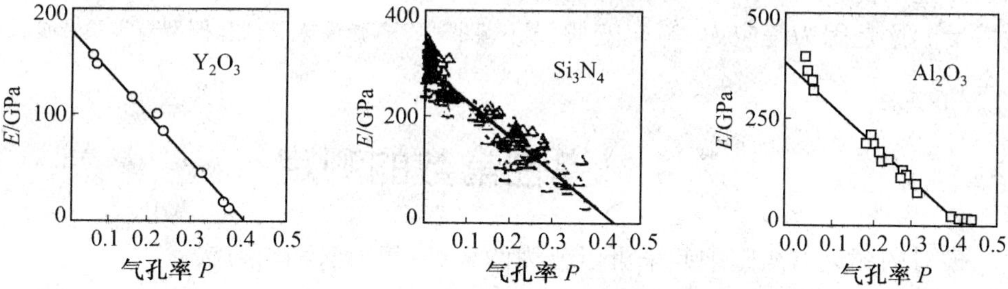

图 7.15 弹性模量 E 与气孔率关系，实线为最好的拟合直线

从图 7.15 可见，对于 Al_2O_3 和 Si_3N_4 实验数据与拟合直线，有明显上凹的趋势。这可能是由于人为确定气孔形貌引起的误差。

2. 双相陶瓷的弹性模量

弹性模量决定于原子间结合力，即键型和键能对组织状态不敏感，因此通过热处理来改变材料弹性模量是极为有限的。但是可以由不同组元构成二相系统的复相陶瓷，从而改变弹性模量。总的模量可以用混合定律来描述。图 7.16 给出了两相层片相间的复相陶瓷材料三明治结构模型图。

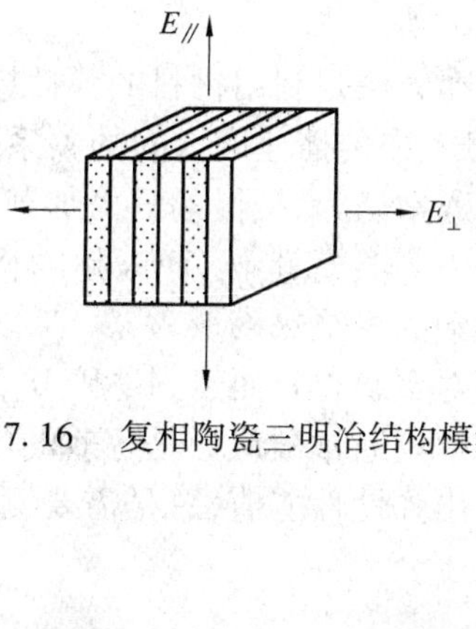

图 7.16 复相陶瓷三明治结构模型

按 Voigt 模型假设两相应变相同，即平行层面拉伸时，复相陶瓷的模量

$$E_{/\!/} = E_1\phi_1 + E_2\phi_2 \tag{7.29}$$

按 Reuss 模型，假设各相的应力相同，即垂直于层面拉伸时，给出二相陶瓷材料的弹性模量 $E_\perp$ 的表达式

$$E_\perp = \frac{E_1E_2}{E_1\phi_2 + E_2\phi_1} \tag{7.30}$$

在上述两式中，E_1，E_2 分别为二相的弹性模量；ϕ_1，ϕ_2 分别为二相的体积分数。

后来 Hashin 和 shtrikman 采用了更严格的限制条件，利用复相陶瓷的有效体积模量和切变模量来计算两相陶瓷的弹性模量并取得了更好的结果，由于计算比较复杂，本书略去，只在图 7.17 中示出了三种模型与实验数据的比较。该图表明混合定律是不能准确地计算复相陶瓷的弹性模量。这是因为等应力、等应变假设不完全合理。

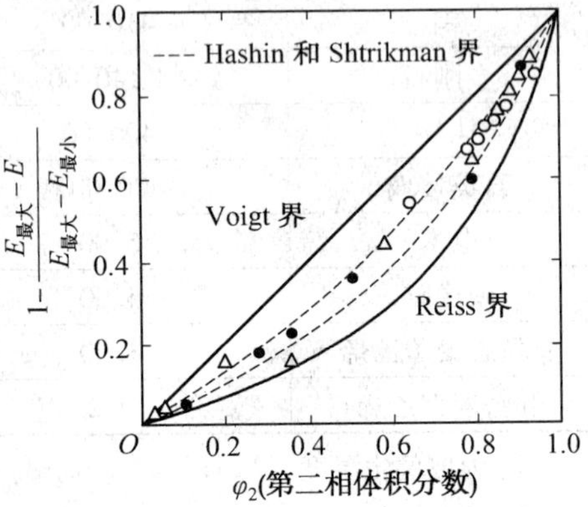

图7.17 弹性模量计算模型与实验数据比较

7.4 弹性常数的测定

模量的测试方法归纳起来可以分为两大类：静力法和动力法。

1. 静力法

静力法是在静载荷下，通过测量应力和应变，建立起它们之间的关系曲线，然后根据胡克定律，以弹性形变区的线性关系计算模量值，准确度很低，在最好情况下误差大约为 10%。

2. 动力法

动力法是利用材料的弹性模量与所制成试棒的本征频率或弹性应力波在材料（介质）中传播速度之间的关系进行测定和计算。

通常认为，缓慢的静力加载过程可以看作近似于等温形变，因此所测得的弹性模量为等温模量 M_i，而高频的机械振动过程则足够准确地接近于绝热形变，因此所得到的为绝热模量 M_a。

对金属材料而言，M_i 和 M_a 之间的差异不超过 0.5%，故静力法和动力法所得到的模量通常被认为是等效的。必须指出，没有任何一种实验方法直接以实验结果给出弹性性能值，总是需要测量各种其他的量，而弹性性能乃是按照某种关系对

所测得的量进行计算综合的结果。

目前,各种材料的弹性性能,通常优先考虑由基于声频和超声振动的动力法,这是因为动力法除了能给出较准确的结果外,与静力法相比较,还具有方法上的灵活性,即在对试样没有很强的作用下,可以在同一个试样上跟踪研究不同的连续变化因素与弹性模量的关系。

动力法的种类很多,目前最广泛应用的是共振棒法,这个方法通常是把待测的材料制成等截面的棒状试样,在特定的支承条件下,由外部提供频率可变的激发信号,使试棒在某一频率信号的激发下处于共振状态,根据所记录的共振频率按其与模量的特定关系进行计算。

试棒的激发方式按传感器的形式可分为:电磁法、静电法、涡流法和压电晶体法等;按振动的模式有:纵振动、扭振动和弯振动等;按试棒的支承形式有:下支承形式、悬挂形式、悬臂形式和扭摆形式。应当注意的是,为了得到试棒(而不是支承系统)的共振频率,在实验时所设置的支承点必须是试棒自由振动的筑波节点。

7.4.1 共振棒分析

通过测量试棒振动的本征频率确定弹性常数 E,G,μ,一般采用均质、细长、等截面棒,其横向尺寸与纵向尺寸相比小一个数量级。在这种细长棒系统中基本上有三种振动模式 —— 纵振动、扭振动和横振动。正弹性模量 E 的确定采用纵振动或横振动,而扭振动则被用来确定切变模量 G。图 7.18 示出了激发试样纵向、扭转、弯曲振动原理图,下面对试棒不同振动模式进行分析。

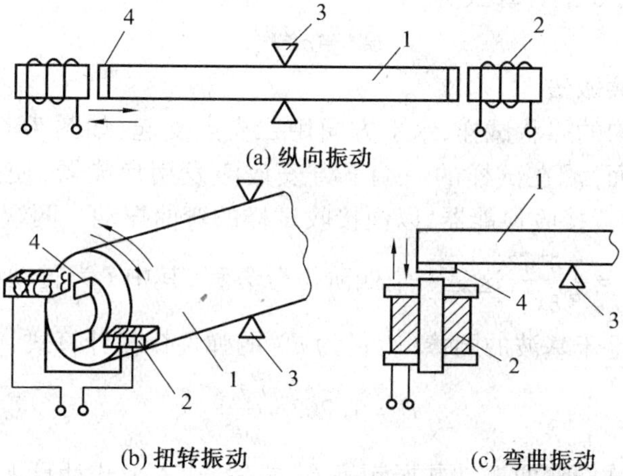

图 7.18 激发试样纵向、扭转、弯曲振动原理图
1— 试样;2— 电磁转换器;3— 支点;4— 铁磁性金属

1. 纵振动

用此法可以测定材料的弹性模量 E。设截面均匀的棒状试样，其中间被固定，两端处自由，如图 7.18(a) 所示。试样两端安放换能器2，其中一个用于激发振动，另一个用于接收试样的振动。以电磁式换能器为例，当磁化线圈通上声频交流电，则铁芯磁化，并以声频频率吸收和放松试样（如试样是非铁磁性的，需在试样两端面粘贴一小块铁磁性金属薄片），此时试样内部产生声频交变应力，试样发生振动，即一个纵向弹性波沿试样轴向传播，最后由接收换能器接收。

当棒状试样处于如图 7.18(a) 所示状态，其纵向振动方程可写成$\frac{\partial^2 u}{\partial t^2} = \frac{E}{\rho}\frac{\partial^2 u}{\partial x^2}$，其中 $u(x,t)$ 是纵向位移函数。解该振动方程（具体解法略）并取基波解，经整理可得

$$E = 4\rho l^2 f_l^{\ 2} \tag{7.31}$$

式中，l 为试样长度。由上式可以看出，为了求出 E，必须测出 f_l。利用不同频率的声频电流，通过电磁铁去激发试样做纵向振动，当 $f \neq f_l$ 时，接收端接收的试样振动振幅很小，只有 $f = f_l$ 时在接收端可以观察到最大振幅，此时试样处于共振状态。

2. 扭转振动共振法

此法用于测量材料的切变模量 G，如图 7.18(b) 所示。一个截面均匀的棒状试样，中间固定，在棒的一端利用换能器产生扭转力矩，试样的另一端（图中只画出试样的半面，另半面略）装有接收换能器（结构与激发换能器相同），用以接收试样的扭转振动。同样可以写出扭转振动方程并求解，最后仍归结为测定试样的扭转振动固有频率 f_τ。G 的计算式为

$$G = 4\rho l^2 f_\tau^2 \tag{7.32}$$

3. 弯曲振动共振法

一个截面均匀的棒状试样，水平方向用二支点支起，如图 7.18(c) 所示（图中只画出试样的半面）。在试样的一端下方安放激发用换能器，使试样产生弯曲振动，另一端下方放置接收换能器，以便接收试样的弯曲振动。两端自由的均匀棒的振动方程为$\frac{\rho S \partial^2 u}{EI \partial t^2} = -\frac{\partial^4 u}{\partial x^4}$，这是一个四阶微分方程，其中 I 为转动惯量，S 为试样截面。最后得到满足于基波的圆棒（直径为 d）的弹性模量计算式

$$E = 1.262\rho \frac{l^4 f_{弯}^2}{d^2} \tag{7.33}$$

同样需测出试样弯曲振动共振频率 $f_{弯}$ 之后，代入上式计算 E。

7.4.2 超声脉冲回波法

弹性应力波在介质中的传播速度与介质的弹性模量存在某种关系，由此可以

通过超声速度的测量来确定材料的弹性常数。

考尔斯基曾经详细证明，在各向同性的无限介质中，应力波可以纵波 c_l 与横波 c_t 两种不同的速度传播。根据其与弹性常数的关系可以得到如下方程

$$
\begin{aligned}
E &= \rho c_t^2 \left\{3 - \frac{1}{\left[\left(\frac{c_l}{c_t}\right)^2 - 1\right]}\right\} \\
G &= \rho c_t^2 \\
\mu &= \frac{1}{2}\left\{\left[\left(\frac{c_l}{c_t}\right)^2 - 2\right] \Big/ \left[\left(\frac{c_l}{c_t}\right)^2 - 1\right]\right\}
\end{aligned}
\tag{7.34}
$$

这样一来，测定弹性常数的问题就变成测定纵波与横波速度的问题。

由于我们可以使用频率很高（几十千赫到几百兆赫）的超声波，因而很小的试样都可以看成无限介质。这一方法适合在很小的样品上进行，并对无法制备棒状试样的一些材料显得更有意义，对于制成品弹性常数的无损测量也提供了方便。

脉冲回波法实验装置的原理如图 7.19 所示。当装置工作时，由主控振荡器 1 产生的控制脉冲触发高频信号发生器 2，产生高频脉冲信号。这种高频脉冲信号，由屏蔽导线 8 送到压电晶体传感器 6 转换成声脉冲，经耦合介质送入样品 7 中，并在样品内部被反射产生多次回波，回波波列经压电传感器，再转换成电脉冲送到接收放大器 3 放大、检波后，输给示波器的垂直偏转极板。另一方面从扫描信号发生器 4 产生的扫描信号，输给示波器的水平偏转极板造成扫描线，这样在示波器上就能看到相应与试样内部的一系列回波。根据所观察的声脉冲在试样中往返一次所需要的时间 t 和该试样长度 l，可以计算纵波和横波的传播速度，从而得到材料的弹性常数。

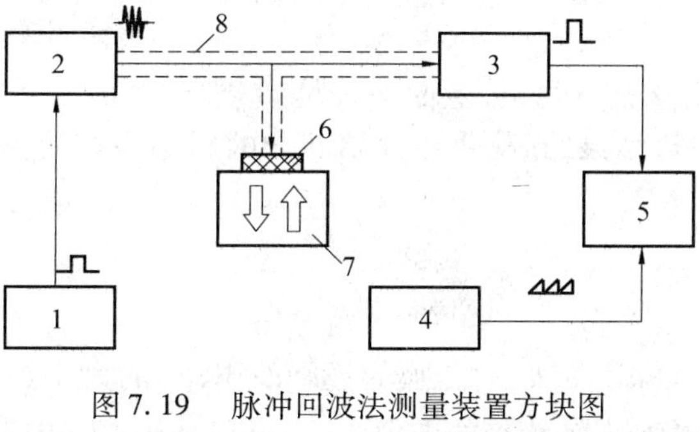

图 7.19 脉冲回波法测量装置方块图

1— 主控振荡器；2— 高频信号发生器；3— 接收放大器；4— 信号发生器；
5— 计录仪；6— 压电晶体传感器；7— 样品；8— 屏蔽导线

7.4.3 表面压痕仪测弹性模量

表面压痕仪是近年来发展的一种表面力学性能测量系统,它能对几乎所有的固体材料弹性模量进行测量,特别是能对薄膜材料进行测量,其工作原理如图7.20所示。三棱锥体的金刚石压头(也称 Berkovich 压头)是表面力学性能的探针,施加到压头上的载荷是通过平行板电容器控制的,平行板电容器还能探测出压头在材料中的位移。仪器能自动记录下载荷、时间及位移的数据,并计算出弹性模量和硬度等多种物理量。

表面压痕仪的主要工作原理是:用压头压入材料表面,通过传感器记录下加载和卸载过程中载荷与压入深度的对应关系,经过计算就能得到材料表层的弹性模量性能。图7.21就是典型的载荷(F)与压入深度(h)的关系曲线,F_{max} 是最大载荷,h_{max} 是最大压入深度。

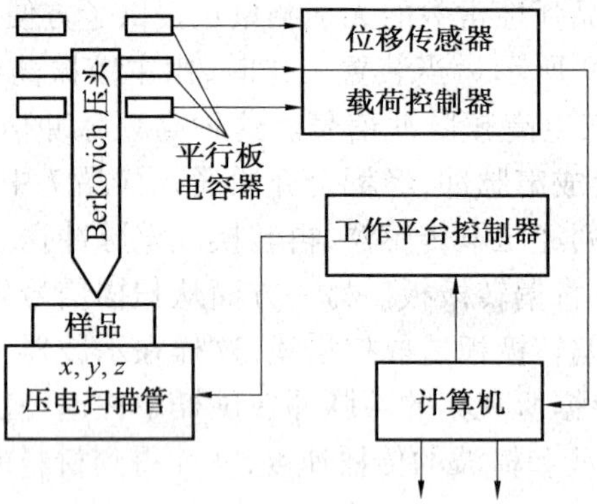

图7.20 表面压痕测试仪的工作示意图

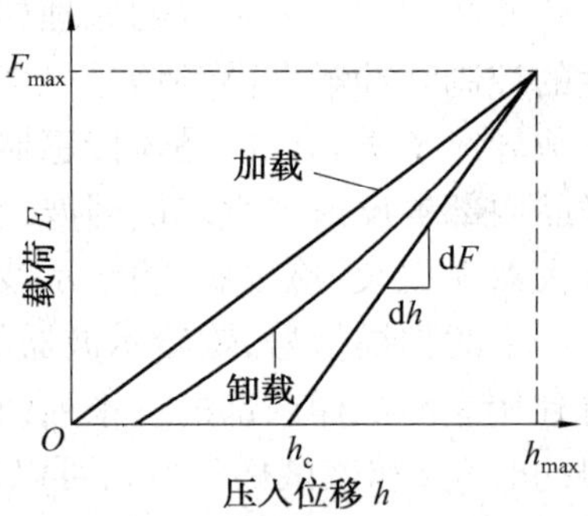

图7.21 典型的压头下压载荷与压入位移的关系曲线

可以看到,曲线分上下两条,上面一条是加载线,下面一条是卸载线。根据培奇(Page)等人的计算结果,卸载曲线开始部分的斜率与有效弹性模量(E^*)有如下关系

$$\frac{dF}{dh} = 2E^* \frac{\sqrt{A_{h_c}}}{\sqrt{\pi}} \tag{7.35}$$

式中,A_{h_c} 是对应压入深度为 h_c 时压痕的投影面积;h_c 的大小近似等于卸载曲线开始部分的斜率延长线与 h 轴相交的数值。E^* 可以从压痕仪中自动给出,模量(E_s)可表示为

$$\frac{1}{E^*} = \frac{(1-\nu_s^2)}{E_s} + \frac{(1-\nu_I^2)}{E_I} \tag{7.36}$$

式中,E_I 是压头(金刚石)的弹性模量;ν_s、ν_I 分别是被测材料和压头的泊松比。从

式(7.36) 中看到,如果要得到准确的 E_s,必须知道被测材料的泊松比 ν_s。但对于未知材料来说,一般不知道准确的数值。好在材料的泊松比相差都不是很大,对未知材料通常可用1/3 或1/4 来代替,得到的结果误差不是很大。

7.5 内 耗

一个物体在真空中振动,这种振动即使是完全属于弹性范围之内,振幅也会逐渐衰减,使振动趋于停止。这就是说振动的能量逐渐被消耗掉了。这种物体内在能量的消耗称为内耗。内耗的产生是由于物体的振动引起了内部的变化,而这种变化将导致振动能转换为热能。

内耗在20世纪40年代开始成为一门独立的学科,它已经由专门研究金属晶体材料为对象扩展到高分子、非晶态和复合材料,研究内容从材料内部结构一直到薄膜、表面,甚至青蛙腿部肌肉疲劳内耗,为解决材料科学和工程课题做出了贡献。

内耗对材料微观结构极为敏感,它与金属中溶质原子微扩散、晶界黏滞性和位错运动等直接有关,因此,内耗与超声衰减被广泛用于研究晶体缺陷、界面、金属中的扩散、固态相变、超导、疲劳、辐照损伤、薄膜结构等。例如,研究低温下金属和合金的扩散,精确判定扩散常数 D_0 和扩散激活能 Q_i。根据填隙原子引起的内耗峰值与固溶体中的填隙原子浓度成正比,而与沉淀析出的第二相无关,用内耗法测定任一温度下间隙固溶体的浓度,可确定某些溶解度曲线;或研究应变时效或沉淀析出过程等。还可用于研究固体声子与声子、电子以及磁场的交互作用和高分子聚合物的分子结构。工业上用于钢铁性能检验和阻尼本领测量等。近20年来,内耗与超声衰减已成为材料科学、物理冶金和固体物理的一个重要分支学科。

固体内耗研究大致可以分为三个方面:

(1) 内耗学科的基础研究,如研究内耗和材料内部结构及原子运动的关系,这是我们在本节中要介绍的内容。

(2) 内耗理论应用于固体缺陷及其相互作用的研究,丰富了固体缺陷理论。

(3) 应用内耗理论与技术,利用内耗值作为一种物理性质评价材料的阻尼特性,寻找适合工程应用有特殊阻尼性能的材料,满足工程结构的要求,如飞机、船舶、桥梁用的金属材料要求具有高阻尼特性,而机械类的钟表、仪表等用金属材料要求具有极低的阻尼特性。

7.5.1 内耗与非弹性形变的关系

弹性理论曾经假设,无论是加载还是去载,理想的弹性体的应变总是瞬时达到其平衡值,众所周知,所谓完全弹性体是应变能够单一地为每一个瞬间应力所确定的固体,即应力和应变间存在着单值函数关系,如图7.22所示,这样的固体在加载和卸载时,应变总是瞬时达到其平衡值,在发生振动时,应力和应变始终保持同位相,而且呈线性关系,因此不会产生内耗。

实际上,几乎所有的金属在加载或卸载时,应变瞬时值都未达到平衡,随着时间的延续才逐渐趋于平衡。

实际固体则不然,当加载和卸载时其应变不是瞬时达到平衡值,在发生振动时,应变的位相总是落后于应力,这就使得应力和应变不是单值函数,如图7.23所示为交变载荷下实际固体的应力-应变曲线。显然,在远低于范性变形的应力下能观察到阻尼现象这一事实证明,实际固体没有一个真正的"弹性区"。这些非弹性行为在应力-应变图上出现滞后曲线时就要产生内耗,其内耗的大小取决于回线所包围的面积。

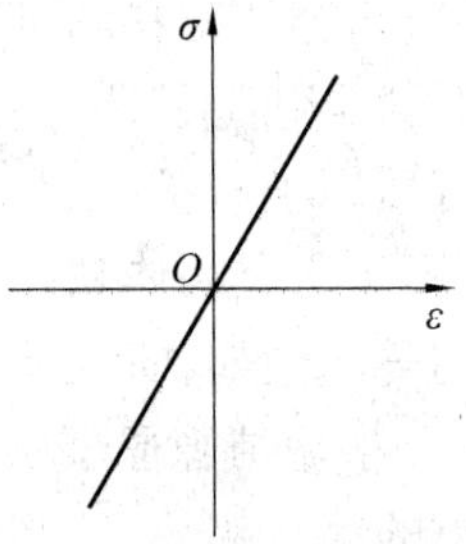

图7.22 交变载荷下理想弹性体的应力-应变曲线

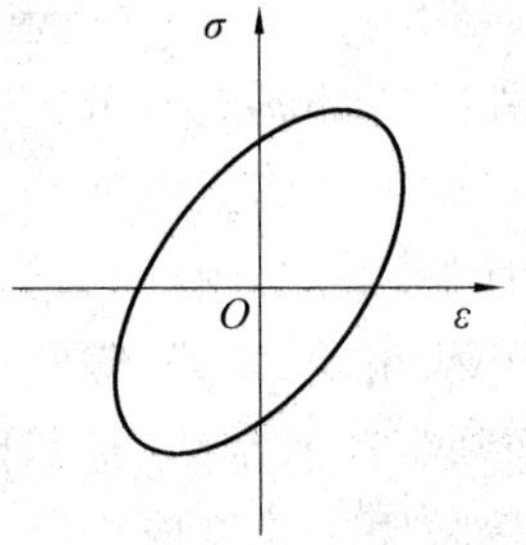

图7.23 交变载荷下实际固体的应力-应变曲线

如果施加应力与时间的变化遵守下面关系

$$\sigma = \sigma_0 \sin \omega t \tag{7.37}$$

式中,ω 为循环加载力的角频率。那么,实际固体的应变落后于应力,并具有位相差 ρ,此时应变为

$$\varepsilon = \varepsilon_0 \sin(\omega t - \rho) \tag{7.38}$$

固体振动一周的能量损耗,也就是滞后回线的面积,即

$$\Delta W = \oint \sigma \mathrm{d}\varepsilon = \int_0^{2\pi} \sigma_0 \varepsilon_0 \sin \omega t \mathrm{d}[\sin(\omega t - \varphi)] = \pi \sigma_0 \varepsilon_0 \sin \varphi \tag{7.39}$$

设 W 为振动一周总的能量,则有

$$W = \frac{1}{2} \sigma_0 \varepsilon_0 \tag{7.40}$$

内耗的量度,一般用 Q^{-1} 表示,Q 是振动系统的品质因数,Q^{-1} 可表示为

$$Q^{-1} = \frac{1}{2\pi} \frac{\Delta W}{W} = \sin \varphi \approx \tan \varphi \approx \varphi \quad (\text{因 } \varphi \text{ 角很小}) \tag{7.41}$$

在上述论述中,样品在试验条件下表现了滞弹性,这是产生内耗的关键。假设

滞弹性应变为 ε_1，一般可以分解为与应力 σ 同相位的应变分量 ε_1' 和落后应力 σ 相位 90° 的应变分量 ε_1''，则滞弹性应变 ε_1 以数学式可表示为复数应变

$$\varepsilon_1 = (\varepsilon_1' - i\varepsilon_1'')\mathrm{e}^{\mathrm{i}\omega t} \tag{7.42}$$

进一步深入讨论可以证明，内耗的贡献来自不与应力同相位的应变分量 ε_1''，而与应力同相位的应变分量 ε_1' 产生模量亏损，可以证明，复模量的实数部分对应于模量亏损，虚部对应于内耗。

为了得到内耗随频率或振幅的具体依赖关系，必须进一步给出描述非弹性行为的表达式。不同类型的内耗具有不同形式的应力应变方程。以下讨论内耗的几种基本类型。

7.5.2 内耗的分类

由于内耗产生的机制不同，内耗的表现形式有很大差异，按葛庭燧的分类法可以分为：

（1）线性滞弹性内耗，表现为只与加载频率有关。

（2）非线性滞弹性内耗，表现为既与频率相关，又与振幅有关。它来源于固体内部缺陷及其相互作用。

（3）静滞后型内耗，表现为完全与频率无关而只与振幅有关的内耗。

（4）阻尼共振型内耗，这种内耗形式类似于线性滞弹性内耗，与频率有关，但与之最大的区别在于内耗峰对温度变化不敏感。阻尼共振型内耗与位错行为有关。

下面，我们分类认识一下。

1. 弛豫型（滞弹性）内耗

滞弹性的特征是在加载或去载时，应变不是瞬时达到其平衡值，而是通过一种弛豫过程来完成其变化。如图 7.24(a) 所示，突然加上恒应力 σ_0 时，应变有一个瞬时增值 ε_0 而后随时间慢慢增加，最后趋于平衡值 $\varepsilon(\infty)$，这种现象称为应变弛豫。应力去掉后，有一部分应变 $\varepsilon(\varepsilon_0)$ 发生瞬时回复，剩余一部分则缓慢回复到零，这种现象为弹性后效。又如图 7.24(b) 所示，要保持应变(ε_0)不变，应力就要逐渐松弛达到一平衡值 $\sigma(\infty)$，称为应力弛豫现象。由于应变落后于应力，在适当频率的振动应力作用下就会出现

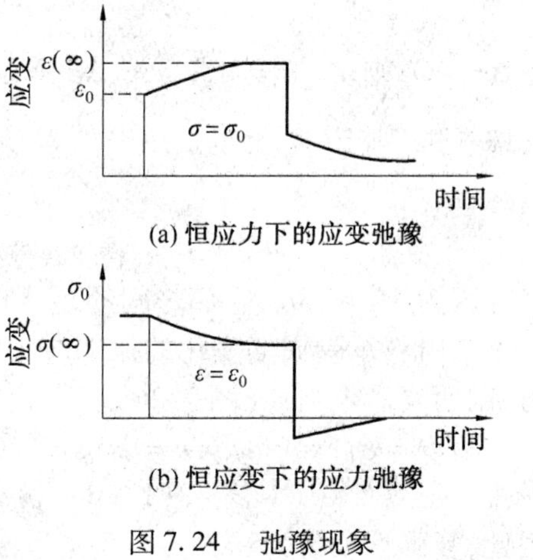

图 7.24 弛豫现象

内耗。

具有上述滞弹性行为的固体可以用一种称为标准线性固体的应力应变方程来描述

$$\sigma + \tau_\varepsilon \dot{\sigma} = M_R(\varepsilon + \tau_\sigma \dot{\varepsilon}) \tag{7.43}$$

式中，τ_ε 是恒应变下的应力弛豫时间；τ_σ 为恒应力下的应变弛豫时间；$\dot{\sigma}$ 和 $\dot{\varepsilon}$ 分别为应力、应变对时间的变化率；M_R 是弛豫弹性模量。

下面以图7.25所示恒应力下的应力－应变关系为例，深入进行一些讨论。

在 σ_0 恒应力作用下，OM_u 直线的正切夹角给出了还未来得及充分变形的试样弹性模量。由于加载速度快，应变的弛豫过程来不及进行，故称该模量为未弛豫弹性模量 M_u。

$$M_u = \frac{\sigma_0}{\varepsilon_0} \tag{7.44}$$

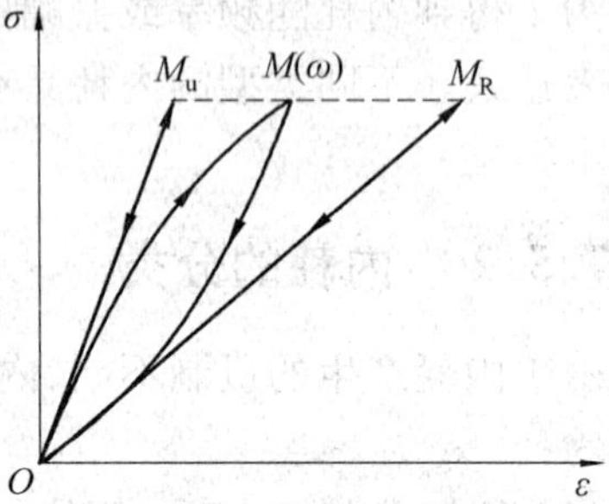

图7.25 恒应力下的应力－应变关系

OM_R 直线正切夹角表示试样充分进行了弛豫过程的模量，故称弛豫模量，用 M_R 表示

$$M_R = \frac{\sigma_0}{\varepsilon(\infty)} \tag{7.45}$$

设在很短的时间增量 Δt 中，应力有一个增量 $\Delta\sigma$，将式(7.43)两边在此时间中积分，有

$$\int_0^{\Delta t} \sigma \mathrm{d}t \int_0^{\Delta\sigma} \tau_\varepsilon \mathrm{d}\sigma = \int_0^{\Delta t} M_R \varepsilon \mathrm{d}t \int_0^{\Delta\varepsilon} M_R \tau_\sigma \mathrm{d}\varepsilon \tag{7.46}$$

令 $\Delta\tau \to 0$，则得 $t_\varepsilon \sigma = M_R \tau_\sigma \Delta\varepsilon$，$\Delta\varepsilon$ 是在 Δt 时间内应变增量，因时间很短可以认为无弛豫发生，则 $\dfrac{\Delta\sigma}{\Delta\varepsilon}$ 等于未弛豫模量 M_u，因此有

$$\frac{M_u}{M_R} = \frac{\tau_\sigma}{\tau_\varepsilon} \tag{7.47}$$

因为 $M_R < M_u$，它们之间的差 $\Delta M = M_u - M_R$ 称之为模量亏损。

当材料承受周期变化的振动应力时，由于应变弛豫的出现，必使应变落后于应力，因而要产生内耗(图7.26)。

将 $\sigma = \sigma_0 \exp(\mathrm{i}\omega t)$，$\varepsilon = \varepsilon_0 \exp[\mathrm{i}(\omega t - \varphi)]$ 代入式(7.43)中，得到

$$(1 + \mathrm{i}\omega\tau_\varepsilon)\sigma = M_R(1 + \mathrm{i}\omega\tau_\sigma)\varepsilon \tag{7.48}$$

由此，复弹性模量为

$$\tilde{M} = \frac{\sigma}{\varepsilon} = M_R \frac{1 + \mathrm{i}\omega\tau_\sigma}{1 + \mathrm{i}\omega\tau_\varepsilon} = \frac{M_R}{1 + \omega^2\tau_\varepsilon^2}(1 + \omega^2\tau_\sigma\tau_\varepsilon)\left[1 + i\frac{\omega\tau_\sigma - \omega\tau_\varepsilon}{1 + \omega^2\tau_\sigma\tau_\varepsilon}\right] \tag{7.49}$$

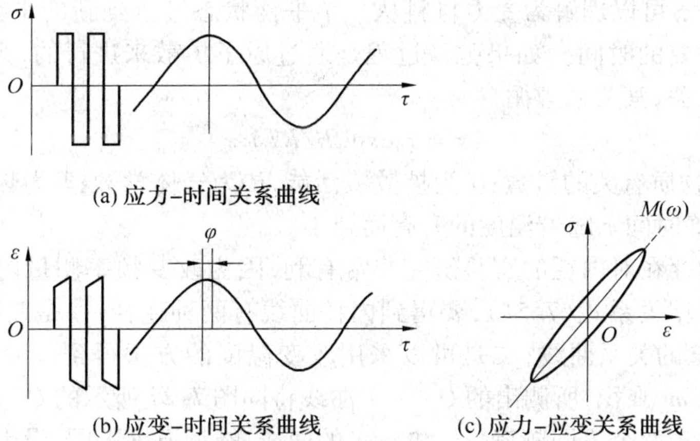

图 7.26 滞弹性体

由式(7.49) 实数部分得到

$$M(\omega) = \frac{M_R}{1 + \omega^2 \tau_\varepsilon^2}(1 + \omega^2 \tau_\sigma \tau_\varepsilon) \tag{7.50}$$

对于金属，$\tau_\sigma \approx \tau_\varepsilon$，所以 $t = \sqrt{\tau_\sigma \tau_\varepsilon}$，$M(\omega) = \sqrt{M_R M_u}$，$M(\omega)$ 称为动力模量(动态模量)，即仪器实际测得的模量。

式(7.49) 虚数部经整理得

$$Q^{-1} = \tan\varphi = \frac{\omega(\tau_\sigma - \tau_\varepsilon)}{1 + \omega^2 \tau_\sigma \tau_\varepsilon} \tag{7.51}$$

由式(7.51) 可以看出，弛豫型内耗与应变振幅无关，这是式(7.43) 的线性结果。把内耗、动力模量 $\omega\tau$ 作图，可得出图 7.27 的结果，在 $\omega\tau = 1$ 处内耗有极大值 $M(\omega)$，同时 Q^{-1} 是 ωt 乘积的对称函数。

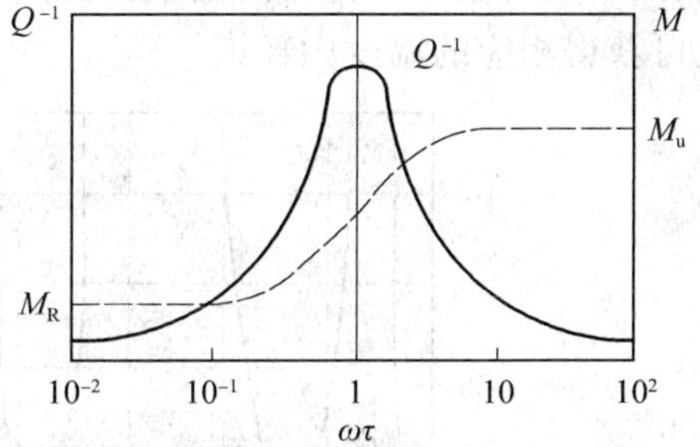

图 7.27 内耗、动力模量同 $\omega\tau$ 关系

现分析以下几种情况：

(1) 当 $\omega \to 0$ ($\omega\tau \ll 1, 1/\omega \gg \tau$) 时，振动周期甚大于弛豫时间，因而在每一瞬间应变都接近平衡值，应变为应力的单值函数，则 $Q^{-1} \to 0$，$M(\omega) \to M_R$。

(2) 当 $\omega \to \infty$ ($\omega\tau \gg 1, 1/\omega \ll \tau$) 时，振动周期甚小于弛豫时间，因而在实际上振动一周内不发生弛豫，物体行为接近完全弹性体，则 $Q^{-1} \to 0$，$M(\omega) \to M_u$。

(3) 当 $\omega\tau$ 为中间值，应变弛豫跟不上应力变化，此时应力 - 应变曲线为一椭圆，椭圆的面积正比于内耗。当 $\omega\tau = 1$ 时，内耗达到极大值，即称为内耗峰。

弛豫时间 τ 可以理解为受力材料从一个平衡状态过渡到新的平衡状态，内部原子调整所需要的时间。如果弛豫过程是通过原子扩散来进行的，则弛豫时间 τ 应与温度 T 有关，其关系遵循

$$\tau = \tau_0 \exp(H/RT) \tag{7.52}$$

式中，τ_0 为与物质有关的常数；H 为扩散激活能，R 为气体常数；T 为热力学温度。不难发现，弛豫时间 τ 随着温度的升高而减小。

此关系的存在对内耗的实验研究非常有利，因为改变频率测量内耗在技术上是困难的。根据关系式(7.51)，要得到内耗曲线有两种途径：一是改变角频率 ω，得到 $Q^{-1}-\omega\tau$ 的关系曲线；二是可以采用改变温度的方法得到改变 ω 的同样效果。因为依从 ωt 乘积，所测出的 $Q^{-1}-T$ 曲线将同图7.27所示的 $Q^{-1}-\omega\tau$ 曲线特征相一致。对于两个不同频率（ω_1 和 ω_2）的曲线，峰巅温度不同，设为 T_1 和 T_2，且因峰巅处有 $\omega_1\tau_1 = -\omega_2\tau_2 = 1$，从关系式(7.52)可得

$$\ln\frac{\omega_2}{\omega_1} = \frac{H}{R}\left(\frac{1}{T_1} - \frac{1}{T_2}\right) \tag{7.53}$$

由式(7.53)可以很方便地求得扩散激活能。实际测量时，上述两种方法都在应用。

材料内部的一种弛豫过程对应着一种物理机制，金属与合金中的弛豫过程可能由不同原因引起，对应不同的物理机制，这些过程的弛豫时间是材料的常数，并决定了这些弛豫过程的特点。每一过程有它自己所特有的弛豫时间，所以改变加载的频率 ω，则在 $Q^{-1}-\omega$ 曲线上将得到一系列内耗峰（图7.28），对于典型固体材料，图中具有数个内耗峰的曲线称为内耗谱或称弛豫谱。同样道理，改变测量温度也可获得相应的温度内耗谱。

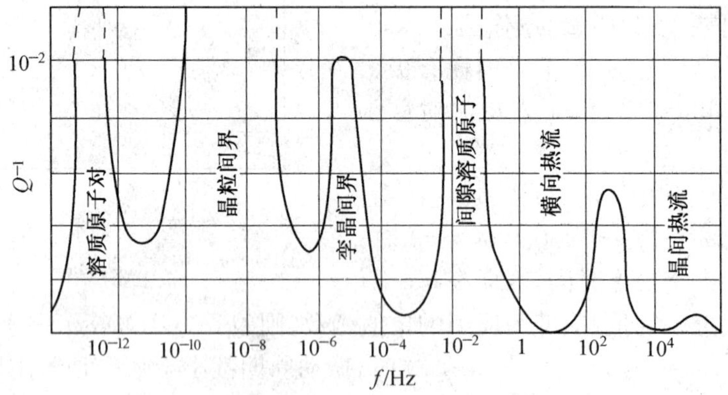

图7.28 典型固体材料室温下内耗谱示意图

2. 静滞后型内耗

以上介绍的滞弹性内耗有一个明显的特点,即应变 - 应力滞后回线的出现是由实验的动态性质所决定的。因此回线的面积与振动频率的关系很大,但与振幅无关。即使是滞弹性材料,如果实验是静态进行,实验时应力的施加和撤除都非常缓慢,也不会产生内耗。所以,可以将滞弹性内耗看作动态滞后行为的结果。

相对于动态滞后的行为而言,材料中还存在着一种静滞后的行为。所谓静滞后是指弹性范围内与加载速度无关、应变变化落后于应力的行为。静滞后也是一种弹性范围内的非弹性现象,静态滞后的产生是由于应力和应变间存在多值函数关系,即在加载时,同一载荷下具有不同的应变值,完全去掉载荷后有永久形变产生,仅当反向加载时才能恢复到零应变,如图 7.29 所示。

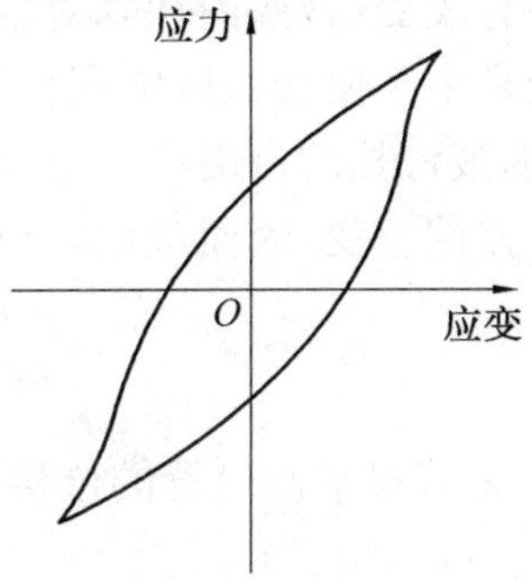

图 7.29 静滞后回线示意图

由于应力变化时,应变总是瞬时调整到相应的值,因此这种滞后回线的面积是恒定值,与振动频率无关,故称为静态滞后,以区别于滞弹性的动态滞后。

显然,当应力超过开始弹性形变所对应的值时将发生静滞后。这一事实在材料疲劳的研究中可能有重要作用。后面还将看到,由于磁致伸缩现象,铁磁材料也会得出一个与频率无关的滞后回线,且在低应变振幅下即引起内耗,它对高阻尼材料的研制有重要的意义。以上例子表明,静滞后可以在极低的振幅下发生,且既可来源于原子的重构,也可来源于磁的重构,这种重构实际上不可能瞬时发生,但可能是以声速传播的,其传播速度在通常振动实验所用的频率下却可以认为是“瞬时”的。

由于引起静滞后的各种机制没有相似的应力 - 应变方程,所以不能像弛豫型内耗那样进行简单而明了的数学处理,而必须针对具体机制进行计算,求出回线面积 ΔW,再由公式 $Q^{-1}=\dfrac{\Delta W}{2\pi W}$ 算出内耗值。

一般说来,静态滞后回线的面积与振幅不是线性关系,因而内耗一般与振幅有关,而与振动频率无关,这往往是静滞后型内耗的特征。这种内耗同高阻尼合金的阻尼机制有密切关系,本章后面将做介绍。

静滞后型内耗与前面所讨论的弛豫型内耗所具有的“与频率相关而与振幅无关”的特征形成了鲜明的对比,这也是区分这两类内耗的重要依据。近年来已查明,应力振幅很小时,晶体内的位错运动便会产生静滞后行为引起的内耗。

3. 阻尼共振型内耗

除了弛豫型和静滞型内耗外，随着内耗测量频率扩展到兆频，人们还发现另一种类型的内耗。初看起来这种内耗的特征（与频率的关系极大，而与振幅无关）和弛豫型内耗很相似。不同的是，它的内耗峰所对应的频率一般对温度不敏感，而弛豫过程的弛豫时间对温度却很敏感，从阿伦纽斯关系 $\tau = \tau_0 \exp(H/RT)$ 可知，只要温度略有改变，弛豫内耗峰对应的频率（$\omega\tau = 1$）就变化很大。研究表明，这种内耗很可能是由于振动固体中存在阻尼共振现象引起的能量损耗。例如，在实际晶体中，两端被钉扎的自由位错线段在振动应力作用下可做强迫振动，位错线的运动可引起非弹性应变，因而产生阻尼。阻尼强迫振动可用微分方程来描述，即

$$A\frac{\partial^2 \xi}{\partial t^2} + B\frac{\partial^2 \xi}{\partial t} - C(\xi) = F_0 e^{i\omega t} \tag{7.54}$$

式中，ξ 为偏离平衡位置的位移；A 为振子的有效质量；$A\frac{\partial^2 \xi}{\partial t^2}$ 为惯性力；B 为阻尼系数；$B\frac{\partial \xi}{\partial t}$ 为通常假定的阻尼力（黏滞阻尼）；$C(\xi)$ 为回复力（一般与位移成正比）；$F_0 e^{i\omega t}$ 为作用在振子上的外加振动力。

由于位移 ξ 联系着非弹性应变，F_0 联系着外加应力，因此，式(7.54)也就是阻尼共振型的应力－应变方程。显然，当外加应力频率与位错线的共振频率相近时将产生共振现象，其位移具有最大值，此时阻尼对振子所做的功（即内耗）也最大。又因式(7.54)为线性关系，因而内耗与振幅无关。

7.5.3 内耗产生的物理机制

弄清产生内耗的机制对掌握内耗分析方法十分重要。总的来说，材料的非弹性行为起源于应力感生原子的重排和磁重排，但原子重排的性质不同，要通过不同的机制进行。在讨论各种内耗机制时，要考虑内耗的成分、结构的依赖关系，弛豫的性质以及引起不对称畸变条件等因素。

1. 点阵中原子有序排列引起内耗

这里所指的主要是溶解在固溶体中孤立的间隙原子、替代原子。这些原子在固溶体中的无规律分布称为无序状态。如果外加应力时，这些原子所处位置的能量将出现差异，导致原子发生重新排布，也就是发生了原子的有序排列，这种由于应力引起的原子偏离无规则状态分布称为应力感生有序。

下面我们以 α－Fe 为例，说明体心立方结构中间隙原子由于应力感生有序所引起的内耗。这里的间隙原子指的是碳（氮）原子，它处于铁原子之间。碳（氮）原子在 α－Fe 中引起内耗的现象早就引起人们的注意。斯诺克（J. Snoek）首先研究了碳钢振动衰减和温度的关系，发现随着温度的变化，在 40 ℃ 附近出现一个内耗

峰,该峰被称为斯诺克峰,如图 7.30 所示。如用不含碳(氮)的试样测量,则不出现这个峰,这表明,该峰的出现直接与碳(氮)原子有关。用频率为1 Hz进行测量时,由氮原子引起的内耗峰峰温为20 ℃,而由碳原子引起的内耗峰峰温为40 ℃。用内耗法测定该峰对应的激活能,40 ℃ 峰为 80 200 J/mol,20 ℃ 峰为 76 800 J/mol,这个数量恰好等于碳(氮)原子在 α - Fe 中产生的微扩散所引起的。

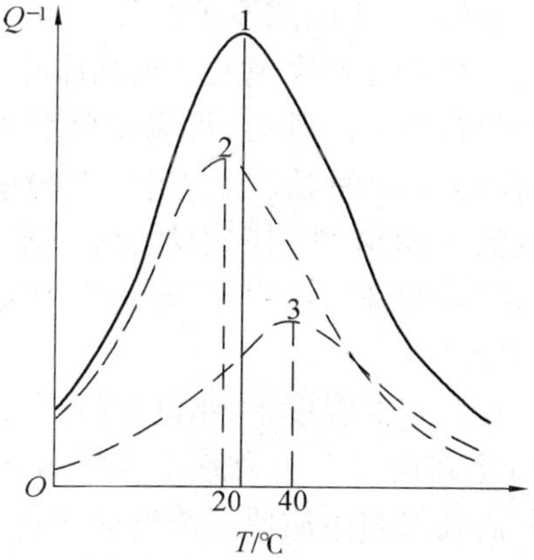

图 7.30　碳(氮)原子在 α - *Fe* 中引起的内耗(ν = 1 *Hz*)

1— 实际测量曲线;2— 氮峰;3— 碳峰

在交变应力的作用下,碳(氮)原子如何在α - Fe的点阵中扩散,可做如下的解释。在体心立方点阵的 α - Fe 中,碳(氮)通常是处于晶胞的棱边上或者面心处,也就是(1/2,0,0),(0,1/2,0),(0,0,1/2)和(1/2,1/2,0)的位置上,如图7.31所示。

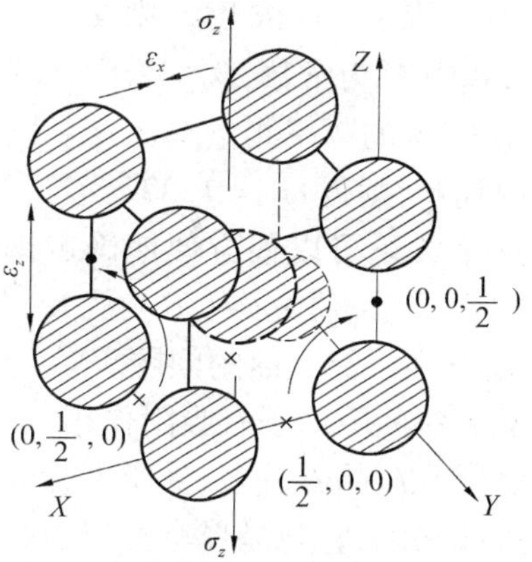

⊘ — 铁原子; *x* — 施加拉应力前的碳原子位置;
• — 施加拉应力后碳原子的位置

图 7.31　体心立方间隙原子位置

当晶体没有受到力时,间隙原子在这些位置上是统计均匀分布的,即在 *x*,*y*,*z* 位置的间隙原子各占 1/3。如在某一位置上的溶质原子数量大于 1/3,称这种溶质原子择优分布的现象为有序化。

由于间隙原子在点阵中引起的是不对称畸变,所以有序化将导致相应方向上的伸长要大于其他方向。若沿 *z* 方向施加应力,则弹性应变将引起晶胞的畸变,这时晶胞不再是理想立方体,而是沿 *z* 方向原子间距拉长,而沿 *x*、*y* 方向原子间距减小,从而导致 *z* 方向上的间隙位置能量比其他方向都低,因此碳(氮)间隙原子便从受压的方向跳到 *z* 方向的位置上。也就是说,碳(氮)间隙原子将从(1/2,0,0)位置跳跃到(0,0,1/2)位置上,因为碳(氮)间隙原子跳到这一位置将降低晶体的弹性变性能,跳动的结果破坏了原子的无序分布状态,而变为沿受拉力方向分布,于是便产生了溶质原子应力感生有序化。

显然,由于间隙原子在受外力作用时存在应力感生有序的倾向,对应于应力产生的应变就有弛豫现象。当晶体在这个方向上受交变应力作用时,间隙原子就在这些位置上来回跳动,且应变落后于应力,由此而产生滞弹性行为,导致能量损耗引起内耗。一种情况是,当应力频率很高时,间隙原子来不及跳跃,即不能发生弛豫现象,也就不能引起内耗;另一种情况是,当交变应力频率很低时,这是一种接近静态完全弛豫的过程,应变和应力完全同步变化,应力和应变滞后回线面积为零,也不能产生内耗。

在一定的温度下,由间隙原子在体心立方点阵中应力感生微扩散产生的内耗峰与溶质原子浓度成正比,浓度越大,内耗峰就越高,如图7.32所示。当测量频率不变时,不同合金的内耗峰和溶质的原子浓度之间都呈直线关系。如以 ω_{ga} 表示间隙原子在固溶体中的浓度,则 $\omega_{ga} = KQ_{max}^{-1}$,式中 K 为常数,Q_{max}^{-1} 为内耗峰值。用1 Hz的频率测量碳在α - Fe中的内耗峰,则得 $\omega_c = 1.37 \times Q_{max}^{-1}$,利用这个关系可以很方便地确定钢板中的含碳量,研究碳(氮)从α - Fe中脱溶和沉淀方面的问题。

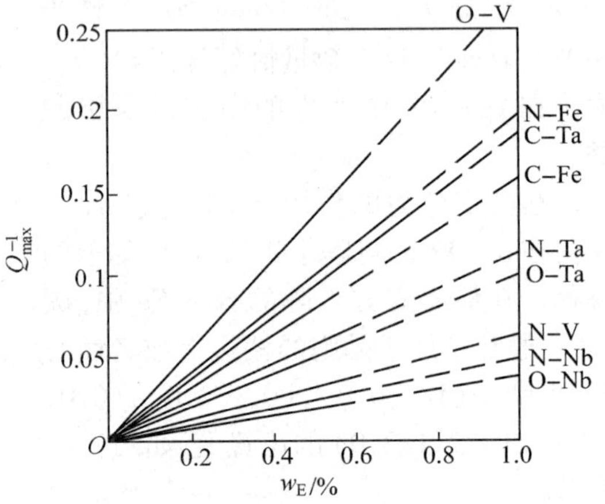

图7.32 体心立方固溶体内耗峰与溶质原子点阵的浓度关系

晶界对间隙原子有吸附作用,所以晶粒度对参与有序化的间隙原子数量有影响,晶粒越细、晶界越多,受应力感生有序的间隙原子就越少,内耗峰就越低。位错是一种线缺陷,它与晶界有类似的影响。

析出的溶质原子往往生成第二相,它对间隙原子引起的内耗无影响,内耗峰值只和固溶体中的间隙原子有关。

置换式固溶体中,由应力感生有序所产生的内耗峰,首先是在Cu - Zn合金中被观察到的,内耗峰所对应的激活能相当于锌在黄铜中的扩散激活能。后来发现,Ag - Zn合金的这种内耗的特征表现得更为明显,如图7.33所示。图中的曲线表明,随着锌浓度的减少,内耗峰迅速降低,当锌的原子浓度大约低于10%时,即不再出现内耗峰。上述事实都表明,该峰的出现肯定与锌原子的扩散有关。

应当看到,在置换式固溶体中单个的溶质原子所能引起的点阵畸变完全是对称性的,对于对称性畸变不存在应力感生有序倾向,亦即不能引起内耗。但甄纳(C. Zener)首先提出,当溶质原子的浓度足够高时,两个相邻的溶质原子会组成原子对，这样便会产生不对称畸变，如图7.34所示。图7.34(a)为由A－B组成的面心立方晶胞中，溶质原子B_1和B_2组成了一个原子对，原子对的轴长为$a/\sqrt{2}$，与它最近邻的原子是A_1，A_4和A_2，A_3，由它们组成一个边长为a和$a/\sqrt{2}$的长方形。由于a大于$a/\sqrt{2}$，所以由原子对所引起沿着A_1，A_4和A_2，A_3方向上的畸变是不同的，最大畸变方向为A_1，A_4方向，即沿Oy方向。图7.34(b)表明，当原子对的B_2占据A_1的位置时，原子对最邻近的原子应是A_5，A_8，所以这时最大畸变沿着Oz方向产生。由于产生了不对称畸变，故受到应力时原子对的轴要发生扭动而形成有序化，溶质原子从图7.34(a)转化为图7.34(b)所示的位置，亦即产生了微扩散，从而引起滞弹性内耗。

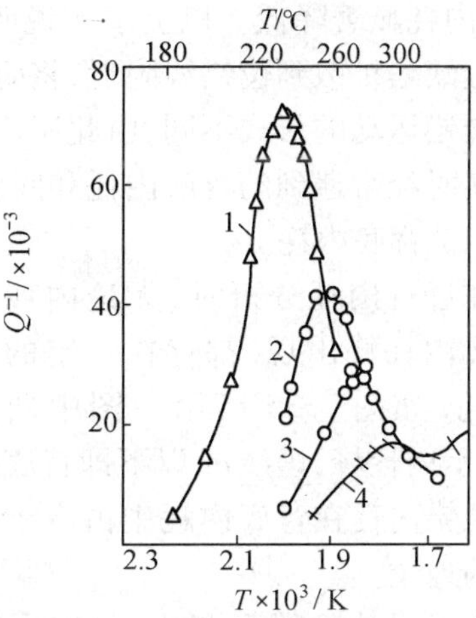

图7.33 Ag－Zn合金的内耗

1—w(Zn) = 30.2%；2—w(Zn) = 24.2%；3—w(Zn) = 19.3%；4—w(Zn) = 15.78%

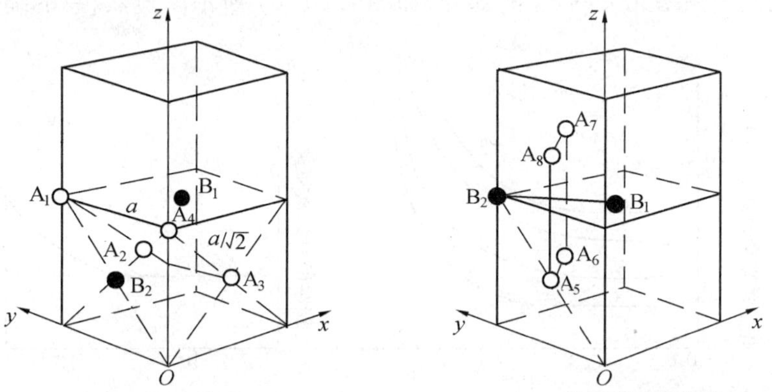

(a) Oy为最大畸变方向 (b) Oz为最大畸变方向

图7.34 甄纳内耗模型

由于置换式固溶体是以原子对的形式导致内应力感生微扩散，因此只有当固溶体中的溶质原子浓度足够高时，才能明显地表现出来。实验表明，Ag－Zn和Cu－Zn合金的内耗峰近似地与锌的原子浓度的平方成正比。

2. 与位错有关的内耗

金属的内耗对冷变形非常敏感，退火状态的纯单晶即使受到轻微的形变，但由于晶体内产生了一定数量的位错，内耗也增加几倍。相反，形变后的金属再经退火，使内耗显著降低。以上事实说明，位错也是一种内耗源。另外，中子辐照所产生的点缺陷扩散到位错线附近，将阻碍位错运动，也可显著减少内耗。

位错运动的形式不同，由此所产生的内耗具有不同的机制，这里仅就我们在研究金属时经常遇到的背底内耗和间隙固溶体的形变内耗做简要介绍。

(1) 背底内耗。

在进行内耗分析时，无论内耗曲线有无内耗峰出现，都存在一定的背底内耗，如图7.35所示。图中曲线 abc 表示内耗峰，虚线 ac 以下即背底内耗。位错内耗在背底内耗中占有十分重要的地位。

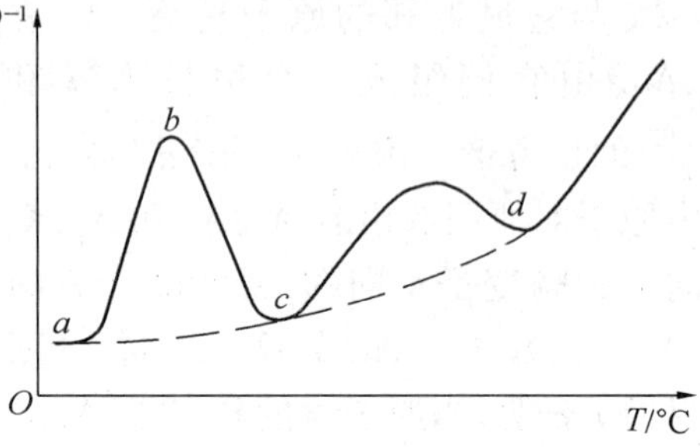

图7.35　背底内耗示意图

为了弄清位错引起内耗的原因，首先观察一下背底内耗与应变振幅的关系。以不同加工状态的铜单晶为例，如图7.36(a)所示，可以看到，减缩量 $\delta(\pi Q^{-1})$ 不仅与试样的加工状态有关，而且还明显依赖于应变振幅的大小。也就是说，在低振幅时 δ 不受振幅的影响。当振幅超过临界值时，内耗随着振幅的增大而升高，即内耗与振幅有关。将缩减量 δ 分为与振幅无关但与频率有关的 δ_I 和与振幅有关但与频率无关的 δ_H 两部分，如图7.36(b)所示。显然，总的缩减量为 $\delta = \delta_I + \delta_H$。

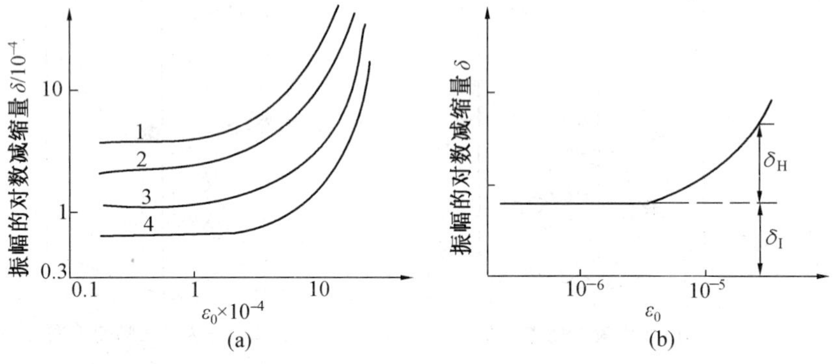

图7.36　铜单晶对数减缩量与应变振幅的关系(ν = 88 kHz)

1—微量冷加工；2—240 ℃ 时效 8 min；

3—240 ℃ 时效 30 min；4—240℃ 时效 60 min

背底内耗之所以有上述变化特点，完全是由于金属内部位错阻尼的行为所决定的。寇勒(Koehler)最先提出了钉扎位错弦的阻尼振动模型，认为 δ_I 是由于位错被钉扎时阻尼振动引起的；δ_H 是位错脱钉过程引起的。这一模型随后经格拉那陀(Gronato)和吕克(Lucke)进一步完善后，形成K－G－L理论。

K－G－L理论模型如图7.37所示。图中L_n为晶体中位错线的平均长度，位错线的两端由位错的网络结点和析出相的粒子所钉扎，这种钉扎称为强钉扎，即不能产生脱钉。L_c为位错线段L_n被点缺陷（杂质原子）钉扎时的平均长度，这种钉扎称为弱钉扎，即受力时可以脱钉。在很小的应力作用下，位错线段L_c便发生弯曲而弓出，如图7.37(b)所示。由于应变振幅增大，使位错线弓出加剧，如图7.37(c)所示。当应变振幅增大到足够大时，位错便从杂质的钉扎处解脱出来，即发生脱钉。一般在最长的位错线段两端所产生的脱钉力最大，因此脱钉要先从最长的位错线段开始。一旦脱钉开始之后，便会产生比原先更长的位错线段，由此所引起的脱钉力就更大，于是脱钉过程就像雪崩一样连续进行，直到网络节点之间的钉扎全部脱开为止。如图7.37(d)所示。

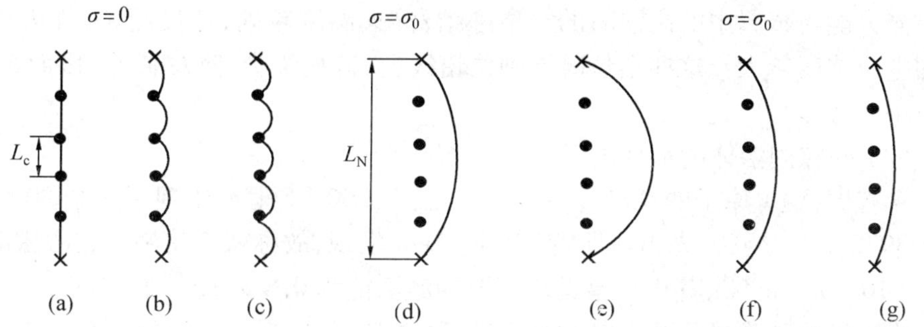

图7.37　位错钉扎模型

·—杂质钉；×—网络钉

为了更形象地认识位错运动的特性，利用位错理想的应力－应变曲线，如图7.38所示，对上述过程做进一步的说明。当应力很小时，位错线段受力弓出，如图7.38(b)所示，相当于图7.38中产生应变ab。当应力增加到σ_0时，位错于c点脱钉。在脱钉之前位错线段像绷紧的弓弦一样在交变应力的作用下振动，在振动的过程中要克服阻力，而产生内耗。在位错开始脱钉之后，如图7.37(d)所示，相当于图7.38中的cd阶段，即应变迅速地增加，直到外应力减小时，应力－应变曲线沿着fga减小，这样便引起一个静滞后类型的能量损耗。它的大小相对于acd三角形的面积，与频率无关。这样对于前一种由于位错段L_c作强迫阻尼所引起的内耗应当是阻尼振动型的，内耗与振幅无关，与频率有关。

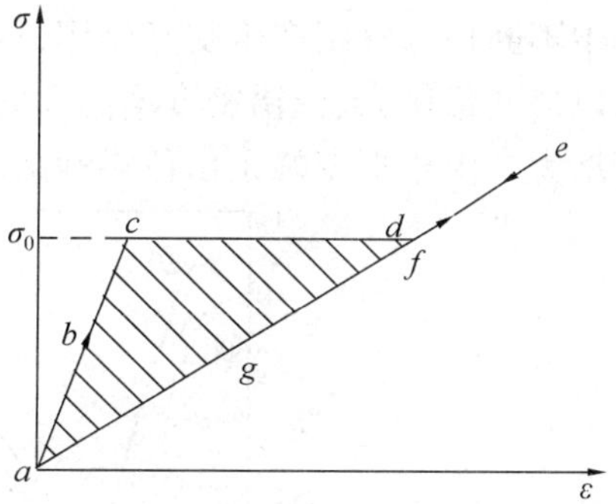

图7.38　位错理想的应力－应变曲线

K - G - L 理论适合于高纯材料,因为在这些材料中大多数溶质原子聚集在位错线上,在位错之间的区域内可以认为没有溶质原子或其他点缺陷。

通常有少量的杂质原子存在时,能够钉扎位错,使 δ_I 和 δ_H 均减小。

轻度的加工硬化能使位错密度增大,因此 δ_I 和 δ_H 也会相应地增大,但位错密度过大时会使 L_n 减小,由此可以抵消位错密度增大造成的影响。当网络节点很密时,若 L_n 比杂质钉扎的间距 L_c 还小,脱钉过程就不能进行了。

温度对减缩量有两种影响:一是温度升高会促使位错线容易从钉扎点解脱出来,所以在减缩量和应变振幅的关系曲线上,拐折点所对应的临界振幅随温度升高向较低振幅处偏移。二是由于位错线上杂质原子的平均浓度取决于温度,随着温度升高,L_c 增大,由此导致 δ_I 和 δ_H 增大。

淬火能将金属中的高温时的空位冻结,淬火温度越高,速度越快,淬火后金属中的空位浓度越大。这些空位凝聚到位错线上,钉扎位错,使 L_c 减小,因而 δ_I 和 δ_H 都减小。

(2) 间隙固溶体的形变内耗。

含有碳(氮) 原子的铁经过冷变形之后,于 200 ℃ 附近出现了一个内耗峰,如图7.39 所示。该峰首先由寇斯特(W. Koster) 发现,故称寇斯特峰。它的激活能为 2.4×10^{-9} J · mol^{-1},其中位错运动需要的激活能为 0.8×10^{-10} J · mol^{-1}。因此可以认为该峰的弛豫过程受点阵和溶质原子的扩散所控制。由于形变在位错周围产生了斯诺克气团,因此当位错线受力发生弯曲时,便要遇到气团所造成的阻力,而当位错运动时,又可使气团中的碳(氮) 原子产生重新分布。于是在位错运动的过程中不断地与气团产生交互作用,从而引起内耗。由于寇斯特峰具有上述的机质,所以形变量增大、位错密度增高和间隙原子增多、气团的浓度增大都将导致弛豫强度增大。由于形变峰是由位错和溶质原子的交互作用引起的,所以溶质原子(氮)

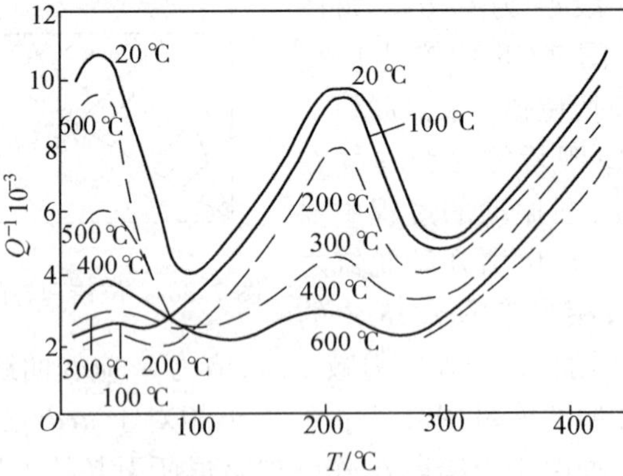

图 7.39　形变后不同温度回火 1 h 铁的形变峰与斯诺克峰

最大峰的作用比单纯的应力感生有序要大得多。寇斯特峰与气团密度有关,因此当大量气团形成时,间隙状态的碳(氮)原子浓度便会下降,所以斯诺克峰便会降低,故该峰与斯诺克峰存在着相互消长的关系。

含碳或氮的 α - Fe 经淬火处理在 200 ℃ 附近出现内耗峰,此峰的机制与形变都一样。

3. 与晶界有关的内耗

晶界的原子排列是相邻两个晶粒的过渡状态,它的厚度受相邻晶粒取向差和纯度的影响。不过由于晶界具有一定的黏滞性,可以通过内耗的测量确定出它的黏滞系数。对高纯铝内耗曲线的测量表明,多晶铝随着温度的变化约在 285 ℃ 附近出现一个内耗峰,如图 7.40 所示。图中曲线具有一个明显的特征,就是晶粒越大内耗峰就越低,而单晶铝不出现这个内耗峰。该峰的激活能为 $1.34 \times 10^4\ J \cdot mol^{-1}$,它相当铝晶界弛豫的激活能,与蠕变法求得的激活能基本一致,它表明,晶界内耗是由晶界滑动引起的。

在温度比较高时,晶界的黏滞系数变小,晶界受到切应力时便可产生相对滑动,如图 7.41 所示。由于晶界的相对滑动是一种非弹性行为,会导致能量的损耗。可以近似地认为,能量的损耗取决于相邻晶粒的相对位移和导致切应力的乘积。

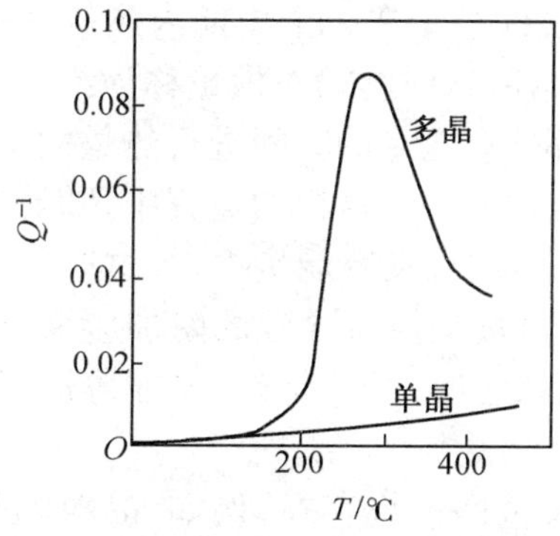

图 7.40 铝的晶界内耗(ν = 0.8 Hz)

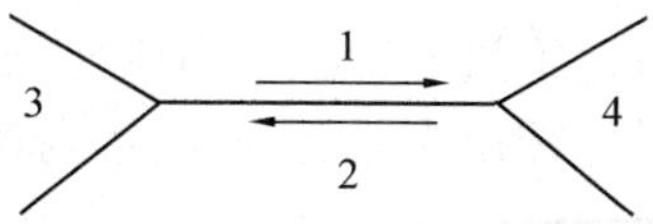

图 7.41 晶界的滑动模型

从上述关系不难看出,当温度较低时,晶界的黏滞性较大,即滑动的阻力较大而相对位移很小,所以能量损失较小。高温时晶界的黏滞性变小,相对位移虽然增大,但滑移的切应力很小,所以能量的损耗也比较小。只有在中间某一温度下,当位移与滑移的切应力都比较大时,能量的损耗才达到最大,于是就出现了内耗峰。

晶界黏滞性所产生的非弹性行为对动态弹性模量也产生相应的影响,它使弹性模量明显下降,如图 7.42 所示。单晶铝的弹性模量不受晶界的影响。

对晶界内耗的研究表明,它受下列因素的影响:

(1) 晶粒越细,晶界越多,则内耗峰值越大。

(2) 杂质原子分布于晶界,对晶界起钉扎作用,从而可使晶界峰值先祖下降,当杂质的浓度足够高时,晶界峰可完全消失,因此晶界内耗的测量可用于研究与晶界强化有关的问题。

4. 热弹性内耗与磁弹性内耗

(1) 热弹性内耗。

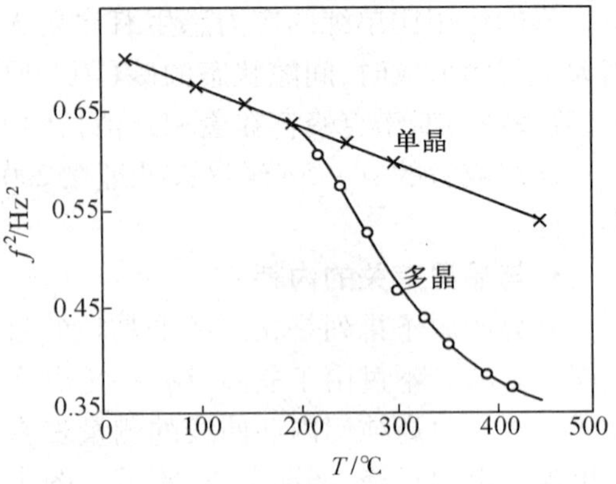

图 7.42 晶界对动态弹性模量的影响

固体受热便会产生膨胀,而热力学上的倒易关系是绝热膨胀时变冷。因此,可以设想当一个很小的应力突然施加于金属试样时,如整个试样受力均匀,则在试样的每一点都要发生同样的温度变化。如试样的各点受力不均,就必然会造成温度差而产生热流。对于试样的各部分来说,热量流入和流出都要导致附加的应变产生,这种非弹性行为所引起的内耗称为热弹性内耗。

例如,在弯曲振动的情况下试样内部产生不均匀应变,受拉部分的温度偏低而受压部分的温度偏高。若应力变化得非常快,以至于在一个周期内热量来不及交换,实际上,相对于绝热过程,不会导致能量损耗,这时的动态模量称为绝热模量。另一种情况是应力变化的频率很低,试样各部分有充足的时间进行热量的交换,经常使温度保持着平衡状态,这样便相当于等温过程。在这样的过程中,随着时间的变化机械能转换为热能,随后热能又转换为机械能,没有能量损耗,这时的动态模量称为等温模量。由于等温过程中产生了由热量交换所导致的附加应变,所以等温模量比绝热模量小。当应变频率处于中间状态时,既非绝热,又非等温,机械能不可逆地转换为热能,便产生内耗。

热弹性效应不仅宏观上存在,而且在微观范围内也存在,例如,晶粒和晶粒之间,由于变形不均匀也能查收热弹性效应而引起内耗。

切应变没有温度变化,因此在扭转振动时,虽然切应力也是不均匀的,但并不产生热弹性效应,引起内耗。

(2) 磁弹性内耗。

磁弹性内耗是铁磁材料中磁性与力学性能的耦合所引起的。磁致伸缩现象提供了磁性与力学性质的耦合。其关系是,施加应力可以产生磁化状态的改变,因此除弹性应变外,还有由于磁化状态而导致的非弹性应变和模量亏损效应。

铁磁性材料受应力作用时,引起磁畴壁的微小移动而产生磁化,由此可产生三种类型的能量损耗:一是由于磁化伴随着产生磁致伸缩效应,导致产生静滞后类型的内耗损失；二是由于交变磁化使试样表面感生涡流，这种宏观涡流会造成能量损耗；三是由于局部磁化，产生微观涡流导致能量损耗。

宏观和微观涡流的产生都和振动有关，当应力变化的频率很小时，实际上可以认为不产生涡流损失。所以对铁磁材料的内耗，采用低频测量便可以排除涡流的影响。此外，对铁磁金属在饱和状态下测量内耗也可消除磁弹性的影响。

产生内耗的机制有很多种，以上介绍的仅是较常遇到的几种机制，对于内耗机制的认识还在不断地发展和完善。

7.6 内耗的评估、表征与量度

在工程上材料的内耗也称为阻尼本领。由于测量方法的不同有多种关于材料阻尼本领的量度，如对数减缩量 δ，能耗系数 η，品质因数 Q，超声衰减 α，应变落后于应力的相位差 ϕ，比阻尼本领 P 等。

内耗常因测量方法或振动形式不同而有不同的量度方法，但它们之间存在着相互转换的关系。

1. 计算振幅对数缩减量

人们常用振幅对数减缩量（对数衰减率）δ 来量度内耗的大小，δ 表示相继两次振动振幅比的自然对数，即

$$\delta = \ln \frac{A_n}{A_{n+1}} \tag{7.55}$$

式中，A_n，A_{n+1} 表示第 n 次和第 $n+1$ 次振动振幅。如果内耗与振幅无关，则振幅的对数与振动次数的关系图为一直线，其斜率即为 δ 值；如内耗与振幅有关，则得到一曲线，各点的斜率即代表该振幅下的 δ 值。

当 δ 很小时，它近似等于振幅分数的减小，即

$$\delta = \ln A_n - \ln A_{n+1} \approx \frac{A_n^2 - A_{n+1}^2}{A_n^2} \approx \frac{1}{2} \cdot \frac{\Delta W}{W} \tag{7.56}$$

后一等式来自振动能量正比于振幅的平方。再根据 Q^{-1} 值的定义，得到

$$Q^{-1} = \frac{1}{2} \cdot \frac{\Delta W}{W} = \frac{\delta}{\pi} = \frac{1}{\pi} \ln \frac{A_n}{A_{n+1}} \tag{7.57}$$

2. 建立共振曲线求内耗值

根据电工学谐振回路共振峰计算公式，有

$$Q^{-1} = \frac{\Delta f_{0.5}}{\sqrt{3} f_0} = \frac{\Delta f_{0.7}}{f_0} \tag{7.58}$$

式中，$\Delta f_{0.5}$ 和 $\Delta f_{0.7}$ 分别为振幅下降至最大值的 1/2 和 1/3 所对应的共振峰宽，如图7.43 所示。

3. 超声波在固体中的衰减系数

超声波在固体中传播时由于能量的衰减,振幅为

$$A = A_0 \exp(-\alpha x) \tag{7.59}$$

由此,超声波衰减系数为

$$\alpha = \frac{\ln \dfrac{A_1}{A_2}}{x_2 - x_1} \tag{7.60}$$

式中,A_1 和 A_2 分别表示在 X_1 和 X_2 处的振幅。

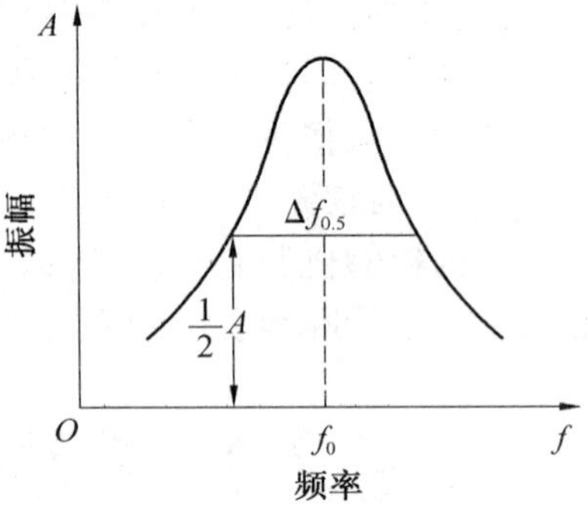

图 7.43 共振峰曲线示意图

4. 计算阻尼系数和阻尼比

对于高阻尼合金常用阻尼系数 ϕ 或阻尼比 S.D.C 表示内耗

$$\phi\% = \text{S.D.C}\% = \frac{\Delta W}{W} \tag{7.61}$$

式中,W 代表振动的能量,正比于振幅的平方。

前面介绍的内耗量度之间可以相互转化

$$\phi = 2\delta = 2\pi Q^{-1} = 2\pi \tan \varphi = \frac{2d}{\lambda} \tag{7.62}$$

7.7 内耗的测量方法

内耗的测量方法很多,由于往往需要在宽泛的频率、振幅、温度(有时还在一定的磁场)下进行测量,因而出现了种类繁多的仪器装置。根据不同的要求而设计的仪器,其结构特点各不相同,但按照振动的频率可大致分为:低频(一般在 0.5 Hz ~ 几十 Hz)、中频(kHz)和高频(MHz)。现根据这种最常用的分类简要地讨论它们的一般原理。

扭摆法 - 低频下内耗的测量

低频扭摆法是我国物理学家葛庭燧在20世纪40年代首次建立的,国际上通常将这种方法称为葛式扭摆法,葛式扭摆法具有结构简单、操作方便等特点,至今仍然是低频下内耗测量方法的基础。其装置原理如图 7.44 所示。

丝状试样(ϕ0.5 ~ 1 mm,l = 100 ~ 300 mm)借助夹头1悬挂着,在试样的下端附加一个惯性系统,由竖杆、横杆以及横杆两端的砝码组成,砝码沿横杆的移动可以在一定范围内调整摆的固有频率。为了消除试样横向运动对试样的影响,把摆的下端置于一盛有阻尼油的容器中。为了进行不同温度下内耗的测量,试样安装在可以加热的管状炉中。

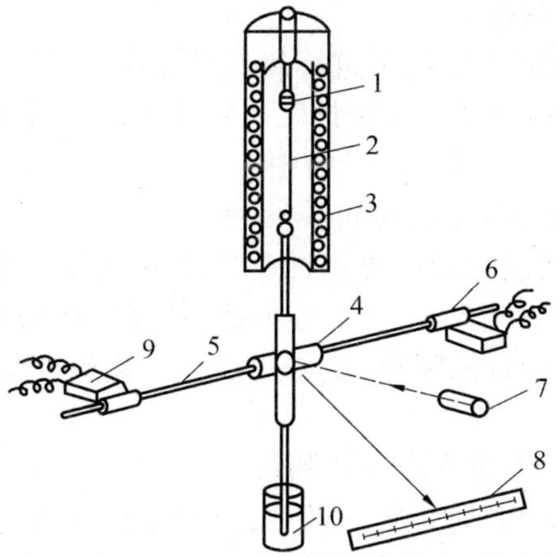

图 7.44　扭摆仪测量低频内耗

1— 夹头;2— 丝状试样;3— 加热炉;4— 反射镜;5— 转动惯性系统;
6— 砝码;7— 光源;8— 标尺;9— 电磁激发;10— 阻尼油

具体测量时,先用电磁激发的方法使得试样连同转动惯性系统形成扭转力矩,形成摆动,当扭摆处于自动振动状态时,借助于光源、小镜子和标尺将每次摆动的偏转(正比于振幅)记录下来。由于振动能量在材料内部的消耗从而使振幅减小,得到一条振幅随时间衰减的曲线,如图 7.45 所示。

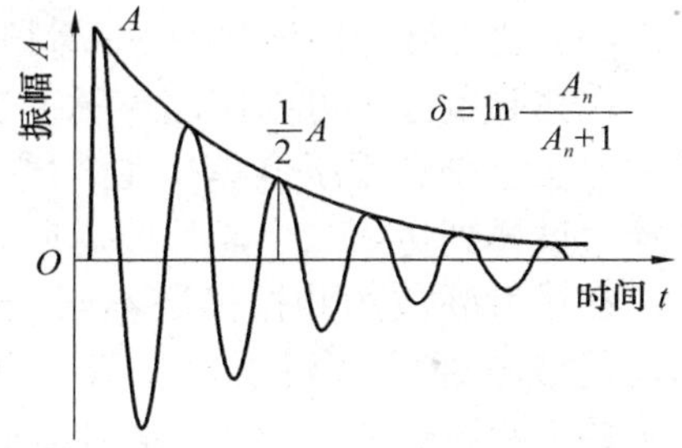

图 7.45　自由振动衰减曲线

测量内耗实际上是要确定每振动一周所消耗能量的相对值 $\Delta W/W$。由于振动能量正比于振幅的平方,人们常常采用振幅的对数缩减量 δ 来量度内耗的大小。这里 δ 表示相邻两次振动中振幅比的自然对数,即

$$\delta = \ln \frac{A_n}{A_{n+1}} \approx \frac{1}{2}\frac{\Delta W}{W} \tag{7.63}$$

式中,A_n 表示第 n 次振动的振幅,A_{n+1} 表示第 $n+1$ 次振动的振幅。如果内耗和振幅无关,则振幅的对数与振动次数的关系图为一直线,其斜率即为 Δ 值,如果内耗与振幅有关,则所得到曲线上的各点的斜率即代表该振幅下的 Δ 值。

在研究小应变量(约 10^{-6})下的阻尼时,由于扭摆仪传统上使用小直径的长试样,其振动频率通常在 0.5 ~ 2 Hz,因而用肉眼就可以观察。目前,对扭摆仪已进行了多次改进,但改进不是在原理上而是在仪器的辅助设备上,但无论怎样,对低频扭摆仪所提出的要求无非是:

① 仪器必须允许在宽广的温度和振幅范围内以各种频率进行测量,并在必要

时可施加不同的磁场或载荷。

② 可以在不拆除试样的情况下进行热处理操作。

③ 仪器必须具有小的损耗(这种损耗决定于运动系统中的空气动力损耗),使所研究的内耗信息不至于湮没在背景之中。

④ 在结构上和试验操作上应尽可能简便。

一般来说,低频扭摆仪的最重要指标是仪器的损耗水平。为了消除空气阻尼效应总是把炉子的内腔抽成真空,但即使如此,仪器损耗的下限也高于 10^{-4}。由于仪器损耗引起不可避免的背景阻尼,使得扭摆仪不能研究数量级为 10^{-5} 的很低的阻尼效应。

(2) 共振棒法 —— 中频下内耗的测量。

在讨论材料弹性模量的动力法测试中,已经介绍了共振棒法的基本原理和装置。对于材料内耗的测量同样可以利用这些装置来进行振动的激发、接收、放大和显示。所不同的只是必须在拉断信号源的同时,把反映试样振幅衰减的信号提供给示波器,记录衰减曲线(采用自由振动衰减法时)或记录不同频率信号下所得到的强迫振动幅值(采用强迫共振法时)。这里内耗的量度与扭摆法完全相同。

(3) 超声脉冲回波法 —— 高频下内耗的测量。

在兆频范围内可以用超声脉冲法来测量材料的内耗。和弹性模量相同的是,这种方法也是利用压电晶片在试样一端产生超声短脉冲,但不是测定波速,而是测量穿过试样到达第二个晶片或返回到脉冲源晶片时脉冲振幅在试样中的衰减。

和激发驻波的共振棒法不同,脉冲法采用往复波。通常由高频发生器在共振频率把脉冲发给石英晶片,作为发射器的晶片把它们转换成机械振动,通过一个过渡层传递给试样,如图 7.46 所示。

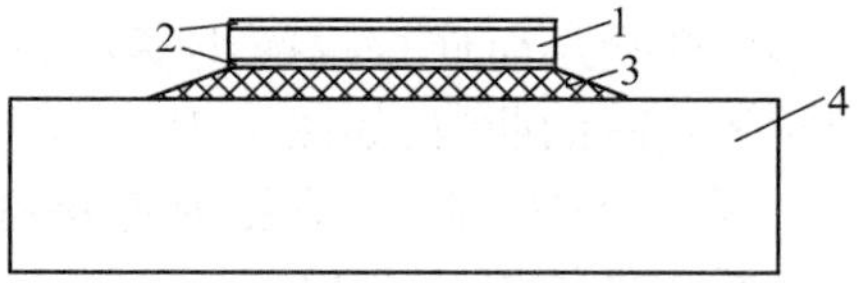

图 7.46 传感器在试样上的位置

1— 石英传感器;2— 镀银平面;3— 过渡层;4— 试样

过渡层的物质与压电石英和待研究材料的声阻相匹配,结果在试样中发生往复的超声波,这种超声波在试样端面经受多次反射直到完全消耗。接收这些信号可以利用同一个电压传感器,其信号经过一定的放大进行记录。如果让超声波穿透试样,也可以采用同一共振频率的第二个晶片作为接收器,把它贴在试样的对面。超声脉冲装置功能示意图如图 7.47 所示。在示波器屏幕上放大了的那些回波信号和发送脉冲同步,这些回波信号提供了一系列随时间衰减的可见脉冲,如图 7.48 所示。回波信号振幅的相对降低,表征了在研究介质(试样材料) 中的超声波阻尼。

由于超声法工作频率范围很宽,测量的灵敏性很高且试样的安排较为灵活,故有可能获得其他方法得不到的新结果,从而成功解决那些与晶体缺陷及其相互作用有关的材料科学课题。特别是,它可以在相当宽的频率范围内测量阻尼与频率的依赖关系,以及研究低温下与电子行为有关的效应。但由于超声脉冲法的应变振幅一般很小,故不能用来测量与振幅相关的效应。

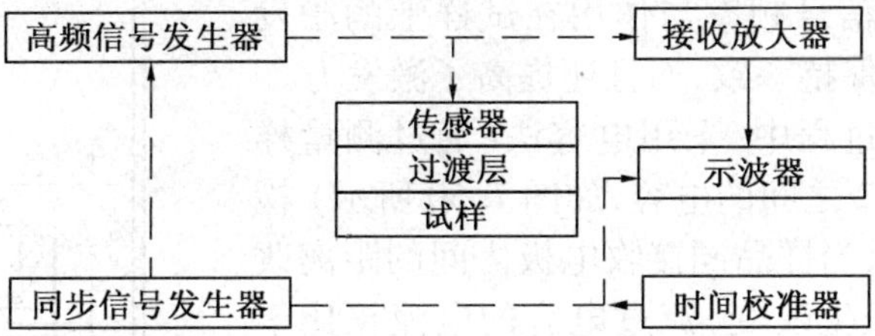

图 7.47　超声脉冲装置方框图

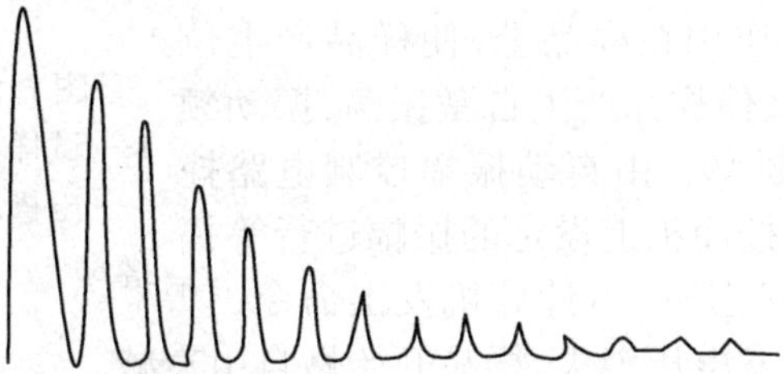

图 7.48　典型的回波信号图像

值得注意的是,由于采用了短的波长,测到的超声衰减有可能因缺陷的散射而不能完全吸收,因此在解释衰减结果时必须谨慎,目前尚缺乏标准的超声装置且脉冲回波法的理论和实验结果处理还不完善。

(4) 声频内耗仪(薄膜内耗仪)。

薄膜内耗仪装置示意图如图 7.49 所示。薄膜内耗仪主要由五个部分组成:机械装置、真空机组、电控装置、温度控制仪和计算机及接口。

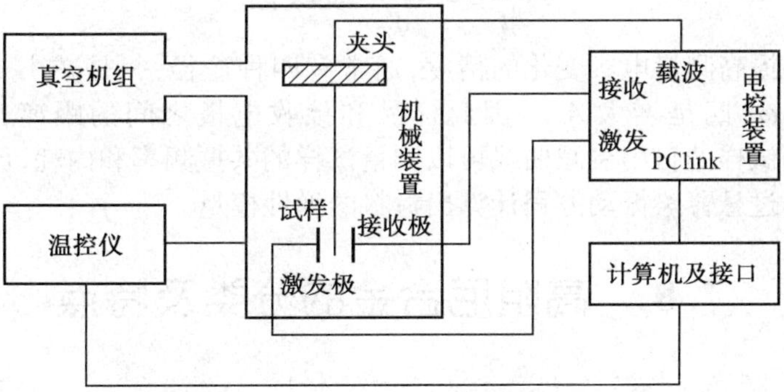

图 7.49　薄膜内耗仪装置示意图

实验中采用片状试样,试样的厚度在 50 ~ 300 μm 之间,宽度在 4 ~ 6 mm 之间,长度在 15 ~ 50 mm 之间。试样的一端自由,另一端固定在夹头上。试样的起振采用静电激发,在试样上施加较大的偏压 u_0,然后施加激励电压($U = U_0\sin\Omega t$)激发样品的振动。施加偏压不仅使信号频率与作用在试样上的激发力的频率基本上保持一致,而且还提高了激发力。

在试样振动过程中,采用电容法(通过测量样品1和接收电极2之间的电容,如图7.50所示)检查样品的位移量,当样品同接收电极之间的距离改变时,电容就会发生改变,流过电容的电流正比于电容大小,经过接收电路放大后,就产生位移信号。放大到数百伏后,再加到激发电极上。激发电极所产生的静电力,作用在样品上,使样品产生位移,从而形成正反馈,使样品产生自激振荡,振动频率就是样品的自振频率。由自动振幅控制电路控制正反馈量,使样品按面板上设定的振幅进行等幅振动。当进入测量状态时,由计算机发出命令,切断正反馈回路,使激发电压消失,样品开始做自由衰减。样品1和接收电极2之间的电容 C_{12} 可以表示为

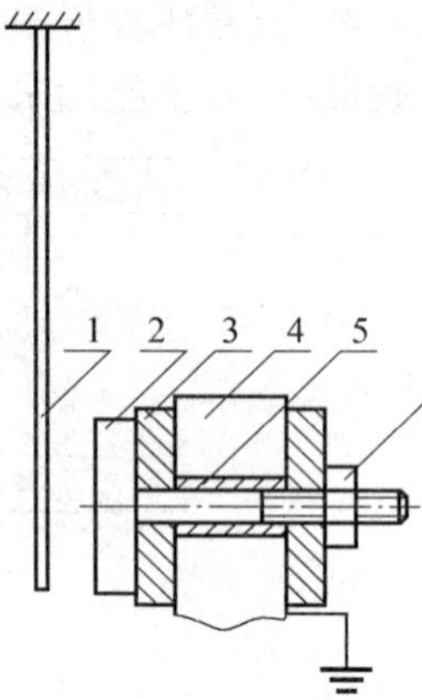

图7.50 电容测量示意图
1—试样;2—接收电极;3—石英;4—电极滑块;5—Al_2O_3 套管;6—螺母

$$C_{12} = \frac{\varepsilon_0 S}{d_{12} + A_0\sin\omega t} \tag{7.64}$$

其中,ε_0 是真空介电常数;S 是平行板电容器的面积;d_{12} 是试样未被激发时,试样与接收电极之间的距离;A_0 是试样振动的振幅($A_0 \ll d_{12}$);ω 是激发电压的角频率;t 是时间。

由式(7.64)对时间 t 求导数($A_0 \ll d_{12}$)得到

$$\frac{\mathrm{d}_{12}}{\mathrm{d}t} = -\frac{A_0\varepsilon_0 S}{\mathrm{d}_{12}^2}\omega\cos\omega t \tag{7.65}$$

可见,要提高测量电容变化的精度,通常有四种途径:一是减小 d_{12};二是增大 S;三是增大 ω;四是增大 A_0。因此样品和接收电极之间的距离较小,通常为0.4 mm。由试样的自由衰减曲线可以测量试样的共振频率和内耗,已知试样的尺寸,就可以通过悬臂梁振动方程计算出材料的弹性模量。

7.8 高阻尼合金的分类及特点

7.8.1 高阻尼合金的定义

材料的内耗(或阻尼)研究兴起于20世纪40年代,但是人们对高阻尼材料产生兴趣却是70年代的事情。当时由于工业的发展,关于振动和噪声的问题越来越

突出。在传统的防噪减振措施不能满足需要时，人们希望有一个根本解决问题的方法，即需找高阻尼材料，将振动和噪声抑制在发生源处。现在，高阻尼材料已经应用在很多场合，但要使高阻尼材料得到更加广泛的应用还有许多问题。主要问题之一是材料的阻尼性能除了取决于材料的成分和结构外，还随外部因素的变化而有很大的改变，使得设计工程师难于掌握材料在工作环境下的阻尼值。因此，对各种高阻尼材料进行阻尼机理研究和阻尼性能评估将是非常重要的。

结构振动在很多情况下都是非常有害的，必须加以降低或消除。这些情况大致可以分为以下三个方面：

（1）疲劳，即材料或结构在小于其屈服应力的交变载荷作用下的行为。疲劳会产生裂纹，裂纹的扩展最终导致材料失效。疲劳裂纹的产生和扩展主要取决于交变载荷作用下材料的变形大小。因此，高阻尼材料的应用将降低材料疲劳变形水平，从而降低疲劳的危害。

（2）噪声，噪声会造成环境污染，对人们的身体健康造成危害。随着人们环保意识的提高，噪声控制将会越来越受到重视。

（3）振动，振动会使仪器设备的灵敏度降低甚至失灵。由地震造成的灾害更是众所周知的。所有这些由疲劳、噪声和振动产生的危害都可以通过减低材料或结构的振动幅度来降低。这三个方面也正是高阻尼材料的主要应用领域。对易受疲劳破坏的部件，如汽轮机的叶片，改用镍基高阻尼合金制造后，使用寿命可成倍增加。对容易产生振动和噪声的结构，如发动机和机床等，其底座或外壳一般都采用铸铁或铸铝，这除了成本的原因外，主要是出于提高阻尼、降低振动和噪声的考虑。用高阻尼合金制造的切削刀具，由于振动幅度小，在减小噪声的同时，也提高了机械加工的精确度。即使对于地震这样重大的自然灾害，人们也可通过采用提高结构阻尼性能的方法来降低地震带来的损失。有文献报道称，在大楼的适当部位安装铅柱和在桥梁上安装由磁流变液组成的阻尼器后，可以显著地提高楼房和桥梁的抗地震能力。

减低材料或结构振动的常用技术有：

（1）将结构件设计成足够庞大和坚固以降低振动振幅。

（2）巧妙设计结构件以使它避开共振条件。

（3）振动能够被很快地衰减下来（阻尼）。在这三种方法中，第一种方法从成本和质量方面考虑是不可取的；第二种方法是传统的结构设计所经常采用的方法，但如果振动谱非常复杂，则这种方法也只能部分解决问题；而第三种方法则能很好地解决各类与振动有关的问题，它要求引进一种机制，通过这种机制使结构的振动能量能够完全地被耗散掉。这既可以通过引进“系统阻尼”（如界面滑动、水力、电力阻尼等）来实现，也可以通过引进“材料阻尼”（结构材料本身具有阻尼本领）来实现。引进"系统阻尼"将增加结构件的成本、质量和体积。所以,开发具有大的阻尼本领的阻尼材料在减震防噪和在提高结构件的性能等方面具有重要的意义,并将成为21世纪材料科学研究的热点之一。

高阻尼材料,顾名思义是阻尼本领较高的材料(比阻尼本领大于0.1)。高阻尼材料可以分为两大类:有机系统和金属系统。具有黏弹性阻尼特性的有机涂层或夹层具有较高的阻尼本领,且对外加电磁场不敏感,其在室温附近得到了较多的应用,但由于很容易被环境(水、油等)所污染,所以它们只在特定的频率和温度范围内才是有效的。某些金属和合金,在具有足够的强度和韧性而作为结构材料的同时,还具有不依赖于频率、相对于塑料来说较小地依赖于温度的、较高的内禀阻尼特性,因此得到了广泛的应用。为方便起见,引进一个术语"高阻尼金属(合金)"(HIDAMET)来代表这类金属和合金。下面将重点对高阻尼合金的性能和阻尼机制进行分析。

7.8.2　按其阻尼本领的大小来分类

按其阻尼本领的大小,高阻尼合金可以分为三类:低阻尼($0.1 < P_{0.1} < 1$);中阻尼($1 < P_{0.1} < 10$)和高阻尼($P_{0.1} > 10$)。图7.51给出了按这种方法分类时一些合金的阻尼性能,其中横坐标是抗拉强度δ_b,纵坐标是比阻尼本领$P_{0.1}$。可见,一些常用的高阻尼合金(如Mn-Cu合金,Ti-Ni合金,Cu-Al-Ni合金,Fe-Cr合金,Al-Zn合金,Mg-Zr合金,Pb等)的比阻尼本领都落在10～100。

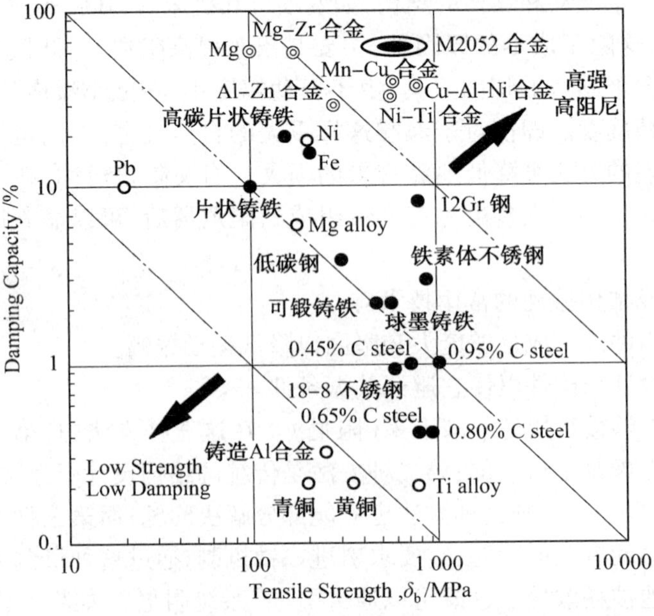

图7.51　高阻尼合金按阻尼本领大小的分类示意图

7.8.3 按其阻尼机制来分类

目前在市场上出售的高阻尼合金，按其阻尼机制可以分为五类(表7.7)。阻尼的作用并不只是按单一机制进行，但将结构件的振动弹性能在阻尼合金的内部转变为热能而放出去，在这一点上则都是相同的。各类合金的共同特点归纳在表7.8中，以下对此做以简要说明。

表7.7 高阻尼合金按阻尼机制的分类

分类	典型合金系	例子及其成分(除TiNi合金外均为质量分数)
复合型	铸铁系	球状、片状石墨铸铁：Fe - 3% C - 2% Si - 0.7% Mn
	减振钢板	软钢板 + 塑料
孪晶或界面型	Mn - Cu系	Cu - 40% Mn - 2% Al；Mn - 37% Cu - 4% Al - 3% Fe - 1.5% Ni
	Ti - Ni系	Ti - 50% Ni；Ti - 20% Ni - 30% Cu；Ti - 47% Ni - 3% Fe
	Fe - Mn系	Fe - 17% Mn；Fe - 27% Mn - 3.5% Si
	Cu - Al系	Cu - 10.6% Al - 19.5% Zn；Cu - 14.1% Al - 4.2% Ni；Cu - 17.5% Al - 8% Zn - 0.4% Si
	Al - Zn系	Zn - 22% Al；Zn - 27% Al - 2.5% Cu；Zn - 9% Al - 1% Cu - 0.1% Fe
位错型	Mg系	Mg - 0.6% Zr；Mg - 0.6% Zr - 0.6% Cd - 0.2% Zn；Mg - 0.7% Si
铁磁性型	Fe系	Fe - 12% Cr - 3% Al；Fe - 15% Cr - 2% Mo - 0.5% Ti；Fe - 12% Cr - 1.3% Al - 0.08% C；Fe - 20% Cr - 2% Co - 4% Mo
	Co系	Co - 23% Ni - 1.9% Ti - 0.2% Al
其他(表面裂纹)	不锈钢	Fe - 18% Cr - 8% Ni

表7.8 高阻尼合金的特点

	热处理	使用极限温度/℃	时效变化	与应变振幅关系	与频率的关系(声频)	与磁场的关系	塑性加工性	耐腐蚀性	强度/MPa	表面硬化处理	焊接性	成本
复合型	不需要	~150	无	小	有	无	不行	差	—	可能	难	低
孪晶型	要，难	~80	大	中	无	无	容易	稍差	~600	可能	难	高
位错型	不需要	——	无	中	无	无	难	稍差	~200	不行	不行	高
铁磁型	要，容易	~380	无	大	无	有	容易	好	~450	容易	良好	低

(1) 复合型石墨铸铁和减振钢板，是通过铸铁内的石墨和钢板内的树脂的黏

塑性流动来产生阻尼作用的。片状石墨铸铁的优点是成本低，耐磨性能好，缺点是强度和韧性低，不能超过一定的使用温度。后来发展的可轧片状石墨铸铁改善了以上的缺点。

(2) 孪晶型或界面型。振动应力使得热弹性马氏体孪晶晶界或界面运动而引起衰减和静态滞后。如Mn－Cu系合金和Ti－Ni合金等形状记忆合金。它们的优点是阻尼本领较大，强度高，受应变振幅的影响小，耐磨损性和耐腐蚀性都较好；缺点是使用温度偏低(100 ℃以下)，成本相对较高，长时间时效会引起性能下降，对Ti－Ni合金来说加工性能不好。

(3) 位错型。由析出物和杂质原子所钉扎的位错，在外加的振动应力作用下松开后，由表观的位移增大而引起静态滞后，从而产生能量损耗。如Mg系合金等。其优点是阻尼本领高，密度低，主要缺点是强度偏低，耐腐蚀性、压力和切削加工性都较差。

(4) 铁磁性型。伴随着由变形而引起的磁畴壁的非可逆运动而产生磁力学(Magnetomechanical)的静态滞后，产生能量损耗。如Fe－Cr系合金等。该类合金的主要优点是成本低，加工性能好，具有一定的耐磨损和耐腐蚀性能，受频率的影响较小，使用极限温度高，性能稳定，并且可以用合金化和表面处理来提高性能。主要缺点是受应变振幅的影响较大，要求的热处理温度较高(1 000 ℃左右)。

(5) 其他(表面裂纹型)。由于裂纹面的相对滑动(摩擦)而产生的弹性能的损耗，使结构衰减发生于材料内部。如Al，18－8不锈钢等。在软钢表面轧出微细的摩擦界面，也具有减振作用。

7.8.4　高阻尼合金研究的进展

目前得到广泛应用的高阻尼合金主要是以Mn－Cu系合金和Ti－Ni合金等为代表的形状记忆合金类。这类材料具有很高的阻尼本领，但由于它们多系有色金属，所以原材料较昂贵，加工工艺也较复杂。今后的发展趋势将是原材料低廉和加工工艺相对成熟的Fe基合金逐步占主导地位。如Fe－Cr－X合金和Fe－Mn－X合金，其中X为添加元素。前者的阻尼机制来源于铁磁畴界的应力感生运动，而后者的阻尼机制来源于马氏体相界和层错界面的应力感生运动。通过适当的热处理和成分控制，Fe基高阻尼合金的阻尼本领也可达到很高的水平。研究不同添加元素的影响，可望发展出加工性能好，具有足够高的强度和韧性，好的抗腐蚀性和焊接性能的Fe基高阻尼合金。

材料的强度与阻尼性能在一般情况下是相互矛盾的，阻尼越大，则强度越低，反之亦然。所以高阻尼合金的强度不是很高。于普通工件的表面喷涂一层高阻尼合金（如 Fe－Cr 基合金），可以在不改变原工件强度的前提下较大地增加工件的阻尼本领，是一个很有发展前途的研究方向。如果涂层的阻尼性能与应力振幅有关，还可以利用涂层的内应力来提高阻尼层的阻尼本领。主要的问题是涂层与工件的结合。

泡沫金属材料是新近发展起来的一种新型高阻尼合金。它即保留了金属具有一定强度的特性，同时也具有类似于泡沫塑料的高阻尼性能，其阻尼性能高出块体材料的 5 ～ 10 倍，具有 99% 的吸声能力。泡沫金属材料的高阻尼本领一方面来源于较高的孔隙率，另一方面来源于孔洞周围的高密度缺陷。由于它所具备的多种优异物理性能特别是阻尼性能，将在消声、减震、过滤分离和电磁屏蔽等一些高技术领域获得广泛应用。预计近期内泡沫金属材料在军事和民用领域的应用将有较大的突破。

多功能和智能化的新型高阻尼复合材料也是一个有前途的研究发展方向。通过在结构系统的适当位置安置位移传感器和压电驱动器，再配合微电脑控制，就可以达到很好的减振效果。其基本原理是：通过位移传感器检测到结构系统的振动信息，经过微电脑处理产生一个激励信号，使压电驱动器产生一个振动频率与结构系统的相同但振动方向相反的振动，从而降低结构系统的振动幅度。在实际应用中，仍需解决诸如如何合理布置传感器和驱动器，以及传感器和驱动器的加入对结构系统性能的影响等问题。但是在对减振效果要求特别高而对结构系统的强度要求较低的场合，这种方法是非常适用的，因为它在理论上可以达到 100% 的减振效果。

作为今后的重要课题，希望开发价格较低廉的、便于使用的高阻尼合金，例如，它可以不需要热处理，加工性能好，具有足够高的强度和韧性，好的抗腐蚀性和焊接性能，可以作为结构材料使用。为此，希望在改进现有的高阻尼合金的同时，进而开发具有新的阻尼机制（特点）的高阻尼合金。传统的阻尼机制都是指使机械振动能量向其他能量形式（如热能）的转化机制，这是最彻底的消除机械振动的机制。但是，从实际应用的角度来看，凡是使机械振动能量密度减小的机制都应为可考虑的阻尼机制，包括机械波的散射机制。这就使得我们可以通过对机械波进行调制，利用机械波的干涉和在梯度材料、多孔材料或多界面材料中的反射和散射来达到减弱机械振动的目的。

思考题

1. 弹性模量的物理本质及各向异性。弹性模量与原子结构和温度的关系；铁磁性反常。弹性模量的测试方法。

2. 滞弹性现象及其物理本质。滞弹性内耗的产生及定义。Q^{-1} 和 δ 的关系。模量亏损的表达式及其中各项的物理意义。ω、τ 的意义及 $\omega\tau$ 与 Q^{-1} 的关系;内耗峰何时发生;滞弹性内耗与频率、振幅的关系。

3. 静滞后内耗的机制及其与频率和振幅的关系。

4. 体心立方晶体中间隙原子引起的内耗、位错钉扎内耗、晶界内耗产生的机制。各属于何种内耗?内耗的测量方法。

5. 用内耗法测量扩散激活能 H、扩散系数 D 及相图中溶质元素固溶极限的原理。

参 考 文 献

[1] 关振铎,张中太,焦金生,等. 无机材料物理性能[M]. 北京:清华大学出版社,2000.

[2] 陈騑騢. 材料物理性能[M]. 北京:机械工业出版社,2006.

[3] 徐恒钧. 材料科学基础[M]. 北京:北京工业大学出版社,2001.

[4] 田莳. 材料物理性能[M]. 北京:北京航空航天大学出版社,2001.

[5] 方俊鑫,殷介文. 电介质物理学[M]. 北京:科学出版社,1989.

[6] 邱成军,王元化,王义杰,等. 材料物理性能[M]. 哈尔滨:哈尔滨工业大学出版社,2003.

[7] 孙目珍. 电介质物理基础[M]. 广州:华南理工大学出版社,2002.

[8] 郑冀. 材料物理性能[M]. 天津:天津大学出版社,2008.

[9] 马向东,王振廷. 材料物理性能[M]. 徐州:中国矿业大学出版社,2002.

[10] 宛德福,马兴隆. 磁性物理学[M]. 成都:电子科技大学出版社,1994.

[11] 温树林. 现代功能材料导论[M]. 北京:科学出版社,1993.

[12] 钟伟烈. 铁电体物理学[M]. 北京:科学出版社,1996.

[13] 龙毅. 材料物理性能[M]. 长沙:中南大学出版社,2009.

[14] 王会宗. 磁性材料及其应用[M]. 北京:国防工业出版社,1989.

[15] 王从曾. 材料性能学[M]. 北京:北京工业大学出版社,2001.

[16] 耿桂宏. 材料物理与性能学[M]. 北京:北京大学出版社,2010.